上海市住房和城乡建设管理委员会

# 上海市建筑和装饰工程概算定额

SH 01—21—2020

同济大学出版社

2021 上 海

**图书在版编目(CIP)数据**

上海市建筑和装饰工程概算定额:SH 01—21—2020/上海市建筑建材业市场管理总站主编.--上海:同济大学出版社,2021.4

ISBN 978-7-5608-9824-7

Ⅰ.①上… Ⅱ.①上… Ⅲ.①建筑工程—建筑概算定额—上海 ②建筑装饰—建筑概算定额—上海 Ⅳ.①TU723.34

中国版本图书馆 CIP 数据核字(2021)第 042068 号

**上海市建筑和装饰工程概算定额 SH 01—21—2020**

上海市建筑建材业市场管理总站 主编

**责任编辑** 朱 勇 **责任校对** 徐春莲 **封面设计** 陈益平

出版发行 同济大学出版社 www.tongjipress.com.cn

(地址:上海市四平路 1239 号 邮编:200092 电话:021-65985622)

经 销 全国各地新华书店

印 刷 常熟市大宏印刷有限公司

开 本 890mm×1240mm 1/16

印 张 30.25

字 数 968 000

版 次 2021 年 4 月第 1 版 2021 年 4 月第 1 次印刷

书 号 ISBN 978-7-5608-9824-7

定 价 298.00 元(含宣贯材料)

## 上海市建设工程概算定额修编委员会

**主　　任：** 黄永平

**副 主 任：** 裴　晓　王扣柱　董爱华　周建国　顾晓君　姜执伟

**委　　员：** 陈　雷　马　燕　金宏松　杨文悦　方　琪　孙晓东　苏耀军　应敏伟　杨志杰　汪结春　干　斌　徐　忠

## 上海市建设工程概算定额修编工作组

**组　　长：** 马　燕

**副 组 长：** 方　琪　孙晓东　涂荣秀　许倩华　应敏伟　曹虹宇　夏　杰　莫　非　汪崇庆

**组　　员：** 朱　迪　蒋宏彦　程德慧　汪一江　田洁莹　彭　磊　张　竹　康元鸣　黄　英　辛　隽　乐　翔　张红梅

# 上海市建筑和装饰工程概算定额

**主 编 单 位:** 上海市建筑建材业市场管理总站

**参 编 单 位:** 上海申元工程投资咨询有限公司

上海臻诚建设管理咨询有限公司

中国建设银行股份有限公司上海市分行

上海鑫元建设工程咨询有限公司

**主要编制人员:** 孙晓东　蒋宏彦　汪一江　田洁莹　康元鸣　王立中

吴玉春　陈晓宇　陶圣洁　刘　嘉　姚文青　王黛虎

陈明霞　李　莉　杨　炯　鲍伟忠　金　菁　赵挺枫

崔　桢　王　静　陈　燕　黎昕韵　徐丽红　周佳蓉

李小聆　毛　林　张　琪　卫星辰　张　纯　王迪菲

沈菊芳　杨　珂　黄　辉　乐嘉栋　沈剑华　刘雪艳

朱　虹　钱文霞

**审 查 专 家:** 朱盛波　张东海　戴富元　周　鸣　黄伟铭　何伊君

# 上海市住房和城乡建设管理委员会文件

沪建标定〔2020〕795 号

---

## 上海市住房和城乡建设管理委员会<br>关于批准发布《上海市建筑和装饰工程概算定额(SH 01—21—2020)》《上海市市政工程概算定额(SH A1—21—2020)》等 4 本工程概算定额的通知

各有关单位：

为进一步完善本市建设工程计价依据，满足工程建设全生命周期的计价需求，根据《上海市建设工程定额体系表 2018》及《2017 年度上海市建设工程及城市基础设施养护维修定额编制计划》，《上海市建筑和装饰工程概算定额（SH 01－21－2020）》《上海市市政工程概算定额（SH A1－21－2020）》《上海市安装工程概算定额（SH 02－21－2020）》《上海市燃气管道工程概算定额（SH A6－21－2020）》（以下简称“新定额”）等 4 本工程概算定额编制完成并经有关部门会审，现予以发布，自 2021 年 5 月 1 日起实施。

原《上海市建筑和装饰工程概算定额（2010）》《上海市建筑和装饰工程概算定额（2010）装配式建筑补充定额》《上海市市政工程概算定额（2010）》《上海市安装工程概算定额（2010）》及《上海市公用管线工程概算定额（2010）》（燃气管线工程）同时废止。

本次发布的新定额由市住房城乡建设管理委负责管理，由上海市建筑建材业市场管理总站负责组织实施和解释。

特此通知。

上海市住房和城乡建设管理委员会

二〇二〇年十二月三十一日

# 总 说 明

一、《上海市建筑和装饰工程概算定额》(以下简称本定额),包括桩基工程,基础工程,柱梁工程,墙身工程,楼地屋面工程,防水工程,门窗工程,装饰工程,防腐、保温、隔热工程,金属结构工程,装配式钢筋混凝土工程,附属工程及其他,钢筋工程,措施项目共十四章。

二、采用本定额进行概算编制的,应遵循定额中定额编号、工程量计算规则、项目划分及计量单位。

三、本定额是编制设计概算(书)的参考依据,是进行项目建设投资评审、设计方案比选的参考依据,是编制估算指标的基础。

四、本定额适用于本市行政区域范围内工业与民用建筑的新建、扩建和改建工程。

五、本定额是依据现行有关国家和本市强制性标准、推荐性标准、设计规范、标准图集、施工验收规范、技术操作规程、质量评定标准、产品标准和安全操作规程,并参考了国家和本市行业标准以及典型工程设计、施工和其他资料编制的。

六、本定额综合了本市建筑和装饰工程预算定额的内容和含量,包括了建筑和装饰工程的工料机消耗量,其他相关费用应依据国家和本市现行取费规定计算。

七、本定额综合的部分预算定额子目参考了国家和本市现行的其他相关定额,未包括防寒、防雨所需增加的人工、材料和设施。

八、本定额主要是在《上海市建筑和装饰工程预算定额(SH 01—31—2016)》基础上,以主要分项工程综合相关工序的综合定额,即按主要分项工程规定的计量单位、计算规则及综合相关工序的预算定额计算而得的人工、材料及制品、机械台班的消耗标准,体现了上海地区社会平均水平。

九、本定额中材料与机械消耗量均以主要工序用量为准。难以计量的零星材料与机械列入其他材料费或其他机械费中,以该项目材料或机械之和的百分率表示。

十、本定额所采用的材料(包括构配件、零件、半成品及成品)均为符合质量标准和设计要求的合格产品;若品种、规格、型号、强度等级与设计不符时,可按各章节规定调整。定额未注明材料规格、强度等级的,应按设计要求选用。

十一、本定额中混凝土及钢筋混凝土、砌筑砂浆、抹灰砂浆等分别按预拌混凝土与预拌干混砂浆编制;各种胶泥按半成品编制;门窗、木构件、预制混凝土构件、金属结构件及石材等装饰材料按工厂成品、现场安装编制,成品均包括小五金配件;钢筋按工厂成型钢筋编制。

十二、本定额中除钢筋笼、钢筋网片的含量与设计用量有差异时在相应章节定额子目内直接调整外,其他成型钢筋的含量与设计用量有差异时,可以按“第十三章 钢筋工程”内相应定额子目进行调整。

十三、本定额中 A-12-5-4～A-12-5-8、A-12-5-12～A-12-5-15 构筑物内预算定额子目是根据国家《市政工程消耗量定额(ZYA 1—31—2015)》中定额子目 6-1-47、6-1-59、6-1-83、6-1-85、6-1-107、6-3-5、6-3-8、6-3-13、6-3-17、6-3-45 换算。

十四、本定额周转性材料(如复合模板、木模板、脚手架等)按摊销量编制,且已包括回库维修的消耗量。

十五、现浇混凝土及钢筋混凝土工程的承重支模架、钢结构或空间网架结构安装使用的满堂承重架以及其他施工用承重架,满足下列条件之一的应另行计算相应费用:

1. 搭设高度 8m 及以上。

2. 搭设跨度 18m 及以上。

3. 施工总荷载 $15kN/m^2$ 及以上。

4. 集中线荷载 20kN/m 及以上。

十六、本定额已包括材料(包括构配件、零件、半成品及成品)从工地仓库、现场集中堆放地点(或现场加工地点)至操作(或安装)地点的水平和垂直运输所需的人工及机械。

十七、本定额的垂直运输系指单位工程在合理工期内完成全部工程项目所需的垂直运输机械台班量。

十八、本定额除注明高度的以外,均按建筑物檐高 20m 以内编制,檐高在 20m 以上的工程,其降效应增加的人工、机械等,另按本定额"第十四章 措施项目"中"第三节 超高施工增加"内相应定额子目执行。

十九、本定额中的工作内容已说明了主要的施工工序,次要工序虽未说明,但均已包括在内。

二十、本定额在应用中有缺项的定额,可按设计需要,遵循编制原则进行补充与调整。

二十一、本定额中遇有两个或两个以上系数时,按连乘法计算。

二十二、本定额中注有"×××以内"或"×××以下"者,均已包括×××本身;"×××以外"或"×××以上"者,均不包括×××本身。

二十三、本定额说明中未注明(或省略)尺寸单位的宽度、厚度、断面等,均以"mm"为单位。

二十四、建筑面积计算按现行规范执行。

二十五、凡本说明未尽事宜,详见各章说明。

# 上海市建筑和装饰工程概算费用计算说明

一、直接费

直接费是指施工过程中的耗费，构成工程实体和部分有助于工程形成的各项费用[包括人工费、材料费、施工机具(机械)使用费和零星工程费]。直接费中不包含增值税可抵扣进项税额。

1. 人工费

人工费是指支付给直接从事建筑安装工程施工作业的生产工人的各项费用。

2. 材料费

材料费是指工程施工过程中耗费的各种原材料、半成品、构配件等的费用，以及周转材料等的摊销、租赁费用。

3. 施工机具(机械)使用费

施工机具(机械)使用费是指工程施工作业所发生的施工机具(机械)、仪器仪表使用费或其租赁费。

4. 零星工程费

零星工程费是指设计图纸未反映，定额直接费计算中未包括，可能发生的其他构成工程实体的费用。零星工程费是以直接费为基数，乘以相应的费率计算。

二、企业管理费和利润

1. 企业管理费

企业管理费是指施工单位为组织施工生产和经营管理所发生的费用。企业管理费不包含增值税可抵扣进项税额。

2. 利润

利润是指施工单位从事建筑安装工程施工所获得的盈利。

企业管理费和利润是以直接费中的人工费为基数，乘以相应的费率计算。

三、安全文明施工费

安全文明施工费是指在工程项目施工期间，施工单位为保证安全施工、文明施工和保护现场内外环境等所发生的措施项目费用。安全文明施工费中不包含增值税可抵扣进项税额。

安全文明施工费是以直接费与企业管理费和利润之和为基数，乘以相应的费率计算。

四、施工措施费

施工措施费是指为完成工程项目施工，发生于该工程施工前和施工过程中，非工程实体项目的费用。施工措施费中不包含增值税可抵扣进项税额。

施工措施费是以直接费与企业管理费和利润之和为基数，乘以相应的费率计算。

五、规费

规费是指按国家法律、法规规定，由上海市政府和上海市有关权力部门规定施工单位必须缴纳，应计入建筑安装工程造价的费用。主要包括社会保险费(养老、失业、医疗、生育和工伤保险费)和住房公积金。

规费是以直接费中的人工费为基数，乘以相应的费率计算。

六、增值税

增值税即为当期销项税额。

当期销项税额是以税前工程造价为基数，乘以增值税税率计算。

七、上海市建筑和装饰工程概算费用计算顺序表

**上海市建筑和装饰工程概算费用计算顺序表**

| 序号 | 项目 | | 计算式 | 备注 |
|---|---|---|---|---|
| 一 | 直接费 | 工、料、机费 | 按概算定额子目规定计算 | 包括说明 |
| 二 | | 零星工程费 | (一)×费率 | |
| 三 | | 其中：人工费 | 概算定额人工费+零星工程人工费 | 零星工程人工费按零星工程费的20%计算 |
| 四 | 企业管理费和利润 | | (三)×费率 | |
| 五 | 安全文明施工费 | | [(一)+(二)+(四)]×费率 | |
| 六 | 施工措施费 | | [(一)+(二)+(四)]×费率<br>(或按拟建工程计取) | |
| 七 | 小计 | | (一)+(二)+(四)+(五)+(六) | |
| 八 | 规费 | 社会保险费 | (三)×费率 | |
| 九 | | 住房公积金 | (三)×费率 | |
| 十 | 增值税 | | [(七)+(八)+(九)]×增值税税率 | |
| 十一 | 建筑安装工程费 | | (七)+(八)+(九)+(十) | |

# 目　录

# 第一章　桩 基 工 程

# 说　　明

一、本章定额均按打、压垂直桩考虑，如打、压斜桩，斜度小于 1∶6 时，按相应定额子目人工、机械乘以系数 1.2；斜度大于 1∶6 时，按相应定额子目人工、机械乘以系数 1.3。

二、小型打、压桩工程按相应定额子目人工、机械乘以系数 1.25。不满下列数量的工程为小型打、压桩工程：

| 桩　　类 | 工程量 |
|---|---|
| 预制钢筋混凝土方桩 | $200m^3$ |
| 预应力钢筋混凝土管桩 | 1000m |
| 灌注混凝土桩 | $150m^3$ |
| 钢管桩 | 50t |

三、各类预制混凝土桩按工厂成品、现场打压编制。

四、打、压各类预制混凝土桩均包括从现场堆放位置至打桩桩位的水平运输，未包括运输过程中需要过桥、下坑及室内运桩等特殊情况。

五、各类预制混凝土桩均包括构件卸车、打(压)桩、接桩、送桩、填桩孔，其中定型短桩的接桩、送桩包含在短桩预算定额子目内。

六、打、压试桩时，按相应定额子目人工、机械乘以系数 1.5。

七、桩间补桩或在强夯后的地基上打、压桩时，按相应定额子目人工、机械乘以系数 1.15。

八、钢筋混凝土管桩定额子目中，已综合了桩靴，其空心部分按设计要求灌注混凝土或其他填充材料时，应另行计算。

九、钢管桩定额子目中，已综合了接桩、送桩、内切割、精割盖帽、桩孔设放安全栅等工作内容。

十、钻孔灌注桩定额子目中，已综合了成孔、钢筋笼制作安放、声测管埋设、混凝土灌注及工程桩桩孔填充道碴等工作内容。其中钢筋笼含量与设计用量有差异时，可以直接调整。

十一、就地灌注桩定额子目中，已综合了打孔、钢筋笼制作安放、混凝土灌注等工作内容，拔钢管包含在相应桩预算定额子目内。其中钢筋笼含量与设计用量有差异时，可以直接调整。

十二、钻孔灌注桩定额子目中声测管材质、规格，如设计要求与定额不同时，可以换算，其余不变。

十三、静钻根植桩定额子目中，已综合了成孔、注浆、植桩、接桩、送桩及填桩孔等工作内容。其空心部分按设计要求灌注混凝土或其他填充材料时，应另行计算。

十四、混凝土桩定额子目中，已包括桩尖含量。

十五、灌注桩及静钻根植桩定额子目中，均已包括了充盈系数和材料损耗，一般不予调整。

十六、灌注桩后压浆定额子目中压浆管埋设按桩底注浆考虑；如设计采用侧向注浆，则人工、机械乘以系数 1.2。注浆管材质、规格如设计要求与定额不同时，可以换算，其余不变。

十七、水泥土搅拌桩定额子目中，已包括空搅的含量。如设计采用全断面套打时，按型钢水泥土搅拌墙定额子目执行。

十八、高压旋喷桩成孔定额子目按双重管旋喷桩机编制。如为单重管或三重管旋喷桩机成孔者，则调整相应机械，但消耗量不变。

十九、加固基础系指在一般基础下遇软弱地基或暗浜需加固的基础。加固基础与上部基础直接接触时，应扣除上部基础中的垫层。

二十、地下连续墙定额子目中，已综合了挖、填、运土方，导墙制作及拆除，制浆、液压抓斗成槽、护壁、钢筋网片制作平台及制作安放、清底置换、安拔接头管或箱等工作内容，但未包括土方及泥浆外运，外运费另计。其中，钢筋网片含量与设计用量有差异时，可以直接调整。

二十一、型钢水泥土搅拌墙重复套钻部分已在定额内考虑，不另行计算。

二十二、钢板桩定额子目中，已综合了打、拔钢板桩、导向夹具安拆，以及钢板桩进出场各 12km 的运距及场内驳运、卸车、就地堆放，已包括钢板桩损耗量，但未综合钢板桩的使用（租赁），使用（租赁）费另计。

二十三、打拔槽钢或钢轨时，按相应钢板桩定额子目机械乘以系数 0.77，其余不变。

二十四、钢管基坑支撑适用于基坑开挖的大型支撑安装、拆除。钢支撑安装、拆除定额按 1 道支撑编制，从地面以下第 2 道起，每增加 1 道钢支撑，其人工、机械累计乘以系数 1.1。

二十五、水泥土搅拌桩、高压旋喷桩、型钢水泥土搅拌墙等均未综合开槽挖土；如实际发生时，按相应定额子目执行。

二十六、本章定额不包括外掺剂材料。

# 工程量计算规则

一、预制钢筋混凝土方桩、定型短桩均按设计桩长(包括桩尖)乘以桩截面面积以体积计算。

二、预制钢筋混凝土管桩按设计桩长(包括桩尖)以长度计算。

三、钢管桩按设计桩长(桩顶至桩底)、管径、壁厚以质量计算。计算公式为

$$W=(D-t)\times t\times 0.0246\times L\div 1000$$

式中,$W$ 为钢管桩重量(t);$D$ 为钢管桩外径(mm);$L$ 为钢管桩长度(m);$t$ 为钢管桩壁厚(mm)。

四、钻孔灌注桩按设计桩长(桩顶至桩底)乘以桩截面面积以体积计算。泥浆外运按打桩前自然地坪标高至桩底标高乘以设计截面面积以体积计算。

五、就地灌注混凝土桩按设计桩长(包括桩尖)乘以桩截面面积以体积计算。多次复打桩按单桩体积乘以复打次数计算工程量。

六、灌注桩后压浆按设计桩长以长度计算。

七、静钻根植桩按设计桩长以长度计算。

八、压密注浆钻孔按设计图示钻孔深度以长度计算,其注浆按设计图示尺寸以体积计算。

1. 如设计图纸以布点形式图示土体加固范围的,则按两孔间距的一半作为扩散半径,以布点边线各加扩散半径,形成计算平面计算注浆体积。

2. 如设计图纸注浆点在钻孔灌注桩之间,按两注浆孔距作为每孔的扩散直径,以此圆柱体体积计算注浆体积。

九、水泥土搅拌桩按设计桩长乘以桩截面面积以体积计算;如开槽施工,桩长算至槽底。

1. 围护桩用于基坑加固土体的,按设计加固面积乘以加固深度。

2. 承重桩按桩截面面积乘以设计桩长加 0.4m。

十、高压旋喷桩按下列规定计算:

1. 成孔按设计桩长以长度计算。

2. 喷浆按设计桩长乘以桩截面面积以体积计算。

3. 喷浆用于基坑加固土体的,按设计加固面积乘以加固深度以体积计算。

十一、加固基础按设计图示尺寸以体积计算。

十二、地下连续墙混凝土按设计图示尺寸以体积计算。计算公式为

$$V=\text{设计长度}\times\text{设计厚度}\times\text{设计深度}$$

泥浆外运按槽深加 0.5m 乘以设计长度及设计厚度以体积计算。

十三、型钢水泥土搅拌墙按设计图示断面面积乘以设计桩长(压梁底至桩底)以体积计算;如开槽施工,桩长从槽底算至桩底。插拔型钢按设计图示尺寸以质量计算。

十四、打、拔钢板桩按设计桩体以质量计算。

十五、现浇钢筋混凝土支撑按设计图示尺寸以体积计算。

十六、钢管基坑支撑安拆按设计图示尺寸以质量计算,不扣除孔眼质量,焊条、铆钉、螺栓等也不另增加。

十七、型钢、钢板桩、钢管的使用(租赁)按质量乘以使用天数计算,使用天数按拟定的施工组织设计天数计算。

# 第一节　打　　桩

**工作内容：** 1. 构件卸车，打桩、送桩及填桩孔。
2. 构件卸车，打桩、接桩、送桩及填桩孔。

| 定额编号 | | | A-1-1-1 | A-1-1-2 |
|---|---|---|---|---|
| 项目 | | | 打钢筋混凝土短桩 | |
| | | | 桩长 8m 以内 | 桩长 16m 以内 |
| | | | $m^3$ | $m^3$ |
| 预算定额编号 | 预算定额名称 | 预算定额单位 | 数量 | |
| 01-3-1-1 | 打钢筋混凝土短桩 桩长 8.0m 以内 | $m^3$ | 1.0000 | |
| 01-3-1-2 | 打钢筋混凝土短桩 桩长 16.0m 以内 | $m^3$ | | 1.0000 |
| 01-4-4-5 | 碎石垫层 干铺无砂 | $m^3$ | 0.3125 | 0.1563 |
| 01-5-10-16 | 预制构件卸车 | $m^3$ | 1.0000 | 1.0000 |

**工作内容：** 1. 构件卸车，打桩、送桩及填桩孔。
2. 构件卸车，打桩、接桩、送桩及填桩孔。

| 定额编号 | | | | A-1-1-1 | A-1-1-2 |
|---|---|---|---|---|---|
| 项目 | | | | 打钢筋混凝土短桩 | |
| | | | | 桩长 8m 以内 | 桩长 16m 以内 |
| 名称 | | | 单位 | $m^3$ | $m^3$ |
| 人工 | 00030113 | 打桩工 | 工日 | 2.5700 | 2.0800 |
| | 00030121 | 混凝土工 | 工日 | 0.1216 | 0.0608 |
| | 00030143 | 起重工 | 工日 | 0.2134 | 0.2134 |
| | 00030153 | 其他工 | 工日 | 0.0285 | 0.0142 |
| 材料 | 03130115 | 电焊条 J422 $\phi$4.0 | kg | | 0.4850 |
| | 04050218 | 碎石 5～70 | kg | 484.6875 | 242.4213 |
| | 04290501 | 钢筋混凝土短桩 | $m^3$ | 1.0100 | 1.0100 |
| | 05030106 | 大方材 ≥101$cm^2$ | $m^3$ | 0.0040 | 0.0040 |
| | 05030109 | 小方材 ≤54$cm^2$ | $m^3$ | 0.0033 | 0.0033 |
| | 33330801 | 预埋铁件 | kg | | 4.5500 |
| | | 其他材料费 | % | 0.2558 | 0.2625 |
| 机械 | 99030030 | 履带式柴油打桩机 2.5t | 台班 | 0.2920 | 0.2810 |
| | 99090080 | 履带式起重机 10t | 台班 | 0.3254 | 0.3144 |
| | 99090110 | 履带式起重机 25t | 台班 | 0.0200 | 0.0200 |
| | 99130340 | 电动夯实机 250N·m | 台班 | 0.0084 | 0.0042 |
| | 99250020 | 交流弧焊机 32kV·A | 台班 | | 0.2810 |

**工作内容：**1. 构件卸车，打桩、送桩及填桩孔。
2,3. 构件卸车，打桩、接桩、送桩及填桩孔。

| 定　额　编　号 | | | A-1-1-3 | A-1-1-4 | A-1-1-5 |
|---|---|---|---|---|---|
| 项　　目 | | | 打钢筋混凝土方桩 | | |
| | | | 桩长 12m 以内 | 桩长 25m 以内 | 桩长 45m 以内 |
| | | | $m^3$ | $m^3$ | $m^3$ |
| 预算定额编号 | 预算定额名称 | 预算定额单位 | 数　量 | | |
| 01-3-1-3 | 打钢筋混凝土方桩 桩长 12.0m 以内 | $m^3$ | 1.0000 | | |
| 01-3-1-4 | 打钢筋混凝土方桩 桩长 25.0m 以内 | $m^3$ | | 1.0000 | |
| 01-3-1-5 | 打钢筋混凝土方桩 桩长 45.0m 以内 | $m^3$ | | | 1.0000 |
| 01-3-1-6 换 | 打钢筋混凝土方桩 桩长 12.0m 以内 送桩 4.0m | $m^3$ | 0.3333 | | |
| 01-3-1-7 换 | 打钢筋混凝土方桩 桩长 25.0m 以内 送桩 6.0m | $m^3$ | | 0.3240 | |
| 01-3-1-8 换 | 打钢筋混凝土方桩 桩长 45.0m 以内 送桩 8.0m | $m^3$ | | | 0.2286 |
| 01-3-1-15 | 打钢筋混凝土方桩接桩 工厂制桩 | 个 | | 0.1980 | 0.2116 |
| 01-4-4-5 | 碎石垫层 干铺无砂 | $m^3$ | 0.2916 | 0.2970 | 0.2143 |
| 01-5-10-16 | 预制构件卸车 | $m^3$ | 1.0000 | 1.0000 | 1.0000 |

**工作内容：** 1. 构件卸车，打桩、送桩及填桩孔。
2,3. 构件卸车，打桩、接桩、送桩及填桩孔。

| 定额编号 | | | | A-1-1-3 | A-1-1-4 | A-1-1-5 |
|---|---|---|---|---|---|---|
| 项目 | | | | 打钢筋混凝土方桩 | | |
| | | | | 桩长 12m 以内 | 桩长 25m 以内 | 桩长 45m 以内 |
| 名称 | | | 单位 | $m^3$ | $m^3$ | $m^3$ |
| 人工 | 00030113 | 打桩工 | 工日 | 0.5214 | 0.4945 | 0.4565 |
| | 00030121 | 混凝土工 | 工日 | 0.1135 | 0.1156 | 0.0834 |
| | 00030143 | 起重工 | 工日 | 0.2134 | 0.2134 | 0.2134 |
| | 00030153 | 其他工 | 工日 | 0.0266 | 0.1261 | 0.1253 |
| 材料 | 01050168 | 钢丝绳 $\phi$34.5 | kg | 0.0008 | 0.0006 | 0.0004 |
| | 01150103 | 热轧型钢 综合 | kg | | 5.0490 | 5.3958 |
| | 03130115 | 电焊条 J422 $\phi$4.0 | kg | | 0.7920 | 0.8464 |
| | 04050218 | 碎石 5～70 | kg | 452.2716 | 460.6470 | 332.3793 |
| | 04290407 | 钢筋混凝土方桩（制品） | $m^3$ | 1.0100 | 1.0100 | 1.0100 |
| | 05030109 | 小方材 ≤54cm² | $m^3$ | 0.0033 | 0.0033 | 0.0033 |
| | 35091901 | 钢桩帽摊销 | kg | 0.0733 | 0.0733 | 0.0733 |
| | 35091911 | 送桩器摊销 | kg | 0.2574 | 0.3003 | 0.2825 |
| | | 其他材料费 | % | 0.6680 | 0.6585 | 0.6638 |
| 机械 | 99030030 | 履带式柴油打桩机 2.5t | 台班 | 0.0580 | | |
| | 99030050 | 履带式柴油打桩机 5t | 台班 | | 0.0426 | |
| | 99030070 | 履带式柴油打桩机 8t | 台班 | | 0.0124 | 0.0507 |
| | 99090080 | 履带式起重机 10t | 台班 | 0.0334 | 0.0334 | 0.0334 |
| | 99090090 | 履带式起重机 15t | 台班 | 0.0405 | 0.0239 | 0.0205 |
| | 99090110 | 履带式起重机 25t | 台班 | 0.0200 | 0.0200 | 0.0200 |
| | 99130340 | 电动夯实机 250N·m | 台班 | 0.0079 | 0.0080 | 0.0058 |
| | 99250020 | 交流弧焊机 32kV·A | 台班 | | 0.0248 | 0.0265 |

**工作内容：**1. 构件卸车，压桩、送桩及填桩孔。
2,3. 构件卸车，压桩、接桩、送桩及填桩孔。

| 定　额　编　号 | | | A-1-1-6 | A-1-1-7 | A-1-1-8 |
|---|---|---|---|---|---|
| 项　　目 | | | 压钢筋混凝土方桩 | | |
| | | | 桩长 12m 以内 | 桩长 25m 以内 | 桩长 45m 以内 |
| | | | $m^3$ | $m^3$ | $m^3$ |
| 预算定额编号 | 预算定额名称 | 预算定额单位 | 数　量 | | |
| 01-3-1-9 | 压钢筋混凝土方桩 桩长 12.0m 以内 | $m^3$ | 1.0000 | | |
| 01-3-1-10 | 压钢筋混凝土方桩 桩长 25.0m 以内 | $m^3$ | | 1.0000 | |
| 01-3-1-11 | 压钢筋混凝土方桩 桩长 45.0m 以内 | $m^3$ | | | 1.0000 |
| 01-3-1-12 换 | 压钢筋混凝土方桩 桩长 12.0m 以内 送桩 4.0m | $m^3$ | 0.3333 | | |
| 01-3-1-13 换 | 压钢筋混凝土方桩 桩长 25.0m 以内 送桩 6.0m | $m^3$ | | 0.3240 | |
| 01-3-1-14 换 | 压钢筋混凝土方桩 桩长 45.0m 以内 送桩 8.0m | $m^3$ | | | 0.2286 |
| 01-3-1-16 | 压钢筋混凝土方桩接桩 工厂制桩 | 个 | | 0.1980 | 0.2116 |
| 01-4-4-5 | 碎石垫层 干铺无砂 | $m^3$ | 0.2916 | 0.2970 | 0.2143 |
| 01-5-10-16 | 预制构件卸车 | $m^3$ | 1.0000 | 1.0000 | 1.0000 |

**工作内容：**1. 构件卸车，压桩、送桩及填桩孔。
2，3. 构件卸车，压桩、接桩、送桩及填桩孔。

| 定额编号 | | | | A-1-1-6 | A-1-1-7 | A-1-1-8 |
|---|---|---|---|---|---|---|
| 项目 | | | | 压钢筋混凝土方桩 | | |
| | | | | 桩长 12m 以内 | 桩长 25m 以内 | 桩长 45m 以内 |
| 名称 | | | 单位 | $m^3$ | $m^3$ | $m^3$ |
| 人工 | 00030113 | 打桩工 | 工日 | 0.5716 | 0.5527 | 0.3680 |
| | 00030121 | 混凝土工 | 工日 | 0.1135 | 0.1156 | 0.0834 |
| | 00030143 | 起重工 | 工日 | 0.2134 | 0.2134 | 0.2134 |
| | 00030153 | 其他工 | 工日 | 0.0266 | 0.1261 | 0.1253 |
| 材料 | 01050168 | 钢丝绳 $\phi$34.5 | kg | 0.0003 | 0.0008 | 0.0011 |
| | 01150103 | 热轧型钢 综合 | kg | | 5.0490 | 5.3958 |
| | 03130115 | 电焊条 J422 $\phi$4.0 | kg | | 0.7920 | 0.8464 |
| | 04050218 | 碎石 5～70 | kg | 452.2716 | 460.6470 | 332.3793 |
| | 04290407 | 钢筋混凝土方桩（制品） | $m^3$ | 1.0100 | 1.0100 | 1.0100 |
| | 05030109 | 小方材 ≤54$cm^2$ | $m^3$ | 0.0033 | 0.0033 | 0.0033 |
| | 35091901 | 钢桩帽摊销 | kg | 0.0733 | 0.0733 | 0.0733 |
| | 35091911 | 送桩器摊销 | kg | 0.0883 | 0.3003 | 0.4541 |
| | | 其他材料费 | % | 0.2601 | 0.2563 | 0.2582 |
| 机械 | 99030310 | 静力压桩机 4000kN | 台班 | 0.0817 | 0.0782 | 0.0516 |
| | 99090080 | 履带式起重机 10t | 台班 | 0.1151 | 0.0334 | 0.0334 |
| | 99090090 | 履带式起重机 15t | 台班 | | 0.0631 | 0.0355 |
| | 99090110 | 履带式起重机 25t | 台班 | 0.0200 | 0.0200 | 0.0200 |
| | 99130340 | 电动夯实机 250N·m | 台班 | 0.0079 | 0.0080 | 0.0058 |
| | 99250020 | 交流弧焊机 32kV·A | 台班 | | 0.0248 | 0.0265 |

**工作内容**：构件卸车，安桩尖，打桩、接桩、送桩及填桩孔。

| 定额编号 | | | A-1-1-9 | A-1-1-10 | A-1-1-11 | A-1-1-12 |
|---|---|---|---|---|---|---|
| 项目 | | | 打钢筋混凝土管桩 | | | |
| | | | ϕ800mm 以内 | | | |
| | | | 桩长 16m 以内 | 桩长 24m 以内 | 桩长 32m 以内 | 桩长 40m 以内 |
| | | | m | m | m | m |
| 预算定额编号 | 预算定额名称 | 预算定额单位 | 数量 | | | |
| 01-3-1-17 | 打钢筋混凝土管桩 ϕ800mm 以内 桩长 16.0m 以内 | m | 1.0000 | | | |
| 01-3-1-18 | 打钢筋混凝土管桩 ϕ800mm 以内 桩长 24.0m 以内 | m | | 1.0000 | | |
| 01-3-1-19 | 打钢筋混凝土管桩 ϕ800mm 以内 桩长 32.0m 以内 | m | | | 1.0000 | |
| 01-3-1-20 | 打钢筋混凝土管桩 ϕ800mm 以内 桩长 40.0m 以内 | m | | | | 1.0000 |
| 01-3-1-22 换 | 打钢筋混凝土管桩 ϕ800mm 以内 桩长 16.0m 以内 送桩 4.0m | m | 0.2500 | | | |
| 01-3-1-23 换 | 打钢筋混凝土管桩 ϕ800mm 以内 桩长 24.0m 以内 送桩 6.0m | m | | 0.2500 | | |
| 01-3-1-24 换 | 打钢筋混凝土管桩 ϕ800mm 以内 桩长 32.0m 以内 送桩 6.0m | m | | | 0.0937 | |
| 01-3-1-24 换 | 打钢筋混凝土管桩 ϕ800mm 以内 桩长 32.0m 以内 送桩 8.0m | m | | | 0.1250 | |
| 01-3-1-25 换 | 打钢筋混凝土管桩 ϕ800mm 以内 桩长 40.0m 以内 送桩 8.0m | m | | | | 0.2000 |
| 01-3-1-37 | 打钢筋混凝土管桩接桩 ϕ800mm 以内 | 个 | 0.0714 | 0.0476 | 0.0536 | 0.0571 |
| 01-4-4-5 | 碎石垫层 干铺无砂 | $m^3$ | 0.0628 | 0.0658 | 0.0583 | 0.0682 |
| 01-5-10-16 | 预制构件卸车 | $m^3$ | 0.1257 | 0.1257 | 0.1257 | 0.1257 |
| 01-6-6-10 | 零星钢构件 | t | 0.0126 | 0.0084 | 0.0063 | 0.0050 |

**工作内容：** 构件卸车，安桩尖，打桩、接桩、送桩及填桩孔。

| 定额编号 | | | | A-1-1-9 | A-1-1-10 | A-1-1-11 | A-1-1-12 |
|---|---|---|---|---|---|---|---|
| 项目 | | | | 打钢筋混凝土管桩 | | | |
| | | | | $\phi$800mm 以内 | | | |
| | | | | 桩长 16m 以内 | 桩长 24m 以内 | 桩长 32m 以内 | 桩长 40m 以内 |
| 名称 | | | 单位 | m | m | m | m |
| 人工 | 00030113 | 打桩工 | 工日 | 0.1210 | 0.1108 | 0.1118 | 0.1180 |
| | 00030121 | 混凝土工 | 工日 | 0.0244 | 0.0256 | 0.0227 | 0.0265 |
| | 00030143 | 起重工 | 工日 | 0.0917 | 0.0700 | 0.0592 | 0.0525 |
| | 00030153 | 其他工 | 工日 | 0.0335 | 0.0245 | 0.0192 | 0.0172 |
| 材料 | 01050168 | 钢丝绳 $\phi$34.5 | kg | 0.0001 | 0.0002 | 0.0002 | 0.0002 |
| | 01050194 | 钢丝绳 $\phi$12 | m | 0.0620 | 0.0413 | 0.0310 | 0.0246 |
| | 03013101 | 六角螺栓 | kg | 0.0835 | 0.0557 | 0.0418 | 0.0332 |
| | 03130115 | 电焊条 J422 $\phi$4.0 | kg | 0.2078 | 0.1386 | 0.1451 | 0.1486 |
| | 04050218 | 碎石 5～70 | kg | 97.4028 | 102.0558 | 90.4233 | 105.7782 |
| | 04290341 | 钢筋混凝土管桩 $\phi\leqslant$800 | m | 1.0100 | 1.0100 | 1.0100 | 1.0100 |
| | 05030106 | 大方材 $\geqslant$101cm$^2$ | m$^3$ | 0.0003 | 0.0002 | 0.0001 | 0.0001 |
| | 05030109 | 小方材 $\leqslant$54cm$^2$ | m$^3$ | 0.0004 | 0.0004 | 0.0004 | 0.0004 |
| | 13011411 | 环氧富锌底漆 | kg | 0.0267 | 0.0178 | 0.0134 | 0.0106 |
| | 14354301 | 稀释剂 | kg | 0.0021 | 0.0014 | 0.0011 | 0.0009 |
| | 14390101 | 氧气 | m$^3$ | 0.0139 | 0.0092 | 0.0069 | 0.0055 |
| | 33019911 | 零星钢构件 | t | 0.0126 | 0.0084 | 0.0063 | 0.0050 |
| | 35070911 | 吊装夹具 | 套 | 0.0003 | 0.0002 | 0.0001 | 0.0001 |
| | 35091901 | 钢桩帽摊销 | kg | 0.0248 | 0.0248 | 0.0248 | 0.0248 |
| | 35091911 | 送桩器摊销 | kg | 0.0294 | 0.0441 | 0.0408 | 0.0418 |
| | 35130010 | 千斤顶 | 只 | 0.0003 | 0.0002 | 0.0001 | 0.0001 |
| | | 其他材料费 | % | 1.3048 | 0.9698 | 0.7775 | 0.6452 |
| 机械 | 99030050 | 履带式柴油打桩机 5t | 台班 | 0.0071 | 0.0080 | 0.0076 | |
| | 99030070 | 履带式柴油打桩机 8t | 台班 | 0.0064 | 0.0043 | 0.0048 | 0.0132 |
| | 99090080 | 履带式起重机 10t | 台班 | 0.0042 | 0.0042 | 0.0042 | 0.0042 |
| | 99090090 | 履带式起重机 15t | 台班 | 0.0052 | 0.0044 | 0.0042 | |
| | 99090110 | 履带式起重机 25t | 台班 | 0.0025 | 0.0025 | 0.0025 | 0.0068 |
| | 99090410 | 汽车式起重机 20t | 台班 | 0.0034 | 0.0023 | 0.0017 | 0.0014 |
| | 99130340 | 电动夯实机 250N·m | 台班 | 0.0017 | 0.0018 | 0.0016 | 0.0018 |
| | 99250020 | 交流弧焊机 32kV·A | 台班 | 0.0103 | 0.0069 | 0.0067 | 0.0066 |

**工作内容：** 1. 构件卸车，安桩尖，打桩、接桩、送桩及填桩孔。
2,3,4. 构件卸车，安桩尖，压桩、接桩、送桩及填桩孔。

| 定额编号 | | | A-1-1-13 | A-1-1-14 | A-1-1-15 | A-1-1-16 |
|---|---|---|---|---|---|---|
| 项目 | | | 打钢筋混凝土管桩 | 压钢筋混凝土管桩 | | |
| | | | ϕ800mm 以内 | | | |
| | | | 桩长 48m 以内 | 桩长 16m 以内 | 桩长 24m 以内 | 桩长 32m 以内 |
| | | | m | m | m | m |
| 预算定额编号 | 预算定额名称 | 预算定额单位 | 数量 | | | |
| 01-3-1-21 | 打钢筋混凝土管桩 ϕ800mm 以内 桩长 48.0m 以内 | m | 1.0000 | | | |
| 01-3-1-26 换 | 打钢筋混凝土管桩 ϕ800mm 以内 桩长 48.0m 以内 送桩 8.0m | m | 0.2000 | | | |
| 01-3-1-27 | 压钢筋混凝土管桩 ϕ800mm 以内 桩长 16.0m 以内 | m | | 1.0000 | | |
| 01-3-1-28 | 压钢筋混凝土管桩 ϕ800mm 以内 桩长 24.0m 以内 | m | | | 1.0000 | |
| 01-3-1-29 | 压钢筋混凝土管桩 ϕ800mm 以内 桩长 32.0m 以内 | m | | | | 1.0000 |
| 01-3-1-32 换 | 压钢筋混凝土管桩 ϕ800mm 以内 桩长 16.0m 以内 送桩 4.0m | m | | 0.2500 | | |
| 01-3-1-33 换 | 压钢筋混凝土管桩 ϕ800mm 以内 桩长 24.0m 以内 送桩 6.0m | m | | | 0.2500 | |
| 01-3-1-34 换 | 压钢筋混凝土管桩 ϕ800mm 以内 桩长 32.0m 以内 送桩 6.0m | m | | | | 0.0937 |
| 01-3-1-34 换 | 压钢筋混凝土管桩 ϕ800mm 以内 桩长 32.0m 以内 送桩 8.0m | m | | | | 0.1250 |
| 01-3-1-37 | 打钢筋混凝土管桩接桩 ϕ800mm 以内 | 个 | 0.0625 | | | |
| 01-3-1-38 | 压钢筋混凝土管桩接桩 ϕ800mm 以内 | 个 | | 0.0714 | 0.0476 | 0.0536 |
| 01-4-4-5 | 碎石垫层 干铺无砂 | $m^3$ | 0.0638 | 0.0628 | 0.0658 | 0.0583 |
| 01-5-10-16 | 预制构件卸车 | $m^3$ | 0.1257 | 0.1257 | 0.1257 | 0.1257 |
| 01-6-6-10 | 零星钢构件 | t | 0.0042 | 0.0126 | 0.0084 | 0.0063 |

**工作内容：**1. 构件卸车，安桩尖，打桩、接桩、送桩及填桩孔。
2,3,4. 构件卸车，安桩尖，压桩、接桩、送桩及填桩孔。

| 定额编号 | | | | A-1-1-13 | A-1-1-14 | A-1-1-15 | A-1-1-16 |
|---|---|---|---|---|---|---|---|
| 项目 | | | | 打钢筋混凝土管桩 | 压钢筋混凝土管桩 | | |
| | | | | $\phi$800mm 以内 | | | |
| | | | | 桩长 48m 以内 | 桩长 16m 以内 | 桩长 24m 以内 | 桩长 32m 以内 |
| 名称 | | | 单位 | m | m | m | m |
| 人工 | 00030113 | 打桩工 | 工日 | 0.1216 | 0.1053 | 0.1114 | 0.1267 |
| | 00030121 | 混凝土工 | 工日 | 0.0248 | 0.0244 | 0.0256 | 0.0227 |
| | 00030143 | 起重工 | 工日 | 0.0484 | 0.0917 | 0.0700 | 0.0592 |
| | 00030153 | 其他工 | 工日 | 0.0151 | 0.0335 | 0.0245 | 0.0192 |
| 材料 | 01050168 | 钢丝绳 $\phi$34.5 | kg | 0.0002 | 0.0001 | 0.0002 | 0.0002 |
| | 01050194 | 钢丝绳 $\phi$12 | m | 0.0207 | 0.0620 | 0.0413 | 0.0310 |
| | 03013101 | 六角螺栓 | kg | 0.0278 | 0.0835 | 0.0557 | 0.0418 |
| | 03130115 | 电焊条 J422 $\phi$4.0 | kg | 0.1583 | 0.2078 | 0.1386 | 0.1451 |
| | 04050218 | 碎石 5～70 | kg | 98.9538 | 97.4028 | 102.0558 | 90.4233 |
| | 04290341 | 钢筋混凝土管桩 $\phi\leqslant$800 | m | 1.0100 | 1.0100 | 1.0100 | 1.0100 |
| | 05030106 | 大方材 $\geqslant$101cm$^2$ | m$^3$ | 0.0001 | 0.0003 | 0.0002 | 0.0001 |
| | 05030109 | 小方材 $\leqslant$54cm$^2$ | m$^3$ | 0.0004 | 0.0004 | 0.0004 | 0.0004 |
| | 13011411 | 环氧富锌底漆 | kg | 0.0089 | 0.0267 | 0.0178 | 0.0134 |
| | 14354301 | 稀释剂 | kg | 0.0007 | 0.0021 | 0.0014 | 0.0011 |
| | 14390101 | 氧气 | m$^3$ | 0.0046 | 0.0139 | 0.0092 | 0.0069 |
| | 33019911 | 零星钢构件 | t | 0.0042 | 0.0126 | 0.0084 | 0.0063 |
| | 35070911 | 吊装夹具 | 套 | 0.0001 | 0.0003 | 0.0002 | 0.0001 |
| | 35091901 | 钢桩帽摊销 | kg | 0.0248 | 0.0248 | 0.0248 | 0.0248 |
| | 35091911 | 送桩器摊销 | kg | 0.0413 | 0.0039 | 0.0081 | 0.0077 |
| | 35130010 | 千斤顶 | 只 | 0.0001 | 0.0003 | 0.0002 | 0.0001 |
| | | 其他材料费 | % | 0.5646 | 1.3053 | 0.9704 | 0.7779 |
| 机械 | 99030070 | 履带式柴油打桩机 8t | 台班 | 0.0135 | | | |
| | 99030310 | 静力压桩机 4000kN | 台班 | | 0.0147 | 0.0157 | 0.0180 |
| | 99090080 | 履带式起重机 10t | 台班 | 0.0042 | 0.0042 | 0.0042 | 0.0042 |
| | 99090090 | 履带式起重机 15t | 台班 | | 0.0050 | 0.0067 | 0.0087 |
| | 99090110 | 履带式起重机 25t | 台班 | 0.0067 | 0.0025 | 0.0025 | 0.0025 |
| | 99090410 | 汽车式起重机 20t | 台班 | 0.0011 | 0.0034 | 0.0023 | 0.0017 |
| | 99130340 | 电动夯实机 250N·m | 台班 | 0.0017 | 0.0017 | 0.0018 | 0.0016 |
| | 99250020 | 交流弧焊机 32kV·A | 台班 | 0.0069 | 0.0117 | 0.0078 | 0.0078 |

**工作内容：**1,2. 构件卸车，安桩尖，压桩、接桩、送桩及填桩孔。
3,4. 打桩、接桩、送桩、内切割、精割盖帽、桩孔设放安全栅。

| 定额编号 | | | A-1-1-17 | A-1-1-18 | A-1-1-19 | A-1-1-20 |
|---|---|---|---|---|---|---|
| 项目 | | | 压钢筋混凝土管桩 | | 打钢管桩(桩径≤450mm) | |
| | | | φ800mm 以内 | | 桩长 30m 以内 | 桩长 30m 以外 |
| | | | 桩长 40m 以内 | 桩长 48m 以内 | | |
| | | | m | m | t | t |
| 预算定额编号 | 预算定额名称 | 预算定额单位 | 数量 | | | |
| 01-3-1-30 | 压钢筋混凝土管桩 φ800mm 以内 桩长 40.0m 以内 | m | 1.0000 | | | |
| 01-3-1-31 | 压钢筋混凝土管桩 φ800mm 以内 桩长 48.0m 以内 | m | | 1.0000 | | |
| 01-3-1-35 换 | 压钢筋混凝土管桩 φ800mm 以内 桩长 40.0m 以内 送桩 8.0m | m | 0.2000 | | | |
| 01-3-1-36 换 | 压钢筋混凝土管桩 φ800mm 以内 桩长 48.0m 以内 送桩 8.0m | m | | 0.2000 | | |
| 01-3-1-38 | 压钢筋混凝土管桩接桩 φ800mm 以内 | 个 | 0.0571 | 0.0625 | | |
| 01-3-1-39 | 打钢管桩(桩径≤450mm) 桩长 30.0m 以内 | t | | | 1.0000 | |
| 01-3-1-39 换 | 送钢管桩(桩径≤450mm) | t | | | 0.2167 | |
| 01-3-1-40 | 打钢管桩(桩径≤450mm) 桩长 30.0m 以外 | t | | | | 1.0000 |
| 01-3-1-40 换 | 送钢管桩(桩径≤450mm) | t | | | | 0.1300 |
| 01-3-1-45 | 钢管桩内切割 桩径≤450mm | 根 | | | 0.5100 | 0.2550 |
| 01-3-1-48 | 钢管桩精割盖帽 桩径≤450mm | 个 | | | 0.5100 | 0.2550 |
| 01-3-1-51 | 钢管桩接桩 桩径≤450mm | 个 | | | 0.3409 | 0.5114 |
| 01-4-4-5 | 碎石垫层 干铺无砂 | $m^3$ | 0.0682 | 0.0638 | | |
| 01-5-10-16 | 预制构件卸车 | $m^3$ | 0.1257 | 0.1257 | | |
| 01-6-6-10 | 零星钢构件 | t | 0.0050 | 0.0042 | 0.0021 | 0.0013 |

**工作内容：** 1,2. 构件卸车，安桩尖，压桩、接桩、送桩及填桩孔。
3,4. 打桩、接桩、送桩、内切割、精割盖帽、桩孔设放安全栅。

| 定额编号 | | | | A-1-1-17 | A-1-1-18 | A-1-1-19 | A-1-1-20 |
|---|---|---|---|---|---|---|---|
| 项目 | | | | 压钢筋混凝土管桩 | | 打钢管桩(桩径≤450mm) | |
| | | | | $\phi$800mm 以内 | | 桩长 30m 以内 | 桩长 30m 以外 |
| | | | | 桩长 40m 以内 | 桩长 48m 以内 | | |
| 名称 | | | 单位 | m | m | t | t |
| 人工 | 00030113 | 打桩工 | 工日 | 0.1641 | 0.1980 | 1.0731 | 0.7024 |
| | 00030121 | 混凝土工 | 工日 | 0.0265 | 0.0248 | | |
| | 00030143 | 起重工 | 工日 | 0.0525 | 0.0484 | 0.5442 | 0.3710 |
| | 00030153 | 其他工 | 工日 | 0.0172 | 0.0151 | 0.6931 | 0.4600 |
| 材料 | 01050168 | 钢丝绳 $\phi$34.5 | kg | 0.0002 | 0.0002 | | |
| | 01050194 | 钢丝绳 $\phi$12 | m | 0.0246 | 0.0207 | 0.0103 | 0.0064 |
| | 03013101 | 六角螺栓 | kg | 0.0332 | 0.0278 | 0.0139 | 0.0086 |
| | 03130115 | 电焊条 J422 $\phi$4.0 | kg | 0.1486 | 0.1583 | 0.0073 | 0.0045 |
| | 03130971 | 电焊丝 | kg | | | 1.4635 | 1.3182 |
| | 03131501 | 焊剂 | kg | | | 0.7319 | 0.6591 |
| | 04050218 | 碎石 5～70 | kg | 105.7782 | 98.9538 | | |
| | 04290341 | 钢筋混凝土管桩 $\phi$≤800 | m | 1.0100 | 1.0100 | | |
| | 05030106 | 大方材 ≥101cm$^2$ | m$^3$ | 0.0001 | 0.0001 | | |
| | 05030109 | 小方材 ≤54cm$^2$ | m$^3$ | 0.0004 | 0.0004 | | |
| | 13011411 | 环氧富锌底漆 | kg | 0.0106 | 0.0089 | 0.0045 | 0.0028 |
| | 14354301 | 稀释剂 | kg | 0.0009 | 0.0007 | 0.0004 | 0.0002 |
| | 14390101 | 氧气 | m$^3$ | 0.0055 | 0.0046 | 1.6241 | 0.8123 |
| | 14390301 | 乙炔气 | m$^3$ | | | 0.5406 | 0.2703 |
| | 33010031 | 钢管桩 | kg | | | 1010.0000 | 1010.0000 |
| | 33010071 | 钢帽 $\phi$400 | 个 | | | 0.5100 | 0.2550 |
| | 33019911 | 零星钢构件 | t | 0.0050 | 0.0042 | 0.0021 | 0.0013 |
| | 35070911 | 吊装夹具 | 套 | 0.0001 | 0.0001 | | |
| | 35091901 | 钢桩帽摊销 | kg | 0.0248 | 0.0248 | 0.8797 | 1.3931 |
| | 35091911 | 送桩器摊销 | kg | 0.0094 | 0.0094 | | |
| | 35130010 | 千斤顶 | 只 | 0.0001 | 0.0001 | | |
| | | 其他材料费 | % | 0.6455 | 0.5649 | 0.1558 | 0.1505 |
| 机械 | 99030070 | 履带式柴油打桩机 8t | 台班 | | | 0.2693 | 0.1964 |
| | 99030310 | 静力压桩机 4000kN | 台班 | 0.0236 | 0.0285 | | |
| | 99090080 | 履带式起重机 10t | 台班 | 0.0042 | 0.0042 | | |
| | 99090090 | 履带式起重机 15t | 台班 | 0.0133 | 0.0166 | 0.3321 | 0.2040 |
| | 99090110 | 履带式起重机 25t | 台班 | 0.0025 | 0.0025 | | |
| | 99090410 | 汽车式起重机 20t | 台班 | 0.0014 | 0.0011 | 0.0006 | 0.0004 |
| | 99130340 | 电动夯实机 250N·m | 台班 | 0.0018 | 0.0017 | | |
| | 99230060 | 自动仿型切割机 切割厚度 60 | 台班 | | | 0.0239 | 0.0358 |
| | 99230150 | 管内外切割机 CG-100 | 台班 | | | 0.0459 | 0.0230 |
| | 99230240 | 气割设备 | 台班 | | | 0.3015 | 0.1887 |
| | 99250020 | 交流弧焊机 32kV·A | 台班 | 0.0078 | 0.0082 | 0.0653 | 0.0566 |
| | 99440330 | 潜水泵 $\phi$100 | 台班 | | | 0.0700 | 0.0350 |

**工作内容：**打桩、接桩、送桩、内切割、精割盖帽、桩孔设放安全栅。

| 定额编号 | | | A-1-1-21 | A-1-1-22 | A-1-1-23 | A-1-1-24 |
|---|---|---|---|---|---|---|
| 项目 | | | 打钢管桩(桩径≤650mm) | | 打钢管桩(桩径≤1000mm) | |
| | | | 桩长 30m 以内 | 桩长 30m 以外 | 桩长 30m 以内 | 桩长 30m 以外 |
| | | | t | t | t | t |
| 预算定额编号 | 预算定额名称 | 预算定额单位 | 数量 | | | |
| 01-3-1-41 | 打钢管桩(桩径≤650mm) 桩长 30.0m 以内 | t | 1.0000 | | | |
| 01-3-1-41 换 | 送钢管桩(桩径≤650mm) | t | 0.2167 | | | |
| 01-3-1-42 | 打钢管桩(桩径≤650mm) 桩长 30.0m 以外 | t | | 1.0000 | | |
| 01-3-1-42 换 | 送钢管桩(桩径≤650mm) | t | | 0.1300 | | |
| 01-3-1-43 | 打钢管桩(桩径≤1000mm) 桩长 30.0m 以内 | t | | | 1.0000 | |
| 01-3-1-43 换 | 送钢管桩(桩径≤1000mm) | t | | | 0.2167 | |
| 01-3-1-44 | 打钢管桩(桩径≤1000mm) 桩长 30.0m 以外 | t | | | | 1.0000 |
| 01-3-1-44 换 | 送钢管桩(桩径≤1000mm) | t | | | | 0.1300 |
| 01-3-1-46 | 钢管桩内切割 桩径≤650mm | 根 | 0.3760 | 0.1880 | | |
| 01-3-1-47 | 钢管桩内切割 桩径≤1000mm | 根 | | | 0.2040 | 0.1020 |
| 01-3-1-49 | 钢管桩精割盖帽 桩径≤650mm | 个 | 0.3760 | 0.1880 | | |
| 01-3-1-50 | 钢管桩精割盖帽 桩径≤1000mm | 个 | | | 0.2040 | 0.1020 |
| 01-3-1-52 | 钢管桩接桩　桩径≤650mm | 个 | 0.1885 | 0.2827 | | |
| 01-3-1-53 | 钢管桩接桩　桩径≤1000mm | 个 | | | 0.1072 | 0.1608 |
| 01-6-6-10 | 零星钢构件 | t | 0.0030 | 0.0018 | 0.0050 | 0.0030 |

**工作内容：**打桩、接桩、送桩、内切割、精割盖帽、桩孔设放安全栅。

| 定额编号 | | | | A-1-1-21 | A-1-1-22 | A-1-1-23 | A-1-1-24 |
|---|---|---|---|---|---|---|---|
| 项目 | | | | 打钢管桩（桩径≤650mm） | | 打钢管桩（桩径≤1000mm） | |
| | | | | 桩长 30m 以内 | 桩长 30m 以外 | 桩长 30m 以内 | 桩长 30m 以外 |
| 名称 | | | 单位 | t | t | t | t |
| 人工 | 00030113 | 打桩工 | 工日 | 0.7606 | 0.5269 | 0.5556 | 0.3655 |
| | 00030143 | 起重工 | 工日 | 0.4468 | 0.2827 | 0.3056 | 0.1912 |
| | 00030153 | 其他工 | 工日 | 0.5175 | 0.3469 | 0.3691 | 0.2384 |
| 材料 | 01050194 | 钢丝绳 ϕ12 | m | 0.0148 | 0.0089 | 0.0246 | 0.0148 |
| | 03013101 | 六角螺栓 | kg | 0.0199 | 0.0119 | 0.0332 | 0.0199 |
| | 03130115 | 电焊条 J422 ϕ4.0 | kg | 0.0104 | 0.0062 | 0.0173 | 0.0104 |
| | 03130971 | 电焊丝 | kg | 1.4620 | 1.2191 | 1.2012 | 1.0144 |
| | 03131501 | 焊剂 | kg | 0.7310 | 0.6096 | 0.6006 | 0.5073 |
| | 05030106 | 大方材 ≥101cm$^2$ | m$^3$ | 0.0001 | | 0.0001 | 0.0001 |
| | 13011411 | 环氧富锌底漆 | kg | 0.0064 | 0.0038 | 0.0106 | 0.0064 |
| | 14354301 | 稀释剂 | kg | 0.0005 | 0.0003 | 0.0009 | 0.0005 |
| | 14390101 | 氧气 | m$^3$ | 1.2253 | 0.6130 | 0.8011 | 0.4011 |
| | 14390301 | 乙炔气 | m$^3$ | 0.4061 | 0.2030 | 0.2652 | 0.1326 |
| | 33010031 | 钢管桩 | kg | 1010.0000 | 1010.0000 | 1010.0000 | 1010.0000 |
| | 33010073 | 钢帽 ϕ600 | 个 | 0.3760 | 0.1880 | | |
| | 33010075 | 钢帽 ϕ900 | 个 | | | 0.2040 | 0.1020 |
| | 33019911 | 零星钢构件 | t | 0.0030 | 0.0018 | 0.0050 | 0.0030 |
| | 35070911 | 吊装夹具 | 套 | 0.0001 | | 0.0001 | 0.0001 |
| | 35091901 | 钢桩帽摊销 | kg | 1.4999 | 1.9038 | 2.0499 | 3.2139 |
| | 35130010 | 千斤顶 | 只 | 0.0001 | | 0.0001 | 0.0001 |
| | | 其他材料费 | % | 0.2259 | 0.2386 | 0.4551 | 0.4442 |
| 机械 | 99030070 | 履带式柴油打桩机 8t | 台班 | 0.1871 | 0.1403 | 0.1367 | 0.0980 |
| | 99090090 | 履带式起重机 15t | 台班 | 0.2529 | 0.1600 | 0.1821 | 0.1110 |
| | 99090410 | 汽车式起重机 20t | 台班 | 0.0008 | 0.0005 | 0.0014 | 0.0008 |
| | 99230060 | 自动仿型切割机 切割厚度 60 | 台班 | 0.0132 | 0.0198 | 0.0096 | 0.0145 |
| | 99230150 | 管内外切割机 CG-100 | 台班 | 0.0376 | 0.0188 | 0.0224 | 0.0112 |
| | 99230240 | 气割设备 | 台班 | 0.2190 | 0.1431 | 0.1536 | 0.0968 |
| | 99250020 | 交流弧焊机 32kV·A | 台班 | 0.0555 | 0.0411 | 0.0534 | 0.0461 |
| | 99440330 | 潜水泵 ϕ100 | 台班 | 0.0516 | 0.0258 | 0.0280 | 0.0140 |

# 第二节 灌注桩

**工作内容**：1. 成孔、钢筋笼制作安放、混凝土灌注及填桩孔。
2. 成孔、钢筋笼制作安放、混凝土灌注。
3. 成孔、钢筋笼制作安放、声测管埋设、混凝土灌注及填桩孔。
4. 成孔、钢筋笼制作安放、声测管埋设、混凝土灌注。

<table>
<tr><td colspan="3">定额编号</td><td>A-1-2-1</td><td>A-1-2-2</td><td>A-1-2-3</td><td>A-1-2-4</td></tr>
<tr><td colspan="3" rowspan="4">项目</td><td colspan="2">钻孔灌注桩桩径$\phi$600</td><td colspan="2">钻孔灌注桩桩径$\phi$800</td></tr>
<tr><td colspan="4">浇混凝土</td></tr>
<tr><td>承重</td><td>围护</td><td>承重</td><td>围护</td></tr>
<tr><td>$m^3$</td><td>$m^3$</td><td>$m^3$</td><td>$m^3$</td></tr>
<tr><td>预算定额编号</td><td>预算定额名称</td><td>预算定额单位</td><td colspan="4">数量</td></tr>
<tr><td>01-3-2-1</td><td>钻孔灌注桩桩径$\phi$600 成孔</td><td>$m^3$</td><td>1.1714</td><td>1.0000</td><td></td><td></td></tr>
<tr><td>01-3-2-2</td><td>钻孔灌注桩桩径$\phi$600 灌注混凝土(非泵送)</td><td>$m^3$</td><td>1.0000</td><td>1.0000</td><td></td><td></td></tr>
<tr><td>01-3-2-3</td><td>钻孔灌注桩桩径$\phi$800 成孔</td><td>$m^3$</td><td></td><td></td><td>1.1714</td><td>1.0000</td></tr>
<tr><td>01-3-2-4</td><td>钻孔灌注桩桩径$\phi$800 灌注混凝土(非泵送)</td><td>$m^3$</td><td></td><td></td><td>1.0000</td><td>1.0000</td></tr>
<tr><td>01-3-2-21</td><td>声测管埋设 钢管</td><td>m</td><td></td><td></td><td>1.7319</td><td>1.4785</td></tr>
<tr><td>01-4-4-5</td><td>碎石垫层 干铺无砂</td><td>$m^3$</td><td>0.1000</td><td></td><td>0.1000</td><td></td></tr>
<tr><td>01-5-11-41</td><td>钢筋 钢筋笼</td><td>t</td><td>0.0700</td><td>0.1200</td><td>0.0700</td><td>0.1200</td></tr>
</table>

**工作内容：** 1. 成孔、钢筋笼制作安放、混凝土灌注及填桩孔。
2. 成孔、钢筋笼制作安放、混凝土灌注。
3. 成孔、钢筋笼制作安放、声测管埋设、混凝土灌注及填桩孔。
4. 成孔、钢筋笼制作安放、声测管埋设、混凝土灌注。

| 定额编号 | | | | A-1-2-1 | A-1-2-2 | A-1-2-3 | A-1-2-4 |
|---|---|---|---|---|---|---|---|
| 项目 | | | | 钻孔灌注桩桩径φ600 | | 钻孔灌注桩桩径φ800 | |
| | | | | 浇混凝土 | | | |
| | | | | 承重 | 围护 | 承重 | 围护 |
| 名称 | | | 单位 | m³ | m³ | m³ | m³ |
| 人工 | 00030113 | 打桩工 | 工日 | 0.6856 | 0.5853 | 0.5425 | 0.4631 |
| | 00030119 | 钢筋工 | 工日 | 0.2872 | 0.4923 | 0.2872 | 0.4923 |
| | 00030121 | 混凝土工 | 工日 | 0.2340 | 0.1951 | 0.1899 | 0.1510 |
| | 00030143 | 起重工 | 工日 | 0.0595 | 0.1020 | 0.0595 | 0.1020 |
| | 00030153 | 其他工 | 工日 | 0.0545 | 0.0778 | 0.0595 | 0.0821 |
| 材料 | 01010120 | 成型钢筋 | t | 0.0707 | 0.1212 | 0.0707 | 0.1212 |
| | 03130115 | 电焊条 J422 φ4.0 | kg | 1.0850 | 1.8600 | 1.0850 | 1.8600 |
| | 03152501 | 镀锌铁丝 | kg | 0.3465 | 0.5940 | 0.4144 | 0.6520 |
| | 04050218 | 碎石 5～70 | kg | 155.1000 | | 155.1000 | |
| | 17010861 | 钢管 φ60×3.5 | m | | | 1.8358 | 1.5672 |
| | 18254451 | 接头管箍 DN60 | 个 | | | 0.2944 | 0.2513 |
| | 34110101 | 水 | m³ | 3.4249 | 3.0175 | 3.1146 | 2.7207 |
| | 35091211 | 钢制护套管 | kg | 0.3857 | 0.3293 | 0.2242 | 0.1914 |
| | 80112011 | 护壁泥浆 | m³ | 0.2577 | 0.2200 | 0.7731 | 0.6600 |
| | 80211213 | 预拌水下混凝土(非泵送型) C30 粒径 5～40 | m³ | 1.2484 | 1.2484 | 1.2484 | 1.2484 |
| | | 其他材料费 | % | 3.4227 | 2.9181 | 2.6602 | 2.2940 |
| 机械 | 99030620 | 工程钻机 GPS-10 | 台班 | 0.1458 | 0.1315 | 0.1021 | 0.0910 |
| | 99050150 | 泥浆排放设备 | 台班 | 0.2386 | 0.2037 | 0.1212 | 0.1035 |
| | 99090400 | 汽车式起重机 16t | 台班 | 0.0126 | 0.0216 | 0.0126 | 0.0216 |
| | 99130340 | 电动夯实机 250N·m | 台班 | 0.0027 | | 0.0027 | |
| | 99250020 | 交流弧焊机 32kV·A | 台班 | 0.0700 | 0.1200 | 0.0700 | 0.1200 |
| | 99430200 | 电动空气压缩机 0.6m³/min | 台班 | 0.0515 | 0.0440 | 0.0515 | 0.0440 |
| | 99440240 | 泥浆泵 φ50 | 台班 | 0.0979 | 0.0836 | 0.0758 | 0.0647 |

**工作内容**：1,3. 成孔、钢筋笼制作安放、声测管埋设、混凝土灌注及填桩孔。
2,4. 成孔、钢筋笼制作安放、声测管埋设、混凝土灌注。

| 定额编号 | | | A-1-2-5 | A-1-2-6 | A-1-2-7 | A-1-2-8 |
|---|---|---|---|---|---|---|
| 项目 | | | 钻孔灌注桩桩径ϕ1000 | | 钻孔灌注桩桩径ϕ1200 | |
| | | | 浇混凝土 | | | |
| | | | 承重 | 围护 | 承重 | 围护 |
| | | | $m^3$ | $m^3$ | $m^3$ | $m^3$ |
| 预算定额编号 | 预算定额名称 | 预算定额单位 | 数量 | | | |
| 01-3-2-5 | 钻孔灌注桩桩径ϕ1000 成孔 | $m^3$ | 1.1714 | 1.0000 | | |
| 01-3-2-6 | 钻孔灌注桩桩径ϕ1000 灌注混凝土(非泵送) | $m^3$ | 1.0000 | 1.0000 | | |
| 01-3-2-7 | 钻孔灌注桩桩径ϕ1200 成孔 | $m^3$ | | | 1.1714 | 1.0000 |
| 01-3-2-8 | 钻孔灌注桩桩径ϕ1200 灌注混凝土(非泵送) | $m^3$ | | | 1.0000 | 1.0000 |
| 01-3-2-21 | 声测管埋设 钢管 | m | 6.0365 | 5.1532 | 4.1920 | 3.5786 |
| 01-4-4-5 | 碎石垫层 干铺无砂 | $m^3$ | 0.1000 | | 0.1000 | |
| 01-5-11-41 | 钢筋 钢筋笼 | t | 0.0700 | 0.1200 | 0.0700 | 0.1200 |

**工作内容**：1,3. 成孔、钢筋笼制作安放、声测管埋设、混凝土灌注及填桩孔。
2,4. 成孔、钢筋笼制作安放、声测管埋设、混凝土灌注。

| 定额编号 | | | | A-1-2-5 | A-1-2-6 | A-1-2-7 | A-1-2-8 |
|---|---|---|---|---|---|---|---|
| 项目 | | | | 钻孔灌注桩桩径ϕ1000 | | 钻孔灌注桩桩径ϕ1200 | |
| | | | | 浇混凝土 | | | |
| | | | | 承重 | 围护 | 承重 | 围护 |
| | 名称 | | 单位 | $m^3$ | $m^3$ | $m^3$ | $m^3$ |
| 人工 | 00030113 | 打桩工 | 工日 | 0.4976 | 0.4248 | 0.4389 | 0.3747 |
| | 00030119 | 钢筋工 | 工日 | 0.2872 | 0.4923 | 0.2872 | 0.4923 |
| | 00030121 | 混凝土工 | 工日 | 0.1686 | 0.1297 | 0.1556 | 0.1167 |
| | 00030143 | 起重工 | 工日 | 0.0595 | 0.1020 | 0.0595 | 0.1020 |
| | 00030153 | 其他工 | 工日 | 0.0720 | 0.0927 | 0.0667 | 0.0882 |
| 材料 | 01010120 | 成型钢筋 | t | 0.0707 | 0.1212 | 0.0707 | 0.1212 |
| | 03130115 | 电焊条 J422 ϕ4.0 | kg | 1.0850 | 1.8600 | 1.0850 | 1.8600 |
| | 03152501 | 镀锌铁丝 | kg | 0.5831 | 0.7960 | 0.5108 | 0.7343 |
| | 04050218 | 碎石 5~70 | kg | 155.1000 | | 155.1000 | |
| | 17010861 | 钢管 ϕ60×3.5 | m | 6.3987 | 5.4624 | 4.4435 | 3.7933 |
| | 18254451 | 接头管箍 DN60 | 个 | 1.0262 | 0.8760 | 0.7126 | 0.6084 |
| | 34110101 | 水 | $m^3$ | 2.8436 | 2.4671 | 2.6157 | 2.2605 |
| | 35091211 | 钢制护套管 | kg | 0.2130 | 0.1818 | 0.2018 | 0.1723 |
| | 80112011 | 护壁泥浆 | $m^3$ | 0.7345 | 0.6270 | 0.6958 | 0.5940 |
| | 80211213 | 预拌水下混凝土(非泵送型) C30 粒径 5~40 | $m^3$ | 1.2484 | 1.2484 | 1.2484 | 1.2484 |
| | | 其他材料费 | % | 0.8591 | 0.7266 | 0.8088 | 0.6846 |
| 机械 | 99030630 | 工程钻机 GPS-15 | 台班 | 0.0836 | 0.0741 | 0.0753 | 0.0667 |
| | 99050150 | 泥浆排放设备 | 台班 | 0.1151 | 0.0983 | 0.1092 | 0.0932 |
| | 99090400 | 汽车式起重机 16t | 台班 | 0.0126 | 0.0216 | 0.0126 | 0.0216 |
| | 99130340 | 电动夯实机 250N·m | 台班 | 0.0027 | | 0.0027 | |
| | 99250020 | 交流弧焊机 32kV·A | 台班 | 0.0700 | 0.1200 | 0.0700 | 0.1200 |
| | 99430200 | 电动空气压缩机 $0.6m^3/min$ | 台班 | 0.0515 | 0.0440 | 0.0515 | 0.0440 |
| | 99440240 | 泥浆泵 ϕ50 | 台班 | 0.0651 | 0.0556 | 0.0586 | 0.0500 |

工作内容：1. 成孔、钢筋笼制作安放、声测管埋设、混凝土灌注及填桩孔。
2. 成孔、钢筋笼制作安放、声测管埋设、混凝土灌注。
3,4. 制作桩尖，打桩孔、钢筋笼制作安放、混凝土灌注震实及拔钢管。

| 定额编号 | | | A-1-2-9 | A-1-2-10 | A-1-2-11 | A-1-2-12 |
|---|---|---|---|---|---|---|
| 项目 | | | 钻孔灌注桩桩径$\phi$1500 | | 就地灌注混凝土桩 | |
| | | | 浇混凝土 | | 桩长 18m 以内 | 桩长 30m 以内 |
| | | | 承重 | 围护 | | |
| | | | $m^3$ | $m^3$ | $m^3$ | $m^3$ |
| 预算定额编号 | 预算定额名称 | 预算定额单位 | 数量 | | | |
| 01-3-2-9 | 钻孔灌注桩桩径$\phi$1500 成孔 | $m^3$ | 1.1714 | 1.0000 | | |
| 01-3-2-10 | 钻孔灌注桩桩径$\phi$1500 灌注混凝土(非泵送) | $m^3$ | 1.0000 | 1.0000 | | |
| 01-3-2-11 | 就地灌注混凝土桩 桩长 18.0m 以内 | $m^3$ | | | 1.0000 | |
| 01-3-2-12 | 就地灌注混凝土桩 桩长 30.0m 以内 | $m^3$ | | | | 1.0000 |
| 01-3-2-21 | 声测管埋设 钢管 | m | 2.6829 | 2.2903 | | |
| 01-4-4-5 | 碎石垫层 干铺无砂 | $m^3$ | 0.1000 | | | |
| 01-5-10-15 | 现场预制构件 零星构件 | $m^3$ | | | 0.0369 | 0.0369 |
| 01-5-11-34 | 钢筋 零星构件 | t | | | 0.0093 | 0.0093 |
| 01-5-11-41 | 钢筋 钢筋笼 | t | 0.0700 | 0.1200 | 0.0350 | 0.0350 |
| 01-17-2-112 | 木模板 现场预制零星构件 | $m^3$ | | | 0.0369 | 0.0369 |

**工作内容：** 1. 成孔、钢筋笼制作安放、声测管埋设、混凝土灌注及填桩孔。
2. 成孔、钢筋笼制作安放、声测管埋设、混凝土灌注。
3,4. 制作桩尖，打桩孔、钢筋笼制作安放、混凝土灌注震实及拔钢管。

| 定额编号 | | | | A-1-2-9 | A-1-2-10 | A-1-2-11 | A-1-2-12 |
|---|---|---|---|---|---|---|---|
| 项目 | | | | 钻孔灌注桩桩径ϕ1500 | | 就地灌注混凝土桩 | |
| | | | | 浇混凝土 | | 桩长 18m 以内 | 桩长 30m 以内 |
| | | | | 承重 | 围护 | | |
| 名称 | | | 单位 | $m^3$ | $m^3$ | $m^3$ | $m^3$ |
| 人工 | 00030113 | 打桩工 | 工日 | 0.3908 | 0.3336 | 1.0782 | 0.6966 |
| | 00030117 | 模板工 | 工日 | | | 0.0611 | 0.0611 |
| | 00030119 | 钢筋工 | 工日 | 0.2872 | 0.4923 | 0.2885 | 0.2885 |
| | 00030121 | 混凝土工 | 工日 | 0.1448 | 0.1059 | 0.5631 | 0.5631 |
| | 00030143 | 起重工 | 工日 | 0.0595 | 0.1020 | 0.0298 | 0.0298 |
| | 00030153 | 其他工 | 工日 | 0.0623 | 0.0844 | 0.1550 | 0.1550 |
| 材料 | 01010120 | 成型钢筋 | t | 0.0707 | 0.1212 | 0.0448 | 0.0448 |
| | 02090101 | 塑料薄膜 | $m^2$ | | | 0.1937 | 0.1937 |
| | 03130115 | 电焊条 J422 ϕ4.0 | kg | 1.0850 | 1.8600 | 0.5425 | 0.5425 |
| | 03150101 | 圆钉 | kg | | | 0.0103 | 0.0103 |
| | 03152501 | 镀锌铁丝 | kg | 0.4517 | 0.6838 | 0.2198 | 0.2198 |
| | 04050218 | 碎石 5～70 | kg | 155.1000 | | | |
| | 05030106 | 大方材 ≥101cm² | $m^3$ | | | 0.0044 | 0.0044 |
| | 17010861 | 钢管 ϕ60×3.5 | m | 2.8439 | 2.4277 | | |
| | 18254451 | 接头管箍 DN60 | 个 | 0.4561 | 0.3894 | | |
| | 33010051 | 钢管桩 ϕ406.4 | kg | | | 0.6350 | 0.6350 |
| | 34110101 | 水 | $m^3$ | 2.5480 | 2.1928 | 0.0508 | 0.0508 |
| | 35010703 | 木模板成材 | $m^3$ | | | 0.0013 | 0.0013 |
| | 35091211 | 钢制护套管 | kg | 0.1906 | 0.1627 | | |
| | 80112011 | 护壁泥浆 | $m^3$ | 0.6572 | 0.5610 | | |
| | 80210521 | 预拌混凝土(非泵送型) C30 粒径 5～40 | $m^3$ | | | 0.0373 | 0.0373 |
| | 80211213 | 预拌水下混凝土(非泵送型) C30 粒径 5～40 | $m^3$ | 1.2484 | 1.2484 | 1.2120 | 1.2120 |
| | | 其他材料费 | % | 0.7641 | 0.6480 | 3.2594 | 3.2594 |
| 机械 | 99030030 | 履带式柴油打桩机 2.5t | 台班 | | | 0.1198 | 0.0774 |
| | 99030640 | 工程钻机 GPS-20 | 台班 | 0.0683 | 0.0605 | | |
| | 99050150 | 泥浆排放设备 | 台班 | 0.1031 | 0.0880 | | |
| | 99050920 | 混凝土振捣器 | 台班 | | | 0.0020 | 0.0020 |
| | 99090400 | 汽车式起重机 16t | 台班 | 0.0126 | 0.0216 | 0.0063 | 0.0063 |
| | 99130340 | 电动夯实机 250N·m | 台班 | 0.0027 | | | |
| | 99210010 | 木工圆锯机 ϕ500 | 台班 | | | 0.0002 | 0.0002 |
| | 99210080 | 木工压刨床(单面) 刨削宽度 600 | 台班 | | | 0.0002 | 0.0002 |
| | 99250020 | 交流弧焊机 32kV·A | 台班 | 0.0700 | 0.1200 | 0.0350 | 0.0350 |
| | 99430200 | 电动空气压缩机 0.6m³/min | 台班 | 0.0515 | 0.0440 | | |
| | 99440240 | 泥浆泵 ϕ50 | 台班 | 0.0532 | 0.0454 | | |

工作内容：1. 压浆管埋设、压浆。
2、3. 成孔、注浆、植桩、接桩、送桩及填桩孔。

| 定额编号 | | | A-1-2-13 | A-1-2-14 | A-1-2-15 |
|---|---|---|---|---|---|
| 项目 | | | 灌注桩后压浆 | 静钻根植桩 | |
| | | | | 桩径≤ϕ650 | 桩径≤ϕ800 |
| | | | m | m | m |
| 预算定额编号 | 预算定额名称 | 预算定额单位 | 数量 | | |
| 01-3-1-37 换 | 根植桩接桩 桩径≤ϕ650 | 个 | | 0.0511 | |
| 01-3-1-37 换 | 根植桩接桩 桩径≤ϕ800 | 个 | | | 0.0517 |
| 01-3-2-13 | 灌注桩后压浆 桩底(侧)压浆 | t | 0.0741 | | |
| 01-3-2-14 | 灌注桩后压浆 压浆管埋设 | m | 4.1248 | | |
| 01-3-2-15 | 静钻根植桩 桩径≤ϕ650 成孔 | $m^3$ | | 0.5837 | |
| 01-3-2-16 | 静钻根植桩 桩径≤ϕ800 成孔 | $m^3$ | | | 0.8780 |
| 01-3-2-17 | 静钻根植桩 水灰比 0.6∶1 注浆 | $m^3$ | | 0.0335 | 0.0838 |
| 01-3-2-18 | 静钻根植桩 水灰比 1∶1 注浆 | $m^3$ | | 0.1250 | 0.1779 |
| 01-3-2-19 | 静钻根植桩 植桩每 1.0m | m | | 1.0000 | 1.0000 |
| 01-3-2-20 | 静钻根植桩 送桩每 1.0m | m | | 0.3203 | 0.3284 |
| 01-4-4-5 | 碎石垫层 干铺无砂 | $m^3$ | | 0.1011 | 0.1741 |

**工作内容：** 1. 压浆管埋设、压浆。

2、3. 成孔、注浆、植桩、接桩、送桩及填桩孔。

| 定额编号 | | | | A-1-2-13 | A-1-2-14 | A-1-2-15 |
|---|---|---|---|---|---|---|
| 项目 | | | | 灌注桩后压浆 | 静钻根植桩 | |
| | | | | | 桩径≤ϕ650 | 桩径≤ϕ800 |
| 名称 | | | 单位 | m | m | m |
| 人工 | 00030113 | 打桩工 | 工日 | | 0.2208 | 0.2617 |
| | 00030116 | 注浆工 | 工日 | 0.2065 | | |
| | 00030121 | 混凝土工 | 工日 | | 0.0521 | 0.0889 |
| | 00030141 | 电焊工 | 工日 | 0.0132 | | |
| | 00030153 | 其他工 | 工日 | 0.0941 | 0.0092 | 0.0159 |
| 材料 | 03130115 | 电焊条 J422 ϕ4.0 | kg | 0.1031 | 0.0955 | 0.1189 |
| | 04010115 | 水泥 42.5 级 | kg | 75.5820 | 132.8302 | 228.8114 |
| | 04050218 | 碎石 5～70 | kg | | 156.8061 | 270.0291 |
| | 04290361 | 预应力混凝土根植管桩 | m | | 1.0100 | 1.0100 |
| | 05030106 | 大方材 ≥101cm² | m³ | | 0.0053 | 0.0056 |
| | 14390101 | 氧气 | m³ | 0.0272 | | |
| | 14390301 | 乙炔气 | m³ | 0.0202 | | |
| | 17070126 | 无缝钢管 ϕ32×2.5 | m | 4.3723 | | |
| | 34110101 | 水 | m³ | 0.0474 | 0.9137 | 1.3621 |
| | | 其他材料费 | % | | 1.5703 | 1.7948 |
| 机械 | 99010060 | 履带式单斗液压挖掘机 1m³ | 台班 | | 0.0157 | 0.0197 |
| | 99030712 | 履带式单轴钻孔机 D-150HP | 台班 | | 0.0182 | 0.0222 |
| | 99050773 | 灰浆搅拌机 200L | 台班 | 0.0452 | | |
| | 99050815 | 水泥自动配料搅拌设备 BZ-20 | 台班 | | 0.0022 | 0.0035 |
| | 99090180 | 履带式起重机 90t | 台班 | | 0.0182 | 0.0222 |
| | 99130340 | 电动夯实机 250N·m | 台班 | | 0.0027 | 0.0047 |
| | 99190720 | 管子切断机 ϕ250 | 台班 | 0.0045 | | |
| | 99250020 | 交流弧焊机 32kV·A | 台班 | 0.0132 | 0.0037 | 0.0047 |
| | 99440680 | 液压注浆泵 | 台班 | 0.0452 | | |

# 第三节　地 基 处 理

**工作内容：** 1. 钻孔。
2. 注浆。
3，4. 打水泥搅拌桩。

| 定额编号 | | | A-1-3-1 | A-1-3-2 | A-1-3-3 | A-1-3-4 |
|---|---|---|---|---|---|---|
| 项目 | | | 压密注浆 | | 水泥土搅拌桩 | |
| | | | 钻孔 | 注浆（水泥掺量7%） | 三轴 水泥掺量20% 一喷一搅 | 二轴 水泥掺量13% 一喷二搅 |
| | | | m | m³ | m³ | m³ |
| 预算定额编号 | 预算定额名称 | 预算定额单位 | 数量 | | | |
| 01-2-1-12 | 水泥土搅拌桩 三轴 水泥掺量20% 一喷一搅 | m³ | | | 1.0000 | |
| 01-2-1-13 | 水泥土搅拌桩 三轴 空搅 | m³ | | | 0.1524 | |
| 01-2-1-14 | 水泥土搅拌桩 二轴 水泥掺量13% 一喷二搅 | m³ | | | | 1.0000 |
| 01-2-1-16 | 水泥土搅拌桩 二轴 空搅 | m³ | | | | 0.1524 |
| 01-2-1-24 | 压密注浆 钻孔 | m | 1.0000 | | | |
| 01-2-1-25 | 压密注浆 注浆(水泥掺量7%) | m³ | | 1.0000 | | |

**工作内容：** 1. 钻孔。
2. 注浆。
3，4. 打水泥搅拌桩。

| 定额编号 | | | | A-1-3-1 | A-1-3-2 | A-1-3-3 | A-1-3-4 |
|---|---|---|---|---|---|---|---|
| 项目 | | | | 压密注浆 | | 水泥土搅拌桩 | |
| | | | | 钻孔 | 注浆（水泥掺量7%） | 三轴 水泥掺量20% 一喷一搅 | 二轴 水泥掺量13% 一喷二搅 |
| 名称 | | | 单位 | m | m³ | m³ | m³ |
| 人工 | 00030113 | 打桩工 | 工日 | 0.1200 | | 0.0662 | 0.1186 |
| | 00030116 | 注浆工 | 工日 | | 0.1750 | | |
| | 00030121 | 混凝土工 | 工日 | | | 0.0491 | 0.0747 |
| 材料 | 01290350 | 热轧钢板(中厚板) δ25 | kg | | | 0.0658 | 0.0658 |
| | 04010115 | 水泥 42.5级 | kg | | 128.5200 | 367.2000 | 238.6800 |
| | 17030137 | 镀锌焊接钢管 DN25 | kg | 0.7956 | | | |
| | 34110101 | 水 | m³ | | 0.0630 | 0.4860 | 0.1287 |
| 机械 | 99030540 | 双轴搅拌桩机 | 台班 | | | | 0.0276 |
| | 99030545 | 三轴搅拌桩机 | 台班 | | | 0.0096 | |
| | 99050773 | 灰浆搅拌机 200L | 台班 | | 0.0350 | | |
| | 99050800 | 全自动灰浆搅拌系统 1500L | 台班 | | | 0.0096 | 0.0276 |
| | 99191400 | 沉管设备 | 台班 | 0.0300 | 0.0150 | | |
| | 99430230 | 电动空气压缩机 6m³/min | 台班 | | | 0.0096 | |
| | 99440680 | 液压注浆泵 | 台班 | | 0.0350 | | |

**工作内容：** 1,2. 打水泥搅拌桩。
3. 水泥搅拌桩水泥掺量增减。

| 定额编号 | | | A-1-3-5 | A-1-3-6 | A-1-3-7 |
|---|---|---|---|---|---|
| 项目 | | | 水泥土搅拌桩 | | |
| | | | 二轴 | 单轴 | 水泥掺量增减1% |
| | | | 水泥掺量13% | | |
| | | | 二喷四搅 | 一喷二搅 | |
| | | | $m^3$ | $m^3$ | $m^3$ |
| 预算定额编号 | 预算定额名称 | 预算定额单位 | 数量 | | |
| 01-2-1-15 | 水泥土搅拌桩 二轴 水泥掺量13% 二喷四搅 | $m^3$ | 1.0000 | | |
| 01-2-1-16 | 水泥土搅拌桩 二轴 空搅 | $m^3$ | 0.1524 | | |
| 01-2-1-17 | 水泥土搅拌桩 单轴 水泥掺量13% 一喷二搅 | $m^3$ | | 1.0000 | |
| 01-2-1-18 | 水泥土搅拌桩 单轴 空搅 | $m^3$ | | 0.1524 | |
| 01-2-1-19 | 水泥土搅拌桩 水泥掺量增减1% | $m^3$ | | | 1.0000 |

**工作内容：** 1,2. 打水泥搅拌桩。
3. 水泥搅拌桩水泥掺量增减。

| 定额编号 | | | | A-1-3-5 | A-1-3-6 | A-1-3-7 |
|---|---|---|---|---|---|---|
| 项目 | | | | 水泥土搅拌桩 | | |
| | | | | 二轴 | 单轴 | 水泥掺量增减1% |
| | | | | 水泥掺量13% | | |
| | | | | 二喷四搅 | 一喷二搅 | |
| 名称 | | | 单位 | $m^3$ | $m^3$ | $m^3$ |
| 人工 | 00030113 | 打桩工 | 工日 | 0.1614 | 0.1924 | |
| | 00030121 | 混凝土工 | 工日 | 0.1068 | 0.1273 | |
| 材料 | 01290350 | 热轧钢板(中厚板) $\delta$25 | kg | 0.0658 | 0.0658 | |
| | 04010115 | 水泥 42.5级 | kg | 238.6800 | 238.6800 | 18.3600 |
| | 34110101 | 水 | $m^3$ | 0.1287 | 0.1287 | 0.0243 |
| 机械 | 99030530 | 单轴搅拌桩机 | 台班 | | 0.0456 | |
| | 99030540 | 双轴搅拌桩机 | 台班 | 0.0383 | | |
| | 99050800 | 全自动灰浆搅拌系统 1500L | 台班 | 0.0383 | 0.0456 | |

**工作内容：** 1. 成孔。
2,3,4. 喷浆。

| 定额编号 | | | A-1-3-8 | A-1-3-9 | A-1-3-10 | A-1-3-11 |
|---|---|---|---|---|---|---|
| 项目 | | | 高压旋喷桩 | | | |
| | | | 成孔 | 三重管 | 双重管 | 单重管 |
| | | | | 喷浆(水泥掺量 30%) | 喷浆(水泥掺量 25%) | |
| | | | m | $m^3$ | $m^3$ | $m^3$ |
| 预算定额编号 | 预算定额名称 | 预算定额单位 | 数量 | | | |
| 01-2-1-20 | 高压旋喷桩 成孔 | m | 1.0000 | | | |
| 01-2-1-21 | 三重管高压旋喷桩 喷浆(水泥掺量 30%) | $m^3$ | | 1.0000 | | |
| 01-2-1-22 | 双重管高压旋喷桩 喷浆(水泥掺量 25%) | $m^3$ | | | 1.0000 | |
| 01-2-1-23 | 单重管高压旋喷桩 喷浆(水泥掺量 25%) | $m^3$ | | | | 1.0000 |

**工作内容：** 1. 成孔。
2,3,4. 喷浆。

| 定额编号 | | | | A-1-3-8 | A-1-3-9 | A-1-3-10 | A-1-3-11 |
|---|---|---|---|---|---|---|---|
| 项目 | | | | 高压旋喷桩 | | | |
| | | | | 成孔 | 三重管 | 双重管 | 单重管 |
| | | | | | 喷浆(水泥掺量 30%) | 喷浆(水泥掺量 25%) | |
| 名称 | | | 单位 | m | $m^3$ | $m^3$ | $m^3$ |
| 人工 | 00030113 | 打桩工 | 工日 | 0.0808 | | | |
| | 00030153 | 其他工 | 工日 | | 0.2930 | 0.2548 | 0.1443 |
| 材料 | 04010115 | 水泥 42.5 级 | kg | | 550.8000 | 459.0000 | 459.0000 |
| | 17270201 | 普通橡胶管 | m | | 0.0885 | 0.0885 | 0.0885 |
| | 17270301 | 高压橡胶管 | m | | 0.0885 | 0.0443 | |
| | 34110101 | 水 | $m^3$ | 0.1189 | 0.5778 | 0.5010 | 0.5013 |
| | 35041001 | 喷射管 | m | | 0.0199 | 0.0199 | 0.0199 |
| 机械 | 99030500 | 单重管旋喷桩机 | 台班 | | | | 0.0289 |
| | 99030510 | 双重管旋喷桩机 | 台班 | 0.0202 | | 0.0364 | |
| | 99030520 | 三重管旋喷桩机 | 台班 | | 0.0419 | | |
| | 99050150 | 泥浆排放设备 | 台班 | | 0.0419 | 0.0364 | 0.0289 |
| | 99050773 | 灰浆搅拌机 200L | 台班 | | 0.0419 | 0.0364 | 0.0289 |
| | 99430230 | 电动空气压缩机 6$m^3$/min | 台班 | | 0.0419 | 0.0364 | |
| | 99440130 | 电动多级离心清水泵 $\phi$100×120m 以下 | 台班 | 0.0202 | 0.0419 | | |
| | 99440680 | 液压注浆泵 | 台班 | | 0.0419 | 0.0364 | 0.0289 |

**工作内容：** 1. 挖、填、运土方，铺设砂垫层。
2. 挖、填、运土方，混凝土浇捣养护。
3. 铺设道碴垫层。

| 定额编号 | | | A-1-3-12 | A-1-3-13 | A-1-3-14 |
|---|---|---|---|---|---|
| 项目 | | | 加固基础 | | |
| | | | 砂垫层 | 素混凝土加固 | 清水道碴垫层 |
| | | | $m^3$ | $m^3$ | $m^3$ |
| 预算定额编号 | 预算定额名称 | 预算定额单位 | 数量 | | |
| 01-1-1-9 | 机械挖土方 埋深3.5m以内 | $m^3$ | 1.5000 | 1.5000 | |
| 01-1-2-2 | 人工回填土 夯填 | $m^3$ | 0.5000 | 0.5000 | |
| 01-1-2-4 | 手推车运土 运距50m以内 | $m^3$ | 0.5000 | 0.5000 | |
| 01-4-4-1系 | 砂垫层 | $m^3$ | 1.0000 | | |
| 01-4-4-5系 | 碎石垫层 干铺无砂 | $m^3$ | | | 1.0000 |
| 01-5-1-1换 | 预拌混凝土(非泵送) 垫层 | $m^3$ | | 1.0000 | |

**工作内容：** 1. 挖、填、运土方，铺设砂垫层。
2. 挖、填、运土方，混凝土浇捣养护。
3. 铺设道碴垫层。

| 定额编号 | | | | A-1-3-12 | A-1-3-13 | A-1-3-14 |
|---|---|---|---|---|---|---|
| 项目 | | | | 加固基础 | | |
| | | | | 砂垫层 | 素混凝土加固 | 清水道碴垫层 |
| 名称 | | | 单位 | $m^3$ | $m^3$ | $m^3$ |
| 人工 | 00030121 | 混凝土工 | 工日 | 0.3192 | 0.5033 | 0.4669 |
| | 00030153 | 其他工 | 工日 | 0.2796 | 0.3669 | 0.1093 |
| 材料 | 04030119 | 黄砂 中粗 | kg | 1662.1600 | | |
| | 04050218 | 碎石 5～70 | kg | | | 1551.0000 |
| | 34110101 | 水 | $m^3$ | 0.3000 | 0.3209 | |
| | 80210515 | 预拌混凝土(非泵送型) C20 粒径5～40 | $m^3$ | | 1.0100 | |
| 机械 | 99010060 | 履带式单斗液压挖掘机 $1m^3$ | 台班 | 0.0026 | 0.0026 | |
| | 99050920 | 混凝土振捣器 | 台班 | 0.0244 | 0.0769 | |
| | 99130340 | 电动夯实机 250N·m | 台班 | | | 0.0270 |

# 第四节　基坑与边坡支护

**工作内容：** 1,2. 挖、填、运土方，导墙制作及拆除，制浆-成槽-护壁-钢筋网片制作平台及制作安放，安拔接头管，地墙清底置换，混凝土浇捣养护。

3,4. 成孔喷浆。

| 定额编号 | | | A-1-4-1 | A-1-4-2 | A-1-4-3 | A-1-4-4 |
|---|---|---|---|---|---|---|
| 项目 | | | 钢筋混凝土地下连续墙 | | 型钢水泥土搅拌墙 | |
| | | | 地墙深度 | | 三轴 | 五轴 |
| | | | 25m 以内 | 45m 以内 | 水泥掺量 20%<br>一喷一搅 | 水泥掺量 13% |
| | | | $m^3$ | $m^3$ | $m^3$ | $m^3$ |
| 预算定额编号 | 预算定额名称 | 预算定额单位 | 数量 | | | |
| 01-1-1-8 | 机械挖土方 埋深 1.5m 以内 | $m^3$ | 0.1474 | 0.0956 | | |
| 01-1-1-9 | 机械挖土方 埋深 3.5m 以内 | $m^3$ | 0.1474 | 0.0956 | | |
| 01-1-2-2 | 人工回填土 夯填 | $m^3$ | 0.2446 | 0.1586 | | |
| 01-1-2-6 | 汽车装车、运土 运距 1km 内 | $m^3$ | 0.2948 | 0.1912 | | |
| 01-2-2-1 换 | 地下连续墙导墙 浇筑混凝土(非泵送) | $m^3$ | 0.0502 | 0.0326 | | |
| 01-2-2-2 | 地下连续墙导墙 拆除 | 段 | 0.0091 | 0.0059 | | |
| 01-2-2-3 | 地下连续墙成槽 地墙深度 25m 以内 | $m^3$ | 1.0217 | | | |
| 01-2-2-4 | 地下连续墙成槽 地墙深度 45m 以内 | $m^3$ | | 1.0197 | | |
| 01-2-2-5 | 地下连续墙钢筋网片 制作 | t | 0.1841 | 0.2033 | | |
| 01-2-2-6 | 地下连续墙钢筋网片 运输、安放 | t | 0.1841 | 0.2033 | | |
| 01-2-2-7 | 地下连续墙钢筋网片 制作平台 | t | 0.0011 | 0.0007 | | |
| 01-2-2-8 | 地下连续墙 清底置换 | 段 | 0.0091 | 0.0059 | | |
| 01-2-2-9 | 地下连续墙 浇筑混凝土(泵送) | $m^3$ | 1.0000 | 1.0000 | | |
| 01-2-2-12 | 安、拔接头管(波形管) 地墙深度≤25m | 段 | 0.0091 | | | |
| 01-2-2-15 | 安、拔接头箱 地墙深度≤45m | 段 | | 0.0059 | | |
| 01-2-2-16 | 型钢水泥土搅拌墙 三轴 一喷一搅水泥掺量 20% | $m^3$ | | | 1.0000 | |
| 01-2-2-17 | 型钢水泥土搅拌墙 五轴 水泥掺量 13% | $m^3$ | | | | 1.0000 |
| 01-5-11-14 | 钢筋 地下室墙、挡土墙 | t | 0.0053 | 0.0034 | | |
| 01-5-12-2 | 预埋铁件 | t | 0.0010 | 0.0007 | | |
| 01-17-2-68 | 复合模板 地下室墙、挡土墙 | $m^2$ | 0.3276 | 0.2124 | | |

**工作内容：** 1,2. 挖、填、运土方，导墙制作及拆除，制浆、成槽、护壁、钢筋网片制作平台及制作安放，安拔接头管，地墙清底置换，混凝土浇捣养护。

3,4. 成孔喷浆。

| 定额编号 | | | | A-1-4-1 | A-1-4-2 | A-1-4-3 | A-1-4-4 |
|---|---|---|---|---|---|---|---|
| 项目 | | | | 钢筋混凝土地下连续墙 | | 型钢水泥土搅拌墙 | |
| | | | | 地墙深度 | | 三轴 | 五轴 |
| | | | | 25m 以内 | 45m 以内 | 水泥掺量 20%<br>一喷一搅 | 水泥掺量 13% |
| 名称 | | | 单位 | $m^3$ | $m^3$ | $m^3$ | $m^3$ |
| 人工 | 00030113 | 打桩工 | 工日 | | | 0.0520 | 0.0926 |
| | 00030115 | 制浆工 | 工日 | 0.2528 | 0.2696 | | |
| | 00030117 | 模板工 | 工日 | 0.0598 | 0.0394 | | |
| | 00030119 | 钢筋工 | 工日 | 1.4058 | 1.5397 | | |
| | 00030121 | 混凝土工 | 工日 | 0.1436 | 0.1371 | 0.1040 | 0.1004 |
| | 00030143 | 起重工 | 工日 | 0.6580 | 0.6392 | | |
| | 00030153 | 其他工 | 工日 | 0.5122 | 0.4737 | | 0.0220 |
| 材料 | 01010120 | 成型钢筋 | t | 0.0054 | 0.0034 | | |
| | 01010217 | 热轧带肋钢筋(HRB400) $\phi\leqslant20$ | kg | 56.6108 | 62.5148 | | |
| | 01010218 | 热轧带肋钢筋(HRB400) $\phi>20$ | kg | 132.0918 | 145.8678 | | |
| | 01050167 | 钢丝绳 $\phi$24.5 | kg | 0.1821 | 0.1825 | | |
| | 01190235 | 热轧槽钢 10# | kg | 0.2750 | 0.1750 | | |
| | 01290350 | 热轧钢板(中厚板) $\delta$25 | kg | | | 0.0571 | 0.0571 |
| | 02090101 | 塑料薄膜 | $m^2$ | 0.0716 | 0.0465 | | |
| | 03019315 | 镀锌六角螺母 M14 | 个 | 0.9043 | 0.5863 | | |
| | 03130115 | 电焊条 J422 $\phi$4.0 | kg | 1.5303 | 1.6744 | | |
| | 03150101 | 圆钉 | kg | 0.0107 | 0.0070 | | |
| | 03152501 | 镀锌铁丝 | kg | 0.0238 | 0.0153 | | |
| | 03152516 | 镀锌铁丝 18#～22# | kg | 0.8137 | 0.8986 | | |
| | 03154813 | 铁件 | kg | 6.9958 | 7.7254 | | |
| | 03211101 | 风镐凿子 | 根 | 0.0010 | 0.0006 | | |
| | 04010115 | 水泥 42.5 级 | kg | | | 367.2000 | 236.3000 |
| | 05030106 | 大方材 ≥101$cm^2$ | $m^3$ | 0.0011 | 0.0012 | | |
| | 05030107 | 中方材 55～100$cm^2$ | $m^3$ | 0.0018 | 0.0012 | | |
| | 14390101 | 氧气 | $m^3$ | 0.0066 | 0.0042 | | |
| | 14390301 | 乙炔气 | $m^3$ | 0.0026 | 0.0017 | | |
| | 15131501 | 聚苯乙烯泡沫板 | $m^3$ | 0.0276 | 0.0305 | | |
| | 17252681 | 塑料套管 $\phi$18 | m | 0.1809 | 0.1173 | | |
| | 33330811 | 预埋铁件 | t | 0.0010 | 0.0007 | | |
| | 34110101 | 水 | $m^3$ | 0.6203 | 0.6191 | 0.6300 | 0.2340 |
| | 35010801 | 复合模板 | $m^2$ | 0.0808 | 0.0524 | | |
| | 35020101 | 钢支撑 | kg | 0.0104 | 0.0068 | | |
| | 35020531 | 铁板卡 | kg | 0.1959 | 0.1270 | | |
| | 35020601 | 模板对拉螺栓 | kg | 0.1191 | 0.0772 | | |
| | 35020721 | 模板钢连杆 | kg | 0.0430 | 0.0279 | | |
| | 35020902 | 扣件 | 只 | 0.0051 | 0.0033 | | |

（续表）

| | | 定额编号 | | A-1-4-1 | A-1-4-2 | A-1-4-3 | A-1-4-4 |
|---|---|---|---|---|---|---|---|
| 项目 | | | | 钢筋混凝土地下连续墙 | | 型钢水泥土搅拌墙 | |
| | | | | 地墙深度 | | 三轴 | 五轴 |
| | | | | 25m 以内 | 45m 以内 | 水泥掺量 20%<br>一喷一搅 | 水泥掺量 13% |
| 名称 | | | 单位 | $m^3$ | $m^3$ | $m^3$ | $m^3$ |
| 材料 | 35041211 | 导管(钢制) φ300 | kg | 0.4750 | 0.4750 | | |
| | 35041531 | 皮管摊销 1″ | m | 0.0018 | 0.0024 | | |
| | 35041561 | 接头管(钢质波形管) | kg | 0.6387 | | | |
| | 35041581 | 接头箱摊销 | kg | | 0.8263 | | |
| | 35041711 | 泥浆箱 | 只 | 0.0031 | 0.0031 | | |
| | 80112011 | 护壁泥浆 | $m^3$ | 0.7867 | 0.7852 | | |
| | 80210521 | 预拌混凝土(非泵送型) C30 粒径 5～40 | $m^3$ | 0.0507 | 0.0329 | | |
| | 80211114 | 预拌水下混凝土(泵送型) C30 粒径 5～40 | $m^3$ | 1.2120 | 1.2120 | | |
| | | 其他材料费 | % | 0.0860 | 0.0779 | | |
| 机械 | 98330100 | 超声波测壁机 | 台班 | 0.0123 | 0.0122 | | |
| | 99010060 | 履带式单斗液压挖掘机 $1m^3$ | 台班 | 0.0014 | 0.0009 | | |
| | 99030545 | 三轴搅拌桩机 | 台班 | | | 0.0104 | |
| | 99030570 | 五轴搅拌桩机 | 台班 | | | | 0.0101 |
| | 99050800 | 全自动灰浆搅拌系统 1500L | 台班 | | | 0.0104 | 0.0101 |
| | 99050920 | 混凝土振捣器 | 台班 | 0.0039 | 0.0025 | | |
| | 99070530 | 载重汽车 5t | 台班 | 0.0011 | 0.0007 | | |
| | 99070680 | 自卸汽车 12t | 台班 | 0.0022 | 0.0014 | | |
| | 99090090 | 履带式起重机 15t | 台班 | 0.0340 | 0.0311 | | |
| | 99090150 | 履带式起重机 60t | 台班 | 0.0182 | 0.0059 | | |
| | 99090190 | 履带式起重机 100t | 台班 | 0.0028 | 0.0120 | | |
| | 99090210 | 履带式起重机 150t | 台班 | 0.0028 | 0.0031 | | |
| | 99090360 | 汽车式起重机 8t | 台班 | 0.0005 | 0.0003 | | |
| | 99170030 | 钢筋切断机 φ40 | 台班 | 0.0442 | 0.0488 | | |
| | 99170050 | 钢筋弯曲机 φ40 | 台班 | 0.0442 | 0.0488 | | |
| | 99210010 | 木工圆锯机 φ500 | 台班 | 0.0008 | 0.0005 | | |
| | 99230240 | 气割设备 | 台班 | 0.0096 | 0.0062 | | |
| | 99250020 | 交流弧焊机 32kV·A | 台班 | 0.3711 | 0.4078 | | |
| | 99250580 | 半自动对焊机 | 台班 | 0.0442 | 0.0488 | | |
| | 99330010 | 风镐 | 台班 | 0.0091 | 0.0059 | | |
| | 99350540 | 履带式液压抓斗成槽机 SG-50A | 台班 | 0.0252 | 0.0269 | | |
| | 99350590 | 泥浆制作循环设备 | 台班 | 0.0252 | 0.0269 | | |
| | 99350600 | 锁口管顶升机 | 台班 | 0.0091 | 0.0059 | | |
| | 99351210 | 地下墙混凝土浇筑架 | 台班 | 0.0250 | 0.0250 | | |
| | 99430230 | 电动空气压缩机 $6m^3/min$ | 台班 | | | 0.0104 | |
| | 99430250 | 电动空气压缩机 $10m^3/min$ | 台班 | 0.0091 | 0.0059 | | |
| | 99440250 | 泥浆泵 φ100 | 台班 | 0.0082 | 0.0053 | | |
| | 99450600 | 清底置换设备 | 台班 | 0.0082 | 0.0053 | | |
| | | 其他机械费 | % | 0.3341 | 0.3420 | | |

**工作内容：**1. 插拔型钢。
2. 型钢租赁使用。
3,4. 进出场各12km运距及场内驳运、卸车、就地堆放，打桩、拔桩，导向夹具安拆。

| 定额编号 | | | A-1-4-5 | A-1-4-6 | A-1-4-7 | A-1-4-8 |
|---|---|---|---|---|---|---|
| 项目 | | | 型钢水泥土搅拌墙 | | 打、拔钢板桩 | |
| | | | 插拔型钢 | 型钢使用（租赁） | 桩长10m以内 | 桩长20m以内 |
| | | | t | t·d | t | t |
| 预算定额编号 | 预算定额名称 | 预算定额单位 | 数量 | | | |
| 01-2-2-18 | 型钢水泥土搅拌墙 插拔型钢 | t | 1.0000 | | | |
| 01-2-2-19 | 型钢水泥土搅拌墙 型钢使用（租赁）费 | t·d | | 1.0000 | | |
| 01-2-2-21 | 打、拔钢板桩 桩长≤10m | t | | | 1.0000 | |
| 01-2-2-23 | 打、拔钢板桩 桩长>15m | t | | | | 1.0000 |
| 01-2-2-24 | 安、拆导向夹具 | m | | | 0.8160 | 0.3610 |
| 01-6-1-2 | 金属构件驳运 其他类（运距1km以内） | t | | | 1.0000 | 1.0000 |
| 01-6-1-2换 | 钢板桩进场（运距12km） | t | | | 1.0000 | 1.0000 |
| 01-6-1-2换 | 钢板桩出场（运距12km） | t | | | 1.0000 | 1.0000 |
| 01-6-1-3 | 钢板桩（驳运，装、卸车） | t | | | 1.0000 | 1.0000 |
| 01-6-1-3 | 钢板桩（进场卸车） | t | | | 1.0000 | 1.0000 |

**工作内容**：1．插拔型钢。

2．型钢租赁使用。

3,4．进出场各 12km 运距及场内驳运、卸车、就地堆放，打桩、拔桩，导向夹具安拆。

| 定额编号 | | | | A-1-4-5 | A-1-4-6 | A-1-4-7 | A-1-4-8 |
|---|---|---|---|---|---|---|---|
| 项目 | | | | 型钢水泥土搅拌墙 | | 打、拔钢板桩 | |
| | | | | 插拔型钢 | 型钢使用（租赁） | 桩长 10m 以内 | 桩长 20m 以内 |
| 名称 | | | 单位 | t | t·d | t | t |
| 人工 | 00030113 | 打桩工 | 工日 | | | 2.0134 | 1.3139 |
| | 00030121 | 混凝土工 | 工日 | 1.2528 | | | |
| | 00030143 | 起重工 | 工日 | | | 1.3312 | 1.3312 |
| | 00030153 | 其他工 | 工日 | | | 1.0699 | 0.7701 |
| 材料 | 01230201 | 热轧 H 型钢 | kg | 50.0000 | | | |
| | 03130115 | 电焊条 J422 φ4.0 | kg | 5.1646 | | | |
| | 03152507 | 镀锌铁丝 8#～10# | kg | | | 1.0000 | 1.0000 |
| | 03154813 | 铁件 | kg | | | 0.0326 | 0.0144 |
| | 05030106 | 大方材 ≥101cm² | m³ | | | 0.0283 | 0.0274 |
| | 05030109 | 小方材 ≤54cm² | m³ | | | 0.0003 | 0.0003 |
| | 14351001 | 减摩剂 | kg | 15.0000 | | | |
| | 14390101 | 氧气 | m³ | 2.5823 | | | |
| | 14390301 | 乙炔气 | m³ | 1.9367 | | | |
| | 35090105 | 钢板桩摊销 | kg | | | 5.8497 | 5.8497 |
| | 35090211 | 型钢使用费 | t·d | | 1.0000 | | |
| | | 其他材料费 | % | | | 0.6453 | 0.6591 |
| 机械 | 99030030 | 履带式柴油打桩机 2.5t | 台班 | | | 0.2253 | 0.1254 |
| | 99030230 | 振动沉拔桩机 400kN | 台班 | | | 0.1660 | 0.1300 |
| | 99050670 | 液压泵车 | 台班 | 0.1838 | | | |
| | 99070590 | 载重汽车 15t | 台班 | | | 0.1480 | 0.1480 |
| | 99090080 | 履带式起重机 10t | 台班 | | | 0.0284 | 0.0284 |
| | 99090090 | 履带式起重机 15t | 台班 | | | 0.2220 | 0.1240 |
| | 99090110 | 履带式起重机 25t | 台班 | 0.2088 | | | |
| | 99090400 | 汽车式起重机 16t | 台班 | | | 0.0921 | 0.0921 |
| | 99091330 | 立式油压千斤顶 200t | 台班 | 0.3676 | | | |
| | 99250020 | 交流弧焊机 32kV·A | 台班 | 0.0750 | | | |

**工作内容：** 1. 钢板桩租赁使用。
2. 模板安拆、钢筋绑扎安放、混凝土浇捣养护。
3. 钢管支撑安拆。
4. 钢管租赁使用。

| 定额编号 | | | A-1-4-9 | A-1-4-10 | A-1-4-11 | A-1-4-12 |
|---|---|---|---|---|---|---|
| 项目 | | | 钢板桩使用（租赁） | 钢筋混凝土基坑支撑 | 钢管基坑支撑 | 钢管使用（租赁） |
| | | | t·d | m³ | t | t·d |
| 预算定额编号 | 预算定额名称 | 预算定额单位 | 数量 | | | |
| 01-2-2-25 | 钢板桩使用费(租赁) | t·d | 1.0000 | | | |
| 01-2-2-40 | 钢支撑 长度≤15m 安装 | t | | | 1.0000 | |
| 01-2-2-41 | 钢支撑 长度≤15m 拆除 | t | | | 1.0000 | |
| 01-2-2-44 | 钢管使用(租赁) | t·d | | | | 1.0000 |
| 01-5-1-2 | 预拌混凝土(泵送) 带形基础 | m³ | | 1.0000 | | |
| 01-5-11-1 | 钢筋 带形基础、基坑支撑 | t | | 0.1490 | | |
| 01-17-2-41 | 复合模板 基坑支撑 | m² | | 1.9500 | | |
| 01-17-3-37 | 输送泵车 | m³ | | 1.0000 | | |

**工作内容：** 1. 钢板桩租赁使用。
2. 模板安拆、钢筋绑扎安放、混凝土浇捣养护。
3. 钢管支撑安拆。
4. 钢管租赁使用。

| 定额编号 | | | | A-1-4-9 | A-1-4-10 | A-1-4-11 | A-1-4-12 |
|---|---|---|---|---|---|---|---|
| 项目 | | | | 钢板桩使用（租赁） | 钢筋混凝土基坑支撑 | 钢管基坑支撑 | 钢管使用（租赁） |
| 名称 | | | 单位 | t·d | $m^3$ | t | t·d |
| 人工 | 00030117 | 模板工 | 工日 | | 0.3313 | | |
| | 00030119 | 钢筋工 | 工日 | | 0.5835 | | |
| | 00030121 | 混凝土工 | 工日 | | 0.2980 | | |
| | 00030143 | 起重工 | 工日 | | | 2.3255 | |
| | 00030153 | 其他工 | 工日 | | 0.1953 | 0.9968 | |
| 材料 | 01010120 | 成型钢筋 | t | | 0.1505 | | |
| | 02090101 | 塑料薄膜 | $m^2$ | | 0.7243 | | |
| | 03014101 | 六角螺栓连母垫 | kg | | | 2.5500 | |
| | 03019315 | 镀锌六角螺母 M14 | 个 | | 5.2824 | | |
| | 03130115 | 电焊条 J422 $\phi$4.0 | kg | | | 1.5400 | |
| | 03150101 | 圆钉 | kg | | 0.0747 | | |
| | 03152501 | 镀锌铁丝 | kg | | 0.4468 | | |
| | 03154813 | 铁件 | kg | | | 7.8900 | |
| | 05030106 | 大方材 ≥101$cm^2$ | $m^3$ | | | 0.0300 | |
| | 05030107 | 中方材 55～100$cm^2$ | $m^3$ | | 0.0294 | | |
| | 17252681 | 塑料套管 $\phi$18 | m | | 6.3389 | | |
| | 33330801 | 预埋铁件 | kg | | | 11.6200 | |
| | 34110101 | 水 | $m^3$ | | 0.1754 | | |
| | 35010801 | 复合模板 | $m^2$ | | 0.4811 | | |
| | 35020531 | 铁板卡 | kg | | 1.4301 | | |
| | 35020601 | 模板对拉螺栓 | kg | | 2.0372 | | |
| | 35020721 | 模板钢连杆 | kg | | 0.3128 | | |
| | 35050502 | 钢围檩 | kg | | | 5.2500 | |
| | 35090111 | 钢板桩使用费 | t·d | 1.0000 | | | |
| | 35090411 | 钢管使用费 | t·d | | | | 1.0000 |
| | 35090641 | 基坑钢管支撑摊销 | kg | | | 27.0000 | |
| | 80210424 | 预拌混凝土(泵送型) C30 粒径 5～40 | $m^3$ | | 1.0100 | | |
| | | 其他材料费 | % | | 0.1308 | | |
| 机械 | 99050540 | 混凝土输送泵车 75$m^3$/h | 台班 | | 0.0108 | | |
| | 99050920 | 混凝土振捣器 | 台班 | | 0.0615 | | |
| | 99070530 | 载重汽车 5t | 台班 | | 0.0084 | 0.1270 | |
| | 99090110 | 履带式起重机 25t | 台班 | | | 0.3100 | |
| | 99090360 | 汽车式起重机 8t | 台班 | | 0.0027 | 0.0290 | |
| | 99091330 | 立式油压千斤顶 200t | 台班 | | | 0.2200 | |
| | 99210010 | 木工圆锯机 $\phi$500 | 台班 | | 0.0059 | | |
| | 99250020 | 交流弧焊机 32kV·A | 台班 | | | 0.1800 | |
| | 99430250 | 电动空气压缩机 10$m^3$/min | 台班 | | | 0.0400 | |

# 第二章　基 础 工 程

# 说 明

一、混凝土、钢筋混凝土基础及地梁基础定额子目中，已综合考虑了土方的放坡系数、挖土、运土、回填土、垫层、模板制作和安装。除地下室底板外，还综合了工作面内明排水。

二、基础埋置深度是指设计室外地面至垫层底的深度；有梁式满堂基础和地下室有梁底板向下出肋时，埋置深度应算至肋的垫层底。

三、垫层(除逆作法垫层)混凝土强度等级按C20列入，逆作法垫层混凝土强度等级按C30列入，基础(除后浇带)混凝土强度等级按C30列入，后浇带混凝土强度等级按C35列入。如设计要求与定额不同时，可以调整。

四、带形基础分素混凝土和钢筋混凝土两种，按基础外形断面分为有梁式及无梁式两种。

五、砖柱、钢柱、钢筋混凝土柱下的单独基础及伸缩缝处的双联柱基础，均按独立或杯形基础计算。

六、满堂基础

1. 满堂基础分有梁式与无梁式两种。有梁式满堂基础不论向上或向下出肋，均视为有梁式满堂基础。

2. 两条或两条以上轴线下的基础联成一体，且设计上下二层钢筋者，按有梁或无梁满堂基础计算。

七、桩承台基础

1. 桩承台基础系指基础下面有桩承载的基础，分带形和杯形两种。

2. 独立基础下面有桩承载的，执行杯形桩承台基础定额，但应扣除杯芯。

八、地下室基础分为无梁底板和有梁底板两种。无梁底板定额取定厚度在500mm以内；有梁底板定额取定折算厚度在600mm以内。在取定厚度范围内均执行相应定额，凡超过上述厚度的部分按相应定额子目执行。

九、钢筋混凝土基础定额中除地下室基础已综合了双垫层外，其余均包括一层混凝土垫层；如设计要求做双垫层时，接触土的一层垫层，应另行计算。

十、地下室钢板止水带定额子目中，已综合了止水带、界面砂浆、附加防水层工作内容。

十一、后浇带为差量定额。

十二、凿、截钻孔灌注桩，如设计桩径$>\phi800$以上的，则按相应定额子目的人工、机械乘以系数1.5。

十三、逆作法

1. 逆作法适用于高层建筑的多层地下室结构施工。

2. 逆作法挖土方是采用地下室首层楼板结构完成后，由专用取土设备与人力相结合在楼板底下暗挖土方。

3. 逆作法定额子目中，已综合考虑了支撑间挖土降效因素以及挖掘机水平驳运土和垂直吊运土因素。

4. 格构柱内混凝土凿除定额子目中，未包括柱内型钢切割。

5. 有梁板是指板下带梁(肋)者，不包括框架结构的柱间梁。如柱间梁之间的板不带肋者，按平板定额子目执行。带肋者，按有梁板定额子目执行。有梁板板下的梁折算在板厚内。

6. 板定额子目中综合的板底抹灰为中级天棚抹灰。如设计要求做其他粉刷时，另按相应定额子目执行。

十四、桩承台基础定额子目中，已综合考虑了桩顶挖土；其他基础如有打桩的，应分别按钢筋混凝土桩、钻孔灌注桩、钢管桩计算桩顶挖土增加费。

十五、汽车运土1km子目适用于场内土方驳运。

十六、强夯土方定额子目内每百平方米夯点数是指点夯的最终夯点数。

十七、干、湿土及淤泥的划分以地质勘测资料为准。地下常水位以上为干土，以下为湿土。地表水排出层，土壤含水率$\geq25\%$时为湿土。含水率超过液限，土和水的混合物呈现流动状态时为淤泥。

# 工程量计算规则

一、砖、砌块基础

1. 基础与墙(柱)身的划分

(1) 基础与墙(柱)身使用同一材料时，以设计室内地面为界(有地下室的，以地下室室内设计地面为界)，以下为基础，以上为墙(柱)身。

(2) 基础与墙(柱)身使用不同材料，位于设计室内地面高度≤±300mm 时，以不同材料为分界线；高度>±300mm 时，以设计室内地面为分界线。

2. 砖基础工程量的计算

(1) 长度：外墙按墙中心线计算，内墙按墙面间的净长计算。

(2) 断面：按混凝土或钢筋混凝土基础顶面至室内地坪的高度乘以砖基础的宽度并加上大放脚增加断面(大放脚增加断面见表 2-1 和表 2-2)，不扣除混凝土或钢筋混凝土柱、洞口和大放脚的 T 形接头重叠部分等所占体积。凸出墙面的垛基、附墙烟囱的基础亦不增加。

**表 2-1　砖墙基大放脚折算高度及面积(蒸压灰砂砖)**

| 大放脚层数 | 各种墙基厚度的折算高度(m) | | | | | | | 大放脚面积($m^2$) |
|---|---|---|---|---|---|---|---|---|
| | 放脚形式 | 0.115 | 0.180 | 0.240 | 0.365 | 0.490 | 0.615 | |
| 一 | 等高式 | 0.137 | 0.087 | 0.066 | 0.043 | 0.032 | 0.026 | 0.01575 |
| | 间隔式 | 0.137 | 0.087 | 0.066 | 0.043 | 0.032 | 0.026 | 0.01575 |
| 二 | 等高式 | 0.411 | 0.262 | 0.197 | 0.129 | 0.096 | 0.077 | 0.04725 |
| | 间隔式 | 0.342 | 0.219 | 0.164 | 0.108 | 0.080 | 0.064 | 0.03938 |
| 三 | 等高式 | 0.822 | 0.525 | 0.394 | 0.259 | 0.193 | 0.154 | 0.09450 |
| | 间隔式 | 0.685 | 0.437 | 0.328 | 0.216 | 0.161 | 0.128 | 0.07875 |

**表 2-2　砖柱基础大放脚增加体积(蒸压灰砂砖)**

单位：$m^3$

| 类型 | 砖柱水平断面 | 放脚层数 | | | | | |
|---|---|---|---|---|---|---|---|
| | | 一层 | 二层 | 三层 | 四层 | 五层 | 六层 |
| 间隔式 | 240×240 | 0.010 | 0.028 | 0.062 | 0.110 | 0.179 | 0.270 |
| | 240×365 | 0.012 | 0.033 | 0.071 | 0.126 | 0.203 | 0.302 |
| | 365×365 | 0.014 | 0.038 | 0.081 | 0.141 | 0.227 | 0.334 |
| | 365×490 | 0.015 | 0.043 | 0.091 | 0.157 | 0.250 | 0.367 |
| | 490×490 | 0.017 | 0.048 | 0.101 | 0.173 | 0.274 | 0.400 |
| | 490×615 | 0.019 | 0.053 | 0.111 | 0.189 | 0.298 | 0.432 |
| | 615×615 | 0.021 | 0.057 | 0.121 | 0.204 | 0.321 | 0.464 |
| | 615×740 | 0.023 | 0.062 | 0.130 | 0.220 | 0.345 | 0.497 |
| | 740×740 | 0.025 | 0.067 | 0.140 | 0.236 | 0.368 | 0.529 |

（续表）

| 类型 | 砖柱水平断面 | 放脚层数 | | | | | |
|---|---|---|---|---|---|---|---|
| | | 一层 | 二层 | 三层 | 四层 | 五层 | 六层 |
| 等高式 | 240×240 | 0.010 | 0.033 | 0.073 | 0.135 | 0.222 | 0.338 |
| | 240×365 | 0.012 | 0.038 | 0.085 | 0.154 | 0.251 | 0.379 |
| | 365×365 | 0.014 | 0.044 | 0.097 | 0.174 | 0.281 | 0.421 |
| | 365×490 | 0.015 | 0.050 | 0.108 | 0.194 | 0.310 | 0.462 |
| | 490×490 | 0.017 | 0.056 | 0.120 | 0.213 | 0.340 | 0.503 |
| | 490×615 | 0.019 | 0.062 | 0.132 | 0.233 | 0.369 | 0.545 |
| | 615×615 | 0.021 | 0.068 | 0.144 | 0.258 | 0.399 | 0.586 |
| | 615×740 | 0.023 | 0.074 | 0.156 | 0.273 | 0.429 | 0.627 |
| | 740×740 | 0.025 | 0.080 | 0.167 | 0.292 | 0.458 | 0.669 |

二、带形基础

1. 无梁式带形基础按砖基础的长度乘以设计断面以体积计算。

2. 有梁式带形基础按凸出部分梁的净长乘以设计断面以体积计算。如带有杯口，应增加杯口凸出部分体积，同时扣除杯口内的空体积。杯芯按设计图示数量以只计算。

3. 基础T形接头的重叠部分不扣除。凸出墙面的垛、柱、附墙烟囱所放宽的部分亦不增加。

三、独立或杯形基础均按设计图示尺寸以体积计算。杯形基础应扣除杯口内的空体积。

四、满堂基础均按设计图示尺寸以体积计算。有梁式满堂基础如带有杯口，应增加杯口凸出部分体积，同时扣除杯口内的空体积。杯芯按设计图示数量以只计算。

五、桩承台基础：杯形桩承台基础与杯形基础相同；独立桩承台基础与独立基础相同；带形桩承台基础与带形基础相同。

六、地下室基础均按设计图示尺寸以体积计算。

七、现浇混凝土基础梁和地梁按设计长度分别乘以不同设计断面以体积计算。

八、钢板止水带按设计图示尺寸以长度计算。

九、后浇带按设计图示尺寸以体积计算。

十、凿钢筋混凝土方桩(500mm以内)、空心钢筋混凝土桩桩顶插筋灌芯和凿、截钻孔灌注桩按不同桩型的设计数量以根计算。

十一、逆作法

1. 机械暗挖土方按地下连续墙内侧水平投影面积乘以挖土深度以体积计算，不扣除格构柱以及桩体所占的体积。

2. 混凝土垫层、混凝土垫层凿除按设计图示尺寸以体积计算。

3. 桩柱、复合墙按设计图示尺寸以体积计算。

4. 格构柱内混凝土凿除按设计图示尺寸或施工组织设计以体积计算。

5. 型钢格构柱切割按设计图示尺寸以质量计算。

6. 楼板按楼层水平投影面积计算，应扣除楼梯及电梯井、管道孔所占面积，不扣除单个面积≤$0.3m^2$的柱、垛及孔洞所占面积，洞口盖板亦不增加。同一建筑层内楼板材料不同时，按墙中心线分别计算。

十二、若地下室底板或满堂基础下做钢管桩、钻孔灌注桩或钢筋混凝土桩的，可按相应基础混凝土工程量计算规则计算桩顶挖土工程量。

十三、推土机推土按场内需推运的土方体积计算。推距按挖方区重心至填方区重心直线距离计算。

十四、汽车运土按场内需驳运的土方体积计算。运距按挖方区重心至填方区(堆放地点)重心之间的最短行驶距离计算。

十五、场地机械碾压按设计图示尺寸以体积计算。

十六、挖淤泥、流砂和淤泥外运按设计图示尺寸或施工组织设计规定的位置、界限，以实际挖方体积计算。

十七、强夯土方按设计图示强夯处理范围以面积计算（即按设计图纸最外围点夯轴线加其最近两轴线的距离所包围的面积计算）。设计无规定时，按建筑物外围边线每边各加 4m 计算。

十八、土方外运按需外运的土方体积计算。

# 第一节　砖、砌块基础

**工作内容：** 1. 砖基础砌筑，模板安拆、钢筋绑扎安放、混凝土防水带浇捣养护。
2. 砌块基础砌筑，模板安拆、钢筋绑扎安放、混凝土防水带浇捣养护。

| 定额编号 | | | A-2-1-1 | A-2-1-2 |
|---|---|---|---|---|
| 项目 | | | 砖基础 | 砌块基础 |
| | | | 蒸压灰砂砖 | 混凝土模卡砌块 |
| | | | 有钢筋混凝土防水带 | |
| | | | $m^3$ | $m^3$ |
| 预算定额编号 | 预算定额名称 | 预算定额单位 | 数量 | |
| 01-4-1-1 | 砖基础 蒸压灰砂砖 | $m^3$ | 0.9500 | |
| 01-4-1-2 | 砌块基础 混凝土模卡砌块 | $m^3$ | | 0.9500 |
| 01-5-3-4 换 | 预拌混凝土(非泵送) 圈梁 | $m^3$ | 0.0500 | 0.0500 |
| 01-5-11-13 | 钢筋 圈梁、过梁 | t | 0.0049 | 0.0049 |
| 01-17-2-64 | 复合模板 圈梁 | $m^2$ | 0.4166 | 0.4166 |

**工作内容：** 1. 砖基础砌筑，模板安拆、钢筋绑扎安放、混凝土防水带浇捣养护。
2. 砌块基础砌筑，模板安拆、钢筋绑扎安放、混凝土防水带浇捣养护。

| 定额编号 | | | | A-2-1-1 | A-2-1-2 |
|---|---|---|---|---|---|
| 项目 | | | | 砖基础 | 砌块基础 |
| | | | | 蒸压灰砂砖 | 混凝土模卡砌块 |
| | | | | 有钢筋混凝土防水带 | |
| 名称 | | | 单位 | $m^3$ | $m^3$ |
| 人工 | 00030117 | 模板工 | 工日 | 0.0784 | 0.0784 |
| | 00030119 | 钢筋工 | 工日 | 0.0393 | 0.0393 |
| | 00030121 | 混凝土工 | 工日 | 0.0420 | 0.0420 |
| | 00030125 | 砌筑工 | 工日 | 0.7809 | 0.9157 |
| | 00030153 | 其他工 | 工日 | 0.1566 | 0.2050 |
| 材料 | 01010120 | 成型钢筋 | t | 0.0049 | 0.0049 |
| | 02090101 | 塑料薄膜 | $m^2$ | 0.2750 | 0.2750 |
| | 03150101 | 圆钉 | kg | 0.0200 | 0.0200 |
| | 03152501 | 镀锌铁丝 | kg | 0.0220 | 0.0220 |
| | 04131714 | 蒸压灰砂砖 240×115×53 | 块 | 499.9907 | |
| | 04150710 | 混凝土模卡砌块 | $m^3$ | | 0.9397 |
| | 05030107 | 中方材 55～100cm² | $m^3$ | 0.0087 | 0.0087 |
| | 34110101 | 水 | $m^3$ | 0.1081 | 0.0071 |
| | 35010801 | 复合模板 | $m^2$ | 0.1285 | 0.1285 |
| | 80060113 | 干混砌筑砂浆 DM M10.0 | $m^3$ | 0.2328 | |
| | 80060114 | 干混砌筑砂浆 DM M15.0 | $m^3$ | | 0.0290 |
| | 80210515 | 预拌混凝土(非泵送型) C20 粒径 5～40 | $m^3$ | | 0.3767 |
| | 80210521 | 预拌混凝土(非泵送型) C30 粒径 5～40 | $m^3$ | 0.0505 | 0.0505 |
| | | 其他材料费 | % | 0.0473 | 0.0345 |
| 机械 | 99050920 | 混凝土振捣器 | 台班 | 0.0063 | 0.0063 |
| | 99070530 | 载重汽车 5t | 台班 | 0.0012 | 0.0012 |
| | 99210010 | 木工圆锯机 φ500 | 台班 | 0.0015 | 0.0015 |

# 第二节　混凝土基础

**工作内容：** 挖、填、运土方及工作面内明排水，模板安拆、素混凝土基础浇捣养护。

| 定额编号 | | | A-2-2-1 | A-2-2-2 |
|---|---|---|---|---|
| 项目 | | | 非泵送素混凝土带形基础 | 非泵送素混凝土独立基础 |
| | | | 埋深 1.5m 以内 | |
| | | | $m^3$ | $m^3$ |
| 预算定额编号 | 预算定额名称 | 预算定额单位 | 数量 | |
| 01-1-1-3 | 推土机 推土 推距 50.0m 以内 | $m^3$ | 4.3680 | 6.3350 |
| 01-1-1-16 | 机械挖沟槽 埋深 1.5m 以内 | $m^3$ | 8.6700 | |
| 01-1-1-19 | 机械挖基坑 埋深 1.5m 以内 | $m^3$ | | 10.4000 |
| 01-1-2-2 | 人工回填土 夯填 | $m^3$ | 6.2400 | 9.0500 |
| 01-1-2-4 | 手推车运土 运距 50m 以内 | $m^3$ | 1.8720 | 2.7150 |
| 01-5-1-2 换 | 预拌混凝土(非泵送) 带形基础 | $m^3$ | 1.0000 | |
| 01-5-1-3 换 | 预拌混凝土(非泵送) 独立基础、杯形基础 | $m^3$ | | 1.0000 |
| 01-17-2-40 | 复合模板 带形基础 | $m^2$ | 3.0770 | |
| 01-17-2-42 | 复合模板 独立基础 | $m^2$ | | 3.6667 |
| 01-17-6-5 | 基坑明排水 集水井 使用 | 座·天 | 0.2045 | 0.2784 |

**工作内容：**挖、填、运土方及工作面内明排水，模板安拆、素混凝土基础浇捣养护。

| 定　额　编　号 | | | | A-2-2-1 | A-2-2-2 |
|---|---|---|---|---|---|
| 项　　目 | | | | 非泵送素混凝土带形基础 | 非泵送素混凝土独立基础 |
| | | | | 埋深 1.5m 以内 | |
| 名　　称 | | | 单位 | $m^3$ | $m^3$ |
| 人工 | 00030117 | 模板工 | 工日 | 0.5169 | 0.8158 |
| | 00030121 | 混凝土工 | 工日 | 0.3516 | 0.2655 |
| | 00030153 | 其他工 | 工日 | 2.1427 | 2.8805 |
| 材料 | 01010254 | 热轧带肋钢筋(HRB400) $\phi$12 | kg | 0.9314 | |
| | 02090101 | 塑料薄膜 | $m^2$ | 0.7243 | 0.7177 |
| | 03019315 | 镀锌六角螺母 M14 | 个 | 9.3772 | |
| | 03150101 | 圆钉 | kg | 0.1178 | 0.1606 |
| | 05030107 | 中方材 55～100$cm^2$ | $m^3$ | 0.0308 | 0.0832 |
| | 17252681 | 塑料套管 $\phi$18 | m | 3.7509 | |
| | 34110101 | 水 | $m^3$ | 0.0754 | 0.0758 |
| | 35010801 | 复合模板 | $m^2$ | 0.7591 | 0.9156 |
| | 35020531 | 铁板卡 | kg | 2.5385 | |
| | 35020601 | 模板对拉螺栓 | kg | 1.6539 | |
| | 35020721 | 模板钢连杆 | kg | 1.0714 | |
| | 35020902 | 扣件 | 只 | 0.3766 | |
| | 80210521 | 预拌混凝土(非泵送型)<br>C30 粒径 5～40 | $m^3$ | 1.0100 | 1.0100 |
| | | 其他材料费 | % | 0.3961 | 0.1970 |
| 机械 | 99010020 | 履带式单斗液压挖掘机 0.4$m^3$ | 台班 | 0.0286 | 0.0343 |
| | 99050920 | 混凝土振捣器 | 台班 | 0.0769 | 0.0769 |
| | 99070050 | 履带式推土机 90kW | 台班 | 0.0175 | 0.0253 |
| | 99070530 | 载重汽车 5t | 台班 | 0.0191 | 0.0110 |
| | 99090360 | 汽车式起重机 8t | 台班 | 0.0095 | |
| | 99210010 | 木工圆锯机 $\phi$500 | 台班 | 0.0092 | 0.0136 |
| | 99440120 | 电动多级离心清水泵 $\phi$50 | 台班 | 0.2352 | 0.3202 |

**工作内容：** 挖、填、运土方及工作面内明排水，模板安拆、钢筋绑扎安放、混凝土垫层和无梁式带形基础浇捣养护。

| 定额编号 | | | A-2-2-3 | A-2-2-4 | A-2-2-5 |
|---|---|---|---|---|---|
| 项目 | | | 无梁式钢筋混凝土带形基础 | | |
| | | | 埋深 1.5m 以内 | 埋深 2.5m 以内 | 埋深 3.5m 以内 |
| | | | $m^3$ | $m^3$ | $m^3$ |
| 预算定额编号 | 预算定额名称 | 预算定额单位 | 数量 | | |
| 01-1-1-3 | 推土机 推土 推距 50.0m 以内 | $m^3$ | 3.3390 | 8.2250 | 13.1110 |
| 01-1-1-16 | 机械挖沟槽 埋深 1.5m 以内 | $m^3$ | 6.5650 | | |
| 01-1-1-17 | 机械挖沟槽 埋深 3.5m 以内 | $m^3$ | | 13.9550 | 21.3450 |
| 01-1-2-2 | 人工回填土 夯填 | $m^3$ | 4.7700 | 11.7500 | 18.7300 |
| 01-1-2-4 | 手推车运土 运距 50m 以内 | $m^3$ | 1.4310 | 3.5250 | 5.6190 |
| 01-5-1-1 换 | 预拌混凝土(非泵送) 垫层 | $m^3$ | 0.3952 | 0.3570 | 0.3188 |
| 01-5-1-2 | 预拌混凝土(泵送) 带形基础 | $m^3$ | 0.9600 | 0.9600 | 0.9600 |
| 01-5-11-1 | 钢筋 带形基础、基坑支撑 | t | 0.0749 | 0.0749 | 0.0749 |
| 01-17-2-39 | 复合模板 垫层 | $m^2$ | 0.4403 | 0.3516 | 0.2629 |
| 01-17-2-40 | 复合模板 带形基础 | $m^2$ | 0.6736 | 0.6736 | 0.6736 |
| 01-17-2-50 | 复合模板 基础埋深超 3.0m | $m^2$ | | | 0.6736 |
| 01-17-3-37 | 输送泵车 | $m^3$ | 0.9600 | 0.9600 | 0.9600 |
| 01-17-6-5 | 基坑明排水 集水井 使用 | 座·天 | 0.2045 | 0.2045 | 0.2045 |

**工作内容**：挖、填、运土方及工作面内明排水，模板安拆、钢筋绑扎安放、混凝土垫层和无梁式带形基础浇捣养护。

| 定 额 编 号 | | | | A-2-2-3 | A-2-2-4 | A-2-2-5 |
|---|---|---|---|---|---|---|
| 项 目 | | | | 无梁式钢筋混凝土带形基础 | | |
| | | | | 埋深 1.5m 以内 | 埋深 2.5m 以内 | 埋深 3.5m 以内 |
| 名 称 | | | 单位 | $m^3$ | $m^3$ | $m^3$ |
| 人工 | 00030117 | 模板工 | 工日 | 0.1609 | 0.1513 | 0.1554 |
| | 00030119 | 钢筋工 | 工日 | 0.2933 | 0.2933 | 0.2933 |
| | 00030121 | 混凝土工 | 工日 | 0.4518 | 0.4358 | 0.4198 |
| | 00030153 | 其他工 | 工日 | 1.6704 | 3.5782 | 5.5369 |
| 材料 | 01010120 | 成型钢筋 | t | 0.0756 | 0.0756 | 0.0756 |
| | 01010254 | 热轧带肋钢筋(HRB400) ϕ12 | kg | 0.2039 | 0.2039 | 0.2039 |
| | 02090101 | 塑料薄膜 | $m^2$ | 0.6953 | 0.6953 | 0.6953 |
| | 03019315 | 镀锌六角螺母 M14 | 个 | 2.0528 | 2.0528 | 2.0528 |
| | 03150101 | 圆钉 | kg | 0.0427 | 0.0393 | 0.0359 |
| | 03152501 | 镀锌铁丝 | kg | 0.2246 | 0.2246 | 0.2246 |
| | 05030107 | 中方材 55～100$cm^2$ | $m^3$ | 0.0127 | 0.0115 | 0.0103 |
| | 17252681 | 塑料套管 ϕ18 | m | 0.8211 | 0.8211 | 0.8211 |
| | 34110101 | 水 | $m^3$ | 0.2952 | 0.2830 | 0.2707 |
| | 35010801 | 复合模板 | $m^2$ | 0.2748 | 0.2529 | 0.2311 |
| | 35020531 | 铁板卡 | kg | 0.5557 | 0.5557 | 0.5557 |
| | 35020601 | 模板对拉螺栓 | kg | 0.3621 | 0.3621 | 0.3621 |
| | 35020721 | 模板钢连杆 | kg | 0.2345 | 0.2345 | 0.2345 |
| | 35020902 | 扣件 | 只 | 0.0824 | 0.0824 | 0.0824 |
| | 80210424 | 预拌混凝土(泵送型) C30 粒径 5～40 | $m^3$ | 0.9696 | 0.9696 | 0.9696 |
| | 80210515 | 预拌混凝土(非泵送型) C20 粒径 5～40 | $m^3$ | 0.3992 | 0.3606 | 0.3220 |
| | | 其他材料费 | % | 0.0718 | 0.0703 | 0.0686 |
| 机械 | 99010020 | 履带式单斗液压挖掘机 0.4$m^3$ | 台班 | 0.0217 | | |
| | 99010060 | 履带式单斗液压挖掘机 1$m^3$ | 台班 | | 0.0237 | 0.0363 |
| | 99050540 | 混凝土输送泵车 75$m^3$/h | 台班 | 0.0104 | 0.0104 | 0.0104 |
| | 99050920 | 混凝土振捣器 | 台班 | 0.0894 | 0.0865 | 0.0835 |
| | 99070050 | 履带式推土机 90kW | 台班 | 0.0134 | 0.0329 | 0.0524 |
| | 99070530 | 载重汽车 5t | 台班 | 0.0051 | 0.0049 | 0.0047 |
| | 99090360 | 汽车式起重机 8t | 台班 | 0.0021 | 0.0021 | 0.0021 |
| | 99210010 | 木工圆锯机 ϕ500 | 台班 | 0.0033 | 0.0031 | 0.0028 |
| | 99440120 | 电动多级离心清水泵 ϕ50 | 台班 | 0.2352 | 0.2352 | 0.2352 |

**工作内容：** 挖、填、运土方及工作面内明排水，模板安拆、钢筋绑扎安放、混凝土垫层和有梁式带形基础浇捣养护。

| 定额编号 | | | A-2-2-6 | A-2-2-7 | A-2-2-8 | A-2-2-9 |
|---|---|---|---|---|---|---|
| 项目 | | | 有梁式钢筋混凝土带形基础 | | | |
| | | | 埋深 1.5m 以内 | 埋深 2.5m 以内 | 埋深 3.5m 以内 | 埋深 5m 以内 |
| | | | $m^3$ | $m^3$ | $m^3$ | $m^3$ |
| 预算定额编号 | 预算定额名称 | 预算定额单位 | 数量 | | | |
| 01-1-1-3 | 推土机 推土 推距 50.0m 以内 | $m^3$ | 2.7090 | 5.8170 | 9.4605 | 15.7290 |
| 01-1-1-16 | 机械挖沟槽 埋深 1.5m 以内 | $m^3$ | 5.1650 | | | |
| 01-1-1-17 | 机械挖沟槽 埋深 3.5m 以内 | $m^3$ | | 9.8950 | 15.4400 | |
| 01-1-1-17 换 | 机械挖沟槽 埋深 5m 以内 | $m^3$ | | | | 24.9800 |
| 01-1-2-2 | 人工回填土 夯填 | $m^3$ | 3.8700 | 8.3100 | 13.5150 | 22.4700 |
| 01-1-2-4 | 手推车运土 运距 50m 以内 | $m^3$ | 1.1610 | 2.4930 | 4.0545 | 6.7410 |
| 01-5-1-1 换 | 预拌混凝土(非泵送) 垫层 | $m^3$ | 0.2693 | 0.2566 | 0.2502 | 0.2502 |
| 01-5-1-2 | 预拌混凝土(泵送) 带形基础 | $m^3$ | 0.9800 | 0.9800 | 0.9800 | 0.9800 |
| 01-5-11-1 | 钢筋 带形基础、基坑支撑 | t | 0.0803 | 0.0803 | 0.0803 | 0.0803 |
| 01-17-2-39 | 复合模板 垫层 | $m^2$ | 0.2543 | 0.2238 | 0.2085 | 0.2085 |
| 01-17-2-40 | 复合模板 带形基础 | $m^2$ | 1.9130 | 1.9130 | 1.9130 | 1.9130 |
| 01-17-2-50 | 复合模板 基础埋深超 3.0m | $m^2$ | | | 1.9130 | 1.9130 |
| 01-17-3-37 | 输送泵车 | $m^3$ | 0.9800 | 0.9800 | 0.9800 | 0.9800 |
| 01-17-6-5 | 基坑明排水 集水井 使用 | 座·天 | 0.2045 | 0.2045 | 0.2045 | 0.2045 |

**工作内容：**挖、填、运土方及工作面内明排水，模板安拆、钢筋绑扎安放、混凝土垫层和有梁式带形基础浇捣养护。

| 定额编号 | | | | A-2-2-6 | A-2-2-7 | A-2-2-8 | A-2-2-9 |
|---|---|---|---|---|---|---|---|
| 项目 | | | | 有梁式钢筋混凝土带形基础 | | | |
| | | | | 埋深1.5m以内 | 埋深2.5m以内 | 埋深3.5m以内 | 埋深5m以内 |
| 名称 | | | 单位 | $m^3$ | $m^3$ | $m^3$ | $m^3$ |
| 人工 | 00030117 | 模板工 | 工日 | 0.3489 | 0.3456 | 0.3828 | 0.3828 |
| | 00030119 | 钢筋工 | 工日 | 0.3145 | 0.3145 | 0.3145 | 0.3145 |
| | 00030121 | 混凝土工 | 工日 | 0.4049 | 0.3996 | 0.3969 | 0.3969 |
| | 00030153 | 其他工 | 工日 | 1.4407 | 2.6502 | 4.1181 | 6.6499 |
| 材料 | 01010120 | 成型钢筋 | t | 0.0811 | 0.0811 | 0.0811 | 0.0811 |
| | 01010254 | 热轧带肋钢筋(HRB400) ϕ12 | kg | 0.5791 | 0.5791 | 0.5791 | 0.5791 |
| | 02090101 | 塑料薄膜 | $m^2$ | 0.7098 | 0.7098 | 0.7098 | 0.7098 |
| | 03019315 | 镀锌六角螺母 M14 | 个 | 5.8299 | 5.8299 | 5.8299 | 5.8299 |
| | 03150101 | 圆钉 | kg | 0.0830 | 0.0819 | 0.0813 | 0.0813 |
| | 03152501 | 镀锌铁丝 | kg | 0.2408 | 0.2408 | 0.2408 | 0.2408 |
| | 05030107 | 中方材 55～100cm² | $m^3$ | 0.0226 | 0.0221 | 0.0219 | 0.0219 |
| | 17252681 | 塑料套管 ϕ18 | m | 2.3319 | 2.3319 | 2.3319 | 2.3319 |
| | 34110101 | 水 | $m^3$ | 0.2583 | 0.2542 | 0.2522 | 0.2522 |
| | 35010801 | 复合模板 | $m^2$ | 0.5346 | 0.5271 | 0.5233 | 0.5233 |
| | 35020531 | 铁板卡 | kg | 1.5782 | 1.5782 | 1.5782 | 1.5782 |
| | 35020601 | 模板对拉螺栓 | kg | 1.0282 | 1.0282 | 1.0282 | 1.0282 |
| | 35020721 | 模板钢连杆 | kg | 0.6661 | 0.6661 | 0.6661 | 0.6661 |
| | 35020902 | 扣件 | 只 | 0.2342 | 0.2342 | 0.2342 | 0.2342 |
| | 80210424 | 预拌混凝土(泵送型) C30 粒径 5～40 | $m^3$ | 0.9898 | 0.9898 | 0.9898 | 0.9898 |
| | 80210515 | 预拌混凝土(非泵送型) C20 粒径 5～40 | $m^3$ | 0.2720 | 0.2592 | 0.2527 | 0.2527 |
| | | 其他材料费 | % | 0.1638 | 0.1640 | 0.1640 | 0.1640 |
| 机械 | 99010020 | 履带式单斗液压挖掘机 0.4m³ | 台班 | 0.0170 | | | |
| | 99010060 | 履带式单斗液压挖掘机 1m³ | 台班 | | 0.0168 | 0.0262 | 0.0500 |
| | 99050540 | 混凝土输送泵车 75m³/h | 台班 | 0.0106 | 0.0106 | 0.0106 | 0.0106 |
| | 99050920 | 混凝土振捣器 | 台班 | 0.0810 | 0.0800 | 0.0795 | 0.0795 |
| | 99070050 | 履带式推土机 90kW | 台班 | 0.0108 | 0.0233 | 0.0378 | 0.0629 |
| | 99070530 | 载重汽车 5t | 台班 | 0.0124 | 0.0123 | 0.0123 | 0.0123 |
| | 99090360 | 汽车式起重机 8t | 台班 | 0.0059 | 0.0059 | 0.0059 | 0.0059 |
| | 99210010 | 木工圆锯机 ϕ500 | 台班 | 0.0065 | 0.0064 | 0.0063 | 0.0063 |
| | 99440120 | 电动多级离心清水泵 ϕ50 | 台班 | 0.2352 | 0.2352 | 0.2352 | 0.2352 |

工作内容：挖、填、运土方及工作面内明排水，模板安拆、钢筋绑扎安放、混凝土垫层和独立基础浇捣养护。

| 定额编号 | | | A-2-2-10 | A-2-2-11 | A-2-2-12 | A-2-2-13 |
|---|---|---|---|---|---|---|
| 项目 | | | 钢筋混凝土独立基础 | | | |
| | | | 埋深 1.5m 以内 | 埋深 2.5m 以内 | 埋深 3.5m 以内 | 埋深 5m 以内 |
| | | | $m^3$ | $m^3$ | $m^3$ | $m^3$ |
| 预算定额编号 | 预算定额名称 | 预算定额单位 | 数量 | | | |
| 01-1-1-3 | 推土机 推土 推距 50.0m 以内 | $m^3$ | 8.5855 | 11.7565 | 15.0745 | 20.2720 |
| 01-1-1-19 | 机械挖基坑 埋深 1.5m 以内 | $m^3$ | 13.6750 | | | |
| 01-1-1-20 | 机械挖基坑 埋深 3.5m 以内 | $m^3$ | | 18.2250 | 22.9500 | |
| 01-1-1-20 换 | 机械挖基坑 埋深 5m 以内 | $m^3$ | | | | 30.3000 |
| 01-1-2-2 | 人工回填土 夯填 | $m^3$ | 12.2650 | 16.7950 | 21.5350 | 28.9600 |
| 01-1-2-4 | 手推车运土 运距 50m 以内 | $m^3$ | 3.6795 | 5.0385 | 6.4605 | 8.6880 |
| 01-5-1-1 换 | 预拌混凝土(非泵送) 垫层 | $m^3$ | 0.3650 | 0.3150 | 0.2800 | 0.2500 |
| 01-5-1-3 | 预拌混凝土(泵送) 独立基础、杯形基础 | $m^3$ | 1.0000 | 1.0000 | 1.0000 | 1.0000 |
| 01-5-11-2 | 钢筋 独立基础、杯形基础 | t | 0.0364 | 0.0364 | 0.0364 | 0.0364 |
| 01-17-2-39 | 复合模板 垫层 | $m^2$ | 0.7516 | 0.4941 | 0.3119 | 0.1515 |
| 01-17-2-42 | 复合模板 独立基础 | $m^2$ | 2.1010 | 2.1010 | 2.1010 | 2.1010 |
| 01-17-2-50 | 复合模板 基础埋深超 3.0m | $m^2$ | | | 2.1010 | 2.1010 |
| 01-17-3-37 | 输送泵车 | $m^3$ | 1.0000 | 1.0000 | 1.0000 | 1.0000 |
| 01-17-6-5 | 基坑明排水 集水井 使用 | 座·天 | 0.2784 | 0.2784 | 0.2784 | 0.2784 |

**工作内容：** 挖、填、运土方及工作面内明排水，模板安拆、钢筋绑扎安放、混凝土垫层和独立基础浇捣养护。

| 定额编号 | | | | A-2-2-10 | A-2-2-11 | A-2-2-12 | A-2-2-13 |
|---|---|---|---|---|---|---|---|
| 项目 | | | | 钢筋混凝土独立基础 | | | |
| | | | | 埋深 1.5m 以内 | 埋深 2.5m 以内 | 埋深 3.5m 以内 | 埋深 5m 以内 |
| 名称 | | | 单位 | $m^3$ | $m^3$ | $m^3$ | $m^3$ |
| 人工 | 00030117 | 模板工 | 工日 | 0.5489 | 0.5210 | 0.5440 | 0.5266 |
| | 00030119 | 钢筋工 | 工日 | 0.1353 | 0.1353 | 0.1353 | 0.1353 |
| | 00030121 | 混凝土工 | 工日 | 0.3781 | 0.3571 | 0.3424 | 0.3299 |
| | 00030153 | 其他工 | 工日 | 3.8168 | 4.9574 | 6.2579 | 8.3076 |
| 材料 | 01010120 | 成型钢筋 | t | 0.0368 | 0.0368 | 0.0368 | 0.0368 |
| | 02090101 | 塑料薄膜 | $m^2$ | 0.7177 | 0.7177 | 0.7177 | 0.7177 |
| | 03150101 | 圆钉 | kg | 0.1208 | 0.1109 | 0.1039 | 0.0978 |
| | 03152501 | 镀锌铁丝 | kg | 0.1092 | 0.1092 | 0.1092 | 0.1092 |
| | 05030107 | 中方材 55～100cm² | $m^3$ | 0.0579 | 0.0544 | 0.0519 | 0.0498 |
| | 34110101 | 水 | $m^3$ | 0.2929 | 0.2769 | 0.2657 | 0.2560 |
| | 35010801 | 复合模板 | $m^2$ | 0.7100 | 0.6465 | 0.6015 | 0.5620 |
| | 80210424 | 预拌混凝土(泵送型) C30 粒径 5～40 | $m^3$ | 1.0100 | 1.0100 | 1.0100 | 1.0100 |
| | 80210515 | 预拌混凝土(非泵送型) C20 粒径 5～40 | $m^3$ | 0.3687 | 0.3182 | 0.2828 | 0.2525 |
| | | 其他材料费 | % | 0.1155 | 0.1097 | 0.1054 | 0.1013 |
| 机械 | 99010020 | 履带式单斗液压挖掘机 0.4m³ | 台班 | 0.0451 | | | |
| | 99010060 | 履带式单斗液压挖掘机 1m³ | 台班 | | 0.0310 | 0.0390 | 0.0606 |
| | 99050540 | 混凝土输送泵车 75m³/h | 台班 | 0.0108 | 0.0108 | 0.0108 | 0.0108 |
| | 99050920 | 混凝土振捣器 | 台班 | 0.0896 | 0.0857 | 0.0830 | 0.0807 |
| | 99070050 | 履带式推土机 90kW | 台班 | 0.0343 | 0.0470 | 0.0603 | 0.0811 |
| | 99070530 | 载重汽车 5t | 台班 | 0.0078 | 0.0073 | 0.0069 | 0.0066 |
| | 99210010 | 木工圆锯机 $\phi$500 | 台班 | 0.0101 | 0.0093 | 0.0087 | 0.0083 |
| | 99440120 | 电动多级离心清水泵 $\phi$50 | 台班 | 0.3202 | 0.3202 | 0.3202 | 0.3202 |

**工作内容：** 挖、填、运土方及工作面内明排水，模板安折、钢筋绑扎安放、混凝土垫层和杯形基础浇捣养护。

| 定额编号 | | | A-2-2-14 | A-2-2-15 | A-2-2-16 | A-2-2-17 |
|---|---|---|---|---|---|---|
| 项目 | | | 钢筋混凝土杯形基础 | | | |
| | | | 埋深 1.5m 以内 | 埋深 2.5m 以内 | 埋深 3.5m 以内 | 埋深 5m 以内 |
| | | | $m^3$ | $m^3$ | $m^3$ | $m^3$ |
| 预算定额编号 | 预算定额名称 | 预算定额单位 | 数量 | | | |
| 01-1-1-3 | 推土机 推土 推距 50.0m 以内 | $m^3$ | 2.3730 | 5.3270 | 8.1200 | 12.0680 |
| 01-1-1-19 | 机械挖基坑 埋深 1.5m 以内 | $m^3$ | 4.6400 | | | |
| 01-1-1-20 | 机械挖基坑 埋深 3.5m 以内 | $m^3$ | | 8.8600 | 12.8250 | |
| 01-1-1-20 换 | 机械挖基坑 埋深 5m 以内 | $m^3$ | | | | 18.3900 |
| 01-1-2-2 | 人工回填土 夯填 | $m^3$ | 3.3900 | 7.6100 | 11.6000 | 17.2400 |
| 01-1-2-4 | 手推车运土 运距 50m 以内 | $m^3$ | 1.0170 | 2.2830 | 3.4800 | 5.1720 |
| 01-5-1-1 换 | 预拌混凝土(非泵送) 垫层 | $m^3$ | 0.1900 | 0.1700 | 0.1450 | 0.1000 |
| 01-5-1-3 | 预拌混凝土(泵送) 独立基础、杯形基础 | $m^3$ | 1.0000 | 1.0000 | 1.0000 | 1.0000 |
| 01-5-11-2 | 钢筋 独立基础、杯形基础 | t | 0.0364 | 0.0364 | 0.0364 | 0.0364 |
| 01-17-2-39 | 复合模板 垫层 | $m^2$ | 0.2647 | 0.2163 | 0.1740 | 0.1197 |
| 01-17-2-43 | 复合模板 杯形基础 | $m^2$ | 1.9605 | 1.9605 | 1.9605 | 1.9605 |
| 01-17-2-50 | 复合模板 基础埋深超 3.0m | $m^2$ | | | 1.9605 | 1.9605 |
| 01-17-3-37 | 输送泵车 | $m^3$ | 1.0000 | 1.0000 | 1.0000 | 1.0000 |
| 01-17-6-5 | 基坑明排水 集水井 使用 | 座·天 | 0.2784 | 0.2784 | 0.2784 | 0.2784 |

**工作内容：**挖、填、运土方及工作面内明排水，模板安拆、钢筋绑扎安放、混凝土垫层和杯形基础浇捣养护。

| 定额编号 | | | | A-2-2-14 | A-2-2-15 | A-2-2-16 | A-2-2-17 |
|---|---|---|---|---|---|---|---|
| 项目 | | | | 钢筋混凝土杯形基础 | | | |
| | | | | 埋深 1.5m 以内 | 埋深 2.5m 以内 | 埋深 3.5m 以内 | 埋深 5m 以内 |
| 名称 | | | 单位 | $m^3$ | $m^3$ | $m^3$ | $m^3$ |
| 人工 | 00030117 | 模板工 | 工日 | 0.4698 | 0.4645 | 0.4997 | 0.4939 |
| | 00030119 | 钢筋工 | 工日 | 0.1353 | 0.1353 | 0.1353 | 0.1353 |
| | 00030121 | 混凝土工 | 工日 | 0.3047 | 0.2963 | 0.2858 | 0.2669 |
| | 00030153 | 其他工 | 工日 | 1.3002 | 2.4295 | 3.5289 | 5.0833 |
| 材料 | 01010120 | 成型钢筋 | t | 0.0368 | 0.0368 | 0.0368 | 0.0368 |
| | 01010254 | 热轧带肋钢筋(HRB400) ϕ12 | kg | 0.2786 | 0.2786 | 0.2786 | 0.2786 |
| | 02090101 | 塑料薄膜 | $m^2$ | 0.7177 | 0.7177 | 0.7177 | 0.7177 |
| | 03150101 | 圆钉 | kg | 0.0866 | 0.0848 | 0.0832 | 0.0811 |
| | 03152501 | 镀锌铁丝 | kg | 0.1092 | 0.1092 | 0.1092 | 0.1092 |
| | 05030107 | 中方材 55～100$cm^2$ | $m^3$ | 0.0352 | 0.0345 | 0.0340 | 0.0332 |
| | 34110101 | 水 | $m^3$ | 0.2368 | 0.2304 | 0.2223 | 0.2079 |
| | 35010801 | 复合模板 | $m^2$ | 0.5476 | 0.5357 | 0.5252 | 0.5118 |
| | 35020101 | 钢支撑 | kg | 0.9863 | 0.9863 | 0.9863 | 0.9863 |
| | 35020721 | 模板钢连杆 | kg | 0.0561 | 0.0561 | 0.0561 | 0.0561 |
| | 35020902 | 扣件 | 只 | 0.5703 | 0.5703 | 0.5703 | 0.5703 |
| | 80210424 | 预拌混凝土(泵送型) C30 粒径 5～40 | $m^3$ | 1.0100 | 1.0100 | 1.0100 | 1.0100 |
| | 80210515 | 预拌混凝土(非泵送型) C20 粒径 5～40 | $m^3$ | 0.1919 | 0.1717 | 0.1465 | 0.1010 |
| | | 其他材料费 | % | 0.1042 | 0.1035 | 0.1035 | 0.1043 |
| 机械 | 99010020 | 履带式单斗液压挖掘机 0.4$m^3$ | 台班 | 0.0153 | | | |
| | 99010060 | 履带式单斗液压挖掘机 1$m^3$ | 台班 | | 0.0151 | 0.0218 | 0.0368 |
| | 99050540 | 混凝土输送泵车 75$m^3$/h | 台班 | 0.0108 | 0.0108 | 0.0108 | 0.0108 |
| | 99050920 | 混凝土振捣器 | 台班 | 0.0761 | 0.0746 | 0.0727 | 0.0692 |
| | 99070050 | 履带式推土机 90kW | 台班 | 0.0095 | 0.0213 | 0.0325 | 0.0483 |
| | 99070530 | 载重汽车 5t | 台班 | 0.0189 | 0.0188 | 0.0187 | 0.0186 |
| | 99090360 | 汽车式起重机 8t | 台班 | 0.0092 | 0.0092 | 0.0092 | 0.0092 |
| | 99210010 | 木工圆锯机 ϕ500 | 台班 | 0.0112 | 0.0110 | 0.0109 | 0.0108 |
| | 99440120 | 电动多级离心清水泵 ϕ50 | 台班 | 0.3202 | 0.3202 | 0.3202 | 0.3202 |

**工作内容：** 挖、填、运土方及工作面内明排水，模板安拆、钢筋绑扎安放、混凝土垫层和无梁式满堂基础浇捣养护。

| 定额编号 | | | A-2-2-18 | A-2-2-19 | A-2-2-20 | A-2-2-21 |
|---|---|---|---|---|---|---|
| 项目 | | | 无梁式钢筋混凝土满堂基础 | | | |
| | | | 埋深 1.5m 以内 | 埋深 2.5m 以内 | 埋深 3.5m 以内 | 埋深 5m 以内 |
| | | | $m^3$ | $m^3$ | $m^3$ | $m^3$ |
| 预算定额编号 | 预算定额名称 | 预算定额单位 | 数量 | | | |
| 01-1-1-3 | 推土机 推土 推距 50.0m 以内 | $m^3$ | 1.4700 | 3.8500 | 6.3490 | 10.2760 |
| 01-1-1-8 | 机械挖土方 埋深 1.5m 以内 | $m^3$ | 4.0500 | | | |
| 01-1-1-9 | 机械挖土方 埋深 3.5m 以内 | $m^3$ | | 7.5500 | 11.3500 | |
| 01-1-1-10 | 机械挖土方 埋深 5.0m 以内 | $m^3$ | | | | 17.5000 |
| 01-1-2-2 | 人工回填土 夯填 | $m^3$ | 2.1000 | 5.5000 | 9.0700 | 14.6800 |
| 01-1-2-4 | 手推车运土 运距 50m 以内 | $m^3$ | 0.6300 | 1.6500 | 2.7210 | 4.4040 |
| 01-5-1-1 | 预拌混凝土(泵送) 垫层 | $m^3$ | 0.2600 | 0.2600 | 0.2600 | 0.2600 |
| 01-5-1-4 | 预拌混凝土(泵送) 满堂基础、地下室底板 | $m^3$ | 1.0000 | 1.0000 | 1.0000 | 1.0000 |
| 01-5-11-3 | 钢筋 满堂基础、地下室底板 | t | 0.1300 | 0.1300 | 0.1300 | 0.1300 |
| 01-17-2-39 | 复合模板 垫层 | $m^2$ | 0.0760 | 0.0760 | 0.0760 | 0.0760 |
| 01-17-2-46 | 复合模板 无梁满堂基础 | $m^2$ | 0.3000 | 0.3000 | 0.3000 | 0.3000 |
| 01-17-2-50 | 复合模板 基础埋深超 3.0m | $m^2$ | | | 0.3000 | 0.3000 |
| 01-17-3-37 | 输送泵车 | $m^3$ | 1.2600 | 1.2600 | 1.2600 | 1.2600 |
| 01-17-6-4 | 基坑明排水 集水井 安装、拆除 | 座 | 0.0032 | 0.0032 | 0.0032 | 0.0032 |
| 01-17-6-5 | 基坑明排水 集水井 使用 | 座·天 | 0.2525 | 0.2525 | 0.2525 | 0.2525 |

**工作内容：** 挖、填、运土方及工作面内明排水，模板安拆、钢筋绑扎安放、混凝土垫层和无梁式满堂基础浇捣养护。

| 定 额 编 号 | | | | A-2-2-18 | A-2-2-19 | A-2-2-20 | A-2-2-21 |
|---|---|---|---|---|---|---|---|
| 项 目 | | | | 无梁式钢筋混凝土满堂基础 | | | |
| | | | | 埋深 1.5m 以内 | 埋深 2.5m 以内 | 埋深 3.5m 以内 | 埋深 5m 以内 |
| 名 称 | | | 单位 | $m^3$ | $m^3$ | $m^3$ | $m^3$ |
| 人工 | 00030117 | 模板工 | 工日 | 0.0729 | 0.0729 | 0.0790 | 0.0790 |
| | 00030119 | 钢筋工 | 工日 | 0.4335 | 0.4335 | 0.4335 | 0.4335 |
| | 00030121 | 混凝土工 | 工日 | 0.1804 | 0.1804 | 0.1804 | 0.1804 |
| | 00030153 | 其他工 | 工日 | 0.9256 | 1.8302 | 2.7977 | 4.3239 |
| 材料 | 01010120 | 成型钢筋 | t | 0.1313 | 0.1313 | 0.1313 | 0.1313 |
| | 02090101 | 塑料薄膜 | $m^2$ | 2.4256 | 2.4256 | 2.4256 | 2.4256 |
| | 03019315 | 镀锌六角螺母 M14 | 个 | 0.8745 | 0.8745 | 0.8745 | 0.8745 |
| | 03150101 | 圆钉 | kg | 0.0146 | 0.0146 | 0.0146 | 0.0146 |
| | 03152501 | 镀锌铁丝 | kg | 0.3898 | 0.3898 | 0.3898 | 0.3898 |
| | 04050218 | 碎石 5～70 | kg | 3.7186 | 3.7186 | 3.7186 | 3.7186 |
| | 05030107 | 中方材 55～100cm$^2$ | $m^3$ | 0.0036 | 0.0036 | 0.0036 | 0.0036 |
| | 17251314 | 增强聚丙烯管(FRPP) DN800 | m | 0.0038 | 0.0038 | 0.0038 | 0.0038 |
| | 34110101 | 水 | $m^3$ | 0.2570 | 0.2570 | 0.2570 | 0.2570 |
| | 35010801 | 复合模板 | $m^2$ | 0.0928 | 0.0928 | 0.0928 | 0.0928 |
| | 35020531 | 铁板卡 | kg | 0.2368 | 0.2368 | 0.2368 | 0.2368 |
| | 35020601 | 模板对拉螺栓 | kg | 0.8637 | 0.8637 | 0.8637 | 0.8637 |
| | 35020721 | 模板钢连杆 | kg | 0.0563 | 0.0563 | 0.0563 | 0.0563 |
| | 80210416 | 预拌混凝土(泵送型) C20 粒径 5～40 | $m^3$ | 0.2626 | 0.2626 | 0.2626 | 0.2626 |
| | 80210424 | 预拌混凝土(泵送型) C30 粒径 5～40 | $m^3$ | 1.0100 | 1.0100 | 1.0100 | 1.0100 |
| | | 其他材料费 | % | 0.0152 | 0.0152 | 0.0152 | 0.0152 |
| 机械 | 99010060 | 履带式单斗液压挖掘机 1m$^3$ | 台班 | 0.0085 | 0.0128 | 0.0193 | |
| | 99010080 | 履带式单斗液压挖掘机 1.25m$^3$ | 台班 | | | | 0.0350 |
| | 99050540 | 混凝土输送泵车 75m$^3$/h | 台班 | 0.0136 | 0.0136 | 0.0136 | 0.0136 |
| | 99050920 | 混凝土振捣器 | 台班 | 0.0775 | 0.0775 | 0.0775 | 0.0775 |
| | 99070050 | 履带式推土机 90kW | 台班 | 0.0059 | 0.0154 | 0.0254 | 0.0411 |
| | 99070530 | 载重汽车 5t | 台班 | 0.0014 | 0.0014 | 0.0014 | 0.0014 |
| | 99090360 | 汽车式起重机 8t | 台班 | 0.0005 | 0.0005 | 0.0005 | 0.0005 |
| | 99210010 | 木工圆锯机 $\phi$500 | 台班 | 0.0010 | 0.0010 | 0.0010 | 0.0010 |
| | 99440120 | 电动多级离心清水泵 $\phi$50 | 台班 | 0.2904 | 0.2904 | 0.2904 | 0.2904 |

工作内容：挖、填、运土方及工作面内明排水，模板安折、钢筋绑扎安放、混凝土垫层和有梁式满堂基础浇捣养护。

| 定额编号 | | | A-2-2-22 | A-2-2-23 | A-2-2-24 | A-2-2-25 |
|---|---|---|---|---|---|---|
| 项目 | | | 有梁式钢筋混凝土满堂基础 | | | |
| | | | 埋深 1.5m 以内 | 埋深 2.5m 以内 | 埋深 3.5m 以内 | 埋深 5m 以内 |
| | | | $m^3$ | $m^3$ | $m^3$ | $m^3$ |
| 预算定额编号 | 预算定额名称 | 预算定额单位 | 数量 | | | |
| 01-1-1-3 | 推土机 推土 推距 50.0m 以内 | $m^3$ | 1.0115 | 2.5445 | 4.1335 | 6.6010 |
| 01-1-1-8 | 机械挖土方 埋深 1.5m 以内 | $m^3$ | 2.8000 | | | |
| 01-1-1-9 | 机械挖土方 埋深 3.5m 以内 | $m^3$ | | 5.2000 | 7.7500 | |
| 01-1-1-10 | 机械挖土方 埋深 5.0m 以内 | $m^3$ | | | | 11.8000 |
| 01-1-2-2 | 人工回填土 夯填 | $m^3$ | 1.4450 | 3.6350 | 5.9050 | 9.4300 |
| 01-1-2-4 | 手推车运土 运距 50m 以内 | $m^3$ | 0.4335 | 1.0905 | 1.7715 | 2.8290 |
| 01-5-1-1 | 预拌混凝土(泵送) 垫层 | $m^3$ | 0.1900 | 0.1900 | 0.1900 | 0.1900 |
| 01-5-1-4 | 预拌混凝土(泵送) 满堂基础、地下室底板 | $m^3$ | 1.0000 | 1.0000 | 1.0000 | 1.0000 |
| 01-5-11-3 | 钢筋 满堂基础、地下室底板 | t | 0.2015 | 0.2015 | 0.2015 | 0.2015 |
| 01-17-2-39 | 复合模板 垫层 | $m^2$ | 0.0292 | 0.0292 | 0.0292 | 0.0292 |
| 01-17-2-47 | 复合模板 有梁满堂基础 | $m^2$ | 1.1090 | 1.1090 | 1.1090 | 1.1090 |
| 01-17-2-50 | 复合模板 基础埋深超 3.0m | $m^2$ | | | 1.1090 | 1.1090 |
| 01-17-3-37 | 输送泵车 | $m^3$ | 1.1900 | 1.1900 | 1.1900 | 1.1900 |
| 01-17-6-4 | 基坑明排水 集水井 安装、拆除 | 座 | 0.0027 | 0.0027 | 0.0027 | 0.0027 |
| 01-17-6-5 | 基坑明排水 集水井 使用 | 座·天 | 0.2104 | 0.2104 | 0.2104 | 0.2104 |

**工作内容：** 挖、填、运土方及工作面内明排水，模板安拆、钢筋绑扎安放、混凝土垫层和有梁式满堂基础浇捣养护。

| 定额编号 | | | | A-2-2-22 | A-2-2-23 | A-2-2-24 | A-2-2-25 |
|---|---|---|---|---|---|---|---|
| 项目 | | | | 有梁式钢筋混凝土满堂基础 | | | |
| | | | | 埋深 1.5m 以内 | 埋深 2.5m 以内 | 埋深 3.5m 以内 | 埋深 5m 以内 |
| 名称 | | | 单位 | $m^3$ | $m^3$ | $m^3$ | $m^3$ |
| 人工 | 00030117 | 模板工 | 工日 | 0.2018 | 0.2018 | 0.2243 | 0.2243 |
| | 00030119 | 钢筋工 | 工日 | 0.6719 | 0.6719 | 0.6719 | 0.6719 |
| | 00030121 | 混凝土工 | 工日 | 0.1555 | 0.1555 | 0.1555 | 0.1555 |
| | 00030153 | 其他工 | 工日 | 0.7812 | 1.3655 | 1.9836 | 2.9456 |
| 材料 | 01010120 | 成型钢筋 | t | 0.2035 | 0.2035 | 0.2035 | 0.2035 |
| | 01010254 | 热轧带肋钢筋(HRB400) $\phi$12 | kg | 0.3595 | 0.3595 | 0.3595 | 0.3595 |
| | 02090101 | 塑料薄膜 | $m^2$ | 2.4256 | 2.4256 | 2.4256 | 2.4256 |
| | 03019315 | 镀锌六角螺母 M14 | 个 | 3.6191 | 3.6191 | 3.6191 | 3.6191 |
| | 03150101 | 圆钉 | kg | 0.0435 | 0.0435 | 0.0435 | 0.0435 |
| | 03152501 | 镀锌铁丝 | kg | 0.6043 | 0.6043 | 0.6043 | 0.6043 |
| | 04050218 | 碎石 5～70 | kg | 3.1376 | 3.1376 | 3.1376 | 3.1376 |
| | 05030107 | 中方材 55～100$cm^2$ | $m^3$ | 0.0039 | 0.0039 | 0.0039 | 0.0039 |
| | 17251314 | 增强聚丙烯管(FRPP) DN800 | m | 0.0032 | 0.0032 | 0.0032 | 0.0032 |
| | 17252681 | 塑料套管 $\phi$18 | m | 1.6236 | 1.6236 | 1.6236 | 1.6236 |
| | 34110101 | 水 | $m^3$ | 0.2276 | 0.2276 | 0.2276 | 0.2276 |
| | 35010801 | 复合模板 | $m^2$ | 0.2802 | 0.2802 | 0.2802 | 0.2802 |
| | 35020531 | 铁板卡 | kg | 0.9798 | 0.9798 | 0.9798 | 0.9798 |
| | 35020601 | 模板对拉螺栓 | kg | 1.0938 | 1.0938 | 1.0938 | 1.0938 |
| | 35020721 | 模板钢连杆 | kg | 0.2521 | 0.2521 | 0.2521 | 0.2521 |
| | 35020902 | 扣件 | 只 | 0.0286 | 0.0286 | 0.0286 | 0.0286 |
| | 80210416 | 预拌混凝土(泵送型) C20 粒径 5～40 | $m^3$ | 0.1919 | 0.1919 | 0.1919 | 0.1919 |
| | 80210424 | 预拌混凝土(泵送型) C30 粒径 5～40 | $m^3$ | 1.0100 | 1.0100 | 1.0100 | 1.0100 |
| | | 其他材料费 | % | 0.0654 | 0.0654 | 0.0654 | 0.0654 |
| 机械 | 99010060 | 履带式单斗液压挖掘机 1$m^3$ | 台班 | 0.0059 | 0.0088 | 0.0132 | |
| | 99010080 | 履带式单斗液压挖掘机 1.25$m^3$ | 台班 | | | | 0.0236 |
| | 99050540 | 混凝土输送泵车 75$m^3$/h | 台班 | 0.0129 | 0.0129 | 0.0129 | 0.0129 |
| | 99050920 | 混凝土振捣器 | 台班 | 0.0732 | 0.0732 | 0.0732 | 0.0732 |
| | 99070050 | 履带式推土机 90kW | 台班 | 0.0040 | 0.0102 | 0.0165 | 0.0264 |
| | 99070530 | 载重汽车 5t | 台班 | 0.0044 | 0.0044 | 0.0044 | 0.0044 |
| | 99090360 | 汽车式起重机 8t | 台班 | 0.0022 | 0.0022 | 0.0022 | 0.0022 |
| | 99210010 | 木工圆锯机 $\phi$500 | 台班 | 0.0032 | 0.0032 | 0.0032 | 0.0032 |
| | 99440120 | 电动多级离心清水泵 $\phi$50 | 台班 | 0.2420 | 0.2420 | 0.2420 | 0.2420 |

**工作内容：**挖、填、运土方及工作面内明排水，模板安拆、钢筋绑扎安放、混凝土垫层和带形桩承台基础浇捣养护。

| 定额编号 | | | A-2-2-26 | A-2-2-27 | A-2-2-28 |
|---|---|---|---|---|---|
| 项目 | | | 钢筋混凝土带形桩承台基础 | | |
| | | | 埋深 2m 以内 | 埋深 3.5m 以内 | 埋深 5m 以内 |
| | | | $m^3$ | $m^3$ | $m^3$ |
| 预算定额编号 | 预算定额名称 | 预算定额单位 | 数量 | | |
| 01-1-1-3 | 推土机 推土 推距 50.0m 以内 | $m^3$ | 2.9960 | 6.6185 | 10.2410 |
| 01-1-1-17 | 机械挖沟槽 埋深 3.5m 以内 | $m^3$ | 3.3711 | 8.8761 | |
| 01-1-1-17 系 | 机械挖沟槽 埋深 3.5m 以内有桩基 | $m^3$ | 2.1189 | 2.1189 | |
| 01-1-1-17 换 | 机械挖沟槽 埋深 5m 以内 | $m^3$ | | | 14.3811 |
| 01-1-1-17 换系 | 机械挖沟槽 埋深 5m 以内有桩基 | $m^3$ | | | 2.1189 |
| 01-1-2-2 | 人工回填土 夯填 | $m^3$ | 4.2800 | 9.4550 | 14.6300 |
| 01-1-2-4 | 手推车运土 运距 50m 以内 | $m^3$ | 1.2840 | 2.8365 | 4.3890 |
| 01-5-1-1 换 | 预拌混凝土(非泵送) 垫层 | $m^3$ | 0.1800 | 0.1800 | 0.1800 |
| 01-5-1-2 | 预拌混凝土(泵送) 带形基础 | $m^3$ | 0.9800 | 0.9800 | 0.9800 |
| 01-5-11-1 | 钢筋 带形基础、基坑支撑 | t | 0.0803 | 0.0803 | 0.0803 |
| 01-17-2-39 | 复合模板 垫层 | $m^2$ | 0.1766 | 0.1766 | 0.1766 |
| 01-17-2-48 | 复合模板 带形桩承台基础 | $m^2$ | 1.5011 | 1.5011 | 1.5011 |
| 01-17-2-50 | 复合模板 基础埋深超 3.0m | $m^2$ | | 1.5011 | 1.5011 |
| 01-17-3-37 | 输送泵车 | $m^3$ | 0.9800 | 0.9800 | 0.9800 |
| 01-17-6-5 | 基坑明排水 集水井 使用 | 座·天 | 0.2045 | 0.2045 | 0.2045 |

**工作内容：**挖、填、运土方及工作面内明排水，模板安拆、钢筋绑扎安放、混凝土垫层和带形桩承台基础浇捣养护。

| 定额编号 | | | | A-2-2-26 | A-2-2-27 | A-2-2-28 |
|---|---|---|---|---|---|---|
| 项目 | | | | 钢筋混凝土带形桩承台基础 | | |
| | | | | 埋深 2m 以内 | 埋深 3.5m 以内 | 埋深 5m 以内 |
| 名称 | | | 单位 | $m^3$ | $m^3$ | $m^3$ |
| 人工 | 00030117 | 模板工 | 工日 | 0.2407 | 0.2712 | 0.2712 |
| | 00030119 | 钢筋工 | 工日 | 0.3145 | 0.3145 | 0.3145 |
| | 00030121 | 混凝土工 | 工日 | 0.3675 | 0.3675 | 0.3675 |
| | 00030153 | 其他工 | 工日 | 1.5052 | 2.9653 | 4.4293 |
| 材料 | 01010120 | 成型钢筋 | t | 0.0811 | 0.0811 | 0.0811 |
| | 01010254 | 热轧带肋钢筋(HRB400) ϕ12 | kg | 0.3368 | 0.3368 | 0.3368 |
| | 02090101 | 塑料薄膜 | $m^2$ | 0.7098 | 0.7098 | 0.7098 |
| | 03019315 | 镀锌六角螺母 M14 | 个 | 4.8664 | 4.8664 | 4.8664 |
| | 03150101 | 圆钉 | kg | 0.0650 | 0.0650 | 0.0650 |
| | 03152501 | 镀锌铁丝 | kg | 0.2408 | 0.2408 | 0.2408 |
| | 05030107 | 中方材 55～100$cm^2$ | $m^3$ | 0.0152 | 0.0152 | 0.0152 |
| | 17252681 | 塑料套管 ϕ18 | m | 4.8664 | 4.8664 | 4.8664 |
| | 34110101 | 水 | $m^3$ | 0.2297 | 0.2297 | 0.2297 |
| | 35010801 | 复合模板 | $m^2$ | 0.4151 | 0.4151 | 0.4151 |
| | 35020531 | 铁板卡 | kg | 1.3175 | 1.3175 | 1.3175 |
| | 35020601 | 模板对拉螺栓 | kg | 1.6479 | 1.6479 | 1.6479 |
| | 35020721 | 模板钢连杆 | kg | 0.6019 | 0.6019 | 0.6019 |
| | 35020902 | 扣件 | 只 | 0.3065 | 0.3065 | 0.3065 |
| | 80210424 | 预拌混凝土(泵送型) C30 粒径 5～40 | $m^3$ | 0.9898 | 0.9898 | 0.9898 |
| | 80210515 | 预拌混凝土(非泵送型) C20 粒径 5～40 | $m^3$ | 0.1818 | 0.1818 | 0.1818 |
| | | 其他材料费 | % | 0.1362 | 0.1362 | 0.1362 |
| 机械 | 99010060 | 履带式单斗液压挖掘机 1$m^3$ | 台班 | 0.0112 | 0.0206 | 0.0352 |
| | 99050540 | 混凝土输送泵车 75$m^3$/h | 台班 | 0.0106 | 0.0106 | 0.0106 |
| | 99050920 | 混凝土振捣器 | 台班 | 0.0741 | 0.0741 | 0.0741 |
| | 99070050 | 履带式推土机 90kW | 台班 | 0.0120 | 0.0265 | 0.0410 |
| | 99070530 | 载重汽车 5t | 台班 | 0.0106 | 0.0106 | 0.0106 |
| | 99090360 | 汽车式起重机 8t | 台班 | 0.0054 | 0.0054 | 0.0054 |
| | 99210010 | 木工圆锯机 ϕ500 | 台班 | 0.0041 | 0.0041 | 0.0041 |
| | 99440120 | 电动多级离心清水泵 ϕ50 | 台班 | 0.2352 | 0.2352 | 0.2352 |

**工作内容：** 1,2,3. 挖、填、运土方及工作面内明排水，模板安拆、钢筋绑扎安放、混凝土垫层和杯形桩承台基础浇捣养护。

4. 杯芯制作、模板安拆。

| 定额编号 | | | A-2-2-29 | A-2-2-30 | A-2-2-31 | A-2-2-32 |
|---|---|---|---|---|---|---|
| 项目 | | | 钢筋混凝土杯形桩承台基础 | | | 杯芯 |
| | | | 埋深 2m 以内 | 埋深 3.5m 以内 | 埋深 5m 以内 | |
| | | | $m^3$ | $m^3$ | $m^3$ | 只 |
| 预算定额编号 | 预算定额名称 | 预算定额单位 | 数量 | | | |
| 01-1-1-3 | 推土机 推土 推距 50.0m 以内 | $m^3$ | 4.8160 | 10.4650 | 16.1140 | |
| 01-1-1-20 | 机械挖基坑 埋深 3.5m 以内 | $m^3$ | 5.8706 | 14.0456 | | |
| 01-1-1-20 系 | 机械挖基坑 埋深 3.5m 以内有桩基 | $m^3$ | 2.2794 | 2.2794 | | |
| 01-1-1-20 换 | 机械挖基坑 埋深 5m 以内 | $m^3$ | | | 22.2206 | |
| 01-1-1-20 换系 | 机械挖基坑 埋深 5m 以内有桩基 | $m^3$ | | | 2.2794 | |
| 01-1-2-2 | 人工回填土 夯填 | $m^3$ | 6.8800 | 14.9500 | 23.0200 | |
| 01-1-2-4 | 手推车运土 运距 50m 以内 | $m^3$ | 2.0640 | 4.4850 | 6.9060 | |
| 01-5-1-1 换 | 预拌混凝土(非泵送) 垫层 | $m^3$ | 0.1800 | 0.1800 | 0.1800 | |
| 01-5-1-3 | 预拌混凝土(非泵送) 独立基础、杯形基础 | $m^3$ | 1.0000 | 1.0000 | 1.0000 | |
| 01-5-11-2 | 钢筋 独立基础、杯形基础 | t | 0.0364 | 0.0364 | 0.0364 | |
| 01-17-2-39 | 复合模板 垫层 | $m^2$ | 0.2374 | 0.2374 | 0.2374 | |
| 01-17-2-45 | 复合模板 杯芯 | 只 | | | | 1.0000 |
| 01-17-2-49 | 复合模板 独立桩承台基础 | $m^2$ | 1.7778 | 1.7778 | 1.7778 | |
| 01-17-2-50 | 复合模板 基础埋深超 3.0m | $m^2$ | | 1.7778 | 1.7778 | |
| 01-17-3-37 | 输送泵车 | $m^3$ | 1.0000 | 1.0000 | 1.0000 | |
| 01-17-6-5 | 基坑明排水 集水井 使用 | 座·天 | 0.2784 | 0.2784 | 0.2784 | |

**工作内容：**1,2,3. 挖、填、运土方及工作面内明排水，模板安拆、钢筋绑扎安放、混凝土垫层和杯形桩承台基础浇捣养护。
4. 杯芯制作、模板安拆。

| 定额编号 | | | | A-2-2-29 | A-2-2-30 | A-2-2-31 | A-2-2-32 |
|---|---|---|---|---|---|---|---|
| 项目 | | | | 钢筋混凝土杯形桩承台基础 | | | 杯芯 |
| | | | | 埋深 2m 以内 | 埋深 3.5m 以内 | 埋深 5m 以内 | |
| 名称 | | | 单位 | $m^3$ | $m^3$ | $m^3$ | 只 |
| 人工 | 00030117 | 模板工 | 工日 | 0.4671 | 0.5032 | 0.5032 | 0.8727 |
| | 00030119 | 钢筋工 | 工日 | 0.1353 | 0.1353 | 0.1353 | |
| | 00030121 | 混凝土工 | 工日 | 0.3005 | 0.3005 | 0.3005 | |
| | 00030153 | 其他工 | 工日 | 2.2294 | 4.4642 | 6.7050 | 0.0436 |
| 材料 | 01010120 | 成型钢筋 | t | 0.0368 | 0.0368 | 0.0368 | |
| | 01010254 | 热轧带肋钢筋(HRB400) ϕ12 | kg | 0.1844 | 0.1844 | 0.1844 | |
| | 02090101 | 塑料薄膜 | $m^2$ | 0.7177 | 0.7177 | 0.7177 | |
| | 03150101 | 圆钉 | kg | 0.0786 | 0.0786 | 0.0786 | 0.0986 |
| | 03152501 | 镀锌铁丝 | kg | 0.1092 | 0.1092 | 0.1092 | |
| | 05030107 | 中方材 55～100$cm^2$ | $m^3$ | 0.0293 | 0.0293 | 0.0293 | 0.0149 |
| | 34110101 | 水 | $m^3$ | 0.2336 | 0.2336 | 0.2336 | |
| | 35010801 | 复合模板 | $m^2$ | 0.4970 | 0.4970 | 0.4970 | 0.5668 |
| | 35020721 | 模板钢连杆 | kg | 0.6901 | 0.6901 | 0.6901 | |
| | 35020902 | 扣件 | 只 | 0.3776 | 0.3776 | 0.3776 | |
| | 80210424 | 预拌混凝土(泵送型) C30 粒径 5～40 | $m^3$ | 1.0100 | 1.0100 | 1.0100 | |
| | 80210515 | 预拌混凝土(非泵送型) C20 粒径 5～40 | $m^3$ | 0.1818 | 0.1818 | 0.1818 | |
| | | 其他材料费 | % | 0.0969 | 0.0969 | 0.0969 | |
| 机械 | 99010060 | 履带式单斗液压挖掘机 1$m^3$ | 台班 | 0.0159 | 0.0298 | 0.0512 | |
| | 99050540 | 混凝土输送泵车 75$m^3$/h | 台班 | 0.0108 | 0.0108 | 0.0108 | |
| | 99050920 | 混凝土振捣器 | 台班 | 0.0753 | 0.0753 | 0.0753 | |
| | 99070050 | 履带式推土机 90kW | 台班 | 0.0193 | 0.0419 | 0.0645 | |
| | 99070530 | 载重汽车 5t | 台班 | 0.0135 | 0.0135 | 0.0135 | 0.0094 |
| | 99090360 | 汽车式起重机 8t | 台班 | 0.0060 | 0.0060 | 0.0060 | 0.0048 |
| | 99210010 | 木工圆锯机 ϕ500 | 台班 | 0.0092 | 0.0092 | 0.0092 | 0.0053 |
| | 99440120 | 电动多级离心清水泵 ϕ50 | 台班 | 0.3202 | 0.3202 | 0.3202 | |

**工作内容：** 1,2. 挖、填、运土方，铺设碎石垫层，模板安拆、钢筋绑扎安放、地下室混凝土垫层和无梁底板浇捣养护、抹面。

3,4. 挖、填、运土方，铺设碎石垫层，模板安拆、钢筋绑扎安放、地下室混凝土垫层和有梁底板浇捣养护、抹面。

| 定额编号 | | | A-2-2-33 | A-2-2-34 | A-2-2-35 | A-2-2-36 |
|---|---|---|---|---|---|---|
| 项目 | | | 地下室钢筋混凝土<br>无梁底板 | | 地下室钢筋混凝土<br>有梁底板 | |
| | | | 埋深 3.5m 以内 | 埋深 5m 以内 | 埋深 3.5m 以内 | 埋深 5m 以内 |
| | | | $m^3$ | $m^3$ | $m^3$ | $m^3$ |
| 预算定额编号 | 预算定额名称 | 预算定额单位 | 数量 | | | |
| 01-1-1-3 | 推土机 推土 推距 50.0m 以内 | $m^3$ | 2.2143 | 2.6113 | 1.6606 | 1.7866 |
| 01-1-1-9 | 机械挖土方 埋深 3.5m 以内 | $m^3$ | 10.5469 | | 7.9024 | |
| 01-1-1-10 | 机械挖土方 埋深 5.0m 以内 | $m^3$ | | 13.3816 | | 10.4733 |
| 01-1-2-2 | 人工回填土 夯填 | $m^3$ | 3.1633 | 3.7304 | 2.3723 | 2.5523 |
| 01-1-2-4 | 手推车运土 运距 50m 以内 | $m^3$ | 0.9490 | 1.1191 | 0.7117 | 0.7657 |
| 01-4-4-5 | 碎石垫层 干铺无砂 | $m^3$ | 0.0686 | 0.0686 | 0.0571 | 0.0571 |
| 01-5-1-1 | 预拌混凝土(泵送) 垫层 | $m^3$ | 0.2471 | 0.2342 | 0.1851 | 0.1702 |
| 01-5-1-4 | 预拌混凝土(泵送) 满堂基础、地下室底板 | $m^3$ | 1.0000 | 1.0000 | 1.0000 | 1.0000 |
| 01-5-11-3 | 钢筋 满堂基础、地下室底板 | t | 0.1300 | 0.1300 | 0.2015 | 0.2015 |
| 01-11-1-1 | 干混砂浆楼地面 | $m^2$ | 2.5000 | 2.5000 | 1.7000 | 1.7000 |
| 01-17-2-39 | 复合模板 垫层 | $m^2$ | 0.0630 | 0.0500 | 0.0367 | 0.0241 |
| 01-17-2-46 | 复合模板 无梁满堂基础 | $m^2$ | 0.3000 | 0.3000 | | |
| 01-17-2-47 | 复合模板 有梁满堂基础 | $m^2$ | | | 1.1090 | 1.1090 |
| 01-17-2-50 | 复合模板 基础埋深超 3.0m | $m^2$ | 0.3000 | 0.3000 | 1.1090 | 1.1090 |
| 01-17-3-37 | 输送泵车 | $m^3$ | 1.2471 | 1.2342 | 1.1851 | 1.1702 |

**工作内容：** 1,2. 挖、填、运土方，铺设碎石垫层，模板安拆、钢筋绑扎安放、地下室混凝土垫层和无梁底板浇捣养护、抹面。

3,4. 挖、填、运土方，铺设碎石垫层，模板安拆、钢筋绑扎安放、地下室混凝土垫层和有梁底板浇捣养护、抹面。

| 定额编号 | | | | A-2-2-33 | A-2-2-34 | A-2-2-35 | A-2-2-36 |
|---|---|---|---|---|---|---|---|
| 项目 | | | | 地下室钢筋混凝土<br>无梁底板 | | 地下室钢筋混凝土<br>有梁底板 | |
| | | | | 埋深 3.5m 以内 | 埋深 5m 以内 | 埋深 3.5m 以内 | 埋深 5m 以内 |
| 名称 | | | 单位 | $m^3$ | $m^3$ | $m^3$ | $m^3$ |
| 人工 | 00030117 | 模板工 | 工日 | 0.0776 | 0.0762 | 0.2251 | 0.2237 |
| | 00030119 | 钢筋工 | 工日 | 0.4335 | 0.4335 | 0.6719 | 0.6719 |
| | 00030121 | 混凝土工 | 工日 | 0.2025 | 0.1979 | 0.1760 | 0.1707 |
| | 00030127 | 一般抹灰工 | 工日 | 0.1373 | 0.1373 | 0.0933 | 0.0933 |
| | 00030153 | 其他工 | 工日 | 1.2621 | 1.4511 | 1.0631 | 1.1485 |
| 材料 | 01010120 | 成型钢筋 | t | 0.1313 | 0.1313 | 0.2035 | 0.2035 |
| | 01010254 | 热轧带肋钢筋(HRB400) ϕ12 | kg | | | 0.3595 | 0.3595 |
| | 02090101 | 塑料薄膜 | $m^2$ | 2.4256 | 2.4256 | 2.4256 | 2.4256 |
| | 03019315 | 镀锌六角螺母 M14 | 个 | 0.8745 | 0.8745 | 3.6191 | 3.6191 |
| | 03150101 | 圆钉 | kg | 0.0141 | 0.0136 | 0.0438 | 0.0433 |
| | 03152501 | 镀锌铁丝 | kg | 0.3898 | 0.3898 | 0.6043 | 0.6043 |
| | 04050218 | 碎石 5～70 | kg | 106.3986 | 106.3986 | 88.5621 | 88.5621 |
| | 05030107 | 中方材 55～100$cm^2$ | $m^3$ | 0.0035 | 0.0033 | 0.0040 | 0.0038 |
| | 17252681 | 塑料套管 ϕ18 | m | | | 1.6236 | 1.6236 |
| | 34110101 | 水 | $m^3$ | 0.3466 | 0.3412 | 0.2901 | 0.2838 |
| | 35010801 | 复合模板 | $m^2$ | 0.0896 | 0.0864 | 0.2821 | 0.2789 |
| | 35020531 | 铁板卡 | kg | 0.2368 | 0.2368 | 0.9798 | 0.9798 |
| | 35020601 | 模板对拉螺栓 | kg | 0.8637 | 0.8637 | 1.0938 | 1.0938 |
| | 35020721 | 模板钢连杆 | kg | 0.0563 | 0.0563 | 0.2521 | 0.2521 |
| | 35020902 | 扣件 | 只 | | | 0.0286 | 0.0286 |
| | 80060312 | 干混地面砂浆 DS M20.0 | $m^3$ | 0.0510 | 0.0510 | 0.0347 | 0.0347 |
| | 80210416 | 预拌混凝土(泵送型) C20 粒径 5～40 | $m^3$ | 0.2496 | 0.2365 | 0.1870 | 0.1719 |
| | 80210424 | 预拌混凝土(泵送型) C30 粒径 5～40 | $m^3$ | 1.0100 | 1.0100 | 1.0100 | 1.0100 |
| | | 其他材料费 | % | 0.0271 | 0.0269 | 0.0718 | 0.0719 |
| 机械 | 99010060 | 履带式单斗液压挖掘机 1$m^3$ | 台班 | 0.0179 | | 0.0134 | |
| | 99010080 | 履带式单斗液压挖掘机 1.25$m^3$ | 台班 | | 0.0268 | | 0.0209 |
| | 99050540 | 混凝土输送泵车 75$m^3$/h | 台班 | 0.0135 | 0.0133 | 0.0128 | 0.0126 |
| | 99050920 | 混凝土振捣器 | 台班 | 0.0767 | 0.0759 | 0.0729 | 0.0720 |
| | 99070050 | 履带式推土机 90kW | 台班 | 0.0089 | 0.0104 | 0.0066 | 0.0071 |
| | 99070530 | 载重汽车 5t | 台班 | 0.0013 | 0.0013 | 0.0044 | 0.0043 |
| | 99090360 | 汽车式起重机 8t | 台班 | 0.0005 | 0.0005 | 0.0022 | 0.0022 |
| | 99130340 | 电动夯实机 250N·m | 台班 | 0.0019 | 0.0019 | 0.0015 | 0.0015 |
| | 99210010 | 木工圆锯机 ϕ500 | 台班 | 0.0010 | 0.0010 | 0.0032 | 0.0032 |

**工作内容：** 挖、填、运土方，铺设碎石垫层，模板安拆、钢筋绑扎安放、地下室混凝土垫层和无梁底板浇捣养护、抹面。

| 定额编号 | | | A-2-2-37 | A-2-2-38 | A-2-2-39 | A-2-2-40 |
|---|---|---|---|---|---|---|
| 项目 | | | 地下室钢筋混凝土无梁底板（支撑） | | | |
| | | | 埋深 5m 以内 | 埋深 6m 以内 | 埋深 8m 以内 | 埋深 10m 以内 |
| | | | $m^3$ | $m^3$ | $m^3$ | $m^3$ |
| 预算定额编号 | 预算定额名称 | 预算定额单位 | 数量 | | | |
| 01-1-1-3 | 推土机 推土 推距 50.0m 以内 | $m^3$ | 1.3619 | 1.6535 | 2.2369 | 2.8202 |
| 01-1-1-11 | 机械挖有支撑土方 埋深 8.0m 以内 | $m^3$ | 11.2152 | 13.5517 | 18.2248 | |
| 01-1-1-12 | 机械挖有支撑土方 埋深 12.0m 以内 | $m^3$ | | | | 22.8978 |
| 01-1-2-2 | 人工回填土 夯填 | $m^3$ | 1.9455 | 2.3621 | 3.1955 | 4.0288 |
| 01-1-2-4 | 手推车运土 运距 50m 以内 | $m^3$ | 0.5837 | 0.7086 | 0.9587 | 1.2086 |
| 01-4-4-5 | 碎石垫层 干铺无砂 | $m^3$ | 0.0686 | 0.0686 | 0.0890 | 0.0890 |
| 01-5-1-1 | 预拌混凝土（泵送） 垫层 | $m^3$ | 0.3024 | 0.3024 | 0.3024 | 0.3024 |
| 01-5-1-4 | 预拌混凝土（泵送） 满堂基础、地下室底板 | $m^3$ | 1.0000 | 1.0000 | 1.0000 | 1.0000 |
| 01-5-11-3 | 钢筋 满堂基础、地下室底板 | t | 0.1300 | 0.1300 | 0.1300 | 0.1300 |
| 01-11-1-1 | 干混砂浆楼地面 | $m^2$ | 1.9521 | 1.9521 | 1.9521 | 1.9521 |
| 01-17-2-39 | 复合模板 垫层 | $m^2$ | 0.0244 | 0.0244 | 0.0244 | 0.0244 |
| 01-17-2-46 | 复合模板 无梁满堂基础 | $m^2$ | 0.3000 | 0.3000 | 0.3000 | 0.3000 |
| 01-17-2-50 | 复合模板 基础埋深超 3.0m | $m^2$ | 0.3000 | 0.3000 | 0.3000 | 0.3000 |
| 01-17-3-37 | 输送泵车 | $m^3$ | 1.3024 | 1.3024 | 1.3024 | 1.3024 |

工作内容：挖、填、运土方，铺设碎石垫层，模板安拆、钢筋绑扎安放、地下室混凝土垫层和无梁底板浇捣养护、抹面。

| 定额编号 | | | | A-2-2-37 | A-2-2-38 | A-2-2-39 | A-2-2-40 |
|---|---|---|---|---|---|---|---|
| 项目 | | | | 地下室钢筋混凝土无梁底板(支撑) | | | |
| | | | | 埋深 5m 以内 | 埋深 6m 以内 | 埋深 8m 以内 | 埋深 10m 以内 |
| 名称 | | | 单位 | $m^3$ | $m^3$ | $m^3$ | $m^3$ |
| 人工 | 00030117 | 模板工 | 工日 | 0.0734 | 0.0734 | 0.0734 | 0.0734 |
| | 00030119 | 钢筋工 | 工日 | 0.4335 | 0.4335 | 0.4335 | 0.4335 |
| | 00030121 | 混凝土工 | 工日 | 0.2222 | 0.2222 | 0.2301 | 0.2301 |
| | 00030127 | 一般抹灰工 | 工日 | 0.1072 | 0.1072 | 0.1072 | 0.1072 |
| | 00030153 | 其他工 | 工日 | 1.0849 | 1.2539 | 1.5942 | 1.9849 |
| 材料 | 01010120 | 成型钢筋 | t | 0.1313 | 0.1313 | 0.1313 | 0.1313 |
| | 02090101 | 塑料薄膜 | $m^2$ | 2.4256 | 2.4256 | 2.4256 | 2.4256 |
| | 03019315 | 镀锌六角螺母 M14 | 个 | 0.8745 | 0.8745 | 0.8745 | 0.8745 |
| | 03150101 | 圆钉 | kg | 0.0126 | 0.0126 | 0.0126 | 0.0126 |
| | 03152501 | 镀锌铁丝 | kg | 0.3898 | 0.3898 | 0.3898 | 0.3898 |
| | 04050218 | 碎石 5～70 | kg | 106.3986 | 106.3986 | 138.0390 | 138.0390 |
| | 05030107 | 中方材 55～100$cm^2$ | $m^3$ | 0.0029 | 0.0029 | 0.0029 | 0.0029 |
| | 34110101 | 水 | $m^3$ | 0.3490 | 0.3490 | 0.3490 | 0.3490 |
| | 35010801 | 复合模板 | $m^2$ | 0.0801 | 0.0801 | 0.0801 | 0.0801 |
| | 35020531 | 铁板卡 | kg | 0.2368 | 0.2368 | 0.2368 | 0.2368 |
| | 35020601 | 模板对拉螺栓 | kg | 0.8637 | 0.8637 | 0.8637 | 0.8637 |
| | 35020721 | 模板钢连杆 | kg | 0.0563 | 0.0563 | 0.0563 | 0.0563 |
| | 80060312 | 干混地面砂浆 DS M20.0 | $m^3$ | 0.0398 | 0.0398 | 0.0398 | 0.0398 |
| | 80210416 | 预拌混凝土(泵送型) C20 粒径 5～40 | $m^3$ | 0.3054 | 0.3054 | 0.3054 | 0.3054 |
| | 80210424 | 预拌混凝土(泵送型) C30 粒径 5～40 | $m^3$ | 1.0100 | 1.0100 | 1.0100 | 1.0100 |
| | | 其他材料费 | % | 0.0228 | 0.0228 | 0.0227 | 0.0227 |
| 机械 | 99010020 | 履带式单斗液压挖掘机 0.4$m^3$ | 台班 | 0.0314 | 0.0379 | 0.0510 | 0.0824 |
| | 99010060 | 履带式单斗液压挖掘机 1$m^3$ | 台班 | 0.0269 | 0.0325 | 0.0437 | 0.0595 |
| | 99010100 | 履带式单斗液压挖掘机 1.6$m^3$ | 台班 | 0.0292 | 0.0352 | 0.0474 | 0.0618 |
| | 99050540 | 混凝土输送泵车 75$m^3$/h | 台班 | 0.0141 | 0.0141 | 0.0141 | 0.0141 |
| | 99050920 | 混凝土振捣器 | 台班 | 0.0801 | 0.0801 | 0.0801 | 0.0801 |
| | 99070050 | 履带式推土机 90kW | 台班 | 0.0054 | 0.0066 | 0.0089 | 0.0113 |
| | 99070530 | 载重汽车 5t | 台班 | 0.0012 | 0.0012 | 0.0012 | 0.0012 |
| | 99090360 | 汽车式起重机 8t | 台班 | 0.0005 | 0.0005 | 0.0005 | 0.0005 |
| | 99130340 | 电动夯实机 250N·m | 台班 | 0.0019 | 0.0019 | 0.0024 | 0.0024 |
| | 99210010 | 木工圆锯机 $\phi$500 | 台班 | 0.0009 | 0.0009 | 0.0009 | 0.0009 |

**工作内容：** 挖、填、运土方，铺设碎石垫层，模板安拆、钢筋绑扎安放、地下室混凝土垫层和无梁底板浇捣养护、抹面。

| 定额编号 | | | A-2-2-41 | A-2-2-42 | A-2-2-43 |
|---|---|---|---|---|---|
| 项目 | | | 地下室钢筋混凝土无梁底板(支撑) | | |
| | | | 埋深 12m 以内 | 埋深 16m 以内 | 埋深 20m 以内 |
| | | | $m^3$ | $m^3$ | $m^3$ |
| 预算定额编号 | 预算定额名称 | 预算定额单位 | 数量 | | |
| 01-1-1-3 | 推土机 推土 推距 50.0m 以内 | $m^3$ | 3.4035 | 4.5701 | 5.7368 |
| 01-1-1-12 | 机械挖有支撑土方 埋深 12.0m 以内 | $m^3$ | 27.5708 | | |
| 01-1-1-13 | 机械挖有支撑土方 埋深 16.0m 以内 | $m^3$ | | 36.9168 | |
| 01-1-1-14 | 机械挖有支撑土方 埋深 20.0m 以内 | $m^3$ | | | 46.2628 |
| 01-1-2-2 | 人工回填土 夯填 | $m^3$ | 4.8621 | 6.5288 | 8.1954 |
| 01-1-2-4 | 手推车运土 运距 50m 以内 | $m^3$ | 1.4586 | 1.9586 | 2.4586 |
| 01-4-4-5 | 碎石垫层 干铺无砂 | $m^3$ | 0.0890 | 0.0890 | 0.0890 |
| 01-5-1-1 | 预拌混凝土(泵送) 垫层 | $m^3$ | 0.3024 | 0.3024 | 0.3024 |
| 01-5-1-4 | 预拌混凝土(泵送) 满堂基础、地下室底板 | $m^3$ | 1.0000 | 1.0000 | 1.0000 |
| 01-5-11-3 | 钢筋 满堂基础、地下室底板 | t | 0.1300 | 0.1300 | 0.1300 |
| 01-11-1-1 | 干混砂浆楼地面 | $m^2$ | 1.9521 | 1.9521 | 1.9521 |
| 01-17-2-39 | 复合模板 垫层 | $m^2$ | 0.0244 | 0.0244 | 0.0244 |
| 01-17-2-46 | 复合模板 无梁满堂基础 | $m^2$ | 0.3000 | 0.3000 | 0.3000 |
| 01-17-2-50 | 复合模板 基础埋深超 3.0m | $m^2$ | 0.3000 | 0.3000 | 0.3000 |
| 01-17-3-37 | 输送泵车 | $m^3$ | 1.3024 | 1.3024 | 1.3024 |

**工作内容：** 挖、填、运土方，铺设碎石垫层，模板安拆、钢筋绑扎安放、地下室混凝土垫层和无梁底板浇捣养护、抹面。

| 定额编号 | | | | A-2-2-41 | A-2-2-42 | A-2-2-43 |
|---|---|---|---|---|---|---|
| 项目 | | | | 地下室钢筋混凝土无梁底板（支撑） | | |
| | | | | 埋深12m以内 | 埋深16m以内 | 埋深20m以内 |
| 名称 | | | 单位 | $m^3$ | $m^3$ | $m^3$ |
| 人工 | 00030117 | 模板工 | 工日 | 0.0734 | 0.0734 | 0.0734 |
| | 00030119 | 钢筋工 | 工日 | 0.4335 | 0.4335 | 0.4335 |
| | 00030121 | 混凝土工 | 工日 | 0.2301 | 0.2301 | 0.2301 |
| | 00030127 | 一般抹灰工 | 工日 | 0.1072 | 0.1072 | 0.1072 |
| | 00030153 | 其他工 | 工日 | 2.3337 | 3.1018 | 3.9701 |
| 材料 | 01010120 | 成型钢筋 | t | 0.1313 | 0.1313 | 0.1313 |
| | 02090101 | 塑料薄膜 | $m^2$ | 2.4256 | 2.4256 | 2.4256 |
| | 03019315 | 镀锌六角螺母 M14 | 个 | 0.8745 | 0.8745 | 0.8745 |
| | 03150101 | 圆钉 | kg | 0.0126 | 0.0126 | 0.0126 |
| | 03152501 | 镀锌铁丝 | kg | 0.3898 | 0.3898 | 0.3898 |
| | 04050218 | 碎石 5～70 | kg | 138.0390 | 138.0390 | 138.0390 |
| | 05030107 | 中方材 55～100$cm^2$ | $m^3$ | 0.0029 | 0.0029 | 0.0029 |
| | 34110101 | 水 | $m^3$ | 0.3490 | 0.3490 | 0.3490 |
| | 35010801 | 复合模板 | $m^2$ | 0.0801 | 0.0801 | 0.0801 |
| | 35020531 | 铁板卡 | kg | 0.2368 | 0.2368 | 0.2368 |
| | 35020601 | 模板对拉螺栓 | kg | 0.8637 | 0.8637 | 0.8637 |
| | 35020721 | 模板钢连杆 | kg | 0.0563 | 0.0563 | 0.0563 |
| | 80060312 | 干混地面砂浆 DS M20.0 | $m^3$ | 0.0398 | 0.0398 | 0.0398 |
| | 80210416 | 预拌混凝土(泵送型) C20 粒径 5～40 | $m^3$ | 0.3054 | 0.3054 | 0.3054 |
| | 80210424 | 预拌混凝土(泵送型) C30 粒径 5～40 | $m^3$ | 1.0100 | 1.0100 | 1.0100 |
| | | 其他材料费 | % | 0.0227 | 0.0227 | 0.0227 |
| 机械 | 99010015 | 履带式单斗液压挖掘机 0.25$m^3$ | 台班 | | | 0.2082 |
| | 99010020 | 履带式单斗液压挖掘机 0.4$m^3$ | 台班 | 0.0993 | 0.1551 | 0.2082 |
| | 99010060 | 履带式单斗液压挖掘机 1$m^3$ | 台班 | 0.0717 | 0.1034 | 0.1434 |
| | 99010100 | 履带式单斗液压挖掘机 1.6$m^3$ | 台班 | 0.0744 | 0.1071 | 0.1203 |
| | 99050540 | 混凝土输送泵车 75$m^3$/h | 台班 | 0.0141 | 0.0141 | 0.0141 |
| | 99050920 | 混凝土振捣器 | 台班 | 0.0801 | 0.0801 | 0.0801 |
| | 99070050 | 履带式推土机 90kW | 台班 | 0.0136 | 0.0183 | 0.0229 |
| | 99070530 | 载重汽车 5t | 台班 | 0.0012 | 0.0012 | 0.0012 |
| | 99090270 | 履带式抓斗起重机 50t | 台班 | | | 0.1203 |
| | 99090360 | 汽车式起重机 8t | 台班 | 0.0005 | 0.0005 | 0.0005 |
| | 99130340 | 电动夯实机 250N·m | 台班 | 0.0024 | 0.0024 | 0.0024 |
| | 99210010 | 木工圆锯机 $\phi$500 | 台班 | 0.0009 | 0.0009 | 0.0009 |

**工作内容：** 挖、填、运土方，铺设碎石垫层，模板安折、钢筋绑扎安放、地下室混凝土垫层和有梁底板浇捣养护、抹面。

| 定额编号 | | | A-2-2-44 | A-2-2-45 | A-2-2-46 | A-2-2-47 |
|---|---|---|---|---|---|---|
| 项目 | | | 地下室钢筋混凝土有梁底板(支撑) | | | |
| | | | 埋深 5m 以内 | 埋深 6m 以内 | 埋深 8m 以内 | 埋深 10m 以内 |
| | | | $m^3$ | $m^3$ | $m^3$ | $m^3$ |
| 预算定额编号 | 预算定额名称 | 预算定额单位 | 数量 | | | |
| 01-1-1-3 | 推土机 推土 推距 50.0m 以内 | $m^3$ | 1.1302 | 1.3733 | 1.8593 | 2.3455 |
| 01-1-1-11 | 机械挖有支撑土方 埋深 8.0m 以内 | $m^3$ | 9.3460 | 11.2931 | 15.1873 | |
| 01-1-1-12 | 机械挖有支撑土方 埋深 12.0m 以内 | $m^3$ | | | | 19.0815 |
| 01-1-2-2 | 人工回填土 夯填 | $m^3$ | 1.6145 | 1.9618 | 2.6562 | 3.3507 |
| 01-1-2-4 | 手推车运土 运距 50m 以内 | $m^3$ | 0.4844 | 0.5885 | 0.7969 | 1.0052 |
| 01-4-4-5 | 碎石垫层 干铺无砂 | $m^3$ | 0.0571 | 0.0571 | 0.0741 | 0.0741 |
| 01-5-1-1 | 预拌混凝土(泵送) 垫层 | $m^3$ | 0.2520 | 0.2520 | 0.2520 | 0.2520 |
| 01-5-1-4 | 预拌混凝土(泵送) 满堂基础、地下室底板 | $m^3$ | 1.0000 | 1.0000 | 1.0000 | 1.0000 |
| 01-5-11-3 | 钢筋 满堂基础、地下室底板 | t | 0.2015 | 0.2015 | 0.2015 | 0.2015 |
| 01-11-1-1 | 干混砂浆楼地面 | $m^2$ | 1.6267 | 1.6267 | 1.6267 | 1.6267 |
| 01-17-2-39 | 复合模板 垫层 | $m^2$ | 0.0203 | 0.0203 | 0.0203 | 0.0203 |
| 01-17-2-47 | 复合模板 有梁满堂基础 | $m^2$ | 1.1090 | 1.1090 | 1.1090 | 1.1090 |
| 01-17-2-50 | 复合模板 基础埋深超 3.0m | $m^2$ | 1.1090 | 1.1090 | 1.1090 | 1.1090 |
| 01-17-3-37 | 输送泵车 | $m^3$ | 1.2520 | 1.2520 | 1.2520 | 1.2520 |

**工作内容：**挖、填、运土方，铺设碎石垫层，模板安拆、钢筋绑扎安放、地下室混凝土垫层和有梁底板浇捣养护、抹面。

| 定额编号 | | | | A-2-2-44 | A-2-2-45 | A-2-2-46 | A-2-2-47 |
|---|---|---|---|---|---|---|---|
| 项目 | | | | 地下室钢筋混凝土有梁底板(支撑) | | | |
| | | | | 埋深 5m 以内 | 埋深 6m 以内 | 埋深 8m 以内 | 埋深 10m 以内 |
| 名称 | | | 单位 | $m^3$ | $m^3$ | $m^3$ | $m^3$ |
| 人工 | 00030117 | 模板工 | 工日 | 0.2233 | 0.2233 | 0.2233 | 0.2233 |
| | 00030119 | 钢筋工 | 工日 | 0.6719 | 0.6719 | 0.6719 | 0.6719 |
| | 00030121 | 混凝土工 | 工日 | 0.1998 | 0.1998 | 0.2064 | 0.2064 |
| | 00030127 | 一般抹灰工 | 工日 | 0.0893 | 0.0893 | 0.0893 | 0.0893 |
| | 00030153 | 其他工 | 工日 | 1.0060 | 1.1471 | 1.4305 | 1.7562 |
| 材料 | 01010120 | 成型钢筋 | t | 0.2035 | 0.2035 | 0.2035 | 0.2035 |
| | 01010254 | 热轧带肋钢筋(HRB400) ϕ12 | kg | 0.3595 | 0.3595 | 0.3595 | 0.3595 |
| | 02090101 | 塑料薄膜 | $m^2$ | 2.4256 | 2.4256 | 2.4256 | 2.4256 |
| | 03019315 | 镀锌六角螺母 M14 | 个 | 3.6191 | 3.6191 | 3.6191 | 3.6191 |
| | 03150101 | 圆钉 | kg | 0.0432 | 0.0432 | 0.0432 | 0.0432 |
| | 03152501 | 镀锌铁丝 | kg | 0.6043 | 0.6043 | 0.6043 | 0.6043 |
| | 04050218 | 碎石 5～70 | kg | 88.5621 | 88.5621 | 114.9291 | 114.9291 |
| | 05030107 | 中方材 55～100$cm^2$ | $m^3$ | 0.0038 | 0.0038 | 0.0038 | 0.0038 |
| | 17252681 | 塑料套管 ϕ18 | m | 1.6236 | 1.6236 | 1.6236 | 1.6236 |
| | 34110101 | 水 | $m^3$ | 0.3155 | 0.3155 | 0.3155 | 0.3155 |
| | 35010801 | 复合模板 | $m^2$ | 0.2780 | 0.2780 | 0.2780 | 0.2780 |
| | 35020531 | 铁板卡 | kg | 0.9798 | 0.9798 | 0.9798 | 0.9798 |
| | 35020601 | 模板对拉螺栓 | kg | 1.0938 | 1.0938 | 1.0938 | 1.0938 |
| | 35020721 | 模板钢连杆 | kg | 0.2521 | 0.2521 | 0.2521 | 0.2521 |
| | 35020902 | 扣件 | 只 | 0.0286 | 0.0286 | 0.0286 | 0.0286 |
| | 80060312 | 干混地面砂浆 DS M20.0 | $m^3$ | 0.0332 | 0.0332 | 0.0332 | 0.0332 |
| | 80210416 | 预拌混凝土(泵送型) C20 粒径 5～40 | $m^3$ | 0.2545 | 0.2545 | 0.2545 | 0.2545 |
| | 80210424 | 预拌混凝土(泵送型) C30 粒径 5～40 | $m^3$ | 1.0100 | 1.0100 | 1.0100 | 1.0100 |
| | | 其他材料费 | % | 0.0695 | 0.0695 | 0.0693 | 0.0693 |
| 机械 | 99010020 | 履带式单斗液压挖掘机 0.4$m^3$ | 台班 | 0.0262 | 0.0316 | 0.0425 | 0.0687 |
| | 99010060 | 履带式单斗液压挖掘机 1$m^3$ | 台班 | 0.0224 | 0.0271 | 0.0364 | 0.0496 |
| | 99010100 | 履带式单斗液压挖掘机 1.6$m^3$ | 台班 | 0.0243 | 0.0294 | 0.0395 | 0.0515 |
| | 99050540 | 混凝土输送泵车 75$m^3$/h | 台班 | 0.0135 | 0.0135 | 0.0135 | 0.0135 |
| | 99050920 | 混凝土振捣器 | 台班 | 0.0770 | 0.0770 | 0.0770 | 0.0770 |
| | 99070050 | 履带式推土机 90kW | 台班 | 0.0045 | 0.0055 | 0.0074 | 0.0094 |
| | 99070530 | 载重汽车 5t | 台班 | 0.0043 | 0.0043 | 0.0043 | 0.0043 |
| | 99090360 | 汽车式起重机 8t | 台班 | 0.0022 | 0.0022 | 0.0022 | 0.0022 |
| | 99130340 | 电动夯实机 250N·m | 台班 | 0.0015 | 0.0015 | 0.0020 | 0.0020 |
| | 99210010 | 木工圆锯机 ϕ500 | 台班 | 0.0032 | 0.0032 | 0.0032 | 0.0032 |

**工作内容：**挖、填、运土方，铺设碎石垫层，模板安拆、钢筋绑扎安放、地下室混凝土垫层和有梁底板浇捣养护、抹面。

| 定额编号 | | | A-2-2-48 | A-2-2-49 | A-2-2-50 |
|---|---|---|---|---|---|
| 项目 | | | 地下室钢筋混凝土有梁底板(支撑) | | |
| | | | 埋深 12m 以内 | 埋深 16m 以内 | 埋深 20m 以内 |
| | | | m³ | m³ | m³ |
| 预算定额编号 | 预算定额名称 | 预算定额单位 | 数量 | | |
| 01-1-1-3 | 推土机 推土 推距 50.0m 以内 | m³ | 2.8316 | 3.8038 | 4.7761 |
| 01-1-1-12 | 机械挖有支撑土方 埋深 12.0m 以内 | m³ | 22.9757 | | |
| 01-1-1-13 | 机械挖有支撑土方 埋深 16.0m 以内 | m³ | | 30.7640 | |
| 01-1-1-14 | 机械挖有支撑土方 埋深 20.0m 以内 | m³ | | | 38.5522 |
| 01-1-2-2 | 人工回填土 夯填 | m³ | 4.0451 | 5.4340 | 6.8230 |
| 01-1-2-4 | 手推车运土 运距 50m 以内 | m³ | 1.2135 | 1.6302 | 2.0469 |
| 01-4-4-5 | 碎石垫层 干铺无砂 | m³ | 0.0741 | 0.0741 | 0.0741 |
| 01-5-1-1 | 预拌混凝土(泵送) 垫层 | m³ | 0.2520 | 0.2520 | 0.2520 |
| 01-5-1-4 | 预拌混凝土(泵送) 满堂基础、地下室底板 | m³ | 1.0000 | 1.0000 | 1.0000 |
| 01-5-11-3 | 钢筋 满堂基础、地下室底板 | t | 0.2015 | 0.2015 | 0.2015 |
| 01-11-1-1 | 干混砂浆楼地面 | m² | 1.6267 | 1.6267 | 1.6267 |
| 01-17-2-39 | 复合模板 垫层 | m² | 0.0203 | 0.0203 | 0.0203 |
| 01-17-2-47 | 复合模板 有梁满堂基础 | m² | 1.1090 | 1.1090 | 1.1090 |
| 01-17-2-50 | 复合模板 基础埋深超 3.0m | m² | 1.1090 | 1.1090 | 1.1090 |
| 01-17-3-37 | 输送泵车 | m³ | 1.2520 | 1.2520 | 1.2520 |

**工作内容：**挖、填、运土方，铺设碎石垫层，模板安拆、钢筋绑扎安放、地下室混凝土垫层和有梁底板浇捣养护、抹面。

| 定额编号 | | | | A-2-2-48 | A-2-2-49 | A-2-2-50 |
|---|---|---|---|---|---|---|
| 项目 | | | | 地下室钢筋混凝土有梁底板(支撑) | | |
| | | | | 埋深 12m 以内 | 埋深 16m 以内 | 埋深 20m 以内 |
| 名称 | | | 单位 | $m^3$ | $m^3$ | $m^3$ |
| 人工 | 00030117 | 模板工 | 工日 | 0.2233 | 0.2233 | 0.2233 |
| | 00030119 | 钢筋工 | 工日 | 0.6719 | 0.6719 | 0.6719 |
| | 00030121 | 混凝土工 | 工日 | 0.2064 | 0.2064 | 0.2064 |
| | 00030127 | 一般抹灰工 | 工日 | 0.0893 | 0.0893 | 0.0893 |
| | 00030153 | 其他工 | 工日 | 2.0470 | 2.6868 | 3.4106 |
| 材料 | 01010120 | 成型钢筋 | t | 0.2035 | 0.2035 | 0.2035 |
| | 01010254 | 热轧带肋钢筋(HRB400) $\phi$12 | kg | 0.3595 | 0.3595 | 0.3595 |
| | 02090101 | 塑料薄膜 | $m^2$ | 2.4256 | 2.4256 | 2.4256 |
| | 03019315 | 镀锌六角螺母 M14 | 个 | 3.6191 | 3.6191 | 3.6191 |
| | 03150101 | 圆钉 | kg | 0.0432 | 0.0432 | 0.0432 |
| | 03152501 | 镀锌铁丝 | kg | 0.6043 | 0.6043 | 0.6043 |
| | 04050218 | 碎石 5～70 | kg | 114.9291 | 114.9291 | 114.9291 |
| | 05030107 | 中方材 55～100$cm^2$ | $m^3$ | 0.0038 | 0.0038 | 0.0038 |
| | 17252681 | 塑料套管 $\phi$18 | m | 1.6236 | 1.6236 | 1.6236 |
| | 34110101 | 水 | $m^3$ | 0.3155 | 0.3155 | 0.3155 |
| | 35010801 | 复合模板 | $m^2$ | 0.2780 | 0.2780 | 0.2780 |
| | 35020531 | 铁板卡 | kg | 0.9798 | 0.9798 | 0.9798 |
| | 35020601 | 模板对拉螺栓 | kg | 1.0938 | 1.0938 | 1.0938 |
| | 35020721 | 模板钢连杆 | kg | 0.2521 | 0.2521 | 0.2521 |
| | 35020902 | 扣件 | 只 | 0.0286 | 0.0286 | 0.0286 |
| | 80060312 | 干混地面砂浆 DS M20.0 | $m^3$ | 0.0332 | 0.0332 | 0.0332 |
| | 80210416 | 预拌混凝土(泵送型) C20 粒径 5～40 | $m^3$ | 0.2545 | 0.2545 | 0.2545 |
| | 80210424 | 预拌混凝土(泵送型) C30 粒径 5～40 | $m^3$ | 1.0100 | 1.0100 | 1.0100 |
| | | 其他材料费 | % | 0.0693 | 0.0693 | 0.0693 |
| 机械 | 99010015 | 履带式单斗液压挖掘机 0.25$m^3$ | 台班 | | | 0.1735 |
| | 99010020 | 履带式单斗液压挖掘机 0.4$m^3$ | 台班 | 0.0827 | 0.1292 | 0.1735 |
| | 99010060 | 履带式单斗液压挖掘机 1$m^3$ | 台班 | 0.0597 | 0.0861 | 0.1195 |
| | 99010100 | 履带式单斗液压挖掘机 1.6$m^3$ | 台班 | 0.0620 | 0.0892 | 0.1002 |
| | 99050540 | 混凝土输送泵车 75$m^3$/h | 台班 | 0.0135 | 0.0135 | 0.0135 |
| | 99050920 | 混凝土振捣器 | 台班 | 0.0770 | 0.0770 | 0.0770 |
| | 99070050 | 履带式推土机 90kW | 台班 | 0.0113 | 0.0152 | 0.0191 |
| | 99070530 | 载重汽车 5t | 台班 | 0.0043 | 0.0043 | 0.0043 |
| | 99090270 | 履带式抓斗起重机 50t | 台班 | | | 0.1002 |
| | 99090360 | 汽车式起重机 8t | 台班 | 0.0022 | 0.0022 | 0.0022 |
| | 99130340 | 电动夯实机 250N·m | 台班 | 0.0020 | 0.0020 | 0.0020 |
| | 99210010 | 木工圆锯机 $\phi$500 | 台班 | 0.0032 | 0.0032 | 0.0032 |

**工作内容**：1. 地下室钢筋混凝土无梁底板厚度增加。
2. 地下室钢筋混凝土有梁底板厚度增加。
3. 挖、运土方，模板安拆、钢筋绑扎安放、混凝土基础梁浇捣养护。

| 定额编号 | | | A-2-2-51 | A-2-2-52 | A-2-2-53 |
|---|---|---|---|---|---|
| 项目 | | | 地下室钢筋混凝土底板无梁 | 地下室钢筋混凝土底板有梁 | 钢筋混凝土基础梁 |
| | | | 厚度 500mm 以外 | 厚度 600mm 以外 | |
| | | | $m^3$ | $m^3$ | $m^3$ |
| 预算定额编号 | 预算定额名称 | 预算定额单位 | 数量 | | |
| 01-1-1-15 | 人工挖沟槽 埋深 1.5m 以内 | $m^3$ | | | 0.5000 |
| 01-1-2-4 | 手推车运土 运距 50m 以内 | $m^3$ | | | 0.5000 |
| 01-5-1-4 | 预拌混凝土(泵送) 满堂基础、地下室底板 | $m^3$ | 1.0000 | 1.0000 | |
| 01-5-3-1 换 | 预拌混凝土(非泵送) 基础梁 | $m^3$ | | | 1.0000 |
| 01-5-11-3 | 钢筋 满堂基础、地下室底板 | t | 0.1300 | 0.2015 | |
| 01-5-11-10 | 钢筋 基础梁 | t | | | 0.1365 |
| 01-17-2-46 | 复合模板 无梁满堂基础 | $m^2$ | 0.3000 | | |
| 01-17-2-47 | 复合模板 有梁满堂基础 | $m^2$ | | 1.1090 | |
| 01-17-2-50 | 复合模板 基础埋深超 3.0m | $m^2$ | 0.3000 | 1.1090 | |
| 01-17-2-60 | 复合模板 基础梁 | $m^2$ | | | 10.0000 |
| 01-17-3-37 | 输送泵车 | $m^3$ | 1.0000 | 1.0000 | |

**工作内容：** 1. 地下室钢筋混凝土无梁底板厚度增加。
2. 地下室钢筋混凝土有梁底板厚度增加。
3. 挖、运土方，模板安拆、钢筋绑扎安放、混凝土基础梁浇捣养护。

| 定额编号 | | | | A-2-2-51 | A-2-2-52 | A-2-2-53 |
|---|---|---|---|---|---|---|
| 项目 | | | | 地下室钢筋混凝土底板无梁 | 地下室钢筋混凝土底板有梁 | 钢筋混凝土基础梁 |
| | | | | 厚度500mm以外 | 厚度600mm以外 | |
| 名称 | | | 单位 | $m^3$ | $m^3$ | $m^3$ |
| 人工 | 00030117 | 模板工 | 工日 | 0.0708 | 0.2211 | 1.8200 |
| | 00030119 | 钢筋工 | 工日 | 0.4335 | 0.6719 | 0.4897 |
| | 00030121 | 混凝土工 | 工日 | 0.0880 | 0.0880 | 0.2030 |
| | 00030153 | 其他工 | 工日 | 0.1996 | 0.2701 | 0.7811 |
| 材料 | 01010120 | 成型钢筋 | t | 0.1313 | 0.2035 | 0.1379 |
| | 01010254 | 热轧带肋钢筋(HRB400) φ12 | kg | | 0.3595 | |
| | 02090101 | 塑料薄膜 | $m^2$ | 2.4256 | 2.4256 | 2.2000 |
| | 03019315 | 镀锌六角螺母 M14 | 个 | 0.8745 | 3.6191 | |
| | 03150101 | 圆钉 | kg | 0.0117 | 0.0424 | 1.7460 |
| | 03152501 | 镀锌铁丝 | kg | 0.3898 | 0.6043 | 0.4093 |
| | 05030107 | 中方材 55～100$cm^2$ | $m^3$ | 0.0026 | 0.0035 | 0.2050 |
| | 17252681 | 塑料套管 φ18 | m | | 1.6236 | |
| | 34110101 | 水 | $m^3$ | 0.1476 | 0.1476 | 0.0900 |
| | 35010801 | 复合模板 | $m^2$ | 0.0741 | 0.2730 | 2.5390 |
| | 35020531 | 铁板卡 | kg | 0.2368 | 0.9798 | |
| | 35020601 | 模板对拉螺栓 | kg | 0.8637 | 1.0938 | |
| | 35020721 | 模板钢连杆 | kg | 0.0563 | 0.2521 | |
| | 35020902 | 扣件 | 只 | | 0.0286 | |
| | 80210424 | 预拌混凝土(泵送型) C30 粒径 5～40 | $m^3$ | 1.0100 | 1.0100 | |
| | 80210521 | 预拌混凝土(非泵送型) C30 粒径 5～40 | $m^3$ | | | 1.0100 |
| | | 其他材料费 | % | 0.0146 | 0.0697 | 0.2607 |
| 机械 | 99050540 | 混凝土输送泵车 75$m^3$/h | 台班 | 0.0108 | 0.0108 | |
| | 99050920 | 混凝土振捣器 | 台班 | 0.0615 | 0.0615 | 0.1250 |
| | 99070530 | 载重汽车 5t | 台班 | 0.0012 | 0.0043 | 0.0280 |
| | 99090360 | 汽车式起重机 8t | 台班 | 0.0005 | 0.0022 | |
| | 99210010 | 木工圆锯机 φ500 | 台班 | 0.0008 | 0.0031 | 0.0300 |

**工作内容：** 挖、填、运土方及工作面内明排水，模板安拆、钢筋绑扎安放、混凝土垫层和地梁基础浇捣养护。

| 定额编号 | | | A-2-2-54 | A-2-2-55 | A-2-2-56 |
|---|---|---|---|---|---|
| 项目 | | | 钢筋混凝土地梁基础 | | |
| | | | 埋深 1.5m 以内 | 埋深 2.5m 以内 | 埋深 3.5m 以内 |
| | | | $m^3$ | $m^3$ | $m^3$ |
| 预算定额编号 | 预算定额名称 | 预算定额单位 | 数量 | | |
| 01-1-1-3 | 推土机 推土 推距 50.0m 以内 | $m^3$ | 2.9191 | 8.9816 | 15.0440 |
| 01-1-1-16 | 机械挖沟槽 埋深 1.5m 以内 | $m^3$ | 5.6389 | | |
| 01-1-1-17 | 机械挖沟槽 埋深 3.5m 以内使用 | $m^3$ | | 15.3611 | 25.0833 |
| 01-1-2-2 | 人工回填土 夯填 | $m^3$ | 4.1702 | 12.8308 | 21.4914 |
| 01-1-2-4 | 手推车运土 运距 50m 以内 | $m^3$ | 1.2511 | 3.8492 | 6.4474 |
| 01-5-1-1 换 | 预拌混凝土(非泵送) 垫层 | $m^3$ | 0.2222 | 0.2222 | 0.2222 |
| 01-5-1-2 | 预拌混凝土(泵送) 带形基础 | $m^3$ | 1.0000 | 1.0000 | 1.0000 |
| 01-5-11-1 | 钢筋 带形基础、基坑支撑 | t | 0.0819 | 0.0819 | 0.0819 |
| 01-17-2-39 | 复合模板 垫层 | $m^2$ | 0.5556 | 0.5556 | 0.5556 |
| 01-17-2-40 | 复合模板 带形基础 | $m^2$ | 3.3333 | 3.3333 | 3.3333 |
| 01-17-2-50 | 复合模板 基础埋深超 3.0m | $m^2$ | | | 3.3333 |
| 01-17-3-37 | 输送泵车 | $m^3$ | 1.0000 | 1.0000 | 1.0000 |
| 01-17-6-5 | 基坑明排水 集水井 使用 | 座·天 | 0.2045 | 0.2045 | 0.2045 |

**工作内容：** 挖、填、运土方及工作面内明排水，模板安折、钢筋绑扎安放、混凝土垫层和地梁基础浇捣养护。

| 定额编号 | | | | A-2-2-54 | A-2-2-55 | A-2-2-56 |
|---|---|---|---|---|---|---|
| 项目 | | | | 钢筋混凝土地梁基础 | | |
| | | | | 埋深 1.5m 以内 | 埋深 2.5m 以内 | 埋深 3.5m 以内 |
| 名称 | | | 单位 | $m^3$ | $m^3$ | $m^3$ |
| 人工 | 00030117 | 模板工 | 工日 | 0.6202 | 0.6202 | 0.6879 |
| | 00030119 | 钢筋工 | 工日 | 0.3207 | 0.3207 | 0.3207 |
| | 00030121 | 混凝土工 | 工日 | 0.3912 | 0.3912 | 0.3912 |
| | 00030153 | 其他工 | 工日 | 1.6157 | 4.0272 | 6.4847 |
| 材料 | 01010120 | 成型钢筋 | t | 0.0827 | 0.0827 | 0.0827 |
| | 01010254 | 热轧带肋钢筋(HRB400) $\phi$12 | kg | 1.0090 | 1.0090 | 1.0090 |
| | 02090101 | 塑料薄膜 | $m^2$ | 0.7243 | 0.7243 | 0.7243 |
| | 03019315 | 镀锌六角螺母 M14 | 个 | 10.1582 | 10.1582 | 10.1582 |
| | 03150101 | 圆钉 | kg | 0.1490 | 0.1490 | 0.1490 |
| | 03152501 | 镀锌铁丝 | kg | 0.2456 | 0.2456 | 0.2456 |
| | 05030107 | 中方材 55～100cm² | $m^3$ | 0.0409 | 0.0409 | 0.0409 |
| | 17252681 | 塑料套管 $\phi$18 | m | 4.0633 | 4.0633 | 4.0633 |
| | 34110101 | 水 | $m^3$ | 0.2467 | 0.2467 | 0.2467 |
| | 35010801 | 复合模板 | $m^2$ | 0.9594 | 0.9594 | 0.9594 |
| | 35020531 | 铁板卡 | kg | 2.7500 | 2.7500 | 2.7500 |
| | 35020601 | 模板对拉螺栓 | kg | 1.7916 | 1.7916 | 1.7916 |
| | 35020721 | 模板钢连杆 | kg | 1.1607 | 1.1607 | 1.1607 |
| | 35020902 | 扣件 | 只 | 0.4080 | 0.4080 | 0.4080 |
| | 80210424 | 预拌混凝土(泵送型) C30 粒径 5～40 | $m^3$ | 1.0100 | 1.0100 | 1.0100 |
| | 80210515 | 预拌混凝土(非泵送型) C20 粒径 5～40 | $m^3$ | 0.2244 | 0.2244 | 0.2244 |
| | | 其他材料费 | % | 0.2737 | 0.2737 | 0.2737 |
| 机械 | 99010020 | 履带式单斗液压挖掘机 0.4m³ | 台班 | 0.0186 | | |
| | 99010060 | 履带式单斗液压挖掘机 1m³ | 台班 | | 0.0261 | 0.0426 |
| | 99050540 | 混凝土输送泵车 75m³/h | 台班 | 0.0108 | 0.0108 | 0.0108 |
| | 99050920 | 混凝土振捣器 | 台班 | 0.0786 | 0.0786 | 0.0786 |
| | 99070050 | 履带式推土机 90kW | 台班 | 0.0117 | 0.0359 | 0.0602 |
| | 99070530 | 载重汽车 5t | 台班 | 0.0218 | 0.0218 | 0.0218 |
| | 99090360 | 汽车式起重机 8t | 台班 | 0.0103 | 0.0103 | 0.0103 |
| | 99210010 | 木工圆锯机 $\phi$500 | 台班 | 0.0117 | 0.0117 | 0.0117 |
| | 99440120 | 电动多级离心清水泵 $\phi$50 | 台班 | 0.2352 | 0.2352 | 0.2352 |

**工作内容**：1. 铺设钢板止水带、涂抹界面砂浆、安装止水条、涂刷附加防水层。
2. 模板安拆、基层清理、铺钉钢丝网、安装止水条和带、混凝土浇捣养护。

| 定额编号 | | | A-2-2-57 | A-2-2-58 |
|---|---|---|---|---|
| 项目 | | | 地下室钢板止水带 | 后浇带<br>差量 |
| | | | m | m³ |
| 预算定额编号 | 预算定额名称 | 预算定额单位 | 数量 | |
| 01-5-1-4 | 预拌混凝土(泵送)满堂基础、地下室底板 | m³ | | −1.0000 |
| 01-5-1-4 | 预拌混凝土(泵送)满堂基础、地下室底板 | m³ | | 0.2188 |
| 01-5-8-1 | 预拌混凝土(泵送)后浇带 满堂基础 | m³ | | 1.0000 |
| 01-9-3-8 | 墙面防水、防潮 水泥基渗透结晶型防水涂料 1.0mm厚 | m² | 0.6000 | |
| 01-9-3-9换 | 墙面防水、防潮 水泥基渗透结晶型防水涂料 每增1.0mm | m² | 0.6000 | |
| 01-9-4-16 | 楼(地)面防水、防潮 橡胶止水带 | m | | 1.5625 |
| 01-9-4-16换 | 楼(地)面防水、防潮 遇水膨胀止水条 | m | 1.0000 | 3.1250 |
| 01-9-4-18 | 楼(地)面防水、防潮 预埋式金属板止水带 | m | 1.0000 | |
| 01-12-1-9 | 钢丝网铺钉 | m² | | 2.5000 |
| 01-12-1-12 | 墙柱面界面砂浆 混凝土面 干混界面砂浆 | m² | 0.5000 | |
| 01-17-2-102 | 复合模板 后浇带 满堂基础 | m² | | 2.5000 |

**工作内容：**1. 铺设钢板止水带、涂抹界面砂浆、安装止水条、涂刷附加防水层。
2. 模板安拆、基层清理、铺钉钢丝网、安装止水条和带、混凝土浇捣养护。

| 定 额 编 号 | | | | A-2-2-57 | A-2-2-58 |
|---|---|---|---|---|---|
| 项 目 | | | | 地下室钢板止水带 | 后浇带 |
| | | | | | 差量 |
| 名 称 | | | 单位 | m | $m^3$ |
| 人工 | 00030117 | 模板工 | 工日 | | 0.4185 |
| | 00030121 | 混凝土工 | 工日 | | 0.2313 |
| | 00030127 | 一般抹灰工 | 工日 | 0.0084 | 0.0660 |
| | 00030132 | 一般木工 | 工日 | 0.2150 | 0.4594 |
| | 00030133 | 防水工 | 工日 | 0.0203 | |
| | 00030153 | 其他工 | 工日 | 0.0205 | 0.1886 |
| 材料 | 01010254 | 热轧带肋钢筋(HRB400) $\phi$12 | kg | | 1.6818 |
| | 02090101 | 塑料薄膜 | $m^2$ | | 0.8551 |
| | 03019315 | 镀锌六角螺母 M14 | 个 | | 11.1798 |
| | 03130115 | 电焊条 J422 $\phi$4.0 | kg | 0.0110 | |
| | 03150101 | 圆钉 | kg | | 0.1775 |
| | 03152301 | 钢丝网 | kg | | 2.6250 |
| | 05030107 | 中方材 55～100$cm^2$ | $m^3$ | | 0.0275 |
| | 13052201 | 水泥基渗透结晶防水涂料 | kg | 1.4321 | |
| | 13370301 | 橡胶止水带 | m | | 1.6406 |
| | 13370811 | 预埋式金属板止水带 | m | 1.0500 | |
| | 13371301 | 遇水膨胀止水条 | m | 1.0500 | 3.2813 |
| | 14210101 | 环氧树脂 | kg | 0.0304 | 0.1425 |
| | 17252681 | 塑料套管 $\phi$18 | m | | 4.9688 |
| | 34110101 | 水 | $m^3$ | 0.0003 | 0.0263 |
| | 35010801 | 复合模板 | $m^2$ | | 1.1290 |
| | 35020531 | 铁板卡 | kg | | 3.0268 |
| | 35020601 | 模板对拉螺栓 | kg | | 2.4478 |
| | 35020721 | 模板钢连杆 | kg | | 2.2330 |
| | 35020902 | 扣件 | 只 | | 0.5738 |
| | 80090101 | 干混界面砂浆 | $m^3$ | 0.0008 | |
| | 80210424 | 预拌混凝土(泵送型) C30 粒径 5～40 | $m^3$ | | −0.7890 |
| | 80210428 | 预拌混凝土(泵送型) C35 粒径 5～40 | $m^3$ | | 1.0100 |
| | | 其他材料费 | % | 0.1222 | 1.2519 |
| 机械 | 99050920 | 混凝土振捣器 | 台班 | | 0.0135 |
| | 99070530 | 载重汽车 5t | 台班 | | 0.0350 |
| | 99090360 | 汽车式起重机 8t | 台班 | | 0.0198 |
| | 99210010 | 木工圆锯机 $\phi$500 | 台班 | | 0.0068 |
| | 99250020 | 交流弧焊机 32kV・A | 台班 | 0.0054 | |

**工作内容：** 1. 凿钢筋混凝土方桩。
2. 基层清理、涂抹界面砂浆、安放托板钢筋骨架、混凝土灌填养护。
3. 凿、截钻孔灌注桩。

| 定额编号 | | | A-2-2-59 | A-2-2-60 | A-2-2-61 |
|---|---|---|---|---|---|
| 项目 | | | 凿钢筋混凝土方桩（500mm 以内） | 空心钢筋混凝土桩 桩顶插筋灌芯 | 凿、截钻孔灌注桩 |
| | | | 根 | 根 | 根 |
| 预算定额编号 | 预算定额名称 | 预算定额单位 | 数量 | | |
| 01-3-1-55 | 凿钢筋混凝土方桩 | 根 | 1.0000 | | |
| 01-3-1-56 | 截、凿钻孔灌注桩 | 根 | | | 1.0000 |
| 01-5-2-3 | 预拌混凝土（泵送） 异形柱、圆形柱（芯柱） | $m^3$ | | 0.2517 | |
| 01-5-11-34 | 钢筋 零星构件 | t | | 0.0445 | |
| 01-5-12-2 | 预埋铁件 | t | | 0.0082 | |
| 01-12-1-12 | 墙柱面界面砂浆 混凝土面 | $m^2$ | | 1.9698 | |

**工作内容：** 1. 凿钢筋混凝土方桩。
2. 基层清理、涂抹界面砂浆、安放托板钢筋骨架、混凝土灌填养护。
3. 凿、截钻孔灌注桩。

| 定额编号 | | | | A-2-2-59 | A-2-2-60 | A-2-2-61 |
|---|---|---|---|---|---|---|
| 项目 | | | | 凿钢筋混凝土方桩（500mm 以内） | 空心钢筋混凝土桩 桩顶插筋灌芯 | 凿、截钻孔灌注桩 |
| 名称 | | | 单位 | 根 | 根 | 根 |
| 人工 | 00030117 | 模板工 | 工日 | | 0.1034 | |
| | 00030119 | 钢筋工 | 工日 | | 0.6932 | |
| | 00030121 | 混凝土工 | 工日 | 0.1290 | 0.2024 | 0.9800 |
| | 00030127 | 一般抹灰工 | 工日 | | 0.0329 | |
| | 00030153 | 其他工 | 工日 | 0.0065 | 0.0960 | 0.0490 |
| 材料 | 01010120 | 成型钢筋 | t | | 0.0449 | |
| | 02090101 | 塑料薄膜 | $m^2$ | | 0.1038 | |
| | 03130115 | 电焊条 J422 $\phi$4.0 | kg | | 0.2460 | |
| | 03152501 | 镀锌铁丝 | kg | | 0.2225 | |
| | 03211101 | 风镐凿子 | 根 | 0.0625 | | 0.0625 |
| | 33330811 | 预埋铁件 | t | | 0.0082 | |
| | 34110101 | 水 | $m^3$ | | 0.1496 | |
| | 80090101 | 干混界面砂浆 | $m^3$ | | 0.0030 | |
| | 80210424 | 预拌混凝土（泵送型） C30 粒径 5～40 | $m^3$ | | 0.2542 | |
| | | 其他材料费 | % | | 0.0046 | |
| 机械 | 99050920 | 混凝土振捣器 | 台班 | | 0.0252 | |
| | 99090450 | 汽车式起重机 40t | 台班 | | | 0.0330 |
| | 99250020 | 交流弧焊机 32kV·A | 台班 | | 0.0344 | |
| | 99330010 | 风镐 | 台班 | 0.0440 | | 0.2320 |
| | 99430250 | 电动空气压缩机 10$m^3$/min | 台班 | 0.0220 | | 0.1160 |

# 第三节 逆 作 法

**工作内容：**1,2. 机械挖土、人工修挖、驳运、吊运。
3. 模板安拆、混凝土垫层浇捣养护。
4. 混凝土垫层凿除、清理。

| 定额编号 | | | A-2-3-1 | A-2-3-2 | A-2-3-3 | A-2-3-4 |
|---|---|---|---|---|---|---|
| 项目 | | | 逆作法 | | | |
| | | | 机械暗挖土方 | | 混凝土垫层 | 混凝土垫层凿除 |
| | | | 深度 10m 以内 | 深度 20m 以内 | | |
| | | | $m^3$ | $m^3$ | $m^3$ | $m^3$ |
| 预算定额编号 | 预算定额名称 | 预算定额单位 | 数量 | | | |
| 01-1-1-23 | 逆作法机械暗挖土方 深度 10.0m 以内 | $m^3$ | 1.0000 | | | |
| 01-1-1-24 | 逆作法机械暗挖土方 深度 20.0m 以内 | $m^3$ | | 1.0000 | | |
| 01-1-1-25 | 逆作法素混凝土垫层凿除 | $m^3$ | | | | 1.0000 |
| 01-1-1-29 | 逆作法预拌混凝土(泵送) 垫层 | $m^3$ | | | 1.0000 | |
| 01-1-1-40 | 逆作法垫层 复合模板 | $m^2$ | | | 0.2923 | |
| 01-17-3-37 | 输送泵车 | $m^3$ | | | 1.0000 | |

**工作内容：**1,2. 机械挖土、人工修挖、驳运、吊运。
3. 模板安拆、混凝土垫层浇捣养护。
4. 混凝土垫层凿除、清理。

| 定额编号 | | | | A-2-3-1 | A-2-3-2 | A-2-3-3 | A-2-3-4 |
|---|---|---|---|---|---|---|---|
| 项目 | | | | 逆作法 | | | |
| | | | | 机械暗挖土方 | | 混凝土垫层 | 混凝土垫层凿除 |
| | | | | 深度 10m 以内 | 深度 20m 以内 | | |
| 名称 | | | 单位 | $m^3$ | $m^3$ | $m^3$ | $m^3$ |
| 人工 | 00030117 | 模板工 | 工日 | | | 0.0377 | |
| | 00030121 | 混凝土工 | 工日 | | | 0.4265 | 0.6463 |
| | 00030153 | 其他工 | 工日 | 0.0550 | 0.0598 | 0.1596 | |
| 材料 | 03150101 | 圆钉 | kg | | | 0.0112 | |
| | 03211101 | 风镐凿子 | 根 | | | | 0.5000 |
| | 05030107 | 中方材 55～100$cm^2$ | $m^3$ | | | 0.0040 | |
| | 34110101 | 水 | $m^3$ | | | 0.4209 | |
| | 35010801 | 复合模板 | $m^2$ | | | 0.0721 | |
| | 80210424 | 预拌混凝土(泵送型) C30 粒径 5～40 | $m^3$ | | | 1.0150 | |
| | | 其他材料费 | % | | | 0.0194 | |
| 机械 | 99010040 | 履带式单斗液压挖掘机 0.6$m^3$ | 台班 | 0.0112 | 0.0125 | | |
| | 99010100 | 履带式单斗液压挖掘机 1.6$m^3$ | 台班 | 0.0056 | | | |
| | 99050540 | 混凝土输送泵车 75$m^3$/h | 台班 | | | 0.0108 | |
| | 99050920 | 混凝土振捣器 | 台班 | | | 0.0615 | |
| | 99070530 | 载重汽车 5t | 台班 | | | 0.0006 | |
| | 99090140 | 履带式起重机 50t | 台班 | | 0.0070 | | |
| | 99210010 | 木工圆锯机 $\phi$500 | 台班 | | | 0.0009 | |
| | 99330010 | 风镐 | 台班 | | | | 0.0734 |
| | 99330060 | 路面破碎机(电动) | 台班 | | | | 0.0367 |
| | 99430230 | 电动空气压缩机 6$m^3$/min | 台班 | | | | 0.0367 |

**工作内容**：混凝土表面凿除，模板安拆、钢筋绑扎安放、混凝土柱墙浇捣养护。

| 定额编号 | | | A-2-3-5 | A-2-3-6 | A-2-3-7 |
|---|---|---|---|---|---|
| 项目 | | | 逆作法 | | |
| | | | 矩形桩柱 | 圆形桩柱 | 复合墙 |
| | | | $m^3$ | $m^3$ | $m^3$ |
| 预算定额编号 | 预算定额名称 | 预算定额单位 | 数量 | | |
| 01-1-1-26 | 逆作法混凝土连续墙、混凝土灌注桩表层凿除 | $m^3$ | 0.1078 | 0.0847 | 0.2000 |
| 01-1-1-30 | 逆作法预拌混凝土(泵送)复合墙 | $m^3$ | | | 1.0000 |
| 01-1-1-31 | 逆作法预拌混凝土(泵送)矩形桩柱 | $m^3$ | 0.7262 | | |
| 01-1-1-32 | 逆作法预拌混凝土(泵送)圆形桩柱 | $m^3$ | | 0.5703 | |
| 01-1-1-35 | 逆作法钢筋 复合墙 | t | | | 0.1050 |
| 01-1-1-36 | 逆作法钢筋 矩形桩柱 | t | 0.0726 | | |
| 01-1-1-37 | 逆作法钢筋 圆形桩柱 | t | | 0.0756 | |
| 01-1-1-42 | 逆作法复合墙 复合模板 | $m^2$ | | | 2.8571 |
| 01-1-1-44 | 逆作法矩形桩柱 复合模板 | $m^2$ | 2.9428 | | |
| 01-1-1-46 | 逆作法圆形桩柱 复合模板 | $m^2$ | | 2.3112 | |
| 01-17-3-37 | 输送泵车 | $m^3$ | 0.7262 | 0.5703 | 1.0000 |

**工作内容：**混凝土表面凿除，模板安拆、钢筋绑扎安放、混凝土柱墙浇捣养护。

| 定额编号 | | | | A-2-3-5 | A-2-3-6 | A-2-3-7 |
|---|---|---|---|---|---|---|
| 项目 | | | | 逆作法 | | |
| | | | | 矩形桩柱 | 圆形桩柱 | 复合墙 |
| 名称 | | | 单位 | $m^3$ | $m^3$ | $m^3$ |
| 人工 | 00030117 | 模板工 | 工日 | 0.8213 | 1.0061 | 0.4771 |
| | 00030119 | 钢筋工 | 工日 | 0.3861 | 0.4727 | 0.5758 |
| | 00030121 | 混凝土工 | 工日 | 1.0070 | 0.8217 | 1.1780 |
| | 00030153 | 其他工 | 工日 | 0.4219 | 0.3394 | 0.3731 |
| 材料 | 01010130 | 成型钢筋 | kg | 73.6890 | 76.7340 | 106.0500 |
| | 02090101 | 塑料薄膜 | $m^2$ | 0.2911 | 0.2352 | 0.6039 |
| | 03019315 | 镀锌六角螺母 M14 | 个 | 30.3994 | 6.2386 | 7.9985 |
| | 03150101 | 圆钉 | kg | 0.1030 | | 0.0937 |
| | 03152501 | 镀锌铁丝 | kg | 0.3411 | 0.3552 | 0.4723 |
| | 03211101 | 风镐凿子 | 根 | 0.1540 | 0.1210 | 0.2857 |
| | 05030107 | 中方材 55～100$cm^2$ | $m^3$ | 0.0274 | 0.0125 | 0.0157 |
| | 17252681 | 塑料套管 $\phi$18 | m | 0.3211 | | 1.1997 |
| | 34110101 | 水 | $m^3$ | 0.5624 | 0.3959 | 0.8067 |
| | 35010801 | 复合模板 | $m^2$ | 0.7628 | 0.7216 | 0.7048 |
| | 35020101 | 钢支撑 | kg | 0.2828 | 0.1292 | 0.0923 |
| | 35020501 | 柱箍、梁夹具 | kg | | 0.3573 | |
| | 35020531 | 铁板卡 | kg | 5.6884 | | 1.8045 |
| | 35020601 | 模板对拉螺栓 | kg | 4.2503 | | 1.0188 |
| | 35020611 | 模板对拉螺栓 $\phi$14 | kg | | 0.3520 | |
| | 35020721 | 模板钢连杆 | kg | 1.5217 | 0.1946 | 0.4043 |
| | 35020902 | 扣件 | 只 | 0.1051 | 0.2401 | 0.0374 |
| | 80210424 | 预拌混凝土(泵送型) C30 粒径 5～40 | $m^3$ | 0.7371 | 0.5789 | 1.0150 |
| | | 其他材料费 | % | 0.1594 | 0.0831 | 0.2159 |
| 机械 | 99050540 | 混凝土输送泵车 75$m^3$/h | 台班 | 0.0078 | 0.0062 | 0.0108 |
| | 99050920 | 混凝土振捣器 | 台班 | 0.0726 | 0.0570 | 0.1000 |
| | 99070530 | 载重汽车 5t | 台班 | 0.0285 | 0.0109 | 0.0097 |
| | 99090360 | 汽车式起重机 8t | 台班 | 0.0159 | 0.0055 | 0.0043 |
| | 99210010 | 木工圆锯机 $\phi$500 | 台班 | 0.0106 | 0.0305 | 0.0069 |
| | 99330010 | 风镐 | 台班 | 0.0388 | 0.0305 | 0.0720 |
| | 99430230 | 电动空气压缩机 6$m^3$/min | 台班 | 0.0194 | 0.0152 | 0.0360 |

**工作内容：** 1. 格构柱内混凝土凿除、清理。
2. 型钢格构柱切割、清理。

| 定额编号 | | | A-2-3-8 | A-2-3-9 |
|---|---|---|---|---|
| 项目 | | | 逆作法 | |
| | | | 格构柱内混凝土凿除 | 型钢格构柱切割 |
| | | | $m^3$ | t |
| 预算定额编号 | 预算定额名称 | 预算定额单位 | 数量 | |
| 01-1-1-27 | 逆作法格构柱中混凝土凿除 | $m^3$ | 1.0000 | |
| 01-1-1-28 | 逆作法型钢格构柱切割 | t | | 1.0000 |

**工作内容：** 1. 格构柱内混凝土凿除、清理。
2. 型钢格构柱切割、清理。

| 定额编号 | | | | A-2-3-8 | A-2-3-9 |
|---|---|---|---|---|---|
| 项目 | | | | 逆作法 | |
| | | | | 格构柱内混凝土凿除 | 型钢格构柱切割 |
| 名称 | | | 单位 | $m^3$ | t |
| 人工 | 00030121 | 混凝土工 | 工日 | 1.8107 | |
| | 00030143 | 起重工 | 工日 | | 1.1373 |
| | 00030153 | 其他工 | 工日 | 0.0905 | |
| 材料 | 03211101 | 风镐凿子 | 根 | 0.5000 | |
| | 14390101 | 氧气 | $m^3$ | | 2.9770 |
| | 14390301 | 乙炔气 | $m^3$ | | 0.9926 |
| 机械 | 99091720 | 电动葫芦 单速 2t | 台班 | | 0.4308 |
| | 99230240 | 气割设备 | 台班 | | 0.3446 |
| | 99330010 | 风镐 | 台班 | 0.4115 | |
| | 99430230 | 电动空气压缩机 $6m^3/min$ | 台班 | 0.2058 | |

**工作内容：**1,3. 模板安拆、钢筋绑扎安放、混凝土板浇捣养护、板底涂抹界面砂浆及粉刷。
2. 钢筋混凝土有梁板厚度增减。
4. 钢筋混凝土平板厚度增减。

| 定　额　编　号 | | | A-2-3-10 | A-2-3-11 | A-2-3-12 | A-2-3-13 |
|---|---|---|---|---|---|---|
| 项　　目 | | | 逆作法 | | | |
| | | | 有梁板 | | 平板 | |
| | | | 板厚 100mm | 每增减 10mm | 板厚 100mm | 每增减 10mm |
| | | | $m^2$ | $m^2$ | $m^2$ | $m^2$ |
| 预算定额编号 | 预算定额名称 | 预算定额单位 | 数　量 | | | |
| 01-1-1-33 | 逆作法预拌混凝土(泵送)有梁板 | $m^3$ | 0.0950 | 0.0095 | | |
| 01-1-1-34 | 逆作法预拌混凝土(泵送) 平板 | $m^3$ | | | 0.0950 | 0.0095 |
| 01-1-1-38 | 逆作法钢筋 有梁板 | t | 0.0128 | 0.0013 | | |
| 01-1-1-39 | 逆作法钢筋 平板 | t | | | 0.0107 | 0.0011 |
| 01-1-1-47 | 逆作法有梁板 复合模板 | $m^2$ | 1.0800 | | | |
| 01-1-1-49 | 逆作法平板 复合模板 | $m^2$ | | | 0.9000 | |
| 01-13-1-1 | 混凝土天棚 一般抹灰 7mm 厚 | $m^2$ | 1.0800 | | 0.9000 | |
| 01-13-1-7 | 混凝土天棚 界面砂浆 | $m^2$ | 1.0800 | | 0.9000 | |
| 01-17-3-37 | 输送泵车 | $m^3$ | 0.0950 | 0.0095 | 0.0950 | 0.0095 |

**工作内容：** 1,3. 模板安拆、钢筋绑扎安放、混凝土板浇捣养护、板底涂抹界面砂浆及粉刷。
2. 钢筋混凝土有梁板厚度增减。
4. 钢筋混凝土平板厚度增减。

| 定额编号 | | | | A-2-3-10 | A-2-3-11 | A-2-3-12 | A-2-3-13 |
|---|---|---|---|---|---|---|---|
| 项目 | | | | 逆作法 | | | |
| | | | | 有梁板 | | 平板 | |
| | | | | 板厚 100mm | 每增减 10mm | 板厚 100mm | 每增减 10mm |
| 名称 | | | 单位 | $m^2$ | $m^2$ | $m^2$ | $m^2$ |
| 人工 | 00030117 | 模板工 | 工日 | 0.2501 | | 0.1939 | |
| | 00030119 | 钢筋工 | 工日 | 0.0579 | 0.0059 | 0.0648 | 0.0067 |
| | 00030121 | 混凝土工 | 工日 | 0.0226 | 0.0023 | 0.0241 | 0.0024 |
| | 00030127 | 一般抹灰工 | 工日 | 0.1076 | | 0.0897 | |
| | 00030153 | 其他工 | 工日 | 0.1391 | 0.0010 | 0.1112 | 0.0010 |
| 材料 | 01010130 | 成型钢筋 | kg | 12.9280 | 1.3130 | 10.8070 | 1.1110 |
| | 02090101 | 塑料薄膜 | $m^2$ | 0.8426 | 0.0843 | 1.0637 | 0.1064 |
| | 03150101 | 圆钉 | kg | 0.0354 | | 0.0294 | |
| | 03152501 | 镀锌铁丝 | kg | 0.0806 | 0.0082 | 0.0599 | 0.0062 |
| | 05030107 | 中方材 55～100cm$^2$ | $m^3$ | 0.0082 | | 0.0067 | |
| | 34110101 | 水 | $m^3$ | 0.0317 | 0.0030 | 0.0355 | 0.0034 |
| | 35010801 | 复合模板 | $m^2$ | 0.2664 | | 0.2220 | |
| | 35020101 | 钢支撑 | kg | 0.4810 | | 0.4260 | |
| | 35020721 | 模板钢连杆 | kg | 0.0360 | | 0.1288 | |
| | 35020902 | 扣件 | 只 | 0.5319 | | 0.5181 | |
| | 80060212 | 干混抹灰砂浆 DP M10.0 | $m^3$ | 0.0078 | | 0.0065 | |
| | 80090101 | 干混界面砂浆 | $m^3$ | 0.0016 | | 0.0014 | |
| | 80210424 | 预拌混凝土(泵送型) C30 粒径 5～40 | $m^3$ | 0.0964 | 0.0096 | 0.0964 | 0.0096 |
| | | 其他材料费 | % | 0.3076 | 0.0194 | 0.2839 | 0.0181 |
| 机械 | 99050540 | 混凝土输送泵车 75m$^3$/h | 台班 | 0.0010 | 0.0001 | 0.0010 | 0.0001 |
| | 99050920 | 混凝土振捣器 | 台班 | 0.0095 | 0.0010 | 0.0095 | 0.0010 |
| | 99070530 | 载重汽车 5t | 台班 | 0.0083 | | 0.0086 | |
| | 99090360 | 汽车式起重机 8t | 台班 | 0.0046 | | 0.0050 | |
| | 99210010 | 木工圆锯机 $\phi$500 | 台班 | 0.0038 | | 0.0068 | |

# 第四节 其 他

**工作内容：**桩顶挖土增加。

| 定额编号 | | | A-2-4-1 | A-2-4-2 | A-2-4-3 |
|---|---|---|---|---|---|
| 项目 | | | 桩顶挖土增加费 | | |
| | | | 钢筋混凝土桩 | 钻孔灌注桩 | 钢管桩 |
| | | | $m^3$ | $m^3$ | $m^3$ |
| 预算定额编号 | 预算定额名称 | 预算定额单位 | 数量 | | |
| 01-1-1-10 | 机械挖土方 埋深5.0m以内 | $m^3$ | 2.5118 | 7.5354 | 1.2560 |

**工作内容：**桩顶挖土增加。

| 定额编号 | | | | A-2-4-1 | A-2-4-2 | A-2-4-3 |
|---|---|---|---|---|---|---|
| 项目 | | | | 桩顶挖土增加费 | | |
| | | | | 钢筋混凝土桩 | 钻孔灌注桩 | 钢管桩 |
| 名称 | | | 单位 | $m^3$ | $m^3$ | $m^3$ |
| 人工 | 00030153 | 其他工 | 工日 | 0.0394 | 0.1183 | 0.0197 |
| 机械 | 99010080 | 履带式单斗液压挖掘机 1.25$m^3$ | 台班 | 0.0050 | 0.0151 | 0.0025 |

**工作内容：** 1. 推土平整。
2. 推土机推土推距增减。
3. 装车运土。

| 定额编号 | | | A-2-4-4 | A-2-4-5 | A-2-4-6 |
|---|---|---|---|---|---|
| 项目 | | | 推土机推土 | | 汽车运土 |
| | | | 推距 100m 以内 | 推距每增减 50m | 1km |
| | | | $m^3$ | $m^3$ | $m^3$ |
| 预算定额编号 | 预算定额名称 | 预算定额单位 | 数量 | | |
| 01-1-1-3 | 推土机 推土 推距 50.0m 以内 | $m^3$ | 1.0000 | | |
| 01-1-1-4 | 推土机 推土 推距每增加 10.0m | $m^3$ | 5.0000 | 5.0000 | |
| 01-1-2-6 | 汽车装车、运土 运距 1km 内 | $m^3$ | | | 1.0000 |

**工作内容：** 1. 推土平整。
2. 推土机推土推距增减。
3. 装车运土。

| 定额编号 | | | | A-2-4-4 | A-2-4-5 | A-2-4-6 |
|---|---|---|---|---|---|---|
| 项目 | | | | 推土机推土 | | 汽车运土 |
| | | | | 推距 100m 以内 | 推距每增减 50m | 1km |
| 名称 | | | 单位 | $m^3$ | $m^3$ | $m^3$ |
| 人工 | 00030153 | 其他工 | 工日 | 0.0190 | 0.0110 | 0.0040 |
| 机械 | 99010060 | 履带式单斗液压挖掘机 $1m^3$ | 台班 | | | 0.0026 |
| | 99070050 | 履带式推土机 90kW | 台班 | 0.0095 | 0.0055 | |
| | 99070680 | 自卸汽车 12t | 台班 | | | 0.0074 |

**工作内容：**1. 填土推平碾压。
2. 挖淤泥、流砂及修整清理。
3. 强夯土方。

| 定额编号 | | | A-2-4-7 | A-2-4-8 | A-2-4-9 |
|---|---|---|---|---|---|
| 项目 | | | 场地机械碾压 | 挖淤泥、流砂 | 强夯土方<br>夯击能量<br>4000kN·m |
| | | | $m^3$ | $m^3$ | $m^2$ |
| 预算定额编号 | 预算定额名称 | 预算定额单位 | 数量 | | |
| 01-1-1-5 | 填土机械碾压 | $m^3$ | 1.0000 | | |
| 01-1-1-21 | 挖淤泥、流砂 人工 | $m^3$ | | 0.1000 | |
| 01-1-1-22 | 挖淤泥、流砂 机械 | $m^3$ | | 0.9000 | |
| 01-2-1-10 | 强夯土方 夯击能量4000kN·m 每百平方米夯点23以内 4击以下 | $m^2$ | | | 1.0000 |

**工作内容：**1. 填土推平碾压。
2. 挖淤泥、流砂及修整清理。
3. 强夯土方。

| 定额编号 | | | | A-2-4-7 | A-2-4-8 | A-2-4-9 |
|---|---|---|---|---|---|---|
| 项目 | | | | 场地机械碾压 | 挖淤泥、流砂 | 强夯土方<br>夯击能量<br>4000kN·m |
| 名称 | | | 单位 | $m^3$ | $m^3$ | $m^2$ |
| 人工 | 00030153 | 其他工 | 工日 | 0.0163 | 0.1020 | 0.2037 |
| 机械 | 99010350 | 抓铲挖掘机 $0.5m^3$ | 台班 | | 0.0072 | |
| | 99070040 | 履带式推土机 75kW | 台班 | | | 0.0060 |
| | 99070050 | 履带式推土机 90kW | 台班 | 0.0008 | | |
| | 99130125 | 内燃光轮压路机 15t | 台班 | 0.0082 | | |
| | 99130410 | 强夯机械 4000kN·m | 台班 | | | 0.0345 |

**工作内容：** 1. 土方外运及卸车堆置。
2. 淤泥外运及卸车堆置。
3. 泥浆外运及卸车堆置。

| 定额编号 | | | A-2-4-10 | A-2-4-11 | A-2-4-12 |
|---|---|---|---|---|---|
| 项目 | | | 土方外运 | 淤泥外运 | 泥浆外运 |
| | | | $m^3$ | $m^3$ | $m^3$ |
| 预算定额编号 | 预算定额名称 | 预算定额单位 | 数量 | | |
| 01-1-2-7 | 土方外运 | $m^3$ | 1.0000 | | |
| 01-1-2-8 | 淤泥外运 | $m^3$ | | 1.0000 | |
| 01-1-2-9 | 泥浆外运 | $m^3$ | | | 1.0000 |

**工作内容：** 1. 土方外运及卸车堆置。
2. 淤泥外运及卸车堆置。
3. 泥浆外运及卸车堆置。

| 定额编号 | | | | A-2-4-10 | A-2-4-11 | A-2-4-12 |
|---|---|---|---|---|---|---|
| 项目 | | | | 土方外运 | 淤泥外运 | 泥浆外运 |
| 名称 | | | 单位 | $m^3$ | $m^3$ | $m^3$ |
| | 99510010 | 土方外运 | $m^3$ | 1.0000 | | |
| | 99510030 | 淤泥外运 | $m^3$ | | 1.0000 | |
| | 99510040 | 泥浆外运 | $m^3$ | | | 1.0000 |

# 第三章　柱 梁 工 程

# 说　明

一、砖柱(矩形)

1. 砖柱系指不附墙身的独立柱。

2. 定额子目中已综合了一般抹灰,如做特种装饰或高级粉刷时,另按相应定额子目计算,但应扣除定额子目中的一般抹灰。

二、木柱梁

1. 木柱梁按工厂成品、现场安装编制。

2. 安装用配件、锚固件、辅材及油漆均已包含在成品木柱梁内。

三、钢筋混凝土柱梁

1. 柱间钢筋混凝土支撑按梁计算。

2. 凸出混凝土柱、梁的线条,并入相应的柱、梁构件内计算。

3. 依附在框架墙体内的柱梁,其粉刷已综合在相应墙体定额内计算,独立柱梁粉刷按相应定额子目执行。

4. 现浇钢筋混凝土柱、梁均采用复合模板。如层高超 3.6m 时,按相应定额子目执行。

5. 现浇钢筋混凝土圆柱,如层高超 6m 时,按相应定额子目执行。

6. 现浇钢筋混凝土柱、梁定额子目中,未综合预埋铁件、预埋螺栓、支撑钢筋及支撑型钢等,如设计需要用时,按相应定额子目执行。

7. 型钢组合钢筋混凝土构件,混凝土按相应定额子目的人工、机械乘以系数 1.2,钢筋按相应定额子目的人工乘以系数 1.5。

8. 与主体结构不同时浇捣的厨房、卫生间等处墙体下部的现浇钢筋混凝土翻边,按圈梁预算定额子目执行。

# 工程量计算规则

一、砖柱不分柱身和柱基,其工程量合并按设计图示尺寸以体积计算。圆形砖柱按直径作方计算。

二、木柱梁按设计图示尺寸以体积计算。

三、钢筋混凝土柱梁

1. 各类柱(附墙柱)、梁均按设计图示尺寸以体积计算。依附于柱上的牛腿等,并入柱身体积内计算,伸入砌体内的梁头、梁垫并入梁体积内计算。

2. 柱的高度

(1) 有梁板的柱高,按柱基上表面(或楼板上表面)至上一层楼板上表面之间的高度计算。

(2) 无梁板的柱高,按柱基上表面(或楼板上表面)至柱帽下表面之间的高度计算,柱帽体积已综合在无梁板定额子目内。

(3) 框架柱的高度,按柱基上表面至柱顶面的高度计算。

3. 地下室的独立柱及凸出墙面的附墙柱均按相应的柱定额计算,但地下室墙应扣除附墙柱所占体积。

4. 梁的长度

(1) 梁与柱连接时,梁长算至柱侧面,次梁与主梁连接时,次梁长算至主梁侧面。梁与墙连接时,伸入砌体墙内的梁头及悬臂梁伸入墙内部分应并入梁的长度内计算。

(2) 弧形梁不分曲率大小,断面不分形状,按梁中心部分的弧长计算。

5. 独立柱梁粉刷工程量可根据柱梁的体积计算。

# 第一节 柱

**工作内容：** 1，2. 砖柱砌筑、粉刷。
3. 成品木柱安装。
4. 模板安拆、钢筋绑扎安放、混凝土柱浇捣养护。

<table>
<tr><td colspan="3">定 额 编 号</td><td>A-3-1-1</td><td>A-3-1-2</td><td>A-3-1-3</td><td>A-3-1-4</td></tr>
<tr><td colspan="3" rowspan="4">项 目</td><td rowspan="3">实心砖柱（矩形）</td><td rowspan="3">多孔砖柱（矩形）</td><td rowspan="3">成品木柱安装</td><td>钢筋混凝土柱</td></tr>
<tr><td>矩形</td></tr>
<tr><td>周长 1.5m 以内</td></tr>
<tr><td>m³</td><td>m³</td><td>m³</td><td>m³</td></tr>
<tr><td>预算定额编号</td><td>预算定额名称</td><td>预算定额单位</td><td colspan="4">数 量</td></tr>
<tr><td>01-4-1-14</td><td>实心砖柱</td><td>m³</td><td>1.0000</td><td></td><td></td><td></td></tr>
<tr><td>01-4-1-15</td><td>多孔砖柱</td><td>m³</td><td></td><td>1.0000</td><td></td><td></td></tr>
<tr><td>01-5-2-1</td><td>预拌混凝土(泵送) 矩形柱</td><td>m³</td><td></td><td></td><td></td><td>1.0000</td></tr>
<tr><td>01-5-11-7</td><td>钢筋 矩形柱、构造柱</td><td>t</td><td></td><td></td><td></td><td>0.1920</td></tr>
<tr><td>01-7-2-1</td><td>木柱</td><td>m³</td><td></td><td></td><td>1.0000</td><td></td></tr>
<tr><td>01-12-2-1</td><td>一般抹灰 柱、梁面</td><td>m²</td><td>6.4000</td><td>6.4000</td><td></td><td></td></tr>
<tr><td>01-17-2-53</td><td>复合模板 矩形柱</td><td>m²</td><td></td><td></td><td></td><td>11.7170</td></tr>
<tr><td>01-17-3-37</td><td>输送泵车</td><td>m³</td><td></td><td></td><td></td><td>1.0000</td></tr>
</table>

**工作内容：** 1,2. 砖柱砌筑、粉刷。
3. 成品木柱安装。
4. 模板安拆、钢筋绑扎安放、混凝土柱浇捣养护。

| 定额编号 | | | | A-3-1-1 | A-3-1-2 | A-3-1-3 | A-3-1-4 |
|---|---|---|---|---|---|---|---|
| 项目 | | | | 实心砖柱（矩形） | 多孔砖柱（矩形） | 成品木柱安装 | 钢筋混凝土柱 矩形 周长1.5m以内 |
| 名称 | | | 单位 | $m^3$ | $m^3$ | $m^3$ | $m^3$ |
| 人工 | 00030117 | 模板工 | 工日 | | | | 2.7254 |
| | 00030119 | 钢筋工 | 工日 | | | | 0.9283 |
| | 00030121 | 混凝土工 | 工日 | | | | 0.7592 |
| | 00030125 | 砌筑工 | 工日 | 1.4612 | 1.6421 | | |
| | 00030127 | 一般抹灰工 | 工日 | 1.0611 | 1.0611 | | |
| | 00030131 | 装饰木工 | 工日 | | | 1.3003 | |
| | 00030153 | 其他工 | 工日 | 0.2944 | 0.3073 | 0.3251 | 1.0230 |
| 材料 | 01010120 | 成型钢筋 | t | | | | 0.1939 |
| | 02090101 | 塑料薄膜 | $m^2$ | | | | 0.4009 |
| | 03019315 | 镀锌六角螺母 M14 | 个 | | | | 121.0378 |
| | 03150101 | 圆钉 | kg | | | | 0.4101 |
| | 03152501 | 镀锌铁丝 | kg | | | | 0.9020 |
| | 04131714 | 蒸压灰砂砖 240×115×53 | 块 | 549.5225 | 105.8720 | | |
| | 04131772 | 蒸压灰砂多孔砖 240×115×90 | 块 | | 281.8750 | | |
| | 05030107 | 中方材 55～100cm² | $m^3$ | | | | 0.1090 |
| | 17252681 | 塑料套管 $\phi$18 | m | | | | 1.3545 |
| | 33310611 | 木柱(制品) | $m^3$ | | | 1.0000 | |
| | 34110101 | 水 | $m^3$ | 0.1238 | 0.1224 | | 0.7745 |
| | 35010801 | 复合模板 | $m^2$ | | | | 3.0370 |
| | 35020101 | 钢支撑 | kg | | | | 1.1260 |
| | 35020531 | 铁板卡 | kg | | | | 22.6490 |
| | 35020601 | 模板对拉螺栓 | kg | | | | 16.9229 |
| | 35020721 | 模板钢连杆 | kg | | | | 6.0589 |
| | 35020902 | 扣件 | 只 | | | | 0.4183 |
| | 80060111 | 干混砌筑砂浆 DM M5.0 | $m^3$ | 0.2415 | 0.2399 | | |
| | 80060213 | 干混抹灰砂浆 DP M15.0 | $m^3$ | 0.1184 | 0.1184 | | |
| | 80210424 | 预拌混凝土(泵送型) C30 粒径 5～40 | $m^3$ | | | | 1.0100 |
| | | 其他材料费 | % | 0.6628 | 0.5766 | | 0.2828 |
| 机械 | 99050540 | 混凝土输送泵车 75m³/h | 台班 | | | | 0.0108 |
| | 99050920 | 混凝土振捣器 | 台班 | | | | 0.1000 |
| | 99070530 | 载重汽车 5t | 台班 | | | | 0.1137 |
| | 99090360 | 汽车式起重机 8t | 台班 | | | | 0.0633 |
| | 99210010 | 木工圆锯机 $\phi$500 | 台班 | | | | 0.0422 |

**工作内容：**模板安拆、钢筋绑扎安放、混凝土柱浇捣养护。

| 定额编号 | | | A-3-1-5 | A-3-1-6 | A-3-1-7 | A-3-1-8 |
|---|---|---|---|---|---|---|
| 项目 | | | 钢筋混凝土柱 | | | |
| | | | 矩形 | | | |
| | | | 周长 2m 以内 | 周长 2.5m 以内 | 周长 3m 以内 | 周长 3m 以外 |
| | | | $m^3$ | $m^3$ | $m^3$ | $m^3$ |
| 预算定额编号 | 预算定额名称 | 预算定额单位 | 数量 | | | |
| 01-5-2-1 | 预拌混凝土(泵送) 矩形柱 | $m^3$ | 1.0000 | 1.0000 | 1.0000 | 1.0000 |
| 01-5-11-7 | 钢筋 矩形柱、构造柱 | t | 0.1920 | 0.1920 | 0.1920 | 0.1920 |
| 01-17-2-53 | 复合模板 矩形柱 | $m^2$ | 10.0350 | 7.5180 | 5.3570 | 3.6670 |
| 01-17-3-37 | 输送泵车 | $m^3$ | 1.0000 | 1.0000 | 1.0000 | 1.0000 |

**工作内容：**模板安拆、钢筋绑扎安放、混凝土柱浇捣养护。

| 定额编号 | | | | A-3-1-5 | A-3-1-6 | A-3-1-7 | A-3-1-8 |
|---|---|---|---|---|---|---|---|
| 项目 | | | | 钢筋混凝土柱 | | | |
| | | | | 矩形 | | | |
| | | | | 周长 2m 以内 | 周长 2.5m 以内 | 周长 3m 以内 | 周长 3m 以外 |
| 名称 | | | 单位 | $m^3$ | $m^3$ | $m^3$ | $m^3$ |
| 人工 | 00030117 | 模板工 | 工日 | 2.3341 | 1.7487 | 1.2460 | 0.8529 |
| | 00030119 | 钢筋工 | 工日 | 0.9283 | 0.9283 | 0.9283 | 0.9283 |
| | 00030121 | 混凝土工 | 工日 | 0.7592 | 0.7592 | 0.7592 | 0.7592 |
| | 00030153 | 其他工 | 工日 | 0.9123 | 0.7467 | 0.6045 | 0.4933 |
| 材料 | 01010120 | 成型钢筋 | t | 0.1939 | 0.1939 | 0.1939 | 0.1939 |
| | 02090101 | 塑料薄膜 | $m^2$ | 0.4009 | 0.4009 | 0.4009 | 0.4009 |
| | 03019315 | 镀锌六角螺母 M14 | 个 | 103.6626 | 77.6617 | 55.3383 | 37.8805 |
| | 03150101 | 圆钉 | kg | 0.3512 | 0.2631 | 0.1875 | 0.1283 |
| | 03152501 | 镀锌铁丝 | kg | 0.9020 | 0.9020 | 0.9020 | 0.9020 |
| | 05030107 | 中方材 55～100$cm^2$ | $m^3$ | 0.0933 | 0.0699 | 0.0498 | 0.0341 |
| | 17252681 | 塑料套管 $\phi18$ | m | 1.1600 | 0.8691 | 0.6193 | 0.4239 |
| | 34110101 | 水 | $m^3$ | 0.7745 | 0.7745 | 0.7745 | 0.7745 |
| | 35010801 | 复合模板 | $m^2$ | 2.6011 | 1.9487 | 1.3885 | 0.9505 |
| | 35020101 | 钢支撑 | kg | 0.9644 | 0.7225 | 0.5148 | 0.3524 |
| | 35020531 | 铁板卡 | kg | 19.3977 | 14.5323 | 10.3551 | 7.0883 |
| | 35020601 | 模板对拉螺栓 | kg | 14.4936 | 10.8582 | 7.7371 | 5.2962 |
| | 35020721 | 模板钢连杆 | kg | 5.1891 | 3.8876 | 2.7701 | 1.8962 |
| | 35020902 | 扣件 | 只 | 0.3582 | 0.2684 | 0.1912 | 0.1309 |
| | 80210424 | 预拌混凝土(泵送型) C30 粒径 5～40 | $m^3$ | 1.0100 | 1.0100 | 1.0100 | 1.0100 |
| | | 其他材料费 | % | 0.2533 | 0.2041 | 0.1561 | 0.1140 |
| 机械 | 99050540 | 混凝土输送泵车 75$m^3$/h | 台班 | 0.0108 | 0.0108 | 0.0108 | 0.0108 |
| | 99050920 | 混凝土振捣器 | 台班 | 0.1000 | 0.1000 | 0.1000 | 0.1000 |
| | 99070530 | 载重汽车 5t | 台班 | 0.0973 | 0.0729 | 0.0520 | 0.0356 |
| | 99090360 | 汽车式起重机 8t | 台班 | 0.0542 | 0.0406 | 0.0289 | 0.0198 |
| | 99210010 | 木工圆锯机 $\phi500$ | 台班 | 0.0361 | 0.0271 | 0.0193 | 0.0132 |

**工作内容：**模板安拆、钢筋绑扎安放、混凝土柱浇捣养护。

| 定额编号 | | | A-3-1-9 | A-3-1-10 | A-3-1-11 |
|---|---|---|---|---|---|
| 项目 | | | 钢筋混凝土柱 | | |
| | | | 圆形 | | 异形 |
| | | | $\phi$0.5m 以内 | $\phi$0.5m 以外 | |
| | | | $m^3$ | $m^3$ | $m^3$ |
| 预算定额编号 | 预算定额名称 | 预算定额单位 | 数量 | | |
| 01-5-2-3 | 预拌混凝土(泵送) 异形柱、圆形柱 | $m^3$ | 1.0000 | 1.0000 | 1.0000 |
| 01-5-11-8 | 钢筋 异形柱 | t | | | 0.1500 |
| 01-5-11-9 | 钢筋 圆形柱 | t | 0.1764 | 0.1999 | |
| 01-17-2-56 | 复合模板 异形柱 | $m^2$ | | | 11.6020 |
| 01-17-2-57 | 复合模板 圆形柱 | $m^2$ | 11.4290 | 5.3310 | |
| 01-17-3-37 | 输送泵车 | $m^3$ | 1.0000 | 1.0000 | 1.0000 |

**工作内容：**模板安拆、钢筋绑扎安放、混凝土柱浇捣养护。

| 定额编号 | | | | A-3-1-9 | A-3-1-10 | A-3-1-11 |
|---|---|---|---|---|---|---|
| 项目 | | | | 钢筋混凝土柱 | | |
| | | | | 圆形 | | 异形 |
| | | | | $\phi$0.5m 以内 | $\phi$0.5m 以外 | |
| 名称 | | | 单位 | $m^3$ | $m^3$ | $m^3$ |
| 人工 | 00030117 | 模板工 | 工日 | 4.1453 | 1.9336 | 4.4412 |
| | 00030119 | 钢筋工 | 工日 | 1.0026 | 1.1362 | 1.0128 |
| | 00030121 | 混凝土工 | 工日 | 0.8041 | 0.8041 | 0.8041 |
| | 00030153 | 其他工 | 工日 | 0.9710 | 0.6018 | 1.0383 |
| 材料 | 01010120 | 成型钢筋 | t | 0.1782 | 0.2019 | 0.1515 |
| | 02090101 | 塑料薄膜 | $m^2$ | 0.4125 | 0.4125 | 0.4125 |
| | 03019315 | 镀锌六角螺母 M14 | 个 | 30.8503 | 14.3900 | |
| | 03150101 | 圆钉 | kg | | | 0.3956 |
| | 03152501 | 镀锌铁丝 | kg | 0.8287 | 0.9392 | 0.7047 |
| | 05030107 | 中方材 55～100cm$^2$ | $m^3$ | 0.0617 | 0.0288 | 0.1114 |
| | 34110101 | 水 | $m^3$ | 0.6942 | 0.6942 | 0.6942 |
| | 35010801 | 复合模板 | $m^2$ | 3.5681 | 1.6643 | 2.9492 |
| | 35020101 | 钢支撑 | kg | 0.6389 | 0.2980 | 0.6509 |
| | 35020501 | 柱箍、梁夹具 | kg | 1.7669 | 0.8242 | |
| | 35020601 | 模板对拉螺栓 | kg | 1.7406 | 0.8119 | |
| | 35020721 | 模板钢连杆 | kg | 0.9623 | 0.4489 | 3.8263 |
| | 35020902 | 扣件 | 只 | 1.1875 | 0.5539 | 6.7060 |
| | 80210424 | 预拌混凝土(泵送型) C30 粒径 5～40 | $m^3$ | 1.0100 | 1.0100 | 1.0100 |
| | | 其他材料费 | % | 0.1777 | 0.0885 | 0.3005 |
| 机械 | 99050540 | 混凝土输送泵车 75m$^3$/h | 台班 | 0.0108 | 0.0108 | 0.0108 |
| | 99050920 | 混凝土振捣器 | 台班 | 0.1000 | 0.1000 | 0.1000 |
| | 99070530 | 载重汽车 5t | 台班 | 0.0537 | 0.0251 | 0.0777 |
| | 99090360 | 汽车式起重机 8t | 台班 | 0.0274 | 0.0128 | 0.0394 |
| | 99210010 | 木工圆锯机 $\phi$500 | 台班 | 0.1509 | 0.0704 | 0.1067 |

**工作内容：**1,2. 模板安拆。
3,4. 涂抹界面砂浆、粉刷。

| 定额编号 | | | A-3-1-12 | A-3-1-13 | A-3-1-14 | A-3-1-15 |
|---|---|---|---|---|---|---|
| 项目 | | | 钢筋混凝土柱超3.6m每增3m增加费 | 钢筋混凝土圆柱超6m每增1m增加费 | 一般柱粉刷 | |
| | | | | | 周长2m以内 | 周长2m以外 |
| | | | $m^3$ | $m^3$ | $m^3$ | $m^3$ |
| 预算定额编号 | 预算定额名称 | 预算定额单位 | 数量 | | | |
| 01-12-1-12 | 墙柱面界面砂浆 混凝土面 | $m^2$ | | | 10.6667 | 7.8600 |
| 01-12-2-1 | 一般抹灰 柱、梁面 | $m^2$ | | | 10.6667 | 7.8600 |
| 01-17-2-58 | 复合模板 圆形柱超6m每增1m | $m^2$ | | 1.0000 | | |
| 01-17-2-59 | 复合模板 柱超3.6m 每增3m | $m^2$ | 0.2200 | | | |

**工作内容：**1,2. 模板安拆。
3,4. 涂抹界面砂浆、粉刷。

| 定额编号 | | | | A-3-1-12 | A-3-1-13 | A-3-1-14 | A-3-1-15 |
|---|---|---|---|---|---|---|---|
| 项目 | | | | 钢筋混凝土柱超3.6m每增3m增加费 | 钢筋混凝土圆柱超6m每增1m增加费 | 一般柱粉刷 | |
| | | | | | | 周长2m以内 | 周长2m以外 |
| 名称 | | | 单位 | $m^3$ | $m^3$ | $m^3$ | $m^3$ |
| 人工 | 00030117 | 模板工 | 工日 | 0.0102 | 0.0169 | | |
| | 00030127 | 一般抹灰工 | 工日 | | | 1.9466 | 1.4345 |
| | 00030153 | 其他工 | 工日 | 0.0029 | 0.0027 | 0.2325 | 0.1714 |
| 材料 | 34110101 | 水 | $m^3$ | | | 0.0213 | 0.0157 |
| | 35020101 | 钢支撑 | kg | 0.0148 | 0.0329 | | |
| | 35020501 | 柱箍、梁夹具 | kg | | 0.0004 | | |
| | 35020721 | 模板钢连杆 | kg | | 0.0024 | | |
| | 35020902 | 扣件 | 只 | 0.0055 | 0.0049 | | |
| | 80060213 | 干混抹灰砂浆 DP M15.0 | $m^3$ | | | 0.1973 | 0.1454 |
| | 80090101 | 干混界面砂浆 | $m^3$ | | | 0.0160 | 0.0118 |
| | | 其他材料费 | % | | | 4.5434 | 4.5432 |
| 机械 | 99070530 | 载重汽车 5t | 台班 | 0.0001 | 0.0005 | | |
| | 99090360 | 汽车式起重机 8t | 台班 | 0.0001 | 0.0003 | | |

# 第二节 梁

**工作内容：** 1. 成品木梁安装。
2,3,4. 模板安拆、钢筋绑扎安放、混凝土梁浇捣养护。

| 定额编号 | | | A-3-2-1 | A-3-2-2 | A-3-2-3 | A-3-2-4 |
|---|---|---|---|---|---|---|
| 项目 | | | 成品木梁安装 | 钢筋混凝土梁 | | |
| | | | | 矩形 | 异形 | 圆弧形 |
| | | | $m^3$ | $m^3$ | $m^3$ | $m^3$ |
| 预算定额编号 | 预算定额名称 | 预算定额单位 | 数量 | | | |
| 01-5-3-2 | 预拌混凝土(泵送) 矩形梁 | $m^3$ | | 1.0000 | | |
| 01-5-3-3 | 预拌混凝土(泵送) 异形梁 | $m^3$ | | | 1.0000 | |
| 01-5-3-6 | 预拌混凝土(泵送) 弧形梁、拱形梁 | $m^3$ | | | | 1.0000 |
| 01-5-11-11 | 钢筋 矩形梁、异形梁 | t | | 0.1560 | 0.1740 | |
| 01-5-11-12 | 钢筋 弧形梁、拱形梁 | t | | | | 0.1560 |
| 01-7-2-2 | 木梁 | $m^3$ | 1.0000 | | | |
| 01-17-2-61 | 复合模板 矩形梁 | $m^2$ | | 9.6700 | | |
| 01-17-2-63 | 复合模板 异形梁 | $m^2$ | | | 7.2010 | |
| 01-17-2-67 | 复合模板 弧形梁 | $m^2$ | | | | 9.6710 |
| 01-17-3-37 | 输送泵车 | $m^3$ | | 1.0000 | 1.0000 | 1.0000 |

**工作内容**：1. 成品木梁安装。
2,3,4. 模板安拆、钢筋绑扎安放、混凝土梁浇捣养护。

| 定额编号 | | | | A-3-2-1 | A-3-2-2 | A-3-2-3 | A-3-2-4 |
|---|---|---|---|---|---|---|---|
| 项目 | | | | 成品木梁安装 | 钢筋混凝土梁 | | |
| | | | | | 矩形 | 异形 | 圆弧形 |
| 名称 | | | 单位 | $m^3$ | $m^3$ | $m^3$ | $m^3$ |
| 人工 | 00030117 | 模板工 | 工日 | | 2.3276 | 2.2345 | 3.7833 |
| | 00030119 | 钢筋工 | 工日 | | 0.7093 | 0.7912 | 0.8512 |
| | 00030121 | 混凝土工 | 工日 | | 0.2750 | 0.2750 | 0.4935 |
| | 00030131 | 装饰木工 | 工日 | 1.5604 | | | |
| | 00030153 | 其他工 | 工日 | 0.3901 | 0.8572 | 0.6920 | 1.0290 |
| 材料 | 01010120 | 成型钢筋 | t | | 0.1576 | 0.1757 | 0.1576 |
| | 02090101 | 塑料薄膜 | $m^2$ | | 1.8333 | 1.2941 | 1.8333 |
| | 03019315 | 镀锌六角螺母 M14 | 个 | | 9.4437 | 12.5053 | 21.4348 |
| | 03150101 | 圆钉 | kg | | 0.3268 | 0.2434 | 0.3240 |
| | 03152501 | 镀锌铁丝 | kg | | 0.7017 | 0.7827 | 0.7017 |
| | 05030107 | 中方材 55～100$cm^2$ | $m^3$ | | 0.1025 | 0.0670 | 0.0638 |
| | 17252681 | 塑料套管 $\phi$18 | m | | 2.3604 | 5.0018 | 8.5733 |
| | 33310711 | 木梁(制品) | $m^3$ | 1.0000 | | | |
| | 34110101 | 水 | $m^3$ | | 0.1817 | 0.1595 | 0.1817 |
| | 35010801 | 复合模板 | $m^2$ | | 2.4455 | 1.8211 | 3.0106 |
| | 35020101 | 钢支撑 | kg | | 5.0932 | 3.4730 | 8.7445 |
| | 35020531 | 铁板卡 | kg | | 2.5567 | 3.3852 | 5.8026 |
| | 35020601 | 模板对拉螺栓 | kg | | 1.5327 | 2.4699 | 4.2340 |
| | 35020721 | 模板钢连杆 | kg | | 1.8644 | 1.5086 | 74.9116 |
| | 35020902 | 扣件 | 只 | | 7.2699 | 2.3036 | 5.1295 |
| | 80210424 | 预拌混凝土(泵送型) C30 粒径 5～40 | $m^3$ | | 1.0100 | 1.0100 | 1.0100 |
| | | 其他材料费 | % | | 0.3513 | 0.3287 | 0.4415 |
| 机械 | 99050540 | 混凝土输送泵车 75$m^3$/h | 台班 | | 0.0108 | 0.0108 | 0.0108 |
| | 99050920 | 混凝土振捣器 | 台班 | | 0.1000 | 0.1000 | 0.1000 |
| | 99070530 | 载重汽车 5t | 台班 | | 0.1093 | 0.0778 | 0.1644 |
| | 99090360 | 汽车式起重机 8t | 台班 | | 0.0619 | 0.0439 | 0.1015 |
| | 99210010 | 木工圆锯机 $\phi$500 | 台班 | | 0.0425 | 0.0367 | 0.1344 |

**工作内容：** 1. 模板安拆、钢筋绑扎安放、混凝土梁浇捣养护。
2. 模板安拆。
3. 涂抹界面砂浆、粉刷。

| 定额编号 | | | A-3-2-5 | A-3-2-6 | A-3-2-7 |
|---|---|---|---|---|---|
| 项目 | | | 钢筋混凝土梁<br>拱形 | 钢筋混凝土梁<br>超 3.6m 每增 3m<br>增加费 | 梁粉刷 |
| | | | $m^3$ | $m^3$ | $m^3$ |
| 预算定额编号 | 预算定额名称 | 预算定额单位 | 数量 | | |
| 01-5-3-6 | 预拌混凝土(泵送) 弧形梁、拱形梁 | $m^3$ | 1.0000 | | |
| 01-5-11-12 | 钢筋 弧形梁、拱形梁 | t | 0.1560 | | |
| 01-12-2-1 | 一般抹灰 柱、梁面 | $m^2$ | | | 12.0000 |
| 01-13-1-7 | 混凝土天棚 界面砂浆 | $m^2$ | | | 12.0000 |
| 01-17-2-62 | 复合模板 梁超 3.6m 每增 3m | $m^2$ | | 1.1200 | |
| 01-17-2-66 | 复合模板 拱形梁 | $m^2$ | 7.6220 | | |
| 01-17-3-37 | 输送泵车 | $m^3$ | 1.0000 | | |

**工作内容：** 1. 模板安拆、钢筋绑扎安放、混凝土梁浇捣养护。
2. 模板安拆。
3. 涂抹界面砂浆、粉刷。

| 定额编号 | | | | A-3-2-5 | A-3-2-6 | A-3-2-7 |
|---|---|---|---|---|---|---|
| 项目 | | | | 钢筋混凝土梁<br>拱形 | 钢筋混凝土梁<br>超 3.6m 每增 3m<br>增加费 | 梁粉刷 |
| 名称 | | | 单位 | $m^3$ | $m^3$ | $m^3$ |
| 人工 | 00030117 | 模板工 | 工日 | 3.3628 | 0.0539 | |
| | 00030119 | 钢筋工 | 工日 | 0.8512 | | |
| | 00030121 | 混凝土工 | 工日 | 0.4935 | | |
| | 00030127 | 一般抹灰工 | 工日 | | | 2.2104 |
| | 00030153 | 其他工 | 工日 | 0.8011 | 0.0172 | 0.2616 |
| 材料 | 01010120 | 成型钢筋 | t | 0.1576 | | |
| | 02090101 | 塑料薄膜 | $m^2$ | 1.8333 | | |
| | 03019315 | 镀锌六角螺母 M14 | 个 | 17.3263 | | |
| | 03150101 | 圆钉 | kg | 0.2538 | | |
| | 03152501 | 镀锌铁丝 | kg | 0.7017 | | |
| | 05030107 | 中方材 55～100$cm^2$ | $m^3$ | 0.0488 | | |
| | 17252681 | 塑料套管 $\phi$18 | m | 6.9307 | | |
| | 34110101 | 水 | $m^3$ | 0.1817 | | 0.0240 |
| | 35010801 | 复合模板 | $m^2$ | 2.3727 | | |
| | 35020101 | 钢支撑 | kg | 4.7904 | 0.4129 | |
| | 35020531 | 铁板卡 | kg | 4.6906 | | |
| | 35020601 | 模板对拉螺栓 | kg | 3.4223 | | |
| | 35020721 | 模板钢连杆 | kg | 8.4208 | | |
| | 35020902 | 扣件 | 只 | 6.5526 | 0.5893 | |
| | 80060213 | 干混抹灰砂浆 DP M15.0 | $m^3$ | | | 0.2220 |
| | 80090101 | 干混界面砂浆 | $m^3$ | | | 0.0180 |
| | 80210424 | 预拌混凝土(泵送型)<br>C30 粒径 5～40 | $m^3$ | 1.0100 | | |
| | | 其他材料费 | % | 0.3955 | | 4.5434 |
| 机械 | 99050540 | 混凝土输送泵车 75$m^3$/h | 台班 | 0.0108 | | |
| | 99050920 | 混凝土振捣器 | 台班 | 0.1000 | | |
| | 99070530 | 载重汽车 5t | 台班 | 0.0960 | 0.0055 | |
| | 99090360 | 汽车式起重机 8t | 台班 | 0.0579 | 0.0037 | |
| | 99210010 | 木工圆锯机 $\phi$500 | 台班 | 0.1090 | | |

# 第四章　墙 身 工 程

# 说　　明

一、一般砖墙

1. 砌体墙定额子目中,已综合了构造柱、圈过梁、檐口梁、雨篷梁、梁垫等。

2. 半砖内墙(多孔砖、17 孔砖)、混凝土空心小型砌块(90 厚)内墙、混凝土模卡砌块(120 厚)承重内墙定额子目中,还综合了钢筋加固。

二、框架墙

1. 框架墙是框架结构柱梁间的嵌砌墙。

2. 框架墙体中未综合门框柱,如设计设有门框柱时,应按相应定额子目执行。

三、一般砖墙、框架墙的定额子目中,已综合了干混抹灰砂浆双面抹灰、腰线、界面砂浆等。

四、砌墙砂浆按干混砌筑砂浆编制。

五、出屋面板的墙体按相应定额子目执行。

六、混凝土空心小型砌块 190 厚墙体定额子目中,已综合了芯柱和圈过梁。

七、砌体内墙如砌筑高度超过 3.6m 时,按相应定额子目的人工乘以系数 1.3。

八、各类砌体墙均按直形墙编制,如为圆弧形砌筑时,按相应定额子目的人工乘以系数 1.1,砌体及砂浆(粘结剂)乘以系数 1.03。

九、混凝土、钢筋混凝土墙

1. 除混凝土、钢筋混凝土地下室墙定额子目未综合墙面抹灰外,其余定额子目中已综合了干混抹灰砂浆双面抹灰、界面砂浆等。

2. 现浇混凝土、钢筋混凝土墙采用复合模板。如高度超过 3.6m 时,按相应定额子目执行。

十、GRC 轻质墙板、高强石膏空心板、轻集料混凝土多孔墙板定额子目中,已综合了干混抹灰砂浆双面抹灰。

十一、彩钢夹芯板外墙面、压型钢板外墙面、采光板外墙面定额子目中,已包括开门窗洞口以及周边塞口,其中彩钢夹芯板、压型钢板已综合了墙面板安装和墙角处封边、包角,压型钢板还综合了墙与屋面收边。未综合外墙面支撑系统,如设计要求做时,另按相应定额子目执行。

十二、挡土墙毛石砌筑定额子目中,已综合了干混抹灰砂浆勾缝。

# 工程量计算规则

一、基础与墙(柱)身的划分

1. 基础与墙(柱)身使用同一材料时,以设计室内地面为界(有地下室的,以地下室室内设计地面为界),以下为基础,以上为墙(柱)身。

2. 基础与墙(柱)身使用不同材料时,位于设计室内地面高度≤±300mm 时,以不同材料为分界线;高度>±300mm 时,以设计室内地面为分界线。

二、一般砖墙

1. 墙身面积按墙身长度乘以高度以面积计算。

1) 长度计算

(1) 外墙:按墙中心线。

(2) 内墙:按墙面间的净长。

2) 高度计算

(1) 平屋面

① 外墙:算至檐口屋面板面。

② 内墙:算至钢筋混凝土楼(顶)板面。

(2) 斜屋面

① 外墙:有檐口平顶的,墙身高度算至檐口平顶底增加 100mm;无檐口平顶的,墙身高度算至檐口底增加 200mm。

② 内墙:室内设有吊平顶的,墙高算至平顶底增加 100mm;室内不设吊平顶的,墙高按设计高度计算。

2. 山墙的山尖面积,按外形跨度乘以 1/2 的山尖高度(平均高度)计算。

3. 附墙砖垛应折成相应的墙身厚度并入墙体面积内计算。

4. 墙身面积应扣除门窗洞口和 $0.3m^2$ 以上的孔洞所占面积,不扣除构造柱、圈过梁、檐口梁、雨篷梁、梁垫、楼(屋)面板的板头所占面积。凸出墙面的腰线、虎头砖等亦不增加。

三、框架墙

1. 墙身面积按墙身长度乘以高度以面积计算,应扣除门窗洞口和 $0.3m^2$ 以上的孔洞所占面积,不扣除框架柱、梁等所占面积。

1) 长度计算

(1) 外墙:按框架墙中心线。

(2) 内墙:按墙面间的净长。

2) 高度计算:同一般砖墙。

四、混凝土、钢筋混凝土墙

1. 墙身面积(除地下室墙)按墙身长度乘以高度以面积计算,应扣除门窗洞口和 $0.3m^2$ 以上的孔洞所占面积。

1) 长度计算

(1) 直形墙:按墙身。

(2) 圆弧形墙:按墙厚中心线。

2) 高度计算:按设计层高。

2. 地下室墙按设计图示尺寸以体积计算,墙身高度算至地下室顶板面,应扣除门窗洞口和 $0.3m^2$ 以上的孔洞所占体积。

3. 混凝土、钢筋混凝土墙浇捣高度超过3.6m时，按混凝土、钢筋混凝土墙面积计算。

五、砂加气混凝土砌块、GRC轻质墙板、高强石膏空心板、轻集料混凝土多孔板墙板等内隔墙，墙身根据不同厚度，按净长乘以净高以面积计算，应扣除门窗洞口和0.3m²以上的孔洞所占面积。

4. 彩钢夹芯板、压型钢板、采光板外墙面按设计图示尺寸以铺挂面积计算，应扣除门窗洞口和0.3m²以上的梁、孔洞所占面积。

六、空花砖墙按墙面垂直投影面积计算，不扣除空洞部分所占面积。

七、挡土墙按设计图示尺寸以体积计算。

八、砌体墙计算厚度见表4-1。

**表4-1 砌体墙计算厚度**

单位：mm

| 墙体名称 | 1/4 | 1/2 | 1 | 1½ | 2 | 2½ | 3 |
|---|---|---|---|---|---|---|---|
| 蒸压灰砂砖<br>（240×115×53） | 53 | 115 | 240 | 365 | 490 | 615 | 740 |
| 多孔砖<br>（240×115×90） | | 侧砌90<br>平砌115 | 240 | 365 | 490 | 615 | 740 |
| 17孔多孔砖<br>（190×90×90） | | 90 | 190 | 290 | 390 | 490 | 590 |

# 第一节 砖、砌块砌体墙

**工作内容：** 1. 砖墙砌筑，模板安拆、钢筋绑扎安放、混凝土圈过梁浇捣养护及涂抹界面砂浆，双面粉刷。
2. 砖墙砌筑，模板安拆、钢筋绑扎安放、混凝土构造柱和圈过梁浇捣养护及涂抹界面砂浆，双面粉刷。

| 定额编号 | | | A-4-1-1 | A-4-1-2 |
|---|---|---|---|---|
| 项目 | | | 外墙 | |
| | | | 蒸压灰砂砖 | |
| | | | 1/2 砖 | 1 砖 |
| | | | $m^2$ | $m^2$ |
| 预算定额编号 | 预算定额名称 | 预算定额单位 | 数量 | |
| 01-4-1-3 | 实心砖墙 蒸压灰砂砖 1/2 砖(115mm) | $m^3$ | 0.1005 | |
| 01-4-1-4 | 实心砖墙 蒸压灰砂砖 1 砖(240mm) | $m^3$ | | 0.1430 |
| 01-5-2-2 换 | 预拌混凝土(非泵送) 构造柱 | $m^3$ | | 0.0541 |
| 01-5-3-4 换 | 预拌混凝土(非泵送) 圈梁 | $m^3$ | 0.0116 | 0.0331 |
| 01-5-3-5 换 | 预拌混凝土(非泵送) 过梁 | $m^3$ | 0.0029 | 0.0098 |
| 01-5-11-7 | 钢筋 矩形柱、构造柱 | t | | 0.0109 |
| 01-5-11-13 | 钢筋 圈梁、过梁 | t | 0.0014 | 0.0042 |
| 01-12-1-1 | 一般抹灰 外墙 | $m^2$ | 1.2700 | 1.2700 |
| 01-12-1-2 | 一般抹灰 内墙 | $m^2$ | 1.0500 | 1.0500 |
| 01-12-1-12 | 墙柱面界面砂浆 混凝土面 | $m^2$ | 0.1317 | 0.6594 |
| 01-12-1-14 | 装饰线条抹灰 普通线条 | $m^2$ | 0.0850 | 0.0850 |
| 01-12-1-15 | 装饰线条抹灰 复杂线条 | $m^2$ | 0.0850 | 0.0850 |
| 01-17-2-55 | 复合模板 构造柱 | $m^2$ | | 0.2653 |
| 01-17-2-64 | 复合模板 圈梁 | $m^2$ | 0.0967 | 0.2759 |
| 01-17-2-65 | 复合模板 过梁 | $m^2$ | 0.0350 | 0.1182 |

**工作内容：** 1. 砖墙砌筑，模板安拆、钢筋绑扎安放、混凝土圈过梁浇捣养护及涂抹界面砂浆，双面粉刷。

2. 砖墙砌筑，模板安拆、钢筋绑扎安放、混凝土构造柱和圈过梁浇捣养护及涂抹界面砂浆，双面粉刷。

| 定额编号 | | | | A-4-1-1 | A-4-1-2 |
|---|---|---|---|---|---|
| 项目 | | | | 外墙 | |
| | | | | 蒸压灰砂砖 | |
| | | | | 1/2 砖 | 1 砖 |
| 名称 | | | 单位 | $m^2$ | $m^2$ |
| 人工 | 00030117 | 模板工 | 工日 | 0.0288 | 0.1646 |
| | 00030119 | 钢筋工 | 工日 | 0.0112 | 0.0864 |
| | 00030121 | 混凝土工 | 工日 | 0.0110 | 0.0956 |
| | 00030125 | 砌筑工 | 工日 | 0.1398 | 0.1422 |
| | 00030127 | 一般抹灰工 | 工日 | 0.3995 | 0.4083 |
| | 00030153 | 其他工 | 工日 | 0.0772 | 0.1389 |
| 材料 | 01010120 | 成型钢筋 | t | 0.0014 | 0.0152 |
| | 02090101 | 塑料薄膜 | $m^2$ | 0.0798 | 0.2562 |
| | 03150101 | 圆钉 | kg | 0.0064 | 0.0305 |
| | 03152501 | 镀锌铁丝 | kg | 0.0063 | 0.0701 |
| | 04131714 | 蒸压灰砂砖 240×115×53 | 块 | 56.1180 | 76.2461 |
| | 05030107 | 中方材 55～100cm$^2$ | $m^3$ | 0.0025 | 0.0100 |
| | 17252681 | 塑料套管 $\phi$18 | m | 0.0085 | 0.0289 |
| | 34110101 | 水 | $m^3$ | 0.0184 | 0.0543 |
| | 35010801 | 复合模板 | $m^2$ | 0.0388 | 0.1954 |
| | 35020101 | 钢支撑 | kg | 0.0192 | 0.0647 |
| | 35020721 | 模板钢连杆 | kg | 0.0026 | 0.1664 |
| | 35020902 | 扣件 | 只 | 0.0345 | 0.2946 |
| | 80060111 | 干混砌筑砂浆 DM M5.0 | $m^3$ | 0.0207 | 0.0342 |
| | 80060213 | 干混抹灰砂浆 DP M15.0 | $m^3$ | 0.0475 | 0.0475 |
| | 80060214 | 干混抹灰砂浆 DP M20.0 | $m^3$ | 0.0047 | 0.0047 |
| | 80090101 | 干混界面砂浆 | $m^3$ | 0.0002 | 0.0010 |
| | 80210521 | 预拌混凝土(非泵送型) C30 粒径 5～40 | $m^3$ | 0.0146 | 0.0979 |
| | | 其他材料费 | % | 0.4585 | 0.2870 |
| 机械 | 99050920 | 混凝土振捣器 | 台班 | 0.0019 | 0.0121 |
| | 99070530 | 载重汽车 5t | 台班 | 0.0007 | 0.0045 |
| | 99090360 | 汽车式起重机 8t | 台班 | 0.0002 | 0.0021 |
| | 99210010 | 木工圆锯机 $\phi$500 | 台班 | 0.0006 | 0.0029 |

**工作内容：** 1. 砖墙砌筑，模板安拆、钢筋绑扎安放、混凝土圈过梁浇捣养护及涂抹界面砂浆，双面粉刷。
2,3. 砖墙砌筑，模板安拆、钢筋绑扎安放、混凝土构造柱和圈过梁浇捣养护及涂抹界面砂浆，双面粉刷。

| 定 额 编 号 | | | A-4-1-3 | A-4-1-4 | A-4-1-5 |
|---|---|---|---|---|---|
| 项 目 | | | 外墙 | | |
| | | | 多孔砖 | | |
| | | | 1/2 砖 | 1 砖 | 1½砖 |
| | | | $m^2$ | $m^2$ | $m^2$ |
| 预算定额编号 | 预算定额名称 | 预算定额单位 | 数 量 | | |
| 01-4-1-7 | 多孔砖墙 1/2 砖(115mm) | $m^3$ | 0.1005 | | |
| 01-4-1-8 | 多孔砖墙 1 砖(240mm) | $m^3$ | | 0.1430 | |
| 01-4-1-9 | 多孔砖墙 1½砖及以上(365mm 及以上) | $m^3$ | | | 0.2175 |
| 01-5-2-2 换 | 预拌混凝土(非泵送) 构造柱 | $m^3$ | | 0.0541 | 0.0652 |
| 01-5-3-4 换 | 预拌混凝土(非泵送) 圈梁 | $m^3$ | 0.0116 | 0.0331 | 0.0674 |
| 01-5-3-5 换 | 预拌混凝土(非泵送) 过梁 | $m^3$ | 0.0029 | 0.0098 | 0.0149 |
| 01-5-11-7 | 钢筋 矩形柱、构造柱 | t | | 0.0109 | 0.0166 |
| 01-5-11-13 | 钢筋 圈梁、过梁 | t | 0.0014 | 0.0042 | 0.0064 |
| 01-12-1-1 | 一般抹灰 外墙 | $m^2$ | 1.2700 | 1.2700 | 1.2700 |
| 01-12-1-2 | 一般抹灰 内墙 | $m^2$ | 1.0500 | 1.0500 | 1.0500 |
| 01-12-1-12 | 墙柱面界面砂浆 混凝土面 | $m^2$ | 0.1317 | 0.6594 | 0.8646 |
| 01-12-1-14 | 装饰线条抹灰 普通线条 | $m^2$ | 0.0850 | 0.0850 | 0.0850 |
| 01-12-1-15 | 装饰线条抹灰 复杂线条 | $m^2$ | 0.0850 | 0.0850 | 0.0850 |
| 01-17-2-55 | 复合模板 构造柱 | $m^2$ | | 0.2653 | 0.2653 |
| 01-17-2-64 | 复合模板 圈梁 | $m^2$ | 0.0967 | 0.2759 | 0.4196 |
| 01-17-2-65 | 复合模板 过梁 | $m^2$ | 0.0350 | 0.1182 | 0.1797 |

**工作内容：**1. 砖墙砌筑，模板安拆、钢筋绑扎安放、混凝土圈过梁浇捣养护及涂抹界面砂浆，双面粉刷。
2,3. 砖墙砌筑，模板安拆、钢筋绑扎安放、混凝土构造柱和圈过梁浇捣养护及涂抹界面砂浆，双面粉刷。

| 定　额　编　号 | | | | A-4-1-3 | A-4-1-4 | A-4-1-5 |
|---|---|---|---|---|---|---|
| 项　　目 | | | | 外墙 | | |
| | | | | 多孔砖 | | |
| | | | | 1/2 砖 | 1 砖 | 1½砖 |
| 名　　称 | | | 单位 | $m^2$ | $m^2$ | $m^2$ |
| 人工 | 00030117 | 模板工 | 工日 | 0.0288 | 0.1646 | 0.2102 |
| | 00030119 | 钢筋工 | 工日 | 0.0112 | 0.0864 | 0.1316 |
| | 00030121 | 混凝土工 | 工日 | 0.0110 | 0.0956 | 0.1398 |
| | 00030125 | 砌筑工 | 工日 | 0.0959 | 0.1291 | 0.1842 |
| | 00030127 | 一般抹灰工 | 工日 | 0.3995 | 0.4083 | 0.4117 |
| | 00030153 | 其他工 | 工日 | 0.0754 | 0.1389 | 0.1729 |
| 材料 | 01010120 | 成型钢筋 | t | 0.0014 | 0.0152 | 0.0233 |
| | 02090101 | 塑料薄膜 | $m^2$ | 0.0798 | 0.2562 | 0.4771 |
| | 03150101 | 圆钉 | kg | 0.0064 | 0.0305 | 0.0406 |
| | 03152501 | 镀锌铁丝 | kg | 0.0063 | 0.0701 | 0.1068 |
| | 04131772 | 蒸压灰砂多孔砖 240×115×90 | 块 | 35.8718 | 49.0047 | 73.7384 |
| | 05030107 | 中方材 55～100cm² | $m^3$ | 0.0025 | 0.0100 | 0.0140 |
| | 17252681 | 塑料套管 φ18 | m | 0.0085 | 0.0289 | 0.0439 |
| | 34110101 | 水 | $m^3$ | 0.0183 | 0.0542 | 0.0734 |
| | 35010801 | 复合模板 | $m^2$ | 0.0388 | 0.1954 | 0.2556 |
| | 35020101 | 钢支撑 | kg | 0.0192 | 0.0647 | 0.0984 |
| | 35020721 | 模板钢连杆 | kg | 0.0026 | 0.1664 | 0.1710 |
| | 35020902 | 扣件 | 只 | 0.0345 | 0.2946 | 0.3552 |
| | 80060111 | 干混砌筑砂浆 DM M5.0 | $m^3$ | 0.0197 | 0.0329 | 0.0525 |
| | 80060213 | 干混抹灰砂浆 DP M15.0 | $m^3$ | 0.0475 | 0.0475 | 0.0475 |
| | 80060214 | 干混抹灰砂浆 DP M20.0 | $m^3$ | 0.0047 | 0.0047 | 0.0047 |
| | 80090101 | 干混界面砂浆 | $m^3$ | 0.0002 | 0.0010 | 0.0013 |
| | 80210521 | 预拌混凝土(非泵送型) C30 粒径 5～40 | $m^3$ | 0.0146 | 0.0979 | 0.1490 |
| | | 其他材料费 | % | 0.4177 | 0.2732 | 0.2206 |
| 机械 | 99050920 | 混凝土振捣器 | 台班 | 0.0019 | 0.0121 | 0.0185 |
| | 99070530 | 载重汽车 5t | 台班 | 0.0007 | 0.0045 | 0.0056 |
| | 99090360 | 汽车式起重机 8t | 台班 | 0.0002 | 0.0021 | 0.0024 |
| | 99210010 | 木工圆锯机 φ500 | 台班 | 0.0006 | 0.0029 | 0.0039 |

**工作内容：** 1. 砖墙砌筑，模板安拆、钢筋绑扎安放、混凝土圈过梁浇捣养护及涂抹界面砂浆，双面粉刷。
2，3. 砖墙砌筑，模板安拆、钢筋绑扎安放、混凝土构造柱和圈过梁浇捣养护及涂抹界面砂浆，双面粉刷。

| 定 额 编 号 | | | A-4-1-6 | A-4-1-7 | A-4-1-8 |
|---|---|---|---|---|---|
| 项 目 | | | 外墙 | | |
| | | | 17 孔多孔砖 | | |
| | | | 1/2 砖 | 1 砖 | 1½砖 |
| | | | $m^2$ | $m^2$ | $m^2$ |
| 预算定额编号 | 预算定额名称 | 预算定额单位 | 数 量 | | |
| 01-4-1-10 | 多孔砖墙 1/2 砖(90mm) | $m^3$ | 0.0786 | | |
| 01-4-1-11 | 多孔砖墙 1 砖(190mm) | $m^3$ | | 0.1132 | |
| 01-4-1-12 | 多孔砖墙 1½砖及以上(290mm 及以上) | $m^3$ | | | 0.1728 |
| 01-5-2-2 换 | 预拌混凝土(非泵送) 构造柱 | $m^3$ | | 0.0428 | 0.0654 |
| 01-5-3-4 换 | 预拌混凝土(非泵送) 圈梁 | $m^3$ | 0.0091 | 0.0263 | 0.0400 |
| 01-5-3-5 换 | 预拌混凝土(非泵送) 过梁 | $m^3$ | 0.0023 | 0.0077 | 0.0118 |
| 01-5-11-7 | 钢筋 矩形柱、构造柱 | t | | 0.0086 | 0.0132 |
| 01-5-11-13 | 钢筋 圈梁、过梁 | t | 0.0012 | 0.0033 | 0.0051 |
| 01-12-1-1 | 一般抹灰 外墙 | $m^2$ | 1.2700 | 1.2700 | 1.2700 |
| 01-12-1-2 | 一般抹灰 内墙 | $m^2$ | 1.0500 | 1.0500 | 1.0500 |
| 01-12-1-12 | 墙柱面界面砂浆 混凝土面 | $m^2$ | 0.1036 | 0.5773 | 0.7415 |
| 01-12-1-14 | 装饰线条抹灰 普通线条 | $m^2$ | 0.0850 | 0.0850 | 0.0850 |
| 01-12-1-15 | 装饰线条抹灰 复杂线条 | $m^2$ | 0.0850 | 0.0850 | 0.0850 |
| 01-17-2-55 | 复合模板 构造柱 | $m^2$ | | 0.2653 | 0.2653 |
| 01-17-2-64 | 复合模板 圈梁 | $m^2$ | 0.0760 | 0.2184 | 0.3334 |
| 01-17-2-65 | 复合模板 过梁 | $m^2$ | 0.0276 | 0.0936 | 0.1428 |

**工作内容：**1. 砖墙砌筑，模板安拆、钢筋绑扎安放、混凝土圈过梁浇捣养护及涂抹界面砂浆，双面粉刷。
2，3. 砖墙砌筑，模板安拆、钢筋绑扎安放、混凝土构造柱和圈过梁浇捣养护及涂抹界面砂浆，双面粉刷。

| 定额编号 | | | | A-4-1-6 | A-4-1-7 | A-4-1-8 |
|---|---|---|---|---|---|---|
| 项目 | | | | 外墙 | | |
| | | | | 17 孔多孔砖 | | |
| | | | | 1/2 砖 | 1 砖 | 1½砖 |
| 名称 | | | 单位 | m² | m² | m² |
| 人工 | 00030117 | 模板工 | 工日 | 0.0227 | 0.1463 | 0.1828 |
| | 00030119 | 钢筋工 | 工日 | 0.0096 | 0.0681 | 0.1047 |
| | 00030121 | 混凝土工 | 工日 | 0.0086 | 0.0758 | 0.1156 |
| | 00030125 | 砌筑工 | 工日 | 0.0894 | 0.1218 | 0.1744 |
| | 00030127 | 一般抹灰工 | 工日 | 0.3990 | 0.4069 | 0.4097 |
| | 00030153 | 其他工 | 工日 | 0.0706 | 0.1251 | 0.1544 |
| 材料 | 01010120 | 成型钢筋 | t | 0.0012 | 0.0120 | 0.0185 |
| | 02090101 | 塑料薄膜 | m² | 0.0628 | 0.2031 | 0.3094 |
| | 03150101 | 圆钉 | kg | 0.0050 | 0.0266 | 0.0346 |
| | 03152501 | 镀锌铁丝 | kg | 0.0054 | 0.0552 | 0.0849 |
| | 04131771 | 蒸压灰砂多孔砖 190×90×90 | 块 | 44.9719 | 61.3737 | 92.0509 |
| | 05030107 | 中方材 55～100cm² | m³ | 0.0020 | 0.0085 | 0.0116 |
| | 17252681 | 塑料套管 ϕ18 | m | 0.0067 | 0.0228 | 0.0349 |
| | 34110101 | 水 | m³ | 0.0158 | 0.0441 | 0.0646 |
| | 35010801 | 复合模板 | m² | 0.0305 | 0.1714 | 0.2195 |
| | 35020101 | 钢支撑 | kg | 0.0151 | 0.0512 | 0.0782 |
| | 35020721 | 模板钢连杆 | kg | 0.0021 | 0.1646 | 0.1683 |
| | 35020902 | 扣件 | 只 | 0.0272 | 0.2704 | 0.3188 |
| | 80060111 | 干混砌筑砂浆 DM M5.0 | m³ | 0.0177 | 0.0303 | 0.0486 |
| | 80060213 | 干混抹灰砂浆 DP M15.0 | m³ | 0.0475 | 0.0475 | 0.0475 |
| | 80060214 | 干混抹灰砂浆 DP M20.0 | m³ | 0.0047 | 0.0047 | 0.0047 |
| | 80090101 | 干混界面砂浆 | m³ | 0.0002 | 0.0009 | 0.0011 |
| | 80210521 | 预拌混凝土(非泵送型) C30 粒径 5～40 | m³ | 0.0115 | 0.0776 | 0.1184 |
| | | 其他材料费 | % | 0.4569 | 0.3042 | 0.2423 |
| 机械 | 99050920 | 混凝土振捣器 | 台班 | 0.0014 | 0.0097 | 0.0147 |
| | 99070530 | 载重汽车 5t | 台班 | 0.0005 | 0.0041 | 0.0050 |
| | 99090360 | 汽车式起重机 8t | 台班 | 0.0002 | 0.0019 | 0.0022 |
| | 99210010 | 木工圆锯机 ϕ500 | 台班 | 0.0005 | 0.0026 | 0.0032 |

**工作内容：** 1. 砌块墙砌筑，砌块插筋灌芯，模板安拆、钢筋绑扎安放、混凝土圈过梁浇捣养护，涂抹界面砂浆，双面粉刷。
2. 砌块墙砌筑，模板安拆、钢筋绑扎安放、混凝土圈过梁浇捣养护，涂抹界面砂浆，双面粉刷。
3，4. 砖墙砌筑、双面粉刷。

| 定额编号 | | | A-4-1-9 | A-4-1-10 | A-4-1-11 | A-4-1-12 |
|---|---|---|---|---|---|---|
| 项目 | | | 外墙 | | 框架外墙 | |
| | | | 混凝土空心小型砌块 | 加气混凝土砌块 | 蒸压灰砂砖 | |
| | | | 190 厚 | 200 厚 | 1/2 砖 | 1 砖 |
| | | | $m^2$ | $m^2$ | $m^2$ | $m^2$ |
| 预算定额编号 | 预算定额名称 | 预算定额单位 | 数量 | | | |
| 01-4-1-3 系 | 实心砖墙 蒸压灰砂砖 1/2 砖(115mm) | $m^3$ | | | 0.0861 | |
| 01-4-1-4 系 | 实心砖墙 蒸压灰砂砖 1 砖(240mm) | $m^3$ | | | | 0.1812 |
| 01-4-2-6 | 加气混凝土砌块墙 200 厚 | $m^3$ | | 0.1643 | | |
| 01-4-2-8 | 混凝土小型空心砌块 190 厚 | $m^3$ | 0.1561 | | | |
| 01-5-2-2 换 | 预拌混凝土(非泵送) 构造柱 | $m^3$ | 0.0428 | | | |
| 01-5-3-4 换 | 预拌混凝土(非泵送) 圈梁 | $m^3$ | 0.0262 | 0.0276 | | |
| 01-5-3-5 换 | 预拌混凝土(非泵送) 过梁 | $m^3$ | 0.0077 | 0.0081 | | |
| 01-5-11-7 | 钢筋 矩形柱、构造柱 | t | 0.0027 | | | |
| 01-5-11-13 | 钢筋 圈梁、过梁 | t | 0.0033 | 0.0035 | | |
| 01-12-1-1 | 一般抹灰 外墙 | $m^2$ | 1.2700 | 1.2700 | 1.2400 | 1.2400 |
| 01-12-1-2 | 一般抹灰 内墙 | $m^2$ | 1.0500 | 1.0500 | 0.9600 | 0.9600 |
| 01-12-1-12 | 墙柱面界面砂浆 混凝土面 | $m^2$ | 0.3111 | 0.3279 | | |
| 01-12-1-13 | 墙柱面界面砂浆 砌块面 | $m^2$ | 1.8589 | 1.8421 | | |
| 01-12-1-14 | 装饰线条抹灰 普通线条 | $m^2$ | 0.0850 | 0.0850 | 0.1600 | 0.1600 |
| 01-12-1-15 | 装饰线条抹灰 复杂线条 | $m^2$ | 0.0850 | 0.0850 | 0.1600 | 0.1600 |
| 01-17-2-64 | 复合模板 圈梁 | $m^2$ | 0.2178 | 0.2299 | | |
| 01-17-2-65 | 复合模板 过梁 | $m^2$ | 0.0933 | 0.0980 | | |

**工作内容：** 1. 砌块墙砌筑，砌块插筋灌芯，模板安拆、钢筋绑扎安放、混凝土圈过梁浇捣养护，涂抹界面砂浆，双面粉刷。
2. 砌块墙砌筑，模板安拆、钢筋绑扎安放、混凝土圈过梁浇捣养护，涂抹界面砂浆，双面粉刷。
3,4. 砖墙砌筑、双面粉刷。

| 定额编号 | | | | A-4-1-9 | A-4-1-10 | A-4-1-11 | A-4-1-12 |
|---|---|---|---|---|---|---|---|
| 项目 | | | | 外墙 | | 框架外墙 | |
| | | | | 混凝土空心小型砌块 | 加气混凝土砌块 | 蒸压灰砂砖 | |
| | | | | 190厚 | 200厚 | 1/2砖 | 1砖 |
| 名称 | | | 单位 | $m^2$ | $m^2$ | $m^2$ | $m^2$ |
| 人工 | 00030117 | 模板工 | 工日 | 0.0692 | 0.0729 | | |
| | 00030119 | 钢筋工 | 工日 | 0.0396 | 0.0281 | | |
| | 00030121 | 混凝土工 | 工日 | 0.0757 | 0.0268 | | |
| | 00030125 | 砌筑工 | 工日 | 0.1357 | 0.1471 | 0.1461 | 0.2198 |
| | 00030127 | 一般抹灰工 | 工日 | 0.4404 | 0.4404 | 0.4716 | 0.4716 |
| | 00030153 | 其他工 | 工日 | 0.1070 | 0.0939 | 0.0675 | 0.0791 |
| 材料 | 01010120 | 成型钢筋 | t | 0.0060 | 0.0035 | | |
| | 02090101 | 塑料薄膜 | $m^2$ | 0.2025 | 0.1964 | | |
| | 03150101 | 圆钉 | kg | 0.0153 | 0.0161 | | |
| | 03152501 | 镀锌铁丝 | kg | 0.0275 | 0.0157 | | |
| | 04131714 | 蒸压灰砂砖 240×115×53 | 块 | | 0.7276 | 48.0772 | 96.6140 |
| | 04150812 | 混凝土空心小型砌块 $\delta$190 | $m^3$ | 0.1475 | | | |
| | 04151333 | 蒸压加气混凝土砌块 600×300×200 | $m^3$ | | 0.1558 | | |
| | 05030107 | 中方材 55～100cm$^2$ | $m^3$ | 0.0060 | 0.0063 | | |
| | 17252681 | 塑料套管 $\phi$18 | m | 0.0228 | 0.0239 | | |
| | 34110101 | 水 | $m^3$ | 0.0317 | 0.0263 | 0.0147 | 0.0245 |
| | 35010801 | 复合模板 | $m^2$ | 0.0913 | 0.0962 | | |
| | 35020101 | 钢支撑 | kg | 0.0511 | 0.0537 | | |
| | 35020721 | 模板钢连杆 | kg | 0.0070 | 0.0073 | | |
| | 35020902 | 扣件 | 只 | 0.0919 | 0.0965 | | |
| | 80060111 | 干混砌筑砂浆 DM M5.0 | $m^3$ | 0.0269 | 0.0163 | 0.0177 | 0.0434 |
| | 80060213 | 干混抹灰砂浆 DP M15.0 | $m^3$ | 0.0475 | 0.0475 | 0.0451 | 0.0451 |
| | 80060214 | 干混抹灰砂浆 DP M20.0 | $m^3$ | 0.0047 | 0.0047 | 0.0088 | 0.0088 |
| | 80090101 | 干混界面砂浆 | $m^3$ | 0.0005 | 0.0005 | | |
| | 80090201 | 砌块面界面砂浆 | $m^3$ | 0.0028 | 0.0028 | | |
| | 80210521 | 预拌混凝土(非泵送型) C30 粒径 5～40 | $m^3$ | 0.0775 | 0.0361 | | |
| | | 其他材料费 | % | 0.3037 | 0.3382 | 0.5236 | 0.3267 |
| 机械 | 99050920 | 混凝土振捣器 | 台班 | 0.0097 | 0.0045 | | |
| | 99070530 | 载重汽车 5t | 台班 | 0.0016 | 0.0017 | | |
| | 99090360 | 汽车式起重机 8t | 台班 | 0.0005 | 0.0005 | | |
| | 99210010 | 木工圆锯机 $\phi$500 | 台班 | 0.0014 | 0.0015 | | |

**工作内容**：砖墙砌筑、双面粉刷。

| 定额编号 | | | A-4-1-13 | A-4-1-14 | A-4-1-15 | A-4-1-16 |
|---|---|---|---|---|---|---|
| 项目 | | | 框架外墙 | | | |
| | | | 多孔砖 | | 17 孔多孔砖 | |
| | | | 1/2 砖 | 1 砖 | 1/2 砖 | 1 砖 |
| | | | $m^2$ | $m^2$ | $m^2$ | $m^2$ |
| 预算定额编号 | 预算定额名称 | 预算定额单位 | 数量 | | | |
| 01-4-1-7 系 | 多孔砖墙 1/2 砖(115mm) | $m^3$ | 0.0861 | | | |
| 01-4-1-8 系 | 多孔砖墙 1 砖(240mm) | $m^3$ | | 0.1812 | | |
| 01-4-1-10 系 | 多孔砖墙 1/2 砖(90mm) | $m^3$ | | | 0.0673 | |
| 01-4-1-11 系 | 多孔砖墙 1 砖(190mm) | $m^3$ | | | | 0.1435 |
| 01-12-1-1 | 一般抹灰 外墙 | $m^2$ | 1.2400 | 1.2400 | 1.2400 | 1.2400 |
| 01-12-1-2 | 一般抹灰 内墙 | $m^2$ | 0.9600 | 0.9600 | 0.9600 | 0.9600 |
| 01-12-1-14 | 装饰线条抹灰 普通线条 | $m^2$ | 0.1600 | 0.1600 | 0.1600 | 0.1600 |
| 01-12-1-15 | 装饰线条抹灰 复杂线条 | $m^2$ | 0.1600 | 0.1600 | 0.1600 | 0.1600 |

**工作内容**：砖墙砌筑、双面粉刷。

| 定额编号 | | | | A-4-1-13 | A-4-1-14 | A-4-1-15 | A-4-1-16 |
|---|---|---|---|---|---|---|---|
| 项目 | | | | 框架外墙 | | | |
| | | | | 多孔砖 | | 17 孔多孔砖 | |
| | | | | 1/2 砖 | 1 砖 | 1/2 砖 | 1 砖 |
| 名称 | | | 单位 | $m^2$ | $m^2$ | $m^2$ | $m^2$ |
| 人工 | 00030125 | 砌筑工 | 工日 | 0.1002 | 0.1996 | 0.0934 | 0.1884 |
| | 00030127 | 一般抹灰工 | 工日 | 0.4716 | 0.4716 | 0.4716 | 0.4716 |
| | 00030153 | 其他工 | 工日 | 0.0660 | 0.0791 | 0.0639 | 0.0751 |
| 材料 | 04131771 | 蒸压灰砂多孔砖 190×90×90 | 块 | | | 38.5064 | 77.8015 |
| | 04131772 | 蒸压灰砂多孔砖 240×115×90 | 块 | 30.7320 | 62.0955 | | |
| | 34110101 | 水 | $m^3$ | 0.0146 | 0.0244 | 0.0128 | 0.0207 |
| | 80060111 | 干混砌筑砂浆 DM M5.0 | $m^3$ | 0.0169 | 0.0417 | 0.0152 | 0.0385 |
| | 80060213 | 干混抹灰砂浆 DP M15.0 | $m^3$ | 0.0451 | 0.0451 | 0.0451 | 0.0451 |
| | 80060214 | 干混抹灰砂浆 DP M20.0 | $m^3$ | 0.0088 | 0.0088 | 0.0088 | 0.0088 |
| | | 其他材料费 | % | 0.4682 | 0.2836 | 0.5155 | 0.3192 |

工作内容：砌块墙砌筑、涂抹界面砂浆、双面粉刷。

| 定 额 编 号 | | | A-4-1-17 | A-4-1-18 |
|---|---|---|---|---|
| 项 目 | | | 框架外墙 | |
| | | | 混凝土空心小型砌块 | 加气混凝土砌块 |
| | | | 190 厚 | 200 厚 |
| | | | $m^2$ | $m^2$ |
| 预算定额编号 | 预算定额名称 | 预算定额单位 | 数 量 | |
| 01-4-2-6 系 | 加气混凝土砌块墙 200 厚 | $m^3$ | | 0.1552 |
| 01-4-2-8 系 | 混凝土小型空心砌块 190 厚 | $m^3$ | 0.1474 | |
| 01-12-1-1 | 一般抹灰 外墙 | $m^2$ | 1.2400 | 1.2400 |
| 01-12-1-2 | 一般抹灰 内墙 | $m^2$ | 0.9600 | 0.9600 |
| 01-12-1-12 | 墙柱面界面砂浆 混凝土面 | $m^2$ | 0.5280 | 0.5280 |
| 01-12-1-13 | 墙柱面界面砂浆 砌块面 | $m^2$ | 1.5520 | 1.5520 |
| 01-12-1-14 | 装饰线条抹灰 普通线条 | $m^2$ | 0.1600 | 0.1600 |
| 01-12-1-15 | 装饰线条抹灰 复杂线条 | $m^2$ | 0.1600 | 0.1600 |

工作内容：砌块墙砌筑、涂抹界面砂浆、双面粉刷。

| 定 额 编 号 | | | | A-4-1-17 | A-4-1-18 |
|---|---|---|---|---|---|
| 项 目 | | | | 框架外墙 | |
| | | | | 混凝土空心小型砌块 | 加气混凝土砌块 |
| | | | | 190 厚 | 200 厚 |
| 名 称 | | | 单位 | $m^2$ | $m^2$ |
| 人工 | 00030125 | 砌筑工 | 工日 | 0.1564 | 0.1696 |
| | 00030127 | 一般抹灰工 | 工日 | 0.5121 | 0.5121 |
| | 00030153 | 其他工 | 工日 | 0.0735 | 0.0690 |
| 材料 | 04131714 | 蒸压灰砂砖 240×115×53 | 块 | | 0.6873 |
| | 04150812 | 混凝土空心小型砌块 δ190 | $m^3$ | 0.1393 | |
| | 04151333 | 蒸压加气混凝土砌块 600×300×200 | $m^3$ | | 0.1472 |
| | 34110101 | 水 | $m^3$ | 0.0050 | 0.0202 |
| | 80060111 | 干混砌筑砂浆 DM M5.0 | $m^3$ | 0.0254 | 0.0154 |
| | 80060213 | 干混抹灰砂浆 DP M15.0 | $m^3$ | 0.0451 | 0.0451 |
| | 80060214 | 干混抹灰砂浆 DP M20.0 | $m^3$ | 0.0088 | 0.0088 |
| | 80090101 | 干混界面砂浆 | $m^3$ | 0.0008 | 0.0008 |
| | 80090201 | 砌块面界面砂浆 | $m^3$ | 0.0023 | 0.0023 |
| | | 其他材料费 | % | 0.4270 | 0.3414 |

**工作内容：** 1. 砖墙砌筑，模板安拆、钢筋绑扎安放、混凝土圈过梁浇捣养护及涂抹界面砂浆，加筋、双面粉刷。

2,3. 砖墙砌筑，模板安拆、钢筋绑扎安放、混凝土构造柱和圈过梁浇捣养护及涂抹界面砂浆，双面粉刷。

| 定额编号 | | | A-4-1-19 | A-4-1-20 | A-4-1-21 |
|---|---|---|---|---|---|
| 项目 | | | 内墙 | | |
| | | | 多孔砖 | | |
| | | | 1/2 砖 | 1 砖 | 1½砖 |
| | | | $m^2$ | $m^2$ | $m^2$ |
| 预算定额编号 | 预算定额名称 | 预算定额单位 | 数量 | | |
| 01-4-1-7 | 多孔砖墙 1/2 砖(115mm) | $m^3$ | 0.1030 | | |
| 01-4-1-8 | 多孔砖墙 1 砖(240mm) | $m^3$ | | 0.1847 | |
| 01-4-1-9 | 多孔砖墙 1½砖及以上(365mm 及以上) | $m^3$ | | | 0.2808 |
| 01-5-2-2 换 | 预拌混凝土(非泵送) 构造柱 | $m^3$ | | 0.0195 | 0.0297 |
| 01-5-3-4 换 | 预拌混凝土(非泵送) 圈梁 | $m^3$ | 0.0108 | 0.0333 | 0.0507 |
| 01-5-3-5 换 | 预拌混凝土(非泵送) 过梁 | $m^3$ | 0.0012 | 0.0025 | 0.0038 |
| 01-5-11-7 | 钢筋 矩形柱、构造柱 | t | | 0.0039 | 0.0060 |
| 01-5-11-13 | 钢筋 圈梁、过梁 | t | 0.0012 | 0.0035 | 0.0054 |
| 01-5-11-39 | 钢筋 砌体内加固 | t | 0.0012 | | |
| 01-12-1-2 | 一般抹灰 内墙 | $m^2$ | 2.0000 | 2.0000 | 2.0000 |
| 01-12-1-12 | 墙柱面界面砂浆 混凝土面 | $m^2$ | 0.1045 | 0.5033 | 0.6637 |
| 01-17-2-55 | 复合模板 构造柱 | $m^2$ | | 0.1953 | 0.1953 |
| 01-17-2-64 | 复合模板 圈梁 | $m^2$ | 0.0900 | 0.2778 | 0.4225 |
| 01-17-2-65 | 复合模板 过梁 | $m^2$ | 0.0145 | 0.0302 | 0.0459 |

**工作内容：** 1. 砖墙砌筑，模板安拆、钢筋绑扎安放、混凝土圈过梁浇捣养护及涂抹界面砂浆，加筋、双面粉刷。

2,3. 砖墙砌筑，模板安拆、钢筋绑扎安放、混凝土构造柱和圈过梁浇捣养护及涂抹界面砂浆，双面粉刷。

| 定　额　编　号 | | | | A-4-1-19 | A-4-1-20 | A-4-1-21 |
|---|---|---|---|---|---|---|
| 项　　目 | | | | 内墙 | | |
| | | | | 多孔砖 | | |
| | | | | 1/2 砖 | 1 砖 | 1½砖 |
| 名　　称 | | | 单位 | $m^2$ | $m^2$ | $m^2$ |
| 人工 | 00030117 | 模板工 | 工日 | 0.0213 | 0.1180 | 0.1500 |
| | 00030119 | 钢筋工 | 工日 | 0.0096 | 0.0470 | 0.0723 |
| | 00030121 | 混凝土工 | 工日 | 0.0096 | 0.0520 | 0.0792 |
| | 00030125 | 砌筑工 | 工日 | 0.1163 | 0.1668 | 0.2378 |
| | 00030127 | 一般抹灰工 | 工日 | 0.2205 | 0.2272 | 0.2299 |
| | 00030153 | 其他工 | 工日 | 0.0592 | 0.1057 | 0.1348 |
| 材料 | 01010120 | 成型钢筋 | t | 0.0024 | 0.0074 | 0.0116 |
| | 02090101 | 塑料薄膜 | $m^2$ | 0.0660 | 0.2043 | 0.3109 |
| | 03150101 | 圆钉 | kg | 0.0051 | 0.0231 | 0.0308 |
| | 03152501 | 镀锌铁丝 | kg | 0.0054 | 0.0340 | 0.0525 |
| | 04131772 | 蒸压灰砂多孔砖 240×115×90 | 块 | 36.7642 | 63.2949 | 95.1988 |
| | 05030107 | 中方材 55～100cm² | $m^3$ | 0.0021 | 0.0082 | 0.0114 |
| | 17252681 | 塑料套管 $\phi$18 | m | 0.0035 | 0.0074 | 0.0112 |
| | 34110101 | 水 | $m^3$ | 0.0172 | 0.0388 | 0.0568 |
| | 35010801 | 复合模板 | $m^2$ | 0.0315 | 0.1522 | 0.2009 |
| | 35020101 | 钢支撑 | kg | 0.0079 | 0.0165 | 0.0251 |
| | 35020721 | 模板钢连杆 | kg | 0.0011 | 0.1183 | 0.1194 |
| | 35020902 | 扣件 | 只 | 0.0143 | 0.1609 | 0.1764 |
| | 80060111 | 干混砌筑砂浆 DM M5.0 | $m^3$ | 0.0202 | 0.0425 | 0.0678 |
| | 80060213 | 干混抹灰砂浆 DP M15.0 | $m^3$ | 0.0410 | 0.0410 | 0.0410 |
| | 80090101 | 干混界面砂浆 | $m^3$ | 0.0002 | 0.0008 | 0.0010 |
| | 80210521 | 预拌混凝土(非泵送型)C30 粒径 5～40 | $m^3$ | 0.0121 | 0.0558 | 0.0850 |
| | | 其他材料费 | % | 0.0586 | 0.1295 | 0.1187 |
| 机械 | 99050920 | 混凝土振捣器 | 台班 | 0.0016 | 0.0069 | 0.0105 |
| | 99070530 | 载重汽车 5t | 台班 | 0.0005 | 0.0030 | 0.0036 |
| | 99090360 | 汽车式起重机 8t | 台班 | 0.0001 | 0.0012 | 0.0013 |
| | 99210010 | 木工圆锯机 $\phi$500 | 台班 | 0.0004 | 0.0021 | 0.0028 |

**工作内容：** 1. 砖墙砌筑，模板安拆、钢筋绑扎安放、混凝土圈过梁浇捣养护及涂抹界面砂浆，加筋、双面粉刷。

2,3. 砖墙砌筑，模板安拆、钢筋绑扎安放、混凝土构造柱和圈过梁浇捣养护及涂抹界面砂浆，双面粉刷。

| 定 额 编 号 | | | A-4-1-22 | A-4-1-23 | A-4-1-24 |
|---|---|---|---|---|---|
| 项 目 | | | 内墙 | | |
| | | | 17 孔多孔砖 | | |
| | | | 1/2 砖 | 1 砖 | 1½砖 |
| | | | $m^2$ | $m^2$ | $m^2$ |
| 预算定额编号 | 预算定额名称 | 预算定额单位 | 数 量 | | |
| 01-4-1-10 | 多孔砖墙 1/2 砖(90mm) | $m^3$ | 0.0806 | | |
| 01-4-1-11 | 多孔砖墙 1 砖(190mm) | $m^3$ | | 0.1461 | |
| 01-4-1-12 | 多孔砖墙 1½砖及以上(290mm 及以上) | $m^3$ | | | 0.2231 |
| 01-5-2-2 换 | 预拌混凝土(非泵送) 构造柱 | $m^3$ | | 0.0155 | 0.0236 |
| 01-5-3-4 换 | 预拌混凝土(非泵送) 圈梁 | $m^3$ | 0.0085 | 0.0264 | 0.0403 |
| 01-5-3-5 换 | 预拌混凝土(非泵送) 过梁 | $m^3$ | 0.0009 | 0.0020 | 0.0030 |
| 01-5-11-7 | 钢筋 矩形柱、构造柱 | t | | 0.0031 | 0.0048 |
| 01-5-11-13 | 钢筋 圈梁、过梁 | t | 0.0009 | 0.0028 | 0.0043 |
| 01-5-11-39 | 钢筋 砌体内加固 | t | 0.0012 | | |
| 01-12-1-2 | 一般抹灰 内墙 | $m^2$ | 2.0000 | 2.0000 | 2.0000 |
| 01-12-1-12 | 墙柱面界面砂浆 混凝土面 | $m^2$ | 0.0821 | 0.4391 | 0.5674 |
| 01-17-2-55 | 复合模板 构造柱 | $m^2$ | | 0.1953 | 0.1953 |
| 01-17-2-64 | 复合模板 圈梁 | $m^2$ | 0.0707 | 0.2199 | 0.3357 |
| 01-17-2-65 | 复合模板 过梁 | $m^2$ | 0.0114 | 0.0239 | 0.0364 |

**工作内容：** 1. 砖墙砌筑，模板安拆、钢筋绑扎安放、混凝土圈过梁浇捣养护及涂抹界面砂浆，加筋、双面粉刷。

2，3. 砖墙砌筑，模板安拆、钢筋绑扎安放、混凝土构造柱和圈过梁浇捣养护及涂抹界面砂浆，双面粉刷。

| 定额编号 | | | | A-4-1-22 | A-4-1-23 | A-4-1-24 |
|---|---|---|---|---|---|---|
| 项目 | | | | 内墙 | | |
| | | | | 17孔多孔砖 | | |
| | | | | 1/2砖 | 1砖 | 1½砖 |
| 名称 | | | 单位 | $m^2$ | $m^2$ | $m^2$ |
| 人工 | 00030117 | 模板工 | 工日 | 0.0167 | 0.1052 | 0.1307 |
| | 00030119 | 钢筋工 | 工日 | 0.0072 | 0.0374 | 0.0577 |
| | 00030121 | 混凝土工 | 工日 | 0.0075 | 0.0413 | 0.0629 |
| | 00030125 | 砌筑工 | 工日 | 0.1097 | 0.1572 | 0.2251 |
| | 00030127 | 一般抹灰工 | 工日 | 0.2202 | 0.2261 | 0.2283 |
| | 00030153 | 其他工 | 工日 | 0.0547 | 0.0951 | 0.1189 |
| 材料 | 01010120 | 成型钢筋 | t | 0.0021 | 0.0059 | 0.0091 |
| | 02090101 | 塑料薄膜 | $m^2$ | 0.0518 | 0.1620 | 0.2470 |
| | 03150101 | 圆钉 | kg | 0.0040 | 0.0199 | 0.0262 |
| | 03152501 | 镀锌铁丝 | kg | 0.0040 | 0.0272 | 0.0419 |
| | 04131771 | 蒸压灰砂多孔砖 190×90×90 | 块 | 46.1162 | 79.2111 | 118.8457 |
| | 05030107 | 中方材 55～100$cm^2$ | $m^3$ | 0.0017 | 0.0069 | 0.0095 |
| | 17252681 | 塑料套管 $\phi$18 | m | 0.0028 | 0.0058 | 0.0089 |
| | 34110101 | 水 | $m^3$ | 0.0146 | 0.0319 | 0.0462 |
| | 35010801 | 复合模板 | $m^2$ | 0.0247 | 0.1327 | 0.1716 |
| | 35020101 | 钢支撑 | kg | 0.0062 | 0.0131 | 0.0199 |
| | 35020721 | 模板钢连杆 | kg | 0.0009 | 0.1178 | 0.1187 |
| | 35020902 | 扣件 | 只 | 0.0112 | 0.1547 | 0.1670 |
| | 80060111 | 干混砌筑砂浆 DM M5.0 | $m^3$ | 0.0182 | 0.0392 | 0.0627 |
| | 80060213 | 干混抹灰砂浆 DP M15.0 | $m^3$ | 0.0410 | 0.0410 | 0.0410 |
| | 80090101 | 干混界面砂浆 | $m^3$ | 0.0001 | 0.0007 | 0.0009 |
| | 80210521 | 预拌混凝土(非泵送型) C30 粒径 5～40 | $m^3$ | 0.0095 | 0.0444 | 0.0675 |
| | | 其他材料费 | % | 0.0526 | 0.1323 | 0.1200 |
| 机械 | 99050920 | 混凝土振捣器 | 台班 | 0.0012 | 0.0055 | 0.0084 |
| | 99070530 | 载重汽车 5t | 台班 | 0.0003 | 0.0028 | 0.0033 |
| | 99090360 | 汽车式起重机 8t | 台班 | 0.0001 | 0.0011 | 0.0012 |
| | 99210010 | 木工圆锯机 $\phi$500 | 台班 | 0.0004 | 0.0018 | 0.0023 |

**工作内容：**砌块墙砌筑、涂抹界面砂浆。

| 定额编号 | | | A-4-1-25 | A-4-1-26 | A-4-1-27 | A-4-1-28 |
|---|---|---|---|---|---|---|
| 项目 | | | 内墙 | | | |
| | | | 砂加气混凝土砌块 | | | |
| | | | 100 厚 | 120 厚 | 150 厚 | 200 厚 |
| | | | $m^2$ | $m^2$ | $m^2$ | $m^2$ |
| 预算定额编号 | 预算定额名称 | 预算定额单位 | 数量 | | | |
| 01-4-2-1 | 砂加气混凝土砌块 100 厚 | $m^3$ | 0.1000 | | | |
| 01-4-2-2 | 砂加气混凝土砌块 120 厚 | $m^3$ | | 0.1200 | | |
| 01-4-2-3 | 砂加气混凝土砌块 150 厚 | $m^3$ | | | 0.1500 | |
| 01-4-2-4 | 砂加气混凝土砌块 200 厚 | $m^3$ | | | | 0.2000 |
| 01-12-1-13 | 墙柱面界面砂浆 砌块面 | $m^2$ | 2.0000 | 2.0000 | 2.0000 | 2.0000 |

**工作内容：**砌块墙砌筑、涂抹界面砂浆。

| 定额编号 | | | | A-4-1-25 | A-4-1-26 | A-4-1-27 | A-4-1-28 |
|---|---|---|---|---|---|---|---|
| 项目 | | | | 内墙 | | | |
| | | | | 砂加气混凝土砌块 | | | |
| | | | | 100 厚 | 120 厚 | 150 厚 | 200 厚 |
| 名称 | | | 单位 | $m^2$ | $m^2$ | $m^2$ | $m^2$ |
| 人工 | 00030125 | 砌筑工 | 工日 | 0.0981 | 0.1154 | 0.1415 | 0.1886 |
| | 00030127 | 一般抹灰工 | 工日 | 0.0408 | 0.0408 | 0.0408 | 0.0408 |
| | 00030153 | 其他工 | 工日 | 0.0106 | 0.0119 | 0.0138 | 0.0174 |
| 材料 | 03018172 | 膨胀螺栓(钢制) M8 | 套 | 1.5760 | 1.5760 | 1.5760 | 1.5760 |
| | 03150101 | 圆钉 | kg | 0.0037 | 0.0037 | 0.0037 | 0.0037 |
| | 04151411 | 蒸压砂加气混凝土砌块 600×250×100 | $m^3$ | 0.1023 | | | |
| | 04151412 | 蒸压砂加气混凝土砌块 600×250×120 | $m^3$ | | 0.1227 | | |
| | 04151413 | 蒸压砂加气混凝土砌块 600×250×150 | $m^3$ | | | 0.1534 | |
| | 04151414 | 蒸压砂加气混凝土砌块 600×250×200 | $m^3$ | | | | 0.2045 |
| | 33330711 | L 型铁件 L100×40×1.0 | 块 | 0.7803 | 0.7803 | | |
| | 33330712 | L 型铁件 L125×60×1.5 | 块 | | | 0.7803 | |
| | 33330713 | L 型铁件 L150×80×1.5 | 块 | | | | 0.7803 |
| | 80060113 | 干混砌筑砂浆 DM M10.0 | $m^3$ | 0.0010 | 0.0011 | 0.0014 | 0.0019 |
| | 80090201 | 砌块面界面砂浆 | $m^3$ | 0.0030 | 0.0030 | 0.0030 | 0.0030 |
| | 80090901 | 砂加气砌块粘结砂浆 | $m^3$ | 0.0017 | 0.0021 | 0.0026 | 0.0035 |

工作内容：1. 砌块墙砌筑，模板安拆、钢筋绑扎安放、混凝土圈过梁浇捣养护，涂抹界面砂浆，双面粉刷。
2. 砌块墙砌筑，模板安拆、钢筋绑扎安放、混凝土圈过梁浇捣养护，涂抹界面砂浆，加筋、双面粉刷。
3. 砌块墙砌筑，砌块插筋灌芯，模板安拆、钢筋绑扎安放、混凝土圈过梁浇捣养护，涂抹界面砂浆，双面粉刷。

| 定额编号 | | | A-4-1-29 | A-4-1-30 | A-4-1-31 |
|---|---|---|---|---|---|
| 项目 | | | 内墙 | | |
| | | | 加气混凝土砌块 | 混凝土空心小型砌块 | |
| | | | 200 厚 | 90 厚 | 190 厚 |
| | | | m² | m² | m² |
| 预算定额编号 | 预算定额名称 | 预算定额单位 | 数量 | | |
| 01-4-2-6 | 加气混凝土砌块墙 200 厚 | m³ | 0.1701 | | |
| 01-4-2-7 | 混凝土小型空心砌块 90 厚 | m³ | | 0.0806 | |
| 01-4-2-8 | 混凝土小型空心砌块 190 厚 | m³ | | | 0.1618 |
| 01-5-2-2 换 | 预拌混凝土(非泵送) 构造柱 | m³ | | | 0.0155 |
| 01-5-3-4 换 | 预拌混凝土(非泵送) 圈梁 | m³ | 0.0278 | 0.0085 | 0.0262 |
| 01-5-3-5 换 | 预拌混凝土(非泵送) 过梁 | m³ | 0.0021 | 0.0009 | 0.0020 |
| 01-5-11-7 | 钢筋 矩形柱、构造柱 | t | | | 0.0010 |
| 01-5-11-13 | 钢筋 圈梁、过梁 | t | 0.0029 | 0.0009 | 0.0028 |
| 01-5-11-39 | 钢筋 砌体内加固 | t | | 0.0012 | |
| 01-12-1-2 | 一般抹灰 内墙 | m² | 2.0000 | 2.0000 | 2.0000 |
| 01-12-1-12 | 墙柱面界面砂浆 混凝土面 | m² | 0.2566 | 0.0821 | 0.2465 |
| 01-12-1-13 | 墙柱面界面砂浆 砌块面 | m² | 1.7434 | 1.9179 | 1.7535 |
| 01-17-2-64 | 复合模板 圈梁 | m² | 0.2315 | 0.0707 | 0.2223 |
| 01-17-2-65 | 复合模板 过梁 | m² | 0.0251 | 0.0114 | 0.0242 |

工作内容：1. 砌块墙砌筑，模板安拆、钢筋绑扎安放、混凝土圈过梁浇捣养护，涂抹界面砂浆，双面粉刷。
2. 砌块墙砌筑，模板安拆、钢筋绑扎安放、混凝土圈过梁浇捣养护，涂抹界面砂浆，加筋、双面粉刷。
3. 砌块墙砌筑，砌块插筋灌芯，模板安拆、钢筋绑扎安放、混凝土圈过梁浇捣养护，涂抹界面砂浆，双面粉刷。

| 定额编号 | | | | A-4-1-29 | A-4-1-30 | A-4-1-31 |
|---|---|---|---|---|---|---|
| 项目 | | | | 内墙 | | |
| | | | | 加气混凝土砌块 | 混凝土空心小型砌块 | |
| | | | | 200厚 | 90厚 | 190厚 |
| 名称 | | | 单位 | m² | m² | m² |
| 人工 | 00030117 | 模板工 | 工日 | 0.0511 | 0.0167 | 0.0491 |
| | 00030119 | 钢筋工 | 工日 | 0.0232 | 0.0072 | 0.0272 |
| | 00030121 | 混凝土工 | 工日 | 0.0243 | 0.0075 | 0.0411 |
| | 00030125 | 砌筑工 | 工日 | 0.1523 | 0.0896 | 0.1407 |
| | 00030127 | 一般抹灰工 | 工日 | 0.2587 | 0.2593 | 0.2587 |
| | 00030153 | 其他工 | 工日 | 0.0719 | 0.0542 | 0.0796 |
| 材料 | 01010120 | 成型钢筋 | t | 0.0029 | 0.0021 | 0.0038 |
| | 02090101 | 塑料薄膜 | m² | 0.1645 | 0.0518 | 0.1609 |
| | 03150101 | 圆钉 | kg | 0.0124 | 0.0040 | 0.0119 |
| | 03152501 | 镀锌铁丝 | kg | 0.0130 | 0.0040 | 0.0173 |
| | 04131714 | 蒸压灰砂砖 240×115×53 | 块 | 0.7533 | | |
| | 04150811 | 混凝土空心小型砌块 δ90 | m³ | | 0.0763 | |
| | 04150812 | 混凝土空心小型砌块 δ190 | m³ | | | 0.1529 |
| | 04151333 | 蒸压加气混凝土砌块 600×300×200 | m³ | 0.1613 | | |
| | 05030107 | 中方材 55～100cm² | m³ | 0.0052 | 0.0017 | 0.0050 |
| | 17252681 | 塑料套管 ϕ18 | m | 0.0061 | 0.0028 | 0.0059 |
| | 34110101 | 水 | m³ | 0.0249 | 0.0053 | 0.0159 |
| | 35010801 | 复合模板 | m² | 0.0779 | 0.0247 | 0.0748 |
| | 35020101 | 钢支撑 | kg | 0.0137 | 0.0062 | 0.0132 |
| | 35020721 | 模板钢连杆 | kg | 0.0019 | 0.0009 | 0.0018 |
| | 35020902 | 扣件 | 只 | 0.0247 | 0.0112 | 0.0238 |
| | 80060111 | 干混砌筑砂浆 DM M5.0 | m³ | 0.0169 | 0.0069 | 0.0279 |
| | 80060213 | 干混抹灰砂浆 DP M15.0 | m³ | 0.0410 | 0.0410 | 0.0410 |
| | 80090101 | 干混界面砂浆 | m³ | 0.0004 | 0.0001 | 0.0004 |
| | 80090201 | 砌块面界面砂浆 | m³ | 0.0026 | 0.0029 | 0.0026 |
| | 80210521 | 预拌混凝土(非泵送型) C30 粒径 5～40 | m³ | 0.0302 | 0.0095 | 0.0442 |
| | | 其他材料费 | % | 0.0967 | 0.0694 | 0.0998 |
| 机械 | 99050920 | 混凝土振捣器 | 台班 | 0.0038 | 0.0012 | 0.0055 |
| | 99070530 | 载重汽车 5t | 台班 | 0.0010 | 0.0003 | 0.0009 |
| | 99090360 | 汽车式起重机 8t | 台班 | 0.0001 | 0.0001 | 0.0001 |
| | 99210010 | 木工圆锯机 ϕ500 | 台班 | 0.0010 | 0.0004 | 0.0009 |

**工作内容：** 1,3. 砖墙砌筑，模板安拆、钢筋绑扎安放、混凝土过梁浇捣养护及涂抹界面砂浆，加筋、双面粉刷。

2,4. 砖墙砌筑，模板安拆、钢筋绑扎安放、混凝土过梁浇捣养护及涂抹界面砂浆，双面粉刷。

| 定额编号 | | | A-4-1-32 | A-4-1-33 | A-4-1-34 | A-4-1-35 |
|---|---|---|---|---|---|---|
| 项目 | | | 框架内墙 | | | |
| | | | 多孔砖 | | 17孔多孔砖 | |
| | | | 1/2砖 | 1砖 | 1/2砖 | 1砖 |
| | | | $m^2$ | $m^2$ | $m^2$ | $m^2$ |
| 预算定额编号 | 预算定额名称 | 预算定额单位 | 数量 | | | |
| 01-4-1-7系 | 多孔砖墙 1/2砖(115mm) | $m^3$ | 0.0904 | | | |
| 01-4-1-8系 | 多孔砖墙 1砖(240mm) | $m^3$ | | 0.1968 | | |
| 01-4-1-10系 | 多孔砖墙 1/2砖(90mm) | $m^3$ | | | 0.0707 | |
| 01-4-1-11系 | 多孔砖墙 1砖(190mm) | $m^3$ | | | | 0.1558 |
| 01-5-3-5换 | 预拌混凝土(非泵送) 过梁 | $m^3$ | 0.0023 | 0.0048 | 0.0018 | 0.0038 |
| 01-5-11-13 | 钢筋 圈梁、过梁 | t | 0.0002 | 0.0005 | 0.0002 | 0.0004 |
| 01-5-11-39 | 钢筋 砌体内加固 | t | 0.0011 | | 0.0011 | |
| 01-12-1-2 | 一般抹灰 内墙 | $m^2$ | 2.0200 | 2.0200 | 2.0200 | 2.0200 |
| 01-12-1-12 | 墙柱面界面砂浆 混凝土面 | $m^2$ | 0.0278 | 0.0580 | 0.0218 | 0.0459 |
| 01-17-2-65 | 复合模板 过梁 | $m^2$ | 0.0278 | 0.0580 | 0.0218 | 0.0459 |

**工作内容：** 1,3. 砖墙砌筑，模板安拆、钢筋绑扎安放、混凝土过梁浇捣养护及涂抹界面砂浆，加筋、双面粉刷。

2,4. 砖墙砌筑，模板安拆、钢筋绑扎安放、混凝土过梁浇捣养护及涂抹界面砂浆，双面粉刷。

| 定额编号 | | | | A-4-1-32 | A-4-1-33 | A-4-1-34 | A-4-1-35 |
|---|---|---|---|---|---|---|---|
| 项目 | | | | 框架内墙 | | | |
| | | | | 多孔砖 | | 17 孔多孔砖 | |
| | | | | 1/2 砖 | 1 砖 | 1/2 砖 | 1 砖 |
| 名称 | | | 单位 | m² | m² | m² | m² |
| 人工 | 00030117 | 模板工 | 工日 | 0.0084 | 0.0176 | 0.0066 | 0.0139 |
| | 00030119 | 钢筋工 | 工日 | 0.0016 | 0.0040 | 0.0016 | 0.0032 |
| | 00030121 | 混凝土工 | 工日 | 0.0010 | 0.0021 | 0.0008 | 0.0017 |
| | 00030125 | 砌筑工 | 工日 | 0.1217 | 0.2168 | 0.1146 | 0.2045 |
| | 00030127 | 一般抹灰工 | 工日 | 0.2215 | 0.2220 | 0.2214 | 0.2218 |
| | 00030153 | 其他工 | 工日 | 0.0516 | 0.0688 | 0.0489 | 0.0632 |
| 材料 | 01010120 | 成型钢筋 | t | 0.0013 | 0.0005 | 0.0013 | 0.0004 |
| | 02090101 | 塑料薄膜 | m² | 0.0127 | 0.0264 | 0.0099 | 0.0209 |
| | 03150101 | 圆钉 | kg | 0.0014 | 0.0030 | 0.0011 | 0.0024 |
| | 03152501 | 镀锌铁丝 | kg | 0.0009 | 0.0022 | 0.0009 | 0.0018 |
| | 04131771 | 蒸压灰砂多孔砖 190×90×90 | 块 | | | 40.4518 | 84.4702 |
| | 04131772 | 蒸压灰砂多孔砖 240×115×90 | 块 | 32.2668 | 67.4415 | | |
| | 05030107 | 中方材 55～100cm² | m³ | 0.0004 | 0.0009 | 0.0003 | 0.0007 |
| | 17252681 | 塑料套管 $\phi$18 | m | 0.0068 | 0.0142 | 0.0053 | 0.0112 |
| | 34110101 | 水 | m³ | 0.0145 | 0.0259 | 0.0125 | 0.0217 |
| | 35010801 | 复合模板 | m² | 0.0072 | 0.0150 | 0.0056 | 0.0119 |
| | 35020101 | 钢支撑 | kg | 0.0152 | 0.0318 | 0.0119 | 0.0251 |
| | 35020721 | 模板钢连杆 | kg | 0.0021 | 0.0043 | 0.0016 | 0.0034 |
| | 35020902 | 扣件 | 只 | 0.0274 | 0.0571 | 0.0215 | 0.0452 |
| | 80060111 | 干混砌筑砂浆 DM M5.0 | m³ | 0.0177 | 0.0452 | 0.0160 | 0.0418 |
| | 80060213 | 干混抹灰砂浆 DP M15.0 | m³ | 0.0414 | 0.0414 | 0.0414 | 0.0414 |
| | 80090101 | 干混界面砂浆 | m³ | | 0.0001 | | 0.0001 |
| | 80210521 | 预拌混凝土(非泵送型) C30 粒径 5～40 | m³ | 0.0023 | 0.0048 | 0.0018 | 0.0038 |
| | | 其他材料费 | % | 0.0232 | 0.0287 | 0.0202 | 0.0260 |
| 机械 | 99050920 | 混凝土振捣器 | 台班 | 0.0003 | 0.0006 | 0.0002 | 0.0005 |
| | 99070530 | 载重汽车 5t | 台班 | 0.0003 | 0.0006 | 0.0002 | 0.0005 |
| | 99090360 | 汽车式起重机 8t | 台班 | 0.0002 | 0.0003 | 0.0001 | 0.0003 |
| | 99210010 | 木工圆锯机 $\phi$500 | 台班 | 0.0002 | 0.0003 | 0.0001 | 0.0003 |

**工作内容：** 1. 砌块墙砌筑，模板安拆、钢筋绑扎安放、混凝土过梁浇捣养护，涂抹界面砂浆，加筋、双面粉刷。

2,3. 砌块墙砌筑，模板安拆、钢筋绑扎安放、混凝土过梁浇捣养护，涂抹界面砂浆，双面粉刷。

| 定　额　编　号 | | | A-4-1-36 | A-4-1-37 | A-4-1-38 |
|---|---|---|---|---|---|
| 项　　目 | | | 框架内墙 | | |
| | | | 混凝土空心小型砌块 | | 加气混凝土砌块 |
| | | | 90 厚 | 190 厚 | 200 厚 |
| | | | $m^2$ | $m^2$ | $m^2$ |
| 预算定额编号 | 预算定额名称 | 预算定额单位 | 数　量 | | |
| 01-4-2-6 系 | 加气混凝土砌块墙 200 厚 | $m^3$ | | | 0.1640 |
| 01-4-2-7 系 | 混凝土小型空心砌块 90 厚 | $m^3$ | 0.0707 | | |
| 01-4-2-8 系 | 混凝土小型空心砌块 190 厚 | $m^3$ | | 0.1558 | |
| 01-5-3-5 换 | 预拌混凝土(非泵送) 过梁 | $m^3$ | 0.0018 | 0.0038 | 0.0040 |
| 01-5-11-13 | 钢筋 圈梁、过梁 | t | 0.0002 | 0.0004 | 0.0005 |
| 01-5-11-39 | 钢筋 砌体内加固 | t | 0.0011 | | |
| 01-12-1-2 | 一般抹灰 内墙 | $m^2$ | 2.0200 | 2.0200 | 2.0200 |
| 01-12-1-12 | 墙柱面界面砂浆 混凝土面 | $m^2$ | 0.4084 | 0.3400 | 0.3800 |
| 01-12-1-13 | 墙柱面界面砂浆 砌块面 | $m^2$ | 1.6116 | 1.6800 | 1.6400 |
| 01-17-2-65 | 复合模板 过梁 | $m^2$ | 0.0218 | 0.0459 | 0.0483 |

工作内容：1. 砌块墙砌筑，模板安拆、钢筋绑扎安放、混凝土过梁浇捣养护，涂抹界面砂浆，加筋、双面粉刷。

2,3. 砌块墙砌筑，模板安拆、钢筋绑扎安放、混凝土过梁浇捣养护，涂抹界面砂浆，双面粉刷。

| 定额编号 | | | | A-4-1-36 | A-4-1-37 | A-4-1-38 |
|---|---|---|---|---|---|---|
| 项目 | | | | 框架内墙 | | |
| | | | | 混凝土空心小型砌块 | | 加气混凝土砌块 |
| | | | | 90 厚 | 190 厚 | 200 厚 |
| 名称 | | | 单位 | $m^2$ | $m^2$ | $m^2$ |
| 人工 | 00030117 | 模板工 | 工日 | 0.0066 | 0.0139 | 0.0146 |
| | 00030119 | 钢筋工 | 工日 | 0.0016 | 0.0032 | 0.0040 |
| | 00030121 | 混凝土工 | 工日 | 0.0008 | 0.0017 | 0.0018 |
| | 00030125 | 砌筑工 | 工日 | 0.0932 | 0.1653 | 0.1792 |
| | 00030127 | 一般抹灰工 | 工日 | 0.2607 | 0.2610 | 0.2608 |
| | 00030153 | 其他工 | 工日 | 0.0490 | 0.0606 | 0.0559 |
| 材料 | 01010120 | 成型钢筋 | t | 0.0013 | 0.0004 | 0.0005 |
| | 02090101 | 塑料薄膜 | $m^2$ | 0.0099 | 0.0209 | 0.0220 |
| | 03150101 | 圆钉 | kg | 0.0011 | 0.0024 | 0.0025 |
| | 03152501 | 镀锌铁丝 | kg | 0.0009 | 0.0018 | 0.0022 |
| | 04131714 | 蒸压灰砂砖 240×115×53 | 块 | | | 0.7262 |
| | 04150811 | 混凝土空心小型砌块 $\delta$90 | $m^3$ | 0.0669 | | |
| | 04150812 | 混凝土空心小型砌块 $\delta$190 | $m^3$ | | 0.1472 | |
| | 04151333 | 蒸压加气混凝土砌块 600×300×200 | $m^3$ | | | 0.1555 |
| | 05030107 | 中方材 55～100$cm^2$ | $m^3$ | 0.0003 | 0.0007 | 0.0008 |
| | 17252681 | 塑料套管 $\phi$18 | m | 0.0053 | 0.0112 | 0.0118 |
| | 34110101 | 水 | $m^3$ | 0.0043 | 0.0046 | 0.0207 |
| | 35010801 | 复合模板 | $m^2$ | 0.0056 | 0.0119 | 0.0125 |
| | 35020101 | 钢支撑 | kg | 0.0119 | 0.0251 | 0.0264 |
| | 35020721 | 模板钢连杆 | kg | 0.0016 | 0.0034 | 0.0036 |
| | 35020902 | 扣件 | 只 | 0.0215 | 0.0452 | 0.0476 |
| | 80060111 | 干混砌筑砂浆 DM M5.0 | $m^3$ | 0.0060 | 0.0268 | 0.0163 |
| | 80060213 | 干混抹灰砂浆 DP M15.0 | $m^3$ | 0.0414 | 0.0414 | 0.0414 |
| | 80090101 | 干混界面砂浆 | $m^3$ | 0.0006 | 0.0005 | 0.0006 |
| | 80090201 | 砌块面界面砂浆 | $m^3$ | 0.0024 | 0.0025 | 0.0025 |
| | 80210521 | 预拌混凝土(非泵送型) C30 粒径 5～40 | $m^3$ | 0.0018 | 0.0038 | 0.0040 |
| | | 其他材料费 | % | 0.0274 | 0.0358 | 0.0298 |
| 机械 | 99050920 | 混凝土振捣器 | 台班 | 0.0002 | 0.0005 | 0.0005 |
| | 99070530 | 载重汽车 5t | 台班 | 0.0002 | 0.0005 | 0.0005 |
| | 99090360 | 汽车式起重机 8t | 台班 | 0.0001 | 0.0003 | 0.0003 |
| | 99210010 | 木工圆锯机 $\phi$500 | 台班 | 0.0001 | 0.0003 | 0.0003 |

**工作内容：** 1. 砖墙砌筑，模板安拆、钢筋绑扎安放、混凝土圈过梁浇捣养护及涂抹界面砂浆，双面粉刷及勾缝。

2. 砌块墙砌筑，模板安拆、钢筋绑扎安放、混凝土圈过梁浇捣养护，涂抹界面砂浆，双面粉刷。

| 定额编号 | | | A-4-1-39 | A-4-1-40 |
|---|---|---|---|---|
| 项目 | | | 空花砖墙 | 承重外墙 |
| | | | 蒸压灰砂砖 | 混凝土模卡砌块 |
| | | | 1/2 砖 | 200 厚 |
| | | | $m^2$ | $m^2$ |
| 预算定额编号 | 预算定额名称 | 预算定额单位 | 数量 | |
| 01-4-1-13 | 空花墙 蒸压灰砂砖 | $m^3$ | 0.1024 | |
| 01-4-2-10 | 混凝土模卡砌块 200 厚 | $m^3$ | | 0.1640 |
| 01-5-3-4 换 | 预拌混凝土(非泵送) 圈梁 | $m^3$ | 0.0101 | 0.0290 |
| 01-5-3-5 换 | 预拌混凝土(非泵送) 过梁 | $m^3$ | 0.0025 | 0.0070 |
| 01-5-11-13 | 钢筋 圈梁、过梁 | t | 0.0012 | 0.0040 |
| 01-12-1-1 | 一般抹灰 外墙 | $m^2$ | | 1.2700 |
| 01-12-1-2 | 一般抹灰 内墙 | $m^2$ | | 1.0500 |
| 01-12-1-12 | 墙柱面界面砂浆 混凝土面 | $m^2$ | 0.1144 | 2.3200 |
| 01-12-1-14 | 装饰线条抹灰 普通线条 | $m^2$ | 0.0850 | 0.0850 |
| 01-12-1-15 | 装饰线条抹灰 复杂线条 | $m^2$ | 0.0850 | 0.0850 |
| 01-12-1-24 | 干混砂浆勾缝 毛石挡土墙 | $m^2$ | 2.0000 | |
| 01-17-2-64 | 复合模板 圈梁 | $m^2$ | 0.0839 | 0.2300 |
| 01-17-2-65 | 复合模板 过梁 | $m^2$ | 0.0305 | 0.0980 |

**工作内容：** 1. 砖墙砌筑，模板安拆、钢筋绑扎安放、混凝土圈过梁浇捣养护及涂抹界面砂浆，双面粉刷及勾缝。
2. 砌块墙砌筑，模板安拆、钢筋绑扎安放、混凝土圈过梁浇捣养护，涂抹界面砂浆，双面粉刷。

| 定额编号 | | | | A-4-1-39 | A-4-1-40 |
|---|---|---|---|---|---|
| 项目 | | | | 空花砖墙 | 承重外墙 |
| | | | | 蒸压灰砂砖 | 混凝土模卡砌块 |
| | | | | 1/2 砖 | 200 厚 |
| 名称 | | | 单位 | $m^2$ | $m^2$ |
| 人工 | 00030117 | 模板工 | 工日 | 0.0250 | 0.0730 |
| | 00030119 | 钢筋工 | 工日 | 0.0096 | 0.0321 |
| | 00030121 | 混凝土工 | 工日 | 0.0096 | 0.0275 |
| | 00030125 | 砌筑工 | 工日 | 0.1443 | 0.1658 |
| | 00030127 | 一般抹灰工 | 工日 | 0.2368 | 0.4360 |
| | 00030153 | 其他工 | 工日 | 0.0611 | 0.1120 |
| 材料 | 01010120 | 成型钢筋 | t | 0.0012 | 0.0040 |
| | 02090101 | 塑料薄膜 | $m^2$ | 0.0694 | 0.1980 |
| | 03150101 | 圆钉 | kg | 0.0056 | 0.0161 |
| | 03152501 | 镀锌铁丝 | kg | 0.0054 | 0.0180 |
| | 04131714 | 蒸压灰砂砖 240×115×53 | 块 | 41.5930 | |
| | 04150710 | 混凝土模卡砌块 | $m^3$ | | 0.1645 |
| | 05030107 | 中方材 55～100cm$^2$ | $m^3$ | 0.0022 | 0.0063 |
| | 17252681 | 塑料套管 $\phi$18 | m | 0.0074 | 0.0239 |
| | 34110101 | 水 | $m^3$ | 0.0146 | 0.0102 |
| | 35010801 | 复合模板 | $m^2$ | 0.0338 | 0.0962 |
| | 35020101 | 钢支撑 | kg | 0.0167 | 0.0537 |
| | 35020721 | 模板钢连杆 | kg | 0.0023 | 0.0073 |
| | 35020902 | 扣件 | 只 | 0.0300 | 0.0965 |
| | 80060111 | 干混砌筑砂浆 DM M5.0 | $m^3$ | 0.0114 | 0.0020 |
| | 80060213 | 干混抹灰砂浆 DP M15.0 | $m^3$ | | 0.0475 |
| | 80060214 | 干混抹灰砂浆 DP M20.0 | $m^3$ | 0.0119 | 0.0047 |
| | 80075141 | 灌孔浆料 Mb5.0 | $m^3$ | | 0.0324 |
| | 80075151 | 灌孔浆料 Mb7.5 | $m^3$ | | 0.0336 |
| | 80090101 | 干混界面砂浆 | $m^3$ | 0.0002 | 0.0035 |
| | 80210521 | 预拌混凝土(非泵送型) C30 粒径 5～40 | $m^3$ | 0.0127 | 0.0364 |
| | | 其他材料费 | % | 0.1180 | 0.3324 |
| 机械 | 99050920 | 混凝土振捣器 | 台班 | 0.0016 | 0.0045 |
| | 99070530 | 载重汽车 5t | 台班 | 0.0005 | 0.0017 |
| | 99090360 | 汽车式起重机 8t | 台班 | 0.0002 | 0.0005 |
| | 99210010 | 木工圆锯机 $\phi$500 | 台班 | 0.0005 | 0.0015 |

工作内容：1. 砌块墙砌筑，模板安拆、钢筋绑扎安放、混凝土圈过梁浇捣养护，涂抹界面砂浆，加筋、双面粉刷。
2. 砌块墙砌筑，模板安拆、钢筋绑扎安放、混凝土圈过梁浇捣养护，涂抹界面砂浆，双面粉刷。
3,4. 砌块墙砌筑、涂抹界面砂浆、双面粉刷。

| 定额编号 | | | A-4-1-41 | A-4-1-42 | A-4-1-43 | A-4-1-44 |
|---|---|---|---|---|---|---|
| 项目 | | | 承重内墙 | | 填充内墙 | |
| | | | 混凝土模卡砌块 | | | |
| | | | 120厚 | 200厚 | 120厚 | 200厚 |
| | | | $m^2$ | $m^2$ | $m^2$ | $m^2$ |
| 预算定额编号 | 预算定额名称 | 预算定额单位 | 数量 | | | |
| 01-4-2-9 | 混凝土模卡砌块 120厚 | $m^3$ | 0.1020 | | | |
| 01-4-2-9系 | 混凝土模卡砌块 120厚 | $m^3$ | | | 0.1200 | |
| 01-4-2-10 | 混凝土模卡砌块 200厚 | $m^3$ | | 0.1700 | | |
| 01-4-2-10系 | 混凝土模卡砌块 200厚 | $m^3$ | | | | 0.2000 |
| 01-5-3-4换 | 预拌混凝土(非泵送) 圈梁 | $m^3$ | 0.0168 | 0.0279 | | |
| 01-5-3-5换 | 预拌混凝土(非泵送) 过梁 | $m^3$ | 0.0012 | 0.0021 | | |
| 01-5-11-13 | 钢筋 圈梁、过梁 | t | 0.0018 | 0.0030 | | |
| 01-5-11-39 | 钢筋 砌体内加固 | t | 0.0012 | | | |
| 01-12-1-2 | 一般抹灰 内墙 | $m^2$ | 2.0000 | 2.0000 | 2.0000 | 2.0000 |
| 01-12-1-12 | 墙柱面界面砂浆 混凝土面 | $m^2$ | 2.0000 | 2.0000 | 2.0000 | 2.0000 |
| 01-17-2-64 | 复合模板 圈梁 | $m^2$ | 0.1392 | 0.2320 | | |
| 01-17-2-65 | 复合模板 过梁 | $m^2$ | 0.0150 | 0.0250 | | |

工作内容：1. 砌块墙砌筑，模板安拆、钢筋绑扎安放、混凝土圈过梁浇捣养护，涂抹界面砂浆，加筋、双面粉刷。
2. 砌块墙砌筑，模板安拆、钢筋绑扎安放、混凝土圈过梁浇捣养护，涂抹界面砂浆，双面粉刷。
3，4. 砌块墙砌筑、涂抹界面砂浆、双面粉刷。

| 定额编号 | | | | A-4-1-41 | A-4-1-42 | A-4-1-43 | A-4-1-44 |
|---|---|---|---|---|---|---|---|
| 项目 | | | | 承重内墙 | | 填充内墙 | |
| | | | | 混凝土模卡砌块 | | | |
| | | | | 120 厚 | 200 厚 | 120 厚 | 200 厚 |
| 名称 | | | 单位 | $m^2$ | $m^2$ | $m^2$ | $m^2$ |
| 人工 | 00030117 | 模板工 | 工日 | 0.0307 | 0.0512 | | |
| | 00030119 | 钢筋工 | 工日 | 0.0144 | 0.0240 | | |
| | 00030121 | 混凝土工 | 工日 | 0.0146 | 0.0243 | | |
| | 00030125 | 砌筑工 | 工日 | 0.1152 | 0.1719 | 0.1396 | 0.2467 |
| | 00030127 | 一般抹灰工 | 工日 | 0.2522 | 0.2522 | 0.2522 | 0.2522 |
| | 00030153 | 其他工 | 工日 | 0.0699 | 0.0902 | 0.0597 | 0.0747 |
| 材料 | 01010120 | 成型钢筋 | t | 0.0030 | 0.0030 | | |
| | 02090101 | 塑料薄膜 | $m^2$ | 0.0990 | 0.1651 | | |
| | 03150101 | 圆钉 | kg | 0.0075 | 0.0124 | | |
| | 03152501 | 镀锌铁丝 | kg | 0.0081 | 0.0135 | | |
| | 04150710 | 混凝土模卡砌块 | $m^3$ | 0.1009 | 0.1705 | 0.1187 | 0.2006 |
| | 05030107 | 中方材 55～100cm$^2$ | $m^3$ | 0.0031 | 0.0052 | | |
| | 17252681 | 塑料套管 $\phi$18 | m | 0.0037 | 0.0061 | | |
| | 34110101 | 水 | $m^3$ | 0.0066 | 0.0083 | 0.0040 | 0.0040 |
| | 35010801 | 复合模板 | $m^2$ | 0.0468 | 0.0780 | | |
| | 35020101 | 钢支撑 | kg | 0.0082 | 0.0137 | | |
| | 35020721 | 模板钢连杆 | kg | 0.0011 | 0.0019 | | |
| | 35020902 | 扣件 | 只 | 0.0148 | 0.0246 | | |
| | 80060111 | 干混砌筑砂浆 DM M5.0 | $m^3$ | 0.0015 | 0.0021 | 0.0018 | 0.0025 |
| | 80060213 | 干混抹灰砂浆 DP M15.0 | $m^3$ | 0.0410 | 0.0410 | 0.0410 | 0.0410 |
| | 80075141 | 灌孔浆料 Mb5.0 | $m^3$ | 0.0223 | 0.0335 | 0.0263 | 0.0395 |
| | 80075151 | 灌孔浆料 Mb7.5 | $m^3$ | | 0.0348 | | 0.0409 |
| | 80090101 | 干混界面砂浆 | $m^3$ | 0.0030 | 0.0030 | 0.0030 | 0.0030 |
| | 80210521 | 预拌混凝土(非泵送型) C30 粒径 5～40 | $m^3$ | 0.0182 | 0.0303 | | |
| | | 其他材料费 | % | 0.0860 | 0.0962 | | |
| 机械 | 99050920 | 混凝土振捣器 | 台班 | 0.0023 | 0.0038 | | |
| | 99070530 | 载重汽车 5t | 台班 | 0.0006 | 0.0010 | | |
| | 99090360 | 汽车式起重机 8t | 台班 | 0.0001 | 0.0001 | | |
| | 99210010 | 木工圆锯机 $\phi$500 | 台班 | 0.0006 | 0.0010 | | |

# 第二节 钢筋混凝土墙

**工作内容：** 1,2. 模板安拆、钢筋绑扎安放、混凝土墙浇捣养护，涂抹界面砂浆，双面粉刷。
3. 钢筋混凝土直墙厚度增减。

| 定额编号 | | | A-4-2-1 | A-4-2-2 | A-4-2-3 |
|---|---|---|---|---|---|
| 项目 | | | 钢筋混凝土直墙 | | |
| | | | 200mm | | |
| | | | 外墙 | 内墙 | 每增减 10mm |
| | | | $m^2$ | $m^2$ | $m^2$ |
| 预算定额编号 | 预算定额名称 | 预算定额单位 | 数量 | | |
| 01-5-4-1 | 预拌混凝土(泵送) 直形墙、电梯井壁 | $m^3$ | 0.2000 | 0.2000 | 0.0100 |
| 01-5-11-15 | 钢筋 直形墙、电梯井壁 | t | 0.0211 | 0.0211 | |
| 01-12-1-1 | 一般抹灰 外墙 | $m^2$ | 1.2700 | | |
| 01-12-1-2 | 一般抹灰 内墙 | $m^2$ | 1.0500 | 2.0000 | |
| 01-12-1-12 | 墙柱面界面砂浆 混凝土面 | $m^2$ | 2.3200 | 2.0000 | |
| 01-17-2-69 | 复合模板 直形墙、电梯井壁 | $m^2$ | 2.2557 | 2.0642 | |
| 01-17-3-37 | 输送泵车 | $m^3$ | 0.2000 | 0.2000 | 0.0100 |

**工作内容：** 1,2. 模板安拆、钢筋绑扎安放、混凝土墙浇捣养护，涂抹界面砂浆，双面粉刷。
3. 钢筋混凝土直墙厚度增减。

| 定额编号 | | | | A-4-2-1 | A-4-2-2 | A-4-2-3 |
|---|---|---|---|---|---|---|
| 项目 | | | | 钢筋混凝土直墙 | | |
| | | | | 200mm | | |
| | | | | 外墙 | 内墙 | 每增减 10mm |
| 名称 | | | 单位 | $m^2$ | $m^2$ | $m^2$ |
| 人工 | 00030117 | 模板工 | 工日 | 0.3140 | 0.2873 | |
| | 00030119 | 钢筋工 | 工日 | 0.1052 | 0.1052 | |
| | 00030121 | 混凝土工 | 工日 | 0.0895 | 0.0895 | 0.0045 |
| | 00030127 | 一般抹灰工 | 工日 | 0.3357 | 0.2522 | |
| | 00030153 | 其他工 | 工日 | 0.1624 | 0.1475 | 0.0013 |
| 材料 | 01010120 | 成型钢筋 | t | 0.0213 | 0.0213 | |
| | 02090101 | 塑料薄膜 | $m^2$ | 0.1208 | 0.1208 | 0.0060 |
| | 03019315 | 镀锌六角螺母 M14 | 个 | 6.3148 | 5.7787 | |
| | 03150101 | 圆钉 | kg | 0.0740 | 0.0677 | |
| | 03152501 | 镀锌铁丝 | kg | 0.0949 | 0.0949 | |
| | 05030107 | 中方材 55～100cm² | $m^3$ | 0.0124 | 0.0114 | |
| | 17252681 | 塑料套管 φ18 | m | 0.9472 | 0.8668 | |
| | 34110101 | 水 | $m^3$ | 0.1659 | 0.1653 | 0.0081 |
| | 35010801 | 复合模板 | $m^2$ | 0.5565 | 0.5092 | |
| | 35020101 | 钢支撑 | kg | 0.0729 | 0.0667 | |
| | 35020531 | 铁板卡 | kg | 1.4247 | 1.3037 | |
| | 35020601 | 模板对拉螺栓 | kg | 0.8044 | 0.7361 | |
| | 35020721 | 模板钢连杆 | kg | 0.3192 | 0.2921 | |
| | 35020902 | 扣件 | 只 | 0.0295 | 0.0270 | |
| | 80060213 | 干混抹灰砂浆 DP M15.0 | $m^3$ | 0.0475 | 0.0410 | |
| | 80090101 | 干混界面砂浆 | $m^3$ | 0.0035 | 0.0030 | |
| | 80210424 | 预拌混凝土(泵送型)C30 粒径 5～40 | $m^3$ | 0.2020 | 0.2020 | 0.0101 |
| | | 其他材料费 | % | 0.7282 | 0.5818 | |
| 机械 | 99050540 | 混凝土输送泵车 75m³/h | 台班 | 0.0022 | 0.0022 | 0.0001 |
| | 99050920 | 混凝土振捣器 | 台班 | 0.0200 | 0.0200 | 0.0010 |
| | 99070530 | 载重汽车 5t | 台班 | 0.0077 | 0.0070 | |
| | 99090360 | 汽车式起重机 8t | 台班 | 0.0034 | 0.0031 | |
| | 99210010 | 木工圆锯机 φ500 | 台班 | 0.0054 | 0.0050 | |

**工作内容**：1,2. 模板安拆、钢筋绑扎安放、混凝土墙浇捣养护，涂抹界面砂浆，双面粉刷。
3. 钢筋混凝土圆弧墙厚度增减。

| 定额编号 | | | A-4-2-4 | A-4-2-5 | A-4-2-6 |
|---|---|---|---|---|---|
| 项目 | | | 钢筋混凝土圆弧墙 | | |
| | | | 200mm | | |
| | | | 外墙 | 内墙 | 每增减 10mm |
| | | | $m^2$ | $m^2$ | $m^2$ |
| 预算定额编号 | 预算定额名称 | 预算定额单位 | 数量 | | |
| 01-5-4-2 | 预拌混凝土(泵送) 弧形墙 | $m^3$ | 0.2000 | 0.2000 | 0.0100 |
| 01-5-11-16 | 钢筋 弧形墙 | t | 0.0211 | 0.0211 | |
| 01-12-1-1 | 一般抹灰 外墙 | $m^2$ | 1.2700 | | |
| 01-12-1-2 | 一般抹灰 内墙 | $m^2$ | 1.0500 | 2.0000 | |
| 01-12-1-12 | 墙柱面界面砂浆 混凝土面 | $m^2$ | 2.3200 | 2.0000 | |
| 01-17-2-71 | 复合模板 弧形墙 | $m^2$ | 2.2557 | 2.0642 | |
| 01-17-3-37 | 输送泵车 | $m^3$ | 0.2000 | 0.2000 | 0.0100 |

**工作内容**：1,2. 模板安拆、钢筋绑扎安放、混凝土墙浇捣养护，涂抹界面砂浆，双面粉刷。
3. 钢筋混凝土圆弧墙厚度增减。

| 定额编号 | | | | A-4-2-4 | A-4-2-5 | A-4-2-6 |
|---|---|---|---|---|---|---|
| 项目 | | | | 钢筋混凝土圆弧墙 | | |
| | | | | 200mm | | |
| | | | | 外墙 | 内墙 | 每增减 10mm |
| | 名称 | | 单位 | $m^2$ | $m^2$ | $m^2$ |
| 人工 | 00030117 | 模板工 | 工日 | 0.5648 | 0.5169 | |
| | 00030119 | 钢筋工 | 工日 | 0.1235 | 0.1235 | |
| | 00030121 | 混凝土工 | 工日 | 0.0895 | 0.0895 | 0.0045 |
| | 00030127 | 一般抹灰工 | 工日 | 0.3357 | 0.2522 | |
| | 00030153 | 其他工 | 工日 | 0.1762 | 0.1602 | 0.0013 |
| 材料 | 01010120 | 成型钢筋 | t | 0.0213 | 0.0213 | |
| | 02090101 | 塑料薄膜 | $m^2$ | 0.1208 | 0.1208 | 0.0060 |
| | 03019315 | 镀锌六角螺母 M14 | 个 | 8.4018 | 7.6885 | |
| | 03150101 | 圆钉 | kg | 0.0738 | 0.0675 | |
| | 03152501 | 镀锌铁丝 | kg | 0.0949 | 0.0949 | |
| | 05030107 | 中方材 55～100cm² | $m^3$ | 0.0117 | 0.0107 | |
| | 17252681 | 塑料套管 ϕ18 | m | 2.4443 | 2.2368 | |
| | 34110101 | 水 | $m^3$ | 0.1659 | 0.1653 | 0.0081 |
| | 35010801 | 复合模板 | $m^2$ | 0.6909 | 0.6323 | |
| | 35020101 | 钢支撑 | kg | 0.0555 | 0.0508 | |
| | 35020531 | 铁板卡 | kg | 1.6543 | 1.5139 | |
| | 35020601 | 模板对拉螺栓 | kg | 1.2070 | 1.1046 | |
| | 35020721 | 模板钢连杆 | kg | 10.0496 | 9.1964 | |
| | 35020902 | 扣件 | 只 | 0.0178 | 0.0163 | |
| | 80060213 | 干混抹灰砂浆 DP M15.0 | $m^3$ | 0.0475 | 0.0410 | |
| | 80090101 | 干混界面砂浆 | $m^3$ | 0.0035 | 0.0030 | |
| | 80210424 | 预拌混凝土(泵送型)C30 粒径 5～40 | $m^3$ | 0.2020 | 0.2020 | 0.0101 |
| | | 其他材料费 | % | 0.7120 | 0.5947 | |
| 机械 | 99050540 | 混凝土输送泵车 75m³/h | 台班 | 0.0022 | 0.0022 | 0.0001 |
| | 99050920 | 混凝土振捣器 | 台班 | 0.0200 | 0.0200 | 0.0010 |
| | 99070530 | 载重汽车 5t | 台班 | 0.0079 | 0.0072 | |
| | 99090360 | 汽车式起重机 8t | 台班 | 0.0036 | 0.0033 | |
| | 99210010 | 木工圆锯机 ϕ500 | 台班 | 0.0054 | 0.0050 | |

**工作内容**：1. 模板安拆、钢筋绑扎安放、混凝土墙浇捣养护。
2. 模板安拆。

| 定　额　编　号 | | | A-4-2-7 | A-4-2-8 |
|---|---|---|---|---|
| 项　　目 | | | 钢筋混凝土地下室墙 | 钢筋混凝土墙超过 3.6m 每增 3m 增加费 |
| | | | $m^3$ | $m^2$ |
| 预算定额编号 | 预算定额名称 | 预算定额单位 | 数　量 | |
| 01-5-4-4 | 预拌混凝土(泵送) 地下室墙、挡土墙 | $m^3$ | 1.0000 | |
| 01-5-11-14 | 钢筋 地下室墙、挡土墙 | t | 0.1144 | |
| 01-17-2-68 | 复合模板 地下室墙、挡土墙 | $m^2$ | 8.0040 | |
| 01-17-2-73 | 复合模板 墙超 3.6m 每增 3m | $m^2$ | | 0.2200 |
| 01-17-3-37 | 输送泵车 | $m^3$ | 1.0000 | |

**工作内容**：1. 模板安拆、钢筋绑扎安放、混凝土墙浇捣养护。
2. 模板安拆。

| 定　额　编　号 | | | | A-4-2-7 | A-4-2-8 |
|---|---|---|---|---|---|
| 项　　目 | | | | 钢筋混凝土地下室墙 | 钢筋混凝土墙超过 3.6m 每增 3m 增加费 |
| 名　　称 | | | 单位 | $m^3$ | $m^2$ |
| 人工 | 00030117 | 模板工 | 工日 | 1.1526 | 0.0061 |
| | 00030119 | 钢筋工 | 工日 | 0.5545 | |
| | 00030121 | 混凝土工 | 工日 | 0.2450 | |
| | 00030153 | 其他工 | 工日 | 0.4613 | 0.0015 |
| 材料 | 01010120 | 成型钢筋 | t | 0.1155 | |
| | 02090101 | 塑料薄膜 | $m^2$ | 0.6818 | |
| | 03019315 | 镀锌六角螺母 M14 | 个 | 22.0942 | |
| | 03150101 | 圆钉 | kg | 0.2625 | |
| | 03152501 | 镀锌铁丝 | kg | 0.5146 | |
| | 05030107 | 中方材 55～100cm² | $m^3$ | 0.0448 | |
| | 17252681 | 塑料套管 ϕ18 | m | 4.4190 | |
| | 34110101 | 水 | $m^3$ | 0.5971 | |
| | 35010801 | 复合模板 | $m^2$ | 1.9746 | |
| | 35020101 | 钢支撑 | kg | 0.2545 | 0.0050 |
| | 35020531 | 铁板卡 | kg | 4.7856 | |
| | 35020601 | 模板对拉螺栓 | kg | 2.9095 | |
| | 35020721 | 模板钢连杆 | kg | 1.0501 | |
| | 35020902 | 扣件 | 只 | 0.1241 | 0.0020 |
| | 80210424 | 预拌混凝土(泵送型)C30 粒径 5～40 | $m^3$ | 1.0100 | |
| | | 其他材料费 | % | 0.4889 | |
| 机械 | 99050540 | 混凝土输送泵车 75m³/h | 台班 | 0.0108 | |
| | 99050920 | 混凝土振捣器 | 台班 | 0.1000 | |
| | 99070530 | 载重汽车 5t | 台班 | 0.0264 | 0.0001 |
| | 99090360 | 汽车式起重机 8t | 台班 | 0.0112 | |
| | 99210010 | 木工圆锯机 ϕ500 | 台班 | 0.0200 | |

# 第三节　其他墙体

**工作内容：** 1,2,3. 墙板安装、双面粉刷。
4. 空心板墙砌筑、双面粉刷。

| 定额编号 | | | A-4-3-1 | A-4-3-2 | A-4-3-3 | A-4-3-4 |
|---|---|---|---|---|---|---|
| 项目 | | | GRC轻质墙板 | | | 内墙 |
| | | | 60厚 | 90厚 | 120厚 | 高强石膏空心板 100厚 |
| | | | m² | m² | m² | m² |
| 预算定额编号 | 预算定额名称 | 预算定额单位 | 数量 | | | |
| 01-4-5-1 | GRC轻质墙板 60厚 | m² | 1.0000 | | | |
| 01-4-5-2 | GRC轻质墙板 90厚 | m² | | 1.0000 | | |
| 01-4-5-3 | GRC轻质墙板 120厚 | m² | | | 1.0000 | |
| 01-4-5-4 | 高强石膏空心板 100厚 | m³ | | | | 0.1000 |
| 01-12-1-2 | 一般抹灰 内墙 | m² | 2.0000 | 2.0000 | 2.0000 | 2.0000 |

**工作内容：** 1,2,3. 墙板安装、双面粉刷。
4. 空心板墙砌筑、双面粉刷。

| 定额编号 | | | | A-4-3-1 | A-4-3-2 | A-4-3-3 | A-4-3-4 |
|---|---|---|---|---|---|---|---|
| 项目 | | | | GRC轻质墙板 | | | 内墙 |
| | | | | 60厚 | 90厚 | 120厚 | 高强石膏空心板 100厚 |
| 名称 | | | 单位 | m² | m² | m² | m² |
| 人工 | 00030125 | 砌筑工 | 工日 | 0.1443 | 0.1653 | 0.1737 | 0.0896 |
| | 00030127 | 一般抹灰工 | 工日 | 0.2188 | 0.2188 | 0.2188 | 0.2188 |
| | 00030153 | 其他工 | 工日 | 0.0350 | 0.0350 | 0.0350 | 0.0520 |
| 材料 | 02311502 | 玻璃纤维网格布 | m | 4.1123 | 4.1123 | 4.1123 | |
| | 03151431 | 瓦斯射钉 M4×27 | 套 | 2.2300 | 2.2300 | 2.2300 | |
| | 04010115 | 水泥 42.5级 | kg | 2.0379 | 2.9914 | 3.9449 | |
| | 04270311 | 玻璃纤维增强水泥墙板(GRC) δ60 | m² | 1.0300 | | | |
| | 04270312 | 玻璃纤维增强水泥墙板(GRC) δ90 | m² | | 1.0300 | | |
| | 04270313 | 玻璃纤维增强水泥墙板(GRC) δ120 | m² | | | 1.0300 | |
| | 05030102 | 一般木成材 | m³ | 0.0003 | 0.0003 | 0.0003 | 0.0001 |
| | 09010811 | 石膏空心板 δ100 | 块 | | | | 2.4717 |
| | 09010821 | 石膏实心板条 δ100 | 块 | | | | 0.3696 |
| | 14413101 | 801建筑胶水 | kg | 0.5245 | 0.7699 | 1.0152 | |
| | 33330801 | 预埋铁件 | kg | 0.1144 | 0.1282 | 0.1419 | |
| | 34110101 | 水 | m³ | 0.0040 | 0.0040 | 0.0040 | 0.0040 |
| | 80060111 | 干混砌筑砂浆 DM M5.0 | m³ | | | | 0.0073 |
| | 80060213 | 干混抹灰砂浆 DP M15.0 | m³ | 0.0410 | 0.0410 | 0.0410 | 0.0410 |
| | 80210521 | 预拌混凝土(非泵送型) C30 粒径5～40 | m³ | 0.0014 | 0.0021 | 0.0028 | |

**工作内容：**墙板砌筑、双面粉刷。

| 定　额　编　号 | | | A-4-3-5 | A-4-3-6 | A-4-3-7 |
|---|---|---|---|---|---|
| 项　　目 | | | 轻集料混凝土多孔墙板 | | |
| | | | 90 厚 | 120 厚 | 150 厚 |
| | | | $m^2$ | $m^2$ | $m^2$ |
| 预算定额编号 | 预算定额名称 | 预算定额单位 | 数　量 | | |
| 01-4-5-5 | 轻集料混凝土多孔墙板 90 厚 | $m^2$ | 1.0000 | | |
| 01-4-5-6 | 轻集料混凝土多孔墙板 120 厚 | $m^2$ | | 1.0000 | |
| 01-4-5-7 | 轻集料混凝土多孔墙板 150 厚 | $m^2$ | | | 1.0000 |
| 01-12-1-2 | 一般抹灰 内墙 | $m^2$ | 2.0000 | 2.0000 | 2.0000 |

**工作内容：**墙板砌筑、双面粉刷。

| 定　额　编　号 | | | | A-4-3-5 | A-4-3-6 | A-4-3-7 |
|---|---|---|---|---|---|---|
| 项　　目 | | | | 轻集料混凝土多孔墙板 | | |
| | | | | 90 厚 | 120 厚 | 150 厚 |
| 名　　称 | | | 单位 | $m^2$ | $m^2$ | $m^2$ |
| 人工 | 00030125 | 砌筑工 | 工日 | 0.1481 | 0.1630 | 0.1869 |
| | 00030127 | 一般抹灰工 | 工日 | 0.2188 | 0.2188 | 0.2188 |
| | 00030153 | 其他工 | 工日 | 0.0350 | 0.0350 | 0.0350 |
| 材料 | 02311502 | 玻璃纤维网格布 | m | 4.9490 | 4.9490 | 4.9490 |
| | 03018122 | 膨胀螺栓(钢制) M8×160 | 套 | 0.1834 | 0.1834 | 0.1834 |
| | 03151431 | 瓦斯射钉 M4×27 | 套 | 1.0200 | 1.0200 | 1.0200 |
| | 03153911 | 钢卡 U 型 2×50×90×40 | 只 | 1.0100 | | |
| | 03153912 | 钢卡 U 型 2×50×120×40 | 只 | | 1.0100 | |
| | 03153913 | 钢卡 U 型 2×50×150×40 | 只 | | | 1.0100 |
| | 04010115 | 水泥 42.5 级 | kg | 2.5250 | 3.0300 | 3.5350 |
| | 04030119 | 黄砂 中粗 | kg | 6.3750 | 7.6500 | 9.1800 |
| | 04270111 | 轻集料混凝土多孔墙板 90 型 | $m^2$ | 1.0129 | | |
| | 04270112 | 轻集料混凝土多孔墙板 120 型 | $m^2$ | | 1.0129 | |
| | 04270113 | 轻集料混凝土多孔墙板 150 型 | $m^2$ | | | 1.0129 |
| | 14413101 | 801 建筑胶水 | kg | 2.6250 | 3.1500 | 3.6750 |
| | 34110101 | 水 | $m^3$ | 0.0040 | 0.0040 | 0.0040 |
| | 80060213 | 干混抹灰砂浆 DP M15.0 | $m^3$ | 0.0438 | 0.0450 | 0.0459 |
| | 80060214 | 干混抹灰砂浆 DP M20.0 | $m^3$ | 0.0008 | 0.0011 | 0.0013 |
| | | 其他材料费 | % | 1.0697 | 0.8216 | 0.7304 |

**工作内容：** 1. 墙面板安装及校正，封边、包角。
2. 墙面板、泛水板安装及校正，封边、包角。
3. 墙面板安装及校正。

| 定额编号 | | | A-4-3-8 | A-4-3-9 | A-4-3-10 |
|---|---|---|---|---|---|
| 项目 | | | 彩钢夹芯板 | 压型钢板 | 采光板 |
| | | | 外墙面 | | |
| | | | $m^2$ | $m^2$ | $m^2$ |
| 预算定额编号 | 预算定额名称 | 预算定额单位 | 数量 | | |
| 01-6-7-3 | 外墙面板 采光板 | $m^2$ | | | 1.0000 |
| 01-6-7-4 | 外墙面板 压型钢板 | $m^2$ | | 1.0000 | |
| 01-6-7-5 | 外墙面板 彩钢夹芯板 | $m^2$ | 1.0000 | | |
| 01-6-7-9 | 封边、包角 彩钢板 | $m^2$ | 0.0250 | 0.0120 | |
| 01-6-7-10 | 泛水板 彩钢板 | $m^2$ | | 0.0691 | |

**工作内容：** 1. 墙面板安装及校正，封边、包角。
2. 墙面板、泛水板安装及校正，封边、包角。
3. 墙面板安装及校正。

| 定额编号 | | | | A-4-3-8 | A-4-3-9 | A-4-3-10 |
|---|---|---|---|---|---|---|
| 项目 | | | | 彩钢夹芯板 | 压型钢板 | 采光板 |
| | | | | 外墙面 | | |
| 名称 | | | 单位 | $m^2$ | $m^2$ | $m^2$ |
| 人工 | 00030143 | 起重工 | 工日 | 0.1103 | 0.1048 | 0.0844 |
| | 00030153 | 其他工 | 工日 | 0.0473 | 0.0450 | 0.0362 |
| 材料 | 01291035 | 彩钢板 δ0.8 | $m^2$ | 0.0265 | 0.0859 | |
| | 01291112 | 彩钢夹芯板 δ75 | $m^2$ | 1.0600 | | |
| | 01291341 | 压型钢板 δ0.5 | $m^2$ | | 1.0600 | |
| | 01490191 | 角铝 ∟ 25.4×1 | m | 0.2650 | | |
| | 01490737 | 槽铝 75 | m | 0.3440 | | |
| | 01490755 | 地槽铝 75 | m | 0.1450 | | |
| | 01490903 | 工字铝 综合 | m | 1.6790 | | |
| | 02030231 | 橡胶密封条 20×4 | m | 1.7330 | 1.7330 | 1.7330 |
| | 02050710 | 密封圈 | 个 | | | 3.0000 |
| | 03010617 | 抽芯铝铆钉 M5×40 | 个 | 7.4300 | 4.5778 | 3.5000 |
| | 03012128 | 自攻螺钉 M6×25 | 个 | 0.2300 | 7.5778 | 6.5000 |
| | 03013168 | 六角螺栓 M6 | 个 | 0.2000 | 0.2000 | 0.2000 |
| | 03018173 | 膨胀螺栓(钢制) M10 | 套 | 0.4000 | | |
| | 03154813 | 铁件 | kg | | 0.0500 | 0.0500 |
| | 05030106 | 大方材 ≥101$cm^2$ | $m^3$ | | 0.0002 | 0.0002 |
| | 09091211 | 聚碳酸酯采光板 | $m^2$ | | | 1.0600 |
| | 13355011 | 密封带 3×20 | m | 0.0700 | 0.3238 | 0.2900 |
| | 14412507 | 硅酮玻璃胶 | 支 | 0.2900 | 0.2900 | |
| | 14412521 | 硅酮耐候密封胶 310ml | 支 | 0.0013 | 0.0059 | |
| | | 其他材料费 | % | 2.0000 | 2.0000 | 2.0000 |
| 机械 | 99090410 | 汽车式起重机 20t | 台班 | 0.0010 | 0.0010 | 0.0010 |
| | 99190420 | 剪板机 40×3100 | 台班 | 0.0002 | 0.0006 | |

工作内容：1. 挡土墙砌筑、勾缝。
2. 模板安拆、混凝土墙浇捣养护。

| 定 额 编 号 | | | A-4-3-11 | A-4-3-12 |
|---|---|---|---|---|
| 项 目 | | | 挡土墙 | |
| | | | 毛石砌筑 | 素混凝土 |
| | | | $m^3$ | $m^3$ |
| 预算定额编号 | 预算定额名称 | 预算定额单位 | 数 量 | |
| 01-4-3-1 | 挡土墙 毛石 | $m^3$ | 1.0000 | |
| 01-5-4-4 | 预拌混凝土(泵送) 地下室墙、挡土墙 | $m^3$ | | 1.0000 |
| 01-12-1-24 | 干混砂浆勾缝 毛石挡土墙 | $m^2$ | 4.2444 | |
| 01-17-2-68 | 复合模板 地下室墙、挡土墙 | $m^2$ | | 6.4667 |
| 01-17-3-37 | 输送泵车 | $m^3$ | | 1.0000 |

工作内容：1. 挡土墙砌筑、勾缝。
2. 模板安拆、混凝土墙浇捣养护。

| 定 额 编 号 | | | | A-4-3-11 | A-4-3-12 |
|---|---|---|---|---|---|
| 项 目 | | | | 挡土墙 | |
| | | | | 毛石砌筑 | 素混凝土 |
| 名 称 | | | 单位 | $m^3$ | $m^3$ |
| 人工 | 00030117 | 模板工 | 工日 | | 0.9312 |
| | 00030121 | 混凝土工 | 工日 | | 0.2450 |
| | 00030125 | 砌筑工 | 工日 | 0.9388 | |
| | 00030127 | 一般抹灰工 | 工日 | 0.2856 | |
| | 00030153 | 其他工 | 工日 | 0.1123 | 0.3462 |
| 材料 | 02090101 | 塑料薄膜 | $m^2$ | | 0.6818 |
| | 03019315 | 镀锌六角螺母 M14 | 个 | | 17.8507 |
| | 03150101 | 圆钉 | kg | | 0.2121 |
| | 04110506 | 毛石 100～400 | kg | 1683.0000 | |
| | 05030107 | 中方材 55～100cm² | $m^3$ | | 0.0362 |
| | 17252681 | 塑料套管 φ18 | m | | 3.5703 |
| | 34110101 | 水 | $m^3$ | 0.0885 | 0.5971 |
| | 35010801 | 复合模板 | $m^2$ | | 1.5953 |
| | 35020101 | 钢支撑 | kg | | 0.2056 |
| | 35020531 | 铁板卡 | kg | | 3.8664 |
| | 35020601 | 模板对拉螺栓 | kg | | 2.3506 |
| | 35020721 | 模板钢连杆 | kg | | 0.8484 |
| | 35020902 | 扣件 | 只 | | 0.1002 |
| | 80060113 | 干混砌筑砂浆 DM M10.0 | $m^3$ | 0.3987 | |
| | 80060214 | 干混抹灰砂浆 DP M20.0 | $m^3$ | 0.0153 | |
| | 80210424 | 预拌混凝土(泵送型)C30 粒径 5～40 | $m^3$ | | 1.0100 |
| | | 其他材料费 | % | | 0.6454 |
| 机械 | 99050540 | 混凝土输送泵车 75m³/h | 台班 | | 0.0108 |
| | 99050920 | 混凝土振捣器 | 台班 | | 0.1000 |
| | 99070530 | 载重汽车 5t | 台班 | | 0.0213 |
| | 99090360 | 汽车式起重机 8t | 台班 | | 0.0091 |
| | 99210010 | 木工圆锯机 φ500 | 台班 | | 0.0162 |

# 第五章　楼地屋面工程

# 说　　明

一、地面

1. 平整场地定额子目中，已综合考虑了建筑物外形每边各加宽 2m 的因素和建筑物四周的明沟、伸缩缝或 500mm 以内的散水。

2. 找平层适用于楼面、地面及屋面等部位。

二、钢筋混凝土楼屋面板

1. 挑檐、天沟壁高度超高 400mm 时，按全高执行栏板定额子目。

2. 现浇有梁板是指板下带梁(肋)者，不包括框架结构的柱间梁。如柱间梁之间的板不带肋者，按平板定额子目执行。带肋者，按有梁板定额子目执行。有梁板板下的梁折算在板厚内。

3. 现浇无梁板定额子目中，已包括柱帽体积，根据楼板厚度执行相应定额子目，柱帽体积不另计算。板柱结构如不带柱帽者，则按平板定额子目执行。

4. 空心板内模按筒芯直径 ≤200mm 编制。

5. 地下室顶板按相应定额子目执行。

6. 定额子目中综合的板底抹灰为中级天棚抹灰。如设计要求做其他粉刷时，另按相应定额子目执行。

7. 钢筋混凝土楼屋面板采用复合模板。如层高超过 3.6m 时，按相应定额子目执行。

8. 钢筋桁架式组合楼板定额子目中，已综合了 100mm 厚混凝土平板。如设计板厚有增减时，按相应板增减定额子目执行。

9. 压型钢板楼板定额子目中，已综合了 100mm 厚混凝土平板。如设计板厚有增减时，按相应板增减定额子目执行。

三、楼梯、雨篷、阳台

1. 楼梯定额子目中，已综合了楼梯段、楼梯梁、休息平台、踢脚线、伸入墙内的混凝土体积和第一踏步下的基础，以及楼梯抹面、底面抹灰，但未综合楼梯栏杆。

2. 楼梯与楼板的划分以楼梯梁的外侧面为分界。当楼梯与楼板无梯梁连接时，以楼梯的最后一个踏步边缘加 300mm 为界。

3. 木楼梯、铁栏杆、木扶手、踢脚线均按工厂成品、现场安装编制，安装用配件、锚固件、辅材及油漆均已包含在成品构件内。

4. 木楼梯定额子目中，已综合了铁栏杆、木扶手、踢脚线、休息平台及伸入墙内部分的工料。

5. 雨篷翻口壁高度超过 400mm 时，按全高执行栏板定额子目。

6. 凸出墙面的钢筋混凝土悬挑板均按雨篷定额子目执行。

7. 由柱支承的大雨篷，应分别按柱、梁、板定额子目执行。

8. 阳台定额子目中，已综合了栏板。

9. 凹阳台及挑出墙面的外走廊，应分别按柱、梁、板、栏板定额子目执行。

10. 雨篷、阳台定额子目中，已综合了抹面、板底抹灰、界面砂浆。

11. 栏板定额子目中，已综合了双面抹灰、界面砂浆。

四、屋面

1. 混凝土瓦屋面定额子目中，已综合了脊瓦、斜沟、戗角、檐沟。

2. 沥青瓦屋面定额子目中，已综合了檐沟。

3. 彩色波形瓦屋面定额子目中，已综合了脊瓦、檐沟。

4. 彩钢夹心板屋面、彩色压型钢板屋面定额子目中，已包括屋脊板，并已综合了天沟板。

5. 膜结构屋面定额子目中，未综合钢支柱、锚固支座混凝土基础。如设计要求做时，另按相应定额子目执行。

6. 钢木屋架、木屋架按工厂成品、现场安装编制，钢杆件、安装用配件、锚固件、辅材及油漆等均已包含在成品钢木屋架内。附属于木屋架上的木夹板、垫木、风撑、挑檐木、安装用配件、锚固件、辅材及油漆等均已包含在成品木屋架内。

7. 木屋面板按工厂成品、现场安装编制，木屋面板不分厚度均执行同一定额。安装配件、锚固件、油漆等均已包含在成品木屋面板内。

8. 彩钢夹心板屋面、彩色压型钢板屋面和钢木屋架、木屋架、木屋面板定额子目中未综合屋面支撑系统，如设计要求做时，另按相应定额子目执行。

五、变形缝

1. 变形缝(伸缩缝、沉降缝、抗震缝)适用于屋面、楼面、墙面及地面等部位。

2. 金属板盖面按工厂成品、现场安装编制。安装用配件、锚固件、辅材及油漆等均已包含在成品金属板内。

# 工程量计算规则

一、地面

1. 平整场地按底层建筑面积计算。

2. 室内回填土按底层建筑面积计算。

3. 垫层按底层建筑面积计算，应扣除凸出地面的设备基础、地下构筑物、地沟、室内铁道等所占面积，不扣除主墙、间壁墙、柱、砖垛、附墙烟囱等所占面积。

4. 找平层计算方法同地面垫层。屋面找平层计算方法同屋面板。

二、钢筋混凝土楼屋面板

1. 楼板(除拱形板、薄壳板外)按楼层水平投影面积计算，应扣除楼梯及电梯井、管道孔所占面积，不扣除单个面积≤$0.3m^2$的柱、垛及孔洞所占面积，洞口盖板亦不增加。

2. 圆弧形板不分曲率大小，不分有梁板、平板，均按圆弧部分的弓形面积计算。如为整圆形、半圆形、椭圆形时，应扣除最大内接正方形或矩形的面积。

3. 拱形板、薄壳板按板表面面积计算。

4. 同一建筑层内楼板材料不同时，按墙中心线分别计算。

5. 平屋面板按屋面水平投影面积计算。无挑檐者，算至外墙外边线；有挑檐者，算至檐口外边再乘以系数 1.05 计算。斜屋面板按屋面斜面面积计算。不扣除屋面修理洞洞口，屋面修理洞盖板亦不增加。

6. 层高超过 3.6m 时，按超过部分现浇板面积计算。

三、楼梯、雨篷、阳台、坡道、台阶

1. 钢筋混凝土整体式、对折式、斜梁式楼梯(包括楼梯段、楼梯梁、休息平台)按楼梯和休息平台水平投影面积计算，不扣除小于 500mm 宽的楼梯井所占面积。

2. 钢筋混凝土直跑楼梯按楼梯水平投影面积计算。楼梯的长度按楼梯梁外侧的水平长度计算。

3. 钢筋混凝土旋转楼梯按中心弧长乘以楼梯踏步宽度以水平投影面积计算。

4. 木楼梯按水平投影面积计算，不扣除宽度≤300mm 的楼梯井所占面积，伸入墙内部分亦不增加。

5. 雨篷、阳台按挑出墙面的水平投影面积计算。

6. 栏板按挑出墙面的垂直投影面积计算。

7. 混凝土坡道按水平投影面积计算，不扣除单个面积≤$0.3m^2$的孔洞所占面积。

8. 混凝土台阶按水平投影面积计算。台阶与平台连接时，以最上层踏步外沿加 300mm 计算。架空式钢筋混凝土台阶，按现浇钢筋混凝土楼梯计算。

四、屋面

1. 各种瓦屋面均按设计图示尺寸以斜面面积计算，不扣除房上烟囱、风帽底座、风道、屋面小气窗、斜沟和脊瓦等所占面积，屋面小气窗的出檐部分亦不增加。

2. 彩钢夹心板屋面、彩色压型钢板屋面按设计图示尺寸以斜面面积计算，不扣除单个面积≤$0.3m^2$的柱、垛及孔洞所占面积。

3. 阳光板屋面按设计图示尺寸以斜面面积计算，不扣除单个面积≤$0.3m^2$的孔洞所占面积。

4. 膜结构屋面按设计图示尺寸以需要覆盖的水平投影面积计算。

5. 钢木屋架按设计图示的规格尺寸以体积计算。

6. 木屋架按设计图示的规格尺寸以体积计算。

7. 木屋面板按设计图示尺寸以斜面面积计算，不扣除房上烟囱、风帽底座、风道、屋面小气窗及斜沟等所占面积，屋面小气窗的出檐部分亦不增加。

五、变形缝

1. 变形缝按设计图示尺寸以长度计算。

2. 外墙变形缝如内外双面填缝者,工程量分别计算。

# 第一节　楼　地　面

**工作内容：**1. 平整场地、敷设素混凝土明沟、嵌填伸缩缝。
2,3. 运、填、夯土方。
4. 铺设砂垫层、找平、夯实。

| 定　额　编　号 | | | A-5-1-1 | A-5-1-2 | A-5-1-3 | A-5-1-4 |
|---|---|---|---|---|---|---|
| 项　　目 | | | 平整场地 | 室内回填土 | | 垫层 |
| | | | | 室内外高差450mm内 | 室内外高差450mm外每增100mm | 砂 |
| | | | | | | 10mm厚 |
| | | | $m^2$ | $m^2$ | $m^2$ | $m^2$ |
| 预算定额编号 | 预算定额名称 | 预算定额单位 | 数　量 | | | |
| 01-1-1-1 | 平整场地 ±300mm以内 | $m^2$ | 1.3400 | | | |
| 01-1-2-2 | 人工回填土 夯填 | $m^3$ | | 0.2850 | 0.1000 | |
| 01-1-2-4 | 手推车运土 运距50m以内 | $m^3$ | | 0.2850 | 0.1000 | |
| 01-1-2-5 | 手推车运土 每增运50m | $m^3$ | | 0.8550 | 0.3000 | |
| 01-4-4-1 | 砂垫层 | $m^3$ | | | | 0.0095 |
| 01-5-7-12 | 预拌混凝土(非泵送) 明沟 | m | 0.1700 | | | |
| 01-9-4-12 | 楼(地)面变形缝 建筑油膏 | m | 0.1700 | | | |

**工作内容：**1. 平整场地、敷设素混凝土明沟、嵌填伸缩缝。
2,3. 运、填、夯土方。
4. 铺设砂垫层、找平、夯实。

| 定　额　编　号 | | | | A-5-1-1 | A-5-1-2 | A-5-1-3 | A-5-1-4 |
|---|---|---|---|---|---|---|---|
| 项　　目 | | | | 平整场地 | 室内回填土 | | 垫层 |
| | | | | | 室内外高差450mm内 | 室内外高差450mm外每增100mm | 砂 |
| | | | | | | | 10mm厚 |
| | 名　　称 | | 单位 | $m^2$ | $m^2$ | $m^2$ | $m^2$ |
| 人工 | 00030121 | 混凝土工 | 工日 | 0.0047 | | | 0.0025 |
| | 00030133 | 防水工 | 工日 | 0.0054 | | | |
| | 00030153 | 其他工 | 工日 | 0.0256 | 0.1235 | 0.0433 | 0.0007 |
| 材料 | 04030119 | 黄砂 中粗 | kg | | | | 15.7905 |
| | 13350401 | 建筑油膏 | kg | 0.1492 | | | |
| | 34110101 | 水 | $m^3$ | 0.0085 | | | 0.0029 |
| | 80210521 | 预拌混凝土(非泵送型) C30 粒径5～40 | $m^3$ | 0.0100 | | | |
| 机械 | 99050920 | 混凝土振捣器 | 台班 | | | | 0.0002 |

**工作内容：** 1. 铺设毛石垫层、找平、夯实及灌浆。
2,3. 铺设道碴垫层、找平、夯实。
4. 混凝土垫层浇捣、抹平、养护。

| 定　额　编　号 | | | A-5-1-5 | A-5-1-6 | A-5-1-7 | A-5-1-8 |
|---|---|---|---|---|---|---|
| 项　　目 | | | 垫层 | | | |
| | | | 毛石灌浆 | 道碴有砂 | 道碴无砂 | 混凝土 |
| | | | 10mm 厚 | | | |
| | | | $m^2$ | $m^2$ | $m^2$ | $m^2$ |
| 预算定额编号 | 预算定额名称 | 预算定额单位 | 数　量 | | | |
| 01-4-4-3 | 毛石垫层 灌浆 | $m^3$ | 0.0095 | | | |
| 01-4-4-4 | 碎石垫层 干铺有砂 | $m^3$ | | 0.0095 | | |
| 01-4-4-5 | 碎石垫层 干铺无砂 | $m^3$ | | | 0.0095 | |
| 01-5-1-1 换 | 预拌混凝土(非泵送) 垫层 | $m^3$ | | | | 0.0095 |

**工作内容：** 1. 铺设毛石垫层、找平、夯实及灌浆。
2,3. 铺设道碴垫层、找平、夯实。
4. 混凝土垫层浇捣、抹平、养护。

| 定　额　编　号 | | | | A-5-1-5 | A-5-1-6 | A-5-1-7 | A-5-1-8 |
|---|---|---|---|---|---|---|---|
| 项　　目 | | | | 垫层 | | | |
| | | | | 毛石灌浆 | 道碴有砂 | 道碴无砂 | 混凝土 |
| | | | | 10mm 厚 | | | |
| 名　　称 | | | 单位 | $m^2$ | $m^2$ | $m^2$ | $m^2$ |
| 人工 | 00030121 | 混凝土工 | 工日 | 0.0076 | 0.0037 | 0.0037 | 0.0040 |
| | 00030153 | 其他工 | 工日 | 0.0009 | 0.0010 | 0.0009 | 0.0014 |
| 材料 | 04030119 | 黄砂 中粗 | kg | | 3.9444 | | |
| | 04050218 | 碎石 5～70 | kg | | 14.7345 | 14.7345 | |
| | 04110506 | 毛石 100～400 | kg | 17.4420 | | | |
| | 34110101 | 水 | $m^3$ | 0.0010 | | | 0.0030 |
| | 80060312 | 干混地面砂浆 DS M20.0 | $m^3$ | 0.0026 | | | |
| | 80210515 | 预拌混凝土(非泵送型) C20 粒径 5～40 | $m^3$ | | | | 0.0096 |
| 机械 | 99050920 | 混凝土振捣器 | 台班 | | | | 0.0007 |
| | 99130340 | 电动夯实机 250N·m | 台班 | 0.0003 | 0.0003 | 0.0003 | |

**工作内容：** 1. 铺设砂浆找平层、找平、压实。
2. 细石混凝土找平层浇捣、找平、养护。
3. 模板安拆、钢筋绑扎安放、混凝土板浇捣养护，板底涂抹界面砂浆及粉刷。
4. 钢筋混凝土有梁板厚度增减。

| 定额编号 | | | A-5-1-9 | A-5-1-10 | A-5-1-11 | A-5-1-12 |
|---|---|---|---|---|---|---|
| 项目 | | | 找平层 | | 钢筋混凝土 | |
| | | | 水泥砂浆 20mm 厚 | 细石混凝土 30mm 厚 | 有梁板 | |
| | | | | | 板厚 100mm | 每增减 10mm |
| | | | $m^2$ | $m^2$ | $m^2$ | $m^2$ |
| 预算定额编号 | 预算定额名称 | 预算定额单位 | 数量 | | | |
| 01-5-5-1 | 预拌混凝土(泵送) 有梁板 | $m^3$ | | | 0.0950 | 0.0095 |
| 01-5-11-18 | 钢筋 有梁板 | t | | | 0.0128 | 0.0013 |
| 01-11-1-15 | 干混砂浆找平层 混凝土及硬基层上 20mm 厚 | $m^2$ | 0.9800 | | | |
| 01-11-1-17 换 | 预拌细石混凝土(非泵送)找平层 30mm 厚 | $m^2$ | | 0.9800 | | |
| 01-13-1-1 | 混凝土天棚 一般抹灰 7mm 厚 | $m^2$ | | | 1.0800 | |
| 01-13-1-7 | 混凝土天棚 界面砂浆 | $m^2$ | | | 1.0800 | |
| 01-17-2-74 | 复合模板 有梁板 | $m^2$ | | | 1.0800 | |
| 01-17-3-37 | 输送泵车 | $m^3$ | | | 0.0950 | 0.0095 |

**工作内容：** 1. 铺设砂浆找平层、找平、压实。
2. 细石混凝土找平层浇捣、找平、养护。
3. 模板安拆、钢筋绑扎安放、混凝土板浇捣养护，板底涂抹界面砂浆及粉刷。
4. 钢筋混凝土有梁板厚度增减。

| 定额编号 | | | | A-5-1-9 | A-5-1-10 | A-5-1-11 | A-5-1-12 |
|---|---|---|---|---|---|---|---|
| 项目 | | | | 找平层 | | 钢筋混凝土 | |
| | | | | | | 有梁板 | |
| | | | | 水泥砂浆 20mm 厚 | 细石混凝土 30mm 厚 | 板厚 100mm | 每增减 10mm |
| 名称 | | | 单位 | $m^2$ | $m^2$ | $m^2$ | $m^2$ |
| 人工 | 00030117 | 模板工 | 工日 | | | 0.2084 | |
| | 00030119 | 钢筋工 | 工日 | | | 0.0526 | 0.0053 |
| | 00030121 | 混凝土工 | 工日 | | | 0.0188 | 0.0019 |
| | 00030127 | 一般抹灰工 | 工日 | 0.0397 | 0.0396 | 0.1076 | |
| | 00030153 | 其他工 | 工日 | 0.0108 | 0.0020 | 0.1200 | 0.0009 |
| 材料 | 01010120 | 成型钢筋 | t | | | 0.0129 | 0.0013 |
| | 02090101 | 塑料薄膜 | $m^2$ | | | 0.8426 | 0.0843 |
| | 03150101 | 圆钉 | kg | | | 0.0354 | |
| | 03152501 | 镀锌铁丝 | kg | | | 0.0806 | 0.0082 |
| | 05030107 | 中方材 55～100$cm^2$ | $m^3$ | | | 0.0082 | |
| | 34110101 | 水 | $m^3$ | 0.0059 | 0.0216 | 0.0317 | 0.0030 |
| | 35010801 | 复合模板 | $m^2$ | | | 0.2664 | |
| | 35020101 | 钢支撑 | kg | | | 0.4810 | |
| | 35020721 | 模板钢连杆 | kg | | | 0.0360 | |
| | 35020902 | 扣件 | 只 | | | 0.5319 | |
| | 80060212 | 干混抹灰砂浆 DP M10.0 | $m^3$ | | | 0.0078 | |
| | 80060312 | 干混地面砂浆 DS M20.0 | $m^3$ | 0.0201 | | | |
| | 80090101 | 干混界面砂浆 | $m^3$ | | | 0.0016 | |
| | 80210424 | 预拌混凝土(泵送型) C30 粒径 5～40 | $m^3$ | | | 0.0960 | 0.0096 |
| | 80210521 | 预拌混凝土(非泵送型) C30 粒径 5～40 | $m^3$ | | 0.0297 | | |
| | | 其他材料费 | % | | | 0.3082 | 0.0195 |
| 机械 | 99050540 | 混凝土输送泵车 75$m^3$/h | 台班 | | | 0.0010 | 0.0001 |
| | 99050920 | 混凝土振捣器 | 台班 | | 0.0077 | 0.0095 | 0.0010 |
| | 99070530 | 载重汽车 5t | 台班 | | | 0.0083 | |
| | 99090360 | 汽车式起重机 8t | 台班 | | | 0.0046 | |
| | 99210010 | 木工圆锯机 $\phi$500 | 台班 | | | 0.0038 | |

**工作内容：** 1,3. 模板安折、钢筋绑扎安放、混凝土板浇捣养护，板底涂抹界面砂浆及粉刷。
2. 钢筋混凝土无梁板厚度增减。
4. 钢筋混凝土平板厚度增减。

| 定 额 编 号 | | | A-5-1-13 | A-5-1-14 | A-5-1-15 | A-5-1-16 |
|---|---|---|---|---|---|---|
| 项 目 | | | 钢筋混凝土 | | | |
| | | | 无梁板 | | 平板 | |
| | | | 板厚 200mm | 每增减 10mm | 板厚 100mm | 每增减 10mm |
| | | | $m^2$ | $m^2$ | $m^2$ | $m^2$ |
| 预算定额编号 | 预算定额名称 | 预算定额单位 | 数 量 | | | |
| 01-5-5-2 | 预拌混凝土(泵送) 无梁板 | $m^3$ | 0.2284 | 0.0095 | | |
| 01-5-5-3 | 预拌混凝土(泵送) 平板、弧形板 | $m^3$ | | | 0.0950 | 0.0095 |
| 01-5-11-19 | 钢筋 平板、无梁板 | t | 0.0263 | 0.0011 | 0.0107 | 0.0011 |
| 01-13-1-1 | 混凝土天棚 一般抹灰 7mm 厚 | $m^2$ | 0.9500 | | 0.9000 | |
| 01-13-1-7 | 混凝土天棚 界面砂浆 | $m^2$ | 0.9500 | | 0.9000 | |
| 01-17-2-75 | 复合模板 无梁板 | $m^2$ | 0.9500 | | | |
| 01-17-2-76 | 复合模板 平板 | $m^2$ | | | 0.9000 | |
| 01-17-3-37 | 输送泵车 | $m^3$ | 0.2284 | 0.0095 | 0.0950 | 0.0095 |

**工作内容**：1,3. 模板安拆、钢筋绑扎安放、混凝土板浇捣养护，板底涂抹界面砂浆及粉刷。
2. 钢筋混凝土无梁板厚度增减。
4. 钢筋混凝土平板厚度增减。

| 定额编号 | | | | A-5-1-13 | A-5-1-14 | A-5-1-15 | A-5-1-16 |
|---|---|---|---|---|---|---|---|
| 项目 | | | | 钢筋混凝土 | | | |
| | | | | 无梁板 | | 平板 | |
| | | | | 板厚 200mm | 每增减 10mm | 板厚 100mm | 每增减 10mm |
| 名称 | | | 单位 | $m^2$ | $m^2$ | $m^2$ | $m^2$ |
| 人工 | 00030117 | 模板工 | 工日 | 0.1573 | | 0.1608 | |
| | 00030119 | 钢筋工 | 工日 | 0.1448 | 0.0061 | 0.0589 | 0.0061 |
| | 00030121 | 混凝土工 | 工日 | 0.0316 | 0.0013 | 0.0200 | 0.0020 |
| | 00030127 | 一般抹灰工 | 工日 | 0.0946 | | 0.0897 | |
| | 00030153 | 其他工 | 工日 | 0.1067 | 0.0008 | 0.0956 | 0.0009 |
| 材料 | 01010120 | 成型钢筋 | t | 0.0266 | 0.0011 | 0.0108 | 0.0011 |
| | 02090101 | 塑料薄膜 | $m^2$ | 1.0600 | 0.0441 | 1.0637 | 0.1064 |
| | 03019315 | 镀锌六角螺母 M14 | 个 | 0.2833 | | | |
| | 03150101 | 圆钉 | kg | 0.0312 | | 0.0294 | |
| | 03152501 | 镀锌铁丝 | kg | 0.1473 | 0.0062 | 0.0599 | 0.0062 |
| | 05030107 | 中方材 55～100$cm^2$ | $m^3$ | 0.0057 | | 0.0067 | |
| | 17252681 | 塑料套管 $\phi$18 | m | 0.7366 | | | |
| | 34110101 | 水 | $m^3$ | 0.0489 | 0.0020 | 0.0355 | 0.0034 |
| | 35010801 | 复合模板 | $m^2$ | 0.2344 | | 0.2220 | |
| | 35020101 | 钢支撑 | kg | 0.5328 | | 0.4260 | |
| | 35020531 | 铁板卡 | kg | 0.0767 | | | |
| | 35020601 | 模板对拉螺栓 | kg | 0.2025 | | | |
| | 35020721 | 模板钢连杆 | kg | 0.0933 | | 0.1288 | |
| | 35020902 | 扣件 | 只 | 0.7052 | | 0.5181 | |
| | 80060212 | 干混抹灰砂浆 DP M10.0 | $m^3$ | 0.0068 | | 0.0065 | |
| | 80090101 | 干混界面砂浆 | $m^3$ | 0.0014 | | 0.0014 | |
| | 80210424 | 预拌混凝土(泵送型) C30 粒径 5～40 | $m^3$ | 0.2307 | 0.0096 | 0.0960 | 0.0096 |
| | | 其他材料费 | % | 0.1683 | 0.0221 | 0.2880 | 0.0220 |
| 机械 | 99050540 | 混凝土输送泵车 75$m^3$/h | 台班 | 0.0025 | 0.0001 | 0.0010 | 0.0001 |
| | 99050920 | 混凝土振捣器 | 台班 | 0.0228 | 0.0010 | 0.0095 | 0.0010 |
| | 99070530 | 载重汽车 5t | 台班 | 0.0094 | | 0.0086 | |
| | 99090360 | 汽车式起重机 8t | 台班 | 0.0056 | | 0.0050 | |
| | 99210010 | 木工圆锯机 $\phi$500 | 台班 | 0.0074 | | 0.0068 | |

**工作内容**：1,3. 模板安拆、钢筋绑扎安放、混凝土板浇捣养护，板底涂抹界面砂浆及粉刷。
2. 钢筋混凝土圆弧形板厚度增减。
4. 钢筋混凝土拱形板厚度增减。

| 定　额　编　号 | | | A-5-1-17 | A-5-1-18 | A-5-1-19 | A-5-1-20 |
|---|---|---|---|---|---|---|
| 项　　目 | | | 钢筋混凝土 | | | |
| | | | 圆弧形板 | | 拱形板 | |
| | | | 板厚 100mm | 每增减 10mm | 板厚 100mm | 每增减 10mm |
| | | | $m^2$ | $m^2$ | $m^2$ | $m^2$ |
| 预算定额编号 | 预算定额名称 | 预算定额单位 | 数　量 | | | |
| 01-5-5-3 | 预拌混凝土(泵送) 平板、弧形板 | $m^3$ | 0.0950 | 0.0095 | | |
| 01-5-5-4 | 预拌混凝土(泵送) 拱形板 | $m^3$ | | | 0.0950 | 0.0095 |
| 01-5-11-20 | 钢筋 弧形板 | t | 0.0117 | 0.0012 | | |
| 01-5-11-21 | 钢筋 拱形板 | t | | | 0.0117 | 0.0012 |
| 01-13-1-1 | 混凝土天棚 一般抹灰 7mm 厚 | $m^2$ | 1.0000 | | 1.0000 | |
| 01-13-1-7 | 混凝土天棚 界面砂浆 | $m^2$ | 1.0000 | | 1.0000 | |
| 01-17-2-77 | 复合模板 拱形板 | $m^2$ | | | 1.0000 | |
| 01-17-2-84 | 复合模板 弧形板 | $m^2$ | 1.0000 | | | |
| 01-17-3-37 | 输送泵车 | $m^3$ | 0.0950 | 0.0095 | 0.0950 | 0.0095 |

**工作内容**：1，3. 模板安拆、钢筋绑扎安放、混凝土板浇捣养护，板底涂抹界面砂浆及粉刷。
2. 钢筋混凝土圆弧形板厚度增减。
4. 钢筋混凝土拱形板厚度增减。

| 定额编号 | | | | A-5-1-17 | A-5-1-18 | A-5-1-19 | A-5-1-20 |
|---|---|---|---|---|---|---|---|
| 项目 | | | | 钢筋混凝土 | | | |
| | | | | 圆弧形板 | | 拱形板 | |
| | | | | 板厚 100mm | 每增减 10mm | 板厚 100mm | 每增减 10mm |
| 名称 | | | 单位 | $m^2$ | $m^2$ | $m^2$ | $m^2$ |
| 人工 | 00030117 | 模板工 | 工日 | 0.1802 | | 0.2123 | |
| | 00030119 | 钢筋工 | 工日 | 0.0473 | 0.0048 | 0.0712 | 0.0073 |
| | 00030121 | 混凝土工 | 工日 | 0.0200 | 0.0020 | 0.0693 | 0.0069 |
| | 00030127 | 一般抹灰工 | 工日 | 0.0996 | | 0.0996 | |
| | 00030153 | 其他工 | 工日 | 0.1328 | 0.0009 | 0.1233 | 0.0012 |
| 材料 | 01010120 | 成型钢筋 | t | 0.0118 | 0.0012 | 0.0118 | 0.0012 |
| | 02090101 | 塑料薄膜 | $m^2$ | 1.0637 | 0.1064 | 1.0637 | 0.1064 |
| | 03150101 | 圆钉 | kg | 0.0336 | | 0.0328 | |
| | 03152501 | 镀锌铁丝 | kg | 0.0655 | 0.0067 | 0.0655 | 0.0067 |
| | 05030107 | 中方材 55～100cm² | $m^3$ | 0.0106 | | 0.0058 | |
| | 34110101 | 水 | $m^3$ | 0.0357 | 0.0034 | 0.0357 | 0.0034 |
| | 35010801 | 复合模板 | $m^2$ | 0.2510 | | 0.3063 | |
| | 35020101 | 钢支撑 | kg | 0.7642 | | 0.5069 | |
| | 35020721 | 模板钢连杆 | kg | 0.0888 | | 1.3072 | |
| | 35020902 | 扣件 | 只 | 0.7153 | | 0.5025 | |
| | 80060212 | 干混抹灰砂浆 DP M10.0 | $m^3$ | 0.0072 | | 0.0072 | |
| | 80090101 | 干混界面砂浆 | $m^3$ | 0.0015 | | 0.0015 | |
| | 80210424 | 预拌混凝土(泵送型)<br>C30 粒径 5～40 | $m^3$ | 0.0960 | 0.0096 | 0.0960 | 0.0096 |
| | | 其他材料费 | % | 0.2911 | 0.0183 | 0.2981 | 0.0183 |
| 机械 | 99050540 | 混凝土输送泵车 75m³/h | 台班 | 0.0010 | 0.0001 | 0.0010 | 0.0001 |
| | 99050920 | 混凝土振捣器 | 台班 | 0.0095 | 0.0010 | 0.0095 | 0.0010 |
| | 99070530 | 载重汽车 5t | 台班 | 0.0130 | | 0.0085 | |
| | 99090360 | 汽车式起重机 8t | 台班 | 0.0076 | | 0.0049 | |
| | 99210010 | 木工圆锯机 ϕ500 | 台班 | 0.0075 | | 0.0068 | |

工作内容：1，3. 模板安拆、钢筋绑扎安放、混凝土板浇捣养护，板底涂抹界面砂浆及粉刷。
2. 钢筋混凝土薄壳板厚度增减。
4. 钢筋混凝土空心板厚度增减。

| 定额编号 | | | A-5-1-21 | A-5-1-22 | A-5-1-23 | A-5-1-24 |
|---|---|---|---|---|---|---|
| 项目 | | | 钢筋混凝土 | | | |
| | | | 薄壳板 | | 空心板 | |
| | | | 板厚 100mm | 每增减 10mm | 板厚 250mm | 每增减 10mm |
| | | | $m^2$ | $m^2$ | $m^2$ | $m^2$ |
| 预算定额编号 | 预算定额名称 | 预算定额单位 | 数量 | | | |
| 01-5-5-5 | 预拌混凝土(泵送) 薄壳板 | $m^3$ | 0.0950 | 0.0095 | | |
| 01-5-5-10 | 预拌混凝土(泵送) 空心板 | $m^3$ | | | 0.1536 | 0.0061 |
| 01-5-11-22 | 钢筋 薄壳板 | t | 0.0117 | 0.0012 | | |
| 01-5-11-23 | 钢筋 空心板 | t | | | 0.0268 | 0.0011 |
| 01-13-1-1 | 混凝土天棚 一般抹灰 7mm 厚 | $m^2$ | 1.0000 | | 0.9000 | |
| 01-13-1-7 | 混凝土天棚 界面砂浆 | $m^2$ | 1.0000 | | 0.9000 | |
| 01-17-2-78 | 复合模板 薄壳板 | $m^2$ | 1.0000 | | | |
| 01-17-2-79 | 复合模板 空心板 | $m^2$ | | | 0.9000 | |
| 01-17-2-80 | 空心楼板筒芯安装 筒芯直径 ≤200mm | $m^3$ | | | 0.0839 | |
| 01-17-3-37 | 输送泵车 | $m^3$ | 0.0950 | 0.0095 | 0.1536 | 0.0061 |

**工作内容**：1,3. 模板安拆、钢筋绑扎安放、混凝土板浇捣养护，板底涂抹界面砂浆及粉刷。
2. 钢筋混凝土薄壳板厚度增减。
4. 钢筋混凝土空心板厚度增减。

| 定额编号 | | | | A-5-1-21 | A-5-1-22 | A-5-1-23 | A-5-1-24 |
|---|---|---|---|---|---|---|---|
| 项目 | | | | 钢筋混凝土 | | | |
| | | | | 薄壳板 | | 空心板 | |
| | | | | 板厚 100mm | 每增减 10mm | 板厚 250mm | 每增减 10mm |
| 名称 | | | 单位 | $m^2$ | $m^2$ | $m^2$ | $m^2$ |
| 人工 | 00030117 | 模板工 | 工日 | 0.2412 | | 0.2715 | |
| | 00030119 | 钢筋工 | 工日 | 0.0796 | 0.0082 | 0.1499 | 0.0062 |
| | 00030121 | 混凝土工 | 工日 | 0.0617 | 0.0062 | 0.0571 | 0.0023 |
| | 00030127 | 一般抹灰工 | 工日 | 0.0996 | | 0.0897 | |
| | 00030153 | 其他工 | 工日 | 0.1359 | 0.0013 | 0.1588 | 0.0008 |
| 材料 | 01010120 | 成型钢筋 | t | 0.0118 | 0.0012 | 0.0271 | 0.0011 |
| | 02090101 | 塑料薄膜 | $m^2$ | 1.0637 | 0.1064 | 0.5868 | 0.0233 |
| | 03150101 | 圆钉 | kg | 0.0328 | | 0.0294 | |
| | 03152501 | 镀锌铁丝 | kg | 0.0655 | 0.0067 | 0.2248 | 0.0062 |
| | 05030107 | 中方材 55～100cm² | $m^3$ | 0.0058 | | 0.0055 | |
| | 34110101 | 水 | $m^3$ | 0.0357 | 0.0034 | 0.0306 | 0.0011 |
| | 35010801 | 复合模板 | $m^2$ | 0.3063 | | 0.2220 | |
| | 35012101 | 内模 | $m^3$ | | | 0.0847 | |
| | 35020101 | 钢支撑 | kg | 0.5069 | | 0.3980 | |
| | 35020721 | 模板钢连杆 | kg | 1.3072 | | 0.0390 | |
| | 35020902 | 扣件 | 只 | 0.5025 | | 0.3415 | |
| | 80060212 | 干混抹灰砂浆 DP M10.0 | $m^3$ | 0.0072 | | 0.0065 | |
| | 80090101 | 干混界面砂浆 | $m^3$ | 0.0015 | | 0.0014 | |
| | 80210424 | 预拌混凝土(泵送型) C30 粒径 5～40 | $m^3$ | 0.0960 | 0.0096 | 0.1551 | 0.0062 |
| | | 其他材料费 | % | 0.2981 | 0.0183 | 0.5101 | 0.0276 |
| 机械 | 99050540 | 混凝土输送泵车 75m³/h | 台班 | 0.0010 | 0.0001 | 0.0017 | 0.0001 |
| | 99050920 | 混凝土振捣器 | 台班 | 0.0095 | 0.0010 | 0.0154 | 0.0006 |
| | 99070530 | 载重汽车 5t | 台班 | 0.0085 | | 0.0068 | |
| | 99090360 | 汽车式起重机 8t | 台班 | 0.0049 | | 0.0039 | |
| | 99210010 | 木工圆锯机 ϕ500 | 台班 | 0.0212 | | 0.0068 | |

工作内容：1. 模板安拆。
2. 钢筋桁架式组合楼板安装、钢筋绑扎安放、混凝土浇捣养护。
3. 压型钢板楼板安装、钢筋绑扎安放、混凝土浇捣养护。

| 定　额　编　号 | | | A-5-1-25 | A-5-1-26 | A-5-1-27 |
|---|---|---|---|---|---|
| 项　　目 | | | 钢筋混凝土板<br>层高超 3.6m<br>每超 3m 增加费 | 钢筋桁架式<br>组合楼板 | 压型钢板<br>楼板 |
| | | | m$^2$ | m$^2$ | m$^2$ |
| 预算定额编号 | 预算定额名称 | 预算定额单位 | 数　量 | | |
| 01-5-5-3 | 预拌混凝土（泵送） 平板、弧形板 | m$^3$ | | 0.0950 | |
| 01-5-5-3 系 | 预拌混凝土（泵送） 平板、弧形板 | m$^3$ | | | 0.0950 |
| 01-5-11-19 | 钢筋 平板、无梁板 | t | | 0.0047 | 0.0107 |
| 01-6-6-15 | 剪力栓钉 | 套 | | | 5.0000 |
| 01-6-7-1 | 钢筋桁架式组合楼板 | m$^2$ | | 1.0000 | |
| 01-6-7-2 | 压型钢板 楼板 | m$^2$ | | | 1.0000 |
| 01-17-2-85 | 复合模板 板超 3.6m 每增 3m | m$^2$ | 1.1200 | | |
| 01-17-3-37 | 输送泵车 | m$^3$ | | 0.0950 | 0.0950 |

**工作内容：** 1. 模板安拆。
2. 钢筋桁架式组合楼板安装、钢筋绑扎安放、混凝土浇捣养护。
3. 压型钢板楼板安装、钢筋绑扎安放、混凝土浇捣养护。

| 定额编号 | | | | A-5-1-25 | A-5-1-26 | A-5-1-27 |
|---|---|---|---|---|---|---|
| 项目 | | | | 钢筋混凝土板层高超 3.6m 每超 3m 增加费 | 钢筋桁架式组合楼板 | 压型钢板楼板 |
| 名称 | | | 单位 | m² | m² | m² |
| 人工 | 00030117 | 模板工 | 工日 | 0.0432 | | |
| | 00030119 | 钢筋工 | 工日 | | 0.0259 | 0.0589 |
| | 00030121 | 混凝土工 | 工日 | | 0.0200 | 0.0220 |
| | 00030141 | 电焊工 | 工日 | | | 0.0500 |
| | 00030143 | 起重工 | 工日 | | 0.2057 | 0.1863 |
| | 00030153 | 其他工 | 工日 | 0.0188 | 0.0108 | 0.0136 |
| 材料 | 01010120 | 成型钢筋 | t | | 0.0047 | 0.0108 |
| | 01290615 | 镀锌薄钢板 δ1.5～2.5 | kg | | | 0.7646 |
| | 01290648 | 镀锌薄钢板 δ2 | kg | | 0.8220 | |
| | 01291501 | 镀锌压型钢板 | m² | | | 1.0600 |
| | 02090101 | 塑料薄膜 | m² | | 1.0637 | 1.0637 |
| | 03010601 | 抽芯铝铆钉 | 个 | | 3.2458 | 2.4851 |
| | 03130115 | 电焊条 J422 φ4.0 | kg | | 0.0110 | 0.0110 |
| | 03151941 | 栓钉 | 个 | | | 5.1000 |
| | 03152501 | 镀锌铁丝 | kg | | 0.0263 | 0.0599 |
| | 33011911 | 钢筋桁架楼层板 | m² | | 1.0600 | |
| | 34110101 | 水 | m³ | | 0.0337 | 0.0337 |
| | 35020101 | 钢支撑 | kg | 0.3492 | | |
| | 35020902 | 扣件 | 只 | 0.3861 | | |
| | 80210424 | 预拌混凝土(泵送型) C30 粒径 5～40 | m³ | | 0.0960 | 0.0960 |
| | | 其他材料费 | % | | 1.0881 | 1.0673 |
| 机械 | 99050540 | 混凝土输送泵车 75m³/h | 台班 | | 0.0010 | 0.0010 |
| | 99050920 | 混凝土振捣器 | 台班 | | 0.0095 | 0.0095 |
| | 99070530 | 载重汽车 5t | 台班 | 0.0047 | | |
| | 99090360 | 汽车式起重机 8t | 台班 | 0.0031 | | |
| | 99090410 | 汽车式起重机 20t | 台班 | | 0.0010 | 0.0010 |
| | 99250020 | 交流弧焊机 32kV·A | 台班 | | 0.0011 | 0.0011 |
| | 99250590 | 栓钉焊机 | 台班 | | | 0.0250 |

**工作内容：** 1,2. 砖基础砌筑，模板安拆、钢筋绑扎安放、混凝土楼梯浇捣养护，敷设砂浆踢脚线，抹面、底面涂抹界面砂浆及粉刷。

3. 木楼梯、铁栏杆木扶手、木质踢脚线安装。

| 定额编号 | | | A-5-1-28 | A-5-1-29 | A-5-1-30 |
|---|---|---|---|---|---|
| 项目 | | | 钢筋混凝土 | | 木楼梯（带铁栏杆木扶手） |
| | | | 整体式楼梯 | 旋转楼梯 | |
| | | | m² | m² | m² |
| 预算定额编号 | 预算定额名称 | 预算定额单位 | 数量 | | |
| 01-4-1-1 | 砖基础 蒸压灰砂砖 | m³ | 0.0176 | 0.0176 | |
| 01-5-1-2 换 | 预拌混凝土(非泵送) 带形基础 | m³ | 0.0026 | 0.0026 | |
| 01-5-6-1 换 | 预拌混凝土(非泵送) 直形楼梯、弧形楼梯 | m³ | 0.2500 | 0.2500 | |
| 01-5-11-24 | 钢筋 直形楼梯 | t | 0.0124 | | |
| 01-5-11-25 | 钢筋 弧形楼梯 | t | | 0.0241 | |
| 01-7-2-4 | 木楼梯 | m² | | | 1.0000 |
| 01-11-5-1 系 | 踢脚线 干混砂浆 | m | 1.7057 | 1.7057 | |
| 01-11-5-9 系 | 踢脚线 成品木质 | m | | | 0.6000 |
| 01-11-6-5 | 楼梯面层 干混砂浆 20mm 厚 | m² | 1.0000 | | |
| 01-11-6-5 系 | 楼梯面层 干混砂浆 20mm 厚 | m² | | 1.0000 | |
| 01-13-1-1 | 混凝土天棚 一般抹灰 7mm 厚 | m² | 1.1500 | | |
| 01-13-1-1 系 | 混凝土天棚 一般抹灰 7mm 厚 | m² | | 1.1500 | |
| 01-13-1-7 | 混凝土天棚 界面砂浆 | m² | 1.1500 | | |
| 01-13-1-7 系 | 混凝土天棚 界面砂浆 | m² | | 1.1500 | |
| 01-15-3-5 系 | 铁栏杆木扶手 | m | | | 0.6000 |
| 01-17-2-91 | 复合模板 整体楼梯 | m² | 1.0000 | | |
| 01-17-2-92 | 复合模板 旋转楼梯 | m² | | 1.0000 | |

**工作内容：** 1，2. 砖基础砌筑，模板安拆、钢筋绑扎安放、混凝土楼梯浇捣养护，敷设砂浆踢脚线，抹面、底面涂抹界面砂浆及粉刷。

3. 木楼梯、铁栏杆木扶手、木质踢脚线安装。

| 定额编号 | | | | A-5-1-28 | A-5-1-29 | A-5-1-30 |
|---|---|---|---|---|---|---|
| 项目 | | | | 钢筋混凝土 | | 木楼梯（带铁栏杆木扶手） |
| | | | | 整体式楼梯 | 旋转楼梯 | |
| 名称 | | | 单位 | $m^2$ | $m^2$ | $m^2$ |
| 人工 | 00030117 | 模板工 | 工日 | 0.6055 | 0.8547 | |
| | 00030119 | 钢筋工 | 工日 | 0.1066 | 0.1913 | |
| | 00030121 | 混凝土工 | 工日 | 0.1603 | 0.1603 | |
| | 00030125 | 砌筑工 | 工日 | 0.0145 | 0.0145 | |
| | 00030127 | 一般抹灰工 | 工日 | 0.3041 | 0.3467 | |
| | 00030131 | 装饰木工 | 工日 | | | 0.6695 |
| | 00030153 | 其他工 | 工日 | 0.2956 | 0.3229 | 0.0847 |
| 材料 | 01010120 | 成型钢筋 | t | 0.0125 | 0.0243 | |
| | 02090101 | 塑料薄膜 | $m^2$ | 1.1962 | 1.1962 | |
| | 03011127 | 木螺钉 M4×30 | 个 | | | 4.8617 |
| | 03130115 | 电焊条 J422 $\phi$4.0 | kg | | | 0.0294 |
| | 03150101 | 圆钉 | kg | 0.0439 | 0.1113 | |
| | 03152501 | 镀锌铁丝 | kg | 0.0620 | 0.2049 | |
| | 04131714 | 蒸压灰砂砖 240×115×53 | 块 | 9.2630 | 9.2630 | |
| | 05030107 | 中方材 55～100$cm^2$ | $m^3$ | 0.0166 | 0.0100 | |
| | 11290111 | 木楼梯(制品) | $m^2$ | | | 1.0000 |
| | 12010401 | 木踢脚线 | m | | | 0.6300 |
| | 12210631 | 铁栏杆不带扶手(制品) | m | | | 0.6060 |
| | 12230761 | 硬木扶手(制品) 宽 65 | m | | | 0.6120 |
| | 14413401 | 地板胶 | kg | | | 0.0126 |
| | 34110101 | 水 | $m^3$ | 0.0895 | 0.0895 | |
| | 35010801 | 复合模板 | $m^2$ | 0.3416 | 0.8353 | |
| | 35020101 | 钢支撑 | kg | 0.7819 | 0.6514 | |
| | 35020721 | 模板钢连杆 | kg | 0.2025 | 0.0930 | |
| | 35020902 | 扣件 | 只 | 0.5748 | 0.3038 | |
| | 80060113 | 干混砌筑砂浆 DM M10.0 | $m^3$ | 0.0043 | 0.0043 | |
| | 80060212 | 干混抹灰砂浆 DP M10.0 | $m^3$ | 0.0083 | 0.0083 | |
| | 80060214 | 干混抹灰砂浆 DP M20.0 | $m^3$ | 0.0053 | 0.0053 | |
| | 80060312 | 干混地面砂浆 DS M20.0 | $m^3$ | 0.0278 | 0.0278 | |
| | 80090101 | 干混界面砂浆 | $m^3$ | 0.0017 | 0.0017 | |
| | 80110601 | 素水泥浆 | $m^3$ | 0.0016 | 0.0016 | |
| | 80210521 | 预拌混凝土(非泵送型) C30 粒径 5～40 | $m^3$ | 0.2551 | 0.2551 | |
| | | 其他材料费 | % | 0.2128 | 0.3067 | 0.0342 |
| 机械 | 99050920 | 混凝土振捣器 | 台班 | 0.0502 | 0.0502 | |
| | 99070530 | 载重汽车 5t | 台班 | 0.0156 | 0.0127 | |
| | 99090360 | 汽车式起重机 8t | 台班 | 0.0088 | 0.0066 | |
| | 99210010 | 木工圆锯机 $\phi$500 | 台班 | 0.0543 | 0.0786 | |
| | 99250010 | 交流弧焊机 21kV·A | 台班 | | | 0.0012 |

**工作内容：** 1. 模板安拆、钢筋绑扎安放、混凝土雨篷浇捣养护，抹面、板底涂抹界面砂浆及粉刷。
2. 模板安拆、钢筋绑扎安放、混凝土阳台浇捣养护、抹面、板底涂抹界面砂浆及粉刷。
3. 模板安拆、钢筋绑扎安放、混凝土栏板浇捣养护，双面涂抹界面砂浆及粉刷。

| 定额编号 | | | A-5-1-31 | A-5-1-32 | A-5-1-33 |
|---|---|---|---|---|---|
| 项目 | | | 钢筋混凝土 | | |
| | | | 雨篷<br>水泥面 | 阳台 | 栏板 |
| | | | $m^2$ | $m^2$ | $m^2$ |
| 预算定额编号 | 预算定额名称 | 预算定额单位 | 数量 | | |
| 01-5-5-6换 | 预拌混凝土(非泵送) 栏板 | $m^3$ | | 0.1078 | 0.0816 |
| 01-5-5-8换 | 预拌混凝土(非泵送) 雨篷 | $m^3$ | 0.1258 | | |
| 01-5-5-9换 | 预拌混凝土(非泵送) 悬挑板、阳台 | $m^3$ | | 0.1393 | |
| 01-5-11-26 | 钢筋 雨篷、悬挑板 | t | 0.0056 | | |
| 01-5-11-27 | 钢筋 阳台 | t | | 0.0122 | |
| 01-5-11-28 | 钢筋 栏杆、栏板 | t | | | 0.0108 |
| 01-12-1-12 | 墙柱面界面砂浆 混凝土面 | $m^2$ | | 2.7739 | 2.1000 |
| 01-12-3-1 | 一般抹灰 阳台、雨篷 | $m^2$ | 1.0000 | 1.0000 | |
| 01-12-3-2 | 一般抹灰 垂直遮阳板、栏板 | $m^2$ | | 2.7739 | 2.1000 |
| 01-13-1-7 | 混凝土天棚 界面砂浆 | $m^2$ | 1.2000 | 1.0000 | |
| 01-17-2-86 | 复合模板 栏板 | $m^2$ | | 1.3209 | 1.0000 |
| 01-17-2-88 | 复合模板 雨篷、悬挑板 | $m^2$ | 1.0000 | | |
| 01-17-2-89 | 复合模板 有梁阳台 | $m^2$ | | 1.0000 | |

**工作内容：** 1. 模板安拆、钢筋绑扎安放、混凝土雨篷浇捣养护，抹面、板底涂抹界面砂浆及粉刷。
2. 模板安拆、钢筋绑扎安放、混凝土阳台浇捣养护、抹面、板底涂抹界面砂浆及粉刷。
3. 模板安拆、钢筋绑扎安放、混凝土栏板浇捣养护，双面涂抹界面砂浆及粉刷。

| 定额编号 | | | | A-5-1-31 | A-5-1-32 | A-5-1-33 |
|---|---|---|---|---|---|---|
| 项目 | | | | 钢筋混凝土 | | |
| | | | | 雨篷<br>水泥面 | 阳台 | 栏板 |
| 名称 | | | 单位 | $m^2$ | $m^2$ | $m^2$ |
| 人工 | 00030117 | 模板工 | 工日 | 0.4193 | 0.7832 | 0.2477 |
| | 00030119 | 钢筋工 | 工日 | 0.0968 | 0.1699 | 0.2304 |
| | 00030121 | 混凝土工 | 工日 | 0.1633 | 0.3326 | 0.1136 |
| | 00030127 | 一般抹灰工 | 工日 | 0.6060 | 1.3019 | 0.5297 |
| | 00030153 | 其他工 | 工日 | 0.2025 | 0.3985 | 0.1245 |
| 材料 | 01010120 | 成型钢筋 | t | 0.0057 | 0.0123 | 0.0109 |
| | 02090101 | 塑料薄膜 | $m^2$ | 1.4408 | 1.6905 | 0.1530 |
| | 03150101 | 圆钉 | kg | 0.0517 | 0.4607 | 0.3089 |
| | 03152501 | 镀锌铁丝 | kg | 0.0286 | 0.0610 | 0.0540 |
| | 05030107 | 中方材 55～100$cm^2$ | $m^3$ | 0.0133 | 0.0313 | 0.0120 |
| | 34110101 | 水 | $m^3$ | 0.0361 | 0.2654 | 0.1722 |
| | 35010801 | 复合模板 | $m^2$ | 0.3267 | 0.7427 | 0.2626 |
| | 35020101 | 钢支撑 | kg | 0.7761 | 1.0568 | |
| | 35020721 | 模板钢连杆 | kg | 0.0740 | 0.1912 | |
| | 35020902 | 扣件 | 只 | 0.7270 | 0.7714 | |
| | 80060212 | 干混抹灰砂浆 DP M10.0 | $m^3$ | 0.0105 | 0.0105 | |
| | 80060214 | 干混抹灰砂浆 DP M20.0 | $m^3$ | 0.0311 | 0.0794 | 0.0365 |
| | 80090101 | 干混界面砂浆 | $m^3$ | 0.0018 | 0.0057 | 0.0032 |
| | 80210521 | 预拌混凝土(非泵送型)<br>C30 粒径 5～40 | $m^3$ | 0.1271 | 0.2496 | 0.0824 |
| | | 其他材料费 | % | 0.3166 | 0.3469 | 0.2843 |
| 机械 | 99050920 | 混凝土振捣器 | 台班 | 0.0252 | 0.0495 | 0.0163 |
| | 99070530 | 载重汽车 5t | 台班 | 0.0135 | 0.0216 | 0.0019 |
| | 99090360 | 汽车式起重机 8t | 台班 | 0.0076 | 0.0111 | |
| | 99210010 | 木工圆锯机 $\phi$500 | 台班 | 0.0218 | 0.0473 | 0.0106 |

工作内容：1. 铺设垫层、模板安拆、混凝土坡道浇捣养护、抹面。
2. 铺设垫层、模板安拆、混凝土台阶浇捣养护、抹面。

| 定额编号 | | | A-5-1-34 | A-5-1-35 |
|---|---|---|---|---|
| 项目 | | | 混凝土坡道 | 混凝土台阶 |
| | | | m² | m² |
| 预算定额编号 | 预算定额名称 | 预算定额单位 | 数量 | |
| 01-4-4-5 | 碎石垫层 干铺无砂 | m³ | 0.1500 | 0.1500 |
| 01-5-7-1 | 预拌混凝土(非泵送) 散水、坡道 | m² | 1.0000 | |
| 01-5-7-7 | 预拌混凝土(非泵送) 台阶 | m² | | 1.0000 |
| 01-11-1-1 | 干混砂浆楼地面 | m² | 1.5000 | |
| 01-11-1-19 | 楼地面 刷素水泥浆 | m² | 1.5000 | |
| 01-11-7-9 | 干混砂浆台阶面 20mm 厚 | m² | | 1.0000 |
| 01-17-2-99 | 复合模板 台阶 | m² | | 1.0000 |
| 01-17-2-101 | 复合模板 散水 | m² | 0.0076 | |

工作内容：1. 铺设垫层、模板安拆、混凝土坡道浇捣养护、抹面。
2. 铺设垫层、模板安拆、混凝土台阶浇捣养护、抹面。

| 定额编号 | | | | A-5-1-34 | A-5-1-35 |
|---|---|---|---|---|---|
| 项目 | | | | 混凝土坡道 | 混凝土台阶 |
| 名称 | | | 单位 | m² | m² |
| 人工 | 00030117 | 模板工 | 工日 | 0.0029 | 0.1517 |
| | 00030121 | 混凝土工 | 工日 | 0.0757 | 0.1380 |
| | 00030127 | 一般抹灰工 | 工日 | 0.0979 | 0.1215 |
| | 00030153 | 其他工 | 工日 | 0.0498 | 0.0675 |
| 材料 | 02090101 | 塑料薄膜 | m² | 1.1000 | 1.1000 |
| | 03150101 | 圆钉 | kg | 0.0029 | 0.1635 |
| | 04050218 | 碎石 5～70 | kg | 232.6500 | 232.6500 |
| | 05030107 | 中方材 55～100cm² | m³ | 0.0002 | 0.0119 |
| | 34110101 | 水 | m³ | 0.0775 | 0.0755 |
| | 35010801 | 复合模板 | m² | 0.0019 | 0.1234 |
| | 80060312 | 干混地面砂浆 DS M20.0 | m³ | 0.0306 | 0.0302 |
| | 80110601 | 素水泥浆 | m³ | 0.0015 | 0.0015 |
| | 80210521 | 预拌混凝土(非泵送型) C30 粒径 5～40 | m³ | 0.0606 | 0.1661 |
| | | 其他材料费 | % | 0.1221 | 0.1190 |
| 机械 | 99050920 | 混凝土振捣器 | 台班 | 0.0060 | 0.0263 |
| | 99070530 | 载重汽车 5t | 台班 | | 0.0016 |
| | 99130340 | 电动夯实机 250N·m | 台班 | 0.0041 | 0.0041 |
| | 99210010 | 木工圆锯机 $\phi$500 | 台班 | 0.0005 | 0.0062 |

# 第二节 屋　　面

**工作内容：** 1. 铺平瓦、脊瓦，做斜沟、戗角、檐沟。
2. 铺瓦、做檐沟。
3. 钢檩上铺瓦、脊瓦，做檐沟。

| 定额编号 | | | A-5-2-1 | A-5-2-2 | A-5-2-3 |
|---|---|---|---|---|---|
| 项目 | | | 混凝土瓦屋面 | 沥青瓦屋面 | 彩色波形瓦屋面 钢檩上 |
| | | | m$^2$ | m$^2$ | m$^2$ |
| 预算定额编号 | 预算定额名称 | 预算定额单位 | 数量 | | |
| 01-9-1-1 | 混凝土瓦屋面 铺混凝土平瓦 | m$^2$ | 1.0000 | | |
| 01-9-1-2 | 混凝土瓦屋面 铺混凝土脊瓦 | m | 0.1100 | | |
| 01-9-1-3 | 混凝土瓦屋面 斜沟、戗角 | m | 0.0627 | | |
| 01-9-1-4 | 瓦屋面 铺沥青瓦 | m$^2$ | | 1.0000 | |
| 01-9-1-5 | 瓦屋面 铺彩色波形瓦(钢檩上) | m$^2$ | | | 1.0000 |
| 01-9-2-16 | 塑料管排水 檐沟、天沟 | m | 0.0250 | 0.0250 | 0.0250 |

**工作内容：** 1. 铺平瓦、脊瓦，做斜沟、戗角、檐沟。
2. 铺瓦、做檐沟。
3. 钢檩上铺瓦、脊瓦，做檐沟。

| 定额编号 | | | | A-5-2-1 | A-5-2-2 | A-5-2-3 |
|---|---|---|---|---|---|---|
| 项目 | | | | 混凝土瓦屋面 | 沥青瓦屋面 | 彩色波形瓦屋面 钢檩上 |
| 名称 | | | 单位 | m$^2$ | m$^2$ | m$^2$ |
| 人工 | 00030125 | 砌筑工 | 工日 | 0.0367 | | |
| | 00030132 | 一般木工 | 工日 | | | 0.0476 |
| | 00030133 | 防水工 | 工日 | 0.0016 | 0.0351 | 0.0016 |
| | 00030153 | 其他工 | 工日 | 0.0057 | 0.0150 | 0.0038 |
| 材料 | 03150101 | 圆钉 | kg | 0.0274 | | |
| | 03150701 | 油毡钉 | kg | | 0.0618 | |
| | 03153132 | 镀锌瓦楞钩钉 φ6×600 | 个 | | | 4.8400 |
| | 03154813 | 铁件 | kg | 0.0136 | 0.0136 | 0.0136 |
| | 04170256 | 混凝土平瓦 420×330 | 张 | 10.2176 | | |
| | 04170412 | 混凝土脊瓦 450×250 | 张 | 0.3007 | | |
| | 04172121 | 彩色波形瓦 1800×720 | 张 | | | 0.9900 |
| | 04172221 | 彩色波形瓦脊瓦 720×250 | 张 | | | 0.1500 |
| | 13052901 | 冷底子油 | kg | | 0.8400 | |
| | 13330711 | 玻纤胎沥青瓦 1000×333 | 张 | | 6.9000 | |
| | 18095176 | 硬聚氯乙烯檐沟 | m | 0.0258 | 0.0258 | 0.0258 |
| | 80060311 | 干混地面砂浆 DS M15.0 | m$^3$ | 0.0042 | | |
| | | 其他材料费 | % | | 0.0495 | 0.1853 |

**工作内容：**屋面板、天沟板安装及校正。

| 定　额　编　号 | | | A-5-2-4 | A-5-2-5 |
|---|---|---|---|---|
| 项　　目 | | | 彩钢夹芯板屋面 | 彩色压型钢板屋面 |
| | | | $m^2$ | $m^2$ |
| 预算定额编号 | 预算定额名称 | 预算定额单位 | 数　量 | |
| 01-6-7-7 | 天沟 彩钢板 | m | 0.0250 | 0.0250 |
| 01-9-1-6 | 型材屋面 彩钢夹芯板 | $m^2$ | 1.0000 | |
| 01-9-1-7 | 型材屋面 彩色压型钢板 | $m^2$ | | 1.0000 |

**工作内容：**屋面板、天沟板安装及校正。

| 定　额　编　号 | | | | A-5-2-4 | A-5-2-5 |
|---|---|---|---|---|---|
| 项　　目 | | | | 彩钢夹芯板屋面 | 彩色压型钢板屋面 |
| 名　　称 | | | 单位 | $m^2$ | $m^2$ |
| 人工 | 00030132 | 一般木工 | 工日 | 0.0783 | 0.0437 |
| | 00030143 | 起重工 | 工日 | 0.0017 | 0.0017 |
| | 00030153 | 其他工 | 工日 | 0.0343 | 0.0194 |
| 材料 | 01291035 | 彩钢板 δ0.8 | $m^2$ | 0.0180 | 0.0180 |
| | 01291113 | 彩钢夹芯板 δ100 | $m^2$ | 1.0500 | |
| | 01291211 | 槽形彩钢条 | m | 0.0408 | 0.0408 |
| | 01291621 | 彩色压型钢板 δ0.5 | $m^2$ | | 1.0500 |
| | 03010601 | 抽芯铝铆钉 | 个 | 7.0000 | 7.0000 |
| | 03012128 | 自攻螺钉 M6×25 | 个 | 0.3475 | 0.3475 |
| | 03014108 | 六角螺栓连母垫 M6～10×20～40 | 套 | 4.2000 | 4.2000 |
| | 03130127 | 电焊条 E43 | kg | 0.0403 | 0.0403 |
| | 03150101 | 圆钉 | kg | 0.0007 | 0.0007 |
| | 03154813 | 铁件 | kg | 0.0971 | 0.0971 |
| | 04172301 | 彩钢脊瓦 | m | 0.0473 | 0.0473 |
| | 04173101 | 彩钢堵头 | m | 0.0105 | 0.0105 |
| | 05030102 | 一般木成材 | $m^3$ | 0.0006 | 0.0006 |
| | 14412507 | 硅酮玻璃胶 | 支 | 0.0005 | 0.0005 |
| | | 其他材料费 | % | 0.0563 | 0.0446 |
| 机械 | 99190420 | 剪板机 40×3100 | 台班 | 0.0002 | 0.0002 |
| | 99250020 | 交流弧焊机 32kV·A | 台班 | 0.0110 | 0.0110 |

**工作内容：** 1,2. 龙骨、屋面板安装及校正。
3. 膜结构屋面系统安装及校正。

| 定 额 编 号 | | | A-5-2-6 | A-5-2-7 | A-5-2-8 |
|---|---|---|---|---|---|
| 项 目 | | | 阳光板屋面 | | 膜结构屋面 |
| | | | 铝合金骨架 | 型钢骨架 | |
| | | | $m^2$ | $m^2$ | $m^2$ |
| 预算定额编号 | 预算定额名称 | 预算定额单位 | 数 量 | | |
| 01-9-1-8 | 其他屋面 阳光板 铝合金骨架 | $m^2$ | 1.0000 | | |
| 01-9-1-9 | 其他屋面 阳光板 型钢骨架 | $m^2$ | | 1.0000 | |
| 01-9-1-10 | 其他屋面 膜结构 | $m^2$ | | | 1.0000 |

**工作内容：** 1,2. 龙骨、屋面板安装及校正。
3. 膜结构屋面系统安装及校正。

| 定 额 编 号 | | | | A-5-2-6 | A-5-2-7 | A-5-2-8 |
|---|---|---|---|---|---|---|
| 项 目 | | | | 阳光板屋面 | | 膜结构屋面 |
| | | | | 铝合金骨架 | 型钢骨架 | |
| 名 称 | | | 单位 | $m^2$ | $m^2$ | $m^2$ |
| 人工 | 00030132 | 一般木工 | 工日 | 0.4432 | 0.5301 | 0.8820 |
| | 00030153 | 其他工 | 工日 | 0.1900 | 0.2272 | 0.3780 |
| 材料 | 01050177 | 钢丝绳 φ26 | m | | | 0.4000 |
| | 01090102 | 圆钢 | kg | | | 1.1932 |
| | 01150103 | 热轧型钢 综合 | kg | | 24.6359 | |
| | 01510801 | 铝合金型材 | kg | 5.0237 | | |
| | 02030112 | 橡胶条 小 | m | 1.6164 | 1.6164 | |
| | 02030113 | 橡胶条 大 | m | 1.6164 | 1.6164 | |
| | 02070212 | 橡皮垫 宽 25 | m | | 0.6466 | |
| | 02070213 | 橡皮垫 宽 250 | m | 1.6940 | 1.0474 | |
| | 02070411 | 耐热胶垫 δ2×38 | m | 1.6981 | | |
| | 02312101 | 膜材料 | $m^2$ | | | 1.6250 |
| | 03014104 | 六角螺栓连母垫 M12 以外 | kg | | 0.0451 | |
| | 03014105 | 六角螺栓连母垫 M30×200 | kg | | | 0.0240 |
| | 03014203 | 镀锌六角螺栓连母垫 | 套 | 10.9500 | | |
| | 03130115 | 电焊条 J422 φ4.0 | kg | | 0.5502 | |
| | 03150101 | 圆钉 | kg | | 0.0140 | |
| | 03154813 | 铁件 | kg | 0.7465 | 0.7465 | |
| | 03230422 | 锚头 φ26 | 套 | | | 0.0200 |
| | 04172421 | 镀锌铁皮脊瓦 26# | $m^2$ | | 0.0100 | |
| | 09091251 | 聚碳酸酯中空阳光板 | $m^2$ | 1.0700 | 1.0700 | |
| | 13350401 | 建筑油膏 | kg | | 0.8926 | |
| | 14412521 | 硅酮耐候密封胶 310ml | 支 | 0.2040 | | |
| | 33019711 | 膜结构附件 | $m^2$ | | | 1.2500 |
| 机械 | 99250020 | 交流弧焊机 32kV·A | 台班 | | 0.1133 | |

**工作内容：** 1. 成品钢木屋架安装。
2. 成品木屋架安装。
3. 成品木屋面板安装。

| 定额编号 | | | A-5-2-9 | A-5-2-10 | A-5-2-11 |
|---|---|---|---|---|---|
| 项目 | | | 成品钢木屋架 | 成品木屋架 | 成品木屋面板 |
| | | | 安装 | | |
| | | | m³ | m³ | m² |
| 预算定额编号 | 预算定额名称 | 预算定额单位 | 数量 | | |
| 01-7-1-2 | 木屋架 跨度10m外 | m³ | | 1.0000 | |
| 01-7-1-3 | 钢木屋架 跨度15m内 | m³ | 1.0000 | | |
| 01-7-3-2 | 檩木上 钉屋面板 | m² | | | 1.0000 |

**工作内容：** 1. 成品钢木屋架安装。
2. 成品木屋架安装。
3. 成品木屋面板安装。

| 定额编号 | | | | A-5-2-9 | A-5-2-10 | A-5-2-11 |
|---|---|---|---|---|---|---|
| 项目 | | | | 成品钢木屋架 | 成品木屋架 | 成品木屋面板 |
| | | | | 安装 | | |
| 名称 | | | 单位 | m³ | m³ | m² |
| 人工 | 00030132 | 一般木工 | 工日 | 4.0425 | 1.0415 | 0.0376 |
| | 00030153 | 其他工 | 工日 | 0.2270 | 0.0692 | 0.0025 |
| 材料 | 03130115 | 电焊条 J422 ϕ4.0 | kg | 4.1100 | | |
| | 03150101 | 圆钉 | kg | | | 0.4530 |
| | 33310407 | 木屋架(制品) 跨度10m外 | m³ | | 1.0000 | |
| | 33310506 | 钢木屋架(制品) 跨度15m内 | m³ | 1.0000 | | |
| | 33311111 | 木屋面板(制品) | m² | | | 1.0330 |
| | | 其他材料费 | % | 0.8100 | 0.2800 | |
| 机械 | 99250020 | 交流弧焊机 32kV·A | 台班 | 0.8310 | | |

# 第三节　变　形　缝

**工作内容：** 1. 清缝、嵌油膏。
2. 成品金属盖板安装。
3. 泡沫塑料填塞。

| 定　额　编　号 | | | A-5-3-1 | A-5-3-2 | A-5-3-3 |
|---|---|---|---|---|---|
| 项　　目 | | | 建筑油膏 | 金属板盖面 | 泡沫塑料填塞 |
| | | | 变形缝 | | |
| | | | m | m | m |
| 预算定额编号 | 预算定额名称 | 预算定额单位 | 数　量 | | |
| 01-9-2-23 | 屋面变形缝 建筑油膏 | m | 0.2500 | | |
| 01-9-2-25 | 屋面变形缝 泡沫塑料填塞 | m | | | 0.2500 |
| 01-9-2-26 | 屋面变形缝 金属板盖面 | m | | 0.2500 | |
| 01-9-3-12 | 墙面变形缝 建筑油膏 | m | 0.5000 | | |
| 01-9-3-14 | 墙面变形缝 泡沫塑料填塞 | m | | | 0.5000 |
| 01-9-3-16 | 墙面变形缝 金属板盖面 | m | | 0.5000 | |
| 01-9-4-12 | 楼(地)面变形缝 建筑油膏 | m | 0.2500 | | |
| 01-9-4-14 | 楼(地)面变形缝 泡沫塑料填塞 | m | | | 0.2500 |
| 01-9-4-15 | 楼(地)面变形缝 金属板盖面 | m | | 0.2500 | |

**工作内容：** 1. 清缝、嵌油膏。
2. 成品金属盖板安装。
3. 泡沫塑料填塞。

| 定　额　编　号 | | | | A-5-3-1 | A-5-3-2 | A-5-3-3 |
|---|---|---|---|---|---|---|
| 项　　目 | | | | 建筑油膏 | 金属板盖面 | 泡沫塑料填塞 |
| | | | | 变形缝 | | |
| 名　　称 | | | 单位 | m | m | m |
| 人工 | 00030132 | 一般木工 | 工日 | | 0.0765 | |
| | 00030133 | 防水工 | 工日 | 0.0420 | | 0.0295 |
| | 00030153 | 其他工 | 工日 | 0.0074 | 0.0040 | 0.0126 |
| 材料 | 13350401 | 建筑油膏 | kg | 0.8777 | | |
| | 14414611 | 聚丁胶粘合剂 | kg | | | 0.0269 |
| | 15131501 | 聚苯乙烯泡沫板 | $m^3$ | | | 0.0060 |
| | 33051811 | 金属盖板 | m | | 1.0200 | |

# 第六章　防 水 工 程

# 说　明

一、防水、防潮层定额中未综合找平(坡)层、防水保护层,如实际发生时,按相应定额子目执行。

二、防水、防潮层定额中未综合涂刷防水底油,如实际发生时,按相应定额子目执行。

三、防水卷材定额均已包括附加层、接缝、收头等工料。

四、如桩头、地沟、零星部位做防水、防潮层时,按相应定额子目的人工乘以系数1.43。

五、平屋面以坡度≤15%为准,15%<坡度≤25%的,按相应定额子目的人工乘以系数1.18;25%<坡度≤45%及弧形等不规则屋面,按相应定额子目的人工乘以系数1.3;坡度>45%的,按相应定额子目的人工乘以系数1.43。

六、屋面防水、防潮层定额子目中已包括女儿墙、伸缩缝、天窗、风帽底座、上人孔等按规范要求弯起部分的工程量。

七、细石混凝土防水、防潮层如使用钢筋网时,按相应定额子目执行。

八、墙面是圆形或弧形的,按相应定额子目的人工乘以系数1.18。

# 工程量计算规则

一、楼(地)面防水、防潮层按防水、防潮层部位的建筑面积计算,应扣除凸出楼(地)面的构筑物、设备基础等所占面积,不扣除间壁墙及单个面积≤$0.3m^2$的柱、垛和孔洞所占面积。

二、基础底板防水、防潮层按实铺面积计算,不扣除桩头所占面积。

三、桩头处外包防水按桩头投影外扩 300mm 以面积计算,地沟及零星部位防水按展开面积计算。

四、平屋面(包括檐口部分)防水、防潮层按屋面水平投影面积计算,斜屋面(不包括平屋面找坡)防水、防潮层按斜面面积计算,不扣除房上烟囱、风帽底座、风道、屋面小气窗和斜沟所占面积。

五、墙面防水、防潮层按实铺面积计算,应扣除单个面积>$0.3m^2$以上孔洞所占面积,洞口侧边面积亦不增加。

六、平立面交接处的防水、防潮层,上翻高度≤300mm 的面积并入平面防水、防潮层工程量内计算;上翻高度>300mm 的,则按墙面防水、防潮层计算。

# 第一节 楼(地)面防水

**工作内容：** 1. 铺设防水砂浆防潮层。
2. 铺贴三元乙丙橡胶卷材。
3. 烘贴改性沥青卷材及附加层。
4. 粘贴改性沥青卷材及附加层。

| 定额编号 | | | A-6-1-1 | A-6-1-2 | A-6-1-3 | A-6-1-4 |
|---|---|---|---|---|---|---|
| 项目 | | | 楼(地)面防潮层 | | | |
| | | | 防水砂浆 | 三元乙丙橡胶卷材 | 改性沥青卷材 | |
| | | | 20mm 厚 | | 热熔 | 冷粘 |
| | | | $m^2$ | $m^2$ | $m^2$ | $m^2$ |
| 预算定额编号 | 预算定额名称 | 预算定额单位 | 数量 | | | |
| 01-9-4-1 | 楼(地)面防水、防潮 三元乙丙橡胶卷材 | $m^2$ | | 0.9500 | | |
| 01-9-4-2 | 楼(地)面防水、防潮 改性沥青卷材 热熔 | $m^2$ | | | 0.9500 | |
| 01-9-4-3 | 楼(地)面防水、防潮 改性沥青卷材 冷粘 | $m^2$ | | | | 0.9500 |
| 01-9-4-11 | 楼(地)面防水、防潮 防水砂浆 | $m^2$ | 0.9500 | | | |

**工作内容：** 1. 铺设防水砂浆防潮层。
2. 铺贴三元乙丙橡胶卷材。
3. 烘贴改性沥青卷材及附加层。
4. 粘贴改性沥青卷材及附加层。

| 定额编号 | | | | A-6-1-1 | A-6-1-2 | A-6-1-3 | A-6-1-4 |
|---|---|---|---|---|---|---|---|
| 项目 | | | | 楼(地)面防潮层 | | | |
| | | | | 防水砂浆 | 三元乙丙橡胶卷材 | 改性沥青卷材 | |
| | | | | 20mm 厚 | | 热熔 | 冷粘 |
| 名称 | | | 单位 | $m^2$ | $m^2$ | $m^2$ | $m^2$ |
| 人工 | 00030133 | 防水工 | 工日 | 0.0506 | 0.0309 | 0.0274 | 0.0250 |
| | 00030153 | 其他工 | 工日 | 0.0203 | 0.0019 | 0.0018 | 0.0017 |
| 材料 | 02031001 | 三元乙丙卷材搭接带 | m | | 1.0075 | | |
| | 13330611 | SBS 改性沥青防水卷材 | $m^2$ | | | 1.1179 | 1.1179 |
| | 13331301 | 三元乙丙橡胶防水卷材 | $m^2$ | | 1.0768 | | |
| | 13350831 | 改性沥青嵌缝油膏 | kg | | | | 0.0568 |
| | 13350851 | SBS 弹性沥青防水胶 | kg | | | 0.2796 | 0.2796 |
| | 13351811 | 沥青嵌缝防水油膏 | kg | | | 0.0568 | |
| | 14390202 | 液化石油气 | kg | | | 0.2609 | |
| | 14414611 | 聚丁胶粘合剂 | kg | | | | 0.5196 |
| | 14414701 | 三元乙丙卷材粘合剂 | kg | | 0.6627 | | |
| | 34110101 | 水 | $m^3$ | 0.0361 | | | |
| | 80060331 | 干混防水砂浆 | $m^3$ | 0.0195 | | | |
| | | 其他材料费 | % | | 0.0300 | | |

**工作内容：** 1. 调配、涂刷聚氨酯防水涂膜。
2. 聚氨酯防水涂膜厚度增加。
3. 涂刷聚合物水泥防水涂料。
4. 聚合物水泥防水涂料厚度增加。

| 定额编号 | | | A-6-1-5 | A-6-1-6 | A-6-1-7 | A-6-1-8 |
|---|---|---|---|---|---|---|
| 项目 | | | 楼(地)面防潮层 | | | |
| | | | 聚氨酯防水涂膜 | | 聚合物水泥防水涂料 | |
| | | | 2mm 厚 | 每增 0.5mm | 1mm 厚 | 每增 0.5mm |
| | | | $m^2$ | $m^2$ | $m^2$ | $m^2$ |
| 预算定额编号 | 预算定额名称 | 预算定额单位 | 数量 | | | |
| 01-9-4-4 | 楼(地)面防水、防潮 聚氨酯防水涂膜 2.0mm 厚 | $m^2$ | 0.9500 | | | |
| 01-9-4-5 | 楼(地)面防水、防潮 聚氨酯防水涂膜 每增 0.5mm | $m^2$ | | 0.9500 | | |
| 01-9-4-6 | 楼(地)面防水、防潮 聚合物水泥防水涂料 1.0mm 厚 | $m^2$ | | | 0.9500 | |
| 01-9-4-7 | 楼(地)面防水、防潮 聚合物水泥防水涂料 每增 0.5mm | $m^2$ | | | | 0.9500 |

**工作内容：** 1. 调配、涂刷聚氨酯防水涂膜。
2. 聚氨酯防水涂膜厚度增加。
3. 涂刷聚合物水泥防水涂料。
4. 聚合物水泥防水涂料厚度增加。

| 定额编号 | | | | A-6-1-5 | A-6-1-6 | A-6-1-7 | A-6-1-8 |
|---|---|---|---|---|---|---|---|
| 项目 | | | | 楼(地)面防潮层 | | | |
| | | | | 聚氨酯防水涂膜 | | 聚合物水泥防水涂料 | |
| | | | | 2mm 厚 | 每增 0.5mm | 1mm 厚 | 每增 0.5mm |
| 名称 | | | 单位 | $m^2$ | $m^2$ | $m^2$ | $m^2$ |
| 人工 | 00030133 | 防水工 | 工日 | 0.0202 | 0.0050 | 0.0140 | 0.0056 |
| | 00030153 | 其他工 | 工日 | 0.0086 | 0.0022 | 0.0060 | 0.0024 |
| 材料 | 13058601 | 聚合物水泥防水涂料 JS | kg | | | 2.0948 | 0.8978 |
| | 13352211 | 聚氨酯防水涂料(甲乙料) | kg | 2.5715 | 0.6753 | | |
| | 14330801 | 二甲苯 | kg | 0.1197 | 0.0461 | | |
| | 34110101 | 水 | $m^3$ | | | 0.0005 | 0.0001 |

**工作内容：** 1. 涂刷水泥基渗透结晶型防水涂料。
2. 水泥基渗透结晶型防水涂料厚度增加。
3. 涂刷苯乙烯涂料。

| 定额编号 | | | A-6-1-9 | A-6-1-10 | A-6-1-11 |
|---|---|---|---|---|---|
| 项目 | | | 楼(地)面防潮层 | | |
| | | | 水泥基渗透结晶型防水涂料 | | 苯乙烯涂料二度 |
| | | | 1mm 厚 | 每增 0.5mm | |
| | | | $m^2$ | $m^2$ | $m^2$ |
| 预算定额编号 | 预算定额名称 | 预算定额单位 | 数量 | | |
| 01-9-4-8 | 楼(地)面防水、防潮 水泥基渗透结晶型防水涂料 1.0mm 厚 | $m^2$ | 0.9500 | | |
| 01-9-4-9 | 楼(地)面防水、防潮 水泥基渗透结晶型防水涂料 每增 0.5mm | $m^2$ | | 0.9500 | |
| 01-9-4-10 | 楼(地)面防水、防潮 苯乙烯涂料二度 | $m^2$ | | | 0.9500 |

**工作内容：** 1. 涂刷水泥基渗透结晶型防水涂料。
2. 水泥基渗透结晶型防水涂料厚度增加。
3. 涂刷苯乙烯涂料。

| 定额编号 | | | | A-6-1-9 | A-6-1-10 | A-6-1-11 |
|---|---|---|---|---|---|---|
| 项目 | | | | 楼(地)面防潮层 | | |
| | | | | 水泥基渗透结晶型防水涂料 | | 苯乙烯涂料二度 |
| | | | | 1mm 厚 | 每增 0.5mm | |
| 名称 | | | 单位 | $m^2$ | $m^2$ | $m^2$ |
| 人工 | 00030133 | 防水工 | 工日 | 0.0146 | 0.0056 | 0.0086 |
| | 00030153 | 其他工 | 工日 | 0.0063 | 0.0024 | 0.0005 |
| 材料 | 13030301 | 苯乙烯涂料 | kg | | | 0.4940 |
| | 13052201 | 水泥基渗透结晶防水涂料 | kg | 1.3015 | 0.3990 | |
| | 34110101 | 水 | $m^3$ | 0.0004 | 0.0001 | |

# 第二节　屋面防水

**工作内容：** 1. 铺设防水砂浆防潮层。
2. 细石混凝土防潮层浇捣养护。
3. 细石混凝土防潮层厚度增减。
4. 涂刷防水底油。

| 定额编号 | | | A-6-2-1 | A-6-2-2 | A-6-2-3 | A-6-2-4 |
|---|---|---|---|---|---|---|
| 项目 | | | 屋面防潮层 | | | |
| | | | 防水砂浆 | 细石混凝土 | | 刷防水底油二遍 |
| | | | 20mm 厚 | 40mm 厚 | 每增减10mm | |
| | | | $m^2$ | $m^2$ | $m^2$ | $m^2$ |
| 预算定额编号 | 预算定额名称 | 预算定额单位 | 数量 | | | |
| 01-9-2-10 换 | 屋面刚性防水 预拌细石混凝土(非泵送) 40mm 厚 | $m^2$ | | 0.9800 | | |
| 01-9-2-11 | 屋面刚性防水 防水砂浆 | $m^2$ | 1.1800 | | | |
| 01-9-2-12 | 屋面防水 刷防水底油 第一遍 | $m^2$ | | | | 1.1800 |
| 01-9-2-13 | 屋面防水 刷防水底油 第二遍 | $m^2$ | | | | 1.1800 |
| 01-11-1-8 换 | 预拌细石混凝土(非泵送)楼地面 每增减 10mm | $m^2$ | | | 0.9800 | |

**工作内容：** 1. 铺设防水砂浆防潮层。
2. 细石混凝土防潮层浇捣养护。
3. 细石混凝土防潮层厚度增减。
4. 涂刷防水底油。

| 定额编号 | | | | A-6-2-1 | A-6-2-2 | A-6-2-3 | A-6-2-4 |
|---|---|---|---|---|---|---|---|
| 项目 | | | | 屋面防潮层 | | | |
| | | | | 防水砂浆 | 细石混凝土 | | 刷防水底油二遍 |
| | | | | 20mm 厚 | 40mm 厚 | 每增减10mm | |
| 名称 | | | 单位 | $m^2$ | $m^2$ | $m^2$ | $m^2$ |
| 人工 | 00030127 | 一般抹灰工 | 工日 | | 0.0513 | 0.0032 | |
| | 00030133 | 防水工 | 工日 | 0.0612 | | | 0.0229 |
| | 00030153 | 其他工 | 工日 | 0.0251 | 0.0139 | 0.0001 | 0.0098 |
| 材料 | 13052901 | 冷底子油 | kg | | | | 0.9963 |
| | 34110101 | 水 | $m^3$ | 0.0448 | 0.0510 | | |
| | 80060331 | 干混防水砂浆 | $m^3$ | 0.0242 | | | |
| | 80210521 | 预拌混凝土(非泵送型) C30 粒径 5～40 | $m^3$ | | 0.0396 | 0.0099 | |
| | | 其他材料费 | % | | 0.3300 | | |
| 机械 | 99050920 | 混凝土振捣器 | 台班 | | 0.0080 | 0.0005 | |

**工作内容：** 1. 铺贴三元乙丙橡胶卷材。
2. 烘贴改性沥青卷材及附加层。
3. 粘贴改性沥青卷材及附加层。

| 定　额　编　号 | | | A-6-2-5 | A-6-2-6 | A-6-2-7 |
|---|---|---|---|---|---|
| 项　　目 | | | 屋面防潮层 | | |
| | | | 三元乙丙橡胶卷材 | 改性沥青卷材 | |
| | | | | 热熔 | 冷粘 |
| | | | $m^2$ | $m^2$ | $m^2$ |
| 预算定额编号 | 预算定额名称 | 预算定额单位 | 数　量 | | |
| 01-9-2-1 | 屋面防水 三元乙丙橡胶卷材 | $m^2$ | 1.1800 | | |
| 01-9-2-2 | 屋面防水 改性沥青卷材 热熔 | $m^2$ | | 1.1800 | |
| 01-9-2-3 | 屋面防水 改性沥青卷材 冷粘 | $m^2$ | | | 1.1800 |

**工作内容：** 1. 铺贴三元乙丙橡胶卷材。
2. 烘贴改性沥青卷材及附加层。
3. 粘贴改性沥青卷材及附加层。

| 定　额　编　号 | | | | A-6-2-5 | A-6-2-6 | A-6-2-7 |
|---|---|---|---|---|---|---|
| 项　　目 | | | | 屋面防潮层 | | |
| | | | | 三元乙丙橡胶卷材 | 改性沥青卷材 | |
| | | | | | 热熔 | 冷粘 |
| 名　　称 | | | 单位 | $m^2$ | $m^2$ | $m^2$ |
| 人工 | 00030133 | 防水工 | 工日 | 0.0291 | 0.0258 | 0.0235 |
| | 00030153 | 其他工 | 工日 | 0.0020 | 0.0018 | 0.0018 |
| 材料 | 02031001 | 三元乙丙卷材搭接带 | m | 1.2217 | | |
| | 03150811 | 水泥钢钉 | kg | 0.0002 | | |
| | 03154831 | 镀锌垫片 | kg | 0.0011 | | |
| | 13330611 | SBS改性沥青防水卷材 | $m^2$ | | 1.4599 | 1.4928 |
| | 13331301 | 三元乙丙橡胶防水卷材 | $m^2$ | 1.4420 | | |
| | 13350831 | 改性沥青嵌缝油膏 | kg | | 0.0706 | 0.0706 |
| | 13350851 | SBS弹性沥青防水胶 | kg | | 0.3651 | 0.3734 |
| | 14390202 | 液化石油气 | kg | | 0.3408 | |
| | 14414611 | 聚丁胶粘合剂 | kg | | | 0.6937 |
| | 14414701 | 三元乙丙卷材粘合剂 | kg | 0.5899 | | |

**工作内容：** 1. 调配、涂刷聚氨酯防水涂膜。
2. 聚氨酯防水涂膜厚度增加。
3. 涂刷聚合物水泥防水涂料。
4. 聚合物水泥防水涂料厚度增加。

| 定额编号 | | | A-6-2-8 | A-6-2-9 | A-6-2-10 | A-6-2-11 |
|---|---|---|---|---|---|---|
| 项目 | | | 屋面防潮层 | | | |
| | | | 聚氨酯防水涂膜 | | 聚合物水泥防水涂料 | |
| | | | 2mm 厚 | 每增 0.5mm | 1mm 厚 | 每增 0.5mm |
| | | | $m^2$ | $m^2$ | $m^2$ | $m^2$ |
| 预算定额编号 | 预算定额名称 | 预算定额单位 | 数量 | | | |
| 01-9-2-4 | 屋面防水 聚氨酯防水涂膜 2.0mm厚 | $m^2$ | 1.1800 | | | |
| 01-9-2-5 | 屋面防水 聚氨酯防水涂膜 每增 0.5mm | $m^2$ | | 1.1800 | | |
| 01-9-2-6 | 屋面防水 聚合物水泥防水涂料 1.0mm 厚 | $m^2$ | | | 1.1800 | |
| 01-9-2-7 | 屋面防水 聚合物水泥防水涂料 每增 0.5mm | $m^2$ | | | | 1.1800 |

**工作内容：** 1. 调配、涂刷聚氨酯防水涂膜。
2. 聚氨酯防水涂膜厚度增加。
3. 涂刷聚合物水泥防水涂料。
4. 聚合物水泥防水涂料厚度增加。

| 定额编号 | | | | A-6-2-8 | A-6-2-9 | A-6-2-10 | A-6-2-11 |
|---|---|---|---|---|---|---|---|
| 项目 | | | | 屋面防潮层 | | | |
| | | | | 聚氨酯防水涂膜 | | 聚合物水泥防水涂料 | |
| | | | | 2mm 厚 | 每增 0.5mm | 1mm 厚 | 每增 0.5mm |
| 名称 | | | 单位 | $m^2$ | $m^2$ | $m^2$ | $m^2$ |
| 人工 | 00030133 | 防水工 | 工日 | 0.0201 | 0.0051 | 0.0139 | 0.0055 |
| | 00030153 | 其他工 | 工日 | 0.0086 | 0.0021 | 0.0059 | 0.0024 |
| 材料 | 13058601 | 聚合物水泥防水涂料 JS | kg | | | 2.6019 | 1.1151 |
| | 13352211 | 聚氨酯防水涂料(甲乙料) | kg | 3.1940 | 0.8387 | | |
| | 14330801 | 二甲苯 | kg | 0.1487 | 0.0572 | | |
| | 34110101 | 水 | $m^3$ | | | 0.0006 | 0.0001 |

**工作内容**：1. 涂刷水泥基渗透结晶型防水涂料。
2. 水泥基渗透结晶型防水涂料厚度增加。
3. 涂刷苯乙烯涂料。

| 定 额 编 号 | | | A-6-2-12 | A-6-2-13 | A-6-2-14 |
|---|---|---|---|---|---|
| 项 目 | | | 屋面防潮层 | | |
| | | | 水泥基渗透结晶型防水涂料 | | 苯乙烯涂料二度 |
| | | | 1mm 厚 | 每增 0.5mm | |
| | | | $m^2$ | $m^2$ | $m^2$ |
| 预算定额编号 | 预算定额名称 | 预算定额单位 | 数 量 | | |
| 01-9-2-8 | 屋面防水 水泥基渗透结晶型防水涂料 1.0mm 厚 | $m^2$ | 1.1800 | | |
| 01-9-2-9 | 屋面防水 水泥基渗透结晶型防水涂料 每增 0.5mm 厚 | $m^2$ | | 1.1800 | |
| 01-9-4-10 | 楼(地)面防水、防潮 苯乙烯涂料二度 | $m^2$ | | | 1.1800 |

**工作内容**：1. 涂刷水泥基渗透结晶型防水涂料。
2. 水泥基渗透结晶型防水涂料厚度增加。
3. 涂刷苯乙烯涂料。

| 定 额 编 号 | | | | A-6-2-12 | A-6-2-13 | A-6-2-14 |
|---|---|---|---|---|---|---|
| 项 目 | | | | 屋面防潮层 | | |
| | | | | 水泥基渗透结晶型防水涂料 | | 苯乙烯涂料二度 |
| | | | | 1mm 厚 | 每增 0.5mm | |
| 名 称 | | | 单位 | $m^2$ | $m^2$ | $m^2$ |
| 人工 | 00030133 | 防水工 | 工日 | 0.0146 | 0.0055 | 0.0107 |
| | 00030153 | 其他工 | 工日 | 0.0063 | 0.0024 | 0.0006 |
| 材料 | 13030301 | 苯乙烯涂料 | kg | | | 0.6136 |
| | 13052201 | 水泥基渗透结晶防水涂料 | kg | 1.6166 | 0.4956 | |
| | 34110101 | 水 | $m^3$ | 0.0005 | 0.0001 | |

# 第三节 墙 面 防 水

工作内容：1. 敷设防水砂浆防潮层。
2. 敷贴三元乙丙橡胶卷材。
3. 烘贴改性沥青卷材及附加层。
4. 粘贴改性沥青卷材及附加层。

| 定额编号 | | | A-6-3-1 | A-6-3-2 | A-6-3-3 | A-6-3-4 |
|---|---|---|---|---|---|---|
| 项目 | | | 墙面防潮层 | | | |
| | | | 防水砂浆 | 三元乙丙橡胶卷材 | 改性沥青卷材 | |
| | | | 20mm厚 | | 热熔 | 冷粘 |
| | | | m² | m² | m² | m² |
| 预算定额编号 | 预算定额名称 | 预算定额单位 | 数量 | | | |
| 01-9-3-1 | 墙面防水、防潮 三元乙丙橡胶卷材 | m² | | 1.0000 | | |
| 01-9-3-2 | 墙面防水、防潮 改性沥青卷材热熔 | m² | | | 1.0000 | |
| 01-9-3-3 | 墙面防水、防潮 改性沥青卷材冷粘 | m² | | | | 1.0000 |
| 01-9-3-11 | 墙面防水、防潮 防水砂浆 | m² | 1.0000 | | | |

工作内容：1. 敷设防水砂浆防潮层。
2. 敷贴三元乙丙橡胶卷材。
3. 烘贴改性沥青卷材及附加层。
4. 粘贴改性沥青卷材及附加层。

| 定额编号 | | | | A-6-3-1 | A-6-3-2 | A-6-3-3 | A-6-3-4 |
|---|---|---|---|---|---|---|---|
| 项目 | | | | 墙面防潮层 | | | |
| | | | | 防水砂浆 | 三元乙丙橡胶卷材 | 改性沥青卷材 | |
| | | | | 20mm厚 | | 热熔 | 冷粘 |
| 名称 | | | 单位 | m² | m² | m² | m² |
| 人工 | 00030133 | 防水工 | 工日 | 0.0902 | 0.0523 | 0.0465 | 0.0423 |
| | 00030153 | 其他工 | 工日 | 0.0232 | 0.0030 | 0.0027 | 0.0027 |
| 材料 | 02031001 | 三元乙丙卷材搭接带 | m | | 1.0605 | | |
| | 13330611 | SBS改性沥青防水卷材 | m² | | | 1.1767 | 1.1767 |
| | 13331301 | 三元乙丙橡胶防水卷材 | m² | | 1.1335 | | |
| | 13350831 | 改性沥青嵌缝油膏 | kg | | | 0.0598 | 0.0598 |
| | 13350851 | SBS弹性沥青防水胶 | kg | | | 0.2943 | 0.2943 |
| | 14390202 | 液化石油气 | kg | | | 0.2746 | |
| | 14414611 | 聚丁胶粘合剂 | kg | | | | 0.5469 |
| | 14414701 | 三元乙丙卷材粘合剂 | kg | | 0.6976 | | |
| | 34110101 | 水 | m³ | 0.0380 | | | |
| | 80060331 | 干混防水砂浆 | m³ | 0.0205 | | | |
| | | 其他材料费 | % | | 0.3100 | | |

**工作内容：** 1. 调配、涂刷聚氨酯防水涂膜。
2. 聚氨酯防水涂膜厚度增加。
3. 涂刷聚合物水泥防水涂料。
4. 聚合物水泥防水涂料厚度增加。

| 定　额　编　号 | | | A-6-3-5 | A-6-3-6 | A-6-3-7 | A-6-3-8 |
|---|---|---|---|---|---|---|
| 项　　目 | | | 墙面防潮层 | | | |
| | | | 聚氨酯防水涂膜 | | 聚合物水泥防水涂料 | |
| | | | 2mm 厚 | 每增 0.5mm | 1mm 厚 | 每增 0.5mm |
| | | | $m^2$ | $m^2$ | $m^2$ | $m^2$ |
| 预算定额编号 | 预算定额名称 | 预算定额单位 | 数　量 | | | |
| 01-9-3-4 | 墙面防水、防潮　聚氨酯防水涂膜 2.0mm 厚 | $m^2$ | 1.0000 | | | |
| 01-9-3-5 | 墙面防水、防潮　聚氨酯防水涂膜 每增 0.5mm | $m^2$ | | 1.0000 | | |
| 01-9-3-6 | 墙面防水、防潮　聚合物水泥防水涂料 1.0mm 厚 | $m^2$ | | | 1.0000 | |
| 01-9-3-7 | 墙面防水、防潮　聚合物水泥防水涂料 每增 0.5mm | $m^2$ | | | | 1.0000 |

**工作内容：** 1. 调配、涂刷聚氨酯防水涂膜。
2. 聚氨酯防水涂膜厚度增加。
3. 涂刷聚合物水泥防水涂料。
4. 聚合物水泥防水涂料厚度增加。

| 定　额　编　号 | | | | A-6-3-5 | A-6-3-6 | A-6-3-7 | A-6-3-8 |
|---|---|---|---|---|---|---|---|
| 项　　目 | | | | 墙面防潮层 | | | |
| | | | | 聚氨酯防水涂膜 | | 聚合物水泥防水涂料 | |
| | | | | 2mm 厚 | 每增 0.5mm | 1mm 厚 | 每增 0.5mm |
| 名　　称 | | | 单位 | $m^2$ | $m^2$ | $m^2$ | $m^2$ |
| 人工 | 00030133 | 防水工 | 工日 | 0.0323 | 0.0081 | 0.0191 | 0.0073 |
| | 00030153 | 其他工 | 工日 | 0.0138 | 0.0035 | 0.0082 | 0.0032 |
| 材料 | 13058601 | 聚合物水泥防水涂料 JS | kg | | | 2.3738 | 1.0206 |
| | 13352211 | 聚氨酯防水涂料(甲乙料) | kg | 2.9813 | 0.7677 | | |
| | 14330801 | 二甲苯 | kg | 0.1260 | 0.0485 | | |
| | 34110101 | 水 | $m^3$ | | | 0.0005 | 0.0001 |

**工作内容：** 1. 涂刷水泥基渗透结晶型防水涂料。
2. 水泥基渗透结晶型防水涂料厚度增加。
3. 涂刷苯乙烯涂料。

| 定额编号 | | | A-6-3-9 | A-6-3-10 | A-6-3-11 |
|---|---|---|---|---|---|
| 项目 | | | 墙面防潮层 | | |
| | | | 水泥基渗透结晶型防水涂料 | | 苯乙烯涂料二度 |
| | | | 1mm 厚 | 每增 0.5mm | |
| | | | $m^2$ | $m^2$ | $m^2$ |
| 预算定额编号 | 预算定额名称 | 预算定额单位 | 数量 | | |
| 01-9-3-8 | 墙面防水、防潮 水泥基渗透结晶型防水涂料 1.0mm 厚 | $m^2$ | 1.0000 | | |
| 01-9-3-9 | 墙面防水、防潮 水泥基渗透结晶型防水涂料 每增 0.5mm | $m^2$ | | 1.0000 | |
| 01-9-3-10 | 墙面防水、防潮 苯乙烯涂料二度 | $m^2$ | | | 1.0000 |

**工作内容：** 1. 涂刷水泥基渗透结晶型防水涂料。
2. 水泥基渗透结晶型防水涂料厚度增加。
3. 涂刷苯乙烯涂料。

| 定额编号 | | | | A-6-3-9 | A-6-3-10 | A-6-3-11 |
|---|---|---|---|---|---|---|
| 项目 | | | | 墙面防潮层 | | |
| | | | | 水泥基渗透结晶型防水涂料 | | 苯乙烯涂料二度 |
| | | | | 1mm 厚 | 每增 0.5mm | |
| 名称 | | | 单位 | $m^2$ | $m^2$ | $m^2$ |
| 人工 | 00030133 | 防水工 | 工日 | 0.0191 | 0.0073 | 0.0141 |
| | 00030153 | 其他工 | 工日 | 0.0082 | 0.0032 | 0.0007 |
| 材料 | 13030301 | 苯乙烯涂料 | kg | | | 0.5200 |
| | 13052201 | 水泥基渗透结晶防水涂料 | kg | 1.4796 | 0.4536 | |
| | 34110101 | 水 | $m^3$ | 0.0004 | 0.0001 | |
| | | 其他材料费 | % | | | 1.6700 |

# 第七章　门 窗 工 程

# 说　　明

一、各类门窗均按工厂成品、现场安装编制。安装用配件、锚固件、辅材和木装饰条、油漆均已包含在成品门窗内。

二、门窗定额子目中，已综合了框、扇的成品、安装、五金配件、埋件等全部工作内容。

三、成品套装木门包含门套和门扇。

四、全玻璃门扇已包括地弹簧。

五、铝合金门窗按普通玻璃考虑，如设计为中空玻璃时，按相应定额子目的人工乘以系数 1.1。

六、金属卷帘(闸)门定额子目按卷帘侧装(即安装在门洞口内侧或外侧)编制，如设计要求中装(即安装在门洞中)时，应按相应定额子目的人工乘以系数 1.1。

七、金属卷帘(闸)门按铝合金编制，如设计采用不同材质时，卷帘门可以调整，其余不变。当设计带有活动小门时，按相应定额子目的人工乘以系数 1.07，卷帘门调整为带活动小门，其余不变。

八、特种门定额子目中，未包括门锁。若设计需要门锁时，可以按相应预算定额子目执行。

# 工程量计算规则

一、各类有框门窗(除成品套装木门、全玻璃旋转门)均按设计图示门窗洞口尺寸以面积计算。若为凸出墙面的圆形、弧形、异形门窗,均按展开面积计算。

二、门边带窗者,应分别计算,门宽度算至门框外口。

三、成品套装木门分单、双扇和子母,均按设计图示数量以樘计算。

四、射线防护门按设计图示门扇尺寸以面积计算。

五、无框玻璃门面积包括固定窗及侧亮。

六、金属卷帘(闸)门面积计算公式为 $S$ =洞口宽度×(洞口高度+600mm)。

七、金属卷帘(闸)门电动装置、电子感应门传感装置按设计图示数量以套计算。

八、全玻璃旋转门按设计图示数量以樘计算。

# 第一节　木　门　窗

**工作内容：** 1. 安装门框、门扇，装配五金及校正。
2,3,4. 安装门框扇，装配五金及校正。

| 定　额　编　号 | | | A-7-1-1 | A-7-1-2 | A-7-1-3 | A-7-1-4 |
|---|---|---|---|---|---|---|
| 项　　目 | | | 成品木门 | 成品套装木门 | | |
| | | | | 单扇 | 双扇 | 子母 |
| | | | $m^2$ | 樘 | 樘 | 樘 |
| 预算定额编号 | 预算定额名称 | 预算定额单位 | 数　量 | | | |
| 01-8-1-1 | 成品木门扇安装 | $m^2$ | 0.9700 | | | |
| 01-8-1-2 | 成品木门框安装 | m | 2.5884 | | | |
| 01-8-1-3 | 成品套装木门安装 单扇门 | 樘 | | 1.0000 | | |
| 01-8-1-4 | 成品套装木门安装 双扇门 | 樘 | | | 1.0000 | |
| 01-8-1-5 | 成品套装木门安装 子母门 | 樘 | | | | 1.0000 |
| 01-8-10-1 | 木门 执手锁 | 个 | 0.4977 | 1.0000 | 1.0000 | 1.0000 |
| 01-8-10-11 | 门吸 | 个 | 0.4977 | 1.0000 | 2.0000 | 1.0000 |

**工作内容：** 1. 安装门框、门扇，装配五金及校正。
2,3,4. 安装门框扇，装配五金及校正。

| 定　额　编　号 | | | | A-7-1-1 | A-7-1-2 | A-7-1-3 | A-7-1-4 |
|---|---|---|---|---|---|---|---|
| 项　　目 | | | | 成品木门 | 成品套装木门 | | |
| | | | | | 单扇 | 双扇 | 子母 |
| 名　　称 | | | 单位 | $m^2$ | 樘 | 樘 | 樘 |
| 人工 | 00030127 | 一般抹灰工 | 工日 | 0.0396 | | | |
| | 00030131 | 装饰木工 | 工日 | 0.2167 | 0.4540 | 0.6448 | 0.5697 |
| | 00030153 | 其他工 | 工日 | 0.0997 | 0.1767 | 0.2509 | 0.2216 |
| 材料 | 03030501 | 执手门锁 | 把 | 0.5027 | 1.0100 | 1.0100 | 1.0100 |
| | 03036511 | 门吸 | 个 | 0.5027 | 1.0100 | 2.0200 | 1.0100 |
| | 03150101 | 圆钉 | kg | 0.0269 | | | |
| | 05030102 | 一般木成材 | $m^3$ | 0.0028 | 0.0003 | 0.0002 | 0.0002 |
| | 11010241 | 成品木门框 | m | 2.6402 | | | |
| | 11012221 | 成品装饰门扇 | $m^2$ | 0.8871 | | | |
| | 11012231 | 成品套装木门 单扇门 | 樘 | | 1.0000 | | |
| | 11012241 | 成品套装木门 双扇门 | 樘 | | | 1.0000 | |
| | 11012251 | 成品套装木门 子母门 | 樘 | | | | 1.0000 |
| | 80060213 | 干混抹灰砂浆 DP M15.0 | $m^3$ | 0.0028 | | | |
| | | 其他材料费 | % | | 0.2494 | 0.1897 | 0.2174 |

**工作内容：**安装门框、门扇，装配五金及校正。

| 定额编号 | | | A-7-1-5 | A-7-1-6 | A-7-1-7 | A-7-1-8 |
|---|---|---|---|---|---|---|
| 项目 | | | 全玻璃木门 | 双面弹簧木门 | 成品木纱门 | 木质防火门 |
| | | | m² | m² | m² | m² |
| 预算定额编号 | 预算定额名称 | 预算定额单位 | 数量 | | | |
| 01-8-1-2 | 成品木门框安装 | m | 2.5280 | 2.5429 | 2.5429 | 2.7000 |
| 01-8-1-6 | 成品纱门扇安装 | m² | | | 0.9700 | |
| 01-8-1-7 | 木质防火门安装 | m² | | | | 0.9700 |
| 01-8-5-1 | 全玻璃门安装 有框门扇(无亮子) | m² | 0.7760 | 0.9700 | | |
| 01-8-5-1 换 | 全玻璃门安装 有框门扇(有亮子) | m² | 0.1940 | | | |
| 01-8-10-1 | 木门 执手锁 | 个 | 0.4799 | 0.4922 | | 0.5300 |
| 01-8-10-7 | 管子拉手 | 个 | | 0.4580 | | |
| 01-8-10-7 换 | 普通拉手 | 个 | | | 0.4580 | |
| 01-8-10-11 | 门吸 | 个 | 0.4799 | | | |
| 01-8-10-12 | 闭门器 明装 | 个 | | | | 0.5300 |

**工作内容：**安装门框、门扇，装配五金及校正。

| 定额编号 | | | | A-7-1-5 | A-7-1-6 | A-7-1-7 | A-7-1-8 |
|---|---|---|---|---|---|---|---|
| 项目 | | | | 全玻璃木门 | 双面弹簧木门 | 成品木纱门 | 木质防火门 |
| 名称 | | | 单位 | m² | m² | m² | m² |
| 人工 | 00030127 | 一般抹灰工 | 工日 | 0.0387 | 0.0389 | 0.0389 | 0.0413 |
| | 00030131 | 装饰木工 | 工日 | 0.4075 | 0.4058 | 0.1102 | 0.3617 |
| | 00030153 | 其他工 | 工日 | 0.1736 | 0.1729 | 0.0421 | 0.0973 |
| 材料 | 03018172 | 膨胀螺栓(钢制) M8 | 套 | 0.5384 | | | |
| | 03030501 | 执手门锁 | 把 | 0.4847 | 0.4971 | | 0.5353 |
| | 03031301 | 小拉手(普通式) | 个 | | | 0.4626 | |
| | 03032002 | 管子拉手 | 把 | | 0.4626 | | |
| | 03034371 | 地弹簧 | 只 | 0.3554 | 0.4443 | | |
| | 03036002 | 闭门器 | 只 | | | | 0.5353 |
| | 03036511 | 门吸 | 个 | 0.4847 | | | |
| | 03150101 | 圆钉 | kg | 0.0263 | 0.0264 | 0.0264 | 0.0281 |
| | 05030102 | 一般木成材 | m³ | 0.0028 | 0.0028 | 0.0028 | 0.0030 |
| | 11010241 | 成品木门框 | m | 2.5786 | 2.5938 | 2.5938 | 2.7540 |
| | 11014501 | 木质防火门 | m² | | | | 0.9530 |
| | 11190151 | 全玻璃有框门扇 | m² | 0.9700 | 0.9700 | | |
| | 11210211 | 成品纱门扇 | m² | | | 0.9700 | |
| | 80060213 | 干混抹灰砂浆 DP M15.0 | m³ | 0.0028 | 0.0028 | 0.0028 | 0.0161 |
| | 80060214 | 干混抹灰砂浆 DP M20.0 | m³ | 0.0033 | 0.0033 | | |
| | | 其他材料费 | % | | | | 0.0600 |

# 第二节 金 属 门 窗

**工作内容：** 1,3. 安装门框扇及配件、校正。
2,4. 安装窗框扇及配件、校正。

| 定额编号 | | | A-7-2-1 | A-7-2-2 | A-7-2-3 | A-7-2-4 |
|---|---|---|---|---|---|---|
| 项目 | | | 铝合金 | | 隔热断桥铝合金 | |
| | | | 门 | 窗 | 门 | 窗 |
| | | | $m^2$ | $m^2$ | $m^2$ | $m^2$ |
| 预算定额编号 | 预算定额名称 | 预算定额单位 | 数量 | | | |
| 01-8-2-1 | 铝合金门安装 平开 | $m^2$ | 0.5000 | | | |
| 01-8-2-2 | 铝合金门安装 推拉 | $m^2$ | 0.5000 | | | |
| 01-8-2-3 | 隔热断桥铝合金门安装 平开 | $m^2$ | | | 0.5000 | |
| 01-8-2-4 | 隔热断桥铝合金门安装 推拉 | $m^2$ | | | 0.5000 | |
| 01-8-6-1 | 铝合金窗安装 平开 | $m^2$ | | 0.6000 | | |
| 01-8-6-2 | 铝合金窗安装 推拉 | $m^2$ | | 0.3000 | | |
| 01-8-6-3 | 铝合金窗安装 固定 | $m^2$ | | 0.1000 | | |
| 01-8-6-5 | 隔热断桥铝合金窗安装 平开 | $m^2$ | | | | 0.6000 |
| 01-8-6-6 | 隔热断桥铝合金窗安装 推拉 | $m^2$ | | | | 0.3000 |
| 01-8-6-7 | 隔热断桥铝合金窗安装 固定 | $m^2$ | | | | 0.1000 |

**工作内容：** 1,3. 安装门框扇及配件、校正。
2,4. 安装窗框扇及配件、校正。

| 定额编号 | | | | A-7-2-1 | A-7-2-2 | A-7-2-3 | A-7-2-4 |
|---|---|---|---|---|---|---|---|
| 项目 | | | | 铝合金 | | 隔热断桥铝合金 | |
| | | | | 门 | 窗 | 门 | 窗 |
| 名称 | | | 单位 | $m^2$ | $m^2$ | $m^2$ | $m^2$ |
| 人工 | 00030131 | 装饰木工 | 工日 | 0.1755 | 0.1152 | 0.2193 | 0.1441 |
| | 00030153 | 其他工 | 工日 | 0.0683 | 0.0449 | 0.0853 | 0.0560 |
| 材料 | 03018903 | 塑料胀管带螺钉 | 套 | 5.1069 | 6.5622 | 5.1069 | 6.5622 |
| | 03035915 | 连接件(门窗专用) | 个 | 5.1069 | 6.4979 | 5.1069 | 6.4979 |
| | 11090101 | 铝合金推拉门(含玻璃) | $m^2$ | 0.4849 | | | |
| | 11090211 | 铝合金平开门(含玻璃) | $m^2$ | 0.4802 | | | |
| | 11090221 | 铝合金断桥型平开门(含中空玻璃) | $m^2$ | | | 0.4802 | |
| | 11090231 | 铝合金断桥推拉门(含中空玻璃) | $m^2$ | | | 0.4849 | |
| | 11092011 | 铝合金平开窗(含玻璃) | $m^2$ | | 0.5675 | | |
| | 11092041 | 铝合金断桥型平开窗(含中空玻璃) | $m^2$ | | | | 0.5675 |
| | 11092311 | 铝合金推拉窗(含玻璃) | $m^2$ | | 0.2863 | | |
| | 11092331 | 铝合金断桥型推拉窗(含中空玻璃) | $m^2$ | | | | 0.2863 |
| | 11092411 | 铝合金固定窗(含玻璃) | $m^2$ | | 0.0925 | | |
| | 11092421 | 铝合金断桥型固定窗(含中空玻璃) | $m^2$ | | | | 0.0925 |
| | 14372501 | 聚氨酯发泡密封胶 750ml | 支 | 1.1146 | 1.5594 | 1.1146 | 1.5594 |
| | 14412529 | 硅酮耐候密封胶 | kg | 0.7638 | 1.0605 | 0.7638 | 1.0605 |
| | | 其他材料费 | % | 0.2000 | 0.1855 | 0.2000 | 0.1831 |

**工作内容：** 1. 安装窗框扇、纱窗及配件、校正。
2,3. 安装窗框扇及配件、校正。
4. 安装门框扇及配件、校正。

| 定额编号 | | | A-7-2-5 | A-7-2-6 | A-7-2-7 | A-7-2-8 |
|---|---|---|---|---|---|---|
| 项目 | | | 铝合金<br>带纱窗 | 不锈钢<br>防盗栅栏窗 | 铝合金<br>百叶窗 | 彩钢板<br>门 |
| | | | m$^2$ | m$^2$ | m$^2$ | m$^2$ |
| 预算定额编号 | 预算定额名称 | 预算定额单位 | 数量 | | | |
| 01-8-2-7 | 彩钢板门安装 平开 | m$^2$ | | | | 0.5000 |
| 01-8-2-8 | 彩钢板门安装 推拉 | m$^2$ | | | | 0.5000 |
| 01-8-6-1 | 铝合金窗安装 平开 | m$^2$ | 0.6000 | | | |
| 01-8-6-2 | 铝合金窗安装 推拉 | m$^2$ | 0.3000 | | | |
| 01-8-6-3 | 铝合金窗安装 固定 | m$^2$ | 0.1000 | | | |
| 01-8-6-4 | 铝合金窗安装 百叶窗 | m$^2$ | | | 1.0000 | |
| 01-8-6-13 | 铝合金窗纱窗安装 隐形纱窗 | m$^2$ | 1.0000 | | | |
| 01-8-6-15 | 不锈钢防盗格栅窗 | m$^2$ | | 1.0000 | | |

**工作内容：** 1. 安装窗框扇、纱窗及配件、校正。
2,3. 安装窗框扇及配件、校正。
4. 安装门框扇及配件、校正。

| 定额编号 | | | | A-7-2-5 | A-7-2-6 | A-7-2-7 | A-7-2-8 |
|---|---|---|---|---|---|---|---|
| 项目 | | | | 铝合金<br>带纱窗 | 不锈钢<br>防盗栅栏窗 | 铝合金<br>百叶窗 | 彩钢板<br>门 |
| 名称 | | | 单位 | m$^2$ | m$^2$ | m$^2$ | m$^2$ |
| 人工 | 00030131 | 装饰木工 | 工日 | 0.1919 | 0.1145 | 0.0941 | 0.2364 |
| | 00030153 | 其他工 | 工日 | 0.0747 | 0.0445 | 0.0366 | 0.0119 |
| 材料 | 03018171 | 膨胀螺栓(钢制) M6 | 套 | | 7.6678 | | |
| | 03018903 | 塑料胀管带螺钉 | 套 | 6.5622 | | 5.5811 | 5.1069 |
| | 03035915 | 连接件(门窗专用) | 个 | 6.4979 | | 5.5264 | 5.1069 |
| | 11050301 | 彩钢板推拉门 | m$^2$ | | | | 0.4849 |
| | 11050401 | 彩钢板平开门 | m$^2$ | | | | 0.4802 |
| | 11070211 | 不锈钢防盗格栅窗 | m$^2$ | | 0.9444 | | |
| | 11092011 | 铝合金平开窗(含玻璃) | m$^2$ | 0.5675 | | | |
| | 11092311 | 铝合金推拉窗(含玻璃) | m$^2$ | 0.2863 | | | |
| | 11092411 | 铝合金固定窗(含玻璃) | m$^2$ | 0.0925 | | | |
| | 11092501 | 铝合金百叶窗 | m$^2$ | | | 0.9254 | |
| | 11210821 | 铝合金隐形纱窗 | m$^2$ | 1.0000 | | | |
| | 14372501 | 聚氨酯发泡密封胶 750ml | 支 | 1.5594 | | 2.2298 | 1.1146 |
| | 14412529 | 硅酮耐候密封胶 | kg | 1.0605 | | 1.5090 | 0.7638 |
| | | 其他材料费 | % | 0.1569 | 0.1000 | 0.0200 | 0.2000 |

**工作内容：** 1,3,4. 安装窗框扇及配件、校正。
2. 安装门框扇及配件、校正。

| 定 额 编 号 | | | A-7-2-9 | A-7-2-10 | A-7-2-11 | A-7-2-12 |
|---|---|---|---|---|---|---|
| 项 目 | | | 彩钢板 | 塑钢 | | 钢质防火窗 |
| | | | 窗 | 门 | 窗 | |
| | | | $m^2$ | $m^2$ | $m^2$ | $m^2$ |
| 预算定额编号 | 预算定额名称 | 预算定额单位 | 数 量 | | | |
| 01-8-2-5 | 塑钢门安装 平开 | $m^2$ | | 0.5000 | | |
| 01-8-2-6 | 塑钢门安装 推拉 | $m^2$ | | 0.5000 | | |
| 01-8-6-8 | 塑钢窗安装 平开 | $m^2$ | | | 0.6000 | |
| 01-8-6-9 | 塑钢窗安装 推拉 | $m^2$ | | | 0.3000 | |
| 01-8-6-10 | 塑钢窗安装 固定 | $m^2$ | | | 0.1000 | |
| 01-8-6-11 | 钢质防火窗 | $m^2$ | | | | 1.0000 |
| 01-8-6-16 | 彩钢板窗安装 平开 | $m^2$ | 0.6000 | | | |
| 01-8-6-17 | 彩钢板窗安装 推拉 | $m^2$ | 0.3000 | | | |
| 01-8-6-18 | 彩钢板窗安装 固定 | $m^2$ | 0.1000 | | | |

**工作内容：** 1,3,4. 安装窗框扇及配件、校正。
2. 安装门框扇及配件、校正。

| 定 额 编 号 | | | | A-7-2-9 | A-7-2-10 | A-7-2-11 | A-7-2-12 |
|---|---|---|---|---|---|---|---|
| 项 目 | | | | 彩钢板 | 塑钢 | | 钢质防火窗 |
| | | | | 窗 | 门 | 窗 | |
| 名 称 | | | 单位 | $m^2$ | $m^2$ | $m^2$ | $m^2$ |
| 人工 | 00030131 | 装饰木工 | 工日 | 0.1668 | 0.1589 | 0.1177 | 0.1117 |
| | 00030153 | 其他工 | 工日 | 0.0649 | 0.0618 | 0.0458 | 0.0434 |
| 材料 | 02030201 | 橡胶密封条 | m | 6.8000 | | | |
| | 03018903 | 塑料胀管带螺钉 | 套 | 6.6200 | 5.1069 | 6.6455 | |
| | 03035915 | 连接件(门窗专用) | 个 | | 5.1069 | 6.5804 | |
| | 05030102 | 一般木成材 | $m^3$ | 0.0003 | | | |
| | 11032901 | 钢质防火窗 | $m^2$ | | | | 0.9825 |
| | 11050701 | 彩钢板平开窗(含玻璃) | $m^2$ | 0.5688 | | | |
| | 11050801 | 彩钢板推拉窗(含玻璃) | $m^2$ | 0.2844 | | | |
| | 11050911 | 彩板板固定窗(含玻璃) | $m^2$ | 0.0948 | | | |
| | 11110101 | 塑钢平开门(含玻璃) | $m^2$ | | 0.4802 | | |
| | 11110401 | 塑钢推拉门(含玻璃) | $m^2$ | | 0.4849 | | |
| | 11110601 | 塑钢平开窗(含玻璃) | $m^2$ | | | 0.5675 | |
| | 11110901 | 塑钢推拉窗(含玻璃) | $m^2$ | | | 0.2836 | |
| | 11111301 | 塑钢固定窗(含玻璃) | $m^2$ | | | 0.0925 | |
| | 13350901 | 密封油膏 | kg | 0.4397 | | | |
| | 14372501 | 聚氨酯发泡密封胶 750ml | 支 | | 1.2979 | 1.5594 | |
| | 14412529 | 硅酮耐候密封胶 | kg | | 0.7638 | 1.0605 | |
| | 80060213 | 干混抹灰砂浆 DP M15.0 | $m^3$ | | | | 0.0162 |
| | | 其他材料费 | % | 0.2282 | 0.2000 | 0.2000 | 0.1000 |

**工作内容：**1,2. 安装门框扇，装配五金及校正。
3. 安装卷帘(闸)门及附件、调试。
4. 安装电动装置及配件、调试。

| 定额编号 | | | A-7-2-13 | A-7-2-14 | A-7-2-15 | A-7-2-16 |
|---|---|---|---|---|---|---|
| 项目 | | | 钢质防盗门 | 钢质防火门 | 金属卷帘(闸)门 | 金属卷帘(闸)门 电动装置 |
| | | | m² | m² | m² | 套 |
| 预算定额编号 | 预算定额名称 | 预算定额单位 | 数量 | | | |
| 01-8-2-9 | 钢质防火门 | m² | | 1.0000 | | |
| 01-8-2-10 | 钢质防盗门 | m² | 1.0000 | | | |
| 01-8-3-2 | 金属卷帘(闸)门 铝合金 | m² | | | 1.0000 | |
| 01-8-3-4 | 金属卷帘(闸)门 电动装置 | 套 | | | | 1.0000 |
| 01-8-10-1换 | 钢门 执手锁 | 个 | 0.3175 | 0.3175 | | |
| 01-8-10-12 | 闭门器 明装 | 个 | 0.6350 | 0.6350 | | |

**工作内容：**1,2. 安装门框扇，装配五金及校正。
3. 安装卷帘(闸)门及附件、调试。
4. 安装电动装置及配件、调试。

| 定额编号 | | | | A-7-2-13 | A-7-2-14 | A-7-2-15 | A-7-2-16 |
|---|---|---|---|---|---|---|---|
| 项目 | | | | 钢质防盗门 | 钢质防火门 | 金属卷帘(闸)门 | 金属卷帘(闸)门 电动装置 |
| 名称 | | | 单位 | m² | m² | m² | 套 |
| 人工 | 00030127 | 一般抹灰工 | 工日 | 0.0441 | 0.0331 | | |
| | 00030131 | 装饰木工 | 工日 | 0.2813 | 0.2923 | 0.3465 | 1.5750 |
| | 00030153 | 其他工 | 工日 | 0.1266 | 0.1266 | 0.1347 | 0.6125 |
| 材料 | 03018174 | 膨胀螺栓(钢制) M12 | 套 | | | 5.3000 | |
| | 03030902 | 钢门执手锁 | 把 | 0.3207 | 0.3207 | | |
| | 03036002 | 闭门器 | 只 | 0.6414 | 0.6414 | | |
| | 03130115 | 电焊条 J422 $\phi$4.0 | kg | 0.0969 | | 0.0950 | 3.2000 |
| | 03154813 | 铁件 | kg | 0.9578 | | 0.2880 | |
| | 11031201 | 钢质防火门 | m² | | 0.9825 | | |
| | 11230501 | 钢板防盗门 | m² | 0.9781 | | | |
| | 11250801 | 铝合金卷帘门 | m² | | | 1.0000 | |
| | 11370101 | 卷帘门电动装置 | 套 | | | | 1.0000 |
| | 80060213 | 干混抹灰砂浆 DP M15.0 | m³ | 0.0026 | 0.0135 | | |
| | | 其他材料费 | % | 0.0847 | 0.0872 | | |
| 机械 | 99250010 | 交流弧焊机 21kV·A | 台班 | 0.0041 | | 0.0040 | 0.1300 |

# 第三节 特种门窗

**工作内容：**安装门框扇及配件、校正。

| 定额编号 | | | A-7-3-1 | A-7-3-2 | A-7-3-3 | A-7-3-4 |
|---|---|---|---|---|---|---|
| 项目 | | | 变电室门 | 射线防护门 | 冷藏库门 | 冷藏间冻结门 |
| | | | $m^2$ | $m^2$ | $m^2$ | $m^2$ |
| 预算定额编号 | 预算定额名称 | 预算定额单位 | 数量 | | | |
| 01-8-4-11 | 冷藏库门 安装 | $m^2$ | | | 1.0000 | |
| 01-8-4-12 | 冷藏间冻结门 安装 | $m^2$ | | | | 1.0000 |
| 01-8-4-13 | 变电室门 安装 | $m^2$ | 1.0000 | | | |
| 01-8-4-14 | 射线防护门 安装 | $m^2$ | | 1.0000 | | |

**工作内容：**安装门框扇及配件、校正。

| 定额编号 | | | | A-7-3-1 | A-7-3-2 | A-7-3-3 | A-7-3-4 |
|---|---|---|---|---|---|---|---|
| 项目 | | | | 变电室门 | 射线防护门 | 冷藏库门 | 冷藏间冻结门 |
| 名称 | | | 单位 | $m^2$ | $m^2$ | $m^2$ | $m^2$ |
| 人工 | 00030131 | 装饰木工 | 工日 | 0.5970 | 0.2273 | 0.7739 | 0.8269 |
| | 00030153 | 其他工 | 工日 | 0.2322 | 0.0884 | 0.3009 | 0.3216 |
| 材料 | 03130115 | 电焊条 J422 $\phi$4.0 | kg | 0.8560 | 0.3110 | 0.8560 | 0.8560 |
| | 03154813 | 铁件 | kg | 1.2470 | 0.9880 | | |
| | 11230901 | 防射线门 | $m^2$ | | 1.0000 | | |
| | 11231401 | 冷藏库门 | $m^2$ | | | 1.0000 | |
| | 11231501 | 冷藏间冻结门 | $m^2$ | | | | 1.0000 |
| | 11231601 | 变电室门 | $m^2$ | 1.0000 | | | |
| | | 其他材料费 | % | 1.5000 | 1.5000 | 1.5000 | 1.5000 |
| 机械 | 99250010 | 交流弧焊机 21kV·A | 台班 | 0.0361 | 0.0131 | 0.0361 | 0.0361 |

**工作内容：**安装门框扇及配件、校正。

| 定额编号 | | | A-7-3-5 | A-7-3-6 |
|---|---|---|---|---|
| 项目 | | | 隔音门 | 保温门 |
| | | | $m^2$ | $m^2$ |
| 预算定额编号 | 预算定额名称 | 预算定额单位 | 数量 | |
| 01-8-4-9 | 隔音门 | $m^2$ | 1.0000 | |
| 01-8-4-10 | 保温门 | $m^2$ | | 1.0000 |

**工作内容：**安装门框扇及配件、校正。

| 定额编号 | | | | A-7-3-5 | A-7-3-6 |
|---|---|---|---|---|---|
| 项目 | | | | 隔音门 | 保温门 |
| 名称 | | | 单位 | $m^2$ | $m^2$ |
| 人工 | 00030131 | 装饰木工 | 工日 | 0.1691 | 0.4988 |
| | 00030153 | 其他工 | 工日 | 0.0657 | 0.1940 |
| 材料 | 03130115 | 电焊条 J422 $\phi$4.0 | kg | 0.2550 | 0.2550 |
| | 03154813 | 铁件 | kg | 1.0500 | 1.0500 |
| | 11233901 | 保温门 | $m^2$ | | 1.0000 |
| | 11234001 | 隔音门 | $m^2$ | 1.0000 | |
| | | 其他材料费 | % | 1.5000 | 1.5000 |
| 机械 | 99250010 | 交流弧焊机 21kV·A | 台班 | 0.0107 | 0.0107 |

工作内容：1,2. 制作门框垫块，安装门框扇及配件、校正。
3. 安装门框扇及配件、校正。

| 定额编号 | | | A-7-3-7 | A-7-3-8 | A-7-3-9 |
|---|---|---|---|---|---|
| 项目 | | | 木板 | 钢木 | 钢板 |
| | | | 大门 | | |
| | | | 平开 | | |
| | | | $m^2$ | $m^2$ | $m^2$ |
| 预算定额编号 | 预算定额名称 | 预算定额单位 | 数量 | | |
| 01-5-10-15 | 现场预制构件 零星构件 | $m^3$ | 0.0320 | 0.0320 | |
| 01-5-11-34 | 钢筋 零星构件 | t | 0.0020 | 0.0020 | |
| 01-8-4-1 | 厂库房木板大门安装 平开 | $m^2$ | 1.0000 | | |
| 01-8-4-3 | 厂库房钢木大门安装 平开 | $m^2$ | | 1.0000 | |
| 01-8-4-5 | 厂库房全钢板大门安装 平开 | $m^2$ | | | 1.0000 |
| 01-17-2-94 | 复合模板 零星构件 | $m^2$ | 0.4500 | 0.4500 | |

工作内容：1,2. 制作门框垫块，安装门框扇及配件、校正。
3. 安装门框扇及配件、校正。

| 定额编号 | | | | A-7-3-7 | A-7-3-8 | A-7-3-9 |
|---|---|---|---|---|---|---|
| 项目 | | | | 木板 | 钢木 | 钢板 |
| | | | | 大门 | | |
| | | | | 平开 | | |
| 名称 | | | 单位 | $m^2$ | $m^2$ | $m^2$ |
| 人工 | 00030117 | 模板工 | 工日 | 0.1328 | 0.1328 | |
| | 00030119 | 钢筋工 | 工日 | 0.0312 | 0.0312 | |
| | 00030121 | 混凝土工 | 工日 | 0.0547 | 0.0547 | |
| | 00030131 | 装饰木工 | 工日 | 0.1323 | 0.1504 | 0.1022 |
| | 00030153 | 其他工 | 工日 | 0.0945 | 0.1016 | 0.0397 |
| 材料 | 01010120 | 成型钢筋 | t | 0.0020 | 0.0020 | |
| | 02010103 | 橡胶板 δ3 | $m^2$ | | 0.0406 | |
| | 02090101 | 塑料薄膜 | $m^2$ | 0.1680 | 0.1680 | |
| | 03130115 | 电焊条 J422 φ4.0 | kg | | | 0.0537 |
| | 03150101 | 圆钉 | kg | 0.4282 | 0.4282 | |
| | 03152501 | 镀锌铁丝 | kg | 0.0100 | 0.0100 | |
| | 03154813 | 铁件 | kg | | 0.0861 | 1.8100 |
| | 05030107 | 中方材 55～100cm² | $m^3$ | 0.0170 | 0.0170 | |
| | 11014712 | 厂库房木板大门 平开 | $m^2$ | 1.0500 | | |
| | 11030211 | 钢板平开门 | $m^2$ | | | 1.0500 |
| | 11030811 | 钢木平开大门 | $m^2$ | | 1.0500 | |
| | 34110101 | 水 | $m^3$ | 0.0441 | 0.0441 | |
| | 35010801 | 复合模板 | $m^2$ | 0.1419 | 0.1419 | |
| | 80210521 | 预拌混凝土(非泵送型) C30 粒径 5～40 | $m^3$ | 0.0323 | 0.0323 | |
| | | 其他材料费 | % | 0.0691 | 1.1510 | 0.0900 |
| 机械 | 99050920 | 混凝土振捣器 | 台班 | 0.0018 | 0.0018 | |
| | 99070530 | 载重汽车 5t | 台班 | 0.0021 | 0.0021 | |
| | 99210010 | 木工圆锯机 φ500 | 台班 | 0.0027 | 0.0027 | |
| | 99250020 | 交流弧焊机 32kV·A | 台班 | | | 0.0363 |

**工作内容：**安装门框扇及配件、校正。

| 定额编号 | | | A-7-3-10 | A-7-3-11 |
|---|---|---|---|---|
| 项目 | | | 折叠式钢门 | 金属网门 |
| | | | m² | m² |
| 预算定额编号 | 预算定额名称 | 预算定额单位 | 数量 | |
| 01-8-4-7 | 厂库房全钢板大门安装 折叠 | m² | 1.0000 | |
| 01-8-4-8 | 金属网门 | m² | | 1.0000 |

**工作内容：**安装门框扇及配件、校正。

| 定额编号 | | | | A-7-3-10 | A-7-3-11 |
|---|---|---|---|---|---|
| 项目 | | | | 折叠式钢门 | 金属网门 |
| 名称 | | | 单位 | m² | m² |
| 人工 | 00030131 | 装饰木工 | 工日 | 0.0750 | 0.0870 |
| | 00030153 | 其他工 | 工日 | 0.0292 | 0.0338 |
| 材料 | 03130115 | 电焊条 J422 ϕ4.0 | kg | 0.1269 | |
| | 03154813 | 铁件 | kg | 4.2700 | |
| | 11030251 | 钢板折叠门 | m² | 1.0500 | |
| | 11234101 | 金属网门 | m² | | 1.0000 |
| | | 其他材料费 | % | 0.0500 | |
| 机械 | 99250020 | 交流弧焊机 32kV·A | 台班 | 0.0440 | |

# 第四节 其 他 门 窗

**工作内容：** 1. 安装无框玻璃门，装配五金及校正。
2. 安装门框扇，装配五金及校正。
3. 安装门框扇及附件、校正、调试。
4. 安装传感装置及调试。

| 定额编号 | | | A-7-4-1 | A-7-4-2 | A-7-4-3 | A-7-4-4 |
|---|---|---|---|---|---|---|
| 项目 | | | 无框玻璃门 | 全玻璃弹簧门 | 全玻璃旋转门 | 电子感应门<br>传感装置 |
| | | | $m^2$ | $m^2$ | 樘 | 套 |
| 预算定额编号 | 预算定额名称 | 预算定额单位 | 数量 | | | |
| 01-8-5-1 | 全玻璃门安装 有框门扇 | $m^2$ | | 1.0000 | | |
| 01-8-5-3 | 全玻璃门安装 无框(点夹)门扇 | $m^2$ | 1.0000 | | | |
| 01-8-5-5 | 全玻璃旋转门 安装 | 樘 | | | 1.0000 | |
| 01-8-5-6 | 电子感应门 传感装置 | 套 | | | | 1.0000 |
| 01-8-10-7 | 管子拉手 | 个 | 0.4580 | 0.4580 | | |

**工作内容：** 1. 安装无框玻璃门，装配五金及校正。
2. 安装门框扇，装配五金及校正。
3. 安装门框扇及附件、校正、调试。
4. 安装传感装置及调试。

| 定额编号 | | | | A-7-4-1 | A-7-4-2 | A-7-4-3 | A-7-4-4 |
|---|---|---|---|---|---|---|---|
| 项目 | | | | 无框玻璃门 | 全玻璃弹簧门 | 全玻璃旋转门 | 电子感应门<br>传感装置 |
| 名称 | | | 单位 | $m^2$ | $m^2$ | 樘 | 套 |
| 人工 | 00030131 | 装饰木工 | 工日 | 0.3223 | 0.3069 | 7.8750 | 1.3130 |
| | 00030153 | 其他工 | 工日 | 0.1253 | 0.1193 | 3.0625 | 0.5099 |
| 材料 | 03018903 | 塑料胀管带螺钉 | 套 | | | | 6.1200 |
| | 03032002 | 管子拉手 | 把 | 0.4626 | 0.4626 | | |
| | 03034371 | 地弹簧 | 只 | 0.4580 | 0.4580 | | |
| | 03130115 | 电焊条 J422 $\phi 4.0$ | kg | | | | 0.5000 |
| | 03154813 | 铁件 | kg | | | | 4.0000 |
| | 11190115 | 无框玻璃门(含点夹) 单层 $\delta 12$ | $m^2$ | 1.0000 | | | |
| | 11190151 | 全玻璃有框门扇 | $m^2$ | | 1.0000 | | |
| | 11190203 | 全玻璃旋转门(含玻璃转轴全套) | 樘 | | | 1.0000 | |
| | 11370201 | 自动门传感装置 | 套 | | | | 1.0000 |
| | 80060214 | 干混抹灰砂浆 DP M20.0 | $m^3$ | 0.0034 | 0.0034 | | |
| | | 其他材料费 | % | | | 0.1000 | |
| 机械 | 99250010 | 交流弧焊机 21kV·A | 台班 | | | | 0.0200 |

# 第八章　装 饰 工 程

# 说　明

一、墙、柱面装饰

1. 块料面层定额均为差量定额,已扣除相关章节中综合的粉刷。

2. 圆弧形等不规则的墙面抹灰及镶贴块料饰面,按相应定额子目的人工乘以系数1.15。

3. 块料面层不分墙面和墙裙,墙、柱面高度在300mm以内者,作为踢脚线已综合考虑在相应楼地面块料面层定额子目中。

4. 石材块料面层均按工厂成品、现场安装编制,定额子目中已包括相应的勾缝或嵌缝。

5. 外墙镶贴块料釉面砖、劈离砖和金属面砖定额不分密铺和稀铺。稀铺中的勾缝已包含在相应定额子目内。

6. 饰面、隔墙定额中,单面系指在结构墙体上做装饰层,双面系指隔断。

二、幕墙

1. 玻璃幕墙中的玻璃按成品玻璃编制。

2. 幕墙定额子目中,已包括封边、封顶、四周收口,但未包括防火棉、保温棉等。

3. 曲面、异型幕墙按相应定额子目的人工乘以系数1.15。

4. 全玻璃幕墙定额子目中,如设计要求增加型钢骨架者,按预算定额墙饰面外墙型钢龙骨定额子目执行。

三、隔断

1. 硬木玻璃隔断定额子目中,已综合了木材面油漆。

2. 五金配件已包含在成品浴厕隔断内。

四、楼地面装饰

1. 整体面层、块料面层、橡塑面层、复合地板、防静电活动地板定额子目中,已综合了找平层和踢脚线。

2. 块料面层铺贴定额子目中,已包括块料直行切割。如设计要求分格、分色者,按相应定额子目的人工乘以系数1.1。

3. 玻化砖按地砖相应定额子目执行。

4. 碎拼石材、广场砖块料面层定额子目中,已综合了找平层,但未综合踢脚线。

5. 广场砖铺贴定额子目中,如设计要求铺贴为环形及菱形者,按相应定额子目的人工乘以系数1.2。

6. 木地板面层定额子目中,已综合了相应的基层、踢脚线,油漆已包含在成品木地板和木踢脚线内。

7. 安装用配件、锚固件、辅材和支架已包含在成品防静电活动地板内。

8. 地毯定额子目中,已综合了找平层。

9. 楼梯、台阶面层定额均为差量定额,已扣除相关章节中综合的抹面。

10. 楼梯面层定额子目中,已综合了踢脚线、侧边、底面抹灰和粉刷。地毯楼梯定额子目中还综合了踏步压棍。

11. 弧形楼梯面层按相应定额子目的人工乘以系数1.2。

12. 楼梯、台阶面层定额子目中,未综合防滑条,如做防滑条者,按相应预算定额子目执行。

13. 如设计采用地暖者,其找平层按相应定额子目的人工乘以系数1.3,材料乘以系数0.95。

五、其他装饰

1. 扶手、栏杆、栏板按工厂成品、现场安装编制,安装用配件、锚固件、辅材和扶手弯头、连接件已包含在成品扶手、栏杆、栏板内。

2. 不锈钢管扶手不锈钢栏杆定额子目中,已综合考虑了直形栏杆、弧形栏杆。

3. 装饰条按工厂成品、现场安装编制。油漆已包含在成品木线条内。

4. 石材装饰条安装定额子目中,已包括相应的勾缝或嵌缝。

5. 装饰条定额子目中,已综合考虑了不同宽度的装饰线条。

6. 窗帘盒定额子目按现场制作编制,已综合了油漆。

7. 门窗套(筒子板)饰面板按工厂成品、现场安装编制,安装用配件、锚固件、辅材和油漆已包含在成品饰面板内。

8. 窗台板饰面板按工厂成品、现场安装编制,安装用配件、锚固件、辅材和油漆已包含在成品饰面板内。

六、天棚

1. 天棚定额子目中,已综合考虑了平面和梯级,并已综合了基层、面层,部分还综合了相应的油漆。

2. 软膜天棚定额子目中,已综合考虑了矩形和圆形。

3. 采光天棚定额子目中,已综合考虑了钢结构和铝结构。

4. 铝合金格栅天棚定额子目中,已包括临时加固支撑搭拆。

七、油漆、涂料、裱糊

金属面防火涂料定额子目中,耐火时间、涂层厚度综合取定。

# 工程量计算规则

一、墙、柱面装饰

1. 墙饰面按设计图示尺寸以饰面面积计算，应扣除门窗、洞口及单个面积＞$0.3m^2$的孔洞所占面积。不扣除≤$0.3m^2$的孔洞所占面积。门窗、洞口及孔洞侧壁面积亦不增加。

2. 独立柱镶贴块料面层按设计图示饰面外围尺寸乘以高度以面积计算。带牛腿者，牛腿按展开面积并入柱工程量内计算。

3. 独立梁镶贴块料面层按设计图示饰面外围尺寸乘以长度以面积计算。

二、幕墙

1. 幕墙均按设计图示框外围尺寸以面积计算。

2. 与幕墙同种材质的窗，并入幕墙面积内计算。

三、隔断

1. 隔断按设计图示框外围尺寸以面积计算，应扣除门窗、洞口及单个面积＞$0.3m^2$的孔洞所占面积。

2. 浴厕间壁按设计图示数量以间计算。

四、楼地面装饰

1. 整体面层按楼层建筑面积计算，应扣除凸出地面的构筑物、设备基础、地沟等所占面积，不扣除间壁墙及单个面积≤$0.3m^2$柱、垛及孔洞所占面积，门洞、空圈 、暖气包槽、壁龛的开口部分面积亦不增加。

2. 块料面层、木地板、橡塑面层、复合地板、防静电活动地板、地毯按设计图示尺寸以面积计算。门洞、空圈 、暖气包槽和壁龛的开口部分面积并入相应饰面面层工程量内计算。

3. 楼梯面层按设计图示尺寸以楼梯(包括踏步、休息平台及≤500mm 的楼梯井)水平投影面积计算。楼梯与楼地面相连时，算至梯口梁内侧边沿；无梯口梁者，算至最上一层踏步边沿加 300mm。

4. 台阶面层按设计图示尺寸以台阶(包括最上层踏步边沿加 300mm)水平投影面积计算。

五、其他装饰

1. 扶手、栏杆、栏板、成品栏杆(带扶手)均按设计图示尺寸以中心线长度(包括弯头)计算。

2. 装饰条按设计图示尺寸以长度计算。

3. 窗帘盒按设计图示尺寸以长度计算。如设计图纸未注明尺寸时，可以按窗洞口尺寸加 300mm 计算。

4. 门窗套(筒子板)按设计图示饰面外围尺寸以展开面积计算。

5. 窗台板按设计图示长度乘以宽度以面积计算。图纸未注明长度和宽度的，可按窗框的外围宽度两边共加 100mm 计算，凸出墙面的宽度按墙面外加 50mm 计算。

六、天棚

1. 天棚按主墙间水平投影面积计算，应扣除单个面积＞$0.3m^2$的孔洞、独立柱及与天棚相连的窗帘箱所占面积，不扣除间壁墙、垛、柱、检查口和管道所占面积。

2. 软膜、采光天棚按设计图示尺寸以框外围面积计算。

七、油漆、涂料、裱糊

1. 内墙涂刷按设计图示主墙间净长度乘高度以面积计算，应扣除门窗、洞口及单个面积＞$0.3m^2$的孔洞所占面积，不扣除踢脚线、挂镜线及≤$0.3m^2$的孔洞和墙与构件交接处的面积，门窗、洞口、孔洞的侧壁及顶面面积亦不增加。附墙柱、梁、垛的侧面，并入相应的墙面涂刷工程量内计算。

2. 外墙涂刷按垂直投影面积计算，应扣除门窗、洞口及单个面积＞$0.3m^2$的孔洞所占面积，门窗、洞口及孔洞侧壁面积亦不增加。附墙柱、梁、垛侧面涂刷面积并入相应墙面工程量内计算。

3. 贴装饰面按设计图示饰面尺寸以面积计算。

4. 金属面防火涂料、氟碳漆按设计图示尺寸以质量计算。

5. 天棚涂刷按设计图示尺寸以水平投影面积计算。不扣除间壁墙、垛、柱、检查口和管道所占面积。带梁天棚的梁两侧涂刷面积及檐口天棚的涂刷面积，并入天棚涂刷工程量内计算。

# 第一节 墙、柱面装饰

**工作内容**：1,2,3. 墙面粘贴块料面层。
4. 墙面挂贴石材块料。

| 定额编号 | | | A-8-1-1 | A-8-1-2 | A-8-1-3 | A-8-1-4 |
|---|---|---|---|---|---|---|
| 项目 | | | 瓷砖 | 假麻石砖 | 陶瓷锦砖 | 挂贴石材块料 砂浆 |
| | | | 墙面 | | | |
| | | | 差量 | | | |
| | | | $m^2$ | $m^2$ | $m^2$ | $m^2$ |
| 预算定额编号 | 预算定额名称 | 预算定额单位 | 数量 | | | |
| 01-12-1-2 | 一般抹灰 内墙 | $m^2$ | −1.0000 | −1.0000 | −1.0000 | −1.0000 |
| 01-12-4-1 | 石材墙面 干混砂浆挂贴 | $m^2$ | | | | 1.0000 |
| 01-12-4-16 | 假麻石砖墙面 粘合剂粘贴 | $m^2$ | | 1.0000 | | |
| 01-12-4-22 | 陶瓷锦砖墙面 粘合剂粘贴 | $m^2$ | | | 1.0000 | |
| 01-12-4-26 | 瓷砖墙面粘合剂粘贴 每块面积0.025$m^2$以外 | $m^2$ | 1.0000 | | | |

**工作内容**：1,2,3. 墙面粘贴块料面层。
4. 墙面挂贴石材块料。

| 定额编号 | | | | A-8-1-1 | A-8-1-2 | A-8-1-3 | A-8-1-4 |
|---|---|---|---|---|---|---|---|
| 项目 | | | | 瓷砖 | 假麻石砖 | 陶瓷锦砖 | 挂贴石材块料 砂浆 |
| | | | | 墙面 | | | |
| | | | | 差量 | | | |
| | | 名称 | 单位 | $m^2$ | $m^2$ | $m^2$ | $m^2$ |
| 人工 | 00030127 | 一般抹灰工 | 工日 | −0.1094 | −0.1094 | −0.1094 | −0.1094 |
| | 00030129 | 装饰抹灰工(镶贴) | 工日 | 0.3039 | 0.3036 | 0.3629 | 0.3943 |
| | 00030153 | 其他工 | 工日 | 0.0479 | 0.0479 | 0.0606 | 0.0674 |
| 材料 | 01010453 | 热轧光圆钢筋(HPB300) $\phi$6.5 | kg | | | | 1.1867 |
| | 01410102 | 黄铜丝 | kg | | | | 0.0777 |
| | 03018174 | 膨胀螺栓(钢制) M12 | 套 | | | | 5.3025 |
| | 03130115 | 电焊条 J422 $\phi$4.0 | kg | | | | 0.0151 |
| | 03154813 | 铁件 | kg | | | | 0.3487 |
| | 03210801 | 石料切割锯片 | 片 | 0.0096 | 0.0024 | | 0.0139 |
| | 07011533 | 瓷砖 200×300 | $m^2$ | 1.0400 | | | |
| | 07030512 | 假麻石砖 150×150 | $m^2$ | | 1.0300 | | |
| | 07070301 | 陶瓷锦砖 | $m^2$ | | | 1.0200 | |
| | 08010105 | 石材饰面板 $\delta$20 | $m^2$ | | | | 1.0200 |
| | 14417221 | 石材填缝剂 | kg | | | | 0.1500 |
| | 14417301 | 陶瓷砖粘合剂 | kg | 4.6125 | 4.6125 | 4.6125 | |
| | 14417401 | 陶瓷砖填缝剂 | kg | 0.1500 | 0.1500 | 0.2500 | |
| | 34110101 | 水 | $m^3$ | 0.0047 | 0.0093 | 0.0052 | 0.0121 |
| | 80060213 | 干混抹灰砂浆 DP M15.0 | $m^3$ | −0.0205 | −0.0205 | −0.0205 | −0.0205 |
| | 80060214 | 干混抹灰砂浆 DP M20.0 | $m^3$ | 0.0174 | 0.0134 | 0.0174 | 0.0307 |
| | | 其他材料费 | % | 0.3230 | 0.3493 | 0.4621 | 0.9509 |
| 机械 | 99250020 | 交流弧焊机 32kV·A | 台班 | | | | 0.0015 |

**工作内容：** 1. 墙面铺贴石材块料。
2. 墙面粘贴石材块料。
3,4. 墙面干挂石材块料。

| 定额编号 | | | A-8-1-5 | A-8-1-6 | A-8-1-7 | A-8-1-8 |
|---|---|---|---|---|---|---|
| 项目 | | | 贴石材块料 | | 干挂石材块料 | |
| | | | 砂浆 | 粘结剂 | 扣件干挂 | 背栓干挂 |
| | | | 墙面 | | | |
| | | | 差量 | | | |
| | | | m$^2$ | m$^2$ | m$^2$ | m$^2$ |
| 预算定额编号 | 预算定额名称 | 预算定额单位 | 数量 | | | |
| 01-12-1-2 | 一般抹灰 内墙 | m$^2$ | −1.0000 | −1.0000 | −1.0000 | −1.0000 |
| 01-12-4-2 | 石材墙面 干混砂浆铺贴 | m$^2$ | 1.0000 | | | |
| 01-12-4-3 | 石材墙面 粘合剂粘贴 | m$^2$ | | 1.0000 | | |
| 01-12-4-4 | 干挂石材 内墙面 | m$^2$ | | | 1.0000 | |
| 01-12-4-6 | 背栓干挂石材 外墙面 勾缝 | m$^2$ | | | | 1.0000 |

**工作内容：** 1. 墙面铺贴石材块料。
2. 墙面粘贴石材块料。
3,4. 墙面干挂石材块料。

| 定额编号 | | | | A-8-1-5 | A-8-1-6 | A-8-1-7 | A-8-1-8 |
|---|---|---|---|---|---|---|---|
| 项目 | | | | 贴石材块料 | | 干挂石材块料 | |
| | | | | 砂浆 | 粘结剂 | 扣件干挂 | 背栓干挂 |
| | | | | 墙面 | | | |
| | | | | 差量 | | | |
| | | 名称 | 单位 | m$^2$ | m$^2$ | m$^2$ | m$^2$ |
| 人工 | 00030127 | 一般抹灰工 | 工日 | −0.1094 | −0.1094 | −0.1094 | −0.1094 |
| | 00030129 | 装饰抹灰工(镶贴) | 工日 | 0.3423 | 0.3484 | 0.4020 | 0.4427 |
| | 00030153 | 其他工 | 工日 | 0.0562 | 0.0575 | 0.0691 | 0.0778 |
| 材料 | 02191205 | 泡沫密封条 $\phi$18 | m | | | | 3.2130 |
| | 03014426 | 不锈钢六角螺栓连母垫 M6×30 | 套 | | | | 8.5800 |
| | 03014427 | 不锈钢六角螺栓连母垫 M8×30 | 套 | | | | 6.2220 |
| | 03018174 | 膨胀螺栓(钢制) M12 | 套 | | | 6.6096 | |
| | 03210801 | 石料切割锯片 | 片 | 0.0139 | 0.0139 | 0.0139 | 0.0173 |
| | 08010105 | 石材饰面板 $\delta$20 | m$^2$ | 1.0200 | 1.0200 | | |
| | 08010107 | 石材饰面板 $\delta$25 | m$^2$ | | | 1.0200 | 1.0000 |
| | 14412548 | 密封胶 | kg | | | | 0.3967 |
| | 14417201 | 云石胶 | kg | | | 1.3884 | 0.1961 |
| | 14417211 | 石材粘合剂 | kg | | 7.6875 | | |
| | 14417221 | 石材填缝剂 | kg | 0.1500 | 0.1500 | 0.1500 | |
| | 34051711 | 美纹纸带 | m | | | | 4.8700 |
| | 34110101 | 水 | m$^3$ | 0.0039 | 0.0039 | 0.0122 | 0.0129 |
| | 40010911 | 石材不锈钢背栓 | 套 | | | | 6.2220 |
| | 40011111 | 石材不锈钢挂件 | 套 | | | 6.6096 | 6.2220 |
| | 40011141 | 铝合金转接件 | kg | | | | 1.6900 |
| | 80060213 | 干混抹灰砂浆 DP M15.0 | m$^3$ | −0.0205 | −0.0205 | −0.0205 | −0.0205 |
| | 80060214 | 干混抹灰砂浆 DP M20.0 | m$^3$ | 0.0267 | 0.0203 | | |
| | | 其他材料费 | % | 0.9486 | 0.9482 | 0.0812 | 0.9397 |
| 机械 | 99191410 | 后切式石料加工机 | 台班 | | | | 0.0121 |

**工作内容：**1,2. 柱梁面粘贴面砖。
3,4. 柱面挂贴石材块料。

| 定 额 编 号 | | | A-8-1-9 | A-8-1-10 | A-8-1-11 | A-8-1-12 |
|---|---|---|---|---|---|---|
| 项 目 | | | 假麻石砖 | 陶瓷锦砖 | 挂贴石材块料 砂浆 | |
| | | | 柱、梁面 | | 柱面 | 圆柱面 |
| | | | 差量 | | 差量 | |
| | | | m² | m² | m² | m² |
| 预算定额编号 | 预算定额名称 | 预算定额单位 | 数 量 | | | |
| 01-12-2-1 | 一般抹灰 柱、梁面 | m² | -1.0000 | -1.0000 | -1.0000 | -1.0000 |
| 01-12-5-1 | 石材方柱面 干混砂浆挂贴 | m² | | | 1.0000 | |
| 01-12-5-2 | 石材圆柱面 干混砂浆挂贴 | m² | | | | 1.0000 |
| 01-12-5-10 | 假麻石砖柱面 粘合剂粘贴 | m² | 0.5000 | | | |
| 01-12-5-12 | 陶瓷锦砖柱(梁)面 粘合剂粘贴 | m² | | 1.0000 | | |
| 01-12-5-21 | 假麻石砖梁面 粘合剂粘贴 | m² | 0.5000 | | | |

**工作内容：**1,2. 柱梁面粘贴面砖。
3,4. 柱面挂贴石材块料。

| 定 额 编 号 | | | | A-8-1-9 | A-8-1-10 | A-8-1-11 | A-8-1-12 |
|---|---|---|---|---|---|---|---|
| 项 目 | | | | 假麻石砖 | 陶瓷锦砖 | 挂贴石材块料 砂浆 | |
| | | | | 柱、梁面 | | 柱面 | 圆柱面 |
| | | | | 差量 | | 差量 | |
| 名 称 | | | 单位 | m² | m² | m² | m² |
| 人工 | 00030127 | 一般抹灰工 | 工日 | -0.1658 | -0.1658 | -0.1658 | -0.1658 |
| | 00030129 | 装饰抹灰工(镶贴) | 工日 | 0.4209 | 0.4748 | 0.4981 | 0.5024 |
| | 00030153 | 其他工 | 工日 | 0.0703 | 0.0819 | 0.0869 | 0.0879 |
| 材料 | 01010453 | 热轧光圆钢筋(HPB300) ϕ6.5 | kg | | | 1.9251 | 1.9705 |
| | 01410102 | 黄铜丝 | kg | | | 0.0777 | 0.0777 |
| | 03018174 | 膨胀螺栓(钢制) M12 | 套 | | | 13.5744 | 12.9734 |
| | 03130115 | 电焊条 J422 ϕ4.0 | kg | | | 0.0266 | 0.0266 |
| | 03154813 | 铁件 | kg | | | 0.3058 | 0.3425 |
| | 03210801 | 石料切割锯片 | 片 | 0.0024 | | 0.0349 | 0.0421 |
| | 07030512 | 假麻石砖 150×150 | m² | 1.0600 | | | |
| | 07070301 | 陶瓷锦砖 | m² | | 1.0400 | | |
| | 08010105 | 石材饰面板 δ20 | m² | | | 1.0600 | |
| | 08010109 | 石材圆弧形饰面板 δ25 | m² | | | | 1.0600 |
| | 14417221 | 石材填缝剂 | kg | | | 0.1900 | 0.1900 |
| | 14417301 | 陶瓷砖粘合剂 | kg | 4.7250 | 4.7250 | | |
| | 14417401 | 陶瓷砖填缝剂 | kg | 0.1900 | 0.2600 | | |
| | 34110101 | 水 | m³ | 0.0106 | 0.0045 | 0.0139 | 0.0130 |
| | 80060213 | 干混抹灰砂浆 DP M15.0 | m³ | -0.0185 | -0.0185 | -0.0185 | -0.0185 |
| | 80060214 | 干混抹灰砂浆 DP M20.0 | m³ | 0.0152 | 0.0174 | 0.0331 | 0.0397 |
| | | 其他材料费 | % | 0.0187 | 0.1896 | 0.8826 | 0.4496 |
| 机械 | 99250020 | 交流弧焊机 32kV·A | 台班 | | | 0.0026 | 0.0029 |

**工作内容：** 1. 柱面铺贴石材块料。
2. 柱面粘贴石材块料。
3. 柱面干挂石材块料。

| 定额编号 | | | A-8-1-13 | A-8-1-14 | A-8-1-15 |
|---|---|---|---|---|---|
| 项目 | | | 铺贴石材块料 | | 干挂石材块料 |
| | | | 砂浆 | 粘结剂 | 扣件干挂 |
| | | | 柱面 | | |
| | | | 差量 | | |
| | | | m² | m² | m² |
| 预算定额编号 | 预算定额名称 | 预算定额单位 | 数量 | | |
| 01-12-2-1 | 一般抹灰 柱、梁面 | m² | −1.0000 | −1.0000 | −1.0000 |
| 01-12-5-4 | 石材方柱面 干混砂浆铺贴 | m² | 1.0000 | | |
| 01-12-5-5 | 石材方柱面 粘合剂粘贴 | m² | | 1.0000 | |
| 01-12-5-6 | 石材方柱面 干挂 | m² | | | 1.0000 |

**工作内容：** 1. 柱面铺贴石材块料。
2. 柱面粘贴石材块料。
3. 柱面干挂石材块料。

| 定额编号 | | | | A-8-1-13 | A-8-1-14 | A-8-1-15 |
|---|---|---|---|---|---|---|
| 项目 | | | | 铺贴石材块料 | | 干挂石材块料 |
| | | | | 砂浆 | 粘结剂 | 扣件干挂 |
| | | | | 柱面 | | |
| | | | | 差量 | | |
| 名称 | | | 单位 | m² | m² | m² |
| 人工 | 00030127 | 一般抹灰工 | 工日 | −0.1658 | −0.1658 | −0.1658 |
| | 00030129 | 装饰抹灰工(镶贴) | 工日 | 0.3985 | 0.4224 | 0.5753 |
| | 00030153 | 其他工 | 工日 | 0.0655 | 0.0706 | 0.1035 |
| 材料 | 03018174 | 膨胀螺栓(钢制) M12 | 套 | | | 8.3997 |
| | 03210801 | 石料切割锯片 | 片 | 0.0269 | 0.0269 | 0.0349 |
| | 08010105 | 石材饰面板 δ20 | m² | 1.0600 | 1.0600 | |
| | 08010107 | 石材饰面板 δ25 | m² | | | 1.0600 |
| | 14417201 | 云石胶 | kg | | | 1.3751 |
| | 14417211 | 石材粘合剂 | kg | | 7.8750 | |
| | 14417221 | 石材填缝剂 | kg | 0.1900 | 0.1900 | 0.1900 |
| | 34110101 | 水 | m³ | 0.0039 | 0.0039 | 0.0163 |
| | 40011111 | 石材不锈钢挂件 | 套 | | | 8.3997 |
| | 80060213 | 干混抹灰砂浆 DP M15.0 | m³ | −0.0185 | −0.0185 | −0.0185 |
| | 80060214 | 干混抹灰砂浆 DP M20.0 | m³ | 0.0284 | 0.0220 | |
| | | 其他材料费 | % | 0.8759 | 0.8773 | |

**工作内容：**1. 墙柱面铺贴面砖。
2,3,4. 墙柱面粘贴面砖。

| 定 额 编 号 | | | A-8-1-16 | A-8-1-17 | A-8-1-18 | A-8-1-19 |
|---|---|---|---|---|---|---|
| 项 目 | | | 波形面砖 | 无釉面砖 | 金属面砖 | 劈离砖 |
| | | | 墙、柱面 | | | |
| | | | 差量 | | | |
| | | | m² | m² | m² | m² |
| 预算定额编号 | 预算定额名称 | 预算定额单位 | 数 量 | | | |
| 01-12-1-2 | 一般抹灰 内墙 | m² | -1.0000 | -1.0000 | -1.0000 | -1.0000 |
| 01-12-4-14 | 面砖稀缝墙面粘合剂粘贴 每块面积 0.01m² 以外 | m² | | 1.0000 | | |
| 01-12-4-18 | 金属面砖墙面 粘合剂粘贴 | m² | | | 1.0000 | |
| 01-12-4-20 | 劈离砖墙面 粘合剂粘贴 | m² | | | | 1.0000 |
| 01-12-4-32 | 波形面砖墙面 干混砂浆铺贴 | m² | 0.8500 | | | |
| 01-12-5-15 | 波形面砖柱面 干混砂浆铺贴 | m² | 0.1500 | | | |

**工作内容：**1. 墙柱面铺贴面砖。
2,3,4. 墙柱面粘贴面砖。

| 定 额 编 号 | | | | A-8-1-16 | A-8-1-17 | A-8-1-18 | A-8-1-19 |
|---|---|---|---|---|---|---|---|
| 项 目 | | | | 波形面砖 | 无釉面砖 | 金属面砖 | 劈离砖 |
| | | | | 墙、柱面 | | | |
| | | | | 差量 | | | |
| 名 称 | | | 单位 | m² | m² | m² | m² |
| 人工 | 00030127 | 一般抹灰工 | 工日 | -0.1094 | -0.1094 | -0.1094 | -0.1094 |
| | 00030129 | 装饰抹灰工(镶贴) | 工日 | 0.3237 | 0.3709 | 0.3049 | 0.3049 |
| | 00030153 | 其他工 | 工日 | 0.0163 | 0.0624 | 0.0481 | 0.0481 |
| 材料 | 03210801 | 石料切割锯片 | 片 | 0.0024 | 0.0024 | 0.0024 | 0.0024 |
| | 07030037 | 面砖 75×150 | m² | | 0.9345 | | |
| | 07030351 | 金属面砖 60×240 | m² | | | 1.0300 | |
| | 07030414 | 波形面砖 200×200 | m² | 1.0345 | | | |
| | 07030513 | 劈离砖 94×194 | m² | | | | 1.0300 |
| | 14417301 | 陶瓷砖粘合剂 | kg | | 4.6125 | 4.6125 | 4.6125 |
| | 14417401 | 陶瓷砖填缝剂 | kg | | | 0.1500 | 0.1500 |
| | 34110101 | 水 | m³ | | 0.0111 | 0.0048 | 0.0050 |
| | 80060213 | 干混抹灰砂浆 DP M15.0 | m³ | -0.0205 | -0.0205 | -0.0205 | -0.0205 |
| | 80060214 | 干混抹灰砂浆 DP M20.0 | m³ | 0.0305 | 0.0165 | 0.0134 | 0.0184 |
| | | 其他材料费 | % | 0.5118 | 0.6734 | 0.0103 | 0.5590 |

**工作内容：** 1. 龙骨基层、单面钢丝网铺钉，防火防腐处理，单面粉刷及满批腻子、涂刷乳胶漆两遍。
2. 龙骨基层、双面钢丝网铺钉，防火防腐处理，双面粉刷及满批腻子、涂刷乳胶漆两遍。
3. 龙骨基层铺钉、防火防腐处理、面层板铺贴、木材面油漆。

| 定额编号 | | | A-8-1-20 | A-8-1-21 | A-8-1-22 |
|---|---|---|---|---|---|
| 项目 | | | 板条墙 | | 板墙 |
| | | | 单面钢丝网 | 双面钢丝网 | 单面胶合板 |
| | | | $m^2$ | $m^2$ | $m^2$ |
| 预算定额编号 | 预算定额名称 | 预算定额单位 | 数量 | | |
| 01-12-1-4 | 一般抹灰 钢板网墙 | $m^2$ | 1.0000 | 2.0000 | |
| 01-12-1-9 | 钢丝网铺钉 | $m^2$ | 1.0000 | 2.0000 | |
| 01-12-7-2 | 墙饰面 木龙骨基层（断面 7.5$cm^2$以内）中距 400mm 以内 | $m^2$ | 1.0000 | | |
| 01-12-7-3 | 墙饰面 木龙骨基层（断面 13$cm^2$以内）中距 300mm 以内 | $m^2$ | | | 1.0000 |
| 01-12-7-4 | 墙饰面 木龙骨基层（断面 13$cm^2$以内）中距 400mm 以内 | $m^2$ | | 1.0000 | |
| 01-12-7-16 | 墙饰面 面层 胶合板 | $m^2$ | | | 1.0000 |
| 01-14-3-7 | 其他木材面油漆 满刮腻子、底漆两遍、聚酯清漆两遍 | $m^2$ | | | 0.8300 |
| 01-14-3-8 | 其他木材面油漆 每增加一遍聚酯清漆 | $m^2$ | | | 0.8300 |
| 01-14-3-11 | 双向木龙骨 防火涂料两遍 | $m^2$ | 1.0000 | 1.0000 | 1.0000 |
| 01-14-3-17 | 双向木龙骨 防腐油一遍 | $m^2$ | 1.0000 | 1.0000 | 1.0000 |
| 01-14-5-7 | 乳胶漆 室内墙面 两遍 | $m^2$ | 1.0000 | 2.0000 | |

**工作内容：** 1. 龙骨基层、单面钢丝网铺钉，防火防腐处理，单面粉刷及满批腻子、涂刷乳胶漆两遍。
2. 龙骨基层、双面钢丝网铺钉，防火防腐处理，双面粉刷及满批腻子、涂刷乳胶漆两遍。
3. 龙骨基层铺钉、防火防腐处理、面层板铺贴、木材面油漆。

| 定额编号 | | | | A-8-1-20 | A-8-1-21 | A-8-1-22 |
|---|---|---|---|---|---|---|
| 项目 | | | | 板条墙 | | 板墙 |
| | | | | 单面钢丝网 | 双面钢丝网 | 单面胶合板 |
| 名称 | | | 单位 | $m^2$ | $m^2$ | $m^2$ |
| 人工 | 00030127 | 一般抹灰工 | 工日 | 0.1433 | 0.2866 | |
| | 00030131 | 装饰木工 | 工日 | 0.0502 | 0.0505 | 0.0982 |
| | 00030139 | 油漆工 | 工日 | 0.1490 | 0.2147 | 0.1579 |
| | 00030153 | 其他工 | 工日 | 0.0681 | 0.1059 | 0.0572 |
| 材料 | 03011701 | 干壁钉 | kg | 0.0234 | 0.0234 | 0.0366 |
| | 03018921 | 塑料胀管带螺钉 M8 | 套 | 9.0219 | 9.0219 | 14.7696 |
| | 03151201 | 气动排钉 | 盒 | | | 0.0102 |
| | 03152301 | 钢丝网 | $m^2$ | 1.0500 | 2.1000 | |
| | 05050112 | 胶合板 δ3 | $m^2$ | | | 1.0500 |
| | 10050111 | 成品木龙骨 30×25 | m | 6.2937 | | |
| | 10050112 | 成品木龙骨 35×35 | m | | 6.2937 | 8.0157 |
| | 13030431 | 内墙乳胶漆 | kg | 0.2781 | 0.5562 | |
| | 13051001 | 防火涂料 | kg | 0.4001 | 0.4001 | 0.4001 |
| | 13052801 | 防腐油 | kg | 0.0557 | 0.0557 | 0.0557 |
| | 13070510 | 聚氨酯清漆 | kg | | | 0.0955 |
| | 13070511 | 聚氨酯底漆 | kg | | | 0.0749 |
| | 13170211 | 成品腻子粉 | kg | 2.0412 | 4.0824 | |
| | 13170281 | 聚酯透明腻子 | kg | | | 0.0408 |
| | 14354611 | 聚氨酯面漆稀释剂 | kg | | | 0.1724 |
| | 14354631 | 聚氨酯固化剂 | kg | | | 0.0854 |
| | 14410801 | 聚醋酸乙烯乳液(白胶) | kg | | | 0.2984 |
| | 14413101 | 801 建筑胶水 | kg | 0.5750 | 1.1500 | |
| | 34110101 | 水 | $m^3$ | 0.0025 | 0.0050 | |
| | 80060213 | 干混抹灰砂浆 DP M15.0 | $m^3$ | 0.0256 | 0.0512 | |
| | | 其他材料费 | % | 0.9977 | 1.0218 | 1.0252 |
| 机械 | 99430200 | 电动空气压缩机 $0.6m^3/min$ | 台班 | | | 0.0184 |

**工作内容：** 1. 龙骨基层铺钉、防火防腐处理，面层板铺贴及满批腻子、涂刷乳胶漆两遍。
2. 龙骨安装，双面面层板铺贴及满批腻子、涂刷乳胶漆两遍。

| 定额编号 | | | A-8-1-23 | A-8-1-24 |
|---|---|---|---|---|
| 项目 | | | 木龙骨 | 轻钢龙骨 |
| | | | 单面石膏板墙 | 双面石膏板墙 |
| | | | m² | m² |
| 预算定额编号 | 预算定额名称 | 预算定额单位 | 数量 | |
| 01-12-7-3 | 墙饰面 木龙骨基层(断面 13cm² 以内) 中距 300mm 以内 | m² | 1.0000 | |
| 01-12-7-6 | 墙饰面 轻钢龙骨 隔断墙竖向 300 | m² | | 1.0000 |
| 01-12-7-20 | 墙饰面 面层 纸面石膏板 | m² | 1.0000 | 2.0000 |
| 01-14-3-11 | 双向木龙骨 防火涂料两遍 | m² | 1.0000 | |
| 01-14-3-17 | 双向木龙骨 防腐油一遍 | m² | 1.0000 | |
| 01-14-5-7 | 乳胶漆 室内墙面 两遍 | m² | 1.0000 | 2.0000 |

**工作内容：** 1. 龙骨基层铺钉、防火防腐处理，面层板铺贴及满批腻子、涂刷乳胶漆两遍。
2. 龙骨安装，双面面层板铺贴及满批腻子、涂刷乳胶漆两遍。

| 定额编号 | | | | A-8-1-23 | A-8-1-24 |
|---|---|---|---|---|---|
| 项目 | | | | 木龙骨 | 轻钢龙骨 |
| | | | | 单面石膏板墙 | 双面石膏板墙 |
| 名称 | | | 单位 | m² | m² |
| 人工 | 00030131 | 装饰木工 | 工日 | 0.1538 | 0.2767 |
| | 00030139 | 油漆工 | 工日 | 0.1490 | 0.1314 |
| | 00030153 | 其他工 | 工日 | 0.0672 | 0.0735 |
| 材料 | 02030126 | 橡胶条 $\phi$75 | m | | 1.1516 |
| | 03010613 | 抽芯铝铆钉 M4×16 | 个 | | 5.7500 |
| | 03011701 | 干壁钉 | kg | 0.0366 | |
| | 03012104 | 自攻螺钉 | 个 | 20.1166 | 40.2332 |
| | 03018174 | 膨胀螺栓(钢制) M12 | 套 | | 2.6615 |
| | 03018921 | 塑料胀管带螺钉 M8 | 套 | 14.7696 | |
| | 09010312 | 纸面石膏板 $\delta$12 | m² | 1.0600 | 2.1200 |
| | 10010212 | 轻钢沿边龙骨 QU75 | m | | 1.1628 |
| | 10010312 | 轻钢竖龙骨 QC75 | m | | 4.9470 |
| | 10010411 | 轻钢通贯龙骨 DU38 型 | m | | 0.6611 |
| | 10050112 | 成品木龙骨 35×35 | m | 8.0157 | |
| | 10130301 | 轻钢龙骨卡托 | 个 | | 3.6559 |
| | 10131201 | 轻钢龙骨角托 | 个 | | 3.6559 |
| | 13030431 | 内墙乳胶漆 | kg | 0.2781 | 0.5562 |
| | 13051001 | 防火涂料 | kg | 0.4001 | |
| | 13052801 | 防腐油 | kg | 0.0557 | |
| | 13170101 | 嵌缝腻子 | kg | 0.1050 | 0.2100 |
| | 13170211 | 成品腻子粉 | kg | 2.0412 | 4.0824 |
| | 14413101 | 801 建筑胶水 | kg | 0.5750 | 1.1500 |
| | 14430811 | 石膏板专用接缝纸带 | m | 1.6480 | 3.2960 |
| | 34110101 | 水 | m³ | 0.0005 | 0.0010 |
| | | 其他材料费 | % | 1.3048 | 3.1533 |

# 第二节 幕 墙

**工作内容：**1,2. 幕墙安装及校正。
3. 弦杆张拉幕墙安装及校正。

| 定 额 编 号 | | | A-8-2-1 | A-8-2-2 | A-8-2-3 |
|---|---|---|---|---|---|
| 项 目 | | | 全玻璃幕墙 | | |
| | | | 挂式 | 点式 | 金属拉索式 |
| | | | $m^2$ | $m^2$ | $m^2$ |
| 预算定额编号 | 预算定额名称 | 预算定额单位 | 数 量 | | |
| 01-12-9-6 | 全玻璃幕墙 挂式 | $m^2$ | 1.0000 | | |
| 01-12-9-7 | 全玻璃幕墙 点式 | $m^2$ | | 1.0000 | |
| 01-12-9-8 | 全玻璃幕墙 金属拉索式 | $m^2$ | | | 1.0000 |

**工作内容：**1,2. 幕墙安装及校正。
3. 弦杆张拉幕墙安装及校正。

| 定 额 编 号 | | | | A-8-2-1 | A-8-2-2 | A-8-2-3 |
|---|---|---|---|---|---|---|
| 项 目 | | | | 全玻璃幕墙 | | |
| | | | | 挂式 | 点式 | 金属拉索式 |
| 名 称 | | | 单位 | $m^2$ | $m^2$ | $m^2$ |
| 人工 | 00030149 | 幕墙工 | 工日 | 0.1707 | 0.2287 | 0.4101 |
| | 00030153 | 其他工 | 工日 | 0.0368 | 0.0492 | 0.1025 |
| 材料 | 02191205 | 泡沫密封条 $\phi18$ | m | 0.6801 | 0.3750 | 0.3750 |
| | 03014430 | 不锈钢六角螺栓连母垫 M14×120 | 套 | | 0.4671 | 0.4671 |
| | 03130115 | 电焊条 J422 $\phi4.0$ | kg | 0.0262 | 0.0525 | 0.0525 |
| | 06050117 | 钢化玻璃 $\delta15$ | $m^2$ | 1.0716 | 1.0500 | 1.0500 |
| | 14412525 | 硅酮耐候密封胶 592ml | 支 | 0.1092 | 0.1045 | 0.1045 |
| | 14412535 | 硅酮结构胶 500ml | 支 | 0.3150 | 0.4448 | 0.4400 |
| | 34051711 | 美纹纸带 | m | 2.2575 | 4.0320 | 4.0320 |
| | 40010631 | 玻璃幕墙专用吊挂件 | 套 | 0.2423 | | |
| | 40010641 | 不锈钢幕墙钢素 500～800 | 套 | | | 3.4100 |
| | 40010651 | 不锈钢索锚具 | 套 | | | 0.4700 |
| | 40010661 | 弦掌栏 | 套 | | | 0.1900 |
| | 40010731 | 不锈钢二爪件 | 套 | | 0.2335 | 0.2335 |
| | 40010751 | 不锈钢四爪件 | 套 | | 0.3503 | 0.3503 |
| | | 其他材料费 | % | 0.3000 | 0.0800 | 0.0700 |
| 机械 | 99090360 | 汽车式起重机 8t | 台班 | 0.0466 | 0.0624 | 0.0624 |
| | 99250020 | 交流弧焊机 32kV·A | 台班 | 0.0054 | 0.0108 | 0.0108 |
| | 99450650 | 电动吸盘 | 台班 | 0.1583 | 0.1614 | 0.1614 |

**工作内容：** 1,3. 骨架制作安装、幕墙面层安装及校正。
2. 幕墙安装及校正。

| 定额编号 | | | A-8-2-4 | A-8-2-5 | A-8-2-6 |
|---|---|---|---|---|---|
| 项目 | | | 金属幕墙 | 单元式幕墙 | 框架式幕墙 |
| | | | $m^2$ | $m^2$ | $m^2$ |
| 预算定额编号 | 预算定额名称 | 预算定额单位 | 数量 | | |
| 01-12-9-1 | 幕墙基层 铝骨架 | $m^2$ | 1.0000 | | 1.0000 |
| 01-12-9-2 | 幕墙面层 节能安全玻璃 | $m^2$ | | | 1.0000 |
| 01-12-9-3 | 幕墙面层 铝(塑)板 | $m^2$ | 1.0000 | | |
| 01-12-9-4 | 幕墙 成品单元式 | $m^2$ | | 1.0000 | |

**工作内容：** 1,3. 骨架制作安装、幕墙面层安装及校正。
2. 幕墙安装及校正。

| 定额编号 | | | | A-8-2-4 | A-8-2-5 | A-8-2-6 |
|---|---|---|---|---|---|---|
| 项目 | | | | 金属幕墙 | 单元式幕墙 | 框架式幕墙 |
| 名称 | | | 单位 | $m^2$ | $m^2$ | $m^2$ |
| 人工 | 00030149 | 幕墙工 | 工日 | 0.8261 | 0.3511 | 1.1707 |
| | 00030153 | 其他工 | 工日 | 0.1663 | 0.0338 | 0.0797 |
| 材料 | 02030401 | 密封胶条 | m | | | 1.6480 |
| | 02191205 | 泡沫密封条 $\phi$18 | m | 2.5375 | | 2.1230 |
| | 03012804 | 高强自攻螺钉 | 个 | 32.2820 | | 9.7920 |
| | 03014182 | 六角螺栓连母垫 M16 | 套 | 0.2448 | | 0.2448 |
| | 03014423 | 不锈钢六角螺栓连母垫 M12 | 套 | 1.2342 | | 1.2342 |
| | 03130115 | 电焊条 J422 $\phi$4.0 | kg | 0.0347 | 0.0525 | 0.0347 |
| | 03154813 | 铁件 | kg | 2.9786 | | 2.9786 |
| | 03154815 | 镀锌铁件 | kg | 2.3970 | | 2.3970 |
| | 06110141 | 中空钢化夹层玻璃 | $m^2$ | | | 1.0500 |
| | 09110411 | 铝塑板 $\delta$3 | $m^2$ | 1.0100 | | |
| | 14412525 | 硅酮耐候密封胶 592ml | 支 | 0.3858 | 0.3041 | 1.5157 |
| | 14412535 | 硅酮结构胶 500ml | 支 | 0.1641 | | 1.7630 |
| | 14430902 | 厚质双面胶带 | m | | | 3.8800 |
| | 40010101 | 成品单元幕墙(含配件) | $m^2$ | | 1.0100 | |
| | 40010511 | 铝合金氟碳型材 180 系列 | kg | 11.5500 | | 11.5500 |
| | | 其他材料费 | % | 0.3659 | 0.0300 | 0.3500 |
| 机械 | 99090360 | 汽车式起重机 8t | 台班 | | 0.0624 | |
| | 99250020 | 交流弧焊机 32kV·A | 台班 | 0.0880 | 0.0108 | 0.0880 |
| | 99450650 | 电动吸盘 | 台班 | | 0.1614 | 0.1614 |

# 第三节 隔 断

**工作内容：** 1. 隔断制作安装、木材面油漆。
2,3. 隔断制作安装。
4. 成品隔断安装。

| 定额编号 | | | A-8-3-1 | A-8-3-2 | A-8-3-3 | A-8-3-4 |
|---|---|---|---|---|---|---|
| 项目 | | | 硬木玻璃隔断 | 无框玻璃隔断 | 玻璃砖隔断<br>全玻璃砖 | 活动隔断 |
| | | | $m^2$ | $m^2$ | $m^2$ | $m^2$ |
| 预算定额编号 | 预算定额名称 | 预算定额单位 | 数量 | | | |
| 01-12-10-6 | 硬木玻璃隔断 全玻璃 | $m^2$ | 1.0000 | | | |
| 01-12-10-7 | 无框玻璃隔断 | $m^2$ | | 1.0000 | | |
| 01-12-10-11 | 可折叠式隔断 | $m^2$ | | | | 1.0000 |
| 01-12-10-12 | 玻璃砖隔断 全砖 | $m^2$ | | | 1.0000 | |
| 01-14-2-25 | 木扶手不带托板 满刮腻子、底漆两遍、聚酯清漆两遍 | m | 2.1000 | | | |
| 01-14-2-29 | 木扶手不带托板 每增加一遍聚酯清漆 | m | 2.1000 | | | |

**工作内容:** 1. 隔断制作安装、木材面油漆。
2,3. 隔断制作安装。
4. 成品隔断安装。

| 定额编号 | | | | A-8-3-1 | A-8-3-2 | A-8-3-3 | A-8-3-4 |
|---|---|---|---|---|---|---|---|
| 项目 | | | | 硬木玻璃隔断 | 无框玻璃隔断 | 玻璃砖隔断 | 活动隔断 |
| | | | | | | 全玻璃砖 | |
| 名称 | | | 单位 | m$^2$ | m$^2$ | m$^2$ | m$^2$ |
| 人工 | 00030125 | 砌筑工 | 工日 | | | 0.1496 | |
| | 00030131 | 装饰木工 | 工日 | 0.2810 | 0.1528 | | 0.1301 |
| | 00030139 | 油漆工 | 工日 | 0.0697 | | | |
| | 00030153 | 其他工 | 工日 | 0.0756 | 0.0329 | 0.0322 | 0.0280 |
| 材料 | 01030341 | 冷拔钢丝 | kg | | | 0.6558 | |
| | 01150103 | 热轧型钢 综合 | kg | | 4.3623 | 9.0662 | |
| | 02030102 | 橡皮条 | m | | 1.5736 | | |
| | 03011701 | 干壁钉 | kg | 0.0467 | | | |
| | 03018172 | 膨胀螺栓(钢制) M8 | 套 | | 3.5360 | | 2.1819 |
| | 03130115 | 电焊条 J422 $\phi$4.0 | kg | | | 0.0124 | |
| | 03152501 | 镀锌铁丝 | kg | | | 0.0332 | |
| | 03154813 | 铁件 | kg | | | 2.1063 | |
| | 04011113 | 白色硅酸盐水泥 P·W 42.5 级 | kg | | | 0.3916 | |
| | 05030109 | 小方材 ≤54cm$^2$ | m$^3$ | 0.0001 | | | |
| | 05031001 | 硬木成材 | m$^3$ | 0.0201 | | | |
| | 06050110 | 钢化玻璃 | m$^2$ | 0.9770 | | | |
| | 06050116 | 钢化玻璃 $\delta$12 | m$^2$ | | 1.0800 | | |
| | 06510115 | 玻璃砖 190×190×95 | 块 | | | 27.6134 | |
| | 09391831 | 成品可折叠式硬木隔断(含配件) | m$^2$ | | | | 1.0000 |
| | 13070510 | 聚氨酯清漆 | kg | 0.0460 | | | |
| | 13070511 | 聚氨酯底漆 | kg | 0.0361 | | | |
| | 13170281 | 聚酯透明腻子 | kg | 0.0195 | | | |
| | 14354611 | 聚氨酯面漆稀释剂 | kg | 0.0829 | | | |
| | 14354631 | 聚氨酯固化剂 | kg | 0.0410 | | | |
| | 14412511 | 硅酮玻璃胶 310ml | 支 | | 0.2567 | | |
| | 80131711 | 水泥白石子浆 1∶1.5 | m$^3$ | | | 0.0042 | |
| | | 其他材料费 | % | 0.4876 | 0.1900 | 0.0300 | 0.0300 |
| 机械 | 99050773 | 灰浆搅拌机 200L | 台班 | | | 0.0007 | |
| | 99250020 | 交流弧焊机 32kV·A | 台班 | | | 0.0021 | |

**工作内容：** 1,2. 隔断制作安装。
3,4. 成品隔断安装。

| 定额编号 | | | A-8-3-5 | A-8-3-6 | A-8-3-7 | A-8-3-8 |
|---|---|---|---|---|---|---|
| 项目 | | | 铝合金 | | 塑钢 | 浴厕间壁 |
| | | | 条板隔断 | 玻璃隔断 | | |
| | | | m² | m² | m² | 间 |
| 预算定额编号 | 预算定额名称 | 预算定额单位 | 数量 | | | |
| 01-12-10-3 | 铝合金条板隔断 | m² | 1.0000 | | | |
| 01-12-10-4 | 铝合金玻璃隔断 | m² | | 1.0000 | | |
| 01-12-10-8 | 塑钢隔断 半玻璃 | m² | | | 0.5000 | |
| 01-12-10-9 | 塑钢隔断 全玻璃 | m² | | | 0.5000 | |
| 01-12-10-10 | 浴厕间壁 | m² | | | | 5.2200 |

**工作内容：** 1,2. 隔断制作安装。
3,4. 成品隔断安装。

| 定额编号 | | | | A-8-3-5 | A-8-3-6 | A-8-3-7 | A-8-3-8 |
|---|---|---|---|---|---|---|---|
| 项目 | | | | 铝合金 | | 塑钢 | 浴厕间壁 |
| | | | | 条板隔断 | 玻璃隔断 | | |
| 名称 | | | 单位 | m² | m² | m² | 间 |
| 人工 | 00030131 | 装饰木工 | 工日 | 0.1750 | 0.2066 | 0.1840 | 1.1275 |
| | 00030153 | 其他工 | 工日 | 0.0377 | 0.0445 | 0.0397 | 0.1608 |
| 材料 | 01490181 | 角铝 | m | 2.8000 | | | |
| | 01490737 | 槽铝 75 | m | 6.3388 | | | |
| | 01510851 | 铝合金型材 76.2×44.5 | m | 4.3990 | | | |
| | 01510852 | 铝合金型材 101.6×44.5 | m | | 3.7983 | | |
| | 02030121 | 橡胶条 $\phi$20 | m | | | 6.2528 | |
| | 03011701 | 干壁钉 | kg | | | | 0.0162 |
| | 03012104 | 自攻螺钉 | 个 | 9.5160 | 7.9560 | 13.7600 | |
| | 03018171 | 膨胀螺栓(钢制) M6 | 套 | | | 2.1820 | |
| | 03018172 | 膨胀螺栓(钢制) M8 | 套 | 2.6000 | 3.3864 | | |
| | 03154813 | 铁件 | kg | 0.9200 | 0.4000 | | 9.5484 |
| | 06050114 | 钢化玻璃 $\delta$8 | m² | | 1.0500 | | |
| | 09050401 | 铝合金条板 | m² | 0.9636 | | | |
| | 09391401 | 成品浴厕隔断 | m² | | | | 5.2200 |
| | 09391701 | 塑钢半玻璃隔断 | m² | | | 0.5250 | |
| | 09391721 | 塑钢全玻璃隔断 | m² | | | 0.5250 | |
| | 14371801 | 软填料 | m³ | | 0.0006 | | |
| | 14412511 | 硅酮玻璃胶 310ml | 支 | | | 0.1404 | |
| | 14412521 | 硅酮耐候密封胶 310ml | 支 | | 0.6000 | | |
| | | 其他材料费 | % | 0.1500 | 0.2300 | 0.1900 | 1.0000 |

# 第四节 楼地面装饰

工作内容：1. 铺设砂浆面层、刷素水泥浆压光压实，敷设砂浆踢脚线。
2. 铺设砂浆面层随捣随粉，敷设砂浆踢脚线。
3. 细石混凝土整体面层浇捣养护，敷设砂浆踢脚线。

| 定额编号 | | | A-8-4-1 | A-8-4-2 | A-8-4-3 |
|---|---|---|---|---|---|
| 项目 | | | 整体面层 | | |
| | | | 砂浆 | | 细石混凝土 |
| | | | 压光压实 20mm 厚 | 随捣随粉 | 40mm 厚 |
| | | | m² | m² | m² |
| 预算定额编号 | 预算定额名称 | 预算定额单位 | 数量 | | |
| 01-11-1-1 | 干混砂浆楼地面 | m² | 0.9500 | | |
| 01-11-1-7 换 | 预拌细石混凝土(非泵送)楼地面 40mm 厚 | m² | | | 0.9500 |
| 01-11-1-9 | 混凝土面层加浆随捣随光 | m² | | 0.9500 | |
| 01-11-1-19 | 楼地面 刷素水泥浆 | m² | 0.9500 | | |
| 01-11-5-1 | 踢脚线 干混砂浆 | m | 0.9000 | 0.9000 | 0.9000 |

工作内容：1. 铺设砂浆面层、刷素水泥浆压光压实，敷设砂浆踢脚线。
2. 铺设砂浆面层随捣随粉，敷设砂浆踢脚线。
3. 细石混凝土整体面层浇捣养护，敷设砂浆踢脚线。

| 定额编号 | | | | A-8-4-1 | A-8-4-2 | A-8-4-3 |
|---|---|---|---|---|---|---|
| 项目 | | | | 整体面层 | | |
| | | | | 砂浆 | | 细石混凝土 |
| | | | | 压光压实 20mm 厚 | 随捣随粉 | 40mm 厚 |
| 名称 | | | 单位 | m² | m² | m² |
| 人工 | 00030127 | 一般抹灰工 | 工日 | 0.0907 | 0.0630 | 0.0798 |
| | 00030153 | 其他工 | 工日 | 0.0276 | 0.0199 | 0.0195 |
| 材料 | 34110101 | 水 | m³ | 0.0361 | 0.0304 | 0.0494 |
| | 80060214 | 干混抹灰砂浆 DP M20.0 | m³ | 0.0028 | 0.0028 | 0.0028 |
| | 80060312 | 干混地面砂浆 DS M20.0 | m³ | 0.0194 | 0.0048 | 0.0048 |
| | 80110601 | 素水泥浆 | m³ | 0.0011 | 0.0001 | 0.0001 |
| | 80210521 | 预拌混凝土(非泵送型) C30 粒径 5～40 | m³ | | | 0.0384 |
| | | 其他材料费 | % | 0.5080 | 0.8778 | 0.3108 |
| 机械 | 99050920 | 混凝土振捣器 | 台班 | | | 0.0078 |

**工作内容：**1. 铺设砂浆面层、刷素水泥浆压光压实，铺设、滚压水泥基砂浆面层，敷设砂浆踢脚线。
2. 铺设砂浆面层、刷素水泥浆压光压实，铺设环氧涂层，敷设砂浆踢脚线及环氧涂层。

| 定 额 编 号 | | | A-8-4-4 | A-8-4-5 |
|---|---|---|---|---|
| 项 目 | | | 整体面层 | |
| | | | 自流平 | |
| | | | 水泥基砂浆面层 | 环氧涂层 |
| | | | $m^2$ | $m^2$ |
| 预算定额编号 | 预算定额名称 | 预算定额单位 | 数 量 | |
| 01-11-1-1 | 干混砂浆楼地面 | $m^2$ | 0.9500 | 0.9500 |
| 01-11-1-10 | 水泥基自流平砂浆面层 4mm 厚 | $m^2$ | 0.9500 | |
| 01-11-1-12 | 环氧自流平涂层 1mm 厚 | $m^2$ | | 0.9500 |
| 01-11-1-13 | 环氧自流平涂层 每增减 0.5mm | $m^2$ | | 1.9000 |
| 01-11-1-19 | 楼地面 刷素水泥浆 | $m^2$ | 0.9500 | 0.9500 |
| 01-11-5-1 | 踢脚线 干混砂浆 | m | 0.9000 | 0.9000 |
| 01-14-5-19 换 | 环氧自流平涂层 踢脚线 | m | | 0.9000 |

**工作内容：**1. 铺设砂浆面层、刷素水泥浆压光压实，铺设、滚压水泥基砂浆面层，敷设砂浆踢脚线。
2. 铺设砂浆面层、刷素水泥浆压光压实，铺设环氧涂层，敷设砂浆踢脚线及环氧涂层。

| 定 额 编 号 | | | | A-8-4-4 | A-8-4-5 |
|---|---|---|---|---|---|
| 项 目 | | | | 整体面层 | |
| | | | | 自流平 | |
| | | | | 水泥基砂浆面层 | 环氧涂层 |
| 名 称 | | | 单位 | $m^2$ | $m^2$ |
| 人工 | 00030127 | 一般抹灰工 | 工日 | 0.1690 | 0.1765 |
| | 00030139 | 油漆工 | 工日 | | 0.0152 |
| | 00030153 | 其他工 | 工日 | 0.0444 | 0.0490 |
| 材料 | 04010115 | 水泥 42.5 级 | kg | | 0.0756 |
| | 13032221 | 环氧自流坪涂层 | kg | | 2.0482 |
| | 13170291 | 环氧腻子 | kg | | 0.1058 |
| | 14413101 | 801 建筑胶水 | kg | | 0.0324 |
| | 14415501 | 界面剂 | kg | 0.1938 | |
| | 34110101 | 水 | $m^3$ | 0.0374 | 0.0361 |
| | 80060214 | 干混抹灰砂浆 DP M20.0 | $m^3$ | 0.0028 | 0.0028 |
| | 80060312 | 干混地面砂浆 DS M20.0 | $m^3$ | 0.0194 | 0.0194 |
| | 80090701 | 水泥基自流平砂浆 | $m^3$ | 0.0039 | |
| | 80110601 | 素水泥浆 | $m^3$ | 0.0011 | 0.0011 |
| | | 其他材料费 | % | 0.2106 | 1.2552 |

**工作内容：** 1,2,4. 铺设砂浆找平层，粘贴块料面层和踢脚线。
3. 铺设砂浆找平层，铺贴块料面层和踢脚线。

| 定额编号 | | | A-8-4-6 | A-8-4-7 | A-8-4-8 | A-8-4-9 |
|---|---|---|---|---|---|---|
| 项目 | | | 块料面层 | | | |
| | | | 陶瓷锦砖 | 地砖 | 石材 | |
| | | | 粘结剂 | | 砂浆 | 粘结剂 |
| | | | $m^2$ | $m^2$ | $m^2$ | $m^2$ |
| 预算定额编号 | 预算定额名称 | 预算定额单位 | 数量 | | | |
| 01-11-1-15 | 干混砂浆找平层 混凝土及硬基层上 20mm 厚 | $m^2$ | 1.0000 | 1.0000 | 1.0000 | 1.0000 |
| 01-11-2-1 | 石材楼地面干混砂浆铺贴 每块面积 0.64$m^2$以内 | $m^2$ | | | 1.0000 | |
| 01-11-2-3 | 石材楼地面粘合剂粘贴 每块面积 0.64$m^2$以内 | $m^2$ | | | | 1.0000 |
| 01-11-2-18 | 地砖楼地面粘合剂粘贴 每块面积 0.36$m^2$以内 | $m^2$ | | 1.0000 | | |
| 01-11-2-22 | 陶瓷锦砖楼地面 粘合剂粘贴 | $m^2$ | 1.0000 | | | |
| 01-11-5-2 | 踢脚线 干混砂浆铺贴石材 | m | | | 0.9000 | |
| 01-11-5-3 | 踢脚线 粘合剂粘贴石材 | m | | | | 0.9000 |
| 01-11-5-5 换 | 踢脚线 粘合剂粘贴地砖 | m | | 0.9000 | | |
| 01-11-5-7 | 踢脚线 粘合剂粘贴陶瓷锦砖 | m | 0.9000 | | | |

**工作内容：** 1,2,4. 铺设砂浆找平层，粘贴块料面层和踢脚线。
3. 铺设砂浆找平层，铺贴块料面层和踢脚线。

| 定额编号 | | | | A-8-4-6 | A-8-4-7 | A-8-4-8 | A-8-4-9 |
|---|---|---|---|---|---|---|---|
| 项目 | | | | 块料面层 | | | |
| | | | | 陶瓷锦砖 | 地砖 | 石材 | |
| | | | | 粘结剂 | | 砂浆 | 粘结剂 |
| 名称 | | | 单位 | $m^2$ | $m^2$ | $m^2$ | $m^2$ |
| 人工 | 00030127 | 一般抹灰工 | 工日 | 0.0405 | 0.0405 | 0.0405 | 0.0405 |
| | 00030129 | 装饰抹灰工(镶贴) | 工日 | 0.2230 | 0.1443 | 0.1574 | 0.1619 |
| | 00030153 | 其他工 | 工日 | 0.0590 | 0.0421 | 0.0449 | 0.0459 |
| 材料 | 03210801 | 石料切割锯片 | 片 | | 0.0033 | 0.0066 | 0.0066 |
| | 07050213 | 地砖 600×600 | $m^2$ | | 1.1423 | | |
| | 07070301 | 陶瓷锦砖 | $m^2$ | 1.1323 | | | |
| | 08010101 | 石材饰面板 | $m^2$ | | | 0.1123 | 0.1123 |
| | 08010111 | 石材饰面板 800×800 | $m^2$ | | | 1.0200 | 1.0200 |
| | 14417211 | 石材粘合剂 | kg | | | | 8.5785 |
| | 14417221 | 石材填缝剂 | kg | | | 0.1164 | 0.1344 |
| | 14417301 | 陶瓷砖粘合剂 | kg | 5.1471 | 5.1471 | | |
| | 14417401 | 陶瓷砖填缝剂 | kg | 0.2276 | 0.1308 | | |
| | 34110101 | 水 | $m^3$ | 0.0329 | 0.0319 | 0.0319 | 0.0319 |
| | 80060214 | 干混抹灰砂浆 DP M20.0 | $m^3$ | | | 0.0005 | |
| | 80060312 | 干混地面砂浆 DS M20.0 | $m^3$ | 0.0205 | 0.0205 | 0.0277 | 0.0205 |
| | | 其他材料费 | % | 0.3371 | 0.3679 | 0.1562 | 0.1547 |

**工作内容：** 1. 铺设砂浆找平层，碎拼贴块料面层。
2. 铺设砂浆找平层，铺贴块料面层。

| 定 额 编 号 | | | A-8-4-10 | A-8-4-11 |
|---|---|---|---|---|
| 项 目 | | | 块料面层 | |
| | | | 碎拼石材 | 广场砖 |
| | | | 砂浆 | |
| | | | m² | m² |
| 预算定额编号 | 预算定额名称 | 预算定额单位 | 数 量 | |
| 01-11-1-15 | 干混砂浆找平层 混凝土及硬基层上 20mm 厚 | m² | 1.0000 | 1.0000 |
| 01-11-2-5 | 石材楼地面碎拼 干混砂浆铺贴 | m² | 1.0000 | |
| 01-11-2-27 | 广场砖(不拼图案) | m² | | 1.0000 |

**工作内容：** 1. 铺设砂浆找平层，碎拼贴块料面层。
2. 铺设砂浆找平层，铺贴块料面层。

| 定 额 编 号 | | | | A-8-4-10 | A-8-4-11 |
|---|---|---|---|---|---|
| 项 目 | | | | 块料面层 | |
| | | | | 碎拼石材 | 广场砖 |
| | | | | 砂浆 | |
| 名 称 | | | 单位 | m² | m² |
| 人工 | 00030127 | 一般抹灰工 | 工日 | 0.0405 | 0.0405 |
| | 00030129 | 装饰抹灰工(镶贴) | 工日 | 0.1939 | 0.1803 |
| | 00030153 | 其他工 | 工日 | 0.0528 | 0.0498 |
| 材料 | 03110561 | 三角形金刚磨石 75×75 | 块 | 0.0500 | |
| | 03210801 | 石料切割锯片 | 片 | | 0.0034 |
| | 08010117 | 石材饰面板(碎拼) | m² | 0.9792 | |
| | 34110101 | 水 | m³ | 0.0320 | 0.0320 |
| | 36090111 | 广场砖 | m² | | 0.8860 |
| | 80060312 | 干混地面砂浆 DS M20.0 | m³ | 0.0277 | 0.0433 |
| | 80131913 | 白水泥白石子浆 1∶2 | m³ | 0.0011 | |
| | | 其他材料费 | % | 0.3072 | 0.7462 |
| 机械 | 99050773 | 灰浆搅拌机 200L | 台班 | 0.0002 | |

**工作内容：** 1. 龙骨安装、防腐防火处理，铺设木板面层，成品踢脚线安装。
2. 龙骨安装、基层板铺设、防腐防火处理，铺设木板面层，成品踢脚线安装。
3,4. 铺设砂浆面层，粘贴橡塑面层，成品踢脚线安装。

| 定　额　编　号 | | | A-8-4-12 | A-8-4-13 | A-8-4-14 | A-8-4-15 |
|---|---|---|---|---|---|---|
| 项　　目 | | | 木板面层 | | 橡塑面层 | |
| | | | 硬木地板 | | 塑料卷材 | 塑料板 |
| | | | 铺在木楞上 | 木楞毛地板上 | | |
| | | | $m^2$ | $m^2$ | $m^2$ | $m^2$ |
| 预算定额编号 | 预算定额名称 | 预算定额单位 | 数　量 | | | |
| 01-11-1-1 | 干混砂浆楼地面 | $m^2$ | | | 1.0000 | 1.0000 |
| 01-11-3-3 | 塑料板楼地面 | $m^2$ | | | | 1.0000 |
| 01-11-3-4 | 塑料卷材楼地面 | $m^2$ | | | 1.0000 | |
| 01-11-4-4 | 地板 木格栅 | $m^2$ | 1.0000 | 1.0000 | | |
| 01-11-4-5 | 地板 毛地板 | $m^2$ | | 1.0000 | | |
| 01-11-4-6 | 企口地板 基层板上直铺 | $m^2$ | | 1.0000 | | |
| 01-11-4-8 | 企口地板 木楞上直铺 | $m^2$ | 1.0000 | | | |
| 01-11-5-9 | 踢脚线 成品木质 | m | 0.9000 | 0.9000 | 0.9000 | 0.9000 |
| 01-14-3-12 | 单向木龙骨 防火涂料两遍 | $m^2$ | 1.0000 | 1.0000 | | |
| 01-14-3-13 | 木基层板 防火涂料两遍 | $m^2$ | | 1.0000 | | |
| 01-14-3-18 | 单向木龙骨 防腐油一遍 | $m^2$ | 1.0000 | 1.0000 | | |
| 01-14-3-19 | 木基层板 防腐油一遍 | $m^2$ | | 1.0000 | | |

**工作内容：** 1. 龙骨安装、防腐防火处理，铺设木板面层，成品踢脚线安装。
2. 龙骨安装、基层板铺设、防腐防火处理，铺设木板面层，成品踢脚线安装。
3,4. 铺设砂浆面层，粘贴橡塑面层，成品踢脚线安装。

| 定　额　编　号 | | | | A-8-4-12 | A-8-4-13 | A-8-4-14 | A-8-4-15 |
|---|---|---|---|---|---|---|---|
| 项　　目 | | | | 木板面层 | | 橡塑面层 | |
| | | | | 硬木地板 | | 塑料卷材 | 塑料板 |
| | | | | 铺在木楞上 | 木楞毛地板上 | | |
| 名　称 | | | 单位 | $m^2$ | $m^2$ | $m^2$ | $m^2$ |
| 人工 | 00030127 | 一般抹灰工 | 工日 | | | 0.0549 | 0.0549 |
| | 00030131 | 装饰木工 | 工日 | 0.1980 | 0.2711 | 0.1190 | 0.1578 |
| | 00030139 | 油漆工 | 工日 | 0.0413 | 0.0792 | | |
| | 00030153 | 其他工 | 工日 | 0.0317 | 0.0511 | 0.0478 | 0.0562 |
| 材料 | 03018903 | 塑料胀管带螺钉 | 套 | 9.0270 | 9.0270 | | |
| | 03150901 | 地板钢钉 | kg | 0.2732 | 0.5464 | | |
| | 05030225 | 地板木搁栅 30×45 | m | 3.7695 | 3.7695 | | |
| | 07130501 | 毛地板 | $m^2$ | | 1.0500 | | |
| | 07131701 | 企口硬木地板 | $m^2$ | 1.0500 | 1.0500 | | |
| | 07190112 | 塑料地板 卷材 | $m^2$ | | | 1.1000 | |
| | 07190113 | 塑料地板 块料 | $m^2$ | | | | 1.0500 |
| | 12010401 | 木踢脚线 | m | 0.9450 | 0.9450 | 0.9450 | 0.9450 |
| | 13051001 | 防火涂料 | kg | 0.2001 | 0.7280 | | |
| | 13052801 | 防腐油 | kg | 0.0296 | 0.2734 | | |
| | 13170211 | 成品腻子粉 | kg | | | 0.1731 | 0.1731 |
| | 13172401 | 羧甲基纤维素(化学浆糊) | kg | | | 0.0034 | 0.0034 |
| | 14410801 | 聚醋酸乙烯乳液(白胶) | kg | | | 0.0170 | 0.0170 |
| | 14413401 | 地板胶 | kg | 0.0189 | 0.0189 | 0.0189 | 0.0189 |
| | 14414401 | 氯丁橡胶粘合剂 | kg | | | 0.4500 | 0.4500 |
| | 34110101 | 水 | $m^3$ | | | 0.0380 | 0.0380 |
| | 80060312 | 干混地面砂浆 DS M20.0 | $m^3$ | | | 0.0204 | 0.0204 |
| | | 其他材料费 | % | 0.6773 | 0.6793 | 0.4922 | 1.3948 |

工作内容：1. 铺设砂浆找平层，铺贴复合地板，成品踢脚线安装。
2. 铺设砂浆找平层，铺设防静电活动地板，成品踢脚线安装。
3. 铺设砂浆面层、刷素水泥浆压光压实，铺设地毯。

| 定额编号 | | | A-8-4-16 | A-8-4-17 | A-8-4-18 |
|---|---|---|---|---|---|
| 项目 | | | 复合地板 | 防静电活动地板<br>铝质 | 楼地面铺地毯 |
| | | | m² | m² | m² |
| 预算定额编号 | 预算定额名称 | 预算定额单位 | 数量 | | |
| 01-11-1-1 | 干混砂浆楼地面 | m² | | | 1.0000 |
| 01-11-1-15 | 干混砂浆找平层 混凝土及硬基层上 20mm 厚 | m² | 1.0000 | 1.0000 | |
| 01-11-1-19 | 楼地面 刷素水泥浆 | m² | | | 1.0000 |
| 01-11-4-1 | 地毯楼地面 有胶垫 | m² | | | 1.0000 |
| 01-11-4-10 | 复合地板 | m² | 1.0000 | | |
| 01-11-4-11 | 防静电活动地板 | m² | | 1.0000 | |
| 01-11-5-9 | 踢脚线 成品木质 | m | 0.9000 | | |
| 01-11-5-12 | 踢脚线 防静电板 | m | | 0.9000 | |

工作内容：1. 铺设砂浆找平层，铺贴复合地板，成品踢脚线安装。
2. 铺设砂浆找平层，铺设防静电活动地板，成品踢脚线安装。
3. 铺设砂浆面层、刷素水泥浆压光压实，铺设地毯。

| 定额编号 | | | | A-8-4-16 | A-8-4-17 | A-8-4-18 |
|---|---|---|---|---|---|---|
| 项目 | | | | 复合地板 | 防静电活动地板<br>铝质 | 楼地面铺地毯 |
| 名称 | | | 单位 | m² | m² | m² |
| 人工 | 00030127 | 一般抹灰工 | 工日 | 0.0405 | 0.0405 | 0.0652 |
| | 00030131 | 装饰木工 | 工日 | 0.1391 | 0.2099 | 0.1968 |
| | 00030153 | 其他工 | 工日 | 0.0217 | 0.0562 | 0.0651 |
| 材料 | 02071901 | 地毯胶垫 | m² | | | 1.0500 |
| | 03011104 | 木螺钉 | 个 | | | 0.2040 |
| | 03150811 | 水泥钢钉 | kg | | | 0.0106 |
| | 07230101 | 复合地板 | m² | 1.0500 | | |
| | 07250401 | 防静电活动地板(含配件) | m² | | 1.0500 | |
| | 07290101 | 地毯 | m² | | | 1.0500 |
| | 07291401 | 地毯烫带 | m | | | 0.6562 |
| | 12010401 | 木踢脚线 | m | 0.9450 | | |
| | 12010551 | 防静电踢脚线(含配件) | m | | 0.9450 | |
| | 12010901 | 地毯木条 | m | | | 1.0937 |
| | 14413401 | 地板胶 | kg | 0.0539 | | |
| | 14414401 | 氯丁橡胶粘合剂 | kg | | | 0.0729 |
| | 34110101 | 水 | m³ | 0.0060 | 0.0060 | 0.0380 |
| | 80060312 | 干混地面砂浆 DS M20.0 | m³ | 0.0205 | 0.0205 | 0.0204 |
| | 80110601 | 素水泥浆 | m³ | | | 0.0010 |
| | | 其他材料费 | % | 0.1508 | 0.0208 | 0.0572 |

**工作内容**：1,2. 铺贴块料面层和踢脚线，底面、侧边粉刷及底面满批腻子、涂刷乳胶漆两遍。
3. 铺设地毯，踏步压辊、成品踢脚线安装，底面、侧边粉刷及满批腻子、涂刷乳胶漆两遍。

| 定额编号 | | | A-8-4-19 | A-8-4-20 | A-8-4-21 |
|---|---|---|---|---|---|
| 项目 | | | 楼梯 | | |
| | | | 地砖面 | 石材块料面 | 铺地毯 |
| | | | 差量 | | |
| | | | $m^2$ | $m^2$ | $m^2$ |
| 预算定额编号 | 预算定额名称 | 预算定额单位 | 数量 | | |
| 01-11-5-2 系 | 踢脚线 干混砂浆铺贴石材 | m | | 1.7057 | |
| 01-11-5-4 系 | 踢脚线 干混砂浆铺贴地砖 | m | 1.7057 | | |
| 01-11-5-9 系 | 踢脚线 成品木质 | m | | | 1.7057 |
| 01-11-6-1 | 石材楼梯面层 干混砂浆铺贴 | $m^2$ | | 1.0000 | |
| 01-11-6-3 | 地砖楼梯面层 干混砂浆铺贴 | $m^2$ | 1.0000 | | |
| 01-11-6-5 | 楼梯面层 干混砂浆 20mm 厚 | $m^2$ | －1.0000 | －1.0000 | －1.0000 |
| 01-11-6-9 | 楼梯面层 铺设地毯 不带垫 | $m^2$ | | | 1.0000 |
| 01-11-6-10 | 楼梯地毯配件 踏步压棍 | 套 | | | 1.7406 |
| 01-12-3-4 | 一般抹灰 零星项目 | $m^2$ | 0.1395 | 0.1395 | 0.1395 |
| 01-13-1-1 | 混凝土天棚 一般抹灰 7mm 厚 | $m^2$ | 1.2120 | 1.2120 | 1.2120 |
| 01-14-5-8 | 乳胶漆 室内天棚面 两遍 | $m^2$ | 1.2120 | 1.2120 | 1.2120 |

**工作内容**：1,2. 铺贴块料面层和踢脚线，底面、侧边粉刷及底面满批腻子、涂刷乳胶漆两遍。
3. 铺设地毯，踏步压辊、成品踢脚线安装，底面、侧边粉刷及满批腻子、涂刷乳胶漆两遍。

| 定额编号 | | | | A-8-4-19 | A-8-4-20 | A-8-4-21 |
|---|---|---|---|---|---|---|
| 项目 | | | | 楼梯 | | |
| | | | | 地砖面 | 石材块料面 | 铺地毯 |
| | | | | 差量 | | |
| | | 名称 | 单位 | $m^2$ | $m^2$ | $m^2$ |
| 人工 | 00030127 | 一般抹灰工 | 工日 | 0.0429 | 0.0429 | 0.0429 |
| | 00030129 | 装饰抹灰工(镶贴) | 工日 | 0.5345 | 0.3859 | |
| | 00030131 | 装饰木工 | 工日 | | | 0.3474 |
| | 00030139 | 油漆工 | 工日 | 0.0995 | 0.0995 | 0.0995 |
| | 00030153 | 其他工 | 工日 | 0.0839 | 0.0956 | 0.0706 |
| 材料 | 03150811 | 水泥钢钉 | kg | | | 0.0509 |
| | 03210801 | 石料切割锯片 | 片 | 0.0039 | 0.0262 | |
| | 07050401 | 彩釉地砖 | $m^2$ | 1.6598 | | |
| | 07290101 | 地毯 | $m^2$ | | | 1.4332 |
| | 07291401 | 地毯烫带 | m | | | 0.2362 |
| | 08010101 | 石材饰面板 | $m^2$ | | 0.2129 | |
| | 08010105 | 石材饰面板 $\delta$20 | $m^2$ | | 1.4469 | |
| | 12010401 | 木踢脚线 | m | | | 1.7910 |
| | 12030201 | 铝合金压条 综合 | m | | | 0.2038 |
| | 12031521 | 金属压棍 18×1500 | 套 | | | 1.7580 |
| | 13030431 | 内墙乳胶漆 | kg | 0.3371 | 0.3371 | 0.3371 |
| | 13170211 | 成品腻子粉 | kg | 2.4739 | 2.4739 | 2.4739 |
| | 14413101 | 801 建筑胶水 | kg | 0.8039 | 0.7000 | 0.7000 |
| | 14413401 | 地板胶 | kg | | | 0.0358 |
| | 14417221 | 石材填缝剂 | kg | | 0.1665 | |
| | 14417401 | 陶瓷砖填缝剂 | kg | 0.1664 | | |
| | 34110101 | 水 | $m^3$ | －0.0091 | －0.0091 | －0.0486 |
| | 80060212 | 干混抹灰砂浆 DP M10.0 | $m^3$ | 0.0087 | 0.0087 | 0.0087 |
| | 80060213 | 干混抹灰砂浆 DP M15.0 | $m^3$ | 0.0031 | 0.0031 | 0.0031 |
| | 80060214 | 干混抹灰砂浆 DP M20.0 | $m^3$ | | 0.0010 | |
| | 80060312 | 干混地面砂浆 DS M20.0 | $m^3$ | 0.0007 | －0.0003 | －0.0278 |
| | 80110601 | 素水泥浆 | $m^3$ | | | －0.0014 |
| | | 其他材料费 | % | 0.1763 | 0.0674 | 0.3286 |

**工作内容：**铺贴块料面层。

| 定　额　编　号 | | | A-8-4-22 | A-8-4-23 |
|---|---|---|---|---|
| 项　　目 | | | 地面混凝土台阶 | |
| | | | 地砖面 | 石材块料面 |
| | | | 差量 | |
| 预算定额编号 | 预算定额名称 | 预算定额单位 | m² | m² |
| | | | 数　量 | |
| 01-11-7-2 | 石材台阶面 粘合剂粘贴 | m² | | 1.0000 |
| 01-11-7-4 | 地砖台阶面 粘合剂粘贴 | m² | 1.0000 | |
| 01-11-7-9 | 干混砂浆台阶面 20mm 厚 | m² | −1.0000 | −1.0000 |

**工作内容：**铺贴块料面层。

| 定　额　编　号 | | | | A-8-4-22 | A-8-4-23 |
|---|---|---|---|---|---|
| 项　　目 | | | | 地面混凝土台阶 | |
| | | | | 地砖面 | 石材块料面 |
| | | | | 差量 | |
| 名　　称 | | | 单位 | m² | m² |
| 人工 | 00030127 | 一般抹灰工 | 工日 | −0.1215 | −0.1215 |
| | 00030129 | 装饰抹灰工(镶贴) | 工日 | 0.2985 | 0.3210 |
| | 00030153 | 其他工 | 工日 | 0.0382 | 0.0430 |
| 材料 | 03210801 | 石料切割锯片 | 片 | 0.0038 | 0.0224 |
| | 07050401 | 彩釉地砖 | m² | 1.5688 | |
| | 08010101 | 石材饰面板 | m² | | 1.5688 |
| | 14417211 | 石材粘合剂 | kg | | 11.6550 |
| | 14417221 | 石材填缝剂 | kg | | 0.1510 |
| | 14417301 | 陶瓷砖粘合剂 | kg | 6.9930 | |
| | 14417401 | 陶瓷砖填缝剂 | kg | 0.1510 | |
| | 34110101 | 水 | m³ | −0.0175 | −0.0145 |
| | 80060312 | 干混地面砂浆 DS M20.0 | m³ | −0.0045 | −0.0076 |
| | | 其他材料费 | % | 0.1062 | 0.0330 |

# 第五节　其 他 装 饰

**工作内容：** 1. 预埋铁件、成品栏杆安装、金属面油漆。
2. 预埋铁件、成品扶手安装、木饰面油漆。
3. 预埋铁件、成品扶手安装。

| 定　额　编　号 | | | A-8-5-1 | A-8-5-2 | A-8-5-3 |
|---|---|---|---|---|---|
| 项　　目 | | | 铸铁花饰栏杆 | 靠墙扶手 | |
| | | | | 木质镀锌管支托 | 不锈钢管 |
| | | | m | m | m |
| 预算定额编号 | 预算定额名称 | 预算定额单位 | 数　量 | | |
| 01-5-12-2 | 预埋铁件 | t | 0.0007 | 0.0004 | 0.0004 |
| 01-14-2-25 | 木扶手不带托板 满刮腻子、底漆两遍、聚酯清漆两遍 | m | | 1.0000 | |
| 01-14-2-29 | 木扶手不带托板 每增加一遍聚酯清漆 | m | | 1.0000 | |
| 01-14-4-2 | 金属面油漆 调和漆两遍 | $m^2$ | 0.9747 | | |
| 01-15-3-6 | 铸铁花饰栏杆木扶手 | m | 1.0000 | | |
| 01-15-3-7 | 靠墙扶手 木制 | m | | 1.0000 | |
| 01-15-3-9 | 靠墙扶手 不锈钢管 | m | | | 1.0000 |

**工作内容：** 1. 预埋铁件、成品栏杆安装、金属面油漆。
2. 预埋铁件、成品扶手安装、木饰面油漆。
3. 预埋铁件、成品扶手安装。

| 定额编号 | | | | A-8-5-1 | A-8-5-2 | A-8-5-3 |
|---|---|---|---|---|---|---|
| 项目 | | | | 铸铁花饰栏杆 | 靠墙扶手 | |
| | | | | | 木质镀锌管支托 | 不锈钢管 |
| 名称 | | | 单位 | m | m | m |
| 人工 | 00030117 | 模板工 | 工日 | 0.0088 | 0.0050 | 0.0050 |
| | 00030131 | 装饰木工 | 工日 | 0.4425 | 0.2471 | 0.1721 |
| | 00030139 | 油漆工 | 工日 | 0.0282 | 0.0332 | |
| | 00030153 | 其他工 | 工日 | 0.1019 | 0.0607 | 0.0374 |
| 材料 | 01150103 | 热轧型钢 综合 | kg | 5.3000 | 1.3000 | |
| | 01610101 | 钨棒 | kg | | | 0.0001 |
| | 03011127 | 木螺钉 M4×30 | 个 | 8.1029 | 3.6050 | |
| | 03130115 | 电焊条 J422 $\phi$4.0 | kg | 0.3839 | 0.0331 | 0.0120 |
| | 03130201 | 不锈钢焊条 | kg | | | 0.0247 |
| | 12210611 | 铸铁花式栏杆 | $m^2$ | 1.1000 | | |
| | 12230761 | 硬木扶手(制品) 宽 65 | m | 1.0200 | 1.0200 | |
| | 12231701 | 不锈钢法兰底座 $\phi$59 | 个 | | 1.4420 | 1.4420 |
| | 13010115 | 酚醛调和漆 | kg | 0.1613 | | |
| | 13070510 | 聚氨酯清漆 | kg | | 0.0219 | |
| | 13070511 | 聚氨酯底漆 | kg | | 0.0172 | |
| | 13170281 | 聚酯透明腻子 | kg | | 0.0093 | |
| | 14050121 | 油漆溶剂油 | kg | 0.0086 | | |
| | 14210101 | 环氧树脂 | kg | | 0.0126 | 0.0126 |
| | 14354611 | 聚氨酯面漆稀释剂 | kg | | 0.0395 | |
| | 14354631 | 聚氨酯固化剂 | kg | | 0.0195 | |
| | 14390101 | 氧气 | $m^3$ | 0.0277 | 0.0513 | |
| | 14390301 | 乙炔气 | $m^3$ | 0.0120 | 0.0223 | |
| | 14390701 | 氩气 | $m^3$ | | | 0.0699 |
| | 17030137 | 镀锌焊接钢管 DN25 | kg | | 1.0801 | |
| | 17050140 | 不锈钢管 $\phi$32×1.5 | m | | | 0.3710 |
| | 17050175 | 不锈钢管 $\phi$89×2.5 | m | | | 1.0600 |
| | 33330811 | 预埋铁件 | t | 0.0007 | 0.0004 | 0.0004 |
| | | 其他材料费 | % | 0.0222 | 0.0816 | |
| 机械 | 99230250 | 抛光机 | 台班 | | | 0.0131 |
| | 99250010 | 交流弧焊机 21kV·A | 台班 | 0.0150 | 0.0008 | |
| | 99250020 | 交流弧焊机 32kV·A | 台班 | 0.0029 | 0.0017 | 0.0017 |
| | 99250440 | 氩弧焊机 500A | 台班 | | | 0.0260 |

**工作内容：** 1. 预埋铁件、成品栏杆安装、木饰面和金属面油漆。
2. 预埋铁件、成品栏杆安装、金属面油漆。
3. 预埋铁件、成品栏杆安装。
4. 预埋铁件、成品栏板安装及校正。

| 定额编号 | | | A-8-5-4 | A-8-5-5 | A-8-5-6 | A-8-5-7 |
|---|---|---|---|---|---|---|
| 项目 | | | 木扶手 | 铁扶手 | 不锈钢管扶手 | |
| | | | 铁栏杆 | | 不锈钢栏杆 | 玻璃栏板 |
| | | | m | m | m | m |
| 预算定额编号 | 预算定额名称 | 预算定额单位 | 数量 | | | |
| 01-5-12-2 | 预埋铁件 | t | 0.0007 | 0.0007 | 0.0007 | 0.0007 |
| 01-14-2-25 | 木扶手不带托板 满刮腻子、底漆两遍、聚酯清漆两遍 | m | 1.0000 | | | |
| 01-14-2-29 | 木扶手不带托板 每增加一遍聚酯清漆 | m | 1.0000 | | | |
| 01-14-4-1 | 金属面油漆 红丹防锈漆一遍 | $m^2$ | 1.1372 | 2.2223 | | |
| 01-14-4-2 | 金属面油漆 调和漆两遍 | $m^2$ | 1.1372 | 2.2223 | | |
| 01-15-3-1 | 不锈钢管栏杆带扶手 直形 | m | | | 0.8000 | |
| 01-15-3-2 | 不锈钢管栏杆带扶手 弧形 | m | | | 0.2000 | |
| 01-15-3-3 | 不锈钢管栏杆带扶手 钢化玻璃栏板 | m | | | | 1.0000 |
| 01-15-3-4 | 铁栏杆铁扶手 | m | | 1.0000 | | |
| 01-15-3-5 | 铁栏杆木扶手 | m | 1.0000 | | | |

**工作内容：**1. 预埋铁件、成品栏杆安装、木饰面和金属面油漆。
2. 预埋铁件、成品栏杆安装、金属面油漆。
3. 预埋铁件、成品栏杆安装。
4. 预埋铁件、成品栏板安装及校正。

| 定额编号 | | | | A-8-5-4 | A-8-5-5 | A-8-5-6 | A-8-5-7 |
|---|---|---|---|---|---|---|---|
| 项目 | | | | 木扶手 | 铁扶手 | 不锈钢管扶手 | |
| | | | | 铁栏杆 | | 不锈钢栏杆 | 玻璃栏板 |
| | | 名称 | 单位 | m | m | m | m |
| 人工 | 00030117 | 模板工 | 工日 | 0.0088 | 0.0088 | 0.0088 | 0.0088 |
| | 00030131 | 装饰木工 | 工日 | 0.4106 | 0.3146 | 0.2129 | 0.2528 |
| | 00030139 | 油漆工 | 工日 | 0.0849 | 0.1009 | | |
| | 00030153 | 其他工 | 工日 | 0.1073 | 0.0902 | 0.0465 | 0.0550 |
| 材料 | 01610101 | 钨棒 | kg | | | 0.0007 | 0.0003 |
| | 03011127 | 木螺钉 M4×30 | 个 | 8.1029 | | | |
| | 03014425 | 不锈钢六角螺栓连母垫 M6×25 | 套 | | | | 3.4980 |
| | 03130115 | 电焊条 J422 $\phi$4.0 | kg | 0.0700 | 0.0940 | 0.0210 | 0.0210 |
| | 03130201 | 不锈钢焊条 | kg | | | 0.1250 | 0.0490 |
| | 12210621 | 铁栏杆带铁扶手(制品) | m | | 1.0100 | | |
| | 12210631 | 铁栏杆不带扶手(制品) | m | 1.0100 | | | |
| | 12210801 | 不锈钢管栏杆带扶手(制品) | m | | | 0.8000 | |
| | 12210822 | 不锈钢管栏杆带扶手钢化玻璃栏板(制品) | m | | | | 1.0000 |
| | 12210823 | 不锈钢管栏杆带扶手弧形(制品) | m | | | 0.2000 | |
| | 12230761 | 硬木扶手(制品) 宽 65 | m | 1.0200 | | | |
| | 12231701 | 不锈钢法兰底座 $\phi$59 | 个 | | | 5.7710 | 1.1540 |
| | 13010115 | 酚醛调和漆 | kg | 0.1882 | 0.3678 | | |
| | 13056101 | 红丹防锈漆 | kg | 0.1385 | 0.2707 | | |
| | 13070510 | 聚氨酯清漆 | kg | 0.0219 | | | |
| | 13070511 | 聚氨酯底漆 | kg | 0.0172 | | | |
| | 13170281 | 聚酯透明腻子 | kg | 0.0093 | | | |
| | 14050121 | 油漆溶剂油 | kg | 0.0173 | 0.0338 | | |
| | 14210101 | 环氧树脂 | kg | | | 0.1500 | 0.0270 |
| | 14354611 | 聚氨酯面漆稀释剂 | kg | 0.0395 | | | |
| | 14354631 | 聚氨酯固化剂 | kg | 0.0195 | | | |
| | 14390701 | 氩气 | $m^3$ | | | 0.3500 | 0.1370 |
| | 14412511 | 硅酮玻璃胶 310ml | 支 | | | | 0.0245 |
| | 33330811 | 预埋铁件 | t | 0.0007 | 0.0007 | 0.0007 | 0.0007 |
| | | 其他材料费 | % | 0.0818 | 0.1360 | | |
| 机械 | 99230250 | 抛光机 | 台班 | | | 0.0150 | 0.0540 |
| | 99250010 | 交流弧焊机 21kV·A | 台班 | 0.0020 | 0.0030 | | |
| | 99250020 | 交流弧焊机 32kV·A | 台班 | 0.0029 | 0.0029 | 0.0029 | 0.0029 |
| | 99250440 | 氩弧焊机 500A | 台班 | | | 0.1110 | 0.0430 |

**工作内容：** 装饰条安装。

| 定额编号 | | | A-8-5-8 | A-8-5-9 | A-8-5-10 |
|---|---|---|---|---|---|
| 项目 | | | 木装饰条 | 石膏装饰条 | 金属装饰条 |
| | | | m | m | m |
| 预算定额编号 | 预算定额名称 | 预算定额单位 | 数量 | | |
| 01-15-2-4 | 金属装饰线(槽线) 宽度≤20mm | m | | | 0.4000 |
| 01-15-2-5 | 金属装饰线(槽线) 宽度≤50mm | m | | | 0.6000 |
| 01-15-2-6 | 木装饰线(压条) 平面线宽度≤50mm | m | 0.3000 | | |
| 01-15-2-7 | 木装饰线(压条) 平面线宽度≤100mm | m | 0.5000 | | |
| 01-15-2-8 | 木装饰线(压条) 平面线宽度>100mm | m | 0.2000 | | |
| 01-15-2-17 | 石膏装饰线(压条) 角线宽度≤100mm | m | | 0.6000 | |
| 01-15-2-18 | 石膏装饰线(压条) 角线宽度>100mm | m | | 0.4000 | |

**工作内容：** 装饰条安装。

| 定额编号 | | | | A-8-5-8 | A-8-5-9 | A-8-5-10 |
|---|---|---|---|---|---|---|
| 项目 | | | | 木装饰条 | 石膏装饰条 | 金属装饰条 |
| 名称 | | | 单位 | m | m | m |
| 人工 | 00030131 | 装饰木工 | 工日 | 0.0219 | 0.0251 | 0.0199 |
| | 00030153 | 其他工 | 工日 | 0.0047 | 0.0054 | 0.0043 |
| 材料 | 03012104 | 自攻螺钉 | 个 | | 2.9750 | |
| | 03018802 | 塑料膨胀管(尼龙胀管) | 个 | | 2.9750 | |
| | 03151201 | 气动排钉 | 盒 | 0.0029 | | |
| | 12010109 | 装饰木线条 宽度 50 以内 | m | 0.3180 | | |
| | 12010113 | 装饰木线条 宽度 100 以内 | m | 0.5300 | | |
| | 12010114 | 装饰木线条 宽度 100 以外 | m | 0.2120 | | |
| | 12030931 | 金属装饰槽线 宽度 20 以内 | m | | | 0.4240 |
| | 12030933 | 金属装饰槽线 宽度 50 以内 | m | | | 0.6360 |
| | 12070706 | 石膏阴角线 宽度 100 以内 | m | | 0.6360 | |
| | 12070707 | 石膏阴角线 宽度 100 以外 | m | | 0.4240 | |
| | 13172001 | 石膏粉 | kg | | 0.0253 | |
| | 14410801 | 聚醋酸乙烯乳液(白胶) | kg | 0.0260 | 0.0832 | |
| | 14412511 | 硅酮玻璃胶 310ml | 支 | | | 0.2394 |
| | | 其他材料费 | % | 0.5575 | 1.0000 | 0.6428 |
| 机械 | 99430190 | 电动空气压缩机 $0.3m^3/min$ | 台班 | 0.0016 | | |

**工作内容：**1. 装饰条粘贴。
2. 装饰条干挂。

| 定 额 编 号 | | | A-8-5-11 | A-8-5-12 |
|---|---|---|---|---|
| 项 目 | | | 石材装饰条 | |
| | | | 粘贴 | 干挂 |
| | | | m | m |
| 预算定额编号 | 预算定额名称 | 预算定额单位 | 数 量 | |
| 01-15-2-11 | 石材装饰线(压条)<br>粘贴宽度≤100mm | m | 0.6000 | |
| 01-15-2-12 | 石材装饰线(压条)<br>粘贴宽度>100mm | m | 0.4000 | |
| 01-15-2-13 | 石材装饰线(压条)<br>干挂宽度≤150mm | m | | 0.5000 |
| 01-15-2-14 | 石材装饰线(压条)<br>干挂宽度>150mm | m | | 0.5000 |

**工作内容：**1. 装饰条粘贴。
2. 装饰条干挂。

| 定 额 编 号 | | | | A-8-5-11 | A-8-5-12 |
|---|---|---|---|---|---|
| 项 目 | | | | 石材装饰条 | |
| | | | | 粘贴 | 干挂 |
| 名 称 | | | 单位 | m | m |
| 人工 | 00030129 | 装饰抹灰工(镶贴) | 工日 | 0.0790 | 0.1678 |
| | 00030153 | 其他工 | 工日 | 0.0170 | 0.0362 |
| 材料 | 03018173 | 膨胀螺栓(钢制) M10 | 套 | | 3.4680 |
| | 12050106 | 石材装饰线条 宽度 100 以内 | m | 0.6360 | |
| | 12050107 | 石材装饰线条 宽度 100 以外 | m | 0.4240 | |
| | 12050108 | 石材装饰线条 宽度 150 以内 | m | | 0.5300 |
| | 12050109 | 石材装饰线条 宽度 150 以外 | m | | 0.5300 |
| | 14417201 | 云石胶 | kg | | 0.0020 |
| | 14417211 | 石材粘合剂 | kg | 0.9900 | |
| | 14417221 | 石材填缝剂 | kg | 0.2128 | 0.0334 |
| | 34110101 | 水 | $m^3$ | 0.0006 | 0.0032 |
| | 40011111 | 石材不锈钢挂件 | 套 | | 3.4340 |
| | 80060214 | 干混抹灰砂浆 DP M20.0 | $m^3$ | 0.0019 | |
| | | 其他材料费 | % | 0.6586 | 0.3329 |

**工作内容：** 1. 窗帘盒制作安装、防腐防火处理及满批腻子涂刷乳胶漆两遍。
2,3. 门窗套制作安装、防腐防火处理及饰面板铺贴。

| 定额编号 | | | A-8-5-13 | A-8-5-14 | A-8-5-15 |
|---|---|---|---|---|---|
| 项目 | | | 窗帘盒 | 门窗套(筒子板) | |
| | | | | 木质饰面板 | 不锈钢饰面板 |
| | | | m | $m^2$ | $m^2$ |
| 预算定额编号 | 预算定额名称 | 预算定额单位 | 数量 | | |
| 01-8-7-6 | 门窗套(筒子板) 基层细木工板 不带铲口 | $m^2$ | | 1.0000 | 1.0000 |
| 01-8-7-7 | 门窗套(筒子板) 面层木质饰面板 | $m^2$ | | 1.0000 | |
| 01-8-7-8 | 门窗套(筒子板) 面层不锈钢饰面板 | $m^2$ | | | 1.0000 |
| 01-8-9-4 | 窗帘盒 基层细木工板 | m | 1.0000 | | |
| 01-14-3-13 | 木基层板 防火涂料两遍 | $m^2$ | 0.4622 | 0.8200 | 0.8200 |
| 01-14-3-19 | 木基层板 防腐油一遍 | $m^2$ | 0.4622 | 0.8200 | 0.8200 |
| 01-14-5-8 | 乳胶漆 室内天棚面 两遍 | $m^2$ | 0.4622 | | |

**工作内容：** 1. 窗帘盒制作安装、防腐防火处理及满批腻子涂刷乳胶漆两遍。
2,3. 门窗套制作安装、防腐防火处理及饰面板铺贴。

| 定额编号 | | | | A-8-5-13 | A-8-5-14 | A-8-5-15 |
|---|---|---|---|---|---|---|
| 项目 | | | | 窗帘盒 | 门窗套(筒子板) | |
| | | | | | 木质饰面板 | 不锈钢饰面板 |
| 名称 | | | 单位 | m | $m^2$ | $m^2$ |
| 人工 | 00030131 | 装饰木工 | 工日 | 0.1071 | 0.1996 | 0.2106 |
| | 00030139 | 油漆工 | 工日 | 0.0554 | 0.0311 | 0.0311 |
| | 00030153 | 其他工 | 工日 | 0.0536 | 0.0843 | 0.0885 |
| 材料 | 03011701 | 干壁钉 | kg | 0.0260 | 0.0653 | 0.0653 |
| | 03012104 | 自攻螺钉 | 个 | 3.3048 | | |
| | 03018174 | 膨胀螺栓(钢制) M12 | 套 | 1.1016 | | |
| | 03018921 | 塑料胀管带螺钉 M8 | 套 | | 21.0018 | 21.0018 |
| | 03151201 | 气动排钉 | 盒 | | 0.0105 | |
| | 03154813 | 铁件 | kg | 0.4303 | | |
| | 05052101 | 木质饰面板 | $m^2$ | | 1.1000 | |
| | 05090101 | 细木工板 | $m^2$ | 0.4853 | | |
| | 05090116 | 细木工板 $\delta 18$ | $m^2$ | | 1.0500 | 1.0500 |
| | 09051222 | 镜面不锈钢板 $\delta 1.2$ | $m^2$ | | | 1.1000 |
| | 10050111 | 成品木龙骨 30×25 | m | | 9.4920 | 9.4920 |
| | 13030431 | 内墙乳胶漆 | kg | 0.1285 | | |
| | 13051001 | 防火涂料 | kg | 0.2440 | 0.4329 | 0.4329 |
| | 13052801 | 防腐油 | kg | 0.1127 | 0.1999 | 0.1999 |
| | 13170211 | 成品腻子粉 | kg | 0.9434 | | |
| | 14410701 | 万能胶 | kg | | | 0.4200 |
| | 14410801 | 聚醋酸乙烯乳液(白胶) | kg | | 1.0061 | 0.6386 |
| | 14412521 | 硅酮耐候密封胶 310ml | 支 | | | 0.9690 |
| | 14413101 | 801 建筑胶水 | kg | 0.2658 | | |
| | 34110101 | 水 | $m^3$ | 0.0002 | | |
| | | 其他材料费 | % | 0.5128 | 0.1015 | 0.0630 |
| 机械 | 99430190 | 电动空气压缩机 $0.3m^3/min$ | 台班 | | 0.0150 | |

**工作内容：** 1,2. 窗台制作安装、防腐防火处理及饰面板铺贴。
3. 砂浆找平粘贴块料窗台板。

| 定 额 编 号 | | | A-8-5-16 | A-8-5-17 | A-8-5-18 |
|---|---|---|---|---|---|
| 项 目 | | | 窗台板 | | |
| | | | 木质饰面板 | 不锈钢饰面板 | 石材 |
| | | | $m^2$ | $m^2$ | $m^2$ |
| 预算定额编号 | 预算定额名称 | 预算定额单位 | 数 量 | | |
| 01-8-8-1 | 窗台板 基层细木工板 | $m^2$ | 1.0000 | 1.0000 | |
| 01-8-8-2 | 窗台板 面层木质饰面板 | $m^2$ | 1.0000 | | |
| 01-8-8-4 | 窗台板 面层不锈钢板 | $m^2$ | | 1.1667 | |
| 01-8-8-6 | 石材窗台板 粘合剂粘贴 | $m^2$ | | | 1.0000 |
| 01-14-3-13 | 木基层板 防火涂料两遍 | $m^2$ | 0.8200 | 0.8200 | |
| 01-14-3-19 | 木基层板 防腐油一遍 | $m^2$ | 0.8200 | 0.8200 | |

**工作内容：** 1,2. 窗台制作安装、防腐防火处理及饰面板铺贴。
3. 砂浆找平粘贴块料窗台板。

| 定 额 编 号 | | | | A-8-5-16 | A-8-5-17 | A-8-5-18 |
|---|---|---|---|---|---|---|
| 项 目 | | | | 窗台板 | | |
| | | | | 木质饰面板 | 不锈钢饰面板 | 石材 |
| 名 称 | | | 单位 | $m^2$ | $m^2$ | $m^2$ |
| 人工 | 00030129 | 装饰抹灰工(镶贴) | 工日 | | | 0.2928 |
| | 00030131 | 装饰木工 | 工日 | 0.2043 | 0.2403 | |
| | 00030139 | 油漆工 | 工日 | 0.0311 | 0.0311 | |
| | 00030153 | 其他工 | 工日 | 0.0861 | 0.1001 | 0.1138 |
| 材料 | 01290939 | 不锈钢板 δ1.2 | $m^2$ | | 1.2834 | |
| | 03011701 | 干壁钉 | kg | 0.0653 | 0.0653 | |
| | 03018921 | 塑料胀管带螺钉 M8 | 套 | 23.0769 | 23.0769 | |
| | 03151201 | 气动排钉 | 盒 | 0.0105 | | |
| | 05052101 | 木质饰面板 | $m^2$ | 1.1000 | | |
| | 05090101 | 细木工板 | $m^2$ | 1.1200 | 1.1200 | |
| | 08010105 | 石材饰面板 δ20 | $m^2$ | | | 1.0500 |
| | 10050111 | 成品木龙骨 30×25 | m | 10.2375 | 10.2375 | |
| | 13051001 | 防火涂料 | kg | 0.4329 | 0.4329 | |
| | 13052801 | 防腐油 | kg | 0.1999 | 0.1999 | |
| | 14410701 | 万能胶 | kg | | 0.4900 | |
| | 14410801 | 聚醋酸乙烯乳液(白胶) | kg | 0.7105 | 0.3430 | |
| | 14412521 | 硅酮耐候密封胶 310ml | 支 | | 0.1131 | |
| | 14417211 | 石材粘合剂 | kg | | | 8.2500 |
| | 14417221 | 石材填缝剂 | kg | | | 0.1000 |
| | 34110101 | 水 | $m^3$ | | | 0.0143 |
| | 80060214 | 干混抹灰砂浆 DP M20.0 | $m^3$ | | | 0.0205 |
| | | 其他材料费 | % | 0.0966 | 0.0334 | 0.8700 |
| 机械 | 99430190 | 电动空气压缩机 0.3$m^3$/min | 台班 | 0.0146 | | |

# 第六节 天 棚

**工作内容：**1. 龙骨制作安装、防腐防火处理，板条安装、木材面油漆。
2,3. 龙骨和基层安装、防腐防火处理，饰面板安装。

| 定额编号 | | | A-8-6-1 | A-8-6-2 | A-8-6-3 |
|---|---|---|---|---|---|
| 项目 | | | 单层清水板条天棚 | 木质装饰板天棚 | 不锈钢装饰板天棚 |
| | | | 钉在木龙骨上 | | |
| | | | $m^2$ | $m^2$ | $m^2$ |
| 预算定额编号 | 预算定额名称 | 预算定额单位 | 数量 | | |
| 01-13-2-2 | 方木天棚龙骨 中距450mm | $m^2$ | 1.0000 | | |
| 01-13-2-4 | U型轻钢天棚龙骨 450×450mm平面 | $m^2$ | | 0.6000 | 0.6000 |
| 01-13-2-6 | U型轻钢天棚龙骨 450×450mm跌级 | $m^2$ | | 0.4000 | 0.4000 |
| 01-13-2-19 | 吊顶天棚 基层 胶合板 | $m^2$ | | 1.0600 | 1.0600 |
| 01-13-2-23 | 吊顶天棚 面层 单层清水板条 | $m^2$ | 1.0600 | | |
| 01-13-2-29 | 吊顶天棚 面层 木质装饰板花式 | $m^2$ | | 1.0600 | |
| 01-13-2-36 | 吊顶天棚 面层 不锈钢面层 | $m^2$ | | | 1.0600 |
| 01-14-3-7 | 其他木材面油漆 满刮腻子、底漆两遍、聚酯清漆两遍 | $m^2$ | 1.0600 | | |
| 01-14-3-8 | 其他木材面油漆 每增加一遍聚酯清漆 | $m^2$ | 1.0600 | | |
| 01-14-3-11系 | 双向木龙骨 防火涂料两遍 | $m^2$ | 1.0000 | | |
| 01-14-3-13 | 木基层板 防火涂料两遍 | $m^2$ | | 1.0600 | 1.0600 |
| 01-14-3-17系 | 双向木龙骨 防腐油一遍 | $m^2$ | 1.0000 | | |
| 01-14-3-19 | 木基层板 防腐油一遍 | $m^2$ | | 1.0600 | 1.0600 |

**工作内容：** 1. 龙骨制作安装、防腐防火处理，板条安装、木材面油漆。
2,3. 龙骨和基层安装、防腐防火处理，饰面板安装。

| 定 额 编 号 | | | | A-8-6-1 | A-8-6-2 | A-8-6-3 |
|---|---|---|---|---|---|---|
| 项 目 | | | | 单层清水板条天棚<br>钉在木龙骨上 | 木质装饰板天棚 | 不锈钢装饰板天棚 |
| 名 称 | | | 单位 | $m^2$ | $m^2$ | $m^2$ |
| 人工 | 00030131 | 装饰木工 | 工日 | 0.1449 | 0.2194 | 0.3146 |
| | 00030139 | 油漆工 | 工日 | 0.1869 | 0.0402 | 0.0402 |
| | 00030153 | 其他工 | 工日 | 0.0728 | 0.0559 | 0.0740 |
| 材料 | 01150103 | 热轧型钢 综合 | kg | | 0.0062 | 0.0062 |
| | 01290937 | 不锈钢板 δ0.8 | $m^2$ | | | 1.1130 |
| | 03011701 | 干壁钉 | kg | 0.1163 | | |
| | 03012104 | 自攻螺钉 | 个 | | 25.0966 | 25.0966 |
| | 03013101 | 六角螺栓 | kg | | 0.0195 | 0.0195 |
| | 03015555 | 镀锌通丝螺杆 ϕ8 | m | | 2.2878 | 2.2878 |
| | 03018174 | 膨胀螺栓(钢制) M12 | 套 | | 1.6342 | 1.6342 |
| | 03130115 | 电焊条 J422 ϕ4.0 | kg | 0.1265 | 0.1639 | 0.1639 |
| | 03154813 | 铁件 | kg | 0.9468 | 1.7019 | 1.7019 |
| | 05030220 | 成品清水木板条 6×40×1200 | 根 | 24.3800 | | |
| | 05050101 | 胶合板 | $m^2$ | | 1.1130 | 1.1130 |
| | 05052101 | 木质饰面板 | $m^2$ | | 1.2190 | |
| | 10010912 | 轻钢龙骨上人型(平面) 450×450 | $m^2$ | | 0.6060 | 0.6060 |
| | 10010914 | 轻钢龙骨上人型(跌级) 450×450 | $m^2$ | | 0.4040 | 0.4040 |
| | 10050114 | 成品木龙骨 50×50 | m | 3.8394 | | |
| | 10050115 | 成品木龙骨 50×70 | m | 3.1111 | | |
| | 13051001 | 防火涂料 | kg | 0.4001 | 0.5596 | 0.5596 |
| | 13052801 | 防腐油 | kg | 0.0557 | 0.2584 | 0.2584 |
| | 13070510 | 聚氨酯清漆 | kg | 0.1220 | | |
| | 13070511 | 聚氨酯底漆 | kg | 0.0956 | | |
| | 13170281 | 聚酯透明腻子 | kg | 0.0520 | | |
| | 14354611 | 聚氨酯面漆稀释剂 | kg | 0.2201 | | |
| | 14354631 | 聚氨酯固化剂 | kg | 0.1091 | | |
| | 14410701 | 万能胶 | kg | | 0.3352 | 0.3307 |
| | 17090132 | 方钢管 25×25×2.5 | m | | 0.0245 | 0.0245 |
| | | 其他材料费 | % | 1.7463 | 0.3583 | 0.3069 |
| 机械 | 99250020 | 交流弧焊机 32kV·A | 台班 | 0.0260 | 0.0338 | 0.0338 |

**工作内容：** 1. 龙骨和面层安装，满批腻子涂刷乳胶漆两遍。
2. 龙骨和面层安装。

| 定额编号 | | | A-8-6-4 | A-8-6-5 |
|---|---|---|---|---|
| 项目 | | | 纸面石膏板天棚 | 矿棉板天棚 |
| | | | $m^2$ | $m^2$ |
| 预算定额编号 | 预算定额名称 | 预算定额单位 | 数量 | |
| 01-13-2-4 | U型轻钢天棚龙骨 450×450mm 平面 | $m^2$ | 0.6000 | |
| 01-13-2-6 | U型轻钢天棚龙骨 450×450mm 跌级 | $m^2$ | 0.4000 | |
| 01-13-2-11 | T型铝合金天棚龙骨 600mm×600mm 内 平面 | $m^2$ | | 0.6000 |
| 01-13-2-13 | T型铝合金天棚龙骨 600mm×600mm 内 跌级 | $m^2$ | | 0.4000 |
| 01-13-2-30 | 吊顶天棚 面层 纸面石膏板 | $m^2$ | 1.0600 | |
| 01-13-2-33 | 吊顶天棚 面层 矿棉板 | $m^2$ | | 1.0600 |
| 01-14-5-8 | 乳胶漆 室内天棚面 两遍 | $m^2$ | 1.0600 | |

**工作内容：** 1. 龙骨和面层安装，满批腻子涂刷乳胶漆两遍。
2. 龙骨和面层安装。

| 定额编号 | | | | A-8-6-4 | A-8-6-5 |
|---|---|---|---|---|---|
| 项目 | | | | 纸面石膏板天棚 | 矿棉板天棚 |
| 名称 | | | 单位 | $m^2$ | $m^2$ |
| 人工 | 00030131 | 装饰木工 | 工日 | 0.2153 | 0.1250 |
| | 00030139 | 油漆工 | 工日 | 0.0870 | |
| | 00030153 | 其他工 | 工日 | 0.0651 | 0.0269 |
| 材料 | 01150103 | 热轧型钢 综合 | kg | 0.0062 | 0.5047 |
| | 03011101 | 木螺钉 | kg | | 0.0140 |
| | 03012104 | 自攻螺钉 | 个 | 25.0966 | |
| | 03013101 | 六角螺栓 | kg | 0.0195 | |
| | 03015555 | 镀锌通丝螺杆 φ8 | m | 2.2878 | 1.5458 |
| | 03018174 | 膨胀螺栓(钢制) M12 | 套 | 1.6342 | 1.1041 |
| | 03019313 | 镀锌六角螺母 M8 | 个 | | 1.8280 |
| | 03019417 | 普通钢制垫圈 M10 | 个 | | 0.9140 |
| | 03130115 | 电焊条 J422 φ4.0 | kg | 0.1639 | 0.0128 |
| | 03154813 | 铁件 | kg | 1.7019 | 1.7260 |
| | 05030109 | 小方材 ≤54$cm^2$ | $m^3$ | | 0.0003 |
| | 09010311 | 纸面石膏板 δ9.5 | $m^2$ | 1.1236 | |
| | 09070106 | 矿棉装饰板(含配套龙骨) | $m^2$ | | 1.1130 |
| | 10010514 | 轻钢大龙骨 DC60 | m | | 1.6886 |
| | 10010912 | 轻钢龙骨上人型(平面) 450×450 | $m^2$ | 0.6060 | |
| | 10010914 | 轻钢龙骨上人型(跌级) 450×450 | $m^2$ | 0.4040 | |
| | 10131511 | 轻钢大龙骨垂直吊挂件 | 个 | | 1.5800 |
| | 13030431 | 内墙乳胶漆 | kg | 0.2948 | |
| | 13170101 | 嵌缝腻子 | kg | 0.1113 | |
| | 13170211 | 成品腻子粉 | kg | 2.1637 | |
| | 14413101 | 801 建筑胶水 | kg | 0.6095 | |
| | 14430811 | 石膏板专用接缝纸带 | m | 1.7469 | |
| | 17090132 | 方钢管 25×25×2.5 | m | 0.0245 | |
| | 34110101 | 水 | $m^3$ | 0.0005 | |
| | | 其他材料费 | % | 1.4629 | 0.4923 |
| 机械 | 99250020 | 交流弧焊机 32kV·A | 台班 | 0.0338 | 0.0009 |

**工作内容：**1,2,3. 龙骨和面层安装。
4. 天棚安装。

| 定额编号 | | | A-8-6-6 | A-8-6-7 | A-8-6-8 | A-8-6-9 |
|---|---|---|---|---|---|---|
| 项目 | | | 铝合金 | | | |
| | | | 方板天棚 | 条板天棚 | 挂片天棚 | 格栅天棚 |
| | | | m$^2$ | m$^2$ | m$^2$ | m$^2$ |
| 预算定额编号 | 预算定额名称 | 预算定额单位 | 数量 | | | |
| 01-13-2-15 | 铝合金方板天棚龙骨 600mm×600mm 内 | m$^2$ | 1.0000 | | | |
| 01-13-2-17 | 铝合金条板天棚龙骨 | m$^2$ | | 1.0000 | | |
| 01-13-2-18 | 铝合金挂片式天棚龙骨 间距 150mm 以内 | m$^2$ | | | 1.0000 | |
| 01-13-2-39 | 吊顶天棚 面层 铝合金方板 嵌入式 | m$^2$ | 1.0000 | | | |
| 01-13-2-40 | 吊顶天棚 面层 铝合金条板 闭缝 | m$^2$ | | 1.0000 | | |
| 01-13-2-43 | 吊顶天棚 面层 铝合金挂片 条型 间距 150mm | m$^2$ | | | 1.0000 | |
| 01-13-2-53 | 格栅天棚 铝骨架铝条 | m$^2$ | | | | 1.0000 |

**工作内容：**1,2,3. 龙骨和面层安装。
4. 天棚安装。

| 定额编号 | | | | A-8-6-6 | A-8-6-7 | A-8-6-8 | A-8-6-9 |
|---|---|---|---|---|---|---|---|
| 项目 | | | | 铝合金 | | | |
| | | | | 方板天棚 | 条板天棚 | 挂片天棚 | 格栅天棚 |
| | 名称 | | 单位 | m$^2$ | m$^2$ | m$^2$ | m$^2$ |
| 人工 | 00030131 | 装饰木工 | 工日 | 0.1174 | 0.1465 | 0.0587 | 0.0635 |
| | 00030153 | 其他工 | 工日 | 0.0253 | 0.0315 | 0.0125 | 0.0137 |
| 材料 | 01150103 | 热轧型钢 综合 | kg | | | | 1.9016 |
| | 01490181 | 角铝 | m | | | | 0.1851 |
| | 03011101 | 木螺钉 | kg | 0.0119 | 0.8225 | | |
| | 03014203 | 镀锌六角螺栓连母垫 | 套 | | | | 13.4132 |
| | 03015555 | 镀锌通丝螺杆 $\phi$8 | m | 2.1830 | 0.3234 | 0.5038 | |
| | 03018174 | 膨胀螺栓(钢制) M12 | 套 | 1.5593 | 0.8300 | 0.7571 | 4.1200 |
| | 03019313 | 镀锌六角螺母 M8 | 个 | 3.1400 | 4.1200 | | |
| | 03019417 | 普通钢制垫圈 M10 | 个 | 1.5700 | | | |
| | 03130115 | 电焊条 J422 $\phi$4.0 | kg | 0.0128 | 0.0128 | | |
| | 03154813 | 铁件 | kg | 1.7000 | 0.2200 | 0.2000 | |
| | 09050409 | 铝合金条板(闭缝含配套龙骨) | m$^2$ | | 1.0300 | | |
| | 09050506 | 铝合金方板(含配套龙骨) | m$^2$ | 1.0300 | | | |
| | 09371112 | 铝合金挂片 150 间距 | m$^2$ | | | 1.0500 | |
| | 10010513 | 轻钢大龙骨 DC45 | m | | 0.9728 | | |
| | 10010514 | 轻钢大龙骨 DC60 | m | 1.3376 | | | |
| | 10030151 | 铝合金挂片式龙骨 | m | | | 1.0188 | |
| | 10030501 | 铝合金 T 型主龙骨 | m | | | | 1.4252 |
| | 10131511 | 轻钢大龙骨垂直吊挂件 | 个 | 1.5600 | 0.8300 | | |
| | 12030111 | 铝条 宽 17 | m | | | | 10.6334 |
| | 12030112 | 铝条 宽 86 | m | | | | 10.6334 |
| | | 其他材料费 | % | 1.1965 | 1.5899 | 0.1412 | 0.3210 |
| 机械 | 99250020 | 交流弧焊机 32kV·A | 台班 | 0.0009 | 0.0004 | | |

**工作内容：** 1. 龙骨安装、防腐防火处理，面层安装及满批腻子、涂刷乳胶漆两遍。
2. 天棚安装。
3. 天棚安装、木材面油漆。

| 定额编号 | | | A-8-6-10 | A-8-6-11 | A-8-6-12 |
|---|---|---|---|---|---|
| 项目 | | | 石膏复合装饰板天棚 | 有机灯片 | 木方格吊顶天棚 |
| | | | 贴在木龙骨上 | 搁放在天棚上 | |
| | | | m$^2$ | m$^2$ | m$^2$ |
| 预算定额编号 | 预算定额名称 | 预算定额单位 | 数量 | | |
| 01-13-2-1 | 方木天棚龙骨 中距 300mm | m$^2$ | 1.0000 | | |
| 01-13-2-32 | 吊顶天棚 面层 石膏复合装饰板 | m$^2$ | 1.0600 | | |
| 01-13-2-50 | 吊顶天棚 灯片 搁放型 有机灯片 | m$^2$ | | 1.0000 | |
| 01-13-2-52 | 格栅天棚 木方格 | m$^2$ | | | 1.0000 |
| 01-14-3-7 | 其他木材面油漆 满刮腻子、底漆两遍、聚酯清漆两遍 | m$^2$ | | | 1.2000 |
| 01-14-3-11 系 | 双向木龙骨 防火涂料两遍 | m$^2$ | 1.0000 | | |
| 01-14-3-17 系 | 双向木龙骨 防腐油一遍 | m$^2$ | 1.0000 | | |
| 01-14-5-8 | 乳胶漆 室内天棚面 两遍 | m$^2$ | 1.0600 | | |

**工作内容：** 1. 龙骨安装、防腐防火处理，面层安装及满批腻子、涂刷乳胶漆两遍。
2. 天棚安装。
3. 天棚安装、木材面油漆。

| 定额编号 | | | | A-8-6-10 | A-8-6-11 | A-8-6-12 |
|---|---|---|---|---|---|---|
| 项目 | | | | 石膏复合装饰板天棚 | 有机灯片 | 木方格吊顶天棚 |
| | | | | 贴在木龙骨上 | 搁放在天棚上 | |
| | 名称 | | 单位 | m$^2$ | m$^2$ | m$^2$ |
| 人工 | 00030131 | 装饰木工 | 工日 | 0.1880 | 0.0601 | 0.0641 |
| | 00030139 | 油漆工 | 工日 | 0.1786 | | 0.0881 |
| | 00030153 | 其他工 | 工日 | 0.0804 | 0.0129 | 0.0328 |
| 材料 | 01150103 | 热轧型钢 综合 | kg | | | 2.2000 |
| | 03011701 | 干壁钉 | kg | 0.1664 | | 0.0290 |
| | 03012104 | 自攻螺钉 | 个 | 25.0966 | | |
| | 03018120 | 膨胀螺栓(钢制) M8×60 | 套 | | | 1.4900 |
| | 03130115 | 电焊条 J422 $\phi$4.0 | kg | 0.1328 | | |
| | 03154813 | 铁件 | kg | 1.6146 | | |
| | 09010151 | 石膏复合装饰板 | m$^2$ | 1.1236 | | |
| | 09371201 | 天棚木格栅 | m$^2$ | | | 1.0500 |
| | 10050114 | 成品木龙骨 50×50 | m | 4.1535 | | |
| | 10050115 | 成品木龙骨 50×70 | m | 4.2778 | | |
| | 13030431 | 内墙乳胶漆 | kg | 0.2948 | | |
| | 13051001 | 防火涂料 | kg | 0.4001 | | |
| | 13052801 | 防腐油 | kg | 0.0557 | | |
| | 13070510 | 聚氨酯清漆 | kg | | | 0.0923 |
| | 13070511 | 聚氨酯底漆 | kg | | | 0.1082 |
| | 13170101 | 嵌缝腻子 | kg | 0.1113 | | |
| | 13170211 | 成品腻子粉 | kg | 2.1637 | | |
| | 13170281 | 聚酯透明腻子 | kg | | | 0.0589 |
| | 14354611 | 聚氨酯面漆稀释剂 | kg | | | 0.2028 |
| | 14354631 | 聚氨酯固化剂 | kg | | | 0.1004 |
| | 14413101 | 801 建筑胶水 | kg | 0.6095 | | |
| | 14430811 | 石膏板专用接缝纸带 | m | 1.7469 | | |
| | 25611151 | 有机玻璃灯片 | m$^2$ | | 1.0500 | |
| | 34110101 | 水 | m$^3$ | 0.0005 | | |
| | | 其他材料费 | % | 1.4370 | | 0.5329 |
| 机械 | 99250020 | 交流弧焊机 32kV·A | 台班 | 0.0273 | | |

**工作内容：** 1. 天棚安装。
2. 天棚安装、金属面油漆。

| 定　额　编　号 | | | A-8-6-13 | A-8-6-14 |
|---|---|---|---|---|
| 项　　目 | | | 软膜天棚 | 玻璃采光天棚<br>金属结构 |
| | | | m$^2$ | m$^2$ |
| 预算定额编号 | 预算定额名称 | 预算定额单位 | 数　量 | |
| 01-13-2-60 | 软膜吊顶 矩形 | m$^2$ | 0.6000 | |
| 01-13-2-61 | 软膜吊顶 圆形 | m$^2$ | 0.4000 | |
| 01-13-3-1 | 中空玻璃采光天棚 钢结构 | m$^2$ | | 0.6000 |
| 01-13-3-2 | 中空玻璃采光天棚 铝结构 | m$^2$ | | 0.4000 |
| 01-14-4-1 | 金属面油漆 红丹防锈漆一遍 | m$^2$ | | 0.8086 |
| 01-14-4-2 | 金属面油漆 调和漆两遍 | m$^2$ | | 0.8086 |

**工作内容：** 1. 天棚安装。
2. 天棚安装、金属面油漆。

| 定　额　编　号 | | | | A-8-6-13 | A-8-6-14 |
|---|---|---|---|---|---|
| 项　　目 | | | | 软膜天棚 | 玻璃采光天棚<br>金属结构 |
| 名　　称 | | | 单位 | m$^2$ | m$^2$ |
| 人工 | 00030131 | 装饰木工 | 工日 | 0.1133 | 0.9728 |
| | 00030139 | 油漆工 | 工日 | | 0.0367 |
| | 00030153 | 其他工 | 工日 | 0.0244 | 0.0601 |
| 材料 | 01150103 | 热轧型钢 综合 | kg | | 14.7965 |
| | 01270931 | T 型钢 25×25 | kg | | 0.1259 |
| | 01290652 | 镀锌薄钢板 δ0.5 | m$^2$ | | 0.0060 |
| | 01510801 | 铝合金型材 | kg | | 2.0286 |
| | 02030112 | 橡胶条 小 | m | | 0.9793 |
| | 02030113 | 橡胶条 大 | m | | 0.9793 |
| | 02070212 | 橡皮垫 宽 25 | m | | 0.3917 |
| | 02070213 | 橡皮垫 宽 250 | m | | 0.6346 |
| | 02070411 | 耐热胶垫 δ2×38 | m | | 0.6792 |
| | 02312151 | 软膜 | m$^2$ | 1.0900 | |
| | 03011701 | 干壁钉 | kg | | 0.0082 |
| | 03014106 | 六角螺栓连母垫 | 套 | | 7.5869 |
| | 03018120 | 膨胀螺栓(钢制) M8×60 | 套 | 2.0000 | |
| | 03154813 | 铁件 | kg | | 0.4479 |
| | 06110101 | 中空玻璃 | m$^2$ | | 1.0180 |
| | 13010115 | 酚醛调和漆 | kg | | 0.1338 |
| | 13056101 | 红丹防锈漆 | kg | | 0.0985 |
| | 13350401 | 建筑油膏 | kg | | 0.5356 |
| | 14050121 | 油漆溶剂油 | kg | | 0.0123 |
| | 14412511 | 硅酮玻璃胶 310ml | 支 | | 0.0808 |
| | | 其他材料费 | % | 0.2420 | 1.2616 |

# 第七节　油漆、涂料、裱糊

**工作内容：**1,2,3. 满批腻子涂刷乳胶漆两遍。
4. 满批腻子涂刷涂料三遍。

| 定额编号 | | | A-8-7-1 | A-8-7-2 | A-8-7-3 | A-8-7-4 |
|---|---|---|---|---|---|---|
| 项目 | | | 满批腻子 | | 苯丙乳胶漆两遍 | 丙烯酸酯涂料三遍 |
| | | | 乳胶漆两遍 | | 外墙面 | |
| | | | 内墙 | 天棚 | | |
| | | | $m^2$ | $m^2$ | $m^2$ | $m^2$ |
| 预算定额编号 | 预算定额名称 | 预算定额单位 | 数量 | | | |
| 01-14-5-6 | 乳胶漆 室外墙面 两遍 | $m^2$ | | | 1.0000 | |
| 01-14-5-7 | 乳胶漆 室内墙面 两遍 | $m^2$ | 1.0000 | | | |
| 01-14-5-8 | 乳胶漆 室内天棚面 两遍 | $m^2$ | | 1.0000 | | |
| 01-14-6-4 | 外墙丙烯酸酯涂料 墙面 两遍 | $m^2$ | | | | 1.0000 |
| 01-14-6-5 | 外墙丙烯酸酯涂料 墙面 每增一遍 | $m^2$ | | | | 1.0000 |

**工作内容：**1,2,3. 满批腻子涂刷乳胶漆两遍。
4. 满批腻子涂刷涂料三遍。

| 定额编号 | | | | A-8-7-1 | A-8-7-2 | A-8-7-3 | A-8-7-4 |
|---|---|---|---|---|---|---|---|
| 项目 | | | | 满批腻子 | | 苯丙乳胶漆两遍 | 丙烯酸酯涂料三遍 |
| | | | | 乳胶漆两遍 | | 外墙面 | |
| | | | | 内墙 | 天棚 | | |
| 名称 | | | 单位 | $m^2$ | $m^2$ | $m^2$ | $m^2$ |
| 人工 | 00030139 | 油漆工 | 工日 | 0.0657 | 0.0821 | 0.0776 | 0.0807 |
| | 00030153 | 其他工 | 工日 | 0.0141 | 0.0177 | 0.0167 | 0.0174 |
| 材料 | 13010218 | 苯丙清漆 | kg | | | 0.1160 | |
| | 13030431 | 内墙乳胶漆 | kg | 0.2781 | 0.2781 | | |
| | 13030451 | 外墙乳胶漆 | kg | | | 0.2808 | |
| | 13030711 | 高级丙烯酸外墙涂料 无光 | kg | | | | 1.4040 |
| | 13170211 | 成品腻子粉 | kg | 2.0412 | 2.0412 | 2.0412 | 2.0412 |
| | 14050121 | 油漆溶剂油 | kg | | | 0.0129 | |
| | 14413101 | 801 建筑胶水 | kg | 0.5750 | 0.5750 | 0.5750 | 0.6498 |
| | 34110101 | 水 | $m^3$ | 0.0005 | 0.0005 | 0.0005 | 0.0007 |
| | | 其他材料费 | % | 1.9571 | 1.9571 | 1.6754 | 1.0994 |

工作内容：1. 满批腻子涂刷真石漆。
2,3. 找补腻子粘贴墙纸(布)。

| 定额编号 | | | A-8-7-5 | A-8-7-6 | A-8-7-7 |
|---|---|---|---|---|---|
| 项目 | | | 仿石型涂料 | 贴装饰面 | |
| | | | | 墙纸 | 织锦缎(连裱宣纸) |
| | | | m$^2$ | m$^2$ | m$^2$ |
| 预算定额编号 | 预算定额名称 | 预算定额单位 | 数量 | | |
| 01-14-5-3 | 真石漆 墙面 | m$^2$ | 1.0000 | | |
| 01-14-7-3 | 墙面 普通壁纸 不对花 | m$^2$ | | 1.0000 | |
| 01-14-7-7 | 墙面 贴织锦缎 | m$^2$ | | | 1.0000 |

工作内容：1. 满批腻子涂刷真石漆。
2,3. 找补腻子粘贴墙纸(布)。

| 定额编号 | | | | A-8-7-5 | A-8-7-6 | A-8-7-7 |
|---|---|---|---|---|---|---|
| 项目 | | | | 仿石型涂料 | 贴装饰面 | |
| | | | | | 墙纸 | 织锦缎(连裱宣纸) |
| 名称 | | | 单位 | m$^2$ | m$^2$ | m$^2$ |
| 人工 | 00030139 | 油漆工 | 工日 | 0.2469 | 0.0440 | 0.1126 |
| | 00030153 | 其他工 | 工日 | 0.0532 | 0.0095 | 0.0242 |
| 材料 | 09310101 | 墙纸 | m$^2$ | | 1.1000 | |
| | 09330301 | 织锦缎 | m$^2$ | | | 1.1600 |
| | 13010211 | 醇酸清漆 | kg | 0.2767 | | |
| | 13011101 | 壁纸基膜 | kg | | 0.1000 | 0.1000 |
| | 13012201 | 真石漆 | kg | 4.1600 | | |
| | 13012211 | 真石面漆 | kg | 0.3120 | | |
| | 13170211 | 成品腻子粉 | kg | 2.0412 | 0.5292 | 0.5292 |
| | 13172401 | 羧甲基纤维素(化学浆糊) | kg | | 0.0011 | 0.0011 |
| | 14354501 | 醇酸漆稀释剂 | kg | 0.0312 | | |
| | 14411831 | 壁纸专用粘合剂 | kg | | 0.2781 | 0.2781 |
| | 14413101 | 801 建筑胶水 | kg | 0.5463 | 0.0624 | 0.0624 |
| | 34110101 | 水 | m$^3$ | 0.0005 | 0.0003 | 0.0003 |
| | | 其他材料费 | % | 1.0748 | 2.0000 | 2.0000 |

**工作内容：** 1,2. 涂刷防火涂料。
3. 涂刷氟碳面漆。
4. 底层面层批灰。

| 定额编号 | | | A-8-7-8 | A-8-7-9 | A-8-7-10 | A-8-7-11 |
|---|---|---|---|---|---|---|
| 项目 | | | 防火涂料 | | 氟碳漆 | 薄层灰泥 |
| | | | 金属面 | | 金属面 | |
| | | | 厚型 | 薄型 | | |
| | | | t | t | t | m² |
| 预算定额编号 | 预算定额名称 | 预算定额单位 | 数量 | | | |
| 01-12-1-16 | 薄层灰泥墙面 | m² | | | | 1.0000 |
| 01-14-4-4 | 金属面 氟碳面漆 60μm | m² | | | 28.1414 | |
| 01-14-6-14 | 金属面薄型防火涂料 耐火时间1.0h、涂层厚度3mm | m² | | 1.4071 | | |
| 01-14-6-15 | 金属面薄型防火涂料 耐火时间1.5h、涂层厚度3.2mm | m² | | 5.6282 | | |
| 01-14-6-16 | 金属面薄型防火涂料 耐火时间2.0h、涂层厚度4.5mm | m² | | 21.1061 | | |
| 01-14-6-17 | 金属面厚型防火涂料 耐火时间2.0h、涂层厚度15mm | m² | 6.7539 | | | |
| 01-14-6-18 | 金属面厚型防火涂料 耐火时间2.5h、涂层厚度20mm | m² | 0.2814 | | | |
| 01-14-6-19 | 金属面厚型防火涂料 耐火时间3.0h、涂层厚度25mm | m² | 21.1061 | | | |

**工作内容：** 1,2. 涂刷防火涂料。
3. 涂刷氟碳面漆。
4. 底层面层批灰。

| 定额编号 | | | | A-8-7-8 | A-8-7-9 | A-8-7-10 | A-8-7-11 |
|---|---|---|---|---|---|---|---|
| 项目 | | | | 防火涂料 | | 氟碳漆 | 薄层灰泥 |
| | | | | 金属面 | | 金属面 | |
| | | | | 厚型 | 薄型 | | |
| 名称 | | | 单位 | t | t | t | m² |
| 人工 | 00030127 | 一般抹灰工 | 工日 | | | | 0.0390 |
| | 00030139 | 油漆工 | 工日 | 4.6518 | 3.1236 | 3.0055 | |
| | 00030153 | 其他工 | 工日 | 0.2326 | 0.1561 | | 0.0019 |
| 材料 | 13051212 | 金属面防火涂料 薄型 | kg | | 147.6287 | | |
| | 13051213 | 金属面防火涂料 厚型 | kg | 374.0112 | | | |
| | 13090931 | 氟碳金属面漆 | kg | | | 7.7586 | |
| | 13170221 | 薄层灰泥底批 | kg | | | | 2.9520 |
| | 13170231 | 薄层灰泥面批 | kg | | | | 1.4350 |
| | 14355831 | 氟碳金属漆稀释剂 | kg | | | 1.5506 | |
| | 14355841 | 氟碳金属漆固化剂 | kg | | | 0.7767 | |
| | 34110101 | 水 | m³ | 0.3371 | | | 0.0013 |
| | | 其他材料费 | % | | | 2.0000 | |

**工作内容：** 1. 底面抹灰满批面层。
2. 石膏面层砂浆厚度增加。
3. 满批面层。
4. 石膏纯浆面层厚度增加。

| 定 额 编 号 | | | A-8-7-12 | A-8-7-13 | A-8-7-14 | A-8-7-15 |
|---|---|---|---|---|---|---|
| 项 目 | | | 粉刷石膏面层砂浆 | | 粉刷石膏纯浆 | |
| | | | 墙柱面抹灰 | | 混凝土天棚满批 | |
| | | | 15mm 厚 | 每增 1mm | 3mm 厚 | 每增 1mm |
| | | | $m^2$ | $m^2$ | $m^2$ | $m^2$ |
| 预算定额编号 | 预算定额名称 | 预算定额单位 | 数 量 | | | |
| 01-12-1-18 | 石膏砂浆墙柱面抹灰 15mm 厚 | $m^2$ | 1.0000 | | | |
| 01-12-1-19 | 石膏砂浆墙柱面抹灰 每增 1mm | $m^2$ | | 1.0000 | | |
| 01-13-1-5 | 混凝土天棚 满批石膏浆 3mm 厚 | $m^2$ | | | 1.0000 | |
| 01-13-1-6 | 混凝土天棚 满批石膏浆 每增 1mm | $m^2$ | | | | 1.0000 |

**工作内容：** 1. 底面抹灰满批面层。
2. 石膏面层砂浆厚度增加。
3. 满批面层。
4. 石膏纯浆面层厚度增加。

| 定 额 编 号 | | | | A-8-7-12 | A-8-7-13 | A-8-7-14 | A-8-7-15 |
|---|---|---|---|---|---|---|---|
| 项 目 | | | | 粉刷石膏面层砂浆 | | 粉刷石膏纯浆 | |
| | | | | 墙柱面抹灰 | | 混凝土天棚满批 | |
| | | | | 15mm 厚 | 每增 1mm | 3mm 厚 | 每增 1mm |
| 名 称 | | | 单位 | $m^2$ | $m^2$ | $m^2$ | $m^2$ |
| 人工 | 00030127 | 一般抹灰工 | 工日 | 0.1524 | 0.0051 | 0.0698 | 0.0151 |
| | 00030153 | 其他工 | 工日 | 0.0163 | 0.0003 | 0.0035 | 0.0008 |
| 材料 | 05030109 | 小方材 $\leqslant 54cm^2$ | $m^3$ | 0.0001 | | | |
| | 13170241 | 薄批粉刷石膏 | kg | | | 3.7420 | 1.2473 |
| | 34110101 | 水 | $m^3$ | 0.0045 | 0.0003 | 0.0016 | 0.0006 |
| | 80060214 | 干混抹灰砂浆 DP M20.0 | $m^3$ | 0.0019 | 0.0001 | | |
| | 80113011 | 石膏干混砂浆 | kg | 26.9063 | 2.0334 | | |

# 第九章　防腐、保温、隔热工程

# 说　　明

一、防腐

1. 各种砂浆、胶泥、混凝土配合比及各种整体面层的厚度，如设计与定额不同时，可以换算，各种块料面层的结合层胶结料厚度及灰缝厚度不予调整。

2. 防腐砂浆、防腐胶泥及防腐玻璃钢定额子目按平面施工编制，立面施工时按相应定额子目的人工乘以系数1.15，天棚施工时按相应定额子目的人工乘以系数1.3，其余不变。

3. 块料面层定额子目中

(1) 树脂类胶泥包括环氧树脂胶泥、呋喃树脂胶泥、酚醛树脂胶泥等。

(2) 环氧类胶泥包括环氧酚醛胶泥、环氧呋喃胶泥等。

(3) 不饱和聚酯胶泥包括邻苯型不饱和聚酯胶泥、双酚A型不饱和聚酯胶泥等。

4. 块料面层定额子目按平面施工编制，立面及沟、槽、池铺贴施工按相应定额子目的人工乘以系数1.4，其余不变。

5. 花岗岩板以六面剁斧的板材为准，如底面为毛面者，水玻璃砂浆增加0.0038 $m^3/m^2$，水玻璃胶泥增加0.0045 $m^3/m^2$。

6. 防腐隔离层、防腐油漆按设计图示要求执行相应防腐定额子目。

7. 各种面层包括踢脚线的高度为200mm，防腐卷材接缝、附加层、收头等人工及材料已包括在相应定额子目内。

二、保温、隔热

1. 保温、隔热定额子目中，已包括保温、隔热层材料的铺贴，未包括隔气防潮、保护层或衬墙等。

2. 保温、隔热层的材料配合比、材质、厚度，如设计与定额不同时，可以换算。

3. 弧形墙墙面保温、隔热层，按相应定额子目的人工乘以系数1.1。

4. 无机及抗裂保护层耐碱网格布，如设计及规范要求采用锚固栓固定时，每平方米增加人工0.03工日、锚固栓6.12只。

5. 墙面干挂岩(矿)棉板、发泡水泥板及保温装饰复合板定额子目如设计使用钢骨架时，可以按相应预算定额子目执行。

6. 柱、梁保温定额子目适用于不与墙、天棚相连的独立柱、梁。

7. 零星保温、隔热项目(指池槽以及面积＜0.5$m^2$以内且未列项的子目)，按相应定额子目的人工乘以系数1.25，材料乘以系数1.05。

8. 聚氨酯硬泡屋面保温定额分为上人屋面和不上人屋面两个子目。

(1) 上人屋面子目仅考虑了保温层，其余部分应另按相应定额子目执行。

(2) 不上人屋面子目已包括保温工程全部工作内容。

# 工程量计算规则

一、防腐

1. 防腐面层按设计图示尺寸以面积计算。

(1) 平面防腐应扣除凸出地面的构筑物、设备基础等以及单个面积>0.3m² 柱、垛及孔洞所占面积，门洞、空圈、暖气包槽、壁龛的开口部分面积亦不增加。

(2) 立面防腐应扣除门窗、洞口以及单个面积>0.3m² 梁及孔洞所占面积，门窗、洞口侧壁及垛凸出部分，按展开面积并入墙面工程量内计算。

2. 沟、槽、池块料防腐面层按设计图示尺寸以展开面积计算。

3. 防腐油漆工程量按设计图示尺寸以面积计算。

二、保温、隔热

1. 屋面保温、隔热层(除树脂珍珠岩板、预拌轻集料混凝土)按设计图示尺寸以面积计算，应扣除单个面积>0.3m²孔洞所占面积。

2. 树脂珍珠岩板、预拌轻集料混凝土屋面保温、隔热层按设计图示尺寸以体积计算，应扣除单个面积>0.3m² 孔洞所占体积。

3. 天棚保温、隔热层按设计图示尺寸以面积计算，应扣除单个面积>0.3m² 柱、垛、孔洞所占面积。与天棚相连的梁，按展开面积并入天棚工程量内计算。

4. 墙面保温、隔热层按设计图示尺寸以面积计算，应扣除门窗、洞口及单个面积>0.3m² 梁、孔洞所占面积。门窗、洞口侧壁以及与墙相连的柱，并入保温墙体工程量内计算。墙体及混凝土板下铺贴隔热层，不扣除木框架及木龙骨的体积。其中外墙按隔热层中心线长度计算，内墙按隔热层净长度计算。

5. 柱、梁保温隔热层按设计图示尺寸以面积计算。

(1) 柱按设计图示柱断面保温层中心线展开长度乘高度以面积计算，应扣除单个面积>0.3m² 梁所占面积。

(2) 梁按设计图示梁断面保温层中心线周长乘保温层长度以面积计算。

6. 楼地面保温、隔热层按设计图示尺寸以面积计算，应扣除单个面积>0.3m² 以上柱、垛及孔洞所占面积。门洞、空圈、暖气包槽、壁龛的开口部分面积亦不增加。

7. 零星保温、隔热层按设计图示尺寸以展开面积计算。

8. 单个面积>0.3m²孔洞侧壁周围及梁头、连系梁等保温、隔热层，并入墙面保温、隔热层工程量内计算。

9. 柱帽保温、隔热层，并入天棚保温、隔热层工程量内计算。

# 第一节　防　　腐

**工作内容：** 1,4. 铺设砂浆防腐层、敷设砂浆防腐踢脚线。
2. 摊铺混凝土防腐层、敷设砂浆防腐踢脚线。
3. 摊铺混凝土防腐层、敷设混凝土防腐踢脚线。

| 定额编号 | | | A-9-1-1 | A-9-1-2 | A-9-1-3 | A-9-1-4 |
|---|---|---|---|---|---|---|
| 项目 | | | 水玻璃耐酸砂浆 | 水玻璃耐酸混凝土 | 耐碱混凝土 | 环氧砂浆 |
| | | | 20mm 厚 | 60mm 厚 | | 5mm 厚 |
| | | | $m^2$ | $m^2$ | $m^2$ | $m^2$ |
| 预算定额编号 | 预算定额名称 | 预算定额单位 | 数量 | | | |
| 01-10-2-1 | 水玻璃耐酸混凝土 60mm 厚 | $m^2$ | | 0.9500 | | |
| 01-10-2-5 | 耐碱混凝土 60mm 厚 | $m^2$ | | | 0.9500 | |
| 01-10-2-5 | 耐碱混凝土 60mm 厚 踢脚 | $m^2$ | | | 0.1800 | |
| 01-10-2-6 | 水玻璃耐酸砂浆 20mm 厚 | $m^2$ | 0.9500 | | | |
| 01-10-2-6 | 水玻璃耐酸砂浆 20mm 厚 踢脚 | $m^2$ | 0.1800 | 0.1800 | | |
| 01-10-2-8 | 环氧砂浆 5mm 厚 | $m^2$ | | | | 0.9500 |
| 01-10-2-8 | 环氧砂浆 5mm 厚 踢脚 | $m^2$ | | | | 0.1800 |

**工作内容：** 1,4. 铺设砂浆防腐层、敷设砂浆防腐踢脚线。
2. 摊铺混凝土防腐层、敷设砂浆防腐踢脚线。
3. 摊铺混凝土防腐层、敷设混凝土防腐踢脚线。

| 定额编号 | | | | A-9-1-1 | A-9-1-2 | A-9-1-3 | A-9-1-4 |
|---|---|---|---|---|---|---|---|
| 项目 | | | | 水玻璃耐酸砂浆 | 水玻璃耐酸混凝土 | 耐碱混凝土 | 环氧砂浆 |
| | | | | 20mm 厚 | 60mm 厚 | | 5mm 厚 |
| 名称 | | | 单位 | $m^2$ | $m^2$ | $m^2$ | $m^2$ |
| 人工 | 00030127 | 一般抹灰工 | 工日 | 0.1928 | 0.2544 | 0.1021 | 0.2824 |
| | 00030153 | 其他工 | 工日 | 0.0826 | 0.1091 | 0.0438 | 0.1210 |
| 材料 | 13054002 | 环氧树脂底料 | $m^3$ | | | | 0.0004 |
| | 80070101 | 环氧树脂砂浆 | $m^3$ | | | | 0.0057 |
| | 80074121 | 水玻璃耐酸砂浆 1∶0.15∶1.1∶1∶2.6 | $m^3$ | 0.0228 | 0.0036 | | |
| | 80154614 | 水玻璃胶泥　1∶0.15∶1.2∶1.1 | $m^3$ | 0.0034 | 0.0025 | | |
| | 80270601 | 耐碱混凝土 | $m^3$ | | | 0.0685 | |
| | 80271001 | 水玻璃耐酸混凝土 | $m^3$ | | 0.0581 | | |
| | | 其他材料费 | % | | | 2.0000 | 1.0000 |
| 机械 | 99050190 | 涡桨式混凝土搅拌机 500L | 台班 | | 0.0116 | 0.0132 | |
| | 99050773 | 灰浆搅拌机 200L | 台班 | 0.0038 | 0.0006 | | |
| | 99450360 | 轴流通风机 7.5kW | 台班 | | | | 0.0226 |

**工作内容：** 1，3. 铺设胶泥防腐层、敷设胶泥防腐踢脚线。
2. 铺设砂浆防腐层、敷设砂浆防腐踢脚线。
4. 摊铺混凝土防腐层、敷设砂浆防腐踢脚线。

| 定额编号 | | | A-9-1-5 | A-9-1-6 | A-9-1-7 | A-9-1-8 |
|---|---|---|---|---|---|---|
| 项目 | | | 环氧稀胶泥 | 不饱和聚酯砂浆 | 双酚 A 型不饱和聚酯胶泥 | 重晶石混凝土 |
| | | | 2mm 厚 | 5mm 厚 | 2mm 厚 | 60mm 厚 |
| | | | m$^2$ | m$^2$ | m$^2$ | m$^2$ |
| 预算定额编号 | 预算定额名称 | 预算定额单位 | 数量 | | | |
| 01-10-2-3 | 重晶石混凝土 60mm 厚 | m$^2$ | | | | 0.9500 |
| 01-10-2-10 | 不饱和聚酯砂浆 5mm 厚 | m$^2$ | | 0.9500 | | |
| 01-10-2-10 | 不饱和聚酯砂浆 5mm 厚 踢脚 | m$^2$ | | 0.1800 | | |
| 01-10-2-12 | 重晶石砂浆 30mm 厚 踢脚 | m$^2$ | | | | 0.1800 |
| 01-10-2-14 | 环氧稀胶泥 2mm 厚 | m$^2$ | 0.9500 | | | |
| 01-10-2-14 | 环氧稀胶泥 2mm 厚 踢脚 | m$^2$ | 0.1800 | | | |
| 01-10-2-16 | 双酚 A 型不饱和聚酯稀胶泥 2mm 厚 | m$^2$ | | | 0.9500 | |
| 01-10-2-16 | 双酚 A 型不饱和聚酯稀胶泥 2mm 厚 踢脚 | m$^2$ | | | 0.1800 | |

**工作内容：** 1，3. 铺设胶泥防腐层、敷设胶泥防腐踢脚线。
2. 铺设砂浆防腐层、敷设砂浆防腐踢脚线。
4. 摊铺混凝土防腐层、敷设砂浆防腐踢脚线。

| 定额编号 | | | | A-9-1-5 | A-9-1-6 | A-9-1-7 | A-9-1-8 |
|---|---|---|---|---|---|---|---|
| 项目 | | | | 环氧稀胶泥 | 不饱和聚酯砂浆 | 双酚 A 型不饱和聚酯胶泥 | 重晶石混凝土 |
| | | | | 2mm 厚 | 5mm 厚 | 2mm 厚 | 60mm 厚 |
| 名称 | | | 单位 | m$^2$ | m$^2$ | m$^2$ | m$^2$ |
| 人工 | 00030127 | 一般抹灰工 | 工日 | 0.2350 | 0.2824 | 0.2164 | 0.1795 |
| | 00030153 | 其他工 | 工日 | 0.1006 | 0.1210 | 0.0928 | 0.0407 |
| 材料 | 13054002 | 环氧树脂底料 | m$^3$ | 0.0001 | 0.0012 | | |
| | 34110101 | 水 | m$^3$ | | | | 0.0151 |
| | 80071511 | 重晶石砂浆 1∶0.2∶4 | m$^3$ | | | | 0.0055 |
| | 80090601 | 不饱和聚酯砂浆 | m$^3$ | | 0.0057 | | |
| | 80151301 | 环氧烯胶泥 | m$^3$ | 0.0024 | | | |
| | 80154901 | 双酚 A 不饱和聚酯胶泥 | m$^3$ | | | 0.0024 | |
| | 80270801 | 重晶石混凝土 | m$^3$ | | | | 0.0576 |
| | | 其他材料费 | % | 1.0000 | 2.0000 | 1.5000 | 0.3121 |
| 机械 | 99050190 | 涡浆式混凝土搅拌机 500L | 台班 | | | | 0.0111 |
| | 99450360 | 轴流通风机 7.5kW | 台班 | 0.0226 | 0.0226 | 0.0226 | |

**工作内容：**1．铺设砂浆防腐层、敷设砂浆防腐踢脚线。
2．酸化处理。
3,4．刮腻子、贴布、涂刷底漆和面漆。

| 定额编号 | | | A-9-1-9 | A-9-1-10 | A-9-1-11 | A-9-1-12 |
|---|---|---|---|---|---|---|
| 项目 | | | 重晶石砂浆 | 酸化处理 | 环氧玻璃钢 | 酚醛玻璃钢 |
| | | | 30mm 厚 | | 三层式 | |
| | | | $m^2$ | $m^2$ | $m^2$ | $m^2$ |
| 预算定额编号 | 预算定额名称 | 预算定额单位 | 数量 | | | |
| 01-10-2-12 | 重晶石砂浆 30mm 厚 | $m^2$ | 0.9500 | | | |
| 01-10-2-12 | 重晶石砂浆 30mm 厚 踢脚 | $m^2$ | 0.1800 | | | |
| 01-10-2-18 | 玻璃钢 底漆每层 | $m^2$ | | | 1.9000 | 1.9000 |
| 01-10-2-18 | 玻璃钢 底漆每层 踢脚 | $m^2$ | | | 0.1800 | 0.1800 |
| 01-10-2-19 | 玻璃钢 刮腻子 | $m^2$ | | | 0.9500 | 0.9500 |
| 01-10-2-19 | 玻璃钢 刮腻子 踢脚 | $m^2$ | | | 0.1800 | 0.1800 |
| 01-10-2-20 | 环氧玻璃钢 贴布每层 | $m^2$ | | | 2.8500 | |
| 01-10-2-20 | 环氧玻璃钢 贴布每层 踢脚 | $m^2$ | | | 0.5400 | |
| 01-10-2-21 | 环氧玻璃钢 树脂每层 | $m^2$ | | | 1.9000 | |
| 01-10-2-21 | 环氧玻璃钢 树脂每层 踢脚 | $m^2$ | | | 0.3600 | |
| 01-10-2-24 | 酚醛玻璃钢 贴布每层 | $m^2$ | | | | 2.8500 |
| 01-10-2-24 | 酚醛玻璃钢 贴布每层 踢脚 | $m^2$ | | | | 0.5400 |
| 01-10-2-25 | 酚醛玻璃钢 树脂每层 | $m^2$ | | | | 1.9000 |
| 01-10-2-25 | 酚醛玻璃钢 树脂每层 踢脚 | $m^2$ | | | | 0.3600 |
| 01-10-2-33 | 酸化处理 | $m^2$ | | 1.0000 | | |

**工作内容：**1．铺设砂浆防腐层、敷设砂浆防腐踢脚线。
2．酸化处理。
3,4．刮腻子、贴布、涂刷底漆和面漆。

| 定额编号 | | | | A-9-1-9 | A-9-1-10 | A-9-1-11 | A-9-1-12 |
|---|---|---|---|---|---|---|---|
| 项目 | | | | 重晶石砂浆 | 酸化处理 | 环氧玻璃钢 | 酚醛玻璃钢 |
| | | | | 30mm 厚 | | 三层式 | |
| 名称 | | | 单位 | $m^2$ | $m^2$ | $m^2$ | $m^2$ |
| 人工 | 00030127 | 一般抹灰工 | 工日 | 0.6006 | 0.0393 | 0.9767 | 1.0626 |
| | 00030153 | 其他工 | 工日 | 0.0301 | 0.0168 | 0.4188 | 0.4552 |
| 材料 | 02311501 | 玻璃纤维网格布 | $m^2$ | | | 3.8985 | 3.8985 |
| | 04092301 | 石英粉 | kg | | | 0.2715 | 0.4007 |
| | 14210101 | 环氧树脂 | kg | | | 1.8528 | 1.0957 |
| | 14210701 | 酚醛树脂 | kg | | | | 0.7571 |
| | 14310411 | 硫酸 38% | kg | | 0.4500 | | |
| | 14314101 | 苯磺酰氯 | kg | | | | 0.0790 |
| | 14330101 | 乙醇(酒精) | kg | | | | 0.2244 |
| | 14330201 | 乙二胺 | kg | | | 0.0821 | 0.0736 |
| | 14330601 | 丙酮 | kg | | | 0.5128 | 0.7491 |
| | 34110101 | 水 | $m^3$ | 0.0949 | 0.0010 | | |
| | 80071511 | 重晶石砂浆 1∶0.2∶4 | $m^3$ | 0.0347 | | | |
| | | 其他材料费 | % | | | 1.6068 | 1.6499 |
| 机械 | 99450360 | 轴流通风机 7.5kW | 台班 | | | 0.2310 | 0.2310 |

**工作内容：** 1，2，3. 刮腻子、贴布、涂刷底漆和面漆。
4. 铺贴防腐塑料板和踢脚线。

| 定额编号 | | | A-9-1-13 | A-9-1-14 | A-9-1-15 | A-9-1-16 |
|---|---|---|---|---|---|---|
| 项目 | | | 环氧酚醛玻璃钢 | 环氧呋喃玻璃钢 | 不饱和聚酯树脂玻璃钢 | 软聚氯乙烯塑料 |
| | | | 三层式 | | | |
| | | | m$^2$ | m$^2$ | m$^2$ | m$^2$ |
| 预算定额编号 | 预算定额名称 | 预算定额单位 | 数量 | | | |
| 01-10-2-18 | 玻璃钢 底漆每层 | m$^2$ | 1.9000 | 1.9000 | 1.9000 | |
| 01-10-2-18 | 玻璃钢 底漆每层 踢脚 | m$^2$ | 0.1800 | 0.1800 | 0.1800 | |
| 01-10-2-19 | 玻璃钢 刮腻子 | m$^2$ | 0.9500 | 0.9500 | 0.9500 | |
| 01-10-2-19 | 玻璃钢 刮腻子 踢脚 | m$^2$ | 0.1800 | 0.1800 | 0.1800 | |
| 01-10-2-22 | 环氧酚醛玻璃钢 贴布每层 | m$^2$ | 2.8500 | | | |
| 01-10-2-22 | 环氧酚醛玻璃钢 贴布每层踢脚 | m$^2$ | 0.5400 | | | |
| 01-10-2-23 | 环氧酚醛玻璃钢 树脂每层 | m$^2$ | 1.9000 | | | |
| 01-10-2-23 | 环氧酚醛玻璃钢 树脂每层踢脚 | m$^2$ | 0.3600 | | | |
| 01-10-2-26 | 环氧呋喃玻璃钢 贴布每层 | m$^2$ | | 2.8500 | | |
| 01-10-2-26 | 环氧呋喃玻璃钢 贴布每层踢脚 | m$^2$ | | 0.5400 | | |
| 01-10-2-27 | 环氧呋喃玻璃钢 树脂每层 | m$^2$ | | 1.9000 | | |
| 01-10-2-27 | 环氧呋喃玻璃钢 树脂每层踢脚 | m$^2$ | | 0.3600 | | |
| 01-10-2-30 | 不饱和聚酯树脂玻璃钢 贴布每层 | m$^2$ | | | 2.8500 | |
| 01-10-2-30 | 不饱和聚酯树脂玻璃钢 贴布每层 踢脚 | m$^2$ | | | 0.5400 | |
| 01-10-2-31 | 不饱和聚酯树脂玻璃钢 树脂每层 | m$^2$ | | | 1.9000 | |
| 01-10-2-31 | 不饱和聚酯树脂玻璃钢 树脂每层 踢脚 | m$^2$ | | | 0.3600 | |
| 01-10-2-32 | 软聚氯乙烯塑料地面 | m$^2$ | | | | 0.9500 |
| 01-10-2-32 系 | 软聚氯乙烯塑料踢脚 | m$^2$ | | | | 0.1800 |

**工作内容：**1,2,3. 刮腻子、贴布、涂刷底漆和面漆。

4. 铺贴防腐塑料板和踢脚线。

| 定额编号 | | | | A-9-1-13 | A-9-1-14 | A-9-1-15 | A-9-1-16 |
|---|---|---|---|---|---|---|---|
| 项目 | | | | 环氧酚醛玻璃钢 | 环氧呋喃玻璃钢 | 不饱和聚酯树脂玻璃钢 | 软聚氯乙烯塑料 |
| | | | | 三层式 | | | |
| 名称 | | | 单位 | m$^2$ | m$^2$ | m$^2$ | m$^2$ |
| 人工 | 00030127 | 一般抹灰工 | 工日 | 0.9774 | 0.9774 | 1.2822 | 0.5129 |
| | 00030153 | 其他工 | 工日 | 0.4190 | 0.4190 | 0.5496 | 0.2198 |
| 材料 | 02110315 | 软聚氯乙烯板 δ3 | m$^2$ | | | | 1.6839 |
| | 02311501 | 玻璃纤维网格布 | m$^2$ | 3.8985 | 3.8985 | 3.8985 | |
| | 03011104 | 木螺钉 | 个 | | | | 0.0005 |
| | 03131701 | 聚氯乙烯焊条 | kg | | | | 0.0252 |
| | 03150101 | 圆钉 | kg | | | | 0.0122 |
| | 04030401 | 石英砂 | kg | | | 0.7910 | |
| | 04092301 | 石英粉 | kg | 0.2796 | 0.2491 | 0.1308 | |
| | 05030102 | 一般木成材 | m$^3$ | | | | 0.0038 |
| | 12010115 | 木装饰压条 40×15 | m | | | | 0.0020 |
| | 13052801 | 防腐油 | kg | | | | 0.0763 |
| | 14210101 | 环氧树脂 | kg | 1.4121 | 1.4121 | 0.3838 | |
| | 14210501 | 呋喃树脂 | kg | | 0.4407 | | |
| | 14210701 | 酚醛树脂 | kg | 0.4407 | | | |
| | 14210901 | 不饱和聚酯树脂 | kg | | | 1.9775 | |
| | 14330201 | 乙二胺 | kg | 0.0646 | 0.0646 | 0.0204 | |
| | 14330601 | 丙酮 | kg | 0.4124 | 0.3277 | 0.2094 | |
| | 14350601 | 促进剂 KA | kg | | | 0.0452 | |
| | 14351201 | 引发剂 | kg | | | 0.0577 | |
| | 14354313 | 稀释剂 NSJ～Ⅱ | kg | | | | 0.3989 |
| | 14410201 | 401 胶水 | kg | | | | 1.0170 |
| | | 其他材料费 | % | 1.6220 | 0.3873 | 2.0000 | 2.7400 |
| 机械 | 99450360 | 轴流通风机 7.5kW | 台班 | 0.2310 | 0.2310 | 0.2310 | 0.0158 |

**工作内容**：铺砌防腐砖板和踢脚线。

| 定额编号 | | | A-9-1-17 | A-9-1-18 | A-9-1-19 | A-9-1-20 |
|---|---|---|---|---|---|---|
| 项目 | | | 树脂类胶泥铺砌 | | 环氧类胶泥铺砌 | |
| | | | 瓷砖 113mm 厚 | 瓷板 30mm 厚 | 瓷砖 113mm 厚 | 瓷板 30mm 厚 |
| | | | m$^2$ | m$^2$ | m$^2$ | m$^2$ |
| 预算定额编号 | 预算定额名称 | 预算定额单位 | 数量 | | | |
| 01-10-2-35 | 树脂类胶泥铺砌 瓷砖 230×113×65 113mm | m$^2$ | 0.9500 | | | |
| 01-10-2-35 系 | 树脂类胶泥铺砌 瓷砖 230×113×65 113mm 踢脚 | m$^2$ | 0.1800 | | | |
| 01-10-2-36 | 树脂类胶泥铺砌 瓷板 150×150×30 30mm | m$^2$ | | 0.9500 | | |
| 01-10-2-36 系 | 树脂类胶泥铺砌 瓷板 150×150×30 30mm 踢脚 | m$^2$ | | 0.1800 | | |
| 01-10-2-39 | 环氧类胶泥铺砌 瓷砖 230×113×65 113mm | m$^2$ | | | 0.9500 | |
| 01-10-2-39 系 | 环氧类胶泥铺砌 瓷砖 230×113×65 113mm 踢脚 | m$^2$ | | | 0.1800 | |
| 01-10-2-40 | 环氧类胶泥铺砌 瓷板 150×150×30 30mm | m$^2$ | | | | 0.9500 |
| 01-10-2-40 系 | 环氧类胶泥铺砌 瓷板 150×150×30 30mm 踢脚 | m$^2$ | | | | 0.1800 |

**工作内容**：铺砌防腐砖板和踢脚线。

| 定额编号 | | | | A-9-1-17 | A-9-1-18 | A-9-1-19 | A-9-1-20 |
|---|---|---|---|---|---|---|---|
| 项目 | | | | 树脂类胶泥铺砌 | | 环氧类胶泥铺砌 | |
| | | | | 瓷砖 113mm 厚 | 瓷板 30mm 厚 | 瓷砖 113mm 厚 | 瓷板 30mm 厚 |
| 名称 | | | 单位 | m$^2$ | m$^2$ | m$^2$ | m$^2$ |
| 人工 | 00030127 | 一般抹灰工 | 工日 | 1.0685 | 0.8511 | 1.0672 | 0.8441 |
| | 00030153 | 其他工 | 工日 | 0.4579 | 0.3648 | 0.4573 | 0.3617 |
| 材料 | 13210220 | 耐酸瓷板 150×150×30 | 块 | | 50.2022 | | 50.2022 |
| | 13210305 | 耐酸瓷砖 230×113×65 | 块 | 72.7508 | | 72.7508 | |
| | 14212101 | 树脂底料 环氧 | m$^3$ | 0.0023 | 0.0023 | 0.0023 | 0.0023 |
| | 34110101 | 水 | m$^3$ | 0.0904 | 0.0565 | 0.0904 | 0.0565 |
| | 80151211 | 环氧树脂胶泥 1∶0.08∶2 | m$^3$ | 0.0147 | 0.0085 | 0.0147 | 0.0080 |
| | | 其他材料费 | % | 0.0200 | 0.0500 | 0.0200 | 0.0700 |
| 机械 | 99050170 | 涡浆式混凝土搅拌机 250L | 台班 | 0.0452 | 0.0452 | 0.0452 | 0.0452 |
| | 99450360 | 轴流通风机 7.5kW | 台班 | 0.0226 | 0.0226 | 0.0226 | 0.0226 |

**工作内容：** 铺砌防腐砖板和踢脚线。

| 定额编号 | | | A-9-1-21 | A-9-1-22 |
|---|---|---|---|---|
| 项目 | | | 不饱和聚酯胶泥铺砌 | |
| | | | 瓷砖 113mm 厚 | 瓷板 30mm 厚 |
| | | | m$^2$ | m$^2$ |
| 预算定额编号 | 预算定额名称 | 预算定额单位 | 数量 | |
| 01-10-2-43 | 不饱和聚酯胶泥铺砌 瓷砖 230×113×65 113mm | m$^2$ | 0.9500 | |
| 01-10-2-43 系 | 不饱和聚酯胶泥铺砌 瓷砖 230×113×65 113mm 踢脚 | m$^2$ | 0.1800 | |
| 01-10-2-44 | 不饱和聚酯胶泥铺砌 瓷板 150×150×30 30mm | m$^2$ | | 0.9500 |
| 01-10-2-44 系 | 不饱和聚酯胶泥铺砌 瓷板 150×150×30 30mm 踢脚 | m$^2$ | | 0.1800 |

**工作内容：** 铺砌防腐砖板和踢脚线。

| 定额编号 | | | | A-9-1-21 | A-9-1-22 |
|---|---|---|---|---|---|
| 项目 | | | | 不饱和聚酯胶泥铺砌 | |
| | | | | 瓷砖 113mm 厚 | 瓷板 30mm 厚 |
| 名称 | | | 单位 | m$^2$ | m$^2$ |
| 人工 | 00030127 | 一般抹灰工 | 工日 | 1.0963 | 0.8732 |
| | 00030153 | 其他工 | 工日 | 0.4698 | 0.3743 |
| 材料 | 13210220 | 耐酸瓷板 150×150×30 | 块 | | 50.2022 |
| | 13210305 | 耐酸瓷砖 230×113×65 | 块 | 72.7508 | |
| | 14212101 | 树脂底料 环氧 | m$^3$ | 0.0023 | 0.0023 |
| | 34110101 | 水 | m$^3$ | 0.0904 | 0.0565 |
| | 80154801 | 不饱和聚酯胶泥 | m$^3$ | 0.0147 | 0.0080 |
| | | 其他材料费 | % | 0.0200 | 0.0600 |
| 机械 | 99450360 | 轴流通风机 7.5kW | 台班 | 0.0226 | 0.0226 |

**工作内容：**铺砌防腐砖板和踢脚线。

| 定额编号 | | | A-9-1-23 | A-9-1-24 | A-9-1-25 | A-9-1-26 |
|---|---|---|---|---|---|---|
| 项目 | | | 水玻璃耐酸胶泥铺砌 | | | 水玻璃耐酸砂浆铺砌 |
| | | | 瓷砖 113mm 厚 | 瓷板 30mm 厚 | 花岗岩板 80mm 厚 | |
| | | | $m^2$ | $m^2$ | $m^2$ | $m^2$ |
| 预算定额编号 | 预算定额名称 | 预算定额单位 | 数量 | | | |
| 01-10-2-47 | 水玻璃耐酸胶泥铺砌 瓷砖 230×113×65 113mm | $m^2$ | 0.9500 | | | |
| 01-10-2-47 系 | 水玻璃耐酸胶泥铺砌 瓷砖 230×113×65 113mm 踢脚 | $m^2$ | 0.1800 | | | |
| 01-10-2-48 | 水玻璃耐酸胶泥铺砌 瓷板 150×150×30 30mm | $m^2$ | | 0.9500 | | |
| 01-10-2-48 系 | 水玻璃耐酸胶泥铺砌 瓷板 150×150×30 30mm 踢脚 | $m^2$ | | 0.1800 | | |
| 01-10-2-50 | 水玻璃耐酸胶泥铺砌 花岗岩板 500×400×80 80mm | $m^2$ | | | 0.9500 | |
| 01-10-2-50 系 | 水玻璃耐酸胶泥铺砌 花岗岩板 500×400×80 80mm 踢脚 | $m^2$ | | | 0.1800 | |
| 01-10-2-51 | 水玻璃耐酸砂浆铺砌 花岗岩板 500×400×80 80mm | $m^2$ | | | | 0.9500 |
| 01-10-2-51 系 | 水玻璃耐酸砂浆铺砌 花岗岩板 500×400×80 80mm 踢脚 | $m^2$ | | | | 0.1800 |

**工作内容：**铺砌防腐砖板和踢脚线。

| 定额编号 | | | | A-9-1-23 | A-9-1-24 | A-9-1-25 | A-9-1-26 |
|---|---|---|---|---|---|---|---|
| 项目 | | | | 水玻璃耐酸胶泥铺砌 | | | 水玻璃耐酸砂浆铺砌 |
| | | | | 瓷砖 113mm 厚 | 瓷板 30mm 厚 | 花岗岩板 80mm 厚 | |
| 名称 | | | 单位 | $m^2$ | $m^2$ | $m^2$ | $m^2$ |
| 人工 | 00030127 | 一般抹灰工 | 工日 | 1.0685 | 0.8563 | 0.8017 | 0.7818 |
| | 00030153 | 其他工 | 工日 | 0.4579 | 0.3670 | 0.3436 | 0.3350 |
| 材料 | 08030212 | 花岗岩板 500×400×80 | $m^2$ | | | 1.1470 | 1.1470 |
| | 13210220 | 耐酸瓷板 150×150×30 | 块 | | 50.2022 | | |
| | 13210305 | 耐酸瓷砖 230×113×65 | 块 | 72.7508 | | | |
| | 34110101 | 水 | $m^3$ | 0.0904 | 0.0565 | 0.0678 | 0.0678 |
| | 80074121 | 水玻璃耐酸砂浆 1∶0.15∶1.1∶1∶2.6 | $m^3$ | | | | 0.0193 |
| | 80154614 | 水玻璃胶泥 1∶0.15∶1.2∶1.1 | $m^3$ | 0.0193 | 0.0085 | 0.0249 | |
| | | 其他材料费 | % | | | 0.0700 | |
| 机械 | 99050773 | 灰浆搅拌机 200L | 台班 | | | | 0.0452 |
| | 99450360 | 轴流通风机 7.5kW | 台班 | 0.0226 | 0.0226 | 0.0226 | 0.0226 |

**工作内容**：铺砌防腐砖板和踢脚线。

| 定额编号 | | | A-9-1-27 | A-9-1-28 | A-9-1-29 |
|---|---|---|---|---|---|
| 项目 | | | 水玻璃耐酸胶泥结合层 | | |
| | | | 环氧树脂胶泥勾缝 | | |
| | | | 瓷砖 113mm 厚 | 瓷板 30mm 厚 | 花岗岩板 80mm 厚 |
| | | | $m^2$ | $m^2$ | $m^2$ |
| 预算定额编号 | 预算定额名称 | 预算定额单位 | 数量 | | |
| 01-10-2-53 | 水玻璃耐酸胶泥结合、环氧树脂胶泥勾缝 瓷砖 230×113×65 113mm | $m^2$ | 0.9500 | | |
| 01-10-2-53 系 | 水玻璃耐酸胶泥结合、环氧树脂胶泥勾缝 瓷砖 230×113×65 113mm 踢脚 | $m^2$ | 0.1800 | | |
| 01-10-2-54 | 水玻璃耐酸胶泥结合、环氧树脂胶泥勾缝 瓷板 150×150×30 30mm | $m^2$ | | 0.9500 | |
| 01-10-2-54 系 | 水玻璃耐酸胶泥结合、环氧树脂胶泥勾缝 瓷板 150×150×30 30mm 踢脚 | $m^2$ | | 0.1800 | |
| 01-10-2-60 | 水玻璃耐酸胶泥结合、环氧树脂胶泥勾缝 花岗岩板 500×400×80 80mm | $m^2$ | | | 0.9500 |
| 01-10-2-60 系 | 水玻璃耐酸胶泥结合、环氧树脂胶泥勾缝 花岗岩板 500×400×80 80mm 踢脚 | $m^2$ | | | 0.1800 |

**工作内容**：铺砌防腐砖板和踢脚线。

| 定额编号 | | | | A-9-1-27 | A-9-1-28 | A-9-1-29 |
|---|---|---|---|---|---|---|
| 项目 | | | | 水玻璃耐酸胶泥结合层 | | |
| | | | | 环氧树脂胶泥勾缝 | | |
| | | | | 瓷砖 113mm 厚 | 瓷板 30mm 厚 | 花岗岩板 80mm 厚 |
| 名称 | | | 单位 | $m^2$ | $m^2$ | $m^2$ |
| 人工 | 00030127 | 一般抹灰工 | 工日 | 1.1163 | 0.9038 | 0.8389 |
| | 00030153 | 其他工 | 工日 | 0.4785 | 0.3874 | 0.3595 |
| 材料 | 08030212 | 花岗岩板 500×400×80 | $m^2$ | | | 1.1470 |
| | 13054002 | 环氧树脂底料 | $m^3$ | | | 0.0012 |
| | 13210220 | 耐酸瓷板 150×150×30 | 块 | | 47.6759 | |
| | 13210305 | 耐酸瓷砖 230×113×65 | 块 | 67.5431 | | |
| | 14310411 | 硫酸 38% | kg | | | 0.0565 |
| | 34110101 | 水 | $m^3$ | 0.0678 | 0.0452 | 0.0678 |
| | 80151211 | 环氧树脂胶泥 1∶0.08∶2 | $m^3$ | 0.0030 | 0.0012 | 0.0012 |
| | 80154614 | 水玻璃胶泥 1∶0.15∶1.2∶1.1 | $m^3$ | 0.0170 | 0.0089 | 0.0238 |
| | | 其他材料费 | % | 0.0200 | 0.1000 | 0.0600 |
| 机械 | 99050170 | 涡桨式混凝土搅拌机 250L | 台班 | 0.0452 | 0.0452 | 0.0452 |
| | 99450360 | 轴流通风机 7.5kW | 台班 | 0.0226 | 0.0226 | 0.0226 |

工作内容：铺砌防腐砖板和踢脚线。

| 定额编号 | | | A-9-1-30 | A-9-1-31 | A-9-1-32 |
|---|---|---|---|---|---|
| 项目 | | | 水玻璃耐酸砂浆结合层 | | |
| | | | 环氧树脂胶泥勾缝 | | |
| | | | 瓷砖 113mm 厚 | 瓷板 30mm 厚 | 花岗岩板 80mm 厚 |
| | | | m² | m² | m² |
| 预算定额编号 | 预算定额名称 | 预算定额单位 | 数量 | | |
| 01-10-2-57 | 水玻璃耐酸砂浆结合、环氧树脂胶泥勾缝 瓷砖 230×113×65 113mm | m² | 0.9500 | | |
| 01-10-2-57 系 | 水玻璃耐酸砂浆结合、环氧树脂胶泥勾缝 瓷砖 230×113×65 113mm 踢脚 | m² | 0.1800 | | |
| 01-10-2-58 | 水玻璃耐酸砂浆结合、环氧树脂胶泥勾缝 瓷板 150×150×30 30mm | m² | | 0.9500 | |
| 01-10-2-58 系 | 水玻璃耐酸砂浆结合、环氧树脂胶泥勾缝 瓷板 150×150×30 30mm 踢脚 | m² | | 0.1800 | |
| 01-10-2-61 | 水玻璃耐酸砂浆结合、环氧树脂胶泥勾缝 花岗岩板 500×400×80 80mm | m² | | | 0.9500 |
| 01-10-2-61 系 | 水玻璃耐酸砂浆结合、环氧树脂胶泥勾缝 花岗岩板 500×400×80 80mm 踢脚 | m² | | | 0.1800 |

工作内容：铺砌防腐砖板和踢脚线。

| 定额编号 | | | | A-9-1-30 | A-9-1-31 | A-9-1-32 |
|---|---|---|---|---|---|---|
| 项目 | | | | 水玻璃耐酸砂浆结合层 | | |
| | | | | 环氧树脂胶泥勾缝 | | |
| | | | | 瓷砖 113mm 厚 | 瓷板 30mm 厚 | 花岗岩板 80mm 厚 |
| | | 名称 | 单位 | m² | m² | m² |
| 人工 | 00030127 | 一般抹灰工 | 工日 | 1.1546 | 0.9257 | 0.8389 |
| | 00030153 | 其他工 | 工日 | 0.4948 | 0.3967 | 0.3595 |
| 材料 | 08030212 | 花岗岩板 500×400×80 | m² | | | 1.1470 |
| | 13054002 | 环氧树脂底料 | m³ | 0.0012 | 0.0012 | 0.0012 |
| | 13210220 | 耐酸瓷板 150×150×30 | 块 | | 47.6759 | |
| | 13210305 | 耐酸瓷砖 230×113×65 | 块 | 67.5431 | | |
| | 14310411 | 硫酸 38% | kg | 0.1379 | 0.0972 | 0.0565 |
| | 34110101 | 水 | m³ | 0.0904 | 0.0565 | 0.0678 |
| | 80074121 | 水玻璃耐酸砂浆 1∶0.15∶1.1∶1∶2.6 | m³ | 0.0238 | 0.0113 | 0.0215 |
| | 80151211 | 环氧树脂胶泥 1∶0.08∶2 | m³ | 0.0034 | 0.0012 | 0.0012 |
| | 80154614 | 水玻璃胶泥 1∶0.15∶1.2∶1.1 | m³ | 0.0023 | 0.0023 | 0.0023 |
| | | 其他材料费 | % | 0.0200 | 0.0800 | 0.0600 |
| 机械 | 99050170 | 涡桨式混凝土搅拌机 250L | 台班 | 0.0452 | 0.0452 | 0.0452 |
| | 99450360 | 轴流通风机 7.5kW | 台班 | 0.0226 | 0.0226 | 0.0226 |

**工作内容：** 涂刷防腐油漆层。

| 定额编号 | | | A-9-1-33 | A-9-1-34 | A-9-1-35 | A-9-1-36 |
|---|---|---|---|---|---|---|
| 项目 | | | 过氯乙烯 | 漆酚树脂漆 | 酚醛树脂漆 | 氯磺化聚乙烯漆 |
| | | | 一底二涂 | | | |
| | | | m² | m² | m² | m² |
| 预算定额编号 | 预算定额名称 | 预算定额单位 | 数量 | | | |
| 01-10-3-1 | 过氯乙烯 混凝土面 一底二涂 | m² | 1.0000 | | | |
| 01-10-3-3 | 漆酚树脂漆 混凝土面 一底二涂 | m² | | 1.0000 | | |
| 01-10-3-5 | 酚醛树脂漆 混凝土面 一底二涂 | m² | | | 1.0000 | |
| 01-10-3-7 | 氯磺化聚乙烯漆 混凝土面 一底二涂 | m² | | | | 1.0000 |

**工作内容：** 涂刷防腐油漆层。

| 定额编号 | | | | A-9-1-33 | A-9-1-34 | A-9-1-35 | A-9-1-36 |
|---|---|---|---|---|---|---|---|
| 项目 | | | | 过氯乙烯 | 漆酚树脂漆 | 酚醛树脂漆 | 氯磺化聚乙烯漆 |
| | | | | 一底二涂 | | | |
| 名称 | | | 单位 | m² | m² | m² | m² |
| 人工 | 00030127 | 一般抹灰工 | 工日 | 0.0391 | 0.1183 | 0.1183 | 0.1944 |
| | 00030153 | 其他工 | 工日 | 0.0020 | 0.0507 | 0.0507 | 0.0833 |
| 材料 | 04092301 | 石英粉 | kg | | 0.1170 | 0.1480 | 0.0720 |
| | 13010215 | 过氯乙烯清漆 | kg | 0.0720 | | | |
| | 13011511 | 过氧乙烯底漆 | kg | 0.1000 | | | |
| | 13012311 | 氯磺化聚乙烯底漆 | kg | | | | 0.5300 |
| | 13012312 | 氯磺化聚乙烯中间漆 | kg | | | | 0.2400 |
| | 13012313 | 氯磺化聚乙烯面漆 | kg | | | | 0.2600 |
| | 13052501 | 漆酚防腐漆 | kg | | 0.4060 | | |
| | 13054801 | 过氯乙烯磁漆 | kg | 0.1720 | | | |
| | 14210701 | 酚醛树脂 | kg | | | 0.4770 | |
| | 14314101 | 苯磺酰氯 | kg | | | 0.0380 | |
| | 14330101 | 乙醇(酒精) | kg | | 0.1960 | 0.1590 | |
| | 14355001 | 过氯乙烯漆稀释剂 | kg | 0.3440 | | | |
| | 14355401 | 氯磺化聚乙烯稀释剂 | kg | | | | 0.2010 |
| | | 其他材料费 | % | | | | 2.0000 |
| 机械 | 99450360 | 轴流通风机 7.5kW | 台班 | | 0.2700 | 0.2700 | 0.3600 |

工作内容：1. 刮腻子、涂刷防腐底漆、中间漆和面漆。
2,3. 涂刷防腐底漆和面漆。

| 定额编号 | | | A-9-1-37 | A-9-1-38 | A-9-1-39 |
|---|---|---|---|---|---|
| 项目 | | | 聚氨酯漆 | 环氧呋喃树脂漆 | 氯化橡胶漆 |
| | | | 底漆一遍 | 底漆两遍 | |
| | | | 刮腻子<br>中间漆两遍<br>面漆两遍 | 面漆两遍 | |
| | | | $m^2$ | $m^2$ | $m^2$ |
| 预算定额编号 | 预算定额名称 | 预算定额单位 | 数量 | | |
| 01-10-3-10 | 聚氨酯漆 混凝土面 刮腻子 | $m^2$ | 1.0000 | | |
| 01-10-3-11 | 聚氨酯漆 混凝土面<br>底漆一遍 | $m^2$ | 1.0000 | | |
| 01-10-3-12 | 聚氨酯漆 混凝土面<br>中间漆一遍 | $m^2$ | 1.0000 | | |
| 01-10-3-13 | 聚氨酯漆 混凝土面<br>中间漆增一遍 | $m^2$ | 1.0000 | | |
| 01-10-3-14 | 聚氨酯漆 混凝土面<br>面漆一遍 | $m^2$ | 2.0000 | | |
| 01-10-3-21 | 环氧呋喃树脂漆 混凝土面<br>底漆两遍 | $m^2$ | | 1.0000 | |
| 01-10-3-23 | 环氧呋喃树脂漆 混凝土面<br>面漆两遍 | $m^2$ | | 1.0000 | |
| 01-10-3-29 | 氯化橡胶漆 混凝土面<br>底漆两遍 | $m^2$ | | | 1.0000 |
| 01-10-3-31 | 氯化橡胶漆 混凝土面<br>面漆两遍 | $m^2$ | | | 1.0000 |

**工作内容：** 1. 刮腻子、涂刷防腐底漆、中间漆和面漆。
2,3. 涂刷防腐底漆和面漆。

| 定额编号 | | | | A-9-1-37 | A-9-1-38 | A-9-1-39 |
|---|---|---|---|---|---|---|
| 项目 | | | | 聚氨酯漆 | 环氧呋喃树脂漆 | 氯化橡胶漆 |
| | | | | 底漆一遍 | 底漆两遍 | |
| | | | | 刮腻子<br>中间漆两遍<br>面漆两遍 | 面漆两遍 | |
| 名称 | | | 单位 | m² | m² | m² |
| 人工 | 00030127 | 一般抹灰工 | 工日 | 0.2772 | 0.1102 | 0.2120 |
| | 00030153 | 其他工 | 工日 | 0.0140 | 0.0473 | 0.0909 |
| 材料 | 04092301 | 石英粉 | kg | | 0.0440 | |
| | 13011211 | 氯化橡胶底漆 | kg | | | 0.5600 |
| | 13011213 | 氯化橡胶面漆 | kg | | | 0.5200 |
| | 13070501 | 聚氨酯漆 | kg | 0.3027 | | |
| | 13070511 | 聚氨酯底漆 | kg | 0.2607 | | |
| | 13170701 | 聚氨酯腻子 | kg | 0.0150 | | |
| | 14210101 | 环氧树脂 | kg | | 0.4714 | |
| | 14210501 | 呋喃树脂 | kg | | 0.2040 | |
| | 14330201 | 乙二胺 | kg | | 0.0490 | |
| | 14330601 | 丙酮 | kg | | 0.2310 | |
| | 14330801 | 二甲苯 | kg | 0.2280 | | |
| | 14331101 | 邻苯二甲酸二丁酯 | kg | | 0.0680 | |
| | 14354901 | 氯化橡胶漆稀释剂 | kg | | | 0.2160 |
| | | 其他材料费 | % | | 2.4122 | 2.0000 |
| 机械 | 99450360 | 轴流通风机 7.5kW | 台班 | | 0.3200 | 0.3600 |

# 第二节　保温、隔热

**工作内容：** 1,3. 铺设保温块料。
2,4. 保温块厚度增减。

| 定额编号 | | | A-9-2-1 | A-9-2-2 | A-9-2-3 | A-9-2-4 |
|---|---|---|---|---|---|---|
| 项目 | | | 屋面保温 | | | |
| | | | 加气混凝土块 | | 水泥蛭石块 | |
| | | | 180mm 厚 | 每增减 10mm | 100mm 厚 | 每增减 10mm |
| | | | $m^2$ | $m^2$ | $m^2$ | $m^2$ |
| 预算定额编号 | 预算定额名称 | 预算定额单位 | 数量 | | | |
| 01-10-1-1 | 屋面保温 干铺加气混凝土块 180mm 厚 | $m^2$ | 1.0000 | | | |
| 01-10-1-2 | 屋面保温 干铺加气混凝土块 每增减 10mm | $m^2$ | | 1.0000 | | |
| 01-10-1-3 | 屋面保温 干铺水泥蛭石块 100mm 厚 | $m^2$ | | | 1.0000 | |
| 01-10-1-4 | 屋面保温 干铺水泥蛭石块 每增减 10mm | $m^2$ | | | | 1.0000 |

**工作内容：** 1,3. 铺设保温块料。
2,4. 保温块厚度增减。

| 定额编号 | | | | A-9-2-1 | A-9-2-2 | A-9-2-3 | A-9-2-4 |
|---|---|---|---|---|---|---|---|
| 项目 | | | | 屋面保温 | | | |
| | | | | 加气混凝土块 | | 水泥蛭石块 | |
| | | | | 180mm 厚 | 每增减 10mm | 100mm 厚 | 每增减 10mm |
| 名称 | | | 单位 | $m^2$ | $m^2$ | $m^2$ | $m^2$ |
| 人工 | 00030125 | 砌筑工 | 工日 | 0.0343 | 0.0017 | 0.0364 | 0.0033 |
| | 00030153 | 其他工 | 工日 | 0.0147 | 0.0007 | 0.0156 | 0.0014 |
| 材料 | 04151331 | 蒸压加气混凝土砌块 600×240×180 | $m^3$ | 0.1890 | 0.0105 | | |
| | 15110502 | 水泥蛭石块 | $m^3$ | | | 0.1040 | 0.0104 |

工作内容：1. 铺贴保温板。
2,3. 铺设聚氨酯硬泡保温层。

| 定额编号 | | | A-9-2-5 | A-9-2-6 | A-9-2-7 |
|---|---|---|---|---|---|
| 项目 | | | 屋面保温 | | |
| | | | 树脂珍珠岩板 | 聚氨酯硬泡 | |
| | | | | 不上人屋面 | 上人屋面 |
| | | | m$^3$ | m$^2$ | m$^2$ |
| 预算定额编号 | 预算定额名称 | 预算定额单位 | 数量 | | |
| 01-10-1-6 | 屋面保温 树脂珍珠岩板 | m$^3$ | 1.0000 | | |
| 01-10-1-7 | 屋面保温 聚氨酯硬泡 上人屋面 | m$^2$ | | | 1.0000 |
| 01-10-1-8 | 屋面保温 聚氨酯硬泡 不上人屋面 | m$^2$ | | 1.0000 | |

工作内容：1. 铺贴保温板。
2,3. 铺设聚氨酯硬泡保温层。

| 定额编号 | | | | A-9-2-5 | A-9-2-6 | A-9-2-7 |
|---|---|---|---|---|---|---|
| 项目 | | | | 屋面保温 | | |
| | | | | 树脂珍珠岩板 | 聚氨酯硬泡 | |
| | | | | | 不上人屋面 | 上人屋面 |
| 名称 | | | 单位 | m$^3$ | m$^2$ | m$^2$ |
| 人工 | 00030125 | 砌筑工 | 工日 | 0.6272 | | |
| | 00030127 | 一般抹灰工 | 工日 | | 0.1490 | 0.0730 |
| | 00030153 | 其他工 | 工日 | 0.2688 | 0.0045 | 0.0045 |
| 材料 | 02310101 | 无纺布 | m$^2$ | | | 1.8410 |
| | 02311601 | 耐碱玻璃纤维网格布 | m$^2$ | | 1.0841 | |
| | 13063301 | 防水涂膜稀浆 | kg | | 0.6000 | 0.3000 |
| | 13171301 | 纤维增强抗裂腻子 | kg | | 12.0000 | |
| | 14410612 | 胶水 SG791 | kg | 12.7500 | | |
| | 15091201 | 树脂珍珠岩板 | m$^3$ | 1.0200 | | |
| | 15132214 | 硬质聚氨酯泡沫塑料 $\delta$20 | kg | | 0.5400 | 0.5400 |
| | 34110101 | 水 | m$^3$ | | 0.0300 | 0.0300 |
| | | 其他材料费 | % | 0.3254 | | |
| 机械 | 99430230 | 电动空气压缩机 6m$^3$/min | 台班 | | 0.0080 | 0.0080 |
| | 99450580 | 聚氨酯发泡机 | 台班 | | 0.0080 | 0.0080 |

**工作内容：** 1. 铺贴保温板。
2. 保温板厚度增减。
3. 轻集料混凝土浇捣养护。

| 定额编号 | | | A-9-2-8 | A-9-2-9 | A-9-2-10 |
|---|---|---|---|---|---|
| 项目 | | | 屋面保温 | | |
| | | | 泡沫玻璃板 | | 预拌<br>轻集料混凝土 |
| | | | 30mm 厚 | 每增减 10mm | |
| | | | m² | m² | m³ |
| 预算定额编号 | 预算定额名称 | 预算定额单位 | 数量 | | |
| 01-10-1-9 | 屋面保温 泡沫玻璃板 30mm 厚 | m² | 1.0000 | | |
| 01-10-1-10 | 屋面保温 泡沫玻璃板 每增减 10mm | m² | | 1.0000 | |
| 01-10-1-11 | 屋面保温 预拌轻集料混凝土 | m³ | | | 1.0000 |

**工作内容：** 1. 铺贴保温板。
2. 保温板厚度增减。
3. 轻集料混凝土浇捣养护。

| 定额编号 | | | | A-9-2-8 | A-9-2-9 | A-9-2-10 |
|---|---|---|---|---|---|---|
| 项目 | | | | 屋面保温 | | |
| | | | | 泡沫玻璃板 | | 预拌<br>轻集料混凝土 |
| | | | | 30mm 厚 | 每增减 10mm | |
| 名称 | | | 单位 | m² | m² | m³ |
| 人工 | 00030121 | 混凝土工 | 工日 | | | 0.3020 |
| | 00030133 | 防水工 | 工日 | 0.0519 | 0.0138 | |
| | 00030153 | 其他工 | 工日 | 0.0223 | 0.0059 | 0.0151 |
| 材料 | 02090101 | 塑料薄膜 | m² | | | 11.0000 |
| | 15150231 | 泡沫玻璃板 δ30 | m² | 1.0200 | 0.3400 | |
| | 34110101 | 水 | m³ | 0.0255 | | 0.2000 |
| | 80090401 | 聚合物粘结砂浆 | kg | 4.6000 | | |
| | 80230011 | 预拌轻集料混凝土(非泵送型) | m³ | | | 1.0100 |
| | | 其他材料费 | % | 0.0700 | 0.0230 | |

**工作内容：** 1. 粘贴保温层。
2. 保温层厚度增减。
3. 粘贴保温板。

| 定　额　编　号 | | | A-9-2-11 | A-9-2-12 | A-9-2-13 |
|---|---|---|---|---|---|
| 项　　目 | | | 天棚保温 | | |
| | | | 超细无机纤维棉 | | 岩棉板 |
| | | | 50mm 厚 | 每增减 10mm | 50mm 厚 |
| | | | $m^2$ | $m^2$ | $m^2$ |
| 预算定额编号 | 预算定额名称 | 预算定额单位 | 数　量 | | |
| 01-10-1-12 | 天棚保温 超细无机纤维棉 50mm 厚 | $m^2$ | 1.0000 | | |
| 01-10-1-13 | 天棚保温 超细无机纤维棉 每增减 10mm | $m^2$ | | 1.0000 | |
| 01-10-1-14 | 天棚保温 粘贴岩棉板 50mm 厚 | $m^2$ | | | 1.0000 |

**工作内容：** 1. 粘贴保温层。
2. 保温层厚度增减。
3. 粘贴保温板。

| 定　额　编　号 | | | | A-9-2-11 | A-9-2-12 | A-9-2-13 |
|---|---|---|---|---|---|---|
| 项　　目 | | | | 天棚保温 | | |
| | | | | 超细无机纤维棉 | | 岩棉板 |
| | | | | 50mm 厚 | 每增减 10mm | 50mm 厚 |
| 名　　称 | | | 单位 | $m^2$ | $m^2$ | $m^2$ |
| 人工 | 00030127 | 一般抹灰工 | 工日 | 0.1057 | 0.0077 | 0.1057 |
| | 00030153 | 其他工 | 工日 | 0.0453 | 0.0033 | 0.0453 |
| 材料 | 13032501 | 无机纤维罩面剂 | kg | 0.4980 | | |
| | 14411801 | 胶粘剂 | kg | 1.2500 | 0.2500 | |
| | 15030112 | 岩棉板 $\delta$50 | $m^3$ | | | 0.0510 |
| | 15070231 | 超细无机玻璃棉 | kg | 12.5000 | 2.5000 | |
| | 80090301 | 保温专用界面砂浆 | $m^3$ | 0.0011 | | |
| | 80090401 | 聚合物粘结砂浆 | kg | | | 4.6000 |
| | | 其他材料费 | % | 1.5000 | 1.5000 | 0.7500 |

工作内容：1,3. 粘贴保温板。
2. 铺设保温层。
4. 保温板厚度增减。

| 定额编号 | | | A-9-2-14 | A-9-2-15 | A-9-2-16 | A-9-2-17 |
|---|---|---|---|---|---|---|
| 项目 | | | 墙体保温 | | | |
| | | | 高强珍珠岩板 | 珍珠岩墙体 | 水泥珍珠岩板 | |
| | | | 35mm 厚 | 1∶1∶6 珍珠岩 | 50mm 厚 | 每增减 10mm |
| | | | $m^2$ | $m^2$ | $m^2$ | $m^2$ |
| 预算定额编号 | 预算定额名称 | 预算定额单位 | 数量 | | | |
| 01-10-1-16 | 墙面保温 高强珍珠岩保温层 35mm 厚 | $m^2$ | 1.0000 | | | |
| 01-10-1-17 | 墙面保温 珍珠岩墙体 1∶1∶6 珍珠岩 | $m^2$ | | 1.0000 | | |
| 01-10-1-18 | 墙面保温 水泥珍珠岩板墙附墙铺贴 50mm 厚 | $m^2$ | | | 1.0000 | |
| 01-10-1-19 | 墙面保温 水泥珍珠岩板墙附墙铺贴 每增减 10mm | $m^2$ | | | | 1.0000 |

工作内容：1,3. 粘贴保温板。
2. 铺设保温层。
4. 保温板厚度增减。

| 定额编号 | | | | A-9-2-14 | A-9-2-15 | A-9-2-16 | A-9-2-17 |
|---|---|---|---|---|---|---|---|
| 项目 | | | | 墙体保温 | | | |
| | | | | 高强珍珠岩板 | 珍珠岩墙体 | 水泥珍珠岩板 | |
| | | | | 35mm 厚 | 1∶1∶6 珍珠岩 | 50mm 厚 | 每增减 10mm |
| 名称 | | | 单位 | $m^2$ | $m^2$ | $m^2$ | $m^2$ |
| 人工 | 00030127 | 一般抹灰工 | 工日 | 0.0855 | 0.1004 | 0.1134 | 0.0204 |
| | 00030153 | 其他工 | 工日 | 0.0043 | 0.0142 | 0.0486 | 0.0088 |
| 材料 | 03018951 | 塑料胀管带螺钉(保温专用) | 套 | | | 6.0000 | |
| | 03152301 | 钢丝网 | $m^2$ | | 0.0983 | | |
| | 15090921 | 水泥珍珠岩板 1000×500×50 | $m^3$ | | | 0.0520 | 0.0104 |
| | 15091112 | 高强度珍珠岩板 500×350×35 | $m^2$ | 1.0265 | | | |
| | 80060214 | 干混抹灰砂浆 DP M20.0 | $m^3$ | | 0.0027 | | |
| | 80071211 | 水泥珍珠岩砂浆 1∶1∶6 | $m^3$ | | 0.0082 | | |
| | 80090401 | 聚合物粘结砂浆 | kg | | | 4.6000 | |
| | 80091001 | 高强珍珠岩板粘贴胶浆 | $m^3$ | 0.0056 | | | |
| | | 其他材料费 | % | 0.2495 | 4.4587 | | |

**工作内容：**1. 铺设保温层。
2,3,4. 铺贴保温板。

| 定额编号 | | | A-9-2-18 | A-9-2-19 | A-9-2-20 | A-9-2-21 |
|---|---|---|---|---|---|---|
| 项目 | | | 墙面保温 | | | |
| | | | 聚氨酯硬泡 | 泡沫玻璃板 | | |
| | | | | 无加固 | 锚栓加固 | 锚栓和金属固定件加固 |
| | | | $m^2$ | $m^2$ | $m^2$ | $m^2$ |
| 预算定额编号 | 预算定额名称 | 预算定额单位 | 数量 | | | |
| 01-10-1-20 | 墙面保温 聚氨酯硬泡 | $m^2$ | 1.0000 | | | |
| 01-10-1-21 | 墙面保温 泡沫玻璃板保温 无加固 | $m^2$ | | 1.0000 | | |
| 01-10-1-22 | 墙面保温 泡沫玻璃板保温 锚栓加固 | $m^2$ | | | 1.0000 | |
| 01-10-1-23 | 墙面保温 泡沫玻璃板保温 锚栓和金属固定件加固 | $m^2$ | | | | 1.0000 |

**工作内容：**1. 铺设保温层。
2,3,4. 铺贴保温板。

| 定额编号 | | | | A-9-2-18 | A-9-2-19 | A-9-2-20 | A-9-2-21 |
|---|---|---|---|---|---|---|---|
| 项目 | | | | 墙面保温 | | | |
| | | | | 聚氨酯硬泡 | 泡沫玻璃板 | | |
| | | | | | 无加固 | 锚栓加固 | 锚栓和金属固定件加固 |
| | 名称 | | 单位 | $m^2$ | $m^2$ | $m^2$ | $m^2$ |
| 人工 | 00030127 | 一般抹灰工 | 工日 | 0.1850 | 0.2205 | 0.2565 | 0.3015 |
| | 00030153 | 其他工 | 工日 | 0.0045 | 0.0245 | 0.0285 | 0.0335 |
| 材料 | 02311601 | 耐碱玻璃纤维网格布 | $m^2$ | 1.2402 | 1.2730 | 1.2730 | 1.2730 |
| | 03019151 | 金属固定件 | 套 | | | | 6.1200 |
| | 03230424 | 锚固栓 | 只 | | | 6.1200 | 6.1200 |
| | 13063301 | 防水涂膜稀浆 | kg | 0.6000 | | | |
| | 13171301 | 纤维增强抗裂腻子 | kg | 12.0000 | | | |
| | 14415102 | 泡沫玻璃粘结剂 | kg | | 3.1984 | 3.1984 | 3.1984 |
| | 15132214 | 硬质聚氨酯泡沫塑料 $\delta 20$ | kg | 0.5500 | | | |
| | 15150441 | 泡沫玻璃保温板 450×300×30 | $m^2$ | | 1.0200 | 1.0200 | 1.0200 |
| | 34110101 | 水 | $m^3$ | 0.3000 | 0.0016 | 0.0016 | 0.0016 |
| | 80071102 | 泡沫玻璃抹面砂浆 | kg | | 3.2510 | 3.2510 | 3.2510 |
| 机械 | 99430230 | 电动空气压缩机 $6m^3/min$ | 台班 | 0.0080 | | | |
| | 99450580 | 聚氨酯发泡机 | 台班 | 0.0080 | | | |

**工作内容：** 1. 铺设保温层。
2. 保温层厚度增减。

| 定额编号 | | | A-9-2-22 | A-9-2-23 |
|---|---|---|---|---|
| 项目 | | | 墙面保温 | |
| | | | 无机保温砂浆 | |
| | | | 25mm 厚 | 每增减 5mm |
| | | | $m^2$ | $m^2$ |
| 预算定额编号 | 预算定额名称 | 预算定额单位 | 数量 | |
| 01-10-1-24 | 墙面保温 无机保温砂浆 25mm 厚 | $m^2$ | 1.0000 | |
| 01-10-1-25 | 墙面保温 无机保温砂浆 每增减 5mm | $m^2$ | | 1.0000 |

**工作内容：** 1. 铺设保温层。
2. 保温层厚度增减。

| 定额编号 | | | | A-9-2-22 | A-9-2-23 |
|---|---|---|---|---|---|
| 项目 | | | | 墙面保温 | |
| | | | | 无机保温砂浆 | |
| | | | | 25mm 厚 | 每增减 5mm |
| 名称 | | | 单位 | $m^2$ | $m^2$ |
| 人工 | 00030127 | 一般抹灰工 | 工日 | 0.1295 | 0.0186 |
| | 00030153 | 其他工 | 工日 | 0.0492 | 0.0080 |
| 材料 | 02311601 | 耐碱玻璃纤维网格布 | $m^2$ | 1.2400 | |
| | 34110101 | 水 | $m^3$ | 0.0330 | |
| | 80072401 | 预拌无机保温砂浆 | $m^3$ | 0.0289 | 0.0058 |
| | 80090301 | 保温专用界面砂浆 | $m^3$ | 0.0015 | |
| | | 其他材料费 | % | 0.1200 | 0.2000 |

**工作内容：**铺贴保温板。

| 定　额　编　号 | | | A-9-2-24 | A-9-2-25 | A-9-2-26 |
|---|---|---|---|---|---|
| 项　　目 | | | 墙面保温 | | |
| | | | 干挂岩(矿)棉板 | 发泡水泥板 | 保温装饰复合板 |
| | | | $m^2$ | $m^2$ | $m^2$ |
| 预算定额编号 | 预算定额名称 | 预算定额单位 | 数　量 | | |
| 01-10-1-26 | 墙面保温 干挂岩(矿)棉板 | $m^2$ | 1.0000 | | |
| 01-10-1-27 | 墙面保温 发泡水泥板 | $m^2$ | | 1.0000 | |
| 01-10-1-28 | 墙面保温 保温装饰复合板 | $m^2$ | | | 1.0000 |

**工作内容：**铺贴保温板。

| 定　额　编　号 | | | | A-9-2-24 | A-9-2-25 | A-9-2-26 |
|---|---|---|---|---|---|---|
| 项　　目 | | | | 墙面保温 | | |
| | | | | 干挂岩(矿)棉板 | 发泡水泥板 | 保温装饰复合板 |
| 名　　称 | | | 单位 | $m^2$ | $m^2$ | $m^2$ |
| 人工 | 00030127 | 一般抹灰工 | 工日 | 0.1953 | 0.0874 | 0.4599 |
| | 00030153 | 其他工 | 工日 | 0.0837 | 0.0375 | 0.1971 |
| 材料 | 02311601 | 耐碱玻璃纤维网格布 | $m^2$ | | 1.2400 | |
| | 03018951 | 塑料胀管带螺钉(保温专用) | 套 | 8.0000 | 12.0000 | |
| | 03019101 | 保温板固定件 | 套 | | | 9.0000 |
| | 09111621 | 保温装饰复合板 δ50 | $m^2$ | | | 1.0700 |
| | 09252851 | 发泡水泥板 δ50 | $m^2$ | | 1.0300 | |
| | 14412529 | 硅酮耐候密封胶 | kg | | | 0.0990 |
| | 15030112 | 岩棉板 δ50 | $m^3$ | 0.0510 | | |
| | 80090301 | 保温专用界面砂浆 | $m^3$ | 0.0015 | 0.0015 | |
| | 80090401 | 聚合物粘结砂浆 | kg | | 4.6000 | 9.0000 |
| | | 其他材料费 | % | | 1.0000 | 2.0000 |
| 机械 | 99210160 | 裁板机 | 台班 | | | 0.0080 |

**工作内容**：1,3. 铺设保温层。
2. 保温层厚度增加。

| 定额编号 | | | A-9-2-27 | A-9-2-28 | A-9-2-29 |
|---|---|---|---|---|---|
| 项目 | | | 墙面保温 | | |
| | | | 抗裂保护层<br>耐碱网格布<br>抗裂砂浆 | 抗裂保护层<br>增加一层网格布<br>抗裂砂浆 | 热镀锌钢丝网<br>抗裂砂浆 |
| | | | 4mm 厚 | 2mm | 8mm 厚 |
| | | | $m^2$ | $m^2$ | $m^2$ |
| 预算定额编号 | 预算定额名称 | 预算定额单位 | 数量 | | |
| 01-10-1-29 | 墙面保温 抗裂保护层耐碱网格布抗裂砂浆 4mm 厚 | $m^2$ | 1.0000 | | |
| 01-10-1-30 | 墙面保温 抗裂保护层增加一层网格布抗裂砂浆 2mm | $m^2$ | | 1.0000 | |
| 01-10-1-31 | 墙面保温 热镀锌钢丝网抗裂砂浆 8mm 厚 | $m^2$ | | | 1.0000 |

**工作内容**：1,3. 铺设保温层。
2. 保温层厚度增加。

| 定额编号 | | | | A-9-2-27 | A-9-2-28 | A-9-2-29 |
|---|---|---|---|---|---|---|
| 项目 | | | | 墙面保温 | | |
| | | | | 抗裂保护层<br>耐碱网格布<br>抗裂砂浆 | 抗裂保护层<br>每增加一层网格布<br>抗裂砂浆 | 热镀锌钢丝网<br>抗裂砂浆 |
| | | | | 4mm 厚 | 2mm | 8mm 厚 |
| 名称 | | | 单位 | $m^2$ | $m^2$ | $m^2$ |
| 人工 | 00030127 | 一般抹灰工 | 工日 | 0.0645 | 0.0272 | 0.1336 |
| | 00030153 | 其他工 | 工日 | 0.0277 | 0.0117 | 0.0572 |
| 材料 | 02311601 | 耐碱玻璃纤维网格布 | $m^2$ | 1.1700 | 1.1270 | |
| | 03018951 | 塑料胀管带螺钉(保温专用) | 套 | | | 6.1200 |
| | 03152301 | 钢丝网 | $m^2$ | | | 1.1500 |
| | 34110101 | 水 | $m^3$ | 0.0400 | 0.0006 | 0.0408 |
| | 80090501 | 聚合物抹面抗裂砂浆 | kg | 5.5000 | 2.7500 | 11.0160 |

**工作内容：** 1. 粘贴保温板。
2. 铺设保温层。
3. 轻集料混凝土浇捣养护。

| 定额编号 | | | A-9-2-30 | A-9-2-31 | A-9-2-32 |
|---|---|---|---|---|---|
| 项目 | | | 柱梁保温 | | 楼地面保温 |
| | | | 水泥珍珠岩板 50mm厚 | 无机保温砂浆 | 预拌轻集料混凝土 |
| | | | $m^2$ | $m^2$ | $m^2$ |
| 预算定额编号 | 预算定额名称 | 预算定额单位 | 数量 | | |
| 01-10-1-32 | 柱梁保温 水泥珍珠岩板 50mm厚 | $m^2$ | 1.0000 | | |
| 01-10-1-33 | 柱梁保温 无机保温砂浆 | $m^2$ | | 1.0000 | |
| 01-10-1-34 | 楼地面保温 轻集料混凝土 | $m^2$ | | | 1.0000 |

**工作内容：** 1. 粘贴保温板。
2. 铺设保温层。
3. 轻集料混凝土浇捣养护。

| 定额编号 | | | | A-9-2-30 | A-9-2-31 | A-9-2-32 |
|---|---|---|---|---|---|---|
| 项目 | | | | 柱梁保温 | | 楼地面保温 |
| | | | | 水泥珍珠岩板 50mm厚 | 无机保温砂浆 | 预拌轻集料混凝土 |
| 名称 | | | 单位 | $m^2$ | $m^2$ | $m^2$ |
| 人工 | 00030121 | 混凝土工 | 工日 | | | 0.0311 |
| | 00030127 | 一般抹灰工 | 工日 | 0.1350 | 0.1342 | |
| | 00030153 | 其他工 | 工日 | 0.0578 | 0.0575 | 0.0016 |
| 材料 | 02311601 | 耐碱玻璃纤维网格布 | $m^2$ | | 1.2896 | |
| | 03018951 | 塑料胀管带螺钉(保温专用) | 套 | 6.2400 | | |
| | 15090921 | 水泥珍珠岩板 1000×500×50 | $m^3$ | 0.0541 | | |
| | 34110101 | 水 | $m^3$ | | 0.0343 | |
| | 80072401 | 预拌无机保温砂浆 | $m^3$ | | 0.0300 | |
| | 80090301 | 保温专用界面砂浆 | $m^3$ | | 0.0016 | |
| | 80090401 | 聚合物粘结砂浆 | kg | 4.7840 | | |
| | 80230011 | 预拌轻集料混凝土(非泵送型) | $m^3$ | | | 0.1010 |
| | | 其他材料费 | % | | 0.1200 | |

# 第十章　金属结构工程

# 说　　明

一、金属结构件均按工厂成品、现场安装编制。

二、金属结构件安装定额子目中的质量是指按设计图示尺寸所标明的构件单支(件)质量。

三、金属结构件安装定额子目中,已综合了结构件卸车、1km内的驳运、拼装、吊装、安装、油漆以及安装护栏搭拆等全部工作内容。钢网架还综合了现场拼装平台摊销。

四、金属结构件安装定额子目中,已包括连接螺栓,但未包括高强螺栓及剪力栓钉。

五、金属结构件安装定额子目中,已综合考虑了补漆及调和漆两遍;如设计要求做其他油漆时,可以按"第八章 装饰工程"中"第七节 油漆、涂料、裱糊"相应定额子目执行。其中质量在500kg以内的单个金属结构件,可参考表10-1中相应的系数,将质量折算为面积。

**表10-1　质量折算面积参考系数**

| 序号 | 项目名称 | 系数($m^2/t$) |
|---|---|---|
| 1 | 钢栅栏门、栏杆、窗栅 | 64.98 |
| 2 | 钢爬梯 | 44.84 |
| 3 | 踏步式钢扶梯 | 39.90 |
| 4 | 轻钢屋架 | 53.20 |
| 5 | 零星铁件 | 58.00 |

六、整座网架质量<120t时,其安装人工、机械乘以系数1.2;钢网架安装按分块吊装考虑。

七、钢网架安装定额按平面网格结构编制;如设计为筒壳、球壳及其他曲面结构时,其安装人工、机械乘以系数1.2。

八、钢桁架安装定额按直线形桁架编制;如设计为曲线、折线形桁架时,其安装人工、机械乘以系数1.2。

九、钢屋架、钢托架、钢桁架单支质量<0.2t时,按相应钢支撑定额子目执行。

十、钢柱(梁)定额不分实腹柱、空腹钢柱(梁)、钢管柱,均执行同一柱(梁)定额。

十一、制动梁、制动板、车挡等按钢吊车梁相应定额子目执行。

十二、钢支撑包括柱间支撑、屋面支撑、系杆、拉条、撑杆隅撑等。

十三、柱间、梁间、屋架间的H形、箱形钢支撑按相应的钢柱、钢梁定额子目执行。

十四、墙架柱、墙架梁和相配套的连接杆件按钢墙架(挡风架)定额子目执行。

十五、钢支撑、钢檩条、钢墙架(挡风架)等单支质量>0.2t时,按相应的屋架、柱、梁定额子目执行。

十六、钢天窗架上的C、Z型钢,按钢檩条定额子目执行。

十七、基坑围护中的钢格构柱按本章相应定额子目执行,其人工、机械乘以系数0.5,钢格构柱拆除及回收残值另行计算。

十八、钢栏杆(钢护栏)定额适用于钢楼梯、钢平台、钢走道板等与金属结构相连的栏杆,其他部位的栏杆、扶手应按"第八章 装饰工程"中"第五节 其他装饰工程"相应定额子目执行。

十九、单件质量在25kg以内的小型金属结构件,按本章零星钢构件定额子目执行。

二十、钢结构大跨度结构件适用于跨度≥36m的建筑物,按本章相应定额子目执行,其中人工乘以系数1.2,吊装机械按实际调整。

二十一、金属结构件安装按建筑物檐高20m以内、跨内吊装编制。如檐高超过20m或楼层数超过6层时:

1. 超高人工降效已综合考虑在“第十四章 措施项目”超高施工降效定额子目内。

2. 吊装机械按表 10-2 调整。

**表 10-2　吊装机械调整**

| 建筑物檐高 | 调整后机械规格型号 | 建筑物檐高 | 调整后机械规格型号 |
| --- | --- | --- | --- |
| 20m<$H$≤30m | 2000kN・m | 180m<$H$≤240m | 9000kN・m |
| 30m<$H$≤150m | 3000kN・m | 240m<$H$≤315m | 12000kN・m |
| 150m<$H$≤180m | 6000kN・m | 315m<$H$≤420m | 13500kN・m |

3. 如采用跨外吊装或特殊施工方法(平移、滑移、提升及顶升)、施工措施时,按实调整。

二十二、金属结构件采用塔吊吊装的,将结构件安装定额子目中的汽车起重机 20t、40t 分别调整为自升式塔式起重机 2500kN・m、3000kN・m,且人工及起重机乘以系数 1.2。

二十三、金属结构件安装需搭设脚手架时,按“第十四章 措施项目”相应定额子目执行。

# 工程量计算规则

一、金属结构件安装按设计图示尺寸以质量计算，不扣除单个面积≤$0.3m^2$的孔洞质量，焊条、铆钉、螺栓等质量亦不增加。

二、焊接空心球网架的工程量包括连接钢管杆件、连接球、支托和网架支座等零件的质量。

三、螺栓球节点网架的工程量包括连接钢管杆件（含高强螺栓、销子、套筒、锥头或封板）、螺栓球、支托和网架支座等零件的质量。

四、依附于钢柱上的牛腿及悬臂梁，并入钢柱质量内计算。

五、钢管柱上的节点板、加强环、内衬管、牛腿等，并入钢管柱质量内计算。

六、钢柱上的柱脚板、加劲板、柱顶板、隔板和肋板，并入钢柱质量内计算。

七、钢平台的工程量包括钢平台的柱、梁、板、斜撑等的质量，依附于钢平台的钢楼梯及平台钢栏杆另按相应定额子目执行。

八、钢栏杆的工程量包括钢扶手的质量。

九、钢楼梯的工程量包括楼梯平台、楼梯梁、楼梯踏步等的质量，钢楼梯的栏杆、扶手另按相应定额子目执行。

十、依附于钢漏斗上的型钢，并入钢漏斗质量内计算。

# 第一节 金属结构

**工作内容：** 构件卸车、场内驳运、拼装、吊装、安装、校正及油漆，现场拼装平台摊销。

| 定额编号 | | | A-10-1-1 | A-10-1-2 |
|---|---|---|---|---|
| 项目 | | | 焊接空心球网架 | 螺栓球节点网架 |
| | | | t | t |
| 预算定额编号 | 预算定额名称 | 预算定额单位 | 数量 | |
| 01-6-1-2 | 金属构件驳运 其他类(运距1km以内) | t | 1.0150 | 1.0150 |
| 01-6-1-3 | 金属构件 卸车 | t | 1.0150 | 1.0150 |
| 01-6-2-1 | 焊接空心球网架 | t | 1.0150 | |
| 01-6-2-2 | 螺栓球节点网架 | t | | 1.0150 |
| 01-6-6-12 | 现场拼装平台摊销 | t | 1.0150 | 1.0150 |
| 01-14-4-2 | 金属面油漆 调和漆两遍 | $m^2$ | 28.5610 | 28.5610 |

**工作内容：** 构件卸车、场内驳运、拼装、吊装、安装、校正及油漆，现场拼装平台摊销。

| 定额编号 | | | | A-10-1-1 | A-10-1-2 |
|---|---|---|---|---|---|
| 项目 | | | | 焊接空心球网架 | 螺栓球节点网架 |
| 名称 | | | 单位 | t | t |
| 人工 | 00030139 | 油漆工 | 工日 | 0.8254 | 0.8254 |
| | 00030143 | 起重工 | 工日 | 6.8862 | 6.6020 |
| | 00030153 | 其他工 | 工日 | 2.9328 | 2.8110 |
| 材料 | 01050164 | 钢丝绳 φ12 | kg | 8.3230 | 8.3230 |
| | 01050194 | 钢丝绳 φ12 | m | 0.3999 | 0.3999 |
| | 01150103 | 热轧型钢 综合 | kg | 38.7324 | 38.7324 |
| | 01290302 | 热轧钢板(中厚板) | kg | 5.3795 | 5.3795 |
| | 03014101 | 六角螺栓连母垫 | kg | | 20.1884 |
| | 03130115 | 电焊条 J422 φ4.0 | kg | 8.3849 | 0.7531 |
| | 03130955 | 焊丝 φ3.2 | kg | 4.2650 | 0.6374 |
| | 03152507 | 镀锌铁丝 8#～10# | kg | 0.5075 | 0.5075 |
| | 03154813 | 铁件 | kg | 6.7295 | 3.6228 |
| | 05030106 | 大方材 ≥101$cm^2$ | $m^3$ | 0.0749 | 0.0749 |
| | 05030109 | 小方材 ≤54$cm^2$ | $m^3$ | 0.0001 | 0.0001 |
| | 13010115 | 酚醛调和漆 | kg | 4.7268 | 4.7268 |
| | 13011411 | 环氧富锌底漆 | kg | 4.3036 | 4.3036 |
| | 14050121 | 油漆溶剂油 | kg | 0.2513 | 0.2513 |
| | 14354301 | 稀释剂 | kg | 0.3441 | 0.3441 |
| | 14390101 | 氧气 | $m^3$ | 3.4389 | 0.8709 |
| | 14391202 | 二氧化碳气体 | $m^3$ | 2.6126 | 0.3796 |
| | 33010961 | 焊接空心球钢网架 | t | 1.0150 | |
| | 33010971 | 螺栓球节点钢网架 | t | | 1.0150 |
| | 35070911 | 吊装夹具 | 套 | 0.0619 | 0.0619 |
| | 35130010 | 千斤顶 | 只 | 0.0822 | 0.0822 |
| | | 其他材料费 | % | 4.7134 | 4.7558 |
| 机械 | 99070590 | 载重汽车 15t | 台班 | 0.0177 | 0.0177 |
| | 99090080 | 履带式起重机 10t | 台班 | 0.0144 | 0.0144 |
| | 99090400 | 汽车式起重机 16t | 台班 | 0.0312 | 0.0312 |
| | 99090410 | 汽车式起重机 20t | 台班 | 0.3563 | 0.3563 |
| | 99191510 | 电动扭力扳手 27×30 | 台班 | | 0.4019 |
| | 99250020 | 交流弧焊机 32kV·A | 台班 | 0.2974 | 0.0558 |
| | 99250470 | 二氧化碳气体保护焊机 500A | 台班 | 0.2974 | 0.0558 |

**工作内容：**构件卸车、场内驳运、拼装、吊装、安装、校正及油漆，安装护栏搭拆。

| 定额编号 | | | A-10-1-3 | A-10-1-4 |
|---|---|---|---|---|
| 项目 | | | 钢屋架 | |
| | | | 1.5t 以内 | 3t 以内 |
| | | | t | t |
| 预算定额编号 | 预算定额名称 | 预算定额单位 | 数量 | |
| 01-6-1-1 | 金属构架驳运 钢屋架类(运距 1km 以内) | t | 1.0200 | 1.0200 |
| 01-6-1-3 | 金属构件 卸车 | t | 1.0200 | 1.0200 |
| 01-6-3-1 | 钢屋架 1.5t 以内 | t | 1.0200 | |
| 01-6-3-2 | 钢屋架 3t 以内 | t | | 1.0200 |
| 01-14-4-2 | 金属面油漆 调和漆两遍 | m² | 28.7017 | 28.7017 |
| 01-17-1-50 | 金属构件安装安全护栏 | t | 1.0200 | 1.0200 |

**工作内容：**构件卸车、场内驳运、拼装、吊装、安装、校正及油漆，安装护栏搭拆。

| 定额编号 | | | | A-10-1-3 | A-10-1-4 |
|---|---|---|---|---|---|
| 项目 | | | | 钢屋架 | |
| | | | | 1.5t 以内 | 3t 以内 |
| 名称 | | | 单位 | t | t |
| 人工 | 00030123 | 架子工 | 工日 | 0.5406 | 0.5406 |
| | 00030139 | 油漆工 | 工日 | 0.8295 | 0.8295 |
| | 00030143 | 起重工 | 工日 | 2.8782 | 2.9231 |
| | 00030153 | 其他工 | 工日 | 1.2361 | 1.2555 |
| 材料 | 01050194 | 钢丝绳 $\phi$12 | m | 3.3456 | 3.3456 |
| | 03130115 | 电焊条 J422 $\phi$4.0 | kg | 1.2607 | 1.2607 |
| | 03130955 | 焊丝 $\phi$3.2 | kg | 1.1036 | 1.1036 |
| | 03152501 | 镀锌铁丝 | kg | 0.6337 | 0.6337 |
| | 03152507 | 镀锌铁丝 8#～10# | kg | 0.5100 | 0.5100 |
| | 03152512 | 镀锌铁丝 12#～16# | kg | 0.5386 | 0.5386 |
| | 03152516 | 镀锌铁丝 18#～22# | kg | 0.0031 | 0.0031 |
| | 03154813 | 铁件 | kg | 6.2424 | 4.3697 |
| | 05030106 | 大方材 ≥101cm² | m³ | 0.0286 | 0.0224 |
| | 05310223 | 毛竹 周长 7″×6m | 根 | 0.1601 | 0.1601 |
| | 05330111 | 竹笆 1000×2000 | m² | 0.0071 | 0.0071 |
| | 13010115 | 酚醛调和漆 | kg | 4.7501 | 4.7501 |
| | 13011411 | 环氧富锌底漆 | kg | 1.0812 | 1.0812 |
| | 13056101 | 红丹防锈漆 | kg | 0.0031 | 0.0031 |
| | 14050121 | 油漆溶剂油 | kg | 0.2529 | 0.2529 |
| | 14354301 | 稀释剂 | kg | 0.0867 | 0.0867 |
| | 14391202 | 二氧化碳气体 | m³ | 0.7293 | 0.7293 |
| | 33010806 | 钢屋架 | t | 1.0200 | 1.0200 |
| | 35020902 | 扣件 | 只 | 0.0120 | 0.0120 |
| | 35030343 | 钢管 $\phi$48.3×3.6 | kg | 0.3491 | 0.3491 |
| | 35070911 | 吊装夹具 | 套 | 0.0204 | 0.0204 |
| | 35130010 | 千斤顶 | 只 | 0.0204 | 0.0204 |
| | | 其他材料费 | % | 4.9331 | 4.9328 |
| 机械 | 99070530 | 载重汽车 5t | 台班 | 0.0010 | 0.0010 |
| | 99070770 | 平板拖车组 40t | 台班 | 0.0311 | 0.0311 |
| | 99090080 | 履带式起重机 10t | 台班 | 0.0145 | 0.0145 |
| | 99090410 | 汽车式起重机 20t | 台班 | 0.3050 | 0.2387 |
| | 99090430 | 汽车式起重机 30t | 台班 | 0.0623 | 0.0623 |
| | 99250020 | 交流弧焊机 32kV·A | 台班 | 0.1122 | 0.1122 |
| | 99250470 | 二氧化碳气体保护焊机 500A | 台班 | 0.1122 | 0.1122 |

**工作内容：** 构件卸车、场内驳运、拼装、吊装、安装、校正及油漆，安装护栏搭拆。

| 定额编号 | | | A-10-1-5 | A-10-1-6 | A-10-1-7 |
|---|---|---|---|---|---|
| 项目 | | | 钢屋架 | | |
| | | | 8t 以内 | 15t 以内 | 25t 以内 |
| | | | t | t | t |
| 预算定额编号 | 预算定额名称 | 预算定额单位 | 数量 | | |
| 01-6-1-1 | 金属构架驳运 钢屋架类（运距 1km 以内） | t | 1.0200 | 1.0200 | 1.0200 |
| 01-6-1-3 | 金属构件 卸车 | t | 1.0200 | 1.0200 | 1.0200 |
| 01-6-3-3 | 钢屋架 8t 以内 | t | 1.0200 | | |
| 01-6-3-4 | 钢屋架 15t 以内 | t | | 1.0200 | |
| 01-6-3-5 | 钢屋架 25t 以内 | t | | | 1.0200 |
| 01-14-4-2 | 金属面油漆 调和漆两遍 | $m^2$ | 28.7017 | 28.7017 | 28.7017 |
| 01-17-1-50 | 金属构件安装安全护栏 | t | 1.0200 | 1.0200 | 1.0200 |

**工作内容：**构件卸车、场内驳运、拼装、吊装、安装、校正及油漆，安装护栏搭拆。

| 定额编号 | | | | A-10-1-5 | A-10-1-6 | A-10-1-7 |
|---|---|---|---|---|---|---|
| 项目 | | | | 钢屋架 | | |
| | | | | 8t 以内 | 15t 以内 | 25t 以内 |
| | | 名称 | 单位 | t | t | t |
| 人工 | 00030123 | 架子工 | 工日 | 0.5406 | 0.5406 | 0.5406 |
| | 00030139 | 油漆工 | 工日 | 0.8295 | 0.8295 | 0.8295 |
| | 00030143 | 起重工 | 工日 | 2.7201 | 2.7997 | 2.9139 |
| | 00030153 | 其他工 | 工日 | 1.1688 | 1.2035 | 1.2524 |
| 材料 | 01050194 | 钢丝绳 φ12 | m | 3.3456 | 3.3456 | 3.3456 |
| | 03130115 | 电焊条 J422 φ4.0 | kg | 1.5127 | 1.8911 | 3.0253 |
| | 03130955 | 焊丝 φ3.2 | kg | 1.3240 | 1.3240 | 1.8911 |
| | 03152501 | 镀锌铁丝 | kg | 0.6337 | 0.6337 | 0.6337 |
| | 03152507 | 镀锌铁丝 8#～10# | kg | 0.5100 | 0.5100 | 0.5100 |
| | 03152512 | 镀锌铁丝 12#～16# | kg | 0.5386 | 0.5386 | 0.5386 |
| | 03152516 | 镀锌铁丝 18#～22# | kg | 0.0031 | 0.0031 | 0.0031 |
| | 03154813 | 铁件 | kg | 2.2889 | 2.2889 | 2.2889 |
| | 05030106 | 大方材 ≥101cm$^2$ | m$^3$ | 0.0224 | 0.0224 | 0.0224 |
| | 05310223 | 毛竹 周长 7″×6m | 根 | 0.1601 | 0.1601 | 0.1601 |
| | 05330111 | 竹笆 1000×2000 | m$^2$ | 0.0071 | 0.0071 | 0.0071 |
| | 13010115 | 酚醛调和漆 | kg | 4.7501 | 4.7501 | 4.7501 |
| | 13011411 | 环氧富锌底漆 | kg | 1.0812 | 1.0812 | 1.0812 |
| | 13056101 | 红丹防锈漆 | kg | 0.0031 | 0.0031 | 0.0031 |
| | 14050121 | 油漆溶剂油 | kg | 0.2529 | 0.2529 | 0.2529 |
| | 14354301 | 稀释剂 | kg | 0.0867 | 0.0867 | 0.0867 |
| | 14391202 | 二氧化碳气体 | m$^3$ | 0.8752 | 0.8752 | 1.2342 |
| | 33010806 | 钢屋架 | t | 1.0200 | 1.0200 | 1.0200 |
| | 35020902 | 扣件 | 只 | 0.0120 | 0.0120 | 0.0120 |
| | 35030343 | 钢管 φ48.3×3.6 | kg | 0.3491 | 0.3491 | 0.3491 |
| | 35070911 | 吊装夹具 | 套 | 0.0204 | 0.0204 | 0.0204 |
| | 35130010 | 千斤顶 | 只 | 0.0204 | 0.0204 | 0.0204 |
| | | 其他材料费 | % | 4.9327 | 4.9327 | 4.9328 |
| 机械 | 99070530 | 载重汽车 5t | 台班 | 0.0010 | 0.0010 | 0.0010 |
| | 99070770 | 平板拖车组 40t | 台班 | 0.0311 | 0.0311 | 0.0311 |
| | 99090080 | 履带式起重机 10t | 台班 | 0.0145 | 0.0145 | 0.0145 |
| | 99090140 | 履带式起重机 50t | 台班 | | | 0.3315 |
| | 99090410 | 汽车式起重机 20t | 台班 | 0.1989 | | |
| | 99090430 | 汽车式起重机 30t | 台班 | 0.0623 | 0.0623 | 0.0623 |
| | 99090450 | 汽车式起重机 40t | 台班 | | 0.1989 | |
| | 99250020 | 交流弧焊机 32kV·A | 台班 | 0.1346 | 0.1683 | 0.2693 |
| | 99250470 | 二氧化碳气体保护焊机 500A | 台班 | 0.1346 | 0.1346 | 0.2020 |

**工作内容：** 构件卸车、场内驳运、拼装、吊装、安装、校正及油漆，安装护栏搭拆。

| 定 额 编 号 | | | A-10-1-8 | A-10-1-9 | A-10-1-10 |
|---|---|---|---|---|---|
| 项 目 | | | 钢托架 | | |
| | | | 3t 以内 | 8t 以内 | 15t 以内 |
| | | | t | t | t |
| 预算定额编号 | 预算定额名称 | 预算定额单位 | 数 量 | | |
| 01-6-1-2 | 金属构件驳运 其他类（运距 1km 以内） | t | 1.0200 | 1.0200 | 1.0200 |
| 01-6-1-3 | 金属构件 卸车 | t | 1.0200 | 1.0200 | 1.0200 |
| 01-6-3-6 | 钢托架 3t 以内 | t | 1.0200 | | |
| 01-6-3-7 | 钢托架 8t 以内 | t | | 1.0200 | |
| 01-6-3-8 | 钢托架 15t 以内 | t | | | 1.0200 |
| 01-14-4-2 | 金属面油漆 调和漆两遍 | $m^2$ | 28.7017 | 28.7017 | 28.7017 |
| 01-17-1-50 | 金属构件安装安全护栏 | t | 1.0200 | 1.0200 | 1.0200 |

**工作内容：** 构件卸车、场内驳运、拼装、吊装、安装、校正及油漆，安装护栏搭拆。

| 定额编号 | | | | A-10-1-8 | A-10-1-9 | A-10-1-10 |
|---|---|---|---|---|---|---|
| 项目 | | | | 钢托架 | | |
| | | | | 3t 以内 | 8t 以内 | 15t 以内 |
| 名称 | | | 单位 | t | t | t |
| 人工 | 00030123 | 架子工 | 工日 | 0.5406 | 0.5406 | 0.5406 |
| | 00030139 | 油漆工 | 工日 | 0.8295 | 0.8295 | 0.8295 |
| | 00030143 | 起重工 | 工日 | 1.4916 | 1.4427 | 1.7007 |
| | 00030153 | 其他工 | 工日 | 0.6207 | 0.6003 | 0.7105 |
| 材料 | 01050194 | 钢丝绳 $\phi$12 | m | 3.3456 | 3.3456 | 3.3456 |
| | 03130115 | 电焊条 J422 $\phi$4.0 | kg | 1.2607 | 1.5127 | 3.0253 |
| | 03130955 | 焊丝 $\phi$3.2 | kg | 1.1036 | 1.3240 | 1.8911 |
| | 03152507 | 镀锌铁丝 8#～10# | kg | 0.5100 | 0.5100 | 0.5100 |
| | 03152512 | 镀锌铁丝 12#～16# | kg | 0.5386 | 0.5386 | 0.5386 |
| | 03152516 | 镀锌铁丝 18#～22# | kg | 0.0031 | 0.0031 | 0.0031 |
| | 03154813 | 铁件 | kg | 7.4909 | 5.2020 | 3.7454 |
| | 05030106 | 大方材 ≥101cm$^2$ | m$^3$ | 0.0202 | 0.0202 | 0.0202 |
| | 05030109 | 小方材 ≤54cm$^2$ | m$^3$ | 0.0001 | 0.0001 | 0.0001 |
| | 05310223 | 毛竹 周长 7″×6m | 根 | 0.1601 | 0.1601 | 0.1601 |
| | 05330111 | 竹笆 1000×2000 | m$^2$ | 0.0071 | 0.0071 | 0.0071 |
| | 13010115 | 酚醛调和漆 | kg | 4.7501 | 4.7501 | 4.7501 |
| | 13011411 | 环氧富锌底漆 | kg | 1.0812 | 1.0812 | 1.0812 |
| | 13056101 | 红丹防锈漆 | kg | 0.0031 | 0.0031 | 0.0031 |
| | 14050121 | 油漆溶剂油 | kg | 0.2529 | 0.2529 | 0.2529 |
| | 14354301 | 稀释剂 | kg | 0.0867 | 0.0867 | 0.0867 |
| | 14391202 | 二氧化碳气体 | m$^3$ | 0.7293 | 0.8752 | 1.2342 |
| | 33011201 | 钢托架 | t | 1.0200 | 1.0200 | 1.0200 |
| | 35020902 | 扣件 | 只 | 0.0120 | 0.0120 | 0.0120 |
| | 35030343 | 钢管 $\phi$48.3×3.6 | kg | 0.3491 | 0.3491 | 0.3491 |
| | 35070911 | 吊装夹具 | 套 | 0.0204 | 0.0204 | 0.0204 |
| | 35130010 | 千斤顶 | 只 | 0.0204 | 0.0204 | 0.0204 |
| | | 其他材料费 | % | 4.9580 | 4.9580 | 4.9580 |
| 机械 | 99070530 | 载重汽车 5t | 台班 | 0.0010 | 0.0010 | 0.0010 |
| | 99070590 | 载重汽车 15t | 台班 | 0.0177 | 0.0177 | 0.0177 |
| | 99090080 | 履带式起重机 10t | 台班 | 0.0145 | 0.0145 | 0.0145 |
| | 99090400 | 汽车式起重机 16t | 台班 | 0.0313 | 0.0313 | 0.0313 |
| | 99090410 | 汽车式起重机 20t | 台班 | 0.1591 | 0.1326 | |
| | 99090450 | 汽车式起重机 40t | 台班 | | | 0.1591 |
| | 99250020 | 交流弧焊机 32kV·A | 台班 | 0.1122 | 0.1346 | 0.2693 |
| | 99250470 | 二氧化碳气体保护焊机 500A | 台班 | 0.1122 | 0.1346 | 0.2020 |

工作内容：构件卸车、场内驳运、拼装、吊装、安装、校正及油漆，安装护栏搭拆。

| 定额编号 | | | A-10-1-11 | A-10-1-12 | A-10-1-13 |
|---|---|---|---|---|---|
| 项目 | | | 钢桁架 | | |
| | | | 1.5t 以内 | 3t 以内 | 8t 以内 |
| | | | t | t | t |
| 预算定额编号 | 预算定额名称 | 预算定额单位 | 数量 | | |
| 01-6-1-2 | 金属构件驳运 其他类（运距 1km 以内） | t | 1.0200 | 1.0200 | 1.0200 |
| 01-6-1-3 | 金属构件 卸车 | t | 1.0200 | 1.0200 | 1.0200 |
| 01-6-3-9 | 钢桁架 1.5t 以内 | t | 1.0200 | | |
| 01-6-3-10 | 钢桁架 3t 以内 | t | | 1.0200 | |
| 01-6-3-11 | 钢桁架 8t 以内 | t | | | 1.0200 |
| 01-14-4-2 | 金属面油漆 调和漆两遍 | $m^2$ | 28.7017 | 28.7017 | 28.7017 |
| 01-17-1-50 | 金属构件安装安全护栏 | t | 1.0200 | 1.0200 | 1.0200 |

**工作内容：**构件卸车、场内驳运、拼装、吊装、安装、校正及油漆，安装护栏搭拆。

| 定额编号 | | | | A-10-1-11 | A-10-1-12 | A-10-1-13 |
|---|---|---|---|---|---|---|
| 项目 | | | | 钢桁架 | | |
| | | | | 1.5t 以内 | 3t 以内 | 8t 以内 |
| 名称 | | | 单位 | t | t | t |
| 人工 | 00030123 | 架子工 | 工日 | 0.5406 | 0.5406 | 0.5406 |
| | 00030139 | 油漆工 | 工日 | 0.8295 | 0.8295 | 0.8295 |
| | 00030143 | 起重工 | 工日 | 3.7265 | 3.1746 | 2.9706 |
| | 00030153 | 其他工 | 工日 | 1.5785 | 1.3418 | 1.2551 |
| 材料 | 01050194 | 钢丝绳 $\phi$12 | m | 3.8689 | 3.8689 | 3.8689 |
| | 03130115 | 电焊条 J422 $\phi$4.0 | kg | 3.5302 | 2.8999 | 2.2063 |
| | 03130955 | 焊丝 $\phi$3.2 | kg | 3.0886 | 2.5214 | 1.8911 |
| | 03152507 | 镀锌铁丝 8#～10# | kg | 0.5100 | 0.5100 | 0.5100 |
| | 03152512 | 镀锌铁丝 12#～16# | kg | 0.5386 | 0.5386 | 0.5386 |
| | 03152516 | 镀锌铁丝 18#～22# | kg | 0.0031 | 0.0031 | 0.0031 |
| | 03154813 | 铁件 | kg | 5.6182 | 4.5778 | 3.2252 |
| | 05030106 | 大方材 ≥101cm² | m³ | 0.0213 | 0.0213 | 0.0213 |
| | 05030109 | 小方材 ≤54cm² | m³ | 0.0001 | 0.0001 | 0.0001 |
| | 05310223 | 毛竹 周长 7″×6m | 根 | 0.1601 | 0.1601 | 0.1601 |
| | 05330111 | 竹笆 1000×2000 | m² | 0.0071 | 0.0071 | 0.0071 |
| | 13010115 | 酚醛调和漆 | kg | 4.7501 | 4.7501 | 4.7501 |
| | 13011411 | 环氧富锌底漆 | kg | 2.1624 | 2.1624 | 2.1624 |
| | 13056101 | 红丹防锈漆 | kg | 0.0031 | 0.0031 | 0.0031 |
| | 14050121 | 油漆溶剂油 | kg | 0.2529 | 0.2529 | 0.2529 |
| | 14354301 | 稀释剂 | kg | 0.1734 | 0.1734 | 0.1734 |
| | 14391202 | 二氧化碳气体 | m³ | 2.0420 | 1.6830 | 1.2342 |
| | 33010951 | 钢桁架 | t | 1.0200 | 1.0200 | 1.0200 |
| | 35020902 | 扣件 | 只 | 0.0120 | 0.0120 | 0.0120 |
| | 35030343 | 钢管 $\phi$48.3×3.6 | kg | 0.3491 | 0.3491 | 0.3491 |
| | 35070911 | 吊装夹具 | 套 | 0.0255 | 0.0255 | 0.0255 |
| | 35130010 | 千斤顶 | 只 | 0.0204 | 0.0204 | 0.0204 |
| | | 其他材料费 | % | 4.9489 | 4.9487 | 4.9485 |
| 机械 | 99070530 | 载重汽车 5t | 台班 | 0.0010 | 0.0010 | 0.0010 |
| | 99070590 | 载重汽车 15t | 台班 | 0.0177 | 0.0177 | 0.0177 |
| | 99090080 | 履带式起重机 10t | 台班 | 0.0145 | 0.0145 | 0.0145 |
| | 99090400 | 汽车式起重机 16t | 台班 | 0.0313 | 0.0313 | 0.0313 |
| | 99090410 | 汽车式起重机 20t | 台班 | 0.3182 | 0.2387 | 0.2785 |
| | 99250020 | 交流弧焊机 32kV·A | 台班 | 0.3142 | 0.2581 | 0.2020 |
| | 99250470 | 二氧化碳气体保护焊机 500A | 台班 | 0.3142 | 0.2581 | 0.2020 |

**工作内容：**构件卸车、场内驳运、拼装、吊装、安装、校正及油漆，安装护栏搭拆。

| 定额编号 | | | A-10-1-14 | A-10-1-15 | A-10-1-16 |
|---|---|---|---|---|---|
| 项目 | | | 钢桁架 | | |
| | | | 15t 以内 | 25t 以内 | 40t 以内 |
| | | | t | t | t |
| 预算定额编号 | 预算定额名称 | 预算定额单位 | 数量 | | |
| 01-6-1-2 | 金属构件驳运 其他类（运距 1km 以内） | t | 1.0200 | 1.0200 | 1.0200 |
| 01-6-1-3 | 金属构件 卸车 | t | 1.0200 | 1.0200 | 1.0200 |
| 01-6-3-12 | 钢桁架 15t 以内 | t | 1.0200 | | |
| 01-6-3-13 | 钢桁架 25t 以内 | t | | 1.0200 | |
| 01-6-3-14 | 钢桁架 40t 以内 | t | | | 1.0200 |
| 01-14-4-2 | 金属面油漆 调和漆两遍 | $m^2$ | 28.7017 | 28.7017 | 28.7017 |
| 01-17-1-50 | 金属构件安装安全护栏 | t | 1.0200 | 1.0200 | 1.0200 |

**工作内容：**构件卸车、场内驳运、拼装、吊装、安装、校正及油漆，安装护栏搭拆。

| 定额编号 | | | | A-10-1-14 | A-10-1-15 | A-10-1-16 |
|---|---|---|---|---|---|---|
| 项目 | | | | 钢桁架 | | |
| | | | | 15t 以内 | 25t 以内 | 40t 以内 |
| 名称 | | | 单位 | t | t | t |
| 人工 | 00030123 | 架子工 | 工日 | 0.5406 | 0.5406 | 0.5406 |
| | 00030139 | 油漆工 | 工日 | 0.8295 | 0.8295 | 0.8295 |
| | 00030143 | 起重工 | 工日 | 3.0543 | 3.7356 | 4.4578 |
| | 00030153 | 其他工 | 工日 | 1.2908 | 1.5826 | 1.8926 |
| 材料 | 01050194 | 钢丝绳 ϕ12 | m | 3.8689 | 3.8689 | 3.8689 |
| | 03130115 | 电焊条 J422 ϕ4.0 | kg | 2.2063 | 3.5302 | 3.5302 |
| | 03130955 | 焊丝 ϕ3.2 | kg | 1.8911 | 3.0886 | 3.0886 |
| | 03152507 | 镀锌铁丝 8#～10# | kg | 0.5100 | 0.5100 | 0.5100 |
| | 03152512 | 镀锌铁丝 12#～16# | kg | 0.5386 | 0.5386 | 0.5386 |
| | 03152516 | 镀锌铁丝 18#～22# | kg | 0.0031 | 0.0031 | 0.0031 |
| | 03154813 | 铁件 | kg | 2.2369 | 2.2369 | 2.2369 |
| | 05030106 | 大方材 ≥101cm² | m³ | 0.0213 | 0.0213 | 0.0213 |
| | 05030109 | 小方材 ≤54cm² | m³ | 0.0001 | 0.0001 | 0.0001 |
| | 05310223 | 毛竹 周长 7″×6m | 根 | 0.1601 | 0.1601 | 0.1601 |
| | 05330111 | 竹笆 1000×2000 | m² | 0.0071 | 0.0071 | 0.0071 |
| | 13010115 | 酚醛调和漆 | kg | 4.7501 | 4.7501 | 4.7501 |
| | 13011411 | 环氧富锌底漆 | kg | 2.1624 | 2.1624 | 2.1624 |
| | 13056101 | 红丹防锈漆 | kg | 0.0031 | 0.0031 | 0.0031 |
| | 14050121 | 油漆溶剂油 | kg | 0.2529 | 0.2529 | 0.2529 |
| | 14354301 | 稀释剂 | kg | 0.1734 | 0.1734 | 0.1734 |
| | 14391202 | 二氧化碳气体 | m³ | 1.2342 | 2.0420 | 2.0420 |
| | 33010951 | 钢桁架 | t | 1.0200 | 1.0200 | 1.0200 |
| | 35020902 | 扣件 | 只 | 0.0120 | 0.0120 | 0.0120 |
| | 35030343 | 钢管 ϕ48.3×3.6 | kg | 0.3491 | 0.3491 | 0.3491 |
| | 35070911 | 吊装夹具 | 套 | 0.0255 | 0.0255 | 0.0255 |
| | 35130010 | 千斤顶 | 只 | 0.0204 | 0.0204 | 0.0204 |
| | | 其他材料费 | % | 4.9485 | 4.9486 | 4.9486 |
| 机械 | 99070530 | 载重汽车 5t | 台班 | 0.0010 | 0.0010 | 0.0010 |
| | 99070590 | 载重汽车 15t | 台班 | 0.0177 | 0.0177 | 0.0177 |
| | 99090080 | 履带式起重机 10t | 台班 | 0.0145 | 0.0145 | 0.0145 |
| | 99090400 | 汽车式起重机 16t | 台班 | 0.0313 | 0.0313 | 0.0313 |
| | 99090450 | 汽车式起重机 40t | 台班 | 0.2387 | | |
| | 99090460 | 汽车式起重机 50t | 台班 | | 0.3978 | 0.4774 |
| | 99250020 | 交流弧焊机 32kV·A | 台班 | 0.2020 | 0.3142 | 0.3142 |
| | 99250470 | 二氧化碳气体保护焊机 500A | 台班 | 0.2020 | 0.3142 | 0.3142 |

**工作内容：**构件卸车、场内驳运、拼装、吊装、安装、校正及油漆，安装护栏搭拆。

| 定额编号 | | | A-10-1-17 | A-10-1-18 | A-10-1-19 | A-10-1-20 |
|---|---|---|---|---|---|---|
| 项目 | | | 钢柱 | | | |
| | | | 3t 以内 | 8t 以内 | 15t 以内 | 25t 以内 |
| | | | t | t | t | t |
| 预算定额编号 | 预算定额名称 | 预算定额单位 | 数量 | | | |
| 01-6-1-2 | 金属构件驳运 其他类（运距 1km 以内） | t | 1.0200 | 1.0200 | 1.0200 | 1.0200 |
| 01-6-1-3 | 金属构件 卸车 | t | 1.0200 | 1.0200 | 1.0200 | 1.0200 |
| 01-6-4-1 | 钢柱 3t 以内 | t | 1.0200 | | | |
| 01-6-4-2 | 钢柱 8t 以内 | t | | 1.0200 | | |
| 01-6-4-3 | 钢柱 15t 以内 | t | | | 1.0200 | |
| 01-6-4-4 | 钢柱 25t 以内 | t | | | | 1.0200 |
| 01-14-4-2 | 金属面油漆 调和漆两遍 | $m^2$ | 18.0933 | 18.0933 | 18.0933 | 18.0933 |
| 01-17-1-50 | 金属构件安装安全护栏 | t | 1.0200 | 1.0200 | 1.0200 | 1.0200 |

**工作内容：**构件卸车、场内驳运、拼装、吊装、安装、校正及油漆，安装护栏搭拆。

| 定额编号 | | | | A-10-1-17 | A-10-1-18 | A-10-1-19 | A-10-1-20 |
|---|---|---|---|---|---|---|---|
| 项目 | | | | 钢柱 | | | |
| | | | | 3t以内 | 8t以内 | 15t以内 | 25t以内 |
| 名称 | | | 单位 | t | t | t | t |
| 人工 | 00030123 | 架子工 | 工日 | 0.5406 | 0.5406 | 0.5406 | 0.5406 |
| | 00030139 | 油漆工 | 工日 | 0.5229 | 0.5229 | 0.5229 | 0.5229 |
| | 00030143 | 起重工 | 工日 | 3.0859 | 2.6218 | 2.4576 | 2.7789 |
| | 00030153 | 其他工 | 工日 | 1.2383 | 1.0394 | 0.9690 | 1.1067 |
| 材料 | 01050194 | 钢丝绳 ϕ12 | m | 3.7638 | 3.7638 | 3.7638 | 3.7638 |
| | 03130115 | 电焊条 J422 ϕ4.0 | kg | 1.2607 | 1.2607 | 1.2607 | 1.5127 |
| | 03130955 | 焊丝 ϕ3.2 | kg | 1.1036 | 1.1036 | 1.1036 | 1.3240 |
| | 03152507 | 镀锌铁丝 $8^{\#}\sim10^{\#}$ | kg | 0.5100 | 0.5100 | 0.5100 | 0.5100 |
| | 03152512 | 镀锌铁丝 $12^{\#}\sim16^{\#}$ | kg | 0.5386 | 0.5386 | 0.5386 | 0.5386 |
| | 03152516 | 镀锌铁丝 $18^{\#}\sim22^{\#}$ | kg | 0.0031 | 0.0031 | 0.0031 | 0.0031 |
| | 03154813 | 铁件 | kg | 10.7998 | 7.4909 | 3.6414 | 2.6010 |
| | 05030106 | 大方材 ≥101$cm^2$ | $m^3$ | 0.0274 | 0.0243 | 0.0243 | 0.0274 |
| | 05030109 | 小方材 ≤54$cm^2$ | $m^3$ | 0.0001 | 0.0001 | 0.0001 | 0.0001 |
| | 05310223 | 毛竹 周长 7″×6m | 根 | 0.1601 | 0.1601 | 0.1601 | 0.1601 |
| | 05330111 | 竹笆 1000×2000 | $m^2$ | 0.0071 | 0.0071 | 0.0071 | 0.0071 |
| | 13010115 | 酚醛调和漆 | kg | 2.9944 | 2.9944 | 2.9944 | 2.9944 |
| | 13011411 | 环氧富锌底漆 | kg | 1.0812 | 1.0812 | 1.0812 | 1.0812 |
| | 13056101 | 红丹防锈漆 | kg | 0.0031 | 0.0031 | 0.0031 | 0.0031 |
| | 14050121 | 油漆溶剂油 | kg | 0.1595 | 0.1595 | 0.1595 | 0.1595 |
| | 14354301 | 稀释剂 | kg | 0.0867 | 0.0867 | 0.0867 | 0.0867 |
| | 14391202 | 二氧化碳气体 | $m^3$ | 0.7293 | 0.7293 | 0.7293 | 0.8752 |
| | 33010106 | 钢柱 | t | 1.0200 | 1.0200 | 1.0200 | 1.0200 |
| | 35020902 | 扣件 | 只 | 0.0120 | 0.0120 | 0.0120 | 0.0120 |
| | 35030343 | 钢管 ϕ48.3×3.6 | kg | 0.3491 | 0.3491 | 0.3491 | 0.3491 |
| | 35070911 | 吊装夹具 | 套 | 0.0204 | 0.0204 | 0.0204 | 0.0255 |
| | 35130010 | 千斤顶 | 只 | 0.0204 | 0.0204 | 0.0204 | 0.0204 |
| | | 其他材料费 | % | 4.9662 | 4.9660 | 4.9659 | 4.9659 |
| 机械 | 99070530 | 载重汽车 5t | 台班 | 0.0010 | 0.0010 | 0.0010 | 0.0010 |
| | 99070590 | 载重汽车 15t | 台班 | 0.0177 | 0.0177 | 0.0177 | 0.0177 |
| | 99090080 | 履带式起重机 10t | 台班 | 0.0145 | 0.0145 | 0.0145 | 0.0145 |
| | 99090140 | 履带式起重机 50t | 台班 | | | | 0.2652 |
| | 99090400 | 汽车式起重机 16t | 台班 | 0.0313 | 0.0313 | 0.0313 | 0.0313 |
| | 99090450 | 汽车式起重机 40t | 台班 | 0.1591 | 0.1326 | 0.1989 | |
| | 99250020 | 交流弧焊机 32kV·A | 台班 | 0.1122 | 0.1122 | 0.1122 | 0.1346 |
| | 99250470 | 二氧化碳气体保护焊机 500A | 台班 | 0.1122 | 0.1122 | 0.1122 | 0.1346 |

**工作内容**：构件卸车、场内驳运、拼装、吊装、安装、校正及油漆，安装护栏搭拆。

| 定额编号 | | | A-10-1-21 | A-10-1-22 | A-10-1-23 | A-10-1-24 |
|---|---|---|---|---|---|---|
| 项目 | | | 钢梁 | | | |
| | | | 1.5t 以内 | 3t 以内 | 8t 以内 | 15t 以内 |
| | | | t | t | t | t |
| 预算定额编号 | 预算定额名称 | 预算定额单位 | 数量 | | | |
| 01-6-1-2 | 金属构件驳运 其他类（运距 1km 以内） | t | 1.0200 | 1.0200 | 1.0200 | 1.0200 |
| 01-6-1-3 | 金属构件 卸车 | t | 1.0200 | 1.0200 | 1.0200 | 1.0200 |
| 01-6-5-1 | 钢梁 1.5t 以内 | t | 1.0200 | | | |
| 01-6-5-2 | 钢梁 3t 以内 | t | | 1.0200 | | |
| 01-6-5-3 | 钢梁 8t 以内 | t | | | 1.0200 | |
| 01-6-5-4 | 钢梁 15t 以内 | t | | | | 1.0200 |
| 01-14-4-2 | 金属面油漆 调和漆两遍 | $m^2$ | 18.0933 | 18.0933 | 18.0933 | 18.0933 |
| 01-17-1-50 | 金属构件安装安全护栏 | t | 1.0200 | 1.0200 | 1.0200 | 1.0200 |

**工作内容：**构件卸车、场内驳运、拼装、吊装、安装、校正及油漆，安装护栏搭拆。

| 定额编号 | | | | A-10-1-21 | A-10-1-22 | A-10-1-23 | A-10-1-24 |
|---|---|---|---|---|---|---|---|
| 项目 | | | | 钢梁 | | | |
| | | | | 1.5t 以内 | 3t 以内 | 8t 以内 | 15t 以内 |
| 名称 | | | 单位 | t | t | t | t |
| 人工 | 00030123 | 架子工 | 工日 | 0.5406 | 0.5406 | 0.5406 | 0.5406 |
| | 00030139 | 油漆工 | 工日 | 0.5229 | 0.5229 | 0.5229 | 0.5229 |
| | 00030143 | 起重工 | 工日 | 2.3291 | 2.1210 | 1.7742 | 1.9353 |
| | 00030153 | 其他工 | 工日 | 0.9139 | 0.8252 | 0.6763 | 0.7446 |
| 材料 | 01050194 | 钢丝绳 ϕ12 | m | 3.3456 | 3.3456 | 3.3456 | 3.9729 |
| | 03130115 | 电焊条 J422 ϕ4.0 | kg | 3.5302 | 2.2063 | 1.8911 | 2.2063 |
| | 03130955 | 焊丝 ϕ3.2 | kg | 3.0886 | 1.8911 | 1.6595 | 1.8911 |
| | 03152507 | 镀锌铁丝 8#～10# | kg | 0.5100 | 0.5100 | 0.5100 | 0.5100 |
| | 03152512 | 镀锌铁丝 12#～16# | kg | 0.5386 | 0.5386 | 0.5386 | 0.5386 |
| | 03152516 | 镀锌铁丝 18#～22# | kg | 0.0031 | 0.0031 | 0.0031 | 0.0031 |
| | 03154813 | 铁件 | kg | 7.4909 | 7.4909 | 3.7454 | 5.4101 |
| | 05030106 | 大方材 ≥101cm² | m³ | 0.0202 | 0.0202 | 0.0202 | 0.0202 |
| | 05030109 | 小方材 ≤54cm² | m³ | 0.0001 | 0.0001 | 0.0001 | 0.0001 |
| | 05310223 | 毛竹 周长 7″×6m | 根 | 0.1601 | 0.1601 | 0.1601 | 0.1601 |
| | 05330111 | 竹笆 1000×2000 | m² | 0.0071 | 0.0071 | 0.0071 | 0.0071 |
| | 13010115 | 酚醛调和漆 | kg | 2.9944 | 2.9944 | 2.9944 | 2.9944 |
| | 13011411 | 环氧富锌底漆 | kg | 1.0812 | 1.0812 | 1.0812 | 1.0812 |
| | 13056101 | 红丹防锈漆 | kg | 0.0031 | 0.0031 | 0.0031 | 0.0031 |
| | 14050121 | 油漆溶剂油 | kg | 0.1595 | 0.1595 | 0.1595 | 0.1595 |
| | 14354301 | 稀释剂 | kg | 0.0867 | 0.0867 | 0.0867 | 0.0867 |
| | 14391202 | 二氧化碳气体 | m³ | 2.0420 | 1.2342 | 1.0996 | 1.2342 |
| | 33010506 | 钢梁 | t | 1.0200 | 1.0200 | 1.0200 | 1.0200 |
| | 35020902 | 扣件 | 只 | 0.0120 | 0.0120 | 0.0120 | 0.0120 |
| | 35030343 | 钢管 ϕ48.3×3.6 | kg | 0.3491 | 0.3491 | 0.3491 | 0.3491 |
| | 35070911 | 吊装夹具 | 套 | 0.0204 | 0.0204 | 0.0204 | 0.0204 |
| | 35130010 | 千斤顶 | 只 | 0.0204 | 0.0204 | 0.0204 | 0.0204 |
| | | 其他材料费 | % | 4.9646 | 4.9645 | 4.9644 | 4.9645 |
| 机械 | 99070530 | 载重汽车 5t | 台班 | 0.0010 | 0.0010 | 0.0010 | 0.0010 |
| | 99070590 | 载重汽车 15t | 台班 | 0.0177 | 0.0177 | 0.0177 | 0.0177 |
| | 99090080 | 履带式起重机 10t | 台班 | 0.0145 | 0.0145 | 0.0145 | 0.0145 |
| | 99090400 | 汽车式起重机 16t | 台班 | 0.0313 | 0.0313 | 0.0313 | 0.0313 |
| | 99090410 | 汽车式起重机 20t | 台班 | 0.2387 | 0.1591 | 0.2254 | |
| | 99090450 | 汽车式起重机 40t | 台班 | | | | 0.1989 |
| | 99250020 | 交流弧焊机 32kV·A | 台班 | 0.3142 | 0.2020 | 0.1683 | 0.1989 |
| | 99250470 | 二氧化碳气体保护焊机 500A | 台班 | 0.3142 | 0.2020 | 0.1683 | 0.2020 |

**工作内容：** 构件卸车、场内驳运、拼装、吊装、安装、校正及油漆，安装护栏搭拆。

| 定额编号 | | | A-10-1-25 | A-10-1-26 | A-10-1-27 | A-10-1-28 |
|---|---|---|---|---|---|---|
| 项目 | | | 钢吊车梁 | | | |
| | | | 3t 以内 | 8t 以内 | 15t 以内 | 25t 以内 |
| | | | t | t | t | t |
| 预算定额编号 | 预算定额名称 | 预算定额单位 | 数量 | | | |
| 01-6-1-2 | 金属构件驳运 其他类（运距 1km 以内） | t | 1.0200 | 1.0200 | 1.0200 | 1.0200 |
| 01-6-1-3 | 金属构件 卸车 | t | 1.0200 | 1.0200 | 1.0200 | 1.0200 |
| 01-6-5-5 | 钢吊车梁 3t 以内 | t | 1.0200 | | | |
| 01-6-5-6 | 钢吊车梁 8t 以内 | t | | 1.0200 | | |
| 01-6-5-7 | 钢吊车梁 15t 以内 | t | | | 1.0200 | |
| 01-6-5-8 | 钢吊车梁 25t 以内 | t | | | | 1.0200 |
| 01-14-4-2 | 金属面油漆 调和漆两遍 | $m^2$ | 18.0933 | 18.0933 | 18.0933 | 18.0933 |
| 01-17-1-50 | 金属构件安装安全护栏 | t | 1.0200 | 1.0200 | 1.0200 | 1.0200 |

**工作内容：**构件卸车、场内驳运、拼装、吊装、安装、校正及油漆，安装护栏搭拆。

| 定额编号 | | | | A-10-1-25 | A-10-1-26 | A-10-1-27 | A-10-1-28 |
|---|---|---|---|---|---|---|---|
| 项目 | | | | 钢吊车梁 | | | |
| | | | | 3t 以内 | 8t 以内 | 15t 以内 | 25t 以内 |
| 名称 | | | 单位 | t | t | t | t |
| 人工 | 00030123 | 架子工 | 工日 | 0.5406 | 0.5406 | 0.5406 | 0.5406 |
| | 00030139 | 油漆工 | 工日 | 0.5229 | 0.5229 | 0.5229 | 0.5229 |
| | 00030143 | 起重工 | 工日 | 1.9578 | 1.6008 | 1.3080 | 1.6793 |
| | 00030153 | 其他工 | 工日 | 0.7548 | 0.6018 | 0.4764 | 0.6355 |
| 材料 | 01050194 | 钢丝绳 ϕ12 | m | 3.3456 | 3.3456 | 3.3456 | 3.9729 |
| | 03130115 | 电焊条 J422 ϕ4.0 | kg | 2.5214 | 2.5214 | 2.5214 | 2.5214 |
| | 03130955 | 焊丝 ϕ3.2 | kg | 2.2063 | 2.2063 | 2.2063 | 2.2063 |
| | 03152507 | 镀锌铁丝 8#～10# | kg | 0.5100 | 0.5100 | 0.5100 | 0.5100 |
| | 03152512 | 镀锌铁丝 12#～16# | kg | 0.5386 | 0.5386 | 0.5386 | 0.5386 |
| | 03152516 | 镀锌铁丝 18#～22# | kg | 0.0031 | 0.0031 | 0.0031 | 0.0031 |
| | 03154813 | 铁件 | kg | 7.4909 | 3.7454 | 3.7454 | 5.8262 |
| | 05030106 | 大方材 ≥101cm² | m³ | 0.0202 | 0.0202 | 0.0202 | 0.0202 |
| | 05030109 | 小方材 ≤54cm² | m³ | 0.0001 | 0.0001 | 0.0001 | 0.0001 |
| | 05310223 | 毛竹 周长 7″×6m | 根 | 0.1601 | 0.1601 | 0.1601 | 0.1601 |
| | 05330111 | 竹笆 1000×2000 | m² | 0.0071 | 0.0071 | 0.0071 | 0.0071 |
| | 13010115 | 酚醛调和漆 | kg | 2.9944 | 2.9944 | 2.9944 | 2.9944 |
| | 13011411 | 环氧富锌底漆 | kg | 1.0812 | 1.0812 | 1.0812 | 1.0812 |
| | 13056101 | 红丹防锈漆 | kg | 0.0031 | 0.0031 | 0.0031 | 0.0031 |
| | 14050121 | 油漆溶剂油 | kg | 0.1595 | 0.1595 | 0.1595 | 0.1595 |
| | 14354301 | 稀释剂 | kg | 0.0867 | 0.0867 | 0.0867 | 0.0867 |
| | 14391202 | 二氧化碳气体 | m³ | 1.4586 | 1.4586 | 1.4586 | 1.4586 |
| | 33010306 | 钢吊车梁 | t | 1.0200 | 1.0200 | 1.0200 | 1.0200 |
| | 35020902 | 扣件 | 只 | 0.0120 | 0.0120 | 0.0120 | 0.0120 |
| | 35030343 | 钢管 ϕ48.3×3.6 | kg | 0.3491 | 0.3491 | 0.3491 | 0.3491 |
| | 35070911 | 吊装夹具 | 套 | 0.0204 | 0.0204 | 0.0204 | 0.0255 |
| | 35130010 | 千斤顶 | 只 | 0.0408 | 0.0408 | 0.0408 | 0.0408 |
| | | 其他材料费 | % | 4.9649 | 4.9647 | 4.9647 | 4.9648 |
| 机械 | 99070530 | 载重汽车 5t | 台班 | 0.0010 | 0.0010 | 0.0010 | 0.0010 |
| | 99070590 | 载重汽车 15t | 台班 | 0.0177 | 0.0177 | 0.0177 | 0.0177 |
| | 99090080 | 履带式起重机 10t | 台班 | 0.0145 | 0.0145 | 0.0145 | 0.0145 |
| | 99090140 | 履带式起重机 50t | 台班 | | | | 0.2652 |
| | 99090400 | 汽车式起重机 16t | 台班 | 0.0313 | 0.0313 | 0.0313 | 0.0313 |
| | 99090410 | 汽车式起重机 20t | 台班 | 0.2387 | 0.1989 | | |
| | 99090450 | 汽车式起重机 40t | 台班 | | | 0.1591 | |
| | 99250020 | 交流弧焊机 32kV·A | 台班 | 0.2244 | 0.2244 | 0.2244 | 0.2244 |
| | 99250470 | 二氧化碳气体保护焊机 500A | 台班 | 0.2244 | 0.2244 | 0.2244 | 0.2244 |

**工作内容：**构件卸车、场内驳运、拼装、吊装、安装、校正及油漆，安装护栏搭拆。

| 定额编号 | | | A-10-1-29 | A-10-1-30 | A-10-1-31 | A-10-1-32 |
|---|---|---|---|---|---|---|
| 项目 | | | 钢支撑 | 钢檩条 | 钢天窗架 | 钢墙架（挡风架） |
| | | | t | t | t | t |
| 预算定额编号 | 预算定额名称 | 预算定额单位 | 数量 | | | |
| 01-6-1-1 | 金属构架驳运 钢屋架类（运距 1km 以内） | t | | | 1.0200 | 1.0200 |
| 01-6-1-2 | 金属构件驳运 其他类（运距 1km 以内） | t | 1.0200 | 1.0200 | | |
| 01-6-1-3 | 金属构件 卸车 | t | 1.0200 | 1.0200 | 1.0200 | 1.0200 |
| 01-6-6-1 | 钢支撑 | t | 1.0200 | | | |
| 01-6-6-2 | 钢檩条 | t | | 1.0200 | | |
| 01-6-6-3 | 钢天窗架 | t | | | 1.0200 | |
| 01-6-6-4 | 钢墙架（挡风架） | t | | | | 1.0200 |
| 01-14-4-2 | 金属面油漆 调和漆两遍 | $m^2$ | 28.7017 | 28.7017 | 28.7017 | 28.7017 |
| 01-17-1-50 | 金属构件安装安全护栏 | t | 1.0200 | 1.0200 | 1.0200 | 1.0200 |

**工作内容：**构件卸车、场内驳运、拼装、吊装、安装、校正及油漆，安装护栏搭拆。

| 定额编号 | | | | A-10-1-29 | A-10-1-30 | A-10-1-31 | A-10-1-32 |
|---|---|---|---|---|---|---|---|
| 项目 | | | | 钢支撑 | 钢檩条 | 钢天窗架 | 钢墙架（挡风架） |
| 名称 | | | 单位 | t | t | t | t |
| 人工 | 00030123 | 架子工 | 工日 | 0.5406 | 0.5406 | 0.5406 | 0.5406 |
| | 00030139 | 油漆工 | 工日 | 0.8295 | 0.8295 | 0.8295 | 0.8295 |
| | 00030143 | 起重工 | 工日 | 2.6422 | 1.8650 | 3.9982 | 4.7632 |
| | 00030153 | 其他工 | 工日 | 1.1144 | 0.7808 | 1.7165 | 2.0439 |
| 材料 | 01050194 | 钢丝绳 φ12 | m | 5.0184 | 5.0184 | 5.0184 | 5.0184 |
| | 03013101 | 六角螺栓 | kg | 5.4101 | 9.8838 | 3.6414 | 3.6414 |
| | 03130115 | 电焊条 J422 φ4.0 | kg | 3.5302 | 0.6304 | 2.2063 | 2.2063 |
| | 03152501 | 镀锌铁丝 | kg | | | 0.6337 | 0.6337 |
| | 03152507 | 镀锌铁丝 8#～10# | kg | 0.5100 | 0.5100 | 0.5100 | 0.5100 |
| | 03152512 | 镀锌铁丝 12#～16# | kg | 0.5386 | 0.5386 | 0.5386 | 0.5386 |
| | 03152516 | 镀锌铁丝 18#～22# | kg | 0.0031 | 0.0031 | 0.0031 | 0.0031 |
| | 05030106 | 大方材 ≥101cm² | m³ | 0.0223 | 0.0223 | 0.0388 | 0.0388 |
| | 05030109 | 小方材 ≤54cm² | m³ | 0.0001 | 0.0001 | | |
| | 05310223 | 毛竹 周长 7″×6m | 根 | 0.1601 | 0.1601 | 0.1601 | 0.1601 |
| | 05330111 | 竹笆 1000×2000 | m² | 0.0071 | 0.0071 | 0.0071 | 0.0071 |
| | 13010115 | 酚醛调和漆 | kg | 4.7501 | 4.7501 | 4.7501 | 4.7501 |
| | 13011411 | 环氧富锌底漆 | kg | 2.1624 | 2.1624 | 2.1624 | 2.1624 |
| | 13056101 | 红丹防锈漆 | kg | 0.0031 | 0.0031 | 0.0031 | 0.0031 |
| | 14050121 | 油漆溶剂油 | kg | 0.2529 | 0.2529 | 0.2529 | 0.2529 |
| | 14354301 | 稀释剂 | kg | 0.1734 | 0.1734 | 0.1734 | 0.1734 |
| | 14390101 | 氧气 | m³ | 0.2244 | 0.2244 | 0.2244 | 0.2244 |
| | 33010701 | 钢檩条 | t | | 1.0200 | | |
| | 33011006 | 钢天窗架 | t | | | 1.0200 | |
| | 33011605 | 钢支撑(钢构件) | t | 1.0200 | | | |
| | 33011811 | 钢墙架 | t | | | | 1.0200 |
| | 35020902 | 扣件 | 只 | 0.0120 | 0.0120 | 0.0120 | 0.0120 |
| | 35030343 | 钢管 φ48.3×3.6 | kg | 0.3491 | 0.3491 | 0.3491 | 0.3491 |
| | 35070911 | 吊装夹具 | 套 | 0.0204 | 0.0204 | 0.0204 | 0.0204 |
| | 35130010 | 千斤顶 | 只 | 0.0204 | 0.0204 | 0.0204 | 0.0204 |
| | | 其他材料费 | % | 4.9678 | 4.9511 | 4.9350 | 4.9406 |
| 机械 | 99070530 | 载重汽车 5t | 台班 | 0.0010 | 0.0010 | 0.0010 | 0.0010 |
| | 99070590 | 载重汽车 15t | 台班 | 0.0177 | 0.0177 | | |
| | 99070770 | 平板拖车组 40t | 台班 | | | 0.0311 | 0.0311 |
| | 99090080 | 履带式起重机 10t | 台班 | 0.0145 | 0.0145 | 0.0145 | 0.0145 |
| | 99090400 | 汽车式起重机 16t | 台班 | 0.0313 | 0.0313 | | |
| | 99090410 | 汽车式起重机 20t | 台班 | 0.2387 | 0.1989 | 0.2519 | 0.2254 |
| | 99090430 | 汽车式起重机 30t | 台班 | | | 0.0623 | 0.0623 |
| | 99250020 | 交流弧焊机 32kV·A | 台班 | 0.3142 | 0.0561 | 0.2020 | 0.2020 |

**工作内容：** 构件卸车、场内驳运、拼装、吊装、安装、校正及油漆，安装护栏搭拆。

| 定额编号 | | | A-10-1-33 | A-10-1-34 | A-10-1-35 | A-10-1-36 |
|---|---|---|---|---|---|---|
| 项目 | | | 钢平台（走道） | 钢楼梯 | | |
| | | | | 踏步式 | 爬式 | 螺旋式 |
| | | | t | t | t | t |
| 预算定额编号 | 预算定额名称 | 预算定额单位 | 数量 | | | |
| 01-6-1-2 | 金属构件驳运 其他类（运距 1km 以内） | t | 1.0200 | 1.0200 | 1.0200 | 1.0200 |
| 01-6-1-3 | 金属构件 卸车 | t | 1.0200 | 1.0200 | 1.0200 | 1.0200 |
| 01-6-6-5 | 钢平台(走道) | t | 1.0200 | | | |
| 01-6-6-6 | 钢楼梯 踏步式 | t | | 1.0200 | | |
| 01-6-6-7 | 钢楼梯 爬式 | t | | | 1.0200 | |
| 01-6-6-8 | 钢楼梯 螺旋式 | t | | | | 1.0200 |
| 01-14-4-2 | 金属面油漆 调和漆两遍 | $m^2$ | 20.3726 | 33.8793 | 38.0738 | |
| 01-14-4-2 系 | 金属面油漆 调和漆两遍 | $m^2$ | | | | 33.8793 |
| 01-17-1-50 | 金属构件安装安全护栏 | t | 1.0200 | 1.0200 | 1.0200 | 1.0200 |

**工作内容：**构件卸车、场内驳运、拼装、吊装、安装、校正及油漆，安装护栏搭折。

| 定额编号 | | | | A-10-1-33 | A-10-1-34 | A-10-1-35 | A-10-1-36 |
|---|---|---|---|---|---|---|---|
| 项目 | | | | 钢平台（走道） | 钢楼梯 | | |
| | | | | | 踏步式 | 爬式 | 螺旋式 |
| 名称 | | | 单位 | t | t | t | t |
| 人工 | 00030123 | 架子工 | 工日 | 0.5406 | 0.5406 | 0.5406 | 0.5406 |
| | 00030139 | 油漆工 | 工日 | 0.5888 | 0.9791 | 1.1003 | 1.1756 |
| | 00030143 | 起重工 | 工日 | 4.9056 | 4.8893 | 7.7993 | 8.2859 |
| | 00030153 | 其他工 | 工日 | 2.0327 | 2.1083 | 3.3818 | 3.6055 |
| 材料 | 01050194 | 钢丝绳 ϕ12 | m | 3.3456 | 3.3456 | 3.3456 | 3.9729 |
| | 03013101 | 六角螺栓 | kg | 5.5141 | 3.6414 | | 3.6414 |
| | 03130115 | 电焊条 J422 ϕ4.0 | kg | 3.5302 | 3.5302 | 5.2948 | 5.2948 |
| | 03152507 | 镀锌铁丝 8#～10# | kg | 0.5100 | 0.5100 | 0.5100 | 0.5100 |
| | 03152512 | 镀锌铁丝 12#～16# | kg | 0.5386 | 0.5386 | 0.5386 | 0.5386 |
| | 03152516 | 镀锌铁丝 18#～22# | kg | 0.0031 | 0.0031 | 0.0031 | 0.0031 |
| | 05030106 | 大方材 ≥101cm² | m³ | 0.0080 | 0.0080 | 0.0080 | 0.0080 |
| | 05030109 | 小方材 ≤54cm² | m³ | 0.0001 | 0.0001 | 0.0001 | 0.0001 |
| | 05310223 | 毛竹 周长 7″×6m | 根 | 0.1601 | 0.1601 | 0.1601 | 0.1601 |
| | 05330111 | 竹笆 1000×2000 | m² | 0.0071 | 0.0071 | 0.0071 | 0.0071 |
| | 11270111 | 钢楼梯 踏步式 | t | | 1.0200 | | |
| | 11270121 | 钢楼梯 爬式 | t | | | 1.0200 | |
| | 11270131 | 钢楼梯 螺旋式 | t | | | | 1.0200 |
| | 13010115 | 酚醛调和漆 | kg | 3.3717 | 5.6070 | 6.3012 | 5.6070 |
| | 13011411 | 环氧富锌底漆 | kg | 2.1624 | 2.1624 | 4.3248 | 4.3248 |
| | 13056101 | 红丹防锈漆 | kg | 0.0031 | 0.0031 | 0.0031 | 0.0031 |
| | 14050121 | 油漆溶剂油 | kg | 0.1796 | 0.2984 | 0.3353 | 0.2984 |
| | 14354301 | 稀释剂 | kg | 0.1734 | 0.1734 | 0.3458 | 0.3458 |
| | 14390101 | 氧气 | m³ | 0.5386 | 0.8976 | 1.4586 | 1.3464 |
| | 33010611 | 钢平台(钢构件) | t | 1.0200 | | | |
| | 35020902 | 扣件 | 只 | 0.0120 | 0.0120 | 0.0120 | 0.0120 |
| | 35030343 | 钢管 ϕ48.3×3.6 | kg | 0.3491 | 0.3491 | 0.3491 | 0.3491 |
| | 35070911 | 吊装夹具 | 套 | 0.0204 | 0.0204 | 0.0204 | 0.0408 |
| | 35130010 | 千斤顶 | 只 | 0.0204 | 0.0204 | 0.0204 | 0.0408 |
| | | 其他材料费 | % | 4.9602 | 4.9528 | 4.9520 | 4.9587 |
| 机械 | 99070530 | 载重汽车 5t | 台班 | 0.0010 | 0.0010 | 0.0010 | 0.0010 |
| | 99070590 | 载重汽车 15t | 台班 | 0.0177 | 0.0177 | 0.0177 | 0.0177 |
| | 99090080 | 履带式起重机 10t | 台班 | 0.0145 | 0.0145 | 0.0145 | 0.0145 |
| | 99090400 | 汽车式起重机 16t | 台班 | 0.0313 | 0.0313 | 0.0313 | 0.0313 |
| | 99090410 | 汽车式起重机 20t | 台班 | 0.2519 | 0.1989 | 0.2122 | 0.3182 |
| | 99250020 | 交流弧焊机 32kV·A | 台班 | 0.3142 | 0.3142 | 0.4712 | 0.4712 |

**工作内容：**构件卸车、场内驳运、拼装、吊装、安装、校正及油漆。

| 定额编号 | | | A-10-1-37 | A-10-1-38 | A-10-1-39 |
|---|---|---|---|---|---|
| 项目 | | | 钢栏杆(钢护栏) | 零星钢构件 | 钢漏斗 |
| | | | t | t | t |
| 预算定额编号 | 预算定额名称 | 预算定额单位 | 数量 | | |
| 01-6-1-2 | 金属构件驳运 其他类(运距1km以内) | t | 1.0150 | 1.0150 | 1.0150 |
| 01-6-1-3 | 金属构件 卸车 | t | 1.0150 | 1.0150 | 1.0150 |
| 01-6-6-9 | 钢栏杆(钢护栏) | t | 1.0150 | | |
| 01-6-6-10 | 零星钢构件 | t | | 1.0150 | |
| 01-6-6-11 | 钢漏斗 | t | | | 1.0150 |
| 01-14-4-2 | 金属面油漆 调和漆两遍 | $m^2$ | 48.8492 | 37.1434 | 20.2882 |

**工作内容：** 构件卸车、场内驳运、拼装、吊装、安装、校正及油漆。

| 定额编号 | | | | A-10-1-37 | A-10-1-38 | A-10-1-39 |
|---|---|---|---|---|---|---|
| 项目 | | | | 钢栏杆(钢护栏) | 零星钢构件 | 钢漏斗 |
| 名称 | | | 单位 | t | t | t |
| 人工 | 00030139 | 油漆工 | 工日 | 1.4117 | 1.0734 | 0.5863 |
| | 00030143 | 起重工 | 工日 | 6.5878 | 5.8448 | 4.7304 |
| | 00030153 | 其他工 | 工日 | 2.9297 | 2.5404 | 0.4013 |
| 材料 | 01050194 | 钢丝绳 $\phi12$ | m | 3.3292 | 4.9938 | |
| | 03013101 | 六角螺栓 | kg | | 6.7295 | |
| | 03130115 | 电焊条 J422 $\phi4.0$ | kg | 5.2689 | 3.5129 | 1.8981 |
| | 03152501 | 镀锌铁丝 | kg | | | 10.3023 |
| | 03152507 | 镀锌铁丝 8#～10# | kg | 0.5075 | 0.5075 | 0.5075 |
| | 05030106 | 大方材 ≥101cm$^2$ | m$^3$ | 0.0079 | 0.0312 | 0.0079 |
| | 05030109 | 小方材 ≤54cm$^2$ | m$^3$ | 0.0001 | 0.0001 | 0.0001 |
| | 13010115 | 酚醛调和漆 | kg | 8.0845 | 6.1472 | 3.3577 |
| | 13011411 | 环氧富锌底漆 | kg | 4.3036 | 2.1518 | |
| | 14050121 | 油漆溶剂油 | kg | 0.4299 | 0.3269 | 0.1785 |
| | 14354301 | 稀释剂 | kg | 0.3441 | 0.1726 | |
| | 14390101 | 氧气 | m$^3$ | 1.3398 | 1.1165 | |
| | 33019911 | 零星钢构件 | t | | 1.0150 | |
| | 33052131 | 钢栏杆(钢护栏) | t | 1.0150 | | |
| | 33091501 | 钢漏斗 | t | | | 1.0150 |
| | 35070911 | 吊装夹具 | 套 | 0.0203 | 0.0203 | |
| | 35130010 | 千斤顶 | 只 | 0.0203 | 0.0203 | |
| | | 其他材料费 | % | 4.9453 | 4.9657 | 0.3968 |
| 机械 | 99070590 | 载重汽车 15t | 台班 | 0.0177 | 0.0177 | 0.0177 |
| | 99090080 | 履带式起重机 10t | 台班 | 0.0144 | 0.0144 | 0.0144 |
| | 99090100 | 履带式起重机 20t | 台班 | 0.3167 | | |
| | 99090400 | 汽车式起重机 16t | 台班 | 0.0312 | 0.0312 | 0.0312 |
| | 99090410 | 汽车式起重机 20t | 台班 | | 0.2771 | |
| | 99250020 | 交流弧焊机 32kV·A | 台班 | 0.4689 | 0.3126 | 0.2233 |

# 第十一章　装配式钢筋混凝土工程

# 说　　明

一、预制混凝土构件

1. 各类预制混凝土构件均按工厂成品、现场安装编制。

2. 预制混凝土构件安装不分构件外形尺寸、截面类型以及是否带有保温及门窗、洞口，除另有规定者外，均按构件种类执行相应定额子目。

3. 预制混凝土构件安装定额子目中，已包括构件固定所需的钢支撑杆件搭拆，并综合考虑了临时支撑的搭设方式、支撑类型(含支撑预埋件)及数量。且已综合了施工现场构件堆放点的构件卸车，但未综合堆放支架等内容。

4. 预制混凝土柱、墙板、女儿墙等构件安装定额子目中，已包括构件底部注浆料灌缝及外墙板接缝处钢板连接、止水带胶贴、嵌缝、打胶等工作内容。

5. 预制混凝土楼梯段构件安装定额子目中，已包括干混砂浆坐浆、嵌缝的工作内容。

6. 预制混凝土空调板安装定额子目适用于单独预制的空调板安装。预制混凝土阳台板构件安装不分板式或梁式，均执行同一定额子目。依附于阳台板成品构件上的栏板、翻檐、空调板并入阳台板内计算。

7. 预制混凝土墙板构件内如带有门窗框者，在计算相应门窗时，应扣除门窗框安装人工与塞缝材料。

8. 预制混凝土构件安装定额子目中已综合了一般抹灰、界面砂浆等内容，与预制混凝土构件连接形成整体构件的现场后浇钢筋混凝土则不再考虑。如做特殊装饰或高级粉刷时，另按相应定额子目计算，但应扣除定额中的一般抹灰；若特殊装饰或高级粉刷与预制混凝土构件相连为成品时，则也应扣除定额中的一般抹灰。

(1) 依附于框架墙体内的预制混凝土柱梁构件，其粉刷已综合在相应墙体定额子目内计算。独立预制混凝土柱梁构件粉刷按相应定额子目执行。

(2) 预制混凝土墙板、女儿墙内已综合了双面、压顶一般抹灰。

(3) 预制混凝土叠合楼板内已综合了板底抹灰。

(4) 预制混凝土楼梯段内已综合了抹面及踢脚线、板底和侧面抹灰。

(5) 预制混凝土阳台板、空调板内已综合了抹面、板底和侧面抹灰。

二、后浇钢筋混凝土

与预制混凝土叠合墙板、叠合楼板、阳台板连接形成整体构件的现场后浇钢筋混凝土按本章相应定额子目执行，其他的则按其他章节相应定额子目执行。

# 工程量计算规则

一、预制混凝土构件

预制混凝土构件安装均按成品构件的设计图示尺寸以体积计算。依附于成品构件内的各类保温层、饰面层的体积，并入相应构件体积内计算。不扣除构件内钢筋、预埋铁件、配管、套管、线盒等所占体积，构件外露钢筋体积亦不增加。

(1) 墙、板等构件安装，不扣除单个面积≤0.3$m^2$的孔洞及线箱等所占体积。

(2) 楼梯安装应扣除空心踏步板的空洞体积。

二、后浇钢筋混凝土

1. 与预制混凝土叠合墙板连接的现场后浇钢筋混凝土墙面积按墙身长度乘以层高以面积计算，应扣除门窗洞口和0.3$m^2$以上的孔洞所占面积。

2. 后浇钢筋混凝土墙浇捣高度超过3.6m时，按后浇钢筋混凝土墙面积计算。

3. 与预制混凝土叠合楼板、阳台板连接的现场后浇钢筋混凝土板面积按板的设计图示尺寸以面积计算，应扣除管道孔所占面积，不扣除单个面积≤0.3$m^2$的柱、垛及孔洞所占面积，洞口盖板亦不增加。

4. 同一建筑层内不同类型的板连接时，按墙中心线分别计算。

# 第一节　预制混凝土构件

**工作内容**：1,2,3. 构件卸车、吊装、安装、校正。
4. 构件卸车、吊装、安装、校正，双面涂抹界面砂浆及粉刷。

| 定额编号 | | | A-11-1-1 | A-11-1-2 | A-11-1-3 | A-11-1-4 |
|---|---|---|---|---|---|---|
| 项目 | | | 预制混凝土柱 | 预制混凝土单梁 | 预制混凝土叠合梁 | 预制混凝土叠合外墙板 |
| | | | m³ | m³ | m³ | m³ |
| 预算定额编号 | 预算定额名称 | 预算定额单位 | 数量 | | | |
| 01-5-9-1 | 装配式建筑构件安装 预制混凝土叠合外墙板 | m³ | | | | 1.0000 |
| 01-5-9-8 | 装配式建筑构件安装 预制混凝土柱 | m³ | 1.0000 | | | |
| 01-5-9-9 | 装配式建筑构件安装 预制混凝土单梁 | m³ | | 1.0000 | | |
| 01-5-9-10 | 装配式建筑构件安装 预制混凝土叠合梁 | m³ | | | 1.0000 | |
| 01-5-10-16 换 | 预制构件卸车 | m³ | 1.0000 | 1.0000 | 1.0000 | 1.0000 |
| 01-12-1-1 | 一般抹灰 外墙 | m² | | | | 6.3500 |
| 01-12-1-2 | 一般抹灰 内墙 | m² | | | | 5.2500 |
| 01-12-1-12 | 墙柱面界面砂浆 混凝土面 | m² | | | | 11.6000 |

**工作内容：** 1,2,3. 构件卸车、吊装、安装、校正。
4. 构件卸车、吊装、安装、校正，双面涂抹界面砂浆及粉刷。

| 定额编号 | | | | A-11-1-1 | A-11-1-2 | A-11-1-3 | A-11-1-4 |
|---|---|---|---|---|---|---|---|
| 项目 | | | | 预制混凝土柱 | 预制混凝土单梁 | 预制混凝土叠合梁 | 预制混凝土叠合外墙板 |
| 名称 | | | 单位 | $m^3$ | $m^3$ | $m^3$ | $m^3$ |
| 人工 | 00030127 | 一般抹灰工 | 工日 | 0.1000 | | | 1.6787 |
| | 00030133 | 防水工 | 工日 | | | | 0.6600 |
| | 00030143 | 起重工 | 工日 | 0.9124 | 1.3021 | 1.6270 | 1.3084 |
| | 00030153 | 其他工 | 工日 | 0.0420 | 0.0573 | 0.0744 | 0.3212 |
| 材料 | 01290634 | 镀锌薄钢板 δ0.5 | kg | | | | 23.3000 |
| | 02191611 | 海绵填充棒(PE) ϕ40 | m | | | | 10.6000 |
| | 03014181 | 六角螺栓连母垫 M14 | 套 | 0.3600 | | | 68.0000 |
| | 03014182 | 六角螺栓连母垫 M16 | 套 | 0.0600 | | | 26.0000 |
| | 04293121 | 装配式预制钢筋混凝土柱 | $m^3$ | 1.0050 | | | |
| | 04293141 | 装配式预制钢筋混凝土梁 | $m^3$ | | 1.0050 | | |
| | 04293161 | 装配式预制钢筋混凝土叠合梁 | $m^3$ | | | 1.0050 | |
| | 04293201 | 装配式预制钢筋混凝土叠合外墙板 | $m^3$ | | | | 1.0050 |
| | 05030109 | 小方材 ≤54cm² | $m^3$ | 0.0033 | 0.0033 | 0.0033 | 0.0033 |
| | 13370511 | 单面胶贴止水带 30×23×1000 | m | | | | 6.1700 |
| | 14412529 | 硅酮耐候密封胶 | kg | | | | 3.8640 |
| | 33330801 | 预埋铁件 | kg | 9.8000 | | | 23.0000 |
| | 34110101 | 水 | $m^3$ | | | | 0.0232 |
| | 35020101 | 钢支撑 | kg | | 1.0000 | 1.4290 | |
| | 35020902 | 扣件 | 只 | | 1.4300 | 2.0400 | |
| | 35030345 | 立支撑杆件 ϕ48×3.6 | 套 | | 0.1040 | 0.1490 | |
| | 35030347 | 斜支撑杆件 ϕ48×3.6 | 套 | 0.0350 | | | 0.0820 |
| | 80060213 | 干混抹灰砂浆 DP M15.0 | $m^3$ | | | | 0.2378 |
| | 80075111 | 高强无收缩灌浆料 | kg | 9.6000 | | | |
| | 80090101 | 干混界面砂浆 | $m^3$ | | | | 0.0174 |
| | | 其他材料费 | % | 0.4993 | 0.4991 | 0.4991 | 0.5231 |

**工作内容：** 构件卸车、吊装、安装、校正，双面涂抹界面砂浆及粉刷。

| 定　额　编　号 | | | A-11-1-5 | A-11-1-6 | A-11-1-7 | A-11-1-8 |
|---|---|---|---|---|---|---|
| 项　　目 | | | 预制混凝土外墙板 | 预制混凝土内墙板 | 预制混凝土夹心保温板 | 预制混凝土双叶叠合外墙板 |
| | | | $m^3$ | $m^3$ | $m^3$ | $m^3$ |
| 预算定额编号 | 预算定额名称 | 预算定额单位 | 数　量 | | | |
| 01-5-9-2 | 装配式建筑构件安装　预制混凝土外墙板 | $m^3$ | 1.0000 | | | |
| 01-5-9-3 | 装配式建筑构件安装　预制混凝土内墙板 | $m^3$ | | 1.0000 | | |
| 01-5-9-4 | 装配式建筑构件安装　预制混凝土夹心保温板 | $m^3$ | | | 1.0000 | |
| 01-5-9-5 | 装配式建筑构件安装　预制混凝土双叶叠合外墙板 | $m^3$ | | | | 1.0000 |
| 01-5-10-16 换 | 预制构件卸车 | $m^3$ | 1.0000 | 1.0000 | 1.0000 | 1.0000 |
| 01-12-1-1 | 一般抹灰　外墙 | $m^2$ | 6.3500 | | 4.3793 | 12.7000 |
| 01-12-1-2 | 一般抹灰　内墙 | $m^2$ | 5.2500 | 10.0000 | 3.6207 | 10.5000 |
| 01-12-1-12 | 墙柱面界面砂浆　混凝土面 | $m^2$ | 11.6000 | 10.0000 | 8.0000 | 23.2000 |

**工作内容：** 构件卸车、吊装、安装、校正，双面涂抹界面砂浆及粉刷。

| 定额编号 | | | | A-11-1-5 | A-11-1-6 | A-11-1-7 | A-11-1-8 |
|---|---|---|---|---|---|---|---|
| 项目 | | | | 预制混凝土外墙板 | 预制混凝土内墙板 | 预制混凝土夹心保温板 | 预制混凝土双叶叠合外墙板 |
| 名称 | | | 单位 | m³ | m³ | m³ | m³ |
| 人工 | 00030127 | 一般抹灰工 | 工日 | 1.8787 | 1.4610 | 1.2873 | 3.3573 |
| | 00030133 | 防水工 | 工日 | 0.3100 | | 0.2009 | 0.3600 |
| | 00030143 | 起重工 | 工日 | 1.0084 | 0.9294 | 0.7284 | 1.3434 |
| | 00030153 | 其他工 | 工日 | 0.3002 | 0.2360 | 0.2040 | 0.5404 |
| 材料 | 01290634 | 镀锌薄钢板 δ0.5 | kg | 10.1000 | | 6.6000 | 3.0900 |
| | 02191611 | 海绵填充棒(PE) ϕ40 | m | 5.2000 | 2.9300 | 3.2000 | 3.6000 |
| | 03014181 | 六角螺栓连母垫 M14 | 套 | 6.1000 | 0.2000 | 5.4000 | 0.9800 |
| | 03014182 | 六角螺栓连母垫 M16 | 套 | 8.4000 | 0.4000 | 7.4000 | 3.1600 |
| | 04293211 | 装配式预制混凝土双面叠合外墙板 | m³ | | | | 1.0050 |
| | 04293221 | 装配式预制钢筋混凝土外墙板 | m³ | 1.0050 | | | |
| | 04293241 | 装配式预制钢筋混凝土内墙板 | m³ | | 1.0050 | | |
| | 04293251 | 装配式预制混凝土夹心保温板 | m³ | | | 1.0050 | |
| | 05030109 | 小方材 ≤54cm² | m³ | 0.0033 | 0.0033 | 0.0033 | 0.0033 |
| | 13370511 | 单面胶贴止水带 30×23×1000 | m | 2.6600 | | 1.6900 | 1.4600 |
| | 14412529 | 硅酮耐候密封胶 | kg | 2.2680 | | 1.1480 | 1.3090 |
| | 33330801 | 预埋铁件 | kg | 12.5000 | 11.2500 | 9.0000 | 28.4000 |
| | 34110101 | 水 | m³ | 0.0232 | 0.0200 | 0.0160 | 0.0464 |
| | 35030347 | 斜支撑杆件 ϕ48×3.6 | 套 | 0.0350 | 0.0300 | 0.0250 | 0.1090 |
| | 80060213 | 干混抹灰砂浆 DP M15.0 | m³ | 0.2378 | 0.2050 | 0.1640 | 0.4757 |
| | 80075111 | 高强无收缩灌浆料 | kg | 19.2000 | 11.7000 | 12.8000 | |
| | 80090101 | 干混界面砂浆 | m³ | 0.0174 | 0.0150 | 0.0120 | 0.0348 |
| | | 其他材料费 | % | 0.5251 | 0.4813 | 0.5153 | 0.5466 |

**工作内容：**1,2. 构件卸车、吊装、安装、校正，双面涂抹界面砂浆及粉刷。
3. 构件卸车、吊装、安装、校正，板底涂抹界面砂浆及粉刷。
4. 构件卸车、吊装、安装、校正，敷设砂浆踢脚线，抹面、底面涂抹界面砂浆及粉刷。

| 定　额　编　号 | | | A-11-1-9 | A-11-1-10 | A-11-1-11 | A-11-1-12 |
|---|---|---|---|---|---|---|
| 项　　目 | | | 预制混凝土双叶叠合内墙板 | 预制混凝土女儿墙板 | 预制混凝土叠合楼板 | 预制混凝土楼梯段 |
| | | | $m^3$ | $m^3$ | $m^3$ | $m^3$ |
| 预算定额编号 | 预算定额名称 | 预算定额单位 | 数　量 | | | |
| 01-5-9-6 | 装配式建筑构件安装 预制混凝土双叶叠合内墙板 | $m^3$ | 1.0000 | | | |
| 01-5-9-7 | 装配式建筑构件安装 预制混凝土女儿墙板 | $m^3$ | | 1.0000 | | |
| 01-5-9-11 | 装配式建筑构件安装 预制混凝土叠合楼板 | $m^3$ | | | 1.0000 | |
| 01-5-9-12 | 装配式建筑构件安装 预制混凝土楼梯段 | $m^3$ | | | | 1.0000 |
| 01-5-10-16 换 | 预制构件卸车 | $m^3$ | 1.0000 | 1.0000 | 1.0000 | 1.0000 |
| 01-11-5-1 系 | 踢脚线 干混砂浆 | m | | | | 4.4440 |
| 01-11-6-5 | 楼梯面层 干混砂浆 20mm 厚 | $m^2$ | | | | 4.4670 |
| 01-12-1-1 | 一般抹灰 外墙 | $m^2$ | | 14.6264 | | |
| 01-12-1-2 | 一般抹灰 内墙 | $m^2$ | 20.0000 | | | |
| 01-12-1-12 | 墙柱面界面砂浆 混凝土面 | $m^2$ | 20.0000 | 14.6264 | | |
| 01-13-1-1 | 混凝土天棚 一般抹灰 7mm 厚 | $m^2$ | | | 15.0000 | 6.0133 |
| 01-13-1-7 | 混凝土天棚 界面砂浆 | $m^2$ | | | 15.0000 | 6.0133 |

**工作内容：** 1,2. 构件卸车、吊装、安装、校正，双面涂抹界面砂浆及粉刷。
3. 构件卸车、吊装、安装、校正，板底涂抹界面砂浆及粉刷。
4. 构件卸车、吊装、安装、校正，敷设砂浆踢脚线，抹面、底面涂抹界面砂浆及粉刷。

| 定额编号 | | | | A-11-1-9 | A-11-1-10 | A-11-1-11 | A-11-1-12 |
|---|---|---|---|---|---|---|---|
| 项目 | | | | 预制混凝土双叶叠合内墙板 | 预制混凝土女儿墙板 | 预制混凝土叠合楼板 | 预制混凝土楼梯段 |
| 名称 | | | 单位 | $m^3$ | $m^3$ | $m^3$ | $m^3$ |
| 人工 | 00030127 | 一般抹灰工 | 工日 | 2.5220 | 2.5717 | 1.4940 | 1.3809 |
| | 00030133 | 防水工 | 工日 | | 0.3300 | | 0.2950 |
| | 00030143 | 起重工 | 工日 | 1.3753 | 0.9594 | 1.8379 | 0.8554 |
| | 00030153 | 其他工 | 工日 | 0.4411 | 0.3717 | 0.3705 | 0.3125 |
| 材料 | 02191611 | 海绵填充棒(PE) $\phi$40 | m | | | | 3.0500 |
| | 03014181 | 六角螺栓连母垫 M14 | 套 | 0.9700 | | | 0.2110 |
| | 03014182 | 六角螺栓连母垫 M16 | 套 | | 0.5000 | | 2.7400 |
| | 04293181 | 装配式预制钢筋混凝土叠合板 | $m^3$ | | | 1.0050 | |
| | 04293191 | 装配式预制钢筋混凝土楼梯段 | $m^3$ | | | | 1.0050 |
| | 04293243 | 装配式预制混凝土双面叠合内墙板 | $m^3$ | 1.0050 | | | |
| | 04293261 | 装配式预制钢筋混凝土女儿墙板 | $m^3$ | | 1.0050 | | |
| | 05030109 | 小方材 ≤54$cm^2$ | $m^3$ | 0.0033 | 0.0033 | 0.0033 | 0.0033 |
| | 13370511 | 单面胶贴止水带 30×23×1000 | m | | 6.7400 | | |
| | 14412529 | 硅酮耐候密封胶 | kg | | 2.4500 | | 2.1560 |
| | 33330801 | 预埋铁件 | kg | | 13.9000 | | |
| | 34110101 | 水 | $m^3$ | 0.0400 | 0.0293 | 0.0300 | 0.2438 |
| | 35020101 | 钢支撑 | kg | | | 3.9900 | |
| | 35020902 | 扣件 | 只 | | | 4.8500 | |
| | 35030345 | 立支撑杆件 $\phi$48×3.6 | 套 | | | 0.1500 | |
| | 35030347 | 斜支撑杆件 $\phi$48×3.6 | 套 | 0.1450 | 0.0470 | | |
| | 80060212 | 干混抹灰砂浆 DP M10.0 | $m^3$ | | | 0.1080 | 0.0433 |
| | 80060213 | 干混抹灰砂浆 DP M15.0 | $m^3$ | 0.4100 | 0.2998 | | |
| | 80060214 | 干混抹灰砂浆 DP M20.0 | $m^3$ | | | | 0.0138 |
| | 80060312 | 干混地面砂浆 DS M20.0 | $m^3$ | | | | 0.1552 |
| | 80075111 | 高强无收缩灌浆料 | kg | | 22.4000 | | |
| | 80090101 | 干混界面砂浆 | $m^3$ | 0.0300 | 0.0219 | 0.0225 | 0.0090 |
| | 80110601 | 素水泥浆 | $m^3$ | | | | 0.0067 |
| | | 其他材料费 | % | 0.4635 | 0.5860 | 0.4891 | 0.4824 |

**工作内容**：构件卸车、吊装、安装、校正，抹面、板底和侧面涂抹界面砂浆及粉刷。

| 定　额　编　号 | | | A-11-1-13 | A-11-1-14 |
|---|---|---|---|---|
| 项　　目 | | | 预制混凝土阳台板 | 预制混凝土空调板 |
| | | | $m^3$ | $m^3$ |
| 预算定额编号 | 预算定额名称 | 预算定额单位 | 数　量 | |
| 01-5-9-13 | 装配式建筑构件安装 预制混凝土阳台板 | $m^3$ | 1.0000 | |
| 01-5-9-14 | 装配式建筑构件安装 预制混凝土空调板 | $m^3$ | | 1.0000 |
| 01-5-10-16换 | 预制构件卸车 | $m^3$ | 1.0000 | 1.0000 |
| 01-12-1-12 | 墙柱面界面砂浆 混凝土面 | $m^2$ | 7.6701 | |
| 01-12-3-1 | 一般抹灰 阳台、雨篷 | $m^2$ | 4.0677 | 12.5000 |
| 01-12-3-2 | 一般抹灰 垂直遮阳板、栏板 | $m^2$ | 6.8957 | |
| 01-13-1-7 | 混凝土天棚 界面砂浆 | $m^2$ | 4.0677 | 15.5492 |

**工作内容**：构件卸车、吊装、安装、校正，抹面、板底和侧面涂抹界面砂浆及粉刷。

| 定　额　编　号 | | | | A-11-1-13 | A-11-1-14 |
|---|---|---|---|---|---|
| 项　　目 | | | | 预制混凝土阳台板 | 预制混凝土空调板 |
| 名　　称 | | | 单位 | $m^3$ | $m^3$ |
| 人工 | 00030127 | 一般抹灰工 | 工日 | 4.2019 | 7.5849 |
| | 00030143 | 起重工 | 工日 | 1.6574 | 2.0279 |
| | 00030153 | 其他工 | 工日 | 0.4989 | 0.8601 |
| 材料 | 03014181 | 六角螺栓连母垫 M14 | 套 | | 4.3000 |
| | 03014182 | 六角螺栓连母垫 M16 | 套 | | 17.4000 |
| | 04293281 | 装配式预制钢筋混凝土阳台板 | $m^3$ | 1.0050 | |
| | 04293301 | 装配式预制钢筋混凝土空调板 | $m^3$ | | 1.0050 |
| | 05030109 | 小方材 ≤54cm² | $m^3$ | 0.0033 | 0.0033 |
| | 33330801 | 预埋铁件 | kg | | 42.4000 |
| | 34110101 | 水 | $m^3$ | 0.0219 | 0.0250 |
| | 35020101 | 钢支撑 | kg | 1.9930 | |
| | 35020902 | 扣件 | 只 | 2.0200 | |
| | 35030345 | 立支撑杆件 $\phi$48×3.6 | 套 | 0.0600 | |
| | 80060212 | 干混抹灰砂浆 DP M10.0 | $m^3$ | 0.0427 | 0.1313 |
| | 80060214 | 干混抹灰砂浆 DP M20.0 | $m^3$ | 0.2465 | 0.3888 |
| | 80090101 | 干混界面砂浆 | $m^3$ | 0.0176 | 0.0233 |
| | | 其他材料费 | % | 0.4745 | 0.4618 |

# 第二节 后浇钢筋混凝土

**工作内容：** 1,2. 单面模板安拆、钢筋绑扎安放、混凝土墙浇捣养护。
3. 混凝土墙浇捣养护。
4. 后浇钢筋混凝土墙厚度增减。

| 定额编号 | | | A-11-2-1 | A-11-2-2 | A-11-2-3 | A-11-2-4 |
|---|---|---|---|---|---|---|
| 项目 | | | 后浇钢筋混凝土 | | | |
| | | | 直形墙<br>200mm | 圆弧墙<br>200mm | 双叶叠合墙<br>100mm | 墙每增减<br>10mm |
| | | | $m^2$ | $m^2$ | $m^2$ | $m^2$ |
| 预算定额编号 | 预算定额名称 | 预算定额单位 | 数量 | | | |
| 01-5-4-1 | 预拌混凝土(泵送) 直形墙、电梯井壁 | $m^3$ | 0.2000 | | 0.1000 | |
| 01-5-4-2 | 预拌混凝土(泵送) 弧形墙 | $m^3$ | | 0.2000 | | 0.0100 |
| 01-5-11-15 | 钢筋 直形墙、电梯井壁 | t | 0.0211 | | | |
| 01-5-11-16 | 钢筋 弧形墙 | t | | 0.0211 | | |
| 01-17-2-69 | 复合模板 直形墙、电梯井壁 | $m^2$ | 1.1450 | | | |
| 01-17-2-71 | 复合模板 弧形墙 | $m^2$ | | 1.1450 | | |
| 01-17-3-37 | 输送泵车 | $m^3$ | 0.2000 | 0.2000 | 0.1000 | 0.0100 |

**工作内容：** 1,2. 单面模板安拆、钢筋绑扎安放、混凝土墙浇捣养护。
3. 混凝土墙浇捣养护。
4. 后浇钢筋混凝土墙厚度增减。

| 定额编号 | | | | A-11-2-1 | A-11-2-2 | A-11-2-3 | A-11-2-4 |
|---|---|---|---|---|---|---|---|
| 项目 | | | | 后浇钢筋混凝土 | | | |
| | | | | 直形墙 200mm | 圆弧墙 200mm | 双叶叠合墙 100mm | 墙每增减 10mm |
| 名称 | | | 单位 | $m^2$ | $m^2$ | $m^2$ | $m^2$ |
| 人工 | 00030117 | 模板工 | 工日 | 0.1594 | 0.2867 | | |
| | 00030119 | 钢筋工 | 工日 | 0.1052 | 0.1235 | | |
| | 00030121 | 混凝土工 | 工日 | 0.0895 | 0.0895 | 0.0448 | 0.0045 |
| | 00030153 | 其他工 | 工日 | 0.0777 | 0.0851 | 0.0133 | 0.0013 |
| 材料 | 01010120 | 成型钢筋 | t | 0.0213 | 0.0213 | | |
| | 02090101 | 塑料薄膜 | $m^2$ | 0.1208 | 0.1208 | 0.0604 | 0.0060 |
| | 03019315 | 镀锌六角螺母 M14 | 个 | 3.2054 | 4.2648 | | |
| | 03150101 | 圆钉 | kg | 0.0376 | 0.0374 | | |
| | 03152501 | 镀锌铁丝 | kg | 0.0949 | 0.0949 | | |
| | 05030107 | 中方材 55～100cm² | $m^3$ | 0.0063 | 0.0060 | | |
| | 17252681 | 塑料套管 ϕ18 | m | 0.4808 | 1.2407 | | |
| | 34110101 | 水 | $m^3$ | 0.1613 | 0.1613 | 0.0807 | 0.0081 |
| | 35010801 | 复合模板 | $m^2$ | 0.2825 | 0.3507 | | |
| | 35020101 | 钢支撑 | kg | 0.0370 | 0.0282 | | |
| | 35020531 | 铁板卡 | kg | 0.7232 | 0.8397 | | |
| | 35020601 | 模板对拉螺栓 | kg | 0.4083 | 0.6127 | | |
| | 35020721 | 模板钢连杆 | kg | 0.1620 | 5.1012 | | |
| | 35020902 | 扣件 | 只 | 0.0150 | 0.0090 | | |
| | 80210424 | 预拌混凝土(泵送型) C30 粒径 5～40 | $m^3$ | 0.2020 | 0.2020 | 0.1010 | 0.0101 |
| | | 其他材料费 | % | 0.3924 | 0.4276 | | |
| 机械 | 99050540 | 混凝土输送泵车 75m³/h | 台班 | 0.0022 | 0.0022 | 0.0011 | 0.0001 |
| | 99050920 | 混凝土振捣器 | 台班 | 0.0200 | 0.0200 | 0.0100 | 0.0010 |
| | 99070530 | 载重汽车 5t | 台班 | 0.0039 | 0.0040 | | |
| | 99090360 | 汽车式起重机 8t | 台班 | 0.0017 | 0.0018 | | |
| | 99210010 | 木工圆锯机 ϕ500 | 台班 | 0.0027 | 0.0027 | | |

**工作内容：** 1. 单面模板安拆。
2. 钢筋绑扎安放、混凝土板浇捣养护。
3. 后浇钢筋混凝土平板厚度增减。

| 定额编号 | | | A-11-2-5 | A-11-2-6 | A-11-2-7 |
|---|---|---|---|---|---|
| 项目 | | | 后浇钢筋混凝土 | | |
| | | | 墙超高 3.6m 每增 3m 增加费 | 平板 | |
| | | | | 板厚 100mm | 每增减 10mm |
| | | | $m^2$ | $m^2$ | $m^2$ |
| 预算定额编号 | 预算定额名称 | 预算定额单位 | 数量 | | |
| 01-5-5-3 | 预拌混凝土(泵送) 平板、弧形板 | $m^3$ | | 0.0950 | 0.0095 |
| 01-5-11-19 | 钢筋 平板、无梁板 | t | | 0.0107 | 0.0011 |
| 01-17-2-73 | 复合模板 墙超 3.6m 每增 3m | $m^2$ | 0.1100 | | |
| 01-17-3-37 | 输送泵车 | $m^3$ | | 0.0950 | 0.0095 |

**工作内容：** 1. 单面模板安拆。
2. 钢筋绑扎安放、混凝土板浇捣养护。
3. 后浇钢筋混凝土平板厚度增减。

| 定额编号 | | | | A-11-2-5 | A-11-2-6 | A-11-2-7 |
|---|---|---|---|---|---|---|
| 项目 | | | | 后浇钢筋混凝土 | | |
| | | | | 墙超高 3.6m 每增 3m 增加费 | 平板 | |
| | | | | | 板厚 100mm | 每增减 10mm |
| 名称 | | | 单位 | $m^2$ | $m^2$ | $m^2$ |
| 人工 | 00030117 | 模板工 | 工日 | 0.0031 | | |
| | 00030119 | 钢筋工 | 工日 | | 0.0589 | 0.0061 |
| | 00030121 | 混凝土工 | 工日 | | 0.0200 | 0.0020 |
| | 00030153 | 其他工 | 工日 | 0.0008 | 0.0086 | 0.0009 |
| 材料 | 01010120 | 成型钢筋 | t | | 0.0108 | 0.0011 |
| | 02090101 | 塑料薄膜 | $m^2$ | | 1.0637 | 0.1064 |
| | 03152501 | 镀锌铁丝 | kg | | 0.0599 | 0.0062 |
| | 34110101 | 水 | $m^3$ | | 0.0337 | 0.0034 |
| | 35020101 | 钢支撑 | kg | 0.0025 | | |
| | 35020902 | 扣件 | 只 | 0.0010 | | |
| | 80210424 | 预拌混凝土(泵送型) C30 粒径 5～40 | $m^3$ | | 0.0960 | 0.0096 |
| | | 其他材料费 | % | | 0.0220 | 0.0220 |
| 机械 | 99050540 | 混凝土输送泵车 $75m^3/h$ | 台班 | | 0.0010 | 0.0001 |
| | 99050920 | 混凝土振捣器 | 台班 | | 0.0095 | 0.0010 |

**工作内容：** 1. 钢筋绑扎安放、混凝土板浇捣养护。
2. 后浇钢筋混凝土圆弧形板厚度增减。

| 定　额　编　号 | | | A-11-2-8 | A-11-2-9 |
|---|---|---|---|---|
| 项　　目 | | | 后浇钢筋混凝土 | |
| | | | 圆弧形板 | |
| | | | 板厚 100mm | 每增减 10mm |
| | | | $m^2$ | $m^2$ |
| 预算定额编号 | 预算定额名称 | 预算定额单位 | 数　量 | |
| 01-5-5-3 | 预拌混凝土(泵送) 平板、弧形板 | $m^3$ | 0.0950 | 0.0095 |
| 01-5-11-20 | 钢筋 弧形板 | t | 0.0117 | 0.0012 |
| 01-17-3-37 | 输送泵车 | $m^3$ | 0.0950 | 0.0095 |

**工作内容：** 1. 钢筋绑扎安放、混凝土板浇捣养护。
2. 后浇钢筋混凝土圆弧形板厚度增减。

| 定　额　编　号 | | | | A-11-2-8 | A-11-2-9 |
|---|---|---|---|---|---|
| 项　　目 | | | | 后浇钢筋混凝土 | |
| | | | | 圆弧形板 | |
| | | | | 板厚 100mm | 每增减 10mm |
| 名　　称 | | | 单位 | $m^2$ | $m^2$ |
| 人工 | 00030119 | 钢筋工 | 工日 | 0.0473 | 0.0048 |
| | 00030121 | 混凝土工 | 工日 | 0.0200 | 0.0020 |
| | 00030153 | 其他工 | 工日 | 0.0084 | 0.0009 |
| 材料 | 01010120 | 成型钢筋 | t | 0.0118 | 0.0012 |
| | 02090101 | 塑料薄膜 | $m^2$ | 1.0637 | 0.1064 |
| | 03152501 | 镀锌铁丝 | kg | 0.0655 | 0.0067 |
| | 34110101 | 水 | $m^3$ | 0.0337 | 0.0034 |
| | 80210424 | 预拌混凝土(泵送型) C30 粒径 5～40 | $m^3$ | 0.0960 | 0.0096 |
| | | 其他材料费 | % | 0.0185 | 0.0183 |
| 机械 | 99050540 | 混凝土输送泵车 $75m^3/h$ | 台班 | 0.0010 | 0.0001 |
| | 99050920 | 混凝土振捣器 | 台班 | 0.0095 | 0.0010 |

# 第十二章　附属工程及其他

# 说　　明

一、道路及人行道

1. 道路及人行道路基平整定额子目中，已综合考虑了300mm厚度的挖、填、运土方含量，如设计与定额厚度不同时，可以调整。

2. 垫层、基层、面层铺筑厚度为压实厚度。

3. 道路的所有混凝土面层定额子目中，已综合了路面切缝、锯纹，未综合钢筋，如设计增加时，可以按相应定额子目执行。

4. 透水沥青混凝土面层定额子目内机械摊铺透水沥青混凝土(OGFC-13)(空隙率为20%)定额中石料按辉绿岩计算，透水沥青混凝土(OGFC-13)的容重为$2.05t/m^3$。如石料采用玄武岩时，容重可以调整，透水沥青混凝土(OGFC-13)的容重调整为$2.15t/m^3$。

5. 人行道植草砖定额子目中，已包括砂垫层。如采用透水砖时，材料可以调整，其余不变。

6. 人行道彩色预制块定额子目中，已包括砂垫层，并已综合考虑了非连锁型和连锁型。

7. 人行道石材块料定额子目中，已包括砂垫层、干混砂浆结合层。

8. 雨水进水口、侧石、侧平石定额子目按在道路上设置编制，道路宽度按6m考虑。如在人行道上设置时，应分别按相应预算定额子目执行。其中雨水进水口规格若设计和定额不同时，材料可以调整，其余不变。

二、排水管

1. 排水管定额子目中，已综合了挖、填、运土方及工作面内明排水，以及砂坞帮、列板撑拆。其中列板按双面考虑，如埋深超过3m采用其他施工方案时，可以进行换算。

2. PVC-U硬管柔性橡胶圈连接定额子目中，已包括橡胶圈。

三、检查井

1. 砖砌检查井定额子目中，已综合了混凝土盖座。如设计采用不同材质盖座时，可以按相应定额子目调整。检查井的土方已综合在排水管定额子目中。

2. 成品检查井定额子目中，已综合了合成树脂盖座。如设计采用不同材质、规格盖座时，可以按相应定额子目调整。

四、其他

1. 金属花饰围墙定额子目中，已综合了基础挖、填、运土方和砖垛、金属花饰栏杆、压顶及双面粉刷、涂料。

2. 多孔砖实体围墙定额子目中，已综合了基础挖、填、运土方和砖砌墙体、压顶及双面粉刷，未综合围墙饰面。

3. 伸缩自动门及轨道基础定额子目中，已综合了挖、运土方和路基平整、混凝土基础、埋件及伸缩自动门、双轨的安装。

4. 金属旗杆定额子目中，已综合了旗杆基础和基础挖、填、运土方，未综合基础饰面。

五、构筑物

1. 设备基础分素混凝土、钢筋混凝土和钢筋混凝土组合式三种，二次灌浆并入基础体积内，预留螺栓模套已综合在设备基础定额子目内。

2. 钢筋混凝土组合式设备基础是指带有高度600mm以上的墙或梁、板等结构的设备基础。

3. 设备基础中的预埋铁件、钢板防水、耐酸防腐、沉降缝等应另行计算。

4. 贮水(油)池池底按不同埋深执行相应定额。贮水(油)池定额子目中已包含内外粉刷、进人孔、透气孔。

5. 钢筋混凝土地沟定额子目中已综合了盖板、粉刷。如内径与设计不同时，可以按相应定额子目调整，但不适用内径（宽或深）超过 1.2m 的地沟。如内径（宽或深）超过 1.2m 时，应分别按相应定额子目计算。

6. 钢筋混凝土水槽、盘、池定额子目中已综合了支承脚、靠墙处的水泥墙裙。

7. 小便槽定额子目中已综合了顶端挡墙、瓷砖墙裙。

8. 大便槽定额子目中已综合了水泥墙裙。

9. 烟气道、排气道按工厂成品、现场安装编制，安装用配件、锚固件、辅材等已包含在成品构件内。

10. 烟气道、排气道、风帽定额子目中未包括风帽承托板，风帽承托板按相应定额子目执行。

# 工程量计算规则

一、道路及人行道

1. 道路及人行道路基平整、垫层、基层(除水泥混凝土)、面层按设计图示尺寸以面积计算,不扣除种植树穴、侧石、平石及各种井位所占面积。

2. 水泥混凝土基层按设计图示尺寸以体积计算,不扣除种植树穴、侧石、平石及各种井位所占体积。

3. 沥青混凝土摊铺如设计要求不允许冷接缝,需两台摊铺机平行操作时,可以按定额摊铺机台班数量增加 70%计算。

4. 雨水进水口、侧石、侧平石按道路面积计算。

二、排水管

1. 排水管按设计图示管道中心线长度计算,不扣除检查井、管件及附件所占的长度。

2. 排水管管径不同时,按检查井中心为界分别计算。

三、检查井

检查井以座计算。

四、其他

1. 围墙按长度乘以高度以面积计算,高度指室外地面到围墙顶面。

2. 伸缩自动门及轨道基础按轨道净长以长度计算。

3. 电动装置按设计图示数量以套计算。

4. 金属旗杆按设计图示规格以根计算。

5. 旗帜电动升降系统、风动系统按设计图示数量以套计算。

五、构筑物

1. 设备基础按设计图示尺寸以体积计算,基础埋置深度是指设计室外地面至垫层底的深度。

2. 贮水(油)池池底、池壁、池盖按设计图示尺寸以体积计算。

3. 地沟以内径 500mm 正方形作为基本单位,按槽沟外口净长以长度计算。

4. 钢筋混凝土水槽、盘、池均按设计图示构件外形尺寸以体积计算。

5. 小便槽、大便槽按设计图示尺寸以长度计算。

6. 烟气道、排气道均按设计图示规格以节计算。

7. 风帽按设计图示规格以个计算。

# 第一节　道路及人行道

**工作内容：** 1. 挖、填、运土方及平整、滚压。
2. 铺设砾石砂垫层、找平、碾压。
3. 砾石砂垫层厚度增减。

| 定额编号 | | | A-12-1-1 | A-12-1-2 | A-12-1-3 |
|---|---|---|---|---|---|
| 项目 | | | 道路及人行道 | | |
| | | | 路基平整 | 砾石砂垫层 | |
| | | | 300mm | 150mm | 每增减 10mm |
| | | | $m^2$ | $m^2$ | $m^2$ |
| 预算定额编号 | 预算定额名称 | 预算定额单位 | 数量 | | |
| 01-16-1-1 | 路基平整 挖、填、运土方 300mm 以内 | $m^2$ | 1.0000 | | |
| 04-2-2-3 | 砾石砂垫层 厚 15cm | $100m^2$ | | 0.0100 | |
| 04-2-2-4 换 | 砾石砂垫层 ±1cm | $100m^2$ | | | 0.0100 |

**工作内容：** 1. 挖、填、运土方及平整、滚压。
2. 铺设砾石砂垫层、找平、碾压。
3. 砾石砂垫层厚度增减。

| 定额编号 | | | | A-12-1-1 | A-12-1-2 | A-12-1-3 |
|---|---|---|---|---|---|---|
| 项目 | | | | 道路及人行道 | | |
| | | | | 路基平整 | 砾石砂垫层 | |
| | | | | 300mm | 150mm | 每增减 10mm |
| 名称 | | | 单位 | $m^2$ | $m^2$ | $m^2$ |
| 人工 | 00030121 | 混凝土工 | 工日 | 0.0440 | | |
| | 00030153 | 其他工 | 工日 | 0.0022 | | |
| | 00070103 | 综合人工(土建) | 工日 | | 0.0173 | 0.0004 |
| 材料 | 04030701 | 砾石砂 | t | | 0.3316 | 0.0221 |
| | 34110101 | 水 | $m^3$ | | 0.0260 | 0.0017 |
| | | 其他材料费 | % | | 0.5000 | |
| 机械 | 99130110 | 内燃光轮压路机 轻型 | 台班 | | 0.0005 | |
| | 99130120 | 内燃光轮压路机 重型 | 台班 | | 0.0008 | 0.0001 |
| | 99130121 | 内燃光轮压路机 8t | 台班 | 0.0007 | | |

**工作内容：**1. 铺设大石块基层、找平、碾压。
2. 大石块基层厚度增减。

| 定额编号 | | | A-12-1-4 | A-12-1-5 |
|---|---|---|---|---|
| 项目 | | | 道路及人行道 | |
| | | | 大石块基层 | |
| | | | 200mm | 每增减 10mm |
| | | | m² | m² |
| 预算定额编号 | 预算定额名称 | 预算定额单位 | 数量 | |
| 01-16-1-2 | 大石块基层 200mm | m² | 1.0000 | |
| 01-16-1-3 | 大石块基层 每增减 10mm | m² | | 1.0000 |

**工作内容：**1. 铺设大石块基层、找平、碾压。
2. 大石块基层厚度增减。

| 定额编号 | | | | A-12-1-4 | A-12-1-5 |
|---|---|---|---|---|---|
| 项目 | | | | 道路及人行道 | |
| | | | | 大石块基层 | |
| | | | | 200mm | 每增减 10mm |
| 名称 | | | 单位 | m² | m² |
| 人工 | 00030121 | 混凝土工 | 工日 | 0.0702 | 0.0035 |
| | 00030153 | 其他工 | 工日 | 0.0035 | 0.0002 |
| 材料 | 04050214 | 碎石 5～25 | kg | 50.7600 | 2.5400 |
| | 04110506 | 毛石 100～400 | kg | 342.0000 | 17.1000 |
| 机械 | 99130121 | 内燃光轮压路机 8t | 台班 | 0.0009 | 0.0002 |

**工作内容：** 1. 铺设水泥稳定碎石基层、找平、碾压。
2. 水泥稳定碎石基层厚度增减。
3. 混凝土浇捣养护。

| 定额编号 | | | A-12-1-6 | A-12-1-7 | A-12-1-8 |
|---|---|---|---|---|---|
| 项目 | | | 道路及人行道 | | |
| | | | 水泥稳定碎石基层 | | 水泥混凝土基层 |
| | | | 200mm | 每增减 10mm | |
| | | | $m^2$ | $m^2$ | $m^3$ |
| 预算定额编号 | 预算定额名称 | 预算定额单位 | 数量 | | |
| 04-2-2-23 | 机械摊铺厂拌水泥稳定碎石基层 厚 20cm | $100m^2$ | 0.0090 | | |
| 04-2-2-24 | 机械摊铺厂拌水泥稳定碎石基层 ±1cm | $100m^2$ | | 0.0090 | |
| 04-2-2-25 | 人工摊铺厂拌水泥稳定碎石基层 厚 20cm | $100m^2$ | 0.0010 | | |
| 04-2-2-26 | 人工摊铺厂拌水泥稳定碎石基层 ±1cm | $100m^2$ | | 0.0010 | |
| 04-2-2-27 | 水泥混凝土基层 | $m^3$ | | | 1.0000 |

**工作内容：** 1. 铺设水泥稳定碎石基层、找平、碾压。
2. 水泥稳定碎石基层厚度增减。
3. 混凝土浇捣养护。

| 定额编号 | | | | A-12-1-6 | A-12-1-7 | A-12-1-8 |
|---|---|---|---|---|---|---|
| 项目 | | | | 道路及人行道 | | |
| | | | | 水泥稳定碎石基层 | | 水泥混凝土基层 |
| | | | | 200mm | 每增减 10mm | |
| 名称 | | | 单位 | $m^2$ | $m^2$ | $m^3$ |
| 人工 | 00070103 | 综合人工(土建) | 工日 | 0.0123 | 0.0007 | 0.2482 |
| 材料 | 34110101 | 水 | $m^3$ | 0.0679 | | 0.9000 |
| | 36030252 | 涤纶针刺土工布 $200g/m^2$ | $m^2$ | 0.3500 | | 1.7500 |
| | 80210515 | 预拌混凝土(非泵送型) C20 粒径 5～40 | $m^3$ | | | 1.0100 |
| | 80331411 | 水泥稳定碎石 掺入水泥 5% | t | 0.4549 | 0.0228 | |
| | | 其他材料费 | % | | | 0.0200 |
| 机械 | 99050940 | 混凝土振捣器 平板式 | 台班 | | | 0.0333 |
| | 99130050 | 平地机 150kW | 台班 | 0.0001 | | |
| | 99130120 | 内燃光轮压路机 重型 | 台班 | 0.0003 | | |
| | 99130220 | 轮胎压路机 20t | 台班 | 0.0003 | | |
| | 99130320 | 钢轮振动压路机 20t | 台班 | 0.0006 | 0.0001 | |
| | 99130780 | 水泥稳定碎石摊铺机 WTU95D | 台班 | 0.0003 | | |
| | 99310040 | 洒水车 8000L | 台班 | 0.0013 | | |

工作内容：1. 铺设道碴基层、找平、滚压。
2. 道碴基层厚度增减。
3. 摊铺砂基层、平整、拍实。
4. 砂基层厚度增减。

| 定额编号 | | | A-12-1-9 | A-12-1-10 | A-12-1-11 | A-12-1-12 |
|---|---|---|---|---|---|---|
| 项目 | | | 道路及人行道 | | | |
| | | | 道碴基层 | | 砂基层 | |
| | | | 100mm | 每增减 10mm | 50mm | 每增减 10mm |
| | | | $m^2$ | $m^2$ | $m^2$ | $m^2$ |
| 预算定额编号 | 预算定额名称 | 预算定额单位 | 数量 | | | |
| 01-16-1-4 | 道碴基层 100mm | $m^2$ | 1.0000 | | | |
| 01-16-1-5 | 道碴基层 每增减 10mm | $m^2$ | | 1.0000 | | |
| 01-16-1-6 | 砂基层 50mm | $m^2$ | | | 1.0000 | |
| 01-16-1-7 | 砂基层 每增减 10mm | $m^2$ | | | | 1.0000 |

工作内容：1. 铺设道碴基层、找平、滚压。
2. 道碴基层厚度增减。
3. 摊铺砂基层、平整、拍实。
4. 砂基层厚度增减。

| 定额编号 | | | | A-12-1-9 | A-12-1-10 | A-12-1-11 | A-12-1-12 |
|---|---|---|---|---|---|---|---|
| 项目 | | | | 道路及人行道 | | | |
| | | | | 道碴基层 | | 砂基层 | |
| | | | | 100mm | 每增减 10mm | 50mm | 每增减 10mm |
| 名称 | | | 单位 | $m^2$ | $m^2$ | $m^2$ | $m^2$ |
| 人工 | 00030121 | 混凝土工 | 工日 | 0.0323 | 0.0032 | 0.0100 | 0.0020 |
| | 00030153 | 其他工 | 工日 | 0.0016 | 0.0002 | 0.0005 | 0.0001 |
| 材料 | 04030119 | 黄砂 中粗 | kg | | | 86.5000 | 17.3000 |
| | 04050218 | 碎石 5～70 | kg | 183.3000 | 18.3300 | | |
| | 04070510 | 石屑 0～6 | kg | 26.8500 | 2.6850 | | |
| | 34110101 | 水 | $m^3$ | | | 0.0150 | 0.0030 |
| 机械 | 99130121 | 内燃光轮压路机 8t | 台班 | 0.0008 | 0.0001 | | |

**工作内容：** 1,3. 混凝土浇捣养护，路面切缝、锯纹。
2,4. 混凝土面层厚度增减。

| 定额编号 | | | A-12-1-13 | A-12-1-14 | A-12-1-15 | A-12-1-16 |
|---|---|---|---|---|---|---|
| 项目 | | | 道路 | | | |
| | | | 混凝土面层 | | 钢纤维混凝土面层 | |
| | | | 100mm | 每增减 10mm | 160mm | 每增减 10mm |
| | | | $m^2$ | $m^2$ | $m^2$ | $m^2$ |
| 预算定额编号 | 预算定额名称 | 预算定额单位 | 数量 | | | |
| 01-16-1-8 | 混凝土面层 100mm | $m^2$ | 1.0000 | | | |
| 01-16-1-9 | 混凝土面层 每增减 10mm | $m^2$ | | 1.0000 | | |
| 01-16-1-13 | 路面切缝 | m | 6.2500 | | 6.2500 | |
| 01-17-2-39 | 复合模板 垫层 | $m^2$ | 0.1591 | 0.0250 | 0.2545 | 0.0250 |
| 04-2-3-24 | 钢纤维混凝土路面 厚 16cm | $100m^2$ | | | 0.0100 | |
| 04-2-3-25 | 钢纤维混凝土路面 ±1cm | $100m^2$ | | | | 0.0100 |
| 04-2-3-26 | 水泥混凝土路面 路面锯纹 | $100m^2$ | 0.0100 | | 0.0100 | |

**工作内容：**1,3. 混凝土浇捣养护，路面切缝、锯纹。
2,4. 混凝土面层厚度增减。

| 定额编号 | | | | A-12-1-13 | A-12-1-14 | A-12-1-15 | A-12-1-16 |
|---|---|---|---|---|---|---|---|
| 项目 | | | | 道路 | | | |
| | | | | 混凝土面层 | | 钢纤维混凝土面层 | |
| | | | | 100mm | 每增减 10mm | 160mm | 每增减 10mm |
| 名称 | | | 单位 | $m^2$ | $m^2$ | $m^2$ | $m^2$ |
| 人工 | 00030117 | 模板工 | 工日 | 0.0172 | 0.0027 | 0.0276 | 0.0027 |
| | 00030121 | 混凝土工 | 工日 | 0.1746 | 0.0003 | 0.1525 | |
| | 00030153 | 其他工 | 工日 | 0.0142 | 0.0009 | 0.0165 | 0.0009 |
| | 00070103 | 综合人工(土建) | 工日 | 0.0105 | | 0.0576 | 0.0005 |
| 材料 | 02090101 | 塑料薄膜 | $m^2$ | 1.1000 | | | |
| | 03150101 | 圆钉 | kg | 0.0061 | 0.0010 | 0.0097 | 0.0010 |
| | 03210901 | 切缝机刀片 | 片 | 0.0106 | | 0.0108 | |
| | 03210902 | 锯纹机刀片 | 片 | 0.0083 | | 0.0083 | |
| | 05030107 | 中方材 55～100$cm^2$ | $m^3$ | 0.0022 | 0.0003 | 0.0035 | 0.0003 |
| | 05150101 | 木丝板 | $m^2$ | | | 0.0186 | 0.0015 |
| | 13310401 | 石油沥青 | kg | | | 0.2153 | 0.0082 |
| | 14412911 | PG 道路封缝胶 | kg | 2.0344 | | 2.2191 | |
| | 15130214 | 泡沫条 $\phi 8$ | m | 6.3750 | | 6.5840 | |
| | 15130216 | 泡沫条 $\phi 30$ | m | | | 0.1547 | |
| | 34110101 | 水 | $m^3$ | 0.4684 | | 0.4917 | |
| | 35010801 | 复合模板 | $m^2$ | 0.0392 | 0.0062 | 0.0628 | 0.0062 |
| | 36030252 | 涤纶针刺土工布 200g/$m^2$ | $m^2$ | | | 0.3500 | |
| | 80210521 | 预拌混凝土(非泵送型) C30 粒径 5～40 | $m^3$ | 0.1010 | 0.0101 | | |
| | 80271115 | 预拌钢纤维混凝土 50kg | $m^3$ | | | 0.1616 | 0.0101 |
| | | 其他材料费 | % | 0.0627 | 0.1485 | 0.0697 | 0.1362 |
| 机械 | 99050870 | 混凝土切缝机 | 台班 | 0.0781 | | 0.0795 | |
| | 99050920 | 混凝土振捣器 | 台班 | 0.0077 | 0.0008 | | |
| | 99050940 | 混凝土振捣器 平板式 | 台班 | | | 0.0147 | 0.0007 |
| | 99050980 | 混凝土振动梁 | 台班 | | | 0.0067 | |
| | 99070530 | 载重汽车 5t | 台班 | 0.0003 | 0.0001 | 0.0005 | 0.0001 |
| | 99130600 | 混凝土路面刻槽机 | 台班 | 0.0055 | | 0.0055 | |
| | 99190010 | 混凝土磨光机 | 台班 | | | 0.0067 | |
| | 99210010 | 木工圆锯机 $\phi 500$ | 台班 | 0.0005 | 0.0001 | 0.0008 | 0.0001 |
| | 99430200 | 电动空气压缩机 0.6$m^3$/min | 台班 | | | 0.0003 | |

**工作内容：** 1,3. 沥青混凝土摊铺碾压。
2,4. 沥青混凝土面层厚度增减。

| 定额编号 | | | A-12-1-17 | A-12-1-18 | A-12-1-19 | A-12-1-20 |
|---|---|---|---|---|---|---|
| 项目 | | | 道路 | | | |
| | | | 粗粒式沥青混凝土面层 | | 中粒式沥青混凝土面层 | |
| | | | 80mm | 每增减10mm | 40mm | 每增减10mm |
| | | | m$^2$ | m$^2$ | m$^2$ | m$^2$ |
| 预算定额编号 | 预算定额名称 | 预算定额单位 | 数量 | | | |
| 04-2-3-8 | 机械摊铺粗粒式沥青混凝土（AC-25）厚8cm | 100m$^2$ | 0.0090 | | | |
| 04-2-3-9换 | 机械摊铺粗粒式沥青混凝土（AC-25）±1cm | 100m$^2$ | | 0.0090 | | |
| 04-2-3-10 | 机械摊铺中粒式沥青混凝土（AC-20）厚4cm | 100m$^2$ | | | 0.0090 | |
| 04-2-3-11换 | 机械摊铺中粒式沥青混凝土（AC-20）±1cm | 100m$^2$ | | | | 0.0090 |

**工作内容：** 1,3. 沥青混凝土摊铺碾压。
2,4. 沥青混凝土面层厚度增减。

| 定额编号 | | | | A-12-1-17 | A-12-1-18 | A-12-1-19 | A-12-1-20 |
|---|---|---|---|---|---|---|---|
| 项目 | | | | 道路 | | | |
| | | | | 粗粒式沥青混凝土面层 | | 中粒式沥青混凝土面层 | |
| | | | | 80mm | 每增减10mm | 40mm | 每增减10mm |
| 名称 | | | 单位 | m$^2$ | m$^2$ | m$^2$ | m$^2$ |
| 人工 | 00070103 | 综合人工(土建) | 工日 | 0.0109 | 0.0007 | 0.0089 | 0.0007 |
| 材料 | 14030301 | 重质柴油 | kg | 0.0113 | 0.0014 | 0.0057 | 0.0014 |
| | 34110101 | 水 | m$^3$ | 0.0012 | 0.0001 | 0.0008 | 0.0001 |
| | 80250523 | 中粒式沥青混凝土 AC-20 | t | | | 0.0859 | 0.0215 |
| | 80250526 | 粗粒式沥青混凝土 AC-25 | t | 0.1728 | 0.0216 | | |
| | | 其他材料费 | % | 0.1200 | 0.1200 | 0.1100 | 0.1100 |
| 机械 | 99130280 | 钢轮振动压路机 10t | 台班 | 0.0005 | 0.0001 | 0.0003 | 0.0001 |
| | 99130500 | 沥青混凝土摊铺机 8t 带自动找平 | 台班 | 0.0004 | 0.0001 | 0.0004 | 0.0001 |

工作内容：1,3. 沥青混凝土摊铺碾压。
　　　　　2,4. 沥青混凝土面层厚度增减。

| 定额编号 | | | A-12-1-21 | A-12-1-22 | A-12-1-23 | A-12-1-24 |
|---|---|---|---|---|---|---|
| 项目 | | | 道路 | | | |
| | | | 细粒式沥青混凝土面层 | | 透水沥青混凝土面层 | |
| | | | 30mm | 每增减10mm | 40mm | 每增减10mm |
| | | | $m^2$ | $m^2$ | $m^2$ | $m^2$ |
| 预算定额编号 | 预算定额名称 | 预算定额单位 | 数量 | | | |
| 04-2-3-12 | 机械摊铺细粒式沥青混凝土(AC-13) 厚3cm | $100m^2$ | 0.0090 | | | |
| 04-2-3-13换 | 机械摊铺细粒式沥青混凝土(AC-13) ±1cm | $100m^2$ | | 0.0090 | | |
| 04-2-3-18 | 机械摊铺透水沥青混凝土(OGFC-13) 厚4cm | $100m^2$ | | | 0.0090 | |
| 04-2-3-19换 | 机械摊铺透水沥青混凝土(OGFC-13) ±1cm | $100m^2$ | | | | 0.0090 |

工作内容：1,3. 沥青混凝土摊铺碾压。
　　　　　2,4. 沥青混凝土面层厚度增减。

| 定额编号 | | | | A-12-1-21 | A-12-1-22 | A-12-1-23 | A-12-1-24 |
|---|---|---|---|---|---|---|---|
| 项目 | | | | 道路 | | | |
| | | | | 细粒式沥青混凝土面层 | | 透水沥青混凝土面层 | |
| | | | | 30mm | 每增减10mm | 40mm | 每增减10mm |
| 名称 | | | 单位 | $m^2$ | $m^2$ | $m^2$ | $m^2$ |
| 人工 | 00070103 | 综合人工(土建) | 工日 | 0.0084 | 0.0002 | 0.0089 | 0.0007 |
| 材料 | 14030301 | 重质柴油 | kg | 0.0043 | 0.0015 | 0.0057 | 0.0014 |
| | 34110101 | 水 | $m^3$ | 0.0009 | 0.0002 | 0.0008 | 0.0001 |
| | 80250311 | 细粒式沥青混凝土 AC-13 | t | 0.0630 | 0.0210 | | |
| | 80251501 | 透水沥青混凝土 | t | | | 0.0749 | 0.0187 |
| | | 其他材料费 | % | 0.1100 | 0.1100 | 0.1100 | 0.1100 |
| 机械 | 99130280 | 钢轮振动压路机 10t | 台班 | 0.0003 | 0.0001 | 0.0003 | 0.0001 |
| | 99130500 | 沥青混凝土摊铺机 8t 带自动找平 | 台班 | 0.0003 | 0.0001 | 0.0004 | 0.0001 |

**工作内容：** 1. 透水混凝土面层浇捣养护。
2. 透水混凝土面层厚度增减。

| 定额编号 | | | A-12-1-25 | A-12-1-26 |
|---|---|---|---|---|
| 项目 | | | 人行道 | |
| | | | 透水水泥混凝土面层 | |
| | | | 50mm | 每增减 10mm |
| | | | $m^2$ | $m^2$ |
| 预算定额编号 | 预算定额名称 | 预算定额单位 | 数量 | |
| 04-2-4-20 | 现浇透水水泥混凝土面层 厚 5cm | $100m^2$ | 0.0100 | |
| 04-2-4-21 | 现浇透水水泥混凝土面层 ±1cm | $100m^2$ | | 0.0100 |

**工作内容：** 1. 透水混凝土面层浇捣养护。
2. 透水混凝土面层厚度增减。

| 定额编号 | | | | A-12-1-25 | A-12-1-26 |
|---|---|---|---|---|---|
| 项目 | | | | 人行道 | |
| | | | | 透水水泥混凝土面层 | |
| | | | | 50mm | 每增减 10mm |
| 名称 | | | 单位 | $m^2$ | $m^2$ |
| 人工 | 00070103 | 综合人工(土建) | 工日 | 0.1097 | 0.0088 |
| 材料 | 03210901 | 切缝机刀片 | 片 | 0.0005 | |
| | 04010116 | 水泥 52.5 级 | kg | 19.2101 | 3.8420 |
| | 04050241 | 碎石(精加工玄武岩) 5～10 | kg | 96.9833 | 19.3967 |
| | 14355801 | 氟碳保护剂 | kg | 0.3000 | |
| | 14412911 | PG 道路封缝胶 | kg | 0.0977 | |
| | 14415531 | 混凝土表面增强剂 LDA | kg | 0.4844 | 0.0969 |
| | 15130214 | 泡沫条 $\phi 8$ | m | 0.3060 | |
| | 34110101 | 水 | $m^3$ | 0.0467 | 0.0009 |
| | 36030252 | 涤纶针刺土工布 $200g/m^2$ | $m^2$ | 0.2000 | |
| | | 其他材料费 | % | 0.0100 | |
| 机械 | 99050230 | 双锥反转出料混凝土搅拌机 500L | 台班 | 0.0017 | 0.0003 |
| | 99050940 | 混凝土振捣器 平板式 | 台班 | 0.0017 | 0.0003 |
| | 99070630 | 自卸汽车 4t | 台班 | 0.0040 | 0.0008 |

**工作内容：** 1. 铺筑植草砖。
2. 铺筑彩色预制块。
3. 铺筑石材块料。

| 定额编号 | | | A-12-1-27 | A-12-1-28 | A-12-1-29 |
|---|---|---|---|---|---|
| 项目 | | | 人行道 | | |
| | | | 植草砖 | 彩色预制块 | 石材块料 |
| | | | 砂 | | 砂浆 |
| | | | $m^2$ | $m^2$ | $m^2$ |
| 预算定额编号 | 预算定额名称 | 预算定额单位 | 数量 | | |
| 04-2-4-11 | 铺筑非连锁型彩色预制块 黄砂 | $100m^2$ | | 0.0050 | |
| 04-2-4-13 | 铺筑连锁型彩色预制块 黄砂 | $100m^2$ | | 0.0050 | |
| 04-2-4-14 | 铺筑植草砖 | $100m^2$ | 0.0100 | | |
| 04-2-4-16 | 铺筑石材面层 干拌水泥黄砂 | $100m^2$ | | | 0.0100 |

**工作内容：** 1. 铺筑植草砖。
2. 铺筑彩色预制块。
3. 铺筑石材块料。

| 定额编号 | | | | A-12-1-27 | A-12-1-28 | A-12-1-29 |
|---|---|---|---|---|---|---|
| 项目 | | | | 人行道 | | |
| | | | | 植草砖 | 彩色预制块 | 石材块料 |
| | | | | 砂 | | 砂浆 |
| 名称 | | | 单位 | $m^2$ | $m^2$ | $m^2$ |
| 人工 | 00070103 | 综合人工(土建) | 工日 | 0.0918 | 0.0918 | 0.1291 |
| 材料 | 04030115 | 黄砂 中粗 | t | 0.0559 | 0.0571 | 0.0028 |
| | 36050501 | 植草砖 | $m^2$ | 1.0200 | | |
| | 36050901 | 连锁型彩色预制块 | $m^2$ | | 0.5100 | |
| | 36051001 | 非连锁型彩色预制块 | $m^2$ | | 0.5100 | |
| | 36052161 | 人行道板(石材) 300×300×60 | $m^2$ | | | 1.0200 |
| | 80060113 | 干混砌筑砂浆 DM M10.0 | $m^3$ | | | 0.0308 |

**工作内容：** 1. 铺设垫层，砌砖及抹面，安装雨水进水口。
2. 铺砌侧石。
3. 铺砌侧平石。

| 定 额 编 号 | | | A-12-1-30 | A-12-1-31 | A-12-1-32 |
|---|---|---|---|---|---|
| 项 目 | | | 雨水进水口 300×500 | 预制混凝土侧石 | 预制混凝土侧平石 |
| | | | m$^2$ | m$^2$ | m$^2$ |
| 预算定额编号 | 预算定额名称 | 预算定额单位 | 数 量 | | |
| 01-4-1-16 | 砖砌检查井 埋深 3.0m 以内 | m$^3$ | 0.0041 | | |
| 01-4-4-5 换 | 碎石垫层 干铺无砂 | m$^3$ | 0.0014 | | |
| 01-5-1-1 换 | 预拌混凝土(非泵送) 垫层 | m$^3$ | 0.0005 | | |
| 01-12-3-3 系 | 一般抹灰 池、槽 | m$^2$ | 0.0292 | | |
| 01-16-1-11 | 道路预制混凝土侧石 | m | | 0.3252 | |
| 01-16-1-12 | 雨水进水口 | 套 | 0.0133 | | |
| 01-17-2-39 | 复合模板 垫层 | m$^2$ | 0.0029 | | |
| 04-2-4-26 | 排砌预制侧平石 | m | | | 0.3252 |

**工作内容：**1. 铺设垫层，砌砖及抹面，安装雨水进水口。
2. 铺砌侧石。
3. 铺砌侧平石。

| 定额编号 | | | | A-12-1-30 | A-12-1-31 | A-12-1-32 |
|---|---|---|---|---|---|---|
| 项目 | | | | 雨水进水口<br>300×500 | 预制混凝土侧石 | 预制混凝土侧平石 |
| 名称 | | | 单位 | $m^2$ | $m^2$ | $m^2$ |
| 人工 | 00030117 | 模板工 | 工日 | 0.0003 | 0.0081 | |
| | 00030121 | 混凝土工 | 工日 | 0.0007 | 0.0018 | |
| | 00030125 | 砌筑工 | 工日 | 0.0064 | 0.0037 | |
| | 00030127 | 一般抹灰工 | 工日 | 0.0077 | | |
| | 00030153 | 其他工 | 工日 | 0.0015 | 0.0049 | |
| | 00070103 | 综合人工(土建) | 工日 | | | 0.0189 |
| 材料 | 03150101 | 圆钉 | kg | 0.0001 | | |
| | 04050218 | 碎石 5～70 | kg | 2.1714 | | |
| | 04050313 | 道碴 50～70 | t | | | 0.0298 |
| | 04131714 | 蒸压灰砂砖 240×115×53 | 块 | 2.2026 | | |
| | 34110101 | 水 | $m^3$ | 0.0007 | | 0.0073 |
| | 35010703 | 木模板成材 | $m^3$ | | 0.0005 | |
| | 35010801 | 复合模板 | $m^2$ | 0.0007 | | |
| | 36013105 | 路边雨水进水口 609×508×152 | 只 | 0.0134 | | |
| | 36051201 | 预制混凝土侧石 1000×300×120 | m | | 0.3285 | 0.3350 |
| | 36051301 | 预制混凝土平石 1000×300×120 | m | | | 0.3350 |
| | 80060111 | 干混砌筑砂浆 DM M5.0 | $m^3$ | 0.0001 | 0.0003 | |
| | 80060113 | 干混砌筑砂浆 DM M10.0 | $m^3$ | 0.0009 | | |
| | 80060214 | 干混抹灰砂浆 DP M20.0 | $m^3$ | 0.0006 | | |
| | 80060513 | 湿拌抹灰砂浆 WP M15.0 | $m^3$ | | | 0.0004 |
| | 80210515 | 预拌混凝土(非泵送型)<br>C20 粒径 5～40 | $m^3$ | 0.0005 | | |
| | 80210521 | 预拌混凝土(非泵送型)<br>C30 粒径 5～40 | $m^3$ | | 0.0113 | 0.0242 |
| | | 其他材料费 | % | 0.0373 | | |
| 机械 | 99050920 | 混凝土振捣器 | 台班 | 0.0001 | | |
| | 99130340 | 电动夯实机 250N·m | 台班 | 0.0001 | | |

# 第二节 排 水 管

**工作内容：** 1,2,3. 挖、填、运土方及工作面内明排水，铺设排水管橡胶圈连接，砂坞帮，列板撑拆。
4. 挖、填、运土方及工作面内明排水，铺设排水管，砂坞帮，列板撑拆。

| 定额编号 | | | A-12-2-1 | A-12-2-2 | A-12-2-3 | A-12-2-4 |
|---|---|---|---|---|---|---|
| 项目 | | | PVC-U 硬管柔性橡胶圈连接 | | | HDPE 管 |
| | | | DN225 以内 | DN300 以内 | DN400 以内 | DN225 以内 |
| | | | m | m | m | m |
| 预算定额编号 | 预算定额名称 | 预算定额单位 | 数量 | | | |
| 01-1-1-15 | 人工挖沟槽 埋深 1.5m 以内 | $m^3$ | 0.3805 | 0.1384 | | 0.3805 |
| 01-1-1-16 | 机械挖沟槽 埋深 1.5m 以内 | $m^3$ | 0.8143 | 0.5170 | 0.6304 | 0.8143 |
| 01-1-1-17 | 机械挖沟槽 埋深 3.5m 以内 | $m^3$ | 0.8143 | 2.3492 | 2.8444 | 0.8143 |
| 01-1-2-2 | 人工回填土 夯填 | $m^3$ | 1.7634 | 2.6787 | 3.0395 | 1.7634 |
| 01-1-2-4 | 手推车运土 运距 50m 以内 | $m^3$ | 0.2456 | 0.3259 | 0.4353 | 0.2456 |
| 01-1-2-5 | 手推车运土 每增运 50m | $m^3$ | 0.2456 | 0.3259 | 0.4353 | 0.2456 |
| 01-4-4-1 | 砂垫层 | $m^3$ | 0.2456 | 0.3259 | 0.4353 | 0.2456 |
| 01-16-2-1 | 排水管铺设 PVC-U 硬管柔性橡胶圈连接 DN225 | m | 0.9820 | | | |
| 01-16-2-2 | 排水管铺设 PVC-U 硬管柔性橡胶圈连接 DN300 | m | | 0.9820 | | |
| 01-16-2-3 | 排水管铺设 PVC-U 硬管柔性橡胶圈连接 DN400 | m | | | 0.9820 | |
| 01-16-2-4 | 排水管铺设 HDPE 管 DN225 | m | | | | 0.9820 |
| 01-17-6-4 | 基坑明排水 集水井 安装、拆除 | 座 | 0.0140 | 0.0247 | 0.0273 | 0.0140 |
| 01-17-6-5 | 基坑明排水 集水井 使用 | 座・天 | 0.0560 | 0.0988 | 0.1092 | 0.0560 |
| 52-4-2-2 | 撑拆列板 深≤2.0m，双面 | 100m | 0.0100 | | | 0.0100 |
| 52-4-2-3 | 撑拆列板 深≤2.5m，双面 | 100m | | 0.0100 | 0.0100 | |
| 52-4-2-5 | 列板使用费 | t・d | 1.7400 | 1.7400 | 1.7400 | 1.7400 |
| 52-4-2-6 | 列板支撑使用费 | t・d | 0.6660 | 0.6660 | 0.6660 | 0.6660 |

**工作内容：**1,2,3. 挖、填、运土方及工作面内明排水，铺设排水管橡胶圈连接，砂坞帮，列板撑拆。

4. 挖、填、运土方及工作面内明排水，铺设排水管，砂坞帮，列板撑拆。

| 定额编号 | | | | A-12-2-1 | A-12-2-2 | A-12-2-3 | A-12-2-4 |
|---|---|---|---|---|---|---|---|
| 项目 | | | | PVC-U 硬管柔性橡胶圈连接 | | | HDPE 管 |
| | | | | DN225 以内 | DN300 以内 | DN400 以内 | DN225 以内 |
| 名称 | | | 单位 | m | m | m | m |
| 人工 | 00030121 | 混凝土工 | 工日 | 0.0653 | 0.0867 | 0.1158 | 0.0653 |
| | 00030125 | 砌筑工 | 工日 | 0.0255 | 0.0334 | 0.0432 | 0.0255 |
| | 00030153 | 其他工 | 工日 | 0.6746 | 0.8392 | 0.9051 | 0.6746 |
| | 00190101 | 综合人工 | 工日 | 0.3737 | 0.5703 | 0.5703 | 0.3737 |
| 材料 | 02050131 | 橡胶圈(PVC～U 管用) | 个 | 0.2062 | 0.2062 | 0.2062 | |
| | 03150501 | 骑马钉 | kg | 0.1672 | 0.2090 | 0.2090 | 0.1672 |
| | 04030119 | 黄砂 中粗 | kg | 408.2265 | 541.6979 | 723.5382 | 408.2265 |
| | 04050218 | 碎石 5～70 | kg | 16.2689 | 28.7030 | 31.7244 | 16.2689 |
| | 04131711 | 蒸压灰砂砖 | 1000块 | 0.0015 | 0.0015 | 0.0015 | 0.0015 |
| | 05030101 | 成材 | $m^3$ | 0.0033 | 0.0044 | 0.0044 | 0.0033 |
| | 17250313 | 硬聚氯乙烯加筋管(PVC-U) DN225 | m | 1.0409 | | | |
| | 17250314 | 硬聚氯乙烯加筋管(PVC-U) DN300 | m | | 1.0409 | | |
| | 17250315 | 硬聚氯乙烯加筋管(PVC-U) DN400 | m | | | 1.0409 | |
| | 17250722 | 高密度聚乙烯双壁波纹管(HDPE) DN225 | m | | | | 1.0409 |
| | 17251314 | 增强聚丙烯管(FRPP) DN800 | m | 0.0168 | 0.0296 | 0.0328 | 0.0168 |
| | 34110101 | 水 | $m^3$ | 0.1713 | 0.2712 | 0.4389 | 0.1713 |
| | 35090501 | 列板使用费 | t·d | 1.7400 | 1.7400 | 1.7400 | 1.7400 |
| | 35090511 | 列板支撑使用费 | t·d | 0.6660 | 0.6660 | 0.6660 | 0.6660 |
| | 35091731 | 铁撑板 | t | 0.0028 | 0.0033 | 0.0033 | 0.0028 |
| | 35091771 | 铁撑柱 | kg | 0.9220 | 1.1350 | 1.1350 | 0.9220 |
| | | 其他材料费 | % | 0.1870 | 0.1545 | 0.1201 | 0.1836 |
| 机械 | 99010020 | 履带式单斗液压挖掘机 $0.4m^3$ | 台班 | 0.0027 | 0.0017 | 0.0021 | 0.0027 |
| | 99010060 | 履带式单斗液压挖掘机 $1m^3$ | 台班 | 0.0014 | 0.0040 | 0.0048 | 0.0014 |
| | 99050920 | 混凝土振捣器 | 台班 | 0.0060 | 0.0080 | 0.0106 | 0.0060 |
| | 99440120 | 电动多级离心清水泵 $\phi 50$ | 台班 | 0.0644 | 0.1136 | 0.1256 | 0.0644 |

**工作内容：**挖、填、运土方及工作面内明排水，铺设排水管，砂坞帮，列板撑拆。

| 定额编号 | | | A-12-2-5 | A-12-2-6 | A-12-2-7 | A-12-2-8 |
|---|---|---|---|---|---|---|
| 项目 | | | HDPE管 | | | |
| | | | DN300以内 | DN400以内 | DN500以内 | DN600以内 |
| | | | m | m | m | m |
| 预算定额编号 | 预算定额名称 | 预算定额单位 | 数量 | | | |
| 01-1-1-15 | 人工挖沟槽 埋深1.5m以内 | $m^3$ | 0.1384 | | | |
| 01-1-1-16 | 机械挖沟槽 埋深1.5m以内 | $m^3$ | 0.5170 | 0.6304 | 0.6963 | 0.6747 |
| 01-1-1-17 | 机械挖沟槽 埋深3.5m以内 | $m^3$ | 2.3492 | 2.8444 | 3.9675 | 4.8740 |
| 01-1-2-2 | 人工回填土 夯填 | $m^3$ | 2.6787 | 3.0395 | 4.0937 | 4.6504 |
| 01-1-2-4 | 手推车运土 运距50m以内 | $m^3$ | 0.3259 | 0.4353 | 0.5701 | 0.8983 |
| 01-1-2-5 | 手推车运土 每增运50m | $m^3$ | 0.3259 | 0.4353 | 0.5701 | 0.8983 |
| 01-4-4-1 | 砂垫层 | $m^3$ | 0.3259 | 0.4353 | 0.5701 | 0.6783 |
| 01-16-2-5 | 排水管铺设 HDPE管DN300 | m | 0.9820 | | | |
| 01-16-2-6 | 排水管铺设 HDPE管DN400 | m | | 0.9820 | | |
| 01-16-2-7 | 排水管铺设 HDPE管DN500 | m | | | 0.9775 | |
| 01-16-2-8 | 排水管铺设 HDPE管DN600 | m | | | | 0.9700 |
| 01-17-6-4 | 基坑明排水 集水井 安装、拆除 | 座 | 0.0247 | 0.0273 | 0.0400 | 0.0487 |
| 01-17-6-5 | 基坑明排水 集水井 使用 | 座·天 | 0.0988 | 0.1092 | 0.1600 | 0.1948 |
| 52-4-2-3 | 撑拆列板 深≤2.5m，双面 | 100m | 0.0100 | 0.0100 | | |
| 52-4-2-4 | 撑拆列板 深≤3.0m，双面 | 100m | | | 0.0100 | 0.0100 |
| 52-4-2-5 | 列板使用费 | t·d | 1.7400 | 1.7400 | 1.7400 | 1.7400 |
| 52-4-2-6 | 列板支撑使用费 | t·d | 0.6660 | 0.6660 | 0.6660 | 0.6660 |

**工作内容：** 挖、填、运土方及工作面内明排水，铺设排水管，砂坞帮，列板撑拆。

| 定额编号 | | | | A-12-2-5 | A-12-2-6 | A-12-2-7 | A-12-2-8 |
|---|---|---|---|---|---|---|---|
| 项目 | | | | HDPE管 | | | |
| | | | | DN300以内 | DN400以内 | DN500以内 | DN600以内 |
| 名称 | | | 单位 | m | m | m | m |
| 人工 | 00030121 | 混凝土工 | 工日 | 0.0867 | 0.1158 | 0.1516 | 0.1804 |
| | 00030125 | 砌筑工 | 工日 | 0.0334 | 0.0432 | 0.0547 | 0.0640 |
| | 00030153 | 其他工 | 工日 | 0.8392 | 0.9051 | 1.2216 | 1.4437 |
| | 00190101 | 综合人工 | 工日 | 0.5703 | 0.5703 | 0.7879 | 0.7879 |
| 材料 | 03150501 | 骑马钉 | kg | 0.2090 | 0.2090 | 0.2508 | 0.2508 |
| | 04030119 | 黄砂　中粗 | kg | 541.6979 | 723.5382 | 947.5974 | 1127.4431 |
| | 04050218 | 碎石　5～70 | kg | 28.7030 | 31.7244 | 46.4826 | 56.5926 |
| | 04131711 | 蒸压灰砂砖 | 1000块 | 0.0015 | 0.0015 | 0.0015 | 0.0015 |
| | 05030101 | 成材 | $m^3$ | 0.0044 | 0.0044 | 0.0050 | 0.0050 |
| | 17250723 | 高密度聚乙烯双壁波纹管（HDPE）DN300 | m | 1.0409 | | | |
| | 17250724 | 高密度聚乙烯双壁波纹管（HDPE）DN400 | m | | 1.0409 | | |
| | 17250725 | 高密度聚乙烯双壁波纹管（HDPE）DN500 | m | | | 1.0362 | |
| | 17250726 | 高密度聚乙烯双壁波纹管（HDPE）DN600 | m | | | | 1.0282 |
| | 17251314 | 增强聚丙烯管（FRPP）DN800 | m | 0.0296 | 0.0328 | 0.0480 | 0.0584 |
| | 34110101 | 水 | $m^3$ | 0.2712 | 0.4389 | 0.6506 | 0.8888 |
| | 35090501 | 列板使用费 | t・d | 1.7400 | 1.7400 | 1.7400 | 1.7400 |
| | 35090511 | 列板支撑使用费 | t・d | 0.6660 | 0.6660 | 0.6660 | 0.6660 |
| | 35091731 | 铁撑板 | t | 0.0033 | 0.0033 | 0.0041 | 0.0041 |
| | 35091771 | 铁撑柱 | kg | 1.1350 | 1.1350 | 1.3830 | 1.3830 |
| | | 其他材料费 | % | 0.1460 | 0.0995 | 0.0922 | 0.0793 |
| 机械 | 99010020 | 履带式单斗液压挖掘机　$0.4m^3$ | 台班 | 0.0017 | 0.0021 | 0.0023 | 0.0022 |
| | 99010060 | 履带式单斗液压挖掘机　$1m^3$ | 台班 | 0.0040 | 0.0048 | 0.0067 | 0.0083 |
| | 99050920 | 混凝土振捣器 | 台班 | 0.0080 | 0.0106 | 0.0139 | 0.0166 |
| | 99440120 | 电动多级离心清水泵　$\phi 50$ | 台班 | 0.1136 | 0.1256 | 0.1840 | 0.2240 |

# 第三节　检　查　井

**工作内容：** 1,2. 铺设垫层，模板安拆，混凝土浇捣养护，砖砌检查井及双面粉刷，盖座安装。
3. 成品检查井及盖座安装。

| 定额编号 | | | A-12-3-1 | A-12-3-2 | A-12-3-3 |
|---|---|---|---|---|---|
| 项目 | | | 砖砌检查井 | | 塑料成品检查井 |
| | | | 480×480 | 600×600 | |
| | | | 埋深 1.5m 以内 | 埋深 2m 以内 | |
| | | | 座 | 座 | 座 |
| 预算定额编号 | 预算定额名称 | 预算定额单位 | 数量 | | |
| 01-4-1-16 | 砖砌检查井 埋深 3.0m 以内 | $m^3$ | 0.3820 | 1.4510 | |
| 01-4-4-5 | 碎石垫层 干铺无砂 | $m^3$ | 0.0846 | 0.3276 | |
| 01-5-1-1 换 | 预拌混凝土(非泵送) 垫层 | $m^3$ | 0.0672 | 0.2089 | |
| 01-5-7-13 | 预拌混凝土(非泵送) 零星构件 | $m^3$ | 0.0168 | 0.0182 | |
| 01-5-10-11 | 检查井 混凝土盖座安装 500×500 | 套 | 1.0000 | | |
| 01-5-10-12 | 检查井 混凝土盖座安装 600×600 | 套 | | 1.0000 | |
| 01-12-3-3 系 | 一般抹灰 池、槽 | $m^2$ | 4.4222 | 10.0032 | |
| 01-16-3-1 | 成品检查井 | 座 | | | 1.0000 |
| 01-16-3-3 | 合成树脂盖座 600×600 | 套 | | | 1.0000 |
| 01-17-2-39 | 复合模板 垫层 | $m^2$ | 0.3280 | 0.7080 | |

**工作内容：**1,2. 铺设垫层，模板安拆，混凝土浇捣养护，砖砌检查井及双面粉刷，盖座安装。
3. 成品检查井及盖座安装。

| 定额编号 | | | | A-12-3-1 | A-12-3-2 | A-12-3-3 |
|---|---|---|---|---|---|---|
| 项目 | | | | 砖砌检查井 | | 塑料成品检查井 |
| | | | | 480×480 | 600×600 | |
| | | | | 埋深1.5m以内 | 埋深2m以内 | |
| 名称 | | | 单位 | 座 | 座 | 座 |
| 人工 | 00030117 | 模板工 | 工日 | 0.0355 | 0.0767 | |
| | 00030121 | 混凝土工 | 工日 | 0.0752 | 0.2304 | |
| | 00030125 | 砌筑工 | 工日 | 0.6489 | 2.1571 | 0.7092 |
| | 00030127 | 一般抹灰工 | 工日 | 1.1701 | 2.6468 | |
| | 00030153 | 其他工 | 工日 | 0.1928 | 0.4839 | 0.0429 |
| 材料 | 02090101 | 塑料薄膜 | $m^2$ | 0.4620 | 0.5005 | |
| | 03150101 | 圆钉 | kg | 0.0126 | 0.0271 | |
| | 04050218 | 碎石 5～70 | kg | 131.2146 | 508.1076 | |
| | 04131714 | 蒸压灰砂砖 240×115×53 | 块 | 205.2188 | 779.5091 | |
| | 05030107 | 中方材 55～100cm$^2$ | $m^3$ | 0.0045 | 0.0096 | |
| | 34110101 | 水 | $m^3$ | 0.0823 | 0.2558 | |
| | 35010801 | 复合模板 | $m^2$ | 0.0809 | 0.1747 | |
| | 36018912 | 合成树脂盖座 600×600 | 套 | | | 1.0100 |
| | 36018951 | 混凝土盖座 500×500 | 套 | 1.0100 | | |
| | 36018952 | 混凝土盖座 600×600 | 套 | | 1.0100 | |
| | 36019121 | 塑料检查井 | 座 | | | 1.0000 |
| | 80060111 | 干混砌筑砂浆 DM M5.0 | $m^3$ | | | 0.0110 |
| | 80060113 | 干混砌筑砂浆 DM M10.0 | $m^3$ | 0.0994 | 0.3468 | |
| | 80060214 | 干混抹灰砂浆 DP M20.0 | $m^3$ | 0.0907 | 0.2051 | |
| | 80210515 | 预拌混凝土(非泵送型) C20 粒径 5～40 | $m^3$ | 0.0679 | 0.2110 | |
| | 80210521 | 预拌混凝土(非泵送型) C30 粒径 5～40 | $m^3$ | 0.0170 | 0.0184 | |
| | | 其他材料费 | % | 0.0299 | 0.0248 | 1.0000 |
| 机械 | 99050920 | 混凝土振捣器 | 台班 | 0.0079 | 0.0190 | |
| | 99070530 | 载重汽车 5t | 台班 | 0.0007 | 0.0014 | |
| | 99130340 | 电动夯实机 250N·m | 台班 | 0.0023 | 0.0088 | |
| | 99210010 | 木工圆锯机 $\phi$500 | 台班 | 0.0010 | 0.0021 | |

# 第四节 其 他

工作内容：1. 挖、填、运土方，混凝土垫层和压顶浇捣养护，砖基础和墙体砌筑，双面粉刷及涂料，金属栏杆安装及油漆。
2. 挖、填、运土方，混凝土垫层和压顶浇捣养护，砖基础和墙体砌筑，双面粉刷。
3. 挖、运土方，路基平整，铺设垫层，混凝土基础浇捣养护，预埋铁件，自动门、轨道安装及校正、调试。
4. 安装电动装置及调试。

| 定额编号 | | | A-12-4-1 | A-12-4-2 | A-12-4-3 | A-12-4-4 |
|---|---|---|---|---|---|---|
| 项目 | | | 金属花饰围墙 | 实体围墙 | 伸缩自动门及轨道基础 | 伸缩自动门电动装置 |
| | | | 多孔砖 | | | |
| | | | $m^2$ | $m^2$ | m | 套 |
| 预算定额编号 | 预算定额名称 | 预算定额单位 | 数量 | | | |
| 01-1-1-7 | 人工挖土方 埋深 1.5m 以内 | $m^3$ | | | 0.2250 | |
| 01-1-1-15 | 人工挖沟槽 埋深 1.5m 以内 | $m^3$ | 0.4600 | 0.1403 | | |
| 01-1-2-2 | 人工回填土 夯填 | $m^3$ | 0.3613 | 0.0325 | | |
| 01-1-2-4 | 手推车运土 运距 50m 以内 | $m^3$ | 0.0987 | 0.1078 | 0.2250 | |
| 01-1-2-5 | 手推车运土 每增运 50m | $m^3$ | 0.0987 | 0.1078 | | |
| 01-4-1-1 | 砖基础 蒸压灰砂砖 | $m^3$ | 0.0670 | 0.0720 | | |
| 01-4-1-8 | 多孔砖墙 1 砖(240mm) | $m^3$ | 0.0799 | 0.2542 | | |
| 01-5-1-1 换 | 预拌混凝土(非泵送) 垫层 | $m^3$ | 0.0286 | 0.0557 | | |
| 01-5-7-8 | 预拌混凝土(非泵送) 扶手、压顶 | $m^3$ | 0.0112 | 0.0072 | | |
| 01-5-11-33 | 钢筋 扶手、压顶 | t | 0.0006 | 0.0005 | | |
| 01-5-12-2 | 预埋铁件 | t | 0.0010 | | 0.0348 | |
| 01-6-6-9 | 钢栏杆(钢护栏) | t | 0.0331 | | | |
| 01-8-5-7 | 不锈钢伸缩门 | m | | | 1.0000 | |
| 01-8-5-8 | 伸缩门电动装置 | 套 | | | | 1.0000 |
| 01-12-1-1 | 一般抹灰 外墙 | $m^2$ | 1.0959 | 2.0000 | | |
| 01-12-1-14 | 装饰线条抹灰 普通线条 | $m^2$ | | 0.2500 | | |
| 01-14-4-2 | 金属面油漆 调和漆两遍 | $m^2$ | 2.6707 | | | |
| 01-14-6-1 | 仿瓷涂料 墙面 三遍 | $m^2$ | 0.9838 | | | |
| 01-16-1-1 | 路基平整 挖、填、运土方 300mm 以内 | $m^2$ | | | 0.7500 | |
| 01-16-1-4 | 道碴基层 100mm | $m^2$ | | | 0.7500 | |
| 01-16-1-8 | 混凝土面层 100mm | $m^2$ | | | 0.7500 | |
| 01-16-1-9 | 混凝土面层 每增减 10mm | $m^2$ | | | 7.5000 | |
| 01-17-2-39 | 复合模板 垫层 | $m^2$ | 0.0690 | 0.4974 | | |
| 01-17-2-100 | 复合模板 扶手压顶 | $m^2$ | 0.0933 | 0.0600 | | |

**工作内容：** 1. 挖、填、运土方，混凝土垫层和压顶浇捣养护，砖基础和墙体砌筑，双面粉刷及涂料，金属栏杆安装及油漆。
2. 挖、填、运土方，混凝土垫层和压顶浇捣养护，砖基础和墙体砌筑，双面粉刷。
3. 挖、运土方，路基平整，铺设垫层，混凝土基础浇捣养护，预埋铁件，自动门、轨道安装及校正、调试。
4. 安装电动装置及调试。

| 定额编号 | | | | A-12-4-1 | A-12-4-2 | A-12-4-3 | A-12-4-4 |
|---|---|---|---|---|---|---|---|
| 项目 | | | | 金属花饰围墙 | 实体围墙 | 伸缩自动门及轨道基础 | 伸缩自动门电动装置 |
| | | | | 多孔砖 | | | |
| 名称 | | | 单位 | $m^2$ | $m^2$ | m | 套 |
| 人工 | 00030117 | 模板工 | 工日 | 0.0419 | 0.0679 | 0.4386 | |
| | 00030119 | 钢筋工 | 工日 | 0.0075 | 0.0063 | | |
| | 00030121 | 混凝土工 | 工日 | 0.0214 | 0.0294 | 0.0761 | |
| | 00030125 | 砌筑工 | 工日 | 0.1272 | 0.2887 | | |
| | 00030127 | 一般抹灰工 | 工日 | 0.1572 | 0.3850 | | |
| | 00030131 | 装饰木工 | 工日 | | | 0.4200 | 1.3130 |
| | 00030139 | 油漆工 | 工日 | 0.1520 | | | |
| | 00030143 | 起重工 | 工日 | 0.1946 | | | |
| | 00030153 | 其他工 | 工日 | 0.4574 | 0.2039 | 0.2884 | 0.5099 |
| 材料 | 01010120 | 成型钢筋 | t | 0.0006 | 0.0005 | | |
| | 01050194 | 钢丝绳 $\phi$12 | m | 0.1086 | | | |
| | 02090101 | 塑料薄膜 | $m^2$ | 0.2053 | 0.1320 | 0.8250 | |
| | 03130115 | 电焊条 J422 $\phi$4.0 | kg | 0.2018 | | 1.0440 | |
| | 03130201 | 不锈钢焊条 | kg | | | 0.0200 | |
| | 03150101 | 圆钉 | kg | 0.0059 | 0.0213 | | |
| | 03152501 | 镀锌铁丝 | kg | 0.0030 | 0.0025 | | |
| | 03154813 | 铁件 | kg | | | 0.4110 | |
| | 04050218 | 碎石 5～70 | kg | | | 137.4750 | |
| | 04070510 | 石屑 0～6 | kg | | | 20.1375 | |
| | 04131714 | 蒸压灰砂砖 240×115×53 | 块 | 35.2625 | 37.8940 | | |
| | 04131772 | 蒸压灰砂多孔砖 240×115×90 | 块 | 27.3810 | 87.1119 | | |
| | 05030107 | 中方材 55～100$cm^2$ | $m^3$ | 0.0021 | 0.0076 | | |
| | 11190411 | 不锈钢伸缩门(含轨道) | m | | | 1.0000 | |
| | 11370301 | 电动伸缩门自动装置 | 套 | | | | 1.0000 |
| | 13010115 | 酚醛调和漆 | kg | 0.4420 | | | |
| | 13011411 | 环氧富锌底漆 | kg | 0.1403 | | | |
| | 13031301 | 仿瓷涂料 | kg | 1.2494 | | | |
| | 13170211 | 成品腻子粉 | kg | 1.2644 | | | |

（续表）

| 定额编号 | | | | A-12-4-1 | A-12-4-2 | A-12-4-3 | A-12-4-4 |
|---|---|---|---|---|---|---|---|
| 项目 | | | | 金属花饰围墙 | 实体围墙 | 伸缩自动门及轨道基础 | 伸缩自动门电动装置 |
| | | | | 多孔砖 | | | |
| 名称 | | | 单位 | $m^2$ | $m^2$ | m | 套 |
| 材料 | 14050121 | 油漆溶剂油 | kg | 0.0235 | | | |
| | 14354301 | 稀释剂 | kg | 0.0112 | | | |
| | 14390101 | 氧气 | $m^3$ | 0.0437 | | | |
| | 14413101 | 801 建筑胶水 | kg | 0.3394 | | | |
| | 33052131 | 钢栏杆(钢护栏) | t | 0.0331 | | | |
| | 33330811 | 预埋铁件 | t | 0.0010 | | 0.0348 | |
| | 34110101 | 水 | $m^3$ | 0.0318 | 0.0602 | 0.0315 | |
| | 35010801 | 复合模板 | $m^2$ | 0.0423 | 0.1390 | | |
| | 35070911 | 吊装夹具 | 套 | 0.0007 | | | |
| | 35130010 | 千斤顶 | 只 | 0.0007 | | | |
| | 80060111 | 干混砌筑砂浆 DM M5.0 | $m^3$ | 0.0184 | 0.0584 | | |
| | 80060113 | 干混砌筑砂浆 DM M10.0 | $m^3$ | 0.0164 | 0.0176 | | |
| | 80060213 | 干混抹灰砂浆 DP M15.0 | $m^3$ | 0.0225 | 0.0410 | | |
| | 80060214 | 干混抹灰砂浆 DP M20.0 | $m^3$ | | 0.0064 | | |
| | 80210515 | 预拌混凝土(非泵送型) C20 粒径 5～40 | $m^3$ | 0.0289 | 0.0563 | | |
| | 80210521 | 预拌混凝土(非泵送型) C30 粒径 5～40 | $m^3$ | 0.0113 | 0.0073 | 0.1516 | |
| | | 其他材料费 | % | 3.0303 | 0.3212 | | |
| 机械 | 99050920 | 混凝土振捣器 | 台班 | 0.0040 | 0.0055 | 0.0118 | |
| | 99070530 | 载重汽车 5t | 台班 | 0.0003 | 0.0011 | | |
| | 99090100 | 履带式起重机 20t | 台班 | 0.0103 | | | |
| | 99130121 | 内燃光轮压路机 8t | 台班 | | | 0.0011 | |
| | 99210010 | 木工圆锯机 $\phi$500 | 台班 | 0.0006 | 0.0018 | | |
| | 99250020 | 交流弧焊机 32kV·A | 台班 | 0.0195 | | 0.1462 | |

**工作内容：**1,2. 挖、填、运土方，模板安拆、钢筋绑扎安放、混凝土垫层和基础浇捣养护，预埋铁件，安装旗杆及附件。
3. 安装电动升降系统及调试。
4. 安装风动系统及调试。

| 定额编号 | | | A-12-4-5 | A-12-4-6 | A-12-4-7 | A-12-4-8 |
|---|---|---|---|---|---|---|
| 项目 | | | 金属旗杆 | | 旗帜电动升降系统 | 旗帜风动系统 |
| | | | 高度10m以内 | 高度10m以外 | | |
| | | | 根 | 根 | 套 | 套 |
| 预算定额编号 | 预算定额名称 | 预算定额单位 | 数量 | | | |
| 01-1-1-18 | 人工挖基坑 埋深1.5m以内 | $m^3$ | 3.0720 | 5.1840 | | |
| 01-1-2-2 | 人工回填土 夯填 | $m^3$ | 2.2680 | 3.5400 | | |
| 01-1-2-4 | 手推车运土 运距50m以内 | $m^3$ | 0.8040 | 1.6440 | | |
| 01-1-2-5 | 手推车运土 每增运50m | $m^3$ | 0.8040 | 1.6440 | | |
| 01-5-1-1换 | 预拌混凝土(非泵送) 垫层 | $m^3$ | 0.1000 | 0.1440 | | |
| 01-5-7-13 | 预拌混凝土(非泵送) 零星构件 | $m^3$ | 0.7040 | 1.5000 | | |
| 01-5-12-2 | 预埋铁件 | t | 0.0053 | 0.0091 | | |
| 01-8-10-15换 | 地脚螺栓 | 套 | 4.0000 | 4.0000 | | |
| 01-15-6-5 | 金属旗杆高度 10m内 | 根 | 1.0000 | | | |
| 01-15-6-6 | 金属旗杆高度 10m外 | 根 | | 1.0000 | | |
| 01-15-6-7 | 旗帜电动升降系统 | 套 | | | 1.0000 | |
| 01-15-6-8 | 旗帜风动系统 | 套 | | | | 1.0000 |
| 01-17-2-39 | 复合模板 垫层 | $m^2$ | 0.4000 | 0.4800 | | |
| 01-17-2-94 | 复合模板 零星构件 | $m^2$ | 3.5200 | 6.0000 | | |

**工作内容：** 1,2. 挖、填、运土方，模板安拆、钢筋绑扎安放、混凝土垫层和基础浇捣养护，预埋铁件，安装旗杆及附件。
3. 安装电动升降系统及调试。
4. 安装风动系统及调试。

| 定额编号 | | | | A-12-4-5 | A-12-4-6 | A-12-4-7 | A-12-4-8 |
|---|---|---|---|---|---|---|---|
| 项目 | | | | 金属旗杆 | | 旗帜电动升降系统 | 旗帜风动系统 |
| | | | | 高度 10m 以内 | 高度 10m 以外 | | |
| 名称 | | | 单位 | 根 | 根 | 套 | 套 |
| 人工 | 00030117 | 模板工 | 工日 | 1.1492 | 1.9379 | | |
| | 00030121 | 混凝土工 | 工日 | 0.6319 | 1.3174 | | |
| | 00030131 | 装饰木工 | 工日 | 6.3510 | 10.3330 | 0.4000 | 0.8000 |
| | 00030153 | 其他工 | 工日 | 3.6304 | 5.9961 | 0.0861 | 0.1722 |
| 材料 | 02090101 | 塑料薄膜 | $m^2$ | 19.3600 | 41.2500 | | |
| | 03014801 | 高强螺栓连母垫 | 套 | 4.0000 | 4.0000 | | |
| | 03015256 | 地脚螺栓 M20×800 | 套 | 4.0000 | | | |
| | 03015257 | 地脚螺栓 M24×1200 | 套 | | 4.0000 | | |
| | 03130115 | 电焊条 J422 $\phi$4.0 | kg | 0.1590 | 0.2730 | | |
| | 03130201 | 不锈钢焊条 | kg | 4.7780 | 7.9630 | | |
| | 03150101 | 圆钉 | kg | 3.3649 | 5.7280 | | |
| | 03152061 | 旗杆定滑轮 | 个 | 1.0000 | 1.0000 | | |
| | 03154813 | 铁件 | kg | 17.2800 | 28.8000 | | |
| | 05030107 | 中方材 55～100$cm^2$ | $m^3$ | 0.1381 | 0.2327 | | |
| | 12370206 | 金属旗杆 高度 10m 内 | 根 | 1.0000 | | | |
| | 12370207 | 金属旗杆 高度 10m 外 | 根 | | 1.0000 | | |
| | 12372301 | 不锈钢旗杆球珠 | 个 | 1.0000 | 1.0000 | | |
| | 12372101 | 旗帜电动升降系统 | 套 | | | 1.0000 | |
| | 12372121 | 旗帜风动系统 | 套 | | | | 1.0000 |
| | 33330811 | 预埋铁件 | t | 0.0053 | 0.0091 | | |
| | 34110101 | 水 | $m^3$ | 0.4732 | 0.9861 | | |
| | 35010801 | 复合模板 | $m^2$ | 1.2089 | 2.0108 | | |
| | 80210515 | 预拌混凝土(非泵送型) C20 粒径 5～40 | $m^3$ | 0.1010 | 0.1454 | | |
| | 80210521 | 预拌混凝土(非泵送型) C30 粒径 5～40 | $m^3$ | 0.7110 | 1.5150 | | |
| | | 其他材料费 | % | 0.8231 | 0.9703 | 1.5000 | 1.5000 |
| 机械 | 99050920 | 混凝土振捣器 | 台班 | 0.1203 | 0.2511 | | |
| | 99070530 | 载重汽车 5t | 台班 | 0.0170 | 0.0286 | | |
| | 99210010 | 木工圆锯机 $\phi$500 | 台班 | 0.0220 | 0.0368 | | |
| | 99250020 | 交流弧焊机 32kV·A | 台班 | 0.0223 | 0.0382 | | |
| | 99250440 | 氩弧焊机 500A | 台班 | 4.2300 | 7.0500 | | |

# 第五节　构　筑　物

**工作内容：** 1. 挖、填、运土方及工作面内明排水，模板安拆、螺栓模套预留、混凝土基础浇捣养护。

2,3. 挖、填、运土方及工作面内明排水，模板安拆、钢筋绑扎安放、螺栓模套预留、混凝土垫层和基础浇捣养护。

| 定　额　编　号 | | | A-12-5-1 | A-12-5-2 | A-12-5-3 |
|---|---|---|---|---|---|
| 项　　目 | | | 设备基础 | | |
| | | | 素混凝土 | 钢筋混凝土 | 钢筋混凝土组合式 埋深4m以内 |
| | | | $m^3$ | $m^3$ | $m^3$ |
| 预算定额编号 | 预算定额名称 | 预算定额单位 | 数　量 | | |
| 01-1-1-8 | 机械挖土方　埋深1.5m以内 | $m^3$ | 1.1550 | 0.3375 | |
| 01-1-1-9 | 机械挖土方　埋深3.5m以内 | $m^3$ | 0.3850 | 0.6750 | 1.8200 |
| 01-1-1-10 | 机械挖土方　埋深5.0m以内 | $m^3$ | | 0.3375 | 1.8200 |
| 01-1-2-2 | 人工回填土　夯填 | $m^3$ | 1.2320 | 1.0800 | 1.2200 |
| 01-1-2-4 | 手推车运土　运距50m以内 | $m^3$ | 1.2320 | 1.0800 | 1.2200 |
| 01-5-1-1换 | 预拌混凝土(非泵送)　垫层 | $m^3$ | | 0.0400 | 0.0700 |
| 01-5-1-6换 | 预拌混凝土(非泵送)　设备基础 | $m^3$ | 1.0000 | 1.0000 | 1.0000 |
| 01-5-11-5 | 钢筋　设备基础 | t | | 0.0264 | 0.1313 |
| 01-17-2-39 | 复合模板　垫层 | $m^2$ | | 0.0833 | 0.1458 |
| 01-17-2-50 | 复合模板　基础埋深超3.0m | $m^2$ | | | 6.4862 |
| 01-17-2-51 | 复合模板　设备基础 | $m^2$ | 2.6071 | 2.5470 | 6.4862 |
| 01-17-2-94 | 复合模板　零星构件(设备基础螺栓套1m以内) | $m^2$ | 2.8989 | 4.1722 | 1.6016 |
| 01-17-2-94 | 复合模板　零星构件(设备基础螺栓套1m以外) | $m^2$ | | | 3.2976 |
| 01-17-6-5 | 基坑明排水　集水井　使用 | 座·天 | 0.0500 | 0.0350 | 0.0389 |

**工作内容：** 1. 挖、填、运土方及工作面内明排水，模板安拆、螺栓模套预留、混凝土基础浇捣养护。
2，3. 挖、填、运土方及工作面内明排水，模板安拆、钢筋绑扎安放、螺栓模套预留、混凝土垫层和基础浇捣养护。

| 定额编号 | | | | A-12-5-1 | A-12-5-2 | A-12-5-3 |
|---|---|---|---|---|---|---|
| 项目 | | | | 设备基础 | | |
| | | | | 素混凝土 | 钢筋混凝土 | 钢筋混凝土组合式<br>埋深 4m 以内 |
| 名称 | | | 单位 | $m^3$ | $m^3$ | $m^3$ |
| 人工 | 00030117 | 模板工 | 工日 | 1.5913 | 1.9591 | 3.4236 |
| | 00030119 | 钢筋工 | 工日 | | 0.1120 | 0.5572 |
| | 00030121 | 混凝土工 | 工日 | 0.2513 | 0.2681 | 0.2807 |
| | 00030153 | 其他工 | 工日 | 0.7873 | 0.8138 | 1.2101 |
| 材料 | 01010120 | 成型钢筋 | t | | 0.0267 | 0.1326 |
| | 02090101 | 塑料薄膜 | $m^2$ | 0.4027 | 0.4027 | 0.4027 |
| | 03019315 | 镀锌六角螺母 M14 | 个 | 5.1177 | 4.9998 | 12.7324 |
| | 03150101 | 圆钉 | kg | 2.8454 | 4.0583 | 4.8837 |
| | 03152501 | 镀锌铁丝 | kg | | 0.0792 | 0.3937 |
| | 05030107 | 中方材 55～100$cm^2$ | $m^3$ | 0.1242 | 0.1729 | 0.2237 |
| | 17252681 | 塑料套管 $\phi$18 | m | 4.6060 | 4.4998 | 11.4592 |
| | 34110101 | 水 | $m^3$ | 0.0185 | 0.0313 | 0.0410 |
| | 35010801 | 复合模板 | $m^2$ | 1.5619 | 1.9692 | 3.1924 |
| | 35020531 | 铁板卡 | kg | 1.3854 | 1.3535 | 3.4468 |
| | 35020601 | 模板对拉螺栓 | kg | 1.6125 | 1.5753 | 4.0117 |
| | 35020721 | 模板钢连杆 | kg | 0.6343 | 0.6197 | 1.5781 |
| | 35020902 | 扣件 | 只 | 2.1668 | 2.1168 | 5.3907 |
| | 80210515 | 预拌混凝土(非泵送型)<br>C20 粒径 5～40 | $m^3$ | | 0.0404 | 0.0707 |
| | 80210521 | 预拌混凝土(非泵送型)<br>C30 粒径 5～40 | $m^3$ | 1.0100 | 1.0100 | 1.0100 |
| | | 其他材料费 | % | 0.3270 | 0.3113 | 0.3842 |
| 机械 | 99010060 | 履带式单斗液压挖掘机 1$m^3$ | 台班 | 0.0031 | 0.0018 | 0.0031 |
| | 99010080 | 履带式单斗液压挖掘机 1.25$m^3$ | 台班 | | 0.0007 | 0.0036 |
| | 99050920 | 混凝土振捣器 | 台班 | 0.0769 | 0.0800 | 0.0823 |
| | 99070530 | 载重汽车 5t | 台班 | 0.0248 | 0.0306 | 0.0514 |
| | 99090360 | 汽车式起重机 8t | 台班 | 0.0057 | 0.0056 | 0.0143 |
| | 99210010 | 木工圆锯机 $\phi$500 | 台班 | 0.0320 | 0.0393 | 0.0663 |
| | 99440120 | 电动多级离心清水泵 $\phi$50 | 台班 | 0.0575 | 0.0403 | 0.0447 |

**工作内容：**1. 挖、填、运土方，模板安折、混凝土底板浇捣养护及粉刷。
2. 挖、填、运土方及工作面内明排水，模板安折、钢筋绑扎安放、混凝土垫层和底板浇捣养护及粉刷。

| 定　额　编　号 | | | A-12-5-4 | A-12-5-5 |
|---|---|---|---|---|
| 项　　目 | | | 贮水(油)池池底 | |
| | | | 混凝土埋深 1.5m 以内 | 钢筋混凝土埋深 4m 以内 |
| | | | $m^3$ | $m^3$ |
| 预算定额编号 | 预算定额名称 | 预算定额单位 | 数　量 | |
| 01-1-1-9 | 机械挖土方 埋深 3.5m 以内 | $m^3$ | | 9.9900 |
| 01-1-1-10 | 机械挖土方 埋深 5.0m 以内 | $m^3$ | | 9.9900 |
| 01-1-1-18 | 人工挖基坑 埋深 1.5m 以内 | $m^3$ | 14.5600 | |
| 01-1-2-2 | 人工回填土 夯填 | $m^3$ | 8.0600 | 9.3100 |
| 01-1-2-4 | 手推车运土 运距 50m 以内 | $m^3$ | 6.5000 | 9.3100 |
| 01-5-1-1 换 | 预拌混凝土(非泵送) 垫层 | $m^3$ | | 0.3460 |
| 01-5-11-34 | 钢筋 零星构件 | t | | 0.0709 |
| 01-12-3-3 系 | 一般抹灰 池、槽 | $m^2$ | 5.0000 | 3.0200 |
| 01-17-2-39 | 复合模板 垫层 | $m^2$ | | 0.0739 |
| 01-17-6-5 | 基坑明排水 集水井 使用 | 座·天 | | 0.4195 |
| 全统 6-1-47 换 | 预拌混凝土(非泵送)<br>贮水(油)池 池底 | $10m^3$ | 0.1000 | 0.1000 |
| 全统 6-3-5 换 | 木模板 贮水(油)池 池底<br>素混凝土 | $100m^2$ | 0.0104 | |
| 全统 6-3-5 换 | 木模板 贮水(油)池 池底<br>钢筋混凝土 | $100m^2$ | | 0.0072 |

**工作内容：** 1. 挖、填、运土方，模板安拆、混凝土底板浇捣养护及粉刷。
2. 挖、填、运土方及工作面内明排水，模板安拆、钢筋绑扎安放、混凝土垫层和底板浇捣养护及粉刷。

| 定 额 编 号 | | | | A-12-5-4 | A-12-5-5 |
|---|---|---|---|---|---|
| 项 目 | | | | 贮水(油)池池底 | |
| | | | | 混凝土埋深 1.5m 以内 | 钢筋混凝土埋深 4m 以内 |
| 名 称 | | | 单位 | $m^3$ | $m^3$ |
| 人工 | 00030117 | 模板工 | 工日 | 0.2314 | 0.2461 |
| | 00030119 | 钢筋工 | 工日 | | 1.1044 |
| | 00030121 | 混凝土工 | 工日 | 0.3115 | 0.4566 |
| | 00030127 | 一般抹灰工 | 工日 | 1.3230 | 0.7991 |
| | 00030153 | 其他工 | 工日 | 9.0568 | 3.9016 |
| 材料 | 01010120 | 成型钢筋 | t | | 0.0716 |
| | 02090101 | 塑料薄膜 | $m^2$ | 5.6765 | 5.6765 |
| | 03150101 | 圆钉 | kg | 0.1929 | 0.1959 |
| | 03152501 | 镀锌铁丝 | kg | | 0.3545 |
| | 05030107 | 中方材 55～100cm$^2$ | $m^3$ | | 0.0010 |
| | 34110101 | 水 | $m^3$ | 0.2686 | 0.3756 |
| | 35010703 | 木模板成材 | $m^3$ | 0.0193 | 0.0193 |
| | 35010801 | 复合模板 | $m^2$ | | 0.0182 |
| | 80060214 | 干混抹灰砂浆 DP M20.0 | $m^3$ | 0.1025 | 0.0619 |
| | 80210515 | 预拌混凝土(非泵送型) C20 粒径 5～40 | $m^3$ | | 0.3495 |
| | 80210521 | 预拌混凝土(非泵送型) C30 粒径 5～40 | $m^3$ | 1.0100 | 1.0100 |
| | | 其他材料费 | % | 0.0212 | 0.0176 |
| 机械 | 99010060 | 履带式单斗液压挖掘机 1m$^3$ | 台班 | | 0.0170 |
| | 99010080 | 履带式单斗液压挖掘机 1.25m$^3$ | 台班 | | 0.0200 |
| | 99050920 | 混凝土振捣器 | 台班 | 0.2000 | 0.2266 |
| | 99070520 | 载重汽车 4t | 台班 | 0.0020 | 0.0020 |
| | 99070530 | 载重汽车 5t | 台班 | | 0.0001 |
| | 99210010 | 木工圆锯机 $\phi$500 | 台班 | 0.0030 | 0.0032 |
| | 99210080 | 木工压刨床(单面) 刨削宽度 600 | 台班 | 0.0020 | 0.0020 |
| | 99440120 | 电动多级离心清水泵 $\phi$50 | 台班 | | 0.4824 |

工作内容：1. 模板安拆、钢筋绑扎安放、混凝土池壁浇捣养护及涂抹界面砂浆、粉刷。

2,3. 模板安拆、钢筋绑扎安放、混凝土池盖浇捣养护及涂抹界面砂浆、粉刷。

| 定额编号 | | | A-12-5-6 | A-12-5-7 | A-12-5-8 |
|---|---|---|---|---|---|
| 项目 | | | 贮水(油)池池壁 | 贮水(油)池池盖 | |
| | | | 矩形 | 无梁盖 | 球形盖 |
| | | | m³ | m³ | m³ |
| 预算定额编号 | 预算定额名称 | 预算定额单位 | 数量 | | |
| 01-5-11-15 | 钢筋 直形墙、电梯井壁 | t | 0.1762 | | |
| 01-5-11-19 | 钢筋 平板、无梁板 | t | | 0.0674 | |
| 01-5-11-21 | 钢筋 拱形板 | t | | | 0.0858 |
| 01-12-1-12 | 墙柱面界面砂浆 混凝土面 | m² | 10.0000 | | |
| 01-12-3-3 系 | 一般抹灰 池、槽 | m² | 10.0000 | 12.8800 | 12.1696 |
| 01-13-1-7 | 混凝土天棚 界面砂浆 | m² | | 12.8800 | 12.1696 |
| 全统 6-1-59 换 | 预拌混凝土(非泵送) 贮水(油)池 池壁 矩形 | 10m³ | 0.1000 | | |
| 全统 6-1-83 换 | 预拌混凝土(非泵送) 贮水(油)池 池盖 无梁盖 | 10m³ | | 0.1000 | |
| 全统 6-1-85 换 | 预拌混凝土(非泵送) 贮水(油)池 池盖 球形盖 | 10m³ | | | 0.1000 |
| 全统 6-3-8 换 | 木模板 贮水(油)池 池壁 矩形 | 100m² | 0.0949 | | |
| 全统 6-3-13 换 | 木模板 贮水(油)池 池盖 无梁盖 | 100m² | | 0.0644 | |
| 全统 6-3-17 换 | 木模板 贮水(油)池 池盖 球形盖 | 100m² | | | 0.1217 |

**工作内容：** 1. 模板安拆、钢筋绑扎安放、混凝土池壁浇捣养护及涂抹界面砂浆、粉刷。
2,3. 模板安拆、钢筋绑扎安放、混凝土池盖浇捣养护及涂抹界面砂浆、粉刷。

| 定额编号 | | | | A-12-5-6 | A-12-5-7 | A-12-5-8 |
|---|---|---|---|---|---|---|
| 项目 | | | | 贮水(油)池池壁 | 贮水(油)池池盖 | |
| | | | | 矩形 | 无梁盖 | 球形盖 |
| 名称 | | | 单位 | $m^3$ | $m^3$ | $m^3$ |
| 人工 | 00030117 | 模板工 | 工日 | 1.7951 | 1.3743 | 4.7254 |
| | 00030119 | 钢筋工 | 工日 | 0.8784 | 0.3711 | 0.5225 |
| | 00030121 | 混凝土工 | 工日 | 0.4897 | 0.5216 | 0.7251 |
| | 00030127 | 一般抹灰工 | 工日 | 2.8130 | 3.6450 | 3.4440 |
| | 00030153 | 其他工 | 工日 | 1.4162 | 1.1234 | 3.6266 |
| 材料 | 01010120 | 成型钢筋 | t | 0.1780 | 0.0681 | 0.0867 |
| | 02090101 | 塑料薄膜 | $m^2$ | 1.3678 | 3.0303 | 3.0303 |
| | 03150101 | 圆钉 | kg | 1.7701 | 0.6163 | 1.8109 |
| | 03152501 | 镀锌铁丝 | kg | 1.2283 | 0.3774 | 0.4805 |
| | 33330801 | 预埋铁件 | kg | | | 2.3281 |
| | 34110101 | 水 | $m^3$ | 0.5763 | 0.2407 | 0.2392 |
| | 35010703 | 木模板成材 | $m^3$ | 0.1651 | 0.1217 | 0.2716 |
| | 80060214 | 干混抹灰砂浆 DP M20.0 | $m^3$ | 0.2050 | 0.2640 | 0.2495 |
| | 80090101 | 干混界面砂浆 | $m^3$ | 0.0150 | 0.0193 | 0.0183 |
| | 80210521 | 预拌混凝土(非泵送型) C30 粒径 5～40 | $m^3$ | 1.0100 | 1.0100 | 1.0100 |
| | | 其他材料费 | % | 0.1672 | 0.1982 | 0.8122 |
| 机械 | 99050920 | 混凝土振捣器 | 台班 | 0.2000 | 0.2000 | 0.2000 |
| | 99070520 | 载重汽车 4t | 台班 | 0.0470 | 0.0225 | 0.0490 |
| | 99210010 | 木工圆锯机 $\phi$500 | 台班 | 0.0380 | 0.0605 | 0.4048 |
| | 99210080 | 木工压刨床(单面) 刨削宽度 600 | 台班 | 0.0510 | 0.0277 | 0.0582 |

**工作内容：** 1. 挖、填、运土方，模板安拆，钢筋绑扎安放，混凝土垫层、底板、壁、盖板浇捣养护及粉刷。
2. 钢筋混凝土地沟宽度增减。
3. 钢筋混凝土地沟深度增减。

| 定额编号 | | | A-12-5-9 | A-12-5-10 | A-12-5-11 |
|---|---|---|---|---|---|
| 项目 | | | 钢筋混凝土地沟(有盖板) | | |
| | | | 内径<br>500×500mm | 每增减<br>100mm 宽 | 每增减<br>100mm 深 |
| | | | m | m | m |
| 预算定额编号 | 预算定额名称 | 预算定额单位 | 数量 | | |
| 01-1-1-18 | 人工挖基坑 埋深 1.5m 以内 | $m^3$ | 1.0000 | 0.0800 | 0.1200 |
| 01-1-2-2 | 人工回填土 夯填 | $m^3$ | 0.3000 | | 0.0400 |
| 01-1-2-4 | 手推车运土 运距 50m 以内 | $m^3$ | 0.7000 | | 0.0560 |
| 01-5-1-1 换 | 预拌混凝土(非泵送) 垫层 | $m^3$ | 0.0900 | 0.0100 | |
| 01-5-7-4 | 预拌混凝土(非泵送) 地沟 底 | $m^3$ | 0.1200 | 0.0150 | |
| 01-5-7-5 | 预拌混凝土(非泵送) 地沟 壁 | $m^3$ | 0.1740 | | 0.0348 |
| 01-5-10-15 | 现场预制构件 零星构件 | $m^3$ | 0.1060 | 0.0160 | |
| 01-5-11-36 | 钢筋 地沟底、壁、顶板 | t | 0.0368 | 0.0022 | 0.0036 |
| 01-12-3-3 系 | 一般抹灰 池、槽 | $m^2$ | 2.6740 | 0.1000 | 0.4000 |
| 01-17-2-39 | 复合模板 垫层 | $m^2$ | 0.1406 | 0.0157 | |
| 01-17-2-96 | 复合模板 混凝土地沟 沟底 | $m^2$ | 0.1623 | 0.0203 | |
| 01-17-2-97 | 复合模板 混凝土地沟 沟壁 | $m^2$ | 2.0000 | | 0.4000 |
| 01-17-2-112 | 木模板 现场预制零星构件 | $m^3$ | 0.0530 | 0.0080 | |

**工作内容：** 1. 挖、填、运土方，模板安拆，钢筋绑扎安放，混凝土垫层、底板、壁、盖板浇捣养护及粉刷。
2. 钢筋混凝土地沟宽度增减。
3. 钢筋混凝土地沟深度增减。

| 定额编号 | | | | A-12-5-9 | A-12-5-10 | A-12-5-11 |
|---|---|---|---|---|---|---|
| 项目 | | | | 钢筋混凝土地沟(有盖板) | | |
| | | | | 内径 500×500mm | 每增减 100mm 宽 | 每增减 100mm 深 |
| 名称 | | | 单位 | m | m | m |
| 人工 | 00030117 | 模板工 | 工日 | 0.4451 | 0.0195 | 0.0612 |
| | 00030119 | 钢筋工 | 工日 | 0.2031 | 0.0121 | 0.0199 |
| | 00030121 | 混凝土工 | 工日 | 0.3539 | 0.0355 | 0.0207 |
| | 00030127 | 一般抹灰工 | 工日 | 0.7075 | 0.0265 | 0.1058 |
| | 00030153 | 其他工 | 工日 | 0.9021 | 0.0514 | 0.1062 |
| 材料 | 01010120 | 成型钢筋 | t | 0.0372 | 0.0022 | 0.0036 |
| | 02090101 | 塑料薄膜 | $m^2$ | 1.6975 | 0.1940 | 0.0522 |
| | 03150101 | 圆钉 | kg | 0.1088 | 0.0036 | 0.0165 |
| | 03152501 | 镀锌铁丝 | kg | 0.1729 | 0.0103 | 0.0169 |
| | 05030107 | 中方材 55～100cm² | $m^3$ | 0.0357 | 0.0014 | 0.0048 |
| | 34110101 | 水 | $m^3$ | 0.3071 | 0.0275 | 0.0227 |
| | 35010703 | 木模板成材 | $m^3$ | 0.0019 | 0.0003 | |
| | 35010801 | 复合模板 | $m^2$ | 0.6054 | 0.0089 | 0.1061 |
| | 80060214 | 干混抹灰砂浆 DP M20.0 | $m^3$ | 0.0548 | 0.0021 | 0.0082 |
| | 80210515 | 预拌混凝土(非泵送型) C20 粒径 5～40 | $m^3$ | 0.0909 | 0.0101 | |
| | 80210521 | 预拌混凝土(非泵送型) C30 粒径 5～40 | $m^3$ | 0.4040 | 0.0314 | 0.0351 |
| | | 其他材料费 | % | 0.1978 | 0.0877 | 0.3205 |
| 机械 | 99050920 | 混凝土振捣器 | 台班 | 0.0597 | 0.0041 | 0.0056 |
| | 99070530 | 载重汽车 5t | 台班 | 0.0052 | 0.0001 | 0.0008 |
| | 99210010 | 木工圆锯机 φ500 | 台班 | 0.0057 | 0.0002 | 0.0009 |
| | 99210080 | 木工压刨床(单面) 刨削宽度 600 | 台班 | 0.0003 | 0.0001 | |

工作内容：1. 砌筑砖脚，模板安拆，钢筋绑扎安放，混凝土池槽浇捣养护、水泥墙裙及粉刷。
2. 砌筑砖脚，模板安拆，钢筋绑扎安放，混凝土池槽浇捣养护、水泥墙裙及粉刷、铺贴块料面层。
3. 砖砌封墙，模板安拆，钢筋绑扎安放，混凝土便槽浇捣养护，便槽、墙裙粉刷及铺贴块料面层。
4. 砖砌封墙，模板安拆，钢筋绑扎安放，混凝土便槽浇捣养护及粉刷、铺贴块料面层。

| 定额编号 | | | A-12-5-12 | A-12-5-13 | A-12-5-14 | A-12-5-15 |
|---|---|---|---|---|---|---|
| 项目 | | | 钢筋混凝土水槽、盘、池 | | 瓷砖面 | |
| | | | 水泥面 | 瓷砖面 | 小便槽 | 蹲式大便槽 |
| | | | $m^3$ | $m^3$ | m | m |
| 预算定额编号 | 预算定额名称 | 预算定额单位 | 数量 | | | |
| 01-4-1-7 | 多孔砖墙 1/2 砖(115mm) | $m^3$ | | | 0.1000 | |
| 01-4-1-20 | 零星砌体 蒸压灰砂砖 | $m^3$ | 0.0880 | 0.0880 | 0.0500 | 0.2000 |
| 01-5-11-34 | 钢筋 零星构件 | t | 0.0122 | 0.0122 | 0.0023 | 0.0074 |
| 01-11-7-3 | 地砖台阶面 干混砂浆铺贴 | $m^2$ | | | 0.3400 | |
| 01-12-1-2 | 一般抹灰 内墙 | $m^2$ | 4.1200 | 4.1200 | 1.2500 | 1.8800 |
| 01-12-3-3 系 | 一般抹灰 池、槽 | $m^2$ | 6.0300 | 2.0300 | 0.2000 | 0.7600 |
| 01-12-4-23 | 瓷砖墙面干混砂浆铺贴 每块面积 $0.025m^2$ 以内 | $m^2$ | | | 2.0000 | |
| 01-12-6-14 | 瓷砖零星项目 干混砂浆铺贴 | $m^2$ | | 4.0000 | 0.5100 | 0.8600 |
| 全统 6-1-107 换 | 预拌混凝土(非泵送) 小型池槽 | $10m^3$ | 0.0132 | 0.0132 | 0.0025 | 0.0080 |
| 全统 6-3-45 换 | 木模板 小型池槽 | $10m^3$ | 0.0132 | 0.0132 | 0.0025 | 0.0080 |

**工作内容：** 1. 砌筑砖脚，模板安拆，钢筋绑扎安放，混凝土池槽浇捣养护、水泥墙裙及粉刷。
2. 砌筑砖脚，模板安拆，钢筋绑扎安放，混凝土池槽浇捣养护、水泥墙裙及粉刷、铺贴块料面层。
3. 砖砌封墙，模板安拆，钢筋绑扎安放，混凝土便槽浇捣养护，便槽、墙裙粉刷及铺贴块料面层。
4. 砖砌封墙，模板安拆，钢筋绑扎安放，混凝土便槽浇捣养护及粉刷、铺贴块料面层。

| 定额编号 | | | | A-12-5-12 | A-12-5-13 | A-12-5-14 | A-12-5-15 |
|---|---|---|---|---|---|---|---|
| 项目 | | | | 钢筋混凝土水槽、盘、池 | | 瓷砖面 | |
| | | | | 水泥面 | 瓷砖面 | 小便槽 | 蹲式大便槽 |
| 名称 | | | 单位 | $m^3$ | $m^3$ | m | m |
| 人工 | 00030117 | 模板工 | 工日 | 0.3290 | 0.3290 | 0.0623 | 0.1994 |
| | 00030119 | 钢筋工 | 工日 | 0.1900 | 0.1900 | 0.0358 | 0.1153 |
| | 00030121 | 混凝土工 | 工日 | 0.1854 | 0.1854 | 0.0351 | 0.1124 |
| | 00030125 | 砌筑工 | 工日 | 0.1497 | 0.1497 | 0.1805 | 0.3402 |
| | 00030127 | 一般抹灰工 | 工日 | 2.0462 | 0.9878 | 0.1897 | 0.4068 |
| | 00030129 | 装饰抹灰工(镶贴) | 工日 | | 1.4124 | 0.8794 | 0.3037 |
| | 00030153 | 其他工 | 工日 | 0.4946 | 0.6854 | 0.2809 | 0.2850 |
| 材料 | 01010120 | 成型钢筋 | t | 0.0123 | 0.0123 | 0.0023 | 0.0075 |
| | 02090101 | 塑料薄膜 | $m^2$ | 0.3374 | 0.3374 | 0.0639 | 0.2045 |
| | 03150101 | 圆钉 | kg | 0.5953 | 0.5953 | 0.1128 | 0.3608 |
| | 03152501 | 镀锌铁丝 | kg | 0.0610 | 0.0610 | 0.0115 | 0.0370 |
| | 03210801 | 石料切割锯片 | 片 | | 0.0428 | 0.0260 | 0.0092 |
| | 04131714 | 蒸压灰砂砖 240×115×53 | 块 | 48.4291 | 48.4291 | 27.5165 | 110.0662 |
| | 04131772 | 蒸压灰砂多孔砖 240×115×90 | 块 | | | 35.6934 | |
| | 07011531 | 瓷砖 150×150 | $m^2$ | | | 2.0600 | |
| | 07011534 | 瓷砖 150(200)×150 | $m^2$ | | 4.2400 | 0.5406 | 0.9116 |
| | 07050401 | 彩釉地砖 | $m^2$ | | | 0.5334 | |
| | 14417401 | 陶瓷砖填缝剂 | kg | | 0.7600 | 0.4482 | 0.1634 |
| | 34110101 | 水 | $m^3$ | 0.1004 | 0.1364 | 0.0669 | 0.0796 |
| | 35010703 | 木模板成材 | $m^3$ | 0.0219 | 0.0219 | 0.0042 | 0.0133 |
| | 80060111 | 干混砌筑砂浆 DM M5.0 | $m^3$ | 0.0189 | 0.0189 | 0.0303 | 0.0429 |
| | 80060213 | 干混抹灰砂浆 DP M15.0 | $m^3$ | 0.0845 | 0.0845 | 0.0256 | 0.0385 |
| | 80060214 | 干混抹灰砂浆 DP M20.0 | $m^3$ | 0.1236 | 0.1524 | 0.0694 | 0.0394 |
| | 80060312 | 干混地面砂浆 DS M20.0 | $m^3$ | | | 0.0103 | |
| | 80110601 | 素水泥浆 | $m^3$ | | | 0.0005 | |
| | 80210521 | 预拌混凝土(非泵送型) C30 粒径 5～40 | $m^3$ | 0.1333 | 0.1333 | 0.0253 | 0.0808 |
| | | 其他材料费 | % | 0.5067 | 0.3954 | 0.3144 | 0.4062 |
| 机械 | 99050920 | 混凝土振捣器 | 台班 | 0.0264 | 0.0264 | 0.0050 | 0.0160 |
| | 99070520 | 载重汽车 4t | 台班 | 0.0050 | 0.0050 | 0.0009 | 0.0030 |
| | 99210010 | 木工圆锯机 φ500 | 台班 | 0.0089 | 0.0089 | 0.0017 | 0.0054 |

工作内容：预制烟气道安装。

| 定　额　编　号 | | | A-12-5-16 | A-12-5-17 | A-12-5-18 |
|---|---|---|---|---|---|
| 项　　目 | | | 厨房 PQC 烟气道 | | |
| | | | PQC-7 | PQC-14 | PQC-21 |
| | | | 节 | 节 | 节 |
| 预算定额编号 | 预算定额名称 | 预算定额单位 | 数　量 | | |
| 01-5-10-1 | 厨房 PQC 烟气道 PQC-7 | 节 | 1.0000 | | |
| 01-5-10-2 | 厨房 PQC 烟气道 PQC-14 | 节 | | 1.0000 | |
| 01-5-10-3 | 厨房 PQC 烟气道 PQC-21 | 节 | | | 1.0000 |

工作内容：预制烟气道安装。

| 定　额　编　号 | | | | A-12-5-16 | A-12-5-17 | A-12-5-18 |
|---|---|---|---|---|---|---|
| 项　　目 | | | | 厨房 PQC 烟气道 | | |
| | | | | PQC-7 | PQC-14 | PQC-21 |
| 名　　称 | | | 单位 | 节 | 节 | 节 |
| 人工 | 00030121 | 混凝土工 | 工日 | 0.0540 | 0.0648 | 0.0863 |
| | 00030125 | 砌筑工 | 工日 | 0.1500 | 0.1731 | 0.2250 |
| | 00030132 | 一般木工 | 工日 | 0.0249 | 0.0298 | 0.0398 |
| | 00030153 | 其他工 | 工日 | 0.0337 | 0.0396 | 0.0522 |
| 材料 | 01010254 | 热轧带肋钢筋(HRB400) $\phi$12 | kg | 0.8702 | 0.8702 | 0.8702 |
| | 03150101 | 圆钉 | kg | 0.0347 | 0.0417 | 0.0560 |
| | 03152301 | 钢丝网 | $m^2$ | 3.2634 | 3.4101 | 3.7044 |
| | 03152507 | 镀锌铁丝 8# ～10# | kg | 0.1344 | 0.1613 | 0.2150 |
| | 33390301 | 预制排气道 | 节 | 1.0000 | 1.0000 | 1.0000 |
| | 34110101 | 水 | $m^3$ | 0.0161 | 0.0194 | 0.0258 |
| | 35010703 | 木模板成材 | $m^3$ | 0.0012 | 0.0015 | 0.0019 |
| | 80060112 | 干混砌筑砂浆 DM M7.5 | $m^3$ | 0.0001 | 0.0001 | 0.0001 |
| | 80210521 | 预拌混凝土(非泵送型) C30 粒径 5～40 | $m^3$ | 0.0806 | 0.0869 | 0.0995 |

**工作内容**：预制烟气道安装。

| 定额编号 | | | A-12-5-19 | A-12-5-20 |
|---|---|---|---|---|
| 项目 | | | 厨房 PQC 烟气道 | |
| | | | PQC-28 | PQC-35 |
| | | | 节 | 节 |
| 预算定额编号 | 预算定额名称 | 预算定额单位 | 数量 | |
| 01-5-10-4 | 厨房 PQC 烟气道 PQC-28 | 节 | 1.0000 | |
| 01-5-10-5 | 厨房 PQC 烟气道 PQC-35 | 节 | | 1.0000 |

**工作内容**：预制烟气道安装。

| 定额编号 | | | | A-12-5-19 | A-12-5-20 |
|---|---|---|---|---|---|
| 项目 | | | | 厨房 PQC 烟气道 | |
| | | | | PQC-28 | PQC-35 |
| 名称 | | | 单位 | 节 | 节 |
| 人工 | 00030121 | 混凝土工 | 工日 | 0.1215 | 0.1670 |
| | 00030125 | 砌筑工 | 工日 | 0.3750 | 0.4500 |
| | 00030132 | 一般木工 | 工日 | 0.0559 | 0.0769 |
| | 00030153 | 其他工 | 工日 | 0.0800 | 0.1027 |
| 材料 | 01010255 | 热轧带肋钢筋(HRB400) $\phi$14 | kg | 0.8880 | 1.3310 |
| | 03150101 | 圆钉 | kg | 0.0781 | 0.1074 |
| | 03152301 | 钢丝网 | $m^2$ | 4.0866 | 4.5276 |
| | 03152507 | 镀锌铁丝 $8^{\#}\sim10^{\#}$ | kg | 0.3024 | 0.4158 |
| | 33390301 | 预制排气道 | 节 | 1.0000 | 1.0000 |
| | 34110101 | 水 | $m^3$ | 0.0363 | 0.0499 |
| | 35010703 | 木模板成材 | $m^3$ | 0.0027 | 0.0037 |
| | 80060112 | 干混砌筑砂浆 DM M7.5 | $m^3$ | 0.0002 | 0.0002 |
| | 80210521 | 预拌混凝土(非泵送型) C30 粒径 5~40 | $m^3$ | 0.1159 | 0.1348 |

**工作内容：**预制排气道安装。

| 定　额　编　号 | | | A-12-5-21 | A-12-5-22 | A-12-5-23 |
|---|---|---|---|---|---|
| 项　　目 | | | 卫生间 PQW 排气道 | | |
| | | | PQW-10 | PQW-21 | PQW-35 |
| | | | 节 | 节 | 节 |
| 预算定额编号 | 预算定额名称 | 预算定额单位 | 数　量 | | |
| 01-5-10-6 | 卫生间 PQW 排气道 PQW-10 | 节 | 1.0000 | | |
| 01-5-10-7 | 卫生间 PQW 排气道 PQW-21 | 节 | | 1.0000 | |
| 01-5-10-8 | 卫生间 PQW 排气道 PQW-35 | 节 | | | 1.0000 |

**工作内容：**预制排气道安装。

| 定　额　编　号 | | | | A-12-5-21 | A-12-5-22 | A-12-5-23 |
|---|---|---|---|---|---|---|
| 项　　目 | | | | 卫生间 PQW 排气道 | | |
| | | | | PQW-10 | PQW-21 | PQW-35 |
| 名　　称 | | | 单位 | 节 | 节 | 节 |
| 人工 | 00030121 | 混凝土工 | 工日 | 0.0540 | 0.0648 | 0.0863 |
| | 00030125 | 砌筑工 | 工日 | 0.1500 | 0.1731 | 0.2250 |
| | 00030132 | 一般木工 | 工日 | 0.0249 | 0.0298 | 0.0398 |
| | 00030153 | 其他工 | 工日 | 0.0337 | 0.0396 | 0.0522 |
| 材料 | 01010254 | 热轧带肋钢筋(HRB400) ϕ12 | kg | 0.8702 | 0.8702 | 0.8702 |
| | 03150101 | 圆钉 | kg | 0.0347 | 0.0417 | 0.0560 |
| | 03152301 | 钢丝网 | $m^2$ | 3.2634 | 3.4104 | 3.7044 |
| | 03152507 | 镀锌铁丝 8#～10# | kg | 0.1344 | 0.1613 | 0.2150 |
| | 33390301 | 预制排气道 | 节 | 1.0000 | 1.0000 | 1.0000 |
| | 34110101 | 水 | $m^3$ | 0.0161 | 0.0194 | 0.0258 |
| | 35010703 | 木模板成材 | $m^3$ | 0.0012 | 0.0015 | 0.0019 |
| | 80060112 | 干混砌筑砂浆 DM M7.5 | $m^3$ | 0.0001 | 0.0001 | 0.0001 |
| | 80210521 | 预拌混凝土(非泵送型) C30 粒径 5～40 | $m^3$ | 0.0806 | 0.0869 | 0.0995 |

**工作内容：** 预制风帽安装。

| 定额编号 | | | A-12-5-24 | A-12-5-25 |
|---|---|---|---|---|
| 项目 | | | 风帽 | |
| | | | $\phi$450 | $\phi$600 |
| | | | 个 | 个 |
| 预算定额编号 | 预算定额名称 | 预算定额单位 | 数量 | |
| 01-5-10-9 | 风帽 $\phi$450 | 个 | 1.0000 | |
| 01-5-10-10 | 风帽 $\phi$600 | 个 | | 1.0000 |

**工作内容：** 预制风帽安装。

| 定额编号 | | | | A-12-5-24 | A-12-5-25 |
|---|---|---|---|---|---|
| 项目 | | | | 风帽 | |
| | | | | $\phi$450 | $\phi$600 |
| 名称 | | | 单位 | 个 | 个 |
| 人工 | 00030125 | 砌筑工 | 工日 | 0.2250 | 0.2250 |
| | 00030153 | 其他工 | 工日 | 0.0250 | 0.0250 |
| 材料 | 22470311 | 预制风帽 $\phi$450 | 个 | 1.0000 | |
| | 22470312 | 预制风帽 $\phi$600 | 个 | | 1.0000 |

# 第十三章　钢 筋 工 程

# 说　　明

一、钢筋均为成型钢筋,已包括钢筋制作的人工和机械。

二、钢筋以手工绑扎为准。钢筋接头按设计图示或规范规定的搭接倍数考虑。

三、预应力钢筋定额子目中,已包括预应力钢筋的制作、穿筋、张拉、锚固及孔道灌浆。

四、预应力钢丝束和钢绞线定额子目中,已综合了钢丝束和钢绞线的制作、穿筋、张拉、锚固及孔道灌浆。

五、定额中成型钢筋的含量与设计用量有差异时,可以按本章附表成型钢筋调整定额子目执行。

# 工程量计算规则

一、预应力钢筋按设计图示钢筋长度乘以单位理论质量以质量计算。

二、预应力钢丝束和钢绞线按设计图示的预应力钢丝束和钢绞线预留孔道长度乘以单位理论质量以质量计算。

1. 预应力钢丝束和钢绞线预留孔道长度≤20m 时,预应力钢丝束和钢绞线长度按孔道长度增加 1m 计算。

2. 预应力钢丝束和钢绞线预留孔道长度>20m 时,预应力钢丝束和钢绞线长度按孔道长度增加 1.8m计算。

三、预埋铁件工程量按设计图示尺寸以质量计算。

四、现浇钢筋混凝土构件、现场预制钢筋混凝土构件内的成型钢筋含量按设计用量或规范规定以质量为单位调整。

# 第一节　钢　　筋

**工作内容：**1. 预应力钢筋制作安装。
2,3. 预应力钢丝束制作、穿筋、张拉、锚固及孔道灌浆。

| 定额编号 | | | A-13-1-1 | A-13-1-2 | A-13-1-3 |
|---|---|---|---|---|---|
| 项目 | | | 预应力钢筋 | 预应力钢丝束 | |
| | | | | 无粘结 | 有粘结 |
| | | | t | t | t |
| 预算定额编号 | 预算定额名称 | 预算定额单位 | 数量 | | |
| 01-5-11-42 | 后张法预应力钢筋 | t | 1.0000 | | |
| 01-5-11-43 | 后张法预应力钢丝束 有粘结 | t | | | 1.0000 |
| 01-5-11-44 | 后张法预应力钢丝束 无粘结 | t | | 1.0000 | |
| 01-5-11-47 | 预应力钢丝束(钢绞线)张拉 | t | | 1.0000 | 1.0000 |
| 01-5-11-49 | 锚具安装 群锚 | 套 | | 20.0000 | 20.0000 |
| 01-5-11-50 | 预埋管孔道铺设灌浆 | m | | 116.2245 | 116.2245 |

**工作内容：**1. 预应力钢筋制作安装。
2,3. 预应力钢丝束制作、穿筋、张拉、锚固及孔道灌浆。

| 定额编号 | | | | A-13-1-1 | A-13-1-2 | A-13-1-3 |
|---|---|---|---|---|---|---|
| 项目 | | | | 预应力钢筋 | 预应力钢丝束 | |
| | | | | | 无粘结 | 有粘结 |
| 名称 | | | 单位 | t | t | t |
| 人工 | 00030119 | 钢筋工 | 工日 | 4.9910 | 30.4717 | 30.7017 |
| | 00030153 | 其他工 | 工日 | 2.1390 | 13.0444 | 13.1424 |
| 材料 | 01010202 | 热轧带肋钢筋(综合) | kg | 1130.0000 | | |
| | 01070151 | 钢绞线 | t | | | 1.0250 |
| | 01070801 | 无粘结预应力钢绞线 | t | | 1.0250 | |
| | 03230407 | 张拉机具 | kg | 37.8000 | | |
| | 03230410 | 群锚锚具(三孔) | 套 | | 40.0000 | 40.0000 |
| | 03230411 | 张拉锚具及其他材料 | kg | 56.7000 | | |
| | 17210133 | 钢制波纹管 $\phi$60 | m | | 130.4039 | 130.4039 |
| | 33334811 | 承压板垫板 | kg | | 40.0000 | 40.0000 |
| | 34110101 | 水 | $m^3$ | 0.4300 | | |
| | 35070393 | 孔道成形管 | kg | 33.0100 | | |
| | 80110601 | 素水泥浆 | $m^3$ | 0.6800 | 0.6973 | 0.6973 |
| | | 其他材料费 | % | 2.0000 | 2.0000 | 2.0000 |
| 机械 | 99050140 | 电动灌浆机 | 台班 | | 0.5811 | 0.5811 |
| | 99050773 | 灰浆搅拌机 200L | 台班 | 0.7300 | | |
| | 99050820 | 挤压式灰浆输送泵 $3m^3/h$ | 台班 | 0.7300 | | |
| | 99091330 | 立式油压千斤顶 200t | 台班 | | 5.0300 | 5.0300 |
| | 99170020 | 钢筋调直机 $\phi$40 | 台班 | | 0.5000 | 0.5000 |
| | 99170030 | 钢筋切断机 $\phi$40 | 台班 | 0.0800 | 0.5000 | 0.5000 |
| | 99170110 | 预应力钢筋拉伸机 650kN | 台班 | 0.7100 | | |
| | 99170130 | 预应力钢筋拉伸机 900kN | 台班 | | 1.4200 | 1.4200 |
| | 99250280 | 对焊机 75kV·A | 台班 | 0.2700 | | |
| | 99440390 | 高压油泵 80MPa | 台班 | | 5.0300 | 5.0300 |
| | | 其他机械费 | % | | 0.1481 | 0.1481 |

**工作内容：**1，2. 预应力钢绞线制作、穿筋、张拉、锚固及孔道灌浆。
3. 铁件埋设、安装、固定。

| 定额编号 | | | A-13-1-4 | A-13-1-5 | A-13-1-6 |
|---|---|---|---|---|---|
| 项目 | | | 预应力钢绞线 | | 预埋铁件 |
| | | | 无粘结 | 有粘结 | |
| | | | t | t | t |
| 预算定额编号 | 预算定额名称 | 预算定额单位 | 数量 | | |
| 01-5-11-45 | 后张法预应力钢绞线 有粘结 | t | | 1.0000 | |
| 01-5-11-46 | 后张法预应力钢绞线 无粘结 | t | 1.0000 | | |
| 01-5-11-47 | 预应力钢丝束(钢绞线)张拉 | t | 1.0000 | 1.0000 | |
| 01-5-11-49 | 锚具安装 群锚 | 套 | 20.0000 | 20.0000 | |
| 01-5-11-50 | 预埋管孔道铺设灌浆 | m | 116.2245 | 116.2245 | |
| 01-5-12-2 | 预埋铁件 | t | | | 1.0000 |

**工作内容：**1，2. 预应力钢绞线制作、穿筋、张拉、锚固及孔道灌浆。
3. 铁件埋设、安装、固定。

| 定额编号 | | | | A-13-1-4 | A-13-1-5 | A-13-1-6 |
|---|---|---|---|---|---|---|
| 项目 | | | | 预应力钢绞线 | | 预埋铁件 |
| | | | | 无粘结 | 有粘结 | |
| 名称 | | | 单位 | t | t | t |
| 人工 | 00030119 | 钢筋工 | 工日 | 30.4717 | 30.7017 | 12.6042 |
| | 00030153 | 其他工 | 工日 | 13.0444 | 13.1424 | 0.8759 |
| 材料 | 01070151 | 钢绞线 | t | | 1.0250 | |
| | 01070701 | 无粘结钢绞线 | t | 1.0250 | | |
| | 03130115 | 电焊条 J422 $\phi$4.0 | kg | | | 30.0000 |
| | 03230410 | 群锚锚具(三孔) | 套 | 40.0000 | 40.0000 | |
| | 17210133 | 钢制波纹管 $\phi$60 | m | 130.4039 | 130.4039 | |
| | 33330811 | 预埋铁件 | t | | | 1.0000 |
| | 33334811 | 承压板垫板 | kg | 40.0000 | 40.0000 | |
| | 35091611 | 张拉平台摊销 | $m^2$ | 8.2300 | 5.7000 | |
| | 80110601 | 素水泥浆 | $m^3$ | 0.6973 | 0.6973 | |
| | | 其他材料费 | % | 2.0000 | 2.0000 | |
| 机械 | 99050140 | 电动灌浆机 | 台班 | 0.5811 | 0.5811 | |
| | 99091330 | 立式油压千斤顶 200t | 台班 | 5.0300 | 5.0300 | |
| | 99170020 | 钢筋调直机 $\phi$40 | 台班 | 0.5000 | 0.5000 | |
| | 99170030 | 钢筋切断机 $\phi$40 | 台班 | 0.5000 | 0.5000 | |
| | 99170130 | 预应力钢筋拉伸机 900kN | 台班 | 1.4200 | 1.4200 | |
| | 99250020 | 交流弧焊机 32kV·A | 台班 | | | 4.2000 |
| | 99440390 | 高压油泵 80MPa | 台班 | 5.0300 | 5.0300 | |
| | | 其他机械费 | % | 0.1481 | 0.1481 | |

# 附表　成型钢筋调整

**工作内容：**钢筋整理、除锈、绑扎、安装、看护、场内运输等全部操作过程。

| 定 额 编 号 | | | | A-13-附-1 |
|---|---|---|---|---|
| 项　　目 | | | | 成型钢筋<br>调整 |
| 名　　称 | | | 单位 | t |
| 人工 | 00030119 | 钢筋工 | 工日 | 4.0249 |
| 材料 | 01010120 | 成型钢筋 | t | 1.0100 |
| | 03152516 | 镀锌铁丝 18#～22# | kg | 3.6588 |

# 第十四章　措 施 项 目

# 说　　明

一、脚手架

1. 本章脚手架定额除高压线防护脚手架外，均按钢管式脚手架编制。

2. 外脚手架

(1) 外脚手架定额高度自设计室内地坪(±0.000)至檐口屋面结构板面。多跨建筑物高度不同时，应分别按不同高度计算。

(2) 外墙脚手架定额12m以内、20m以内子目适用于檐高20m以内的建筑物。

(3) 外墙脚手架定额30m以内至120m以内子目适用于檐高超过20m的建筑物。定额中已包括分段搭设的悬挑型钢、外挑式防坠安全网。

(4) 外脚手架定额子目中，已综合考虑了脚手架基础加固、全封闭密目安全网、斜道、上料平台、简易爬梯及屋面顶部滚出物防患措施等。

(5) 高度在3.6m以上的外墙面装饰，如不能利用原外脚手架时，可计算装饰脚手架。装饰脚手架执行相应外脚手架定额乘以系数0.3。

(6) 埋深3m以外的地下室外墙、设备基础、贮水(油)池必须搭设脚手架时，按外脚手架相应定额子目执行。

(7) 高度在3.6m以下的外墙(独立柱)不计算外脚手架。

(8) 装配式钢筋混凝土工程的外脚手架，按相应定额子目乘以系数0.85计算。

3. 整体提升脚手架

(1) 整体提升脚手架定额适用于高层建筑的外墙施工，定额中已包括了全封闭密目安全网、全封闭防混凝土渣外泄钢丝网、外挑式防坠安全网、架体顶部及底部隔离。

(2) 整体提升脚手架定额子目中的提升装置及架体为一个提升系统，包括提升用设备及其配套的竖向主框架、水平桁架、拉结装置、防倾覆装置及其附属构件。

4. 外装饰吊篮定额适用于外立面装饰用脚手。

5. 里脚手架

(1) 内墙及围墙砌筑高度3.6m以上者，可计算砌墙用里脚手架。

(2) 室内净高3.6m以上，需做内墙抹灰者，可计算粉刷用里脚手架。

(3) 室内净高3.6m以上，需做吊平顶或板底粉面者，可按满堂脚手架计算，但不再计算粉刷用里脚手架。

(4) 高度在3.6m以下的内墙(独立柱)不计算脚手架。

6. 钢管电梯井脚手架定额子目中，已综合考虑了结构及安装共用。

7. 钢管水平防护架定额基本使用期为1年(12个月)。

8. 高压线防护架定额基本使用期为1年(12个月)。

二、垂直运输及超高施工增加

1. 本章建筑物高度为设计室内地坪(±0.000)至檐口屋面结构板面。凸出主体建筑屋顶的电梯间、楼梯间、水箱间等不计入檐口高度之内。

2. 同一建筑物多跨檐高不同时，分别计算建筑面积，按各自的建筑物高度执行相应定额子目。

3. 檐高3.6m以内的单层建筑，不计算垂直运输机械台班。

4. 定额内不同建筑物高度的垂直运输机械子目按层高3.6m考虑，超过3.6m的，应另计层高超高垂直运输增加费，每超过1m，其超过部分按相应定额子目增加10%，超过不足1m，按1m计算。

5. 大型连通地下室的垂直运输机械，按独立地下室相应子目执行。

6. 垂直运输工作内容，包括单位工程在合理工期内完成全部工程项目所需要的垂直运输机械台班，不包括机械的场外往返运输、一次安拆及路基铺垫和轨道铺拆等的费用。垂直运输按泵送混凝土考虑。

7. 建筑物超高增加人工、机械定额适用于檐高高度超过 20m(6 层)的建筑物。

8. 装配式钢筋混凝土工程的垂直运输与建筑物超高增加，按相应定额子目执行，其中执行建筑物超高增加相应定额子目的人工乘以系数 0.7 计算。

三、大型机械设备进出场及安拆

1. 大型机械设备进出场及安拆费是指机械整体或分体自停放场地运至施工现场或由一个施工地点运至另一个施工地点所发生的机械进出场运输和转移费用，以及机械在施工现场进行安装、拆卸所需的人工费、材料费、机械费、试运转费和安装所需的辅助设施的费用。

2. 大型机械设备进出场费包括：

(1) 进出场往返一次的费用。

(2) 臂杆、铲斗及附件、道木、道轨等的运输费用。

(3) 机械运输路途中的台班费，不另计取。

(4) 垂直运输机械(塔吊)若在一个建设基地内的单位工程之间的转移，每转移一个单位工程按相应大型机械设备进出场及安拆费的 60%计取。

3. 大型机械设备安拆费包括：

(1) 机械安装、拆卸的一次性费用。

(2) 机械安装完毕后的试运转费用。

4. 塔式起重机及施工电梯的基础按施工组织设计方案计算，按相应章节定额子目执行。

四、施工排水、降水

1. 承压井、观察井定额子目按井深 40m 编制。若设计与定额不同时，每增减 1m 按真空深井降水相应定额子目执行。

2. 轻型井点以 50 根为一套，喷射井点以 30 根为一套。使用时累计根数轻型井点少于 25 根，喷射井点少于 15 根，使用费按相应定额子目乘以系数 0.7。

3. 井管间距应根据地质条件和施工降水要求，按施工组织设计确定，施工组织设计无规定时，可按轻型井点管距 1.2m、喷射井点管距 2.5m 确定。

4. 井点、井管的使用应以每昼夜 24h 为一天，使用天数按施工组织设计确定的天数计算。

# 工程量计算规则

一、脚手架

1. 外脚手架按外墙外边线长度乘以外墙高度以面积计算，不扣除门窗、洞口、空圈等所占面积。同一建筑物高度不同时，应按不同高度分别计算。

(1) 脚手架高度按设计室外地坪面至檐口屋面结构板面计算。有女儿墙时，高度算至女儿墙顶面。

(2) 斜屋面的山尖部分只计面积不计高度，工程量并入相应墙体外脚手架面积内计算。

(3) 坡度大于45°铺瓦脚手架按屋脊高乘以周长以面积计算，工程量并入相应墙体外脚手架面积内计算。

(4) 建筑物屋面以上的电梯间、楼梯间、水箱间等与外墙连成一片的墙体，其脚手架工程量并入主体建筑脚手架面积内计算，按主体建筑物高度的脚手架定额子目执行。

(5) 埋深3m以外的地下室外墙、设备基础、贮水(油)池脚手架，按基础垫层面至基础顶板面的垂直投影面积计算。

(6) 独立柱脚手架，按设计图示结构外围周长另加3.6m乘以柱高以面积计算。

2. 整体提升脚手架按外墙外边线长度乘以外墙高度以面积计算，不扣除门窗、洞口、空圈等所占面积。

3. 外装饰吊篮按外墙垂直投影面积计算，不扣除门窗、洞口所占面积。

4. 里脚手架按设计图示墙面垂直投影面积计算，不扣除门窗、洞口、空圈等所占面积。脚手架的高度按设计室内地坪面至楼板或屋面板底计算。

5. 围墙脚手架按设计图示尺寸以面积计算，高度按设计室外地坪面至围墙顶，长度按围墙中心线，不扣除围墙门所占面积。如需搭设双面脚手时，另一面脚手按粉刷用里脚手定额子目执行，计算方法同砌墙用里脚手。

6. 满堂脚手架按室内地面净面积计算，不扣除柱、垛所占面积。满堂脚手架高度3.6～5.2m为基本层，每增高1.2m为一个增加层，以此累加(增高0.6m以内的不计)。

7. 电梯井脚手架按单孔(1座电梯)以座计算。高度按电梯井坑底板面至屋面电梯机房的板底。

8. 建筑物搭设钢管水平防护架，按立杆中心线的水平投影面积计算。搭设使用期超过基本使用期(1年)，可以按相应预算定额子目执行。

9. 高压线防护架按搭设长度以米计算。搭设使用期超过基本使用期(1年)，可以按相应预算定额子目执行。

二、垂直运输及超高施工增加

1. 建筑物的垂直运输应区分不同建筑物高度按建筑面积计算。

2. 建筑物有高低层时，应按不同高度的垂直分界面分别计算建筑面积。

3. 超出屋面的楼梯间、电梯机房、水箱间、塔楼等可以计算建筑面积，但不计算高度。

4. 有地下室的建筑物(除大型连通地下室)，其地下室面积与地上面积合并计算。

5. 独立地下室及大型连通地下室单独计算建筑面积。大型连通地下室与地上建筑物的面积划分，按地下室与地上建筑物接触面的水平界面分别计算建筑面积。

6. 建筑物超高施工增加的人工、机械按建筑物超高部分的建筑面积计算。

三、大型机械设备进出场及安拆

大型机械设备进出场及安拆以台次计算。

四、施工排水、降水

1. 坑外井

(1) 基坑外观察、承压水井的安装、拆除按设计图示数量以座计算。

(2) 承压水井的使用按设计图示数量的使用天数以座·天计算。

2. 基坑明排水

(1) 集水井安装、拆除按设计图示数量以座计算。

(2) 集水井抽水按设计图示数量的使用天数以座·天计算。

3. 真空深井降水

(1) 井管的安装、拆除按设计图示数量以座计算。

(2) 真空深井使用按设计图示数量的使用天数以座·天计算。

4. 轻型井点、喷射井点

(1) 井管的安装、拆除按设计图示数量以根计算。

(2) 井管的使用按设计图示数量的使用天数以套·天计算。

5. 使用天数按拟定的施工组织设计天数计算。

# 第一节 脚 手 架

**工作内容：**搭设、使用、拆除脚手架。

| 定额编号 | | | A-14-1-1 | A-14-1-2 | A-14-1-3 | A-14-1-4 |
|---|---|---|---|---|---|---|
| 项目 | | | 钢管双排外脚手架 | | | |
| | | | 高12m以内 | 高20m以内 | 高30m以内 | 高45m以内 |
| | | | m² | m² | m² | m² |
| 预算定额编号 | 预算定额名称 | 预算定额单位 | 数量 | | | |
| 01-17-1-1 | 钢管双排外脚手架 高12m以内 | m² | 1.0000 | | | |
| 01-17-1-2 | 钢管双排外脚手架 高20m以内 | m² | | 1.0000 | | |
| 01-17-1-3 | 钢管双排外脚手架 高30m以内 | m² | | | 1.0000 | |
| 01-17-1-4 | 钢管双排外脚手架 高45m以内 | m² | | | | 1.0000 |

**工作内容：**搭设、使用、拆除脚手架。

| 定额编号 | | | | A-14-1-1 | A-14-1-2 | A-14-1-3 | A-14-1-4 |
|---|---|---|---|---|---|---|---|
| 项目 | | | | 钢管双排外脚手架 | | | |
| | | | | 高12m以内 | 高20m以内 | 高30m以内 | 高45m以内 |
| 名称 | | | 单位 | m² | m² | m² | m² |
| 人工 | 00030123 | 架子工 | 工日 | 0.1053 | 0.1106 | 0.1181 | 0.1359 |
| | 00030139 | 油漆工 | 工日 | 0.0073 | 0.0097 | 0.0144 | 0.0179 |
| | 00030153 | 其他工 | 工日 | 0.0234 | 0.0228 | 0.0214 | 0.0222 |
| 材料 | 03152507 | 镀锌铁丝 8#～10# | kg | 0.0510 | 0.0506 | 0.0867 | 0.0866 |
| | 03152512 | 镀锌铁丝 12#～16# | kg | | | 0.0038 | 0.0039 |
| | 03152516 | 镀锌铁丝 18#～22# | kg | 0.0374 | 0.0378 | 0.0417 | 0.0409 |
| | 03154822 | 其他铁件 | kg | 0.0339 | 0.0294 | 0.0290 | 0.0240 |
| | 04050218 | 碎石 5～70 | kg | 39.4552 | 24.8690 | 14.3455 | 9.7049 |
| | 05030102 | 一般木成材 | m³ | 0.0011 | 0.0014 | 0.0020 | 0.0024 |
| | 05330111 | 竹笆 1000×2000 | m² | 0.1262 | 0.1746 | 0.2597 | 0.3046 |
| | 13056101 | 红丹防锈漆 | kg | 0.0510 | 0.0681 | 0.1009 | 0.1249 |
| | 14050121 | 油漆溶剂油 | kg | 0.0057 | 0.0077 | 0.0114 | 0.0141 |
| | 35030343 | 钢管 $\phi$48.3×3.6 | kg | 1.0239 | 1.3793 | 2.0547 | 2.5137 |
| | 35031212 | 对接扣件 $\phi$48 | 只 | 0.0599 | 0.0798 | 0.1173 | 0.1442 |
| | 35031213 | 迴转扣件 $\phi$48 | 只 | 0.0145 | 0.0217 | 0.0366 | 0.0743 |
| | 35031214 | 直角扣件 $\phi$48 | 只 | 0.1411 | 0.1883 | 0.2773 | 0.3447 |
| | 35050127 | 安全网(密目式立网) | m² | 0.2365 | 0.3288 | 0.5705 | 0.6715 |
| 机械 | 99070530 | 载重汽车 5t | 台班 | 0.0030 | 0.0030 | 0.0026 | 0.0027 |
| | 99130340 | 电动夯实机 250N·m | 台班 | 0.0023 | 0.0014 | 0.0008 | 0.0006 |

**工作内容：** 搭设、使用、拆除脚手架。

| 定额编号 | | | A-14-1-5 | A-14-1-6 | A-14-1-7 | A-14-1-8 |
|---|---|---|---|---|---|---|
| 项目 | | | 钢管双排外脚手架 | | | |
| | | | 高 60m 以内 | 高 75m 以内 | 高 90m 以内 | 高 105m 以内 |
| | | | $m^2$ | $m^2$ | $m^2$ | $m^2$ |
| 预算定额编号 | 预算定额名称 | 预算定额单位 | 数量 | | | |
| 01-17-1-5 | 钢管双排外脚手架 高 60m 以内 | $m^2$ | 1.0000 | | | |
| 01-17-1-6 | 钢管双排外脚手架 高 75m 以内 | $m^2$ | | 1.0000 | | |
| 01-17-1-7 | 钢管双排外脚手架 高 90m 以内 | $m^2$ | | | 1.0000 | |
| 01-17-1-8 | 钢管双排外脚手架 高 105m 以内 | $m^2$ | | | | 1.0000 |

**工作内容：** 搭设、使用、拆除脚手架。

| 定额编号 | | | | A-14-1-5 | A-14-1-6 | A-14-1-7 | A-14-1-8 |
|---|---|---|---|---|---|---|---|
| 项目 | | | | 钢管双排外脚手架 | | | |
| | | | | 高 60m 以内 | 高 75m 以内 | 高 90m 以内 | 高 105m 以内 |
| 名称 | | | 单位 | $m^2$ | $m^2$ | $m^2$ | $m^2$ |
| 人工 | 00030123 | 架子工 | 工日 | 0.1639 | 0.1891 | 0.2248 | 0.2666 |
| | 00030139 | 油漆工 | 工日 | 0.0239 | 0.0294 | 0.0358 | 0.0423 |
| | 00030153 | 其他工 | 工日 | 0.0235 | 0.0248 | 0.0268 | 0.0291 |
| 材料 | 03130115 | 电焊条 J422 $\phi$4.0 | kg | 0.0062 | 0.0095 | 0.0117 | 0.0134 |
| | 03152507 | 镀锌铁丝 8#～10# | kg | 0.0856 | 0.0844 | 0.0841 | 0.0839 |
| | 03152512 | 镀锌铁丝 12#～16# | kg | 0.0038 | 0.0036 | 0.0036 | 0.0036 |
| | 03152516 | 镀锌铁丝 18#～22# | kg | 0.0402 | 0.0396 | 0.0394 | 0.0393 |
| | 03154822 | 其他铁件 | kg | 0.2297 | 0.4120 | 0.6114 | 0.8119 |
| | 04050218 | 碎石 5～70 | kg | 7.0854 | 5.4350 | 4.5027 | 3.8435 |
| | 05030102 | 一般木成材 | $m^3$ | 0.0031 | 0.0038 | 0.0046 | 0.0053 |
| | 05330111 | 竹笆 1000×2000 | $m^2$ | 0.4054 | 0.4923 | 0.5935 | 0.6946 |
| | 13056101 | 红丹防锈漆 | kg | 0.1674 | 0.2059 | 0.2509 | 0.2958 |
| | 14050121 | 油漆溶剂油 | kg | 0.0188 | 0.0232 | 0.0282 | 0.0333 |
| | 33330801 | 预埋铁件 | kg | 0.0797 | 0.1222 | 0.1519 | 0.1728 |
| | 35030343 | 钢管 $\phi$48.3×3.6 | kg | 3.2552 | 3.9190 | 4.7020 | 5.4843 |
| | 35031212 | 对接扣件 $\phi$48 | 只 | 0.1849 | 0.2220 | 0.2659 | 0.3096 |
| | 35031213 | 迴转扣件 $\phi$48 | 只 | 0.0741 | 0.0819 | 0.0933 | 0.1047 |
| | 35031214 | 直角扣件 $\phi$48 | 只 | 0.4487 | 0.5435 | 0.6534 | 0.7633 |
| | 35050127 | 安全网(密目式立网) | $m^2$ | 0.8901 | 1.0731 | 1.2924 | 1.5117 |
| 机械 | 99070530 | 载重汽车 5t | 台班 | 0.0026 | 0.0026 | 0.0026 | 0.0026 |
| | 99130340 | 电动夯实机 250N·m | 台班 | 0.0004 | 0.0003 | 0.0003 | 0.0002 |
| | 99250020 | 交流弧焊机 32kV·A | 台班 | 0.0004 | 0.0008 | 0.0010 | 0.0011 |

**工作内容**：1. 搭设、使用、拆除脚手架。
2. 搭设、使用、拆除脚手架，安拆电动装置、安全锁及调试。
3. 安装、使用、拆卸吊篮，安拆电动装置、安全锁、控制器及调试。

| 定额编号 | | | A-14-1-9 | A-14-1-10 | A-14-1-11 |
|---|---|---|---|---|---|
| 项目 | | | 钢管双排外脚手架<br>高120m以内 | 整体提升脚手架 | 外装饰吊篮 |
| | | | $m^2$ | $m^2$ | $m^2$ |
| 预算定额编号 | 预算定额名称 | 预算定额单位 | 数量 | | |
| 01-17-1-9 | 钢管双排外脚手架 高120m以内 | $m^2$ | 1.0000 | | |
| 01-17-1-14 | 整体提升脚手架 | $m^2$ | | 1.0000 | |
| 01-17-1-15 | 外装饰吊篮 | $m^2$ | | | 1.0000 |

**工作内容**：1. 搭设、使用、拆除脚手架。
2. 搭设、使用、拆除脚手架，安拆电动装置、安全锁及调试。
3. 安装、使用、拆卸吊篮，安拆电动装置、安全锁、控制器及调试。

| 定额编号 | | | | A-14-1-9 | A-14-1-10 | A-14-1-11 |
|---|---|---|---|---|---|---|
| 项目 | | | | 钢管双排外脚手架<br>高120m以内 | 整体提升脚手架 | 外装饰吊篮 |
| 名称 | | | 单位 | $m^2$ | $m^2$ | $m^2$ |
| 人工 | 00030123 | 架子工 | 工日 | 0.3158 | 0.0893 | |
| | 00030139 | 油漆工 | 工日 | 0.0493 | 0.0045 | |
| | 00030143 | 起重工 | 工日 | | | 0.0111 |
| | 00030153 | 其他工 | 工日 | 0.0319 | 0.0373 | 0.0048 |
| 材料 | 03130115 | 电焊条 J422 $\phi$4.0 | kg | 0.0143 | | |
| | 03152301 | 钢丝网 | $m^2$ | | 0.0333 | |
| | 03152507 | 镀锌铁丝 8#～10# | kg | 0.0834 | | |
| | 03152512 | 镀锌铁丝 12#～16# | kg | 0.0035 | | |
| | 03152516 | 镀锌铁丝 18#～22# | kg | 0.0390 | 0.0029 | |
| | 03154822 | 其他铁件 | kg | 1.0135 | | |
| | 04050218 | 碎石 5～70 | kg | 3.2999 | | |
| | 05030102 | 一般木成材 | $m^3$ | 0.0062 | 0.0015 | |
| | 05330111 | 竹笆 1000×2000 | $m^2$ | 0.8083 | | |
| | 13056101 | 红丹防锈漆 | kg | 0.3454 | 0.0318 | |
| | 14050121 | 油漆溶剂油 | kg | 0.0389 | 0.0036 | |
| | 33330801 | 预埋铁件 | kg | 0.1855 | | |
| | 35030343 | 钢管 $\phi$48.3×3.6 | kg | 6.3609 | 0.6137 | |
| | 35031212 | 对接扣件 $\phi$48 | 只 | 0.3589 | 0.0365 | |
| | 35031213 | 迴转扣件 $\phi$48 | 只 | 0.1171 | 0.0067 | |
| | 35031214 | 直角扣件 $\phi$48 | 只 | 0.8871 | 0.1285 | |
| | 35032051 | 提升装置及架体 | 套 | | 0.0009 | |
| | 35033201 | 钢笆 | $m^2$ | | 0.0127 | |
| | 35050127 | 安全网(密目式立网) | $m^2$ | 1.7533 | 0.1908 | |
| 机械 | 99070530 | 载重汽车 5t | 台班 | 0.0026 | 0.0021 | 0.0001 |
| | 99091680 | 电动吊篮 0.63t | 台班 | | | 0.0002 |
| | 99130340 | 电动夯实机 250N·m | 台班 | 0.0002 | | |
| | 99250020 | 交流弧焊机 32kV·A | 台班 | 0.0012 | | |

**工作内容：**搭设、使用、拆除脚手架。

| 定额编号 | | | A-14-1-12 | A-14-1-13 | A-14-1-14 | A-14-1-15 |
|---|---|---|---|---|---|---|
| 项目 | | | 钢管里脚手架 | | 钢管满堂脚手架 | |
| | | | 3.6m以上砌墙用 | 3.6m以上粉刷用 | 基本层高3.6～5.2m | 每增高1.2m |
| | | | m² | m² | m² | m² |
| 预算定额编号 | 预算定额名称 | 预算定额单位 | 数量 | | | |
| 01-17-1-10 | 钢管里脚手架 3.60m以上砌墙用 | m² | 1.0000 | | | |
| 01-17-1-11 | 钢管里脚手架 3.60m以上粉刷用 | m² | | 1.0000 | | |
| 01-17-1-12 | 钢管满堂脚手架 基本层高3.6～5.2m | m² | | | 1.0000 | |
| 01-17-1-13 | 钢管满堂脚手架 每增高1.2m | m² | | | | 1.0000 |

**工作内容：**搭设、使用、拆除脚手架。

| 定额编号 | | | | A-14-1-12 | A-14-1-13 | A-14-1-14 | A-14-1-15 |
|---|---|---|---|---|---|---|---|
| 项目 | | | | 钢管里脚手架 | | 钢管满堂脚手架 | |
| | | | | 3.6m以上砌墙用 | 3.6m以上粉刷用 | 基本层高3.6～5.2m | 每增高1.2m |
| 名称 | | | 单位 | m² | m² | m² | m² |
| 人工 | 00030123 | 架子工 | 工日 | 0.0375 | 0.0300 | 0.0694 | 0.0125 |
| | 00030139 | 油漆工 | 工日 | 0.0003 | 0.0002 | 0.0010 | 0.0002 |
| | 00030153 | 其他工 | 工日 | 0.0099 | 0.0030 | 0.0061 | 0.0011 |
| 材料 | 03152516 | 镀锌铁丝 18#～22# | kg | 0.0063 | | 0.0056 | |
| | 05330111 | 竹笆 1000×2000 | m² | 0.0046 | | 0.0329 | |
| | 13056101 | 红丹防锈漆 | kg | 0.0018 | 0.0015 | 0.0071 | 0.0015 |
| | 14050121 | 油漆溶剂油 | kg | 0.0002 | 0.0002 | 0.0008 | 0.0002 |
| | 35030343 | 钢管 ϕ48.3×3.6 | kg | 0.0371 | 0.0307 | 0.1482 | 0.0331 |
| | 35030612 | 钢管底座 ϕ48 | 只 | 0.0005 | 0.0005 | 0.0020 | |
| | 35031212 | 对接扣件 ϕ48 | 只 | 0.0021 | 0.0015 | 0.0086 | 0.0020 |
| | 35031213 | 迴转扣件 ϕ48 | 只 | 0.0006 | 0.0006 | 0.0013 | 0.0003 |
| | 35031214 | 直角扣件 ϕ48 | 只 | 0.0041 | 0.0030 | 0.0161 | 0.0030 |
| 机械 | 99070530 | 载重汽车 5t | 台班 | 0.0017 | 0.0002 | 0.0003 | 0.0001 |

工作内容：搭设、使用、拆除脚手架。

| 定额编号 | | | A-14-1-16 | A-14-1-17 | A-14-1-18 | A-14-1-19 |
|---|---|---|---|---|---|---|
| 项目 | | | 钢管电梯井脚手架 | | | |
| | | | 高20m以内 | 高30m以内 | 高45m以内 | 高60m以内 |
| | | | 座 | 座 | 座 | 座 |
| 预算定额编号 | 预算定额名称 | 预算定额单位 | 数量 | | | |
| 01-17-1-16 | 钢管电梯井脚手架 高20m以内 结构用 | 座 | 1.0000 | | | |
| 01-17-1-17 | 钢管电梯井脚手架 高20m以内 安装用 | 座 | 1.0000 | | | |
| 01-17-1-18 | 钢管电梯井脚手架 高30m以内 结构用 | 座 | | 1.0000 | | |
| 01-17-1-19 | 钢管电梯井脚手架 高30m以内 安装用 | 座 | | 1.0000 | | |
| 01-17-1-20 | 钢管电梯井脚手架 高45m以内 结构用 | 座 | | | 1.0000 | |
| 01-17-1-21 | 钢管电梯井脚手架 高45m以内 安装用 | 座 | | | 1.0000 | |
| 01-17-1-22 | 钢管电梯井脚手架 高60m以内 结构用 | 座 | | | | 1.0000 |
| 01-17-1-23 | 钢管电梯井脚手架 高60m以内 安装用 | 座 | | | | 1.0000 |

工作内容：搭设、使用、拆除脚手架。

| 定额编号 | | | | A-14-1-16 | A-14-1-17 | A-14-1-18 | A-14-1-19 |
|---|---|---|---|---|---|---|---|
| 项目 | | | | 钢管电梯井脚手架 | | | |
| | | | | 高20m以内 | 高30m以内 | 高45m以内 | 高60m以内 |
| 名称 | | | 单位 | 座 | 座 | 座 | 座 |
| 人工 | 00030123 | 架子工 | 工日 | 13.5600 | 19.2800 | 27.8600 | 36.4400 |
| | 00030139 | 油漆工 | 工日 | 0.5671 | 1.2340 | 1.9168 | 3.2808 |
| | 00030153 | 其他工 | 工日 | 1.6456 | 2.3217 | 3.3717 | 4.4832 |
| 材料 | 03130115 | 电焊条 J422 $\phi$4.0 | kg | | 1.9526 | 3.9050 | 3.9050 |
| | 03152516 | 镀锌铁丝 18#～22# | kg | 1.9388 | 2.6276 | 3.8332 | 5.2110 |
| | 03154822 | 其他铁件 | kg | 4.5031 | 22.2371 | 39.9133 | 52.0082 |
| | 05330111 | 竹笆 1000×2000 | $m^2$ | 8.8825 | 18.6639 | 28.9890 | 51.3561 |
| | 13056101 | 红丹防锈漆 | kg | 3.9686 | 8.6358 | 13.4150 | 22.9604 |
| | 14050121 | 油漆溶剂油 | kg | 0.4467 | 0.9720 | 1.5100 | 2.5844 |
| | 33330801 | 预埋铁件 | kg | | 6.8260 | 13.6522 | 13.6522 |
| | 35030343 | 钢管 $\phi$48.3×3.6 | kg | 73.0678 | 151.0069 | 231.0771 | 405.8310 |
| | 35031212 | 对接扣件 $\phi$48 | 只 | 1.7416 | 3.4358 | 5.2250 | 9.5317 |
| | 35031214 | 直角扣件 $\phi$48 | 只 | 20.4251 | 42.2117 | 64.5941 | 113.4439 |
| | 35050127 | 安全网(密目式立网) | $m^2$ | 4.7031 | 9.7197 | 14.8737 | 26.1219 |
| 机械 | 99070530 | 载重汽车 5t | 台班 | 0.1582 | 0.2212 | 0.3228 | 0.4256 |
| | 99250020 | 交流弧焊机 32kV·A | 台班 | | 0.0432 | 0.0866 | 0.0866 |

工作内容：搭设、使用、拆除脚手架。

| 定额编号 | | | A-14-1-20 | A-14-1-21 | A-14-1-22 | A-14-1-23 |
|---|---|---|---|---|---|---|
| 项目 | | | 钢管电梯井脚手架 | | | |
| | | | 高 90m 以内 | 高 120m 以内 | 高 150m 以内 | 高 180m 以内 |
| | | | 座 | 座 | 座 | 座 |
| 预算定额编号 | 预算定额名称 | 预算定额单位 | 数量 | | | |
| 01-17-1-24 | 钢管电梯井脚手架 高 90m 以内 结构用 | 座 | 1.0000 | | | |
| 01-17-1-25 | 钢管电梯井脚手架 高 90m 以内 安装用 | 座 | 1.0000 | | | |
| 01-17-1-26 | 钢管电梯井脚手架 高 120m 以内 结构用 | 座 | | 1.0000 | | |
| 01-17-1-27 | 钢管电梯井脚手架 高 120m 以内 安装用 | 座 | | 1.0000 | | |
| 01-17-1-28 | 钢管电梯井脚手架 高 150m 以内 结构用 | 座 | | | 1.0000 | |
| 01-17-1-29 | 钢管电梯井脚手架 高 150m 以内 安装用 | 座 | | | 1.0000 | |
| 01-17-1-30 | 钢管电梯井脚手架 高 180m 以内 结构用 | 座 | | | | 1.0000 |
| 01-17-1-31 | 钢管电梯井脚手架 高 180m 以内 安装用 | 座 | | | | 1.0000 |

工作内容：搭设、使用、拆除脚手架。

| 定额编号 | | | | A-14-1-20 | A-14-1-21 | A-14-1-22 | A-14-1-23 |
|---|---|---|---|---|---|---|---|
| 项目 | | | | 钢管电梯井脚手架 | | | |
| | | | | 高 90m 以内 | 高 120m 以内 | 高 150m 以内 | 高 180m 以内 |
| 名称 | | | 单位 | 座 | 座 | 座 | 座 |
| 人工 | 00030123 | 架子工 | 工日 | 53.6000 | 70.7600 | 87.9200 | 105.0800 |
| | 00030139 | 油漆工 | 工日 | 7.7796 | 14.5139 | 21.5974 | 30.8997 |
| | 00030153 | 其他工 | 工日 | 6.9704 | 9.5694 | 12.0596 | 14.7870 |
| 材料 | 03130115 | 电焊条 J422 $\phi$4.0 | kg | 7.8102 | 11.7152 | 13.6678 | 17.5728 |
| | 03152516 | 镀锌铁丝 18#～22# | kg | 8.1386 | 11.0664 | 13.8218 | 16.7496 |
| | 03154822 | 其他铁件 | kg | 142.5991 | 282.8571 | 392.7262 | 586.4892 |
| | 05330111 | 竹笆 1000×2000 | $m^2$ | 121.2616 | 225.7749 | 339.0346 | 483.8124 |
| | 13056101 | 红丹防锈漆 | kg | 54.4463 | 101.5764 | 151.1513 | 216.2539 |
| | 14050121 | 油漆溶剂油 | kg | 6.1285 | 11.4336 | 17.0137 | 24.3418 |
| | 33330801 | 预埋铁件 | kg | 27.3044 | 40.9564 | 47.7826 | 61.4348 |
| | 35030343 | 钢管 $\phi$48.3×3.6 | kg | 949.8820 | 1761.2397 | 2638.6628 | 3759.3409 |
| | 35031212 | 对接扣件 $\phi$48 | 只 | 22.1270 | 40.8658 | 61.8371 | 87.7800 |
| | 35031214 | 直角扣件 $\phi$48 | 只 | 265.5250 | 492.3276 | 737.5979 | 1050.8662 |
| | 35050127 | 安全网(密目式立网) | $m^2$ | 61.1406 | 113.3649 | 169.8416 | 241.9757 |
| 机械 | 99070530 | 载重汽车 5t | 台班 | 0.6672 | 0.9088 | 1.1258 | 1.3674 |
| | 99250020 | 交流弧焊机 32kV·A | 台班 | 0.1730 | 0.2596 | 0.3028 | 0.3894 |

**工作内容：**搭设、使用、拆除脚手架。

| 定　额　编　号 | | | A-14-1-24 | A-14-1-25 | A-14-1-26 | A-14-1-27 |
|---|---|---|---|---|---|---|
| 项　　目 | | | 钢管电梯井脚手架 | | | |
| | | | 高 210m 以内 | 高 240m 以内 | 高 270m 以内 | 高 300m 以内 |
| | | | 座 | 座 | 座 | 座 |
| 预算定额编号 | 预算定额名称 | 预算定额单位 | 数　量 | | | |
| 01-17-1-32 | 钢管电梯井脚手架 高 210m 以内 结构用 | 座 | 1.0000 | | | |
| 01-17-1-33 | 钢管电梯井脚手架 高 210m 以内 安装用 | 座 | 1.0000 | | | |
| 01-17-1-34 | 钢管电梯井脚手架 高 240m 以内 结构用 | 座 | | 1.0000 | | |
| 01-17-1-35 | 钢管电梯井脚手架 高 240m 以内 安装用 | 座 | | 1.0000 | | |
| 01-17-1-36 | 钢管电梯井脚手架 高 270m 以内 结构用 | 座 | | | 1.0000 | |
| 01-17-1-37 | 钢管电梯井脚手架 高 270m 以内 安装用 | 座 | | | 1.0000 | |
| 01-17-1-38 | 钢管电梯井脚手架 高 300m 以内 结构用 | 座 | | | | 1.0000 |
| 01-17-1-39 | 钢管电梯井脚手架 高 300m 以内 安装用 | 座 | | | | 1.0000 |

**工作内容：**搭设、使用、拆除脚手架。

| 定　额　编　号 | | | | A-14-1-24 | A-14-1-25 | A-14-1-26 | A-14-1-27 |
|---|---|---|---|---|---|---|---|
| 项　　目 | | | | 钢管电梯井脚手架 | | | |
| | | | | 高 210m 以内 | 高 240m 以内 | 高 270m 以内 | 高 300m 以内 |
| 名　　称 | | | 单位 | 座 | 座 | 座 | 座 |
| 人工 | 00030123 | 架子工 | 工日 | 122.2400 | 160.3100 | 180.0440 | 199.7780 |
| | 00030139 | 油漆工 | 工日 | 42.1395 | 54.3474 | 68.5952 | 85.3202 |
| | 00030153 | 其他工 | 工日 | 17.6112 | 21.4032 | 24.5066 | 27.7338 |
| 材料 | 03130115 | 电焊条 J422 $\phi$4.0 | kg | 21.4780 | 23.4306 | 27.3356 | 31.2406 |
| | 03152516 | 镀锌铁丝 $18^{\#}\sim22^{\#}$ | kg | 19.6772 | 22.4328 | 25.3606 | 28.2882 |
| | 03154822 | 其他铁件 | kg | 823.2960 | 1017.7763 | 1316.3712 | 1668.5707 |
| | 05330111 | 竹笆 1000×2000 | $m^2$ | 658.6082 | 853.6991 | 1075.5900 | 1335.9583 |
| | 13056101 | 红丹防锈漆 | kg | 294.9161 | 380.3548 | 480.0688 | 597.1195 |
| | 14050121 | 油漆溶剂油 | kg | 33.1961 | 42.8132 | 54.0371 | 67.2124 |
| | 33330801 | 预埋铁件 | kg | 75.0868 | 81.9130 | 95.5652 | 109.2172 |
| | 35030343 | 钢管 $\phi$48.3×3.6 | kg | 5111.7050 | 6620.5561 | 8335.8239 | 10348.2343 |
| | 35031212 | 对接扣件 $\phi$48 | 只 | 119.0509 | 155.0717 | 194.7895 | 241.3633 |
| | 35031214 | 直角扣件 $\phi$48 | 只 | 1428.8989 | 1850.6752 | 2330.1521 | 2892.6906 |
| | 35050127 | 安全网(密目式立网) | $m^2$ | 329.0228 | 426.1423 | 536.5482 | 666.0801 |
| 机械 | 99070530 | 载重汽车 5t | 台班 | 1.6092 | 1.8262 | 2.0678 | 2.3094 |
| | 99250020 | 交流弧焊机 32kV·A | 台班 | 0.4758 | 0.5192 | 0.6056 | 0.6922 |

**工作内容：**搭设、使用、拆除脚手架。

| 定额编号 | | | A-14-1-28 | A-14-1-29 | A-14-1-30 | A-14-1-31 |
|---|---|---|---|---|---|---|
| 项目 | | | 钢管电梯井脚手架 | | | |
| | | | 高 330m 以内 | 高 360m 以内 | 高 390m 以内 | 高 420m 以内 |
| | | | 座 | 座 | 座 | 座 |
| 预算定额编号 | 预算定额名称 | 预算定额单位 | 数量 | | | |
| 01-17-1-40 | 钢管电梯井脚手架 高 330m 以内 结构用 | 座 | 1.0000 | | | |
| 01-17-1-41 | 钢管电梯井脚手架 高 330m 以内 安装用 | 座 | 1.0000 | | | |
| 01-17-1-42 | 钢管电梯井脚手架 高 360m 以内 结构用 | 座 | | 1.0000 | | |
| 01-17-1-43 | 钢管电梯井脚手架 高 360m 以内 安装用 | 座 | | 1.0000 | | |
| 01-17-1-44 | 钢管电梯井脚手架 高 390m 以内 结构用 | 座 | | | 1.0000 | |
| 01-17-1-45 | 钢管电梯井脚手架 高 390m 以内 安装用 | 座 | | | 1.0000 | |
| 01-17-1-46 | 钢管电梯井脚手架 高 420m 以内 结构用 | 座 | | | | 1.0000 |
| 01-17-1-47 | 钢管电梯井脚手架 高 420m 以内 安装用 | 座 | | | | 1.0000 |

**工作内容：**搭设、使用、拆除脚手架。

| 定额编号 | | | | A-14-1-28 | A-14-1-29 | A-14-1-30 | A-14-1-31 |
|---|---|---|---|---|---|---|---|
| 项目 | | | | 钢管电梯井脚手架 | | | |
| | | | | 高 330m 以内 | 高 360m 以内 | 高 390m 以内 | 高 420m 以内 |
| 名称 | | | 单位 | 座 | 座 | 座 | 座 |
| 人工 | 00030123 | 架子工 | 工日 | 219.5120 | 239.2460 | 258.9800 | 278.7140 |
| | 00030139 | 油漆工 | 工日 | 103.2711 | 123.5872 | 146.8052 | 171.8124 |
| | 00030153 | 其他工 | 工日 | 30.8961 | 34.3030 | 37.8548 | 41.3700 |
| 材料 | 03130115 | 电焊条 J422 $\phi$4.0 | kg | 33.1932 | 37.0984 | 41.0034 | 42.9560 |
| | 03152516 | 镀锌铁丝 18#～22# | kg | 31.0438 | 33.9714 | 36.8992 | 39.6546 |
| | 03154822 | 其他铁件 | kg | 1958.9820 | 2384.5145 | 2872.5107 | 3282.7024 |
| | 05330111 | 竹笆 1000×2000 | m$^2$ | 1622.6724 | 1939.2664 | 2300.9713 | 2700.0874 |
| | 13056101 | 红丹防锈漆 | kg | 722.7506 | 864.9341 | 1027.4264 | 1202.4412 |
| | 14050121 | 油漆溶剂油 | kg | 81.3536 | 97.3580 | 115.6483 | 135.3482 |
| | 33330801 | 预埋铁件 | kg | 116.0434 | 129.6956 | 143.3476 | 150.1738 |
| | 35030343 | 钢管 $\phi$48.3×3.6 | kg | 12564.0168 | 15009.9631 | 17804.1994 | 20887.3583 |
| | 35031212 | 对接扣件 $\phi$48 | 只 | 294.2150 | 350.8825 | 415.5933 | 489.0600 |
| | 35031214 | 直角扣件 $\phi$48 | 只 | 3512.0788 | 4195.8057 | 4976.8917 | 5838.7416 |
| | 35050127 | 安全网(密目式立网) | m$^2$ | 808.7024 | 966.1394 | 1145.9948 | 1344.4470 |
| 机械 | 99070530 | 载重汽车 5t | 台班 | 2.5266 | 2.7682 | 3.0098 | 3.2268 |
| | 99250020 | 交流弧焊机 32kV·A | 台班 | 0.7354 | 0.8220 | 0.9086 | 0.9518 |

**工作内容：**搭设、使用、拆除防护架。

| 定额编号 | | | A-14-1-32 | A-14-1-33 | A-14-1-34 |
|---|---|---|---|---|---|
| 项目 | | | 钢管水平防护架 | 竹制高压线防护架 | |
| | | | 基本使用期1年 | 高10m以内 | 高20m以内 |
| | | | | 基本使用期1年 | |
| | | | m² | m | m |
| 预算定额编号 | 预算定额名称 | 预算定额单位 | 数量 | | |
| 01-17-1-48 | 钢管水平防护架 基本使用期6个月 | m² | 1.0000 | | |
| 01-17-1-49 | 钢管水平防护架 使用期每增1个月 | m² | 6.0000 | | |
| 01-17-1-51 | 竹制高压线防护架 高10m以内 基本使用期5个月 | m | | 1.0000 | |
| 01-17-1-52 | 竹制高压线防护架 高10m以内 使用期每增1个月 | m | | 7.0000 | |
| 01-17-1-53 | 竹制高压线防护架 高20m以内 基本使用期5个月 | m | | | 1.0000 |
| 01-17-1-54 | 竹制高压线防护架 高20m以内 使用期每增1个月 | m | | | 7.0000 |

**工作内容：**搭设、使用、拆除防护架。

| 定额编号 | | | | A-14-1-32 | A-14-1-33 | A-14-1-34 |
|---|---|---|---|---|---|---|
| 项目 | | | | 钢管水平防护架 | 竹制高压线防护架 | |
| | | | | 基本使用期1年 | 高10m以内 | 高20m以内 |
| | | | | | 基本使用期1年 | |
| 名称 | | | 单位 | m² | m | m |
| 人工 | 00030123 | 架子工 | 工日 | 0.0772 | 0.4750 | 0.6331 |
| | 00030139 | 油漆工 | 工日 | 0.0249 | | |
| | 00030153 | 其他工 | 工日 | 0.0071 | 0.0616 | 0.1542 |
| 材料 | 03152507 | 镀锌铁丝 8#～10# | kg | | 0.1320 | 0.4224 |
| | 03152516 | 镀锌铁丝 18#～22# | kg | 0.0328 | | |
| | 05310221 | 毛竹 周长7″×1.9m | 根 | | | 0.6970 |
| | 05310222 | 毛竹 周长7″×3.2m | 根 | | 1.3932 | |
| | 05310223 | 毛竹 周长7″×6m | 根 | | 1.3298 | 7.8230 |
| | 05310225 | 毛竹 周长9″×6m | 根 | | 1.9954 | 5.8270 |
| | 05330111 | 竹笆 1000×2000 | m² | 0.9740 | | |
| | 05350401 | 竹篾 | 100根 | | 2.3184 | 7.4208 |
| | 13056101 | 红丹防锈漆 | kg | 0.1767 | | |
| | 14050121 | 油漆溶剂油 | kg | 0.0202 | | |
| | 35030343 | 钢管 φ48.3×3.6 | kg | 3.6561 | | |
| | 35030612 | 钢管底座 φ48 | 只 | 0.0265 | | |
| | 35031212 | 对接扣件 φ48 | 只 | 0.1177 | | |
| | 35031213 | 迴转扣件 φ48 | 只 | 0.1909 | | |
| | 35031214 | 直角扣件 φ48 | 只 | 0.3993 | | |
| 机械 | 99070530 | 载重汽车 5t | 台班 | | 0.0063 | 0.0210 |

# 第二节　垂直运输

**工作内容：** 单位工程合理工期内完成全部工程所需要的垂直运输。

| 定额编号 | | | A-14-2-1 | A-14-2-2 | A-14-2-3 | A-14-2-4 |
|---|---|---|---|---|---|---|
| 项目 | | | 垂直运输机械及相应设备 | | | |
| | | | 建筑物高度 | | | |
| | | | 20m 以内 | | 30m 以内 | 45m 以内 |
| | | | 卷扬机施工 | 塔吊施工 | | |
| | | | m² | m² | m² | m² |
| 预算定额编号 | 预算定额名称 | 预算定额单位 | 数量 | | | |
| 01-17-3-1 | 垂直运输机械及相应设备<br>卷扬机施工 建筑物高度 20m 以内 | m² | 1.0000 | | | |
| 01-17-3-2 | 垂直运输机械及相应设备<br>塔吊施工 建筑物高度 20m 以内 | m² | | 1.0000 | | |
| 01-17-3-3 | 垂直运输机械及相应设备<br>建筑物高度 30m 以内 | m² | | | 1.0000 | |
| 01-17-3-4 | 垂直运输机械及相应设备<br>建筑物高度 45m 以内 | m² | | | | 1.0000 |

**工作内容：** 单位工程合理工期内完成全部工程所需要的垂直运输。

| 定额编号 | | | | A-14-2-1 | A-14-2-2 | A-14-2-3 | A-14-2-4 |
|---|---|---|---|---|---|---|---|
| 项目 | | | | 垂直运输机械及相应设备 | | | |
| | | | | 建筑物高度 | | | |
| | | | | 20m 以内 | | 30m 以内 | 45m 以内 |
| | | | | 卷扬机施工 | 塔吊施工 | | |
| 名称 | | | 单位 | m² | m² | m² | m² |
| 机械 | 98470200 | 对讲机 | 台班 | | | 0.0190 | 0.0230 |
| | 99090760 | 自升式塔式起重机 400kN·m | 台班 | | 0.0246 | 0.0231 | 0.0215 |
| | 99091450 | 电动卷扬机 单筒慢速 10kN | 台班 | 0.1026 | 0.0410 | | |
| | 99091580 | 单笼施工电梯 75m 1t | 台班 | | | 0.0159 | 0.0191 |

工作内容：单位工程合理工期内完成全部工程所需要的垂直运输。

| 定额编号 | | | A-14-2-5 | A-14-2-6 | A-14-2-7 | A-14-2-8 |
|---|---|---|---|---|---|---|
| 项目 | | | 垂直运输机械及相应设备 | | | |
| | | | 建筑物高度 | | | |
| | | | 60m以内 | 75m以内 | 90m以内 | 105m以内 |
| | | | $m^2$ | $m^2$ | $m^2$ | $m^2$ |
| 预算定额编号 | 预算定额名称 | 预算定额单位 | 数量 | | | |
| 01-17-3-5 | 垂直运输机械及相应设备 建筑物高度 60m以内 | $m^2$ | 1.0000 | | | |
| 01-17-3-6 | 垂直运输机械及相应设备 建筑物高度 75m以内 | $m^2$ | | 1.0000 | | |
| 01-17-3-7 | 垂直运输机械及相应设备 建筑物高度 90m以内 | $m^2$ | | | 1.0000 | |
| 01-17-3-8 | 垂直运输机械及相应设备 建筑物高度 105m以内 | $m^2$ | | | | 1.0000 |

工作内容：单位工程合理工期内完成全部工程所需要的垂直运输。

| 定额编号 | | | | A-14-2-5 | A-14-2-6 | A-14-2-7 | A-14-2-8 |
|---|---|---|---|---|---|---|---|
| 项目 | | | | 垂直运输机械及相应设备 | | | |
| | | | | 建筑物高度 | | | |
| | | | | 60m以内 | 75m以内 | 90m以内 | 105m以内 |
| 名称 | | | 单位 | $m^2$ | $m^2$ | $m^2$ | $m^2$ |
| 机械 | 98470200 | 对讲机 | 台班 | 0.0269 | 0.0300 | 0.0315 | 0.0327 |
| | 99090770 | 自升式塔式起重机 600kN·m | 台班 | 0.0210 | 0.0206 | | |
| | 99090780 | 自升式塔式起重机 800kN·m | 台班 | | | 0.0205 | 0.0203 |
| | 99091620 | 双笼施工电梯 100m 2×1t | 台班 | 0.0224 | 0.0250 | 0.0263 | |
| | 99091640 | 双笼施工电梯 200m 2×1t | 台班 | | | | 0.0273 |

**工作内容：** 单位工程合理工期内完成全部工程所需要的垂直运输。

| 定额编号 | | | A-14-2-9 | A-14-2-10 | A-14-2-11 | A-14-2-12 |
|---|---|---|---|---|---|---|
| 项目 | | | 垂直运输机械及相应设备 | | | |
| | | | 建筑物高度 | | | |
| | | | 120m 以内 | 135m 以内 | 150m 以内 | 165m 以内 |
| | | | $m^2$ | $m^2$ | $m^2$ | $m^2$ |
| 预算定额编号 | 预算定额名称 | 预算定额单位 | 数量 | | | |
| 01-17-3-9 | 垂直运输机械及相应设备 建筑物高度 120m 以内 | $m^2$ | 1.0000 | | | |
| 01-17-3-10 | 垂直运输机械及相应设备 建筑物高度 135m 以内 | $m^2$ | | 1.0000 | | |
| 01-17-3-11 | 垂直运输机械及相应设备 建筑物高度 150m 以内 | $m^2$ | | | 1.0000 | |
| 01-17-3-12 | 垂直运输机械及相应设备 建筑物高度 165m 以内 | $m^2$ | | | | 1.0000 |

**工作内容：** 单位工程合理工期内完成全部工程所需要的垂直运输。

| 定额编号 | | | | A-14-2-9 | A-14-2-10 | A-14-2-11 | A-14-2-12 |
|---|---|---|---|---|---|---|---|
| 项目 | | | | 垂直运输机械及相应设备 | | | |
| | | | | 建筑物高度 | | | |
| | | | | 120m 以内 | 135m 以内 | 150m 以内 | 165m 以内 |
| 名称 | | | 单位 | $m^2$ | $m^2$ | $m^2$ | $m^2$ |
| 机械 | 98470200 | 对讲机 | 台班 | 0.0334 | 0.0301 | 0.0305 | 0.0309 |
| | 99090780 | 自升式塔式起重机 800kN·m | 台班 | 0.0202 | | | |
| | 99090790 | 自升式塔式起重机 1000kN·m | 台班 | | 0.0177 | 0.0176 | |
| | 99090820 | 自升式塔式起重机 2500kN·m | 台班 | | | | 0.0175 |
| | 99091640 | 双笼施工电梯 200m 2×1t | 台班 | 0.0278 | 0.0250 | 0.0254 | 0.0257 |

**工作内容：** 单位工程合理工期内完成全部工程所需要的垂直运输。

| 定　额　编　号 | | | A-14-2-13 | A-14-2-14 | A-14-2-15 | A-14-2-16 |
|---|---|---|---|---|---|---|
| 项　　目 | | | 垂直运输机械及相应设备 | | | |
| | | | 建筑物高度 | | | |
| | | | 180m 以内 | 195m 以内 | 210m 以内 | 225m 以内 |
| | | | $m^2$ | $m^2$ | $m^2$ | $m^2$ |
| 预算定额编号 | 预算定额名称 | 预算定额单位 | 数　量 | | | |
| 01-17-3-13 | 垂直运输机械及相应设备 建筑物高度 180m 以内 | $m^2$ | 1.0000 | | | |
| 01-17-3-14 | 垂直运输机械及相应设备 建筑物高度 195m 以内 | $m^2$ | | 1.0000 | | |
| 01-17-3-15 | 垂直运输机械及相应设备 建筑物高度 210m 以内 | $m^2$ | | | 1.0000 | |
| 01-17-3-16 | 垂直运输机械及相应设备 建筑物高度 225m 以内 | $m^2$ | | | | 1.0000 |

**工作内容：** 单位工程合理工期内完成全部工程所需要的垂直运输。

| 定　额　编　号 | | | | A-14-2-13 | A-14-2-14 | A-14-2-15 | A-14-2-16 |
|---|---|---|---|---|---|---|---|
| 项　　目 | | | | 垂直运输机械及相应设备 | | | |
| | | | | 建筑物高度 | | | |
| | | | | 180m 以内 | 195m 以内 | 210m 以内 | 225m 以内 |
| 名　　称 | | | 单位 | $m^2$ | $m^2$ | $m^2$ | $m^2$ |
| 机械 | 98470200 | 对讲机 | 台班 | 0.0311 | 0.0314 | 0.0316 | 0.0318 |
| | 99090820 | 自升式塔式起重机 2500kN·m | 台班 | 0.0174 | | | |
| | 99090830 | 自升式塔式起重机 3000kN·m | 台班 | | 0.0173 | 0.0172 | |
| | 99090840 | 自升式塔式起重机 3600kN·m | 台班 | | | | 0.0171 |
| | 99091640 | 双笼施工电梯 200m 2×1t | 台班 | 0.0260 | 0.0262 | | |
| | 99091650 | 双笼施工电梯 300m 2×1t | 台班 | | | 0.0263 | 0.0265 |

**工作内容：** 单位工程合理工期内完成全部工程所需要的垂直运输。

| 定额编号 | | | A-14-2-17 | A-14-2-18 | A-14-2-19 | A-14-2-20 |
|---|---|---|---|---|---|---|
| 项目 | | | 垂直运输机械及相应设备 | | | |
| | | | 建筑物高度 | | | |
| | | | 240m 以内 | 255m 以内 | 270m 以内 | 285m 以内 |
| | | | $m^2$ | $m^2$ | $m^2$ | $m^2$ |
| 预算定额编号 | 预算定额名称 | 预算定额单位 | 数量 | | | |
| 01-17-3-17 | 垂直运输机械及相应设备 建筑物高度 240m 以内 | $m^2$ | 1.0000 | | | |
| 01-17-3-18 | 垂直运输机械及相应设备 建筑物高度 255m 以内 | $m^2$ | | 1.0000 | | |
| 01-17-3-19 | 垂直运输机械及相应设备 建筑物高度 270m 以内 | $m^2$ | | | 1.0000 | |
| 01-17-3-20 | 垂直运输机械及相应设备 建筑物高度 285m 以内 | $m^2$ | | | | 1.0000 |

**工作内容：** 单位工程合理工期内完成全部工程所需要的垂直运输。

| 定额编号 | | | | A-14-2-17 | A-14-2-18 | A-14-2-19 | A-14-2-20 |
|---|---|---|---|---|---|---|---|
| 项目 | | | | 垂直运输机械及相应设备 | | | |
| | | | | 建筑物高度 | | | |
| | | | | 240m 以内 | 255m 以内 | 270m 以内 | 285m 以内 |
| 名称 | | | 单位 | $m^2$ | $m^2$ | $m^2$ | $m^2$ |
| 机械 | 98470200 | 对讲机 | 台班 | 0.0321 | 0.0323 | 0.0326 | 0.0328 |
| | 99090840 | 自升式塔式起重机 3600kN·m | 台班 | 0.0170 | | | |
| | 99090870 | 自升式塔式起重机 5600kN·m | 台班 | | 0.0169 | 0.0167 | 0.0166 |
| | 99091650 | 双笼施工电梯 300m 2×1t | 台班 | 0.0267 | 0.0269 | 0.0271 | 0.0273 |

**工作内容：** 单位工程合理工期内完成全部工程所需要的垂直运输。

| 定额编号 | | | A-14-2-21 | A-14-2-22 | A-14-2-23 | A-14-2-24 |
|---|---|---|---|---|---|---|
| 项目 | | | 垂直运输机械及相应设备 | | | |
| | | | 建筑物高度 | | | |
| | | | 300m 以内 | 315m 以内 | 330m 以内 | 345m 以内 |
| | | | $m^2$ | $m^2$ | $m^2$ | $m^2$ |
| 预算定额编号 | 预算定额名称 | 预算定额单位 | 数量 | | | |
| 01-17-3-21 | 垂直运输机械及相应设备 建筑物高度 300m 以内 | $m^2$ | 1.0000 | | | |
| 01-17-3-22 | 垂直运输机械及相应设备 建筑物高度 315m 以内 | $m^2$ | | 1.0000 | | |
| 01-17-3-23 | 垂直运输机械及相应设备 建筑物高度 330m 以内 | $m^2$ | | | 1.0000 | |
| 01-17-3-24 | 垂直运输机械及相应设备 建筑物高度 345m 以内 | $m^2$ | | | | 1.0000 |

**工作内容：** 单位工程合理工期内完成全部工程所需要的垂直运输。

| 定额编号 | | | | A-14-2-21 | A-14-2-22 | A-14-2-23 | A-14-2-24 |
|---|---|---|---|---|---|---|---|
| 项目 | | | | 垂直运输机械及相应设备 | | | |
| | | | | 建筑物高度 | | | |
| | | | | 300m 以内 | 315m 以内 | 330m 以内 | 345m 以内 |
| 名称 | | | 单位 | $m^2$ | $m^2$ | $m^2$ | $m^2$ |
| 机械 | 98470200 | 对讲机 | 台班 | 0.0331 | 0.0333 | 0.0336 | 0.0338 |
| | 99090870 | 自升式塔式起重机 5600kN·m | 台班 | 0.0164 | 0.0162 | | |
| | 99090890 | 自升式塔式起重机 9000kN·m | 台班 | | | 0.0161 | 0.0159 |
| | 99091650 | 双笼施工电梯 300m 2×1t | 台班 | 0.0275 | | | |
| | 99091670 | 双笼施工电梯 450m 2×1t | 台班 | | 0.0277 | 0.0279 | 0.0281 |

**工作内容：** 单位工程合理工期内完成全部工程所需要的垂直运输。

| 定额编号 | | | A-14-2-25 | A-14-2-26 | A-14-2-27 | A-14-2-28 |
|---|---|---|---|---|---|---|
| 项目 | | | 垂直运输机械及相应设备 | | | |
| | | | 建筑物高度 | | | |
| | | | 360m 以内 | 375m 以内 | 390m 以内 | 405m 以内 |
| | | | m² | m² | m² | m² |
| 预算定额编号 | 预算定额名称 | 预算定额单位 | 数量 | | | |
| 01-17-3-25 | 垂直运输机械及相应设备<br>建筑物高度 360m 以内 | m² | 1.0000 | | | |
| 01-17-3-26 | 垂直运输机械及相应设备<br>建筑物高度 375m 以内 | m² | | 1.0000 | | |
| 01-17-3-27 | 垂直运输机械及相应设备<br>建筑物高度 390m 以内 | m² | | | 1.0000 | |
| 01-17-3-28 | 垂直运输机械及相应设备<br>建筑物高度 405m 以内 | m² | | | | 1.0000 |

**工作内容：** 单位工程合理工期内完成全部工程所需要的垂直运输。

| 定额编号 | | | | A-14-2-25 | A-14-2-26 | A-14-2-27 | A-14-2-28 |
|---|---|---|---|---|---|---|---|
| 项目 | | | | 垂直运输机械及相应设备 | | | |
| | | | | 建筑物高度 | | | |
| | | | | 360m 以内 | 375m 以内 | 390m 以内 | 405m 以内 |
| 名称 | | | 单位 | m² | m² | m² | m² |
| 机械 | 98470200 | 对讲机 | 台班 | 0.0341 | 0.0344 | 0.0346 | 0.0348 |
| | 99090890 | 自升式塔式起重机 9000kN·m | 台班 | 0.0158 | 0.0156 | 0.0155 | 0.0153 |
| | 99091670 | 双笼施工电梯 450m 2×1t | 台班 | 0.0283 | 0.0286 | 0.0288 | 0.0290 |

**工作内容：** 单位工程合理工期内完成全部工程所需要的垂直运输。

| 定额编号 | | | A-14-2-29 | A-14-2-30 | A-14-2-31 | A-14-2-32 |
|---|---|---|---|---|---|---|
| 项目 | | | 垂直运输机械及相应设备 | 垂直运输机械 | | |
| | | | 建筑物高度 420m 以内 | 独立地下室一层 | 独立地下室二层 | 独立地下室三层 |
| | | | $m^2$ | $m^2$ | $m^2$ | $m^2$ |
| 预算定额编号 | 预算定额名称 | 预算定额单位 | 数量 | | | |
| 01-17-3-29 | 垂直运输机械及相应设备 建筑物高度 420m 以内 | $m^2$ | 1.0000 | | | |
| 01-17-3-30 | 垂直运输机械　独立地下室一层 | $m^2$ | | 1.0000 | | |
| 01-17-3-31 | 垂直运输机械　独立地下室二层 | $m^2$ | | | 1.0000 | |
| 01-17-3-32 | 垂直运输机械　独立地下室三层 | $m^2$ | | | | 1.0000 |

**工作内容：** 单位工程合理工期内完成全部工程所需要的垂直运输。

| 定额编号 | | | | A-14-2-29 | A-14-2-30 | A-14-2-31 | A-14-2-32 |
|---|---|---|---|---|---|---|---|
| 项目 | | | | 垂直运输机械及相应设备 | 垂直运输机械 | | |
| | | | | 建筑物高度 420m 以内 | 独立地下室一层 | 独立地下室二层 | 独立地下室三层 |
| 名称 | | | 单位 | $m^2$ | $m^2$ | $m^2$ | $m^2$ |
| 机械 | 98470200 | 对讲机 | 台班 | 0.0352 | | | |
| | 99090770 | 自升式塔式起重机　600kN·m | 台班 | | 0.0330 | | |
| | 99090780 | 自升式塔式起重机　800kN·m | 台班 | | | 0.0246 | |
| | 99090890 | 自升式塔式起重机　9000kN·m | 台班 | 0.0152 | | | |
| | 99090790 | 自升式塔式起重机　1000kN·m | 台班 | | | | 0.0149 |
| | 99091670 | 双笼施工电梯　450m　2×1t | 台班 | 0.0292 | | | |

# 第三节　超高施工增加

**工作内容：**超高人工、机械降效。

| 定额编号 | | | A-14-3-1 | A-14-3-2 | A-14-3-3 | A-14-3-4 |
|---|---|---|---|---|---|---|
| 项目 | | | 超高施工增加 | | | |
| | | | 建筑物高度 | | | |
| | | | 30m 以内 | 45m 以内 | 60m 以内 | 75m 以内 |
| | | | $m^2$ | $m^2$ | $m^2$ | $m^2$ |
| 预算定额编号 | 预算定额名称 | 预算定额单位 | 数量 | | | |
| 01-17-4-1 | 超高施工增加 建筑物高度 30m 以内 | $m^2$ | 1.0000 | | | |
| 01-17-4-2 | 超高施工增加 建筑物高度 45m 以内 | $m^2$ | | 1.0000 | | |
| 01-17-4-3 | 超高施工增加 建筑物高度 60m 以内 | $m^2$ | | | 1.0000 | |
| 01-17-4-4 | 超高施工增加 建筑物高度 75m 以内 | $m^2$ | | | | 1.0000 |

**工作内容：**超高人工、机械降效。

| 定额编号 | | | | A-14-3-1 | A-14-3-2 | A-14-3-3 | A-14-3-4 |
|---|---|---|---|---|---|---|---|
| 项目 | | | | 超高施工增加 | | | |
| | | | | 建筑物高度 | | | |
| | | | | 30m 以内 | 45m 以内 | 60m 以内 | 75m 以内 |
| 名称 | | | 单位 | $m^2$ | $m^2$ | $m^2$ | $m^2$ |
| 人工 | 00030101 | 综合人工 | 工日 | 0.1544 | 0.2702 | 0.3860 | 0.5017 |
| 机械 | 99440120 | 电动多级离心清水泵 ϕ50 | 台班 | 0.0014 | 0.0029 | | |
| | 99440130 | 电动多级离心清水泵 ϕ100×120m 以下 | 台班 | | | 0.0044 | 0.0061 |
| | 99810020 | 电动多级离心清水泵停滞费 ϕ50 | 台班 | 0.0014 | 0.0029 | | |
| | 99810030 | 电动多级离心清水泵停滞费 ϕ100 | 台班 | | | 0.0044 | 0.0061 |
| | | 其他机械降效 | % | 0.0475 | 0.0831 | 0.1188 | 0.1544 |

**工作内容：**超高人工、机械降效。

| 定额编号 | | | A-14-3-5 | A-14-3-6 | A-14-3-7 | A-14-3-8 |
|---|---|---|---|---|---|---|
| 项目 | | | 超高施工增加 | | | |
| | | | 建筑物高度 | | | |
| | | | 90m 以内 | 105m 以内 | 120m 以内 | 135m 以内 |
| | | | m² | m² | m² | m² |
| 预算定额编号 | 预算定额名称 | 预算定额单位 | 数量 | | | |
| 01-17-4-5 | 超高施工增加　建筑物高度 90m 以内 | m² | 1.0000 | | | |
| 01-17-4-6 | 超高施工增加　建筑物高度 105m 以内 | m² | | 1.0000 | | |
| 01-17-4-7 | 超高施工增加　建筑物高度 120m 以内 | m² | | | 1.0000 | |
| 01-17-4-8 | 超高施工增加　建筑物高度 135m 以内 | m² | | | | 1.0000 |

**工作内容：**超高人工、机械降效。

| 定额编号 | | | | A-14-3-5 | A-14-3-6 | A-14-3-7 | A-14-3-8 |
|---|---|---|---|---|---|---|---|
| 项目 | | | | 超高施工增加 | | | |
| | | | | 建筑物高度 | | | |
| | | | | 90m 以内 | 105m 以内 | 120m 以内 | 135m 以内 |
| 名称 | | | 单位 | m² | m² | m² | m² |
| 人工 | 00030101 | 综合人工 | 工日 | 0.6176 | 0.7333 | 0.8491 | 0.9649 |
| 机械 | 99440130 | 电动多级离心清水泵 $\phi100\times120$m 以下 | 台班 | 0.0080 | 0.0100 | | |
| | 99440150 | 电动多级离心清水泵 $\phi150\times180$m 以下 | 台班 | | | 0.0122 | 0.0145 |
| | 99810030 | 电动多级离心清水泵停滞费 $\phi100$ | 台班 | 0.0080 | 0.0100 | | |
| | 99810050 | 电动多级离心清水泵停滞费 $\phi150$ | 台班 | | | 0.0122 | 0.0145 |
| | | 其他机械降效 | % | 0.1900 | 0.2256 | 0.2613 | 0.2969 |

**工作内容：** 超高人工、机械降效。

| 定额编号 | | | A-14-3-9 | A-14-3-10 | A-14-3-11 | A-14-3-12 |
|---|---|---|---|---|---|---|
| 项目 | | | 超高施工增加 | | | |
| | | | 建筑物高度 | | | |
| | | | 150m以内 | 165m以内 | 180m以内 | 195m以内 |
| | | | $m^2$ | $m^2$ | $m^2$ | $m^2$ |
| 预算定额编号 | 预算定额名称 | 预算定额单位 | 数量 | | | |
| 01-17-4-9 | 超高施工增加 建筑物高度150m以内 | $m^2$ | 1.0000 | | | |
| 01-17-4-10 | 超高施工增加 建筑物高度165m以内 | $m^2$ | | 1.0000 | | |
| 01-17-4-11 | 超高施工增加 建筑物高度180m以内 | $m^2$ | | | 1.0000 | |
| 01-17-4-12 | 超高施工增加 建筑物高度195m以内 | $m^2$ | | | | 1.0000 |

**工作内容：** 超高人工、机械降效。

| 定额编号 | | | | A-14-3-9 | A-14-3-10 | A-14-3-11 | A-14-3-12 |
|---|---|---|---|---|---|---|---|
| 项目 | | | | 超高施工增加 | | | |
| | | | | 建筑物高度 | | | |
| | | | | 150m以内 | 165m以内 | 180m以内 | 195m以内 |
| 名称 | | | 单位 | $m^2$ | $m^2$ | $m^2$ | $m^2$ |
| 人工 | 00030101 | 综合人工 | 工日 | 1.0807 | 1.1964 | 1.3123 | 1.4280 |
| 机械 | 99440150 | 电动多级离心清水泵 $\phi150\times180$m以下 | 台班 | 0.0170 | 0.0197 | | |
| | 99440170 | 电动多级离心清水泵 $\phi200\times280$m以下 | 台班 | | | 0.0225 | 0.0256 |
| | 99810050 | 电动多级离心清水泵停滞费 $\phi150$ | 台班 | 0.0170 | 0.0197 | | |
| | 99810070 | 电动多级离心清水泵停滞费 $\phi200$ | 台班 | | | 0.0225 | 0.0256 |
| | | 其他机械降效 | % | 0.3325 | 0.3681 | 0.4038 | 0.4394 |

工作内容：超高人工、机械降效。

| 定额编号 | | | A-14-3-13 | A-14-3-14 | A-14-3-15 | A-14-3-16 |
|---|---|---|---|---|---|---|
| 项目 | | | 超高施工增加 | | | |
| | | | 建筑物高度 | | | |
| | | | 210m 以内 | 225m 以内 | 240m 以内 | 255m 以内 |
| | | | m² | m² | m² | m² |
| 预算定额编号 | 预算定额名称 | 预算定额单位 | 数量 | | | |
| 01-17-4-13 | 超高施工增加 建筑物高度 210m 以内 | m² | 1.0000 | | | |
| 01-17-4-14 | 超高施工增加 建筑物高度 225m 以内 | m² | | 1.0000 | | |
| 01-17-4-15 | 超高施工增加 建筑物高度 240m 以内 | m² | | | 1.0000 | |
| 01-17-4-16 | 超高施工增加 建筑物高度 255m 以内 | m² | | | | 1.0000 |

工作内容：超高人工、机械降效。

| 定额编号 | | | | A-14-3-13 | A-14-3-14 | A-14-3-15 | A-14-3-16 |
|---|---|---|---|---|---|---|---|
| 项目 | | | | 超高施工增加 | | | |
| | | | | 建筑物高度 | | | |
| | | | | 210m 以内 | 225m 以内 | 240m 以内 | 255m 以内 |
| 名称 | | | 单位 | m² | m² | m² | m² |
| 人工 | 00030101 | 综合人工 | 工日 | 1.5529 | 1.6874 | 1.8320 | 1.9936 |
| 机械 | 99440170 | 电动多级离心清水泵 $\phi200\times280$m 以下 | 台班 | 0.0290 | 0.0328 | 0.0370 | 0.0420 |
| | 99810070 | 电动多级离心清水泵停滞费 $\phi200$ | 台班 | 0.0290 | 0.0328 | 0.0370 | 0.0420 |
| | | 其他机械降效 | % | 0.4778 | 0.5192 | 0.5637 | 0.6134 |

工作内容：超高人工、机械降效。

| 定额编号 | | | A-14-3-17 | A-14-3-18 | A-14-3-19 | A-14-3-20 |
|---|---|---|---|---|---|---|
| 项目 | | | 超高施工增加 | | | |
| | | | 建筑物高度 | | | |
| | | | 270m 以内 | 285m 以内 | 300m 以内 | 315m 以内 |
| | | | $m^2$ | $m^2$ | $m^2$ | $m^2$ |
| 预算定额编号 | 预算定额名称 | 预算定额单位 | 数量 | | | |
| 01-17-4-17 | 超高施工增加 建筑物高度 270m 以内 | $m^2$ | 1.0000 | | | |
| 01-17-4-18 | 超高施工增加 建筑物高度 285m 以内 | $m^2$ | | 1.0000 | | |
| 01-17-4-19 | 超高施工增加 建筑物高度 300m 以内 | $m^2$ | | | 1.0000 | |
| 01-17-4-20 | 超高施工增加 建筑物高度 315m 以内 | $m^2$ | | | | 1.0000 |

工作内容：超高人工、机械降效。

| 定额编号 | | | | A-14-3-17 | A-14-3-18 | A-14-3-19 | A-14-3-20 |
|---|---|---|---|---|---|---|---|
| 项目 | | | | 超高施工增加 | | | |
| | | | | 建筑物高度 | | | |
| | | | | 270m 以内 | 285m 以内 | 300m 以内 | 315m 以内 |
| 名称 | | | 单位 | $m^2$ | $m^2$ | $m^2$ | $m^2$ |
| 人工 | 00030101 | 综合人工 | 工日 | 2.1680 | 2.3557 | 2.5576 | 2.7833 |
| 机械 | 99440170 | 电动多级离心清水泵 ϕ200×280m 以下 | 台班 | 0.0476 | 0.0538 | | |
| | 99440180 | 电动多级离心清水泵 ϕ200×280m 以上 | 台班 | | | 0.0607 | 0.0689 |
| | 99810070 | 电动多级离心清水泵停滞费 ϕ200 | 台班 | 0.0476 | 0.0538 | 0.0607 | 0.0689 |
| | | 其他机械降效 | % | 0.6670 | 0.7248 | 0.7869 | 0.8564 |

**工作内容：**超高人工、机械降效。

| 定额编号 | | | A-14-3-21 | A-14-3-22 | A-14-3-23 | A-14-3-24 |
|---|---|---|---|---|---|---|
| 项目 | | | 超高施工增加 | | | |
| | | | 建筑物高度 | | | |
| | | | 330m 以内 | 345m 以内 | 360m 以内 | 375m 以内 |
| | | | $m^2$ | $m^2$ | $m^2$ | $m^2$ |
| 预算定额编号 | 预算定额名称 | 预算定额单位 | 数量 | | | |
| 01-17-4-21 | 超高施工增加 建筑物高度 330 以内 | $m^2$ | 1.0000 | | | |
| 01-17-4-22 | 超高施工增加 建筑物高度 345m 以内 | $m^2$ | | 1.0000 | | |
| 01-17-4-23 | 超高施工增加 建筑物高度 360m 以内 | $m^2$ | | | 1.0000 | |
| 01-17-4-24 | 超高施工增加 建筑物高度 375m 以内 | $m^2$ | | | | 1.0000 |

**工作内容：**超高人工、机械降效。

| 定额编号 | | | | A-14-3-21 | A-14-3-22 | A-14-3-23 | A-14-3-24 |
|---|---|---|---|---|---|---|---|
| 项目 | | | | 超高施工增加 | | | |
| | | | | 建筑物高度 | | | |
| | | | | 330m 以内 | 345m 以内 | 360m 以内 | 375m 以内 |
| 名称 | | | 单位 | $m^2$ | $m^2$ | $m^2$ | $m^2$ |
| 人工 | 00030101 | 综合人工 | 工日 | 3.0266 | 3.2887 | 3.5706 | 3.8856 |
| 机械 | 99440180 | 电动多级离心清水泵 $\phi$200×280m 以上 | 台班 | 0.0780 | 0.0883 | 0.0996 | 0.1131 |
| | 99810070 | 电动多级离心清水泵停滞费 $\phi$200 | 台班 | 0.0780 | 0.0883 | 0.0996 | 0.1131 |
| | | 其他机械降效 | % | 0.9313 | 1.0119 | 1.0986 | 1.1956 |

**工作内容：** 超高人工、机械降效。

| 定额编号 | | | A-14-3-25 | A-14-3-26 | A-14-3-27 |
|---|---|---|---|---|---|
| 项目 | | | 超高施工增加 | | |
| | | | 建筑物高度 | | |
| | | | 390m 以内 | 405m 以内 | 420m 以内 |
| | | | $m^2$ | $m^2$ | $m^2$ |
| 预算定额编号 | 预算定额名称 | 预算定额单位 | 数量 | | |
| 01-17-4-25 | 超高施工增加 建筑物高度 390m 以内 | $m^2$ | 1.0000 | | |
| 01-17-4-26 | 超高施工增加 建筑物高度 405m 以内 | $m^2$ | | 1.0000 | |
| 01-17-4-27 | 超高施工增加 建筑物高度 420m 以内 | $m^2$ | | | 1.0000 |

**工作内容：** 超高人工、机械降效。

| 定额编号 | | | | A-14-3-25 | A-14-3-26 | A-14-3-27 |
|---|---|---|---|---|---|---|
| 项目 | | | | 超高施工增加 | | |
| | | | | 建筑物高度 | | |
| | | | | 390m 以内 | 405m 以内 | 420m 以内 |
| 名称 | | | 单位 | $m^2$ | $m^2$ | $m^2$ |
| 人工 | 00030101 | 综合人工 | 工日 | 4.2254 | 4.5913 | 4.9848 |
| 机械 | 99440180 | 电动多级离心清水泵 $\phi$200×280m 以上 | 台班 | 0.1281 | 0.1449 | 0.1635 |
| | 99810070 | 电动多级离心清水泵停滞费 $\phi$200 | 台班 | 0.1281 | 0.1449 | 0.1635 |
| | | 其他机械降效 | % | 1.3001 | 1.4127 | 1.5338 |

# 第四节 大型机械设备进出场及安拆

**工作内容：** 机械设备进出场及安拆。

| 定额编号 | | | A-14-4-1 | A-14-4-2 | A-14-4-3 | A-14-4-4 |
|---|---|---|---|---|---|---|
| 项目 | | | 履带式推土机进出场费 | 沥青混凝土摊铺机进出场费 | 内燃光轮压路机进出场费 | 履带式液压挖掘机进出场费 |
| | | | 台次 | 台次 | 台次 | 台次 |
| 预算定额编号 | 预算定额名称 | 预算定额单位 | 数量 | | | |
| 01-17-5-1 | 履带式推土机进出场费 | 台次 | 1.0000 | | | |
| 01-17-5-2 | 内燃光轮压路机进出场费 | 台次 | | | 1.0000 | |
| 01-17-5-3 | 履带式液压挖掘机进出场费 $1m^3$ 以内 | 台次 | | | | 0.5000 |
| 01-17-5-4 | 履带式液压挖掘机进出场费 $1m^3$ 以外 | 台次 | | | | 0.5000 |
| 04-7-10-21 | 沥青混凝土摊铺机场外运输费 | 台次 | | 1.0000 | | |

**工作内容：** 机械设备进出场及安拆。

| 定额编号 | | | | A-14-4-1 | A-14-4-2 | A-14-4-3 | A-14-4-4 |
|---|---|---|---|---|---|---|---|
| 项目 | | | | 履带式推土机进出场费 | 沥青混凝土摊铺机进出场费 | 内燃光轮压路机进出场费 | 履带式液压挖掘机进出场费 |
| 名称 | | | 单位 | 台次 | 台次 | 台次 | 台次 |
| 机械 | 99910200 | 履带式推土机进出场费 | 台次 | 1.0000 | | | |
| | 99910310 | 履带式单斗液压挖掘机进出场费 $\leqslant 1m^3$ | 台次 | | | | 0.5000 |
| | 99910320 | 履带式单斗液压挖掘机进出场费 $>1m^3$ | 台次 | | | | 0.5000 |
| | 99910400 | 内燃光轮压路机进出场费 | 台次 | | | 1.0000 | |
| | 99910510 | 沥青混凝土摊铺机进出场费 | 台次 | | 1.0000 | | |

**工作内容：** 机械设备进出场及安拆。

| 定额编号 | | | A-14-4-5 | A-14-4-6 | A-14-4-7 | A-14-4-8 |
|---|---|---|---|---|---|---|
| 项目 | | | 强夯机械进出场费 | 履带式起重机进出场费 | 履带式柴油打桩机进出场及安拆费 | 静力液压压桩机进出场及安拆费 |
| | | | 台次 | 台次 | 台次 | 台次 |
| 预算定额编号 | 预算定额名称 | 预算定额单位 | 数量 | | | |
| 01-17-5-5 | 强夯机械进出场费 | 台次 | 1.0000 | | | |
| 01-17-5-6 | 履带式起重机进出场费 30t 以内 | 台次 | | 0.2500 | | |
| 01-17-5-7 | 履带式起重机进出场费 50t 以内 | 台次 | | 0.2500 | | |
| 01-17-5-8 | 履带式起重机进出场费 100t 以内 | 台次 | | 0.2500 | | |
| 01-17-5-9 | 履带式起重机进出场费 100t 以外 | 台次 | | 0.2500 | | |
| 01-17-5-11 | 履带式柴油打桩机进出场及安拆费 5t 以内 | 台次 | | | 0.5000 | |
| 01-17-5-12 | 履带式柴油打桩机进出场及安拆费 5t 以外 | 台次 | | | 0.5000 | |
| 01-17-5-13 | 静力液压压桩机进出场及安拆费 4000KN 以内 | 台次 | | | | 1.0000 |

**工作内容：** 机械设备进出场及安拆。

| 定额编号 | | | | A-14-4-5 | A-14-4-6 | A-14-4-7 | A-14-4-8 |
|---|---|---|---|---|---|---|---|
| 项目 | | | | 强夯机械进出场费 | 履带式起重机进出场费 | 履带式柴油打桩机进出场及安拆费 | 静力液压压桩机进出场及安拆费 |
| 名称 | | | 单位 | 台次 | 台次 | 台次 | 台次 |
| 机械 | 99911120 | 履带式起重机进出场费 ≤30t | 台次 | | 0.2500 | | |
| | 99911145 | 履带式起重机进出场费 ≤50t | 台次 | | 0.2500 | | |
| | 99911160 | 履带式起重机进出场费 ≤100t | 台次 | | 0.2500 | | |
| | 99911170 | 履带式起重机进出场费 >100t | 台次 | | 0.2500 | | |
| | 99911310 | 强夯机械进出场费 | 台次 | 1.0000 | | | |
| | 99950040 | 履带式柴油打桩机进出场及安拆费 ≤5t | 台次 | | | 0.5000 | |
| | 99950050 | 履带式柴油打桩机进出场及安拆费 >5t | 台次 | | | 0.5000 | |
| | 99950210 | 静力液压压桩机进出场及安拆费 4000kN | 台次 | | | | 1.0000 |

**工作内容：** 机械设备进出场及安拆。

| 定额编号 | | | A-14-4-9 | A-14-4-10 | A-14-4-11 | A-14-4-12 |
|---|---|---|---|---|---|---|
| 项目 | | | 振动沉拔桩机进出场及安拆费 | 工程钻机进出场及安拆费 | 旋喷桩机械进出场及安拆费 | 搅拌桩机械进出场及安拆费 |
| | | | 台次 | 台次 | 台次 | 台次 |
| 预算定额编号 | 预算定额名称 | 预算定额单位 | 数量 | | | |
| 01-17-5-14 | 振动沉拔桩机进出场及安拆费 | 台次 | 1.0000 | | | |
| 01-17-5-15 | 工程钻机进出场及安拆费 | 台次 | | 1.0000 | | |
| 01-17-5-16 | 旋喷桩机械进出场及安拆费 单重管旋喷机 | 台次 | | | 0.3333 | |
| 01-17-5-17 | 旋喷桩机械进出场及安拆费 双重管旋喷机 | 台次 | | | 0.3334 | |
| 01-17-5-18 | 旋喷桩机械进出场及安拆费 三重管旋喷机 | 台次 | | | 0.3333 | |
| 01-17-5-19 | 搅拌桩机械进出场及安拆费 单轴 | 台次 | | | | 0.2500 |
| 01-17-5-20 | 搅拌桩机械进出场及安拆费 双轴 | 台次 | | | | 0.2500 |
| 01-17-5-21 | 搅拌桩机械进出场及安拆费 三轴 | 台次 | | | | 0.2500 |
| 01-17-5-22 | 搅拌桩机械进出场及安拆费 五轴 | 台次 | | | | 0.2500 |

**工作内容：** 机械设备进出场及安拆。

| 定额编号 | | | | A-14-4-9 | A-14-4-10 | A-14-4-11 | A-14-4-12 |
|---|---|---|---|---|---|---|---|
| 项目 | | | | 振动沉拔桩机进出场及安拆费 | 工程钻机进出场及安拆费 | 旋喷桩机械进出场及安拆费 | 搅拌桩机械进出场及安拆费 |
| 名称 | | | 单位 | 台次 | 台次 | 台次 | 台次 |
| 机械 | 99950300 | 振动沉拔桩机进出场及安拆费 | 台次 | 1.0000 | | | |
| | 99950400 | 工程钻机进出场及安拆费 | 台次 | | 1.0000 | | |
| | 99950510 | 单重管旋喷桩机械进出场及安拆费 | 台次 | | | 0.3333 | |
| | 99950520 | 双重管旋喷桩机械进出场及安拆费 | 台次 | | | 0.3334 | |
| | 99950530 | 三重管旋喷桩机械进出场及安拆费 | 台次 | | | 0.3333 | |
| | 99950610 | 单轴搅拌桩机械进出场及安拆费 | 台次 | | | | 0.2500 |
| | 99950620 | 双轴搅拌桩机械进出场及安拆费 | 台次 | | | | 0.2500 |
| | 99950630 | 三轴搅拌桩机械进出场及安拆费 | 台次 | | | | 0.2500 |
| | 99950640 | 五轴搅拌桩机械进出场及安拆费 | 台次 | | | | 0.2500 |

**工作内容：**机械设备进出场及安拆。

| 定额编号 | | | A-14-4-13 | A-14-4-14 | A-14-4-15 |
|---|---|---|---|---|---|
| 项目 | | | 履带式液压成槽机进出场及安拆费 | 自升式塔式起重机进出场及安拆费 | 施工电梯进出场及安拆费 |
| | | | 台次 | 台次 | 台次 |
| 预算定额编号 | 预算定额名称 | 预算定额单位 | 数量 | | |
| 01-17-5-23 | 履带式液压成槽机进出场及安拆费 | 台次 | 1.0000 | | |
| 01-17-5-24 | 自升式塔式起重机进出场及安拆费 | 台次 | | 1.0000 | |
| 01-17-5-25 | 施工电梯进出场及安拆费 单笼 | 台次 | | | 0.5000 |
| 01-17-5-26 | 施工电梯进出场及安拆费 双笼 | 台次 | | | 0.5000 |

**工作内容：**机械设备进出场及安拆。

| 定额编号 | | | | A-14-4-13 | A-14-4-14 | A-14-4-15 |
|---|---|---|---|---|---|---|
| 项目 | | | | 履带式液压成槽机进出场及安拆费 | 自升式塔式起重机进出场及安拆费 | 施工电梯进出场及安拆费 |
| 名称 | | | 单位 | 台次 | 台次 | 台次 |
| 机械 | 99950700 | 履带式液压成槽机进出场及安拆费 | 台次 | 1.0000 | | |
| | 99950800 | 自升式塔式起重机进出场及安拆费 | 台次 | | 1.0000 | |
| | 99950910 | 单笼施工电梯进出场及安拆费 | 台次 | | | 0.5000 |
| | 99950920 | 双笼施工电梯进出场及安拆费 | 台次 | | | 0.5000 |

# 第五节　施工排水、降水

**工作内容：** 1. 观察井安拆。
2. 承压水井安拆。
3. 承压水井使用、运行。

| 定额编号 | | | A-14-5-1 | A-14-5-2 | A-14-5-3 |
|---|---|---|---|---|---|
| 项目 | | | 基坑外观察井 | 基坑承压水井 | |
| | | | | 安装、拆除 | 使用 |
| | | | 座 | 座 | 座·天 |
| 预算定额编号 | 预算定额名称 | 预算定额单位 | 数量 | | |
| 01-17-6-1 | 基坑外观察井 | 座 | 1.0000 | | |
| 01-17-6-2 | 基坑承压水井 安装、拆除 | 座 | | 1.0000 | |
| 01-17-6-3 | 基坑承压水井 使用 | 座·天 | | | 1.0000 |

**工作内容：** 1. 观察井安拆。
2. 承压水井安拆。
3. 承压水井使用、运行。

| 定额编号 | | | | A-14-5-1 | A-14-5-2 | A-14-5-3 |
|---|---|---|---|---|---|---|
| 项目 | | | | 基坑外观察井 | 基坑承压水井 | |
| | | | | | 安装、拆除 | 使用 |
| 名称 | | | 单位 | 座 | 座 | 座·天 |
| 人工 | 00030153 | 其他工 | 工日 | 14.8848 | 22.9000 | |
| 材料 | 04030119 | 黄砂 中粗 | kg | 4829.3600 | 4829.3600 | |
| | 34110101 | 水 | $m^3$ | 30.7080 | 30.7080 | |
| | 35041101 | 钢板井管 | m | 6.0000 | 6.0000 | 0.0620 |
| | 80112011 | 护壁泥浆 | $m^3$ | 3.4340 | 3.4340 | |
| 机械 | 99030620 | 工程钻机 GPS-10 | 台班 | 2.3460 | 2.3460 | |
| | 99050150 | 泥浆排放设备 | 台班 | 4.3920 | 4.3920 | |
| | 99090070 | 履带式起重机 5t | 台班 | 2.4360 | 2.4360 | |
| | 99091440 | 电动卷扬机 双筒快速 50kN | 台班 | | 1.3300 | |
| | 99440250 | 泥浆泵 $\phi$100 | 台班 | 2.3460 | 2.3460 | |
| | 99440310 | 真空泵 660$m^3$/h | 台班 | | | 0.7500 |
| | 99440330 | 潜水泵 $\phi$100 | 台班 | 0.1000 | 0.1000 | 1.1600 |

**工作内容：** 1. 集水井安拆。
2. 集水井使用、运行。

| 定额编号 | | | A-14-5-4 | A-14-5-5 |
|---|---|---|---|---|
| 项目 | | | 基坑明排水 | |
| | | | 集水井 | |
| | | | 安装、拆除 | 使用 |
| | | | 座 | 座・天 |
| 预算定额编号 | 预算定额名称 | 预算定额单位 | 数量 | |
| 01-17-6-4 | 基坑明排水 集水井 安装、拆除 | 座 | 1.0000 | |
| 01-17-6-5 | 基坑明排水 集水井 使用 | 座・天 | | 1.0000 |

**工作内容：** 1. 集水井安拆。
2. 集水井使用、运行。

| 定额编号 | | | | A-14-5-4 | A-14-5-5 |
|---|---|---|---|---|---|
| 项目 | | | | 基坑明排水 | |
| | | | | 集水井 | |
| | | | | 安装、拆除 | 使用 |
| 名称 | | | 单位 | 座 | 座・天 |
| 人工 | 00030153 | 其他工 | 工日 | 1.3170 | 0.3000 |
| 材料 | 04050218 | 碎石 5～70 | kg | 1162.0656 | |
| | 17251314 | 增强聚丙烯管(FRPP) DN800 | m | 1.2000 | |
| 机械 | 99440120 | 电动多级离心清水泵 $\phi50$ | 台班 | | 1.1500 |

**工作内容：**1. 真空深井安拆。
2. 真空深井使用、运行。
3. 真空深井安拆井管深度增减。
4. 真空深井使用、运行井管深度增减。

| 定 额 编 号 | | | A-14-5-6 | A-14-5-7 | A-14-5-8 | A-14-5-9 |
|---|---|---|---|---|---|---|
| 项 目 | | | 真空深井降水 | | | |
| | | | 井管深 19m | | 井管深每增减 1m | |
| | | | 安装、拆除 | 使用 | 安装、拆除 | 使用 |
| | | | 座 | 座·天 | 座 | 座·天 |
| 预算定额编号 | 预算定额名称 | 预算定额单位 | 数 量 | | | |
| 01-17-6-6 | 真空深井降水 井管深 19m 安装、拆除 | 座 | 1.0000 | | | |
| 01-17-6-7 | 真空深井降水 井管 19.0m 使用 | 座·天 | | 1.0000 | | |
| 01-17-6-8 | 真空深井降水 深度每增减 1.0m 安装、拆除 | 座 | | | 1.0000 | |
| 01-17-6-9 | 真空深井降水 井管深度每增减 1.0m 使用 | 座·天 | | | | 1.0000 |

**工作内容：**1. 真空深井安拆。
2. 真空深井使用、运行。
3. 真空深井安拆井管深度增减。
4. 真空深井使用、运行井管深度增减。

| 定 额 编 号 | | | | A-14-5-6 | A-14-5-7 | A-14-5-8 | A-14-5-9 |
|---|---|---|---|---|---|---|---|
| 项 目 | | | | 真空深井降水 | | | |
| | | | | 井管深 19m | | 井管深每增减 1m | |
| | | | | 安装、拆除 | 使用 | 安装、拆除 | 使用 |
| 名 称 | | | 单位 | 座 | 座·天 | 座 | 座·天 |
| 人工 | 00030153 | 其他工 | 工日 | 12.4005 | | 0.5000 | |
| 材料 | 04030119 | 黄砂 中粗 | kg | 7070.0000 | | 800.0000 | |
| | 34110101 | 水 | $m^3$ | 14.9794 | | 0.7490 | |
| | 35041101 | 钢板井管 | m | 6.0000 | 0.0200 | | 0.0020 |
| | 80112011 | 护壁泥浆 | $m^3$ | 1.6700 | | 0.0840 | |
| 机械 | 99030620 | 工程钻机 GPS-10 | 台班 | 0.7500 | | 0.0760 | |
| | 99050150 | 泥浆排放设备 | 台班 | 1.4100 | | 0.1420 | |
| | 99090070 | 履带式起重机 5t | 台班 | 1.6800 | | 0.0360 | |
| | 99091440 | 电动卷扬机 双筒快速 50kN | 台班 | 1.3300 | | | |
| | 99440250 | 泥浆泵 $\phi$100 | 台班 | 0.7500 | | 0.0760 | |
| | 99440310 | 真空泵 660$m^3$/h | 台班 | | 0.7500 | | |
| | 99440330 | 潜水泵 $\phi$100 | 台班 | 0.1000 | 1.1600 | | |

**工作内容：** 1. 轻型井点安拆。
2. 轻型井点使用、运行。

| 定额编号 | | | A-14-5-10 | A-14-5-11 |
|---|---|---|---|---|
| 项目 | | | 轻型井点 | |
| | | | 井管深 7m | |
| | | | 安装、拆除 | 使用 |
| | | | 根 | 套·天 |
| 预算定额编号 | 预算定额名称 | 预算定额单位 | 数量 | |
| 01-17-6-10 | 轻型井点 井管深度 7m 安装、拆除 | 根 | 1.0000 | |
| 01-17-6-11 | 轻型井点 井管深度 7m 使用 | 套·天 | | 1.0000 |

**工作内容：** 1. 轻型井点安拆。
2. 轻型井点使用、运行。

| 定额编号 | | | | A-14-5-10 | A-14-5-11 |
|---|---|---|---|---|---|
| 项目 | | | | 轻型井点 | |
| | | | | 井管深 7m | |
| | | | | 安装、拆除 | 使用 |
| 名称 | | | 单位 | 根 | 套·天 |
| 人工 | 00030153 | 其他工 | 工日 | 1.2500 | 1.5000 |
| 材料 | 04030119 | 黄砂 中粗 | kg | 472.0000 | |
| | 17270118 | 橡胶管 $\phi$50 | m | 0.1700 | |
| | 34110101 | 水 | $m^3$ | 5.3360 | |
| | 35040907 | 轻型井点总管 $\phi$100 | m | 0.0010 | 0.0400 |
| | 35040921 | 轻型井点井管 $\phi$40 | m | 0.0210 | 0.8300 |
| 机械 | 99090070 | 履带式起重机 5t | 台班 | 0.1050 | |
| | 99440150 | 电动多级离心清水泵 $\phi$150×180m 以下 | 台班 | 0.0570 | |
| | 99440210 | 污水泵 $\phi$100 | 台班 | 0.0570 | |
| | 99440510 | 射流井点泵 9.5m | 台班 | | 1.1500 |

工作内容：1. 喷射井点安拆。
2. 喷射井点使用、运行。
3. 喷射井点安拆井管深度增减。

| 定额编号 | | | A-14-5-12 | A-14-5-13 | A-14-5-14 |
|---|---|---|---|---|---|
| 项目 | | | 喷射井点 | | |
| | | | 井管深 10m | | 井管深每增减 1m |
| | | | 安装、拆除 | 使用 | 安装、拆除 |
| | | | 根 | 套・天 | 根 |
| 预算定额编号 | 预算定额名称 | 预算定额单位 | 数量 | | |
| 01-17-6-12 | 喷射井点 井管深度 10.0m 安装、拆除 | 根 | 1.0000 | | |
| 01-17-6-13 | 喷射井点 井管深度 10.0m 使用 | 套・天 | | 1.0000 | |
| 01-17-6-14 | 喷射井点 井管深度 增减 1m 安装、拆除 | 根 | | | 1.0000 |

工作内容：1. 喷射井点安拆。
2. 喷射井点使用、运行。
3. 喷射井点安拆井管深度增减。

| 定额编号 | | | | A-14-5-12 | A-14-5-13 | A-14-5-14 |
|---|---|---|---|---|---|---|
| 项目 | | | | 喷射井点 | | |
| | | | | 井管深 10m | | 井管深每增减 1m |
| | | | | 安装、拆除 | 使用 | 安装、拆除 |
| 名称 | | | 单位 | 根 | 套・天 | 根 |
| 人工 | 00030153 | 其他工 | 工日 | 5.6994 | 3.0000 | 0.5700 |
| 材料 | 03154832 | 连接件 | 件 | 0.0023 | 0.0750 | 0.0002 |
| | 04030119 | 黄砂 中粗 | kg | 2643.0000 | | 264.3000 |
| | 17030122 | 镀锌焊接钢管 DN20 | m | 0.0500 | | 0.0050 |
| | 20110202 | 铝合金法兰 | 副 | 0.0013 | 0.0420 | 0.0001 |
| | 34110101 | 水 | $m^3$ | 26.1000 | | 2.6100 |
| | 35040961 | 喷射井点总管 $\phi$159 | m | 0.0046 | 0.1200 | 0.0005 |
| | 35040971 | 喷射井点井管 $\phi$76 | m | 0.0540 | 1.5200 | 0.0054 |
| | 35041011 | 喷射井点滤网管 | 根 | 0.0042 | 0.1360 | 0.0004 |
| | 35041041 | 喷射井点水箱 | kg | 0.0356 | 1.1200 | 0.0036 |
| | 35041051 | 喷射井点喷射器 | 只 | 0.0056 | 0.2250 | 0.0006 |
| 机械 | 99030620 | 工程钻机 GPS-10 | 台班 | 0.1760 | | 0.0176 |
| | 99090080 | 履带式起重机 10t | 台班 | 0.0360 | | 0.0360 |
| | 99430230 | 电动空气压缩机 $6m^3/min$ | 台班 | 0.1760 | | 0.0176 |
| | 99440150 | 电动多级离心清水泵 $\phi$150×180m 以下 | 台班 | 0.2680 | 1.1100 | 0.0268 |
| | 99440210 | 污水泵 $\phi$100 | 台班 | 0.5360 | | 0.0536 |

# 上海市建筑和装饰工程概算定额

SH 01—21—2020

# 宣 贯 材 料

上海市建筑建材业市场管理总站　　主编

同济大学出版社

2021　上　海

# 前　　言

为进一步完善本市建设工程计价依据，满足工程建设全生命周期的计价需求，根据上海市住房和城乡建设管理委员会《关于批准发布〈上海市建筑和装饰工程概算定额(SH 01—21—2020)〉〈上海市市政工程概算定额(SH A1—21—2020)〉等4本工程概算定额的通知》(沪建标定〔2020〕795号)要求，《上海市建筑和装饰工程概算定额(SH 01—21—2020)》(以下简称“2020概算定额”)，自2021年5月1日起实施。

《上海市建筑和装饰工程概算定额(2010)》(以下简称“2010概算定额”)是统一本市建筑和装饰工程概算工程量计算规则、项目划分与计量单位的依据，是工程项目建设投资评审、编制设计概算(书)和多种设计方案进行技术经济分析的主要依据，是编制概算指标、估算指标和计算主要材料需要量的基础，对于控制工程造价、提高投资效益发挥了重要的作用。2017年，上海市建筑建材业市场管理总站开始组织修编“2010概算定额”。修编中，分析了“2010概算定额”存在的问题，总结使用过程中的经验，广泛征求各方意见，按照定额修编的程序和要求完成了“2020概算定额”。

为配合“2020概算定额”的宣贯实施，上海市建筑建材业市场管理总站组织有关修编专家编写了《上海市建筑和装饰工程概算定额SH 01—21—2020宣贯材料》，作为本市各有关部门开展定额宣贯培训的辅导材料。该材料系统介绍了“2020概算定额”的特点、与“2010概算定额”的不同之处、使用时需注意的问题等，有助于造价人员准确把握“2020概算定额”的内容，尽快熟悉、掌握和使用。

上海市建筑建材业市场管理总站

2021年4月

# 目　　录

# 第一部分　定额编制概况

## 一、修编概述及过程

《上海市建筑和装饰工程概算定额(SH 01—21—2020)》(以下简称“2020 概算定额”)是根据上海市住房和城乡建设管理委员会《关于印发〈2017 年度上海市建设工程及城市基础设施养护维修定额编制计划〉的通知》(沪建标定〔2016〕967 号)和《关于印发〈上海市建设工程定额体系 2015〉的通知》(沪建标定〔2016〕211 号)有关精神,按照《关于印发〈上海市建设工程概算定额编制总纲〉的通知》(沪建市管〔2017〕67 号)原则和要求,在《上海市建筑和装饰工程概算定额(2010)》(以下简称“2010 概算定额”)的基础上进行修编,以保持与已颁布实施的《上海市建筑和装饰工程预算定额》(SH 01—31—2016)(以下简称“2016 预算定额”)相衔接、相匹配。

“2020 概算定额”修编工作自 2017 年 5 月正式启动至 2019 年 12 月完成报批稿,整个修编工作共分五个阶段。

### (一) 修编大纲编制与评审阶段

根据《上海市建设工程概算编制总纲》的原则和要求,分析“2020 概算定额”编制的工作内容,成立编制组,建立工作群,确定组织框架及分工,制订工作计划,做好定额编制前基础资料的收集和整理工作。编制组在充分了解“2010 概算定额”实际使用情况的基础上,梳理定额编制依据的变化情况以及与“2016 预算定额”的匹配情况,拟定修编大纲具体内容,包括指导思想、编制原则、编制依据、定额作用、适用范围、组成内容、工程量计算规则和定额消耗量的确定,以及章、节、项目划分和进度计划、组织形式等。

2017 年 7 月 12 日完成了修编大纲初稿的编制,经过编制组内部讨论后,于 7 月 18 日形成修编大纲送审稿报请专家组评审,并于 7 月 21 日顺利通过了由上海市建筑建材业市场管理总站组织召开的修编大纲专家评审会议。会后,编制组根据专家组提出的意见和建议,对修编大纲作了相应的修改和完善。

### (二) 定额子目设置与评审阶段

编制组根据确定后修编大纲的具体内容和要求,参考“2010 概算定额”的编制原则和方法,在“2016 预算定额”基础上进行适当综合,并结合“2010 概算定额”的实际使用和执行情况,开始着手进行定额子目的拟定,以使其与初步设计深度相适应,方便该阶段的计量和计价。

为了能更清晰地了解和反映定额子目的变化情况,编制组在定额子目设置前还开展了新旧预算定额子目之间、“2020 概算定额”与“2010 概算定额”子目之间的比对分析工作,既方便了定额子目的拟定,又有利于判断和确定子目设置的合理性、有效性、完整性。

最初的定额子目设置于 2017 年 11 月 15 日完成,经编制组内部讨论后修改,并于 12 月 28 日形成正式稿报请专家评审,且于 2018 年 1 月 22 日顺利通过了由上海市建筑建材业市场管理总站组织召开的子目设置专家评审会议。会后,编制组对专家评审提出的意见和建议作了更深入的理解和消化,从而进一步优化了子目设置,梳理了子目顺序,调整并确定了定额子目的内容和数量。

### (三) 定额编制形成征求意见稿阶段

待定额子目初步确定后,编制组按照修编大纲的编制原则和内容进入了全面的编制阶段。为使编制组各成员在相同模式下开展定额编制的具体工作,特拟定了“修编实施操作细则”,就修编方式、修编表式、填写方式等内容都进行了详细说明,对编制规则、格式、文字、表述方式等作了统一性规定,并对编制时间进度安排也作了阶段性部署。

同时,为确保编制工作能全面开展和顺利进行,编制组建立了每月例会制度,以加强彼此间的沟通交流，了解编制内容和进度情况。就编制过程中遇到的疑难杂症问题和关键技术难题，调配各方资源及时解决、尽早落实，通过实时跟踪、群策群力，以提高编制质量和效率，避免走弯路。

经过编制组各成员的共同努力，2018 年 8 月底完成了定额的初步编制和编制软件的数据录入工作。9 月底，编制组各成员完成了对各自所编内容和软件导出数据的全面核查工作。10 月底，调整形成了初稿，并同步开展了核查后的审核工作，对初稿作了进一步的完善，并于 11 月 30 日修改形成了“征求意见稿”，且于 12 月 6 日在上海市住房和城乡建设管理委员会上海市建筑建材业门户网站上予以公示，以听取社会各方对“征求意见稿”的意见和建议。

## （四）完成水平测算形成送审稿阶段

截止到 2019 年 1 月 10 日公示结束，共收到反馈意见和建议约 27 条。编制组在归纳整理的基础上，于 2 月 25 日组织编制组各成员对反馈意见进行了逐条梳理和讨论研究，确定需要调整的内容，并对“征求意见稿”进行了全面的修改、完善。

与此同时，根据《上海市建设工程概算定额（修编）水平测算方案》的要求，编制组在合理选择典型工程案例基础上开展定额水平测算工作，进行了计量单位、计算规则间的转换以及多方位的定额水平比对分析。其间，恰逢 2019 年 4 月增值税税率的再次调整，按照最新的增值税税率和各类材料不含增值税的折算率表，编制组于 6 月 26 日初步完成了定额水平测算工作。根据水平测算的初步结果，经分析后发现部分定额子目之间的步距有些偏大，故又重新测定增加了一些定额子目，适当缩小了步距，以使定额子目设置更科学、合理、恰当。

因此，“送审稿”是在结合定额水平测定情况基础上对“征求意见稿”作的再次调整，并于 2019 年 7 月 10 日形成，报请专家评审。8 月 9 日，由上海市建筑建材业市场管理总站组织专家对“送审稿”进行了评审。会上，专家组特别就定额子目的内容组成、含量计算、文字表述以及人材机消耗量、定额水平等方面予以全面审核，并一致同意通过了对“2020 概算定额”的评审。

## （五）调整完善形成报批稿阶段

根据“送审稿”评审专家提出的意见和建议，全面梳理“2020 概算定额”所有定额子目的工作内容，并按《〈上海市建设工程概算定额〉修编统一性技术规定》的要求，对概算定额子目所包含预算定额子目的工序进行了归纳、总结，调整、完善了工作内容的描述；按现行文件的规定，统一了总说明、费用计算说明、各章说明和工程量计算规则等文字撰写方式和数字排序方式，加强了说明与工程量计算规则之间相关内容前后表述的一致性；根据与其他专业同类定额子目和人材机消耗量的比对分析，核查定额子目内容组成和耗量差异，修正、平衡定额水平；同时结合“2016 预算定额”勘误内容，对相关预算定额的名称、含量进行了调整；特别就专家评审意见进行了逐项梳理、汇总分析，并再次对“送审稿”的内容和数据进行校核，并就专家提出的意见予以一一回复，说明了采纳和不采纳的理由。

2019 年 12 月 20 日，形成“报批稿”上报上海市发展和改革委员会、上海市住房和城乡建设管理委员会征询，然后再根据征询后的意见予以完善并最终确定。于 2020 年 6 月 15 日会同其他 3 本专业概算定额一起，顺利通过了由上海市住房和城乡建设管理委员会组织召开的“报批稿”专家会审会议。同年 12 月 31 日，上海市住房和城乡建设管理委员会批准发布“2020 概算定额”，自 2021 年 5 月 1 日起实施（沪建标定〔2020〕795 号）。

# 二、指导思想

“2020 概算定额”是根据《上海市建设工程概算定额编制总纲》，在“2016 预算定额”基础上，结合多年来“2010 概算定额”实际使用和执行情况，本着指导和服务的宗旨，充分考虑并满足上海地区国有投资建设项目在初步设计阶段工程造价的合理确定和有效控制的需求，规范本市建筑和装饰工程概算计价行为，体现政府宏观调控的思路，以进一步促进上海的城市建设和经济发展而编制。

## 三、适用范围

“2020 概算定额”适用于本市行政区域范围内工业与民用建筑的新建、扩建、改建工程。

## 四、编制原则

1. 符合国家、行业及本市法律、法规、行政规范文件、现行各类建设标准及技术规范的要求。

2. 与“2016 预算定额”和《房屋建筑与装饰工程工程量计算规范》(GB 50854—2013)相衔接，对主要分部分项工程相关子目进行适当综合。概算定额子目应与初步设计深度相适应。分部分项的定额要结合主要分部分项工程规定的计量单位、计算规则及综合相关工序的人工、材料和机械台班的消耗标准，并体现上海地区社会平均水平、施工实际水平等情况。“2020 概算定额”与“2016 预算定额”之间的定额水平控制在5%左右。

3. 应遵循“统一性、科学性、适应性、适时性、简明性”原则，合理设置定额项目，力争项目齐全、覆盖面广、简明适用，并有利于工程计价。

## 五、主要依据

1.《上海市建筑和装饰工程预算定额》(SH 01—31—2016)。

2.《上海市市政工程预算定额　第一册　道路、桥梁、隧道工程》(SH A1—31(01)—2016)。

3.《上海市建设工程施工费用计算规则》(SH T0—33—2016)。

4. 住建部《房屋建筑与装饰工程消耗量定额》(TY 01—31—2015)。

5. 住建部《市政工程消耗量定额》(ZY A1—31—2015)。

6. 国家标准《工程造价术语标准》(GB/T 50875—2013)。

7. 国家标准《建设工程工程量清单计价规范》(GB 50500—2013)。

8. 国家标准《房屋建筑与装饰工程工程量计算规范》(GB 50854—2013)。

9. 国家标准《建设工程人工材料设备机械数据标准》(GB/T 50851—2013)。

10. 上海市工程建设规范《建设工程人工、材料、设备、机械数据编码标准》(DG/TJ 08—2267—2018)。

11. 国家标准《建筑工程建筑面积计算规范》(GB/T 50353—2013)。

12. 国家及本市《建筑安装工程费用项目组成》。

13. 国家、行业及各省(市)建设工程概算编制办法。

14. 国家有关部门及各省(市)、相关专业部门现行定额及相应的取费标准。

15. 国家、行业、地方及本市现行建设工程技术标准和规范、工程标准图集和通用设计图纸等资料。

16. 现行建筑和装饰工程典型案例，有代表性的工程设计、施工和其他技术经济资料，以及现场实地调研、测算资料等。

综上，“2020 概算定额”是依据现行有关国家和本市强制性标准、推荐性标准、设计规范、标准图集、施工验收规范、技术操作规程、质量评定标准、产品标准和安全操作规程，并参考了国家和本市行业标准以及典型工程设计、施工和其他资料编制的。

## 六、主要内容

“2020 概算定额”的编制主要是根据初步设计阶段文件的内容和深度，并基于“2016 预算定额”，同时考虑了该阶段本市建筑和装饰工程项目特点、实际计价需要和习惯，力求在内容组成上与之相贴切。

“2020 概算定额”共 14 章，主要内容包括：总说明，费用计算说明，桩基工程，基础工程，柱梁工程，墙身工程，楼地屋面工程，防水工程，门窗工程，装饰工程，防腐、保温、隔热工程，金属结构工程，装配式钢筋混凝土工程，附属工程及其他，钢筋工程，措施项目。其中：各章说明及工程量计算规则分别归在相应的分部分项工程和措施项目内；定额项目所包括的主要工序和操作方法则在工作内容中加以说明；费用计算说明明确了概算费用的构成及内容、计算方法及计算顺序。具体定额章节内容，详见本书第二部分各章节编制说明。

## 七、编制方法

根据概算定额编制的要求，概算定额通常是在预算定额的基础上综合而成。因此，“2020 概算定额”的编制主要采用以下几种方法：

1. 直接利用综合预算定额。

2. 在预算定额的基础上再合并其他次要项目。

3. 改变计量单位。

4. 采用标准设计图纸的项目，根据预先编好的标准预算计算。

5. 工程量计算规则进一步优化。

其中：项目划分要合理、内容要完整，相近子目步距的设置要科学、恰当，项目含量的测定要根据建设工程技术标准和规范、国家建设标准设计图集等资料，选取有代表性的典型工程案例的设计图纸和施工方案，且充分考虑施工方法、工艺的变化。

## 八、定额子目、消耗量等的确定与表现形式

### （一）定额子目的设置

1. 通过筛选“2010 概算定额”中项目的合理性，删减落后、冗余的项目，补充成熟的项目，新增必要的项目，在充分尊重本市建筑和装饰工程项目建设基本规律的基础上，构设“2020 概算定额”的框架体系，确定定额子目。

2. 定额子目的设置主要是根据初步设计阶段文件的内容和深度，对主要分项工程依据相关工序将“2016 预算定额”相关子目进行适当综合。

### （二）消耗量的确定

由于“2020 概算定额”是在“2016 预算定额”的基础上综合而成，即每个项目内包括数项预算定额，所以消耗量原则上是由数项预算定额的人工、材料和机械消耗量组合归类而成。具体如下：

1. 人工消耗量

$$人工消耗量=\sum(人工单位消耗量\times相应工程量)$$

2. 材料消耗量

$$材料消耗量=\sum(材料单位消耗量\times相应工程量)$$

3. 机械消耗量

$$机械消耗量=\sum(施工机具(机械)台班单位消耗量\times相应工程量)$$

## (三) 计算规则的确定

1. 工程量计算规则

“2020 概算定额”的工程量计算规则主要是依据“2010 概算定额”“2016 预算定额”，并结合概算定额的编制方法确定，总体满足初步设计深度要求，同时符合本市建筑和装饰工程项目特点、计量方式，界限清晰、方便计算。

2. 费用计算规则

概算费用主要由直接费、企业管理费和利润、安全文明施工费、施工措施费、规费、增值税组成，其中直接费包括人工费、材料费、施工机具(机械)使用费和零星工程费，零星工程人工费明确按零星工程费的 20%计算。

**上海市建筑和装饰工程概算费用计算顺序表**

| 序号 | 项目 | | 计算式 | 备注 |
|---|---|---|---|---|
| 一 | 直接费 | 工、料、机费 | 按概算定额子目规定计算 | 包括说明 |
| 二 | | 零星工程费 | (一)×费率 | |
| 三 | | 其中:人工费 | 概算定额人工费+零星工程人工费 | 零星工程人工费按零星工程费的 20%计算 |
| 四 | 企业管理费和利润 | | (三)×费率 | |
| 五 | 安全文明施工费 | | [(一)+(二)+(四)]×费率 | |
| 六 | 施工措施费 | | [(一)+(二)+(四)]×费率<br>(或按拟建工程计取) | |
| 七 | 小计 | | (一)+(二)+(四)+(五)+(六) | |
| 八 | 规费 | 社会保险费 | (三)×费率 | |
| 九 | | 住房公积金 | (三)×费率 | |
| 十 | 增值税 | | [(七)+(八)+(九)]×增值税税率 | |
| 十一 | 建筑安装工程费 | | (七)+(八)+(九)+(十) | |

## (四) 定额的表现形式

1. 定额编号表现形式

“2020 概算定额”定额编号由两部分组成:专业编码+章节目编码。

(1) “2020 概算定额”的专业编码为 A。

(2) “章节目”编码采用七位阿拉伯数字表示，“章”两位数字，“节”两位数字，“目”三位数字，顺序编码。

（3）具体表现形式如下：

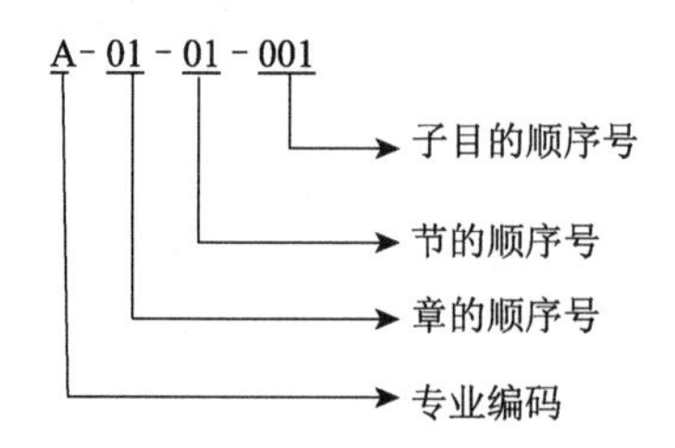


2. 定额项目表现形式（采用 A4 竖版）

“2020 概算定额”定额编号由以下两张表组成：

（1）表一：定额项目含量取定表。

（2）表二：人材机消耗量表。

## 九、定额修编的主要变化及调整内容

1. 在章节项目划分上，“2020 概算定额”共包括 14 章 46 节 809 条子目，相比较“2010 概算定额”15 章770 条子目增加了 39 条子目，其中：保留定额子目 530 条，删减定额子目 240 条，新增定额子目 279 条。此外，“2020 概算定额”还新增了“节”的内容，以使分类更清晰、查找更便捷。

2. 在定额表现形式上，“2020 概算定额”除保留了原来的“人材机消耗量表”外，还增设了“定额项目含量取定表”，使得定额组成清晰、方便调整。

3. 模板、钢筋（包括钢筋笼、钢筋网片）均归并入相应的混凝土定额子目中，其中：模板主要按复合模板编制，局部采用木模板。

4. 门窗、木构件、预制混凝土构件、金属构件及石材等装饰材料按工厂成品、现场安装编制，安装所用的配件、锚固件、辅材等均已包含在成品构件内。

5. “装配式钢筋混凝土工程”独立成章，包含了预制钢筋混凝土构件和后浇钢筋混凝土，改变了定额原有传统的设置方式，突显高新技术应用。

6. “2020 概算定额”将“构筑物工程”归并入“附属工程及其他”章节内。

7. 结合实际使用需要，新增了隶属于其他专业工程内的定额子目，如沥青混凝土道路、透水水泥混凝土面层和植草砖等。

8. 所有地下室底板定额子目中取消工作面内明排水的工作内容。

9. 补增“大型机械设备进出场及安拆”措施项目。

10. 除上述调整外，“2020 概算定额”还结合“2016 预算定额”的变化内容作了相应调整，以保持与“2016 预算定额”的一致性。

## 十、定额水平情况及说明

为了分析“2020 概算定额”水平情况，根据《上海市建设工程概算定额（修编）水平测算方案》的具体要求，将“2020 概算定额”与“2016 预算定额”“2010 概算定额”进行了测算比较。

测算分为定额水平测算及造价水平测算。定额水平测算是对同一个工程案例分别按“2020 概算定额”“2010 概算定额”和“2016 预算定额”的工程量计算规则计算工程量及套用相应定额，并将人材机价格调整至同一价格水平后，分别计算二者的直接费进行对比分析。造价水平测算则是在前者直接费的基础上再按相应的统一费率，计算二者的工程造价后进行对比分析。

1. 定额水平测算情况

(1)“2020 概算定额”与“2010 概算定额”相比较,定额水平提高了 8.73%。

(2)“2020 概算定额”与“2016 预算定额”相比较,直接费增加了 1.66%。

2. 造价水平测算情况

(1)“2020 概算定额”与“2010 概算定额”相比较,造价水平提高了 12.80%。

(2)“2020 概算定额”与“2016 预算定额”相比较,工程造价增加了 5.63%。

# 第二部分　各章节编制说明

# 第一章　桩基工程

## 一、概况

本章分为4节,共65条子目
第一节　打桩　共24条子目
第二节　灌注桩　共15条子目
第三节　地基处理　共14条子目
第四节　基坑与边坡支护　共12条子目

## 二、本章特点

### (一)本章适用范围

本章定额适用于工业与民用建筑的新建、扩建和改建中的打桩、灌注桩、地基处理、基坑与边坡支护工程。

### (二)各章节界限划分

1. 除灌注桩内钢筋笼、地下连续墙内钢筋网片的含量调整在本章相应定额子目中直接调整外,其他成型钢筋含量调整按"第十三章钢筋工程"之"附表成型钢筋调整"定额子目执行。
2. 打桩场地处理铺道碴、硬地坪纳入安全文明施工及其他措施项目考虑。
3. 凿、截桩及空心桩插筋灌芯在"第二章基础工程"之"第二节混凝土基础"中计列。
4. 加固基础按本章"第三节地基处理"中相应定额子目执行。
5. 土方外运、泥浆外运按"第二章基础工程"之"第四节其他"中相应定额子目执行。
6. 钢筋混凝土基坑支撑、钢管基坑支撑按本章"第四节基坑与边坡支护"中相应定额子目执行。
7. 涉及基坑与边坡支护中钢筋混凝土构件拆除的(除地下室连续墙导墙),根据拟定的施工组织设计方案按其他相关专业定额中相应定额子目执行。

## 三、定额变化情况

### (一)子目设置的主要变化情况

本章定额子目修编,主要是根据初步设计阶段文件的内容和深度,对主要分项工程依据相关工序将"2016预算定额"相关子目进行适当综合后设置。与"2010概算定额"相比,主要变化如下:

1. 子目数量变化

| 章节名称 | 2020 概算定额 | 2010 概算定额 |
| --- | --- | --- |
| 打桩 | 24 | 19 |
| 灌注桩 | 15 | 12 |
| 地基处理 | 14 | 12 |
| 基坑与边坡支护 | 12 | 9 |
| 合计 | 65 | 52 |

2. 子目内容变化

| 章节名称 | 主要增加子目 | 主要删减或调整子目 |
| --- | --- | --- |
| 打桩 | 新增打钢筋混凝土管桩桩长 48m 以内 1 条子目；<br>新增压钢筋混凝土管桩桩长 16m 以内、24m 以内、32m 以内、40m 以内、48m 以内共 5 条子目 | 压方桩 1 条子目拆分为桩长分别为12m以内、25m 以内、45m 以内共 3 条子目；<br>打钢管桩桩径调整为≤450mm、≤650mm、≤1000mm共 3 种规格，每种规格之桩长分别调整为 30m 以内、30m以外的 2 条子目 |
| 灌注桩 | 新增钻孔灌注桩桩径分别为$\phi$ 1000mm、$\phi$ 1200mm、$\phi$ 1500mm 承重和围护共 6 条子目；<br>新增灌注桩后压浆 1 条子目；<br>新增静钻根植桩桩径分别为≤$\phi$ 650、≤$\phi$ 800共 2 条子目 | 删减就地灌注砂桩 2 条子目；<br>删减打塑料排水板 1 条子目；<br>删减打树根桩 2 条子目；<br>钢筋笼调整综合在相应的钻孔灌注桩，就地灌注桩子目中不单列 |
| 地基处理 | 新增水泥土搅拌桩三轴（水泥掺量 20%）一喷一搅、单轴（水泥掺量 13%）一喷二搅共 2 条子目 | 高压旋喷桩喷浆 1 条子目调整为三重管（水泥掺量 30%）、双重管（水泥掺量 25%）及单重管（水泥掺量 25%）共 3 条子目；<br>水泥土搅拌桩水泥掺量由 12%调整为 13%；<br>删减打桩场地道碴、打桩场地处理硬地坪共 2 条子目 |
| 基坑与边坡支护 | 新增型钢水泥土搅拌墙五轴（水泥掺量 13%）1 条子目；<br>新增型钢使用（租赁）、钢板桩使用（租赁）、钢管使用（租赁）共 3 条子目 | 地下连续墙地墙深度由原来的 40m 调整为 45m 以内；<br>导墙制作及拆除调整综合在地下连续墙子目中不单列 |

## （二）定额项目含量和人材机消耗量的主要变化与调整

1. 定额项目含量

“2020 概算定额”增设了“定额项目含量取定表”，列明组成内容，方便调整。

2. 人材机消耗量

（1）人材机消耗量按综合之“2016 预算定额”中相关子目的消耗量。

（2）素混凝土加固基础、钢筋混凝土地下连续墙定额子目内采用非泵送预拌混凝土的，已按相应泵送预拌混凝土子目人工乘以系数 1.18，机械乘以系数 1.25。

## (三) 说明及工程量计算规则的主要变化情况

1. 本章说明的主要变化

(1) 界定为小型打、压桩工程的工程量调整：

| 桩类 | 2020 概算定额 | 2010 概算定额 |
|---|---|---|
| 预制钢筋混凝土桩 | 200$m^3$ | 150$m^3$ |
| 预应力钢筋混凝土管桩 | 1000m | 150$m^3$ |
| 灌注混凝土桩 | 150$m^3$ | 150$m^3$ |
| 钢管桩 | 50t | 100t(桩长 30m 以内)<br>150t(桩长 30m 以外) |

(2) 明确打、压试桩时，按相应定额子目人工、机械乘以系数 1.5。

(3) 明确桩间补桩或在强夯后的地基上打、压桩时，按相应定额子目人工、机械乘以系数 1.15。

(4) 钢管桩定额子目中增加综合了内切割的工作内容。

(5) 钻孔灌注桩定额子目中增加综合了钢筋笼制作安放、声测管埋设的工作内容。如钢筋笼含量与设计用量有差异时，可以在定额子目中直接调整；如声测管材质、规格与定额不同时，可以换算；其余不变。

(6) 就地灌注桩定额子目中增加综合了钢筋笼制作安放的工作内容。如钢筋笼含量与设计用量有差异时，可以在定额子目中直接调整。

(7) 新增静钻根植桩定额子目中，已综合了成孔、注浆、植桩、接桩、送桩及填桩孔等工作内容。其空心部分按设计要求灌注混凝土或其他填充材料时，应另行计算。

(8) 新增灌注桩及静钻根植桩定额子目中，均已包括了充盈系数和材料损耗，一般不予调整。

(9) 新增灌注桩后压浆定额子目中压浆管埋设按桩底注浆考虑；如设计采用侧向注浆，则人工、机械乘以系数 1.2。注浆管材质、规格如设计要求与定额不同时，可以换算，其余不变。

(10) 水泥土搅拌桩定额子目中明确如设计采用全断面套打时，按型钢水泥土搅拌墙定额子目执行。

(11) 明确高压旋喷桩成孔定额子目按双重管旋喷桩机编制。如为单重管或三重管旋喷桩机成孔者，则调整相应机械，但消耗量不变。

(12) 地下连续墙定额子目中增加综合了导墙制作及拆除的工作内容，但未包括土方及泥浆外运，外运费另计。其中，钢筋网片含量与设计用量有差异时，可以在定额子目中直接调整。

(13) 明确型钢水泥土搅拌墙重复套钻部分已在定额内考虑，不另行计算。

(14) 明确打拔槽钢或钢轨时，按相应钢板桩定额子目机械乘以系数 0.77，其余不变。

(15) 明确钢管基坑支撑适用于基坑开挖的大型支撑安装、拆除。钢支撑安装、拆除定额按 1 道支撑编制，从地面以下第 2 道起，每增加 1 道钢支撑，其人工、机械累计乘以系数 1.1。

(16) 明确水泥土搅拌桩、高压旋喷桩、型钢水泥土搅拌墙等均未综合开槽挖土；如实际发生时，按相应定额子目执行。

(17) 明确本章定额不包括外掺剂材料。

2. 本章工程量计算规则的主要变化

(1) 预制钢筋混凝土管桩由原来以立方米计算调整为按设计桩长(包括桩尖)以长度计算。

(2) 钻孔灌注桩桩长由原来按设计桩顶标高至桩底标高另加 0.25m 计算调整为按设计桩长(桩顶至桩底)计算。

(3) 新增灌注桩后压浆按设计桩长以长度计算。

(4) 新增静钻根植桩按设计桩长以长度计算。

（5）明确水泥土搅拌桩中如开槽施工桩长算至槽底。

（6）明确高压旋喷桩喷浆用于基坑加固土体的按设计加固面积乘以加固深度以体积计算。

（7）地下连续墙工程量计算公式由原来 $V$＝设计长度×设计厚度×（设计深度＋0.5m）调整为 $V$＝设计长度×设计厚度×设计深度。泥浆外运按槽深加 0.5m 乘以设计长度及设计厚度以体积计算。

（8）明确型钢水泥土搅拌墙中如开槽施工，桩长从槽底算至桩底。

（9）新增型钢、钢板桩、钢管的使用（租赁）按质量乘以使用天数计算，使用天数按拟定的施工组织设计天数计算。

## 四、定额使用中应注意的问题

1. 打、压桩工程人工、机械系数调整

（1）打、压斜桩，斜度小于 1∶6 时，按相应定额子目人工、机械乘以系数 1.2；斜度大于 1∶6 时，按相应定额子目人工、机械乘以系数 1.3。

（2）小型打、压桩工程按相应定额子目人工、机械乘以系数 1.25。

（3）打、压试桩时，按相应定额子目人工、机械乘以系数 1.5。

（4）桩间补桩或在强夯后的地基上打、压桩时，按相应定额子目人工、机械乘以系数 1.15。

2. 不另行计算内容

（1）定型短桩的接桩、送桩已包含在短桩的预算定额子目内，不另行计算。

（2）就地灌注桩的拔钢管已包含在相应的桩预算定额子目内，不另行计算。

3. 钢筋含量调整

（1）钻孔灌注桩、就地灌注桩中的钢筋笼含量与设计用量有差异时，可以在相应定额子目内直接调整含量。

（2）地下连续墙中的钢筋网片含量与设计用量有差异时，可以在相应定额子目内直接调整含量。

（3）其他成型钢筋含量与设计用量有差异时，可以按“第十三章钢筋工程”之“附表成型钢筋调整”进行调整。

4. 泥浆外运深度计算

（1）钻孔灌注桩按打桩前自然地坪标高至桩底标高。

（2）地下连续墙按槽深加 0.5m。

5. 型钢、钢板桩、钢管的使用（租赁）中使用天数按拟定的施工组织设计天数计算。

# 第二章　基 础 工 程

## 一、概况

本章分为 4 节，共 88 条子目
第一节　砖、砌块基础　共 2 条子目
第二节　混凝土基础　共 61 条子目
第三节　逆作法　共 13 条子目
第四节　其他　共 12 条子目

## 二、本章特点

### （一）本章适用范围

本章定额适用于工业与民用建筑的新建、扩建和改建中的砖/砌块基础、混凝土基础、逆作法、土方及外运等工程。

### （二）各章节界限划分

1. 土方开挖、运土、回填已综合在本章相应定额子目内，如需外运，则另行计算。
2. 地下室底板中未综合工作面内明排水，另按“第十四章措施项目”之“第五节施工排水、降水”中相应定额子目执行。
3. 地下室钢板止水带、后浇带差量按本章“第二节混凝土基础”中相应定额子目执行。
4. 凿、截桩及空心桩插筋灌芯按本章“第二节混凝土基础”中相应定额子目执行。
5. 与逆作法施工有关的暗挖土方、混凝土垫层、桩柱、复合墙、格构柱混凝土凿除和型钢切割、有梁板、平板按本章“第三节逆作法”中相应定额子目执行。钢格构柱按“第十章金属结构工程”中相应定额子目执行。
6. 土方外运、淤泥外运、泥浆外运按本章“第四节其他”中相应定额子目执行。
7. 设备基础按“第十二章附属工程及其他”之“第五节构筑物”中相应定额子目执行。
8. 成型钢筋含量调整、预埋铁件按“第十三章钢筋工程”中相应定额子目执行。
9. 支撑型钢按“第十章金属结构工程”中相应定额子目执行。

## 三、定额变化情况

### （一）子目设置的主要变化情况

本章定额子目修编，主要是根据初步设计阶段文件的内容和深度，对主要分项工程依据相关工序将

“2016 预算定额”相关子目进行适当综合后设置。与“2010 概算定额”相比，由于“2016 预算定额”土方埋深及步距有较大变化，所以混凝土基础子目设置作相应调整，主要变化如下：

1. 子目数量变化

| 章节名称 | 2020 概算定额 | 2010 概算定额 |
| --- | --- | --- |
| 砖、砌块基础 | 2 | 2 |
| 混凝土基础 | 61 | 55 |
| 逆作法 | 13 | 6 |
| 其他 | 12 | 11 |
| 合计 | 88 | 74 |

2. 子目内容变化

| 章节项目 | 主要增加子目 | 主要删减或调整子目 |
| --- | --- | --- |
| 混凝土基础 | 新增地下室无梁底板（支撑）埋深 20m 以内 1 条子目；<br>新增地下室有梁底板（支撑）埋深 20m 以内 1 条子目；<br>新增后浇带差量 1 条子目；<br>新增空心桩插筋灌芯 1 条子目 | 无梁式带形基础埋深由 2m 以内、3m 以内共 2 条子目调整为 1.5m 以内、2.5m 以内、3.5m 以内共 3 条子目；<br>有梁式带形基础、独立基础、杯形基础、无梁式满堂基础、有梁式满堂基础埋深由 2m 以内、3m 以内、4m 以内共 3 条子目调整为 1.5m 以内、2.5m 以内、3.5m 以内、5m 以内共 4 条子目；<br>带形桩承台基础、杯形桩承台基础埋深由 3m 以内、4m 以内共 2 条子目调整为 2m 以内、3.5m 以内、5m 以内共 3 条子目；<br>地下室无梁底板、地下室有梁底板埋深由 3m 以内、4m 以内、5m 以内、6m 以内、8m 以内共 5 条子目调整为 3.5m 以内、5m 以内共 2 条子目；<br>地下室无梁底板（支撑）、地下室有梁底板（支撑）埋深由 15m 以内调整为 16m 以内；<br>所有地下室底板定额子目中取消工作面内明排水；<br>地梁基础埋深由 2m 以内、3m 以内共 2 条子目调整为 1.5m 以内、2.5m 以内、3.5m 以内共 3 条子目；<br>删减预制钢筋混凝土基础梁 1 条子目；<br>地下室钢框橡胶止水带调整为钢板止水带 |
| 逆作法 | 新增混凝土垫层 1 条子目；<br>新增型钢格构柱切割 1 条子目；<br>新增有梁板板厚 100mm、每增减 10mm 共 2 条子目；<br>新增平板板厚 100mm、每增减 10mm 共 2 条子目 | 逆作法机械暗挖土方 1 条子目拆分为深度 10m 以内、20m 以内共 2 条子目；<br>逆作法桩柱 1 条子目拆分为矩形桩柱、圆形桩柱共 2 条子目；<br>删减逆作法人工暗挖土方 1 条子目 |
| 其他 | 新增挖淤泥、流砂 1 条子目；<br>新增土方外运、淤泥外运共 2 条子目 | 强夯土方夯击能量由 400t・m 调整为 4000kN・m；<br>删减强夯土方夯击能量 200t・m 1 条子目；<br>泥浆运输由运距 5km 以内、每增 1km 共 2 条子目调整为泥浆外运 1 条子目 |

## (二) 定额项目含量和人材机消耗量的主要变化与调整

1. 定额项目含量

“2020 概算定额”增设了“定额项目含量取定表”，列明组成内容，方便调整。

2. 人材机消耗量

(1) 人材机消耗量按综合之“2016 预算定额”中相关子目的消耗量。

(2) 定额子目内采用非泵送预拌混凝土的，已按相应泵送预拌混凝土子目人工乘以系数 1.18，机械乘以系数 1.25。

(3) 桩承台基础定额子目内的挖土已按相应定额子目人工、机械乘以系数 1.5。

## (三) 说明及工程量计算规则的主要变化情况

1. 本章说明的主要变化

(1) 明确基础定额子目中除地下室底板外，还综合了工作面内明排水。

(2) 新增逆作法垫层混凝土强度等级按 C30 列入，后浇带混凝土强度等级按 C35 列入。如设计要求与定额不同时，可以调整。

(3) 明确钢筋混凝土基础定额中除地下室基础已综合了双垫层外，其余均包括一层混凝土垫层；如设计要求做双垫层时，接触土的一层垫层，应另行计算。

(4) 明确地下室钢板止水带定额子目中已综合了止水带、界面砂浆、附加防水层工作内容。

(5) 新增后浇带为差量定额。

(6) 明确凿、截钻孔灌注桩如设计桩径＞$\phi$ 800 以上的，则按相应定额子目的人工、机械乘以系数 1.5。

(7) 明确逆作法定额子目中已综合考虑了支撑间挖土降效因素以及挖掘机水平驳运土和垂直吊运土因素。

(8) 明确格构柱内混凝土凿除定额子目中未包括柱内型钢切割。

(9) 新增逆作法有梁板是指板下带梁(肋)者，不包括框架结构的柱间梁。如柱间梁之间的板不带肋者，按平板定额子目执行。带肋者，按有梁板定额子目执行。有梁板板下的梁折算在板厚内。

(10) 新增逆作法板定额子目中综合的板底抹灰为中级天棚抹灰。如设计要求做其他粉刷时，另按相应定额子目执行。

(11) 明确汽车运土 1km 子目适用于场内土方驳运。

(12) 明确干、湿土、淤泥的划分以地质勘测资料为准。地下常水位以上为干土，以下为湿土。地表水排出层，土壤含水率≥25%时为湿土。含水率超过液限，土和水的混合物呈现流动状态时为淤泥。

2. 本章工程量计算规则的主要变化

(1) 明确基础与墙(柱)身的划分

① 基础与墙(柱)身使用同一材料时，以设计室内地面为界(有地下室者，以地下室室内设计地面为界)，以下为基础，以上为墙(柱)身。

② 基础与墙(柱)身使用不同材料时，位于设计室内地面高度≤±300mm 时，以不同材料为分界线；高度＞±300mm 时，以设计室内地面为分界线。

(2) 新增后浇带按设计图示尺寸以体积计算。

(3) 明确凿钢筋混凝土方桩(500mm 以内)、空心钢筋混凝土桩桩顶插筋灌芯和凿、截钻孔灌注桩按不同桩型的设计数量以根计算。

(4) 明确机械暗挖土方按地下连续墙内侧水平投影面积乘以挖土深度以体积计算，不扣除格构柱以及桩体所占的体积。

(5) 新增型钢格构柱切割按设计图示尺寸以质量计算。

(6) 新增逆作法楼板按楼层水平投影面积计算，应扣除楼梯及电梯井、管道孔所占面积，不扣除单个面积≤0.3m$^2$的柱、垛及孔洞所占面积，洞口盖板亦不增加。同一建筑层内楼板材料不同时，按墙中心线分别计算。

(7) 明确推土机推土按场内需推运的土方体积计算。推距按挖方区重心至填方区重心直线距离计算。

(8) 明确汽车运土按场内需驳运的土方体积计算。运距按挖方区重心至填方区(堆放地点)重心之间的最短行驶距离计算。

(9) 明确场地机械碾压由原来按面积计算调整为按设计图示尺寸以体积计算。

(10) 新增挖淤泥、流砂和淤泥外运按设计图示尺寸或施工组织设计规定的位置、界限，以实际挖方体积计算。

(11) 强夯土方增加设计无规定时，按建筑物外围边线每边各加 4m 计算。

(12) 新增土方外运按需外运的土方体积计算。

## 四、定额使用中应注意的问题

1. 基础埋置深度计算

(1) 设计室外地面至垫层底的深度。

(2) 有梁式满堂基础和地下室有梁底板向下出肋时，埋置深度应算至肋的垫层底。

2. 地下室底板工程量计算

(1) 无梁底板分厚度 500mm 以内和厚度 500mm 以外。

(2) 有梁底板分厚度 600mm 以内和厚度 600mm 以外。

3. 独立基础下面有桩承载的，执行杯形桩承台基础定额，但应扣除杯芯，杯芯按设计图示数量以只计算。

4. 桩承台基础定额子目中，已综合考虑了桩顶挖土；其他基础如有打桩的，应分别按钢筋混凝土桩、钻孔灌注桩、钢管桩计算桩顶挖土增加费。工程量可按相应基础混凝土工程量计算，其中：无梁底板按 500mm 以内的工程量计算，有梁底板按 600mm 以内的工程量计算。

# 第三章　柱梁工程

## 一、概况

本章分为2节,共22条子目
第一节　柱　共15条子目
第二节　梁　共7条子目

## 二、本章特点

### (一) 本章适用范围

本章定额适用于工业与民用建筑的新建、扩建和改建中的柱、梁工程。

### (二) 各章节界限划分

1. 与逆作法施工有关的桩柱在“第二章基础工程”之“第三节逆作法”中计列。
2. 与钢结构工程相关的钢柱、钢梁等在“第十章金属结构工程”中计列。
3. 与装配式钢筋混凝土工程相关的预制混凝土构件及与预制混凝土叠合墙板、叠合楼板、阳台板连接形成整体构件的现场后浇钢筋混凝土在“第十一章装配式钢筋混凝土工程”中计列。
4. 砖柱、钢筋混凝土柱梁的一般抹灰已综合在本章相应定额子目内;如需做特殊装饰或高级粉刷,则另按“第八章装饰工程”中相应定额子目执行。
5. 后浇带差量按“第二章基础工程”之“第二节混凝土基础”中相应定额子目执行。
6. 成型钢筋含量调整、预埋铁件按“第十三章钢筋工程”中相应定额子目执行。
7. 支撑型钢按“第十章金属结构工程”中相应定额子目执行。

## 三、定额变化情况

### (一) 子目设置的主要变化情况

本章定额子目修编,主要是根据初步设计阶段文件的内容和深度,对主要分项工程依据相关工序将“2016预算定额”相关子目进行适当综合后设置。与“2010概算定额”相比,主要变化如下:

1. 子目数量变化

| 章节名称 | 2020概算定额 | 2010概算定额 |
|---|---|---|
| 柱 | 15 | 13 |
| 梁 | 7 | 10 |
| 合计 | 22 | 23 |

2. 子目内容变化

| 章节项目 | 主要增加子目 | 主要删减或调整子目 |
|---|---|---|
| 柱 | 新增实心砖柱(矩形)、成品木柱安装共2条子目 | |
| 梁 | 新增成品木梁安装1条子目 | 删减预制钢筋混凝土预应力托架梁、预制预应力吊车梁、预制鱼腹式吊车梁、预制梁共4条子目 |

### (二)定额项目含量和人材机消耗量的主要变化与调整

1. 定额项目含量

“2020概算定额”增设了“定额项目含量取定表”,列明组成内容,方便调整。

2. 人材机消耗量

人材机消耗量按综合之“2016预算定额”中相关子目的消耗量。

### (三)说明及工程量计算规则的主要变化情况

1. 本章说明的主要变化

(1) 新增木柱梁按工厂成品、现场安装编制。安装用配件、锚固件、辅材及油漆均已包含在成品木柱梁内。

(2) 明确凸出混凝土柱、梁的线条并入相应的柱、梁构件内计算。

(3) 现浇钢筋混凝土柱(包括圆柱)、梁模板调整为采用复合模板。

(4) 补充现浇钢筋混凝土柱、梁定额子目中除未综合预埋铁件外,还未综合预埋螺栓、支撑钢筋及支撑型钢等,如设计需要用时,按相应定额子目执行。

(5) 新增型钢组合钢筋混凝土构件,混凝土按相应定额子目的人工、机械乘以系数1.2,钢筋按相应定额子目的人工乘以系数1.5。

(6) 明确与主体结构不同时浇捣的厨房、卫生间等处墙体下部的现浇钢筋混凝土翻边按圈梁预算定额子目执行。

2. 本章工程量计算规则的主要变化

新增木柱梁按设计图示尺寸以体积计算。

## 四、定额使用中应注意的问题

1. 因柱帽体积已综合在无梁板定额子目内,所以无梁板的柱高应算至柱帽下表面。

2. 除钢筋混凝土圆柱为超6m每增1m计取增加费外,其他的钢筋混凝土柱梁则为超3.6m每增3m计取增加费。

3. 一般柱粉刷和梁粉刷是指独立柱、梁粉刷时选用,且其工程量可根据独立柱、梁的工程量以体积计算。

# 第四章　墙 身 工 程

## 一、概况

本章分为 3 节,共 64 条子目
第一节　砖、砌块砌体墙　共 44 条子目
第二节　钢筋混凝土墙　共 8 条子目
第三节　其他墙体　共 12 条子目

## 二、本章特点

### (一) 本章适用范围

本章定额适用于工业与民用建筑的新建、扩建和改建中的砖、砌块砌体墙、钢筋混凝土墙、GRC 轻质墙板、石膏空心板墙、轻集料混凝土多孔墙板和彩钢夹心板、压型钢板、采光板外墙及挡土墙工程。

### (二) 各章节界限划分

1. 一般砖墙、框架墙、混凝土和钢筋混凝土墙(除混凝土、钢筋混凝土地下室墙)、GRC 轻质墙板、高强石膏空心板、轻集料混凝土多孔墙板的一般抹灰已综合在本章相应定额子目内;如需做特殊装饰或高级粉刷,则另按“第八章装饰工程”中相应定额子目执行。

2. 钢丝网板条墙、胶合板墙、木龙骨和轻钢龙骨石膏板墙、幕墙、隔断按“第八章装饰工程”中相应定额子目执行。

3. 钢筋混凝土地下连续墙、型钢水泥土搅拌墙在“第一章桩基工程”之“第四节基坑与边坡支护”中计列。钢筋混凝土地下室墙按本章“第二节钢筋混凝土墙”中相应定额子目执行。

4. 后浇带差量按“第二章基础工程”之“第二节混凝土基础”中相应定额子目执行。

5. 成型钢筋含量调整、预埋铁件按“第十三章钢筋工程”中相应定额子目执行。

## 三、定额变化情况

### (一) 子目设置的主要变化情况

本章定额子目修编,主要是根据初步设计阶段文件的内容和深度,对主要分项工程依据相关工序将“2016 预算定额”相关子目进行适当综合后设置。与“2010 概算定额”相比,主要变化如下:

1. 子目数量变化

| 章节名称 | 2020 概算定额 | 2010 概算定额 |
|---|---|---|
| 砖、砌块砌体墙 | 44 | 44 |
| 钢筋混凝土墙 | 8 | 8 |
| 其他墙体 | 12 | 18 |
| 合计 | 64 | 70 |

2. 子目内容变化

| 章节项目 | 主要增加子目 | 主要删减或调整子目 |
|---|---|---|
| 砖、砌块砌体墙 | 新增外墙蒸压灰砂砖 1/2 砖、1 砖共 2 条子目；<br>新增框架外墙蒸压灰砂砖 1/2 砖、1 砖共 2 条子目 | 外墙 20 孔多孔砖 1/2 砖、1 砖、1 ½砖调整为外墙多孔砖 1/2 砖、1 砖、1 ½砖；<br>框架外墙 20 孔多孔砖 1/2 砖、1 砖调整为框架外墙多孔砖 1/2 砖、1 砖；<br>内墙 20 孔多孔砖 1/2 砖、1 砖、1 ½砖调整为内墙多孔砖 1/2 砖、1 砖、1 ½砖；<br>删减框架外墙三孔砖 2 条子目；<br>删减框架内墙三孔砖 2 条子目 |
| 其他墙体 | 新增采光板外墙面 1 条子目 | 彩钢板安装在钢梁上调整为压型钢板外墙面；<br>删减 AC 板 75 厚、100 厚、120 厚共 3 条子目；<br>删减内墙高强石膏空心板 80 厚、120 厚共 2 条子目；<br>删减彩钢夹芯板内墙 1 条子目；<br>删减玻璃钢安装在钢梁上 1 条子目 |

## (一) 定额项目含量和人材机消耗量的主要变化与调整

1. 定额项目含量

“2020 概算定额”增设了“定额项目含量取定表”，列明组成内容，方便调整。

2. 人材机消耗量

(1) 人材机消耗量按综合之“2016 预算定额”中相关子目的消耗量。

(2) 定额子目内采用非泵送预拌混凝土的，已按相应泵送预拌混凝土子目人工乘以系数 1.18，机械乘以系数 1.25。

(3) 定额子目内之嵌砌墙已按相应定额的砌筑工乘以系数 1.22。

## (二) 说明及工程量计算规则的主要变化情况

1. 本章说明的主要变化

(1) 明确半砖内墙(多孔砖、17 孔砖)、混凝土空心小型砌块(90 厚)内墙、混凝土模卡砌块(120 厚)承重内墙定额子目中已综合了钢筋加固。

(2) 明确混凝土空心小型砌块 190 厚墙体定额子目中已综合了芯柱和圈过梁。

(3) 明确砌体内墙如砌筑高度超过 3.6m 时，按相应定额子目的人工乘以系数 1.3。

(4) 明确各类砌体墙均按直形墙编制,如为圆弧形砌筑时,按相应定额子目的人工乘以系数 1.1,砌体及砂浆(粘结剂)乘以系数 1.03。

(5) 明确现浇混凝土、钢筋混凝土墙模板采用复合模板。

(6) 明确彩钢夹芯板外墙面、压型钢板外墙面、采光板外墙面定额子目中,已包括开门窗洞口以及周边塞口,其中:彩钢夹芯板、压型钢板已综合了墙面板安装和墙角处封边、包角,压型钢板还综合了墙与屋面收边。未综合外墙面支撑系统,如设计要求做时,另按相应定额子目执行。

(7) 明确挡土墙毛石砌筑定额子目中,已综合了干混抹灰砂浆勾缝。

2. 本章工程量计算规则的主要变化

(1) 明确基础与墙(柱)身的划分

① 基础与墙(柱)身使用同一材料时,以设计室内地面为界(有地下室的,以地下室室内设计地面为界),以下为基础,以上为墙(柱)身。

② 基础与墙(柱)身使用不同材料时,位于设计室内地面高度≤±300mm 时,以不同材料为分界线;高度>±300mm 时,以设计室内地面为分界线。

(2) 明确一般砖墙墙身长度计算

① 外墙:按墙中心线。

② 内墙:按墙面间的净长。

(3) 明确彩钢夹芯板、压型钢板、采光板外墙面按设计图示尺寸以铺挂面积计算,应扣除门窗洞口和 $0.3m^2$ 以上的梁、孔洞所占面积。

## 四、定额使用中应注意的问题

1. 混凝土、钢筋混凝土地下室墙工程量按设计图示尺寸以体积计算。定额子目中未综合墙面抹灰,需另行计算。

2. 空花砖墙不扣除空洞部分所占面积。

3. 彩钢夹芯板外墙面、压型钢板外墙面、采光板外墙面定额子目中,未综合外墙面支撑系统,需另行计算。

# 第五章　楼地屋面工程

## 一、概况

本章分为3节，共49条子目
第一节　楼地面　共35条子目
第二节　屋面　共11条子目
第三节　变形缝　共3条子目

## 二、本章特点

### （一）本章适用范围

本章定额适用于工业与民用建筑的新建、扩建和改建中的楼地面、屋面及变形缝工程。

### （二）各章节界限划分

1. 后浇带差量按“第二章基础工程”之“第二节混凝土基础”中相应定额子目执行。
2. 钢筋混凝土楼屋面板、楼梯、雨篷、阳台的一般抹灰已综合在本章相应定额子目内；如需做特殊装饰或高级粉刷，则另按“第八章装饰工程”中相应定额子目执行。
3. 玻璃采光天棚在“第八章装饰工程”之“第六节天棚”中计列。瓦屋面、彩钢夹心板屋面、压型钢板屋面、阳光板屋面及膜结构屋面按本章“第二节屋面”中相应定额子目执行。
4. 成型钢筋含量调整、预埋铁件按“第十三章钢筋工程”中相应定额子目执行。
5. 支撑型钢按“第十章金属结构工程”中相应定额子目执行。

## 三、定额变化情况

### （一）子目设置的主要变化情况

本章定额子目修编，主要是根据初步设计阶段文件的内容和深度，对主要分项工程依据相关工序将“2016预算定额”相关子目进行适当综合后设置。与“2010概算定额”相比，主要变化如下：

1. 子目数量变化

| 章节名称 | 2020概算定额 | 2010概算定额 |
|---|---|---|
| 楼地面 | 35 | 36 |
| 屋面 | 11 | 7 |

（续表）

| 章节名称 | 2020 概算定额 | 2010 概算定额 |
| --- | --- | --- |
| 变形缝 | 3 | 4 |
| 合计 | 49 | 47 |

2. 子目内容变化

| 章节项目 | 主要增加子目 | 主要删减或调整子目 |
| --- | --- | --- |
| 楼地面 | 新增垫层道碴无砂 10mm 厚 1 条子目；<br>新增钢筋混凝土拱形板板厚 100mm、每增减 10mm 共 2 条子目；<br>新增钢筋混凝土薄壳板板厚 100mm、每增减 10mm 共 2 条子目；<br>新增钢筋混凝土空心板板厚 250mm、每增减 10mm 共 2 条子目；<br>新增钢筋桁架式组合楼板、压型钢板楼板共 2 条子目 | 木楼梯（带木栏杆木扶手）调整为木楼梯（带铁栏杆木扶手）；<br>删减预制预应力多孔板共 3 条子目；<br>删减预制平板 1 条子目；<br>删减预制槽形板共 2 条子目；<br>删减预制大型屋面板 1 条子目；<br>删减预制钢筋混凝土走道板 1 条子目；<br>删减架空板隔热层混凝土板 1 条子目；<br>删减工厂预制窗槛梁 1 条子目 |
| 屋面 | 新增沥青瓦屋面 1 条子目；<br>新增阳光板屋面铝合金骨架、型钢骨架共 2 条子目；<br>新增膜结构屋面 1 条子目；<br>新增成品木屋面板安装 1 条子目 | 红泥 PVC 彩色波形瓦调整为彩色波形瓦屋面；<br>彩钢压型板铺屋面调整为彩色压型钢板屋面；<br>钢木屋架调整为成品钢木屋架；<br>木屋架调整为成品木屋架；<br>删减玻璃钢瓦屋面 1 条子目 |
| 变形缝 | 新增变形缝泡沫塑料填塞 1 条子目 | 镀锌薄钢板盖面调整为金属板盖面；<br>删减油浸麻丝、木板盖面共 2 条子目 |

## （二）定额项目含量和人材机消耗量的主要变化与调整

1. 定额项目含量

“2020 概算定额”增设了“定额项目含量取定表”，列明组成内容，方便调整。

2. 人材机消耗量

（1）人材机消耗量按综合之“2016 预算定额”中相关子目的消耗量。

（2）混凝土垫层和钢筋混凝土楼梯、雨篷、阳台、栏板定额子目内采用非泵送预拌混凝土的，已按相应泵送预拌混凝土子目人工乘以系数 1.18，机械乘以系数 1.25。

（3）细石混凝土找平层定额子目内采用非泵送预拌混凝土的，已按相应泵送预拌混凝土子目人工乘以系数 1.1，机械乘以系数 1.05。

（4）压型钢板楼板定额子目中的混凝土板已按相应定额人工乘以系数 1.1。

（5）钢筋混凝土整体式楼梯定额子目中踢脚线已按相应定额子目人工乘以系数 1.15。

（6）钢筋混凝土旋转楼梯定额子目中楼梯面层已按相应定额子目人工乘以系数 1.20，混凝土天棚已按相应定额子目人工乘以系数 1.15，踢脚线已按相应定额子目人工乘以系数 1.15。

（7）木楼梯（带铁栏杆木扶手）定额子目中，铁栏杆木扶手踢脚线已按相应定额子目人工乘以系数 1.15。

## （三）说明及工程量计算规则的主要变化情况

1. 本章说明的主要变化

（1）明确找平层适用于楼面、地面及屋面部位。

(2) 明确挑檐、天沟壁高度超高 400mm 时,按全高执行栏板定额子目。

(3) 明确空心板内模按筒芯直径 ≤200mm 编制。

(4) 明确钢筋混凝土楼屋面板模板采用复合模板。

(5) 新增钢筋桁架式组合楼板定额子目中,已综合了 100mm 厚混凝土平板。如设计板厚有增减时,按相应板增减定额子目执行。

(6) 新增压型钢板楼板定额子目中,已综合了 100mm 厚混凝土平板。如设计板厚有增减时,按相应板增减定额子目执行。

(7) 明确当楼梯与楼板无梯梁连接时,以楼梯的最后一个踏步边缘加 300mm 为界。

(8) 明确木楼梯、铁栏杆、木扶手、踢脚线均按工厂成品、现场安装编制,安装用配件、锚固件、辅材及油漆均已包含在成品构件内。

(9) 明确雨篷翻口壁高度超过 400mm 时,按全高执行栏板定额子目。

(10) 阳台定额子目中,取消综合落水头子及斜管。

(11) 混凝土瓦屋面定额子目中,增加综合了檐沟。

(12) 新增沥青瓦屋面定额子目中,已综合了檐沟。

(13) 明确彩色波形瓦屋面定额子目中,已综合了脊瓦、檐沟。

(14) 明确彩色夹心板屋面、彩色压型钢板屋面定额子目中,已包括屋脊板,并已综合了天沟板。

(15) 新增膜结构屋面定额子目中,未综合钢支柱、锚固支座混凝土基础。如设计要求做时,另按相应定额子目执行。

(16) 明确钢木屋架、木屋架按工厂成品、现场安装编制,钢杆件、安装用配件、锚固件、辅材及油漆等均已包含在成品钢木屋架内。附属于木屋架上的木夹板、垫木、风撑、挑檐木、安装用配件、锚固件、辅材及油漆等均已包含在成品木屋架内。

(17) 新增木屋面板按工厂成品、现场安装编制,木屋面板不分厚度均执行同一定额。安装配件、锚固件、油漆等均已包含在成品木屋面板内。

(18) 明确彩钢夹心板屋面、彩色压型钢板屋面和钢木屋架、木屋架、木屋面板定额子目中未综合屋面支撑系统。如设计要求做时,另按相应定额子目执行。

(19) 明确金属板盖面按工厂成品、现场安装编制,安装用配件、锚固件、辅材及油漆等均已包含在成品金属板内。

2. 本章工程量计算规则的主要变化

(1) 新增拱形板、薄壳板按板表面面积计算。

(2) 明确栏板按挑出墙面的垂直投影面积计算。

(3) 明确架空式钢筋混凝土台阶,按现浇钢筋混凝土楼梯计算。

(4) 各种瓦屋面由原来按图示尺寸的水平投影面积乘以坡屋面延尺系数以平方米计算调整为均按设计图示尺寸以斜面面积计算,不扣除房上烟囱、风帽底座、风道、屋面小气窗、斜沟和脊瓦等所占面积,屋面小气窗的出檐部分亦不增加。

(5) 明确彩钢夹心板屋面、彩色压型钢板屋面由原来按图示尺寸的水平投影面积以平方米计算调整为按设计图示尺寸以斜面面积计算,不扣除单个面积≤0.3$m^2$的柱、垛及孔洞所占面积。

(6) 新增阳光板屋面按设计图示尺寸以斜面面积计算,不扣除单个面积≤0.3$m^2$的孔洞所占面积。

(7) 新增膜结构屋面按设计图示尺寸以需要覆盖的水平投影面积计算。

(8) 新增木屋面板按设计图示尺寸以斜面面积计算,不扣除房上烟囱、风帽底座、风道、屋面小气窗及斜沟等所占面积,屋面小气窗的出檐部分亦不增加。

## 四、定额使用中应注意的问题

1. 有地下室的建筑其室内回填土不予计算,但平整场地仍需按底层建筑面积计算。

2. 木楼梯定额子目中已综合铁栏杆木扶手。但钢筋混凝土楼梯定额子目中未综合楼梯栏杆，楼梯栏杆需另行计算。

3. 挑檐、天沟壁及雨篷翻口壁高度超过 400mm 时，是按全高而不是超出部分执行栏板定额子目。

4. 有梁板下的梁工程量应折算成厚度加入板厚中。

5. 拱形板、薄壳板按板表面面积计算。

6. 钢筋桁架式组合楼板、压型钢板楼板定额子目中，已综合了 100mm 厚混凝土平板。如设计板厚有增减时，按平板每增减 10mm 定额子目执行。

7. 各种瓦屋面、彩钢夹心板屋面、彩色压型钢板屋面、阳光板屋面均按斜面面积而不是水平投影面积计算。

8. 膜结构屋面按覆盖的水平投影面积计算。

9. 彩钢夹心板屋面、彩色压型钢板屋面和钢木屋架、木屋架、木屋面板定额子目中未综合屋面支撑系统，屋面支撑系统需另行计算。

# 第六章 防 水 工 程

## 一、概况

本章分为 3 节，共 36 条子目
第一节 楼(地)面防水 共 11 条子目
第二节 屋面防水 共 14 条子目
第三节 墙面防水 共 11 条子目

## 二、本章特点

### (一) 本章适用范围

本章定额适用于工业与民用建筑的新建、扩建和改建中的楼(地)面、屋面及墙面防水工程。

### (二) 各章节界限划分

1. “地下室钢板止水带”及“后浇带差量”中的防水已综合在“第二章基础工程”之“第二节混凝土基础”相应定额子目中。

2. 细石混凝土防水、防潮层中如需使用钢筋网时，另按“第十三章钢筋工程”之“附表成型钢筋调整”定额子目执行。

## 三、定额变化情况

### (一) 子目设置的主要变化情况

本章定额子目修编，主要是根据初步设计阶段文件的内容和深度，对主要分项工程依据相关工序将“2016 预算定额”相关子目进行适当综合后设置。与“2010 概算定额”相比，由于“2016 预算定额”防水材料有较大变化，所以子目设置作相应调整，主要变化如下：

1. 子目数量变化

| 章节名称 | 2020 概算定额 | 2010 概算定额 |
|---|---|---|
| 楼(地)面防水 | 11 | 5 |
| 屋面防水 | 14 | 19 |
| 墙面防水 | 11 | 11 |
| 合计 | 36 | 35 |

2. 子目内容变化

| 章节项目 | 主要增加子目 | 主要删减或调整子目 |
| --- | --- | --- |
| 楼(地)面防水 | 新增三元乙丙橡胶卷材1条子目；<br>新增改性沥青卷材热熔、冷粘共2条子目；<br>聚氨酯防水涂膜补充增加每增0.5mm 1条子目；<br>新增聚合物水泥防水涂料1mm厚、每增0.5mm共2条子目；<br>新增水泥基渗透结晶型防水涂料1mm厚、每增0.5mm共2条子目；<br>新增苯乙烯涂料二度1条子目 | 删减刷热沥青二遍、沥青玻璃布卷材二布三油及刷冷底子油二遍共3条子目 |
| 屋面防水 | 新增刷防水底油二遍1条子目；<br>新增聚氨酯防水涂膜2mm厚、每增0.5mm共2条子目；<br>新增聚合物水泥防水涂料1mm厚、每增0.5mm共2条子目；<br>新增水泥基渗透结晶型防水涂料1mm厚、每增0.5mm共2条子目；<br>新增苯乙烯涂料二度1条子目 | 改性沥青防水卷材(APP)1条子目调整为改性沥青卷材热熔、冷粘共2条子目；<br>删减热沥青二遍隔气层、聚乙烯橡胶共混防水卷材、热熔橡胶复合防水卷材、铝基反光隔热涂料共4条子目；<br>删减平型屋面板和大型屋面板二布六油氯丁胶防水涂料、一布六油水性防水涂料、塑料油膏玻璃纤维布一布二油、板面塑料油膏玻璃纤维布每增减一布一油共7条子目；<br>删减氯磺化聚乙烯卷材、氯丁胶卷材共2条子目；<br>删减屋面满涂油膏4mm 1条子目 |
| 墙面防水 | 新增防水砂浆20mm厚1条子目；<br>新增三元乙丙橡胶卷材1条子目；<br>新增改性沥青卷材热熔、冷粘共2条子目；<br>新增聚氨酯防水涂膜2mm厚、每增0.5mm共2条子目；<br>新增聚合物水泥防水涂料1mm厚、每增0.5mm共2条子目；<br>新增水泥基渗透结晶型防水涂料1mm厚、每增0.5mm共2条子目；<br>新增苯乙烯涂料二度1条子目 | 聚氨酯类防水涂料、聚合物水泥类防水涂料、苯乙烯涂料二度3条子目分列入楼(地面)防水、屋面防水及墙面防水中；<br>删减焦油沥青、塑料油膏、氯偏共聚乳胶、水泥基复合弹性防水膜共4条子目；<br>删减水乳型防水共4条子目 |

## (二) 定额项目含量和人材机消耗量的主要变化与调整

1. 定额项目含量

“2020概算定额”增设了“定额项目含量取定表”，列明组成内容，方便调整。

2. 人材机消耗量

(1) 人材机消耗量按综合之“2016预算定额”中相关子目的消耗量。

(2) 细石混凝土找平层及面层中采用非泵送预拌混凝土的，已按相应泵送预拌混凝土子目人工乘以系数1.1，机械乘以系数1.05。

## (三) 说明及工程量计算规则的主要变化情况

1. 本章说明的主要变化

(1) 明确防水、防潮层定额中未综合找平(坡)层、防水保护层，如实际发生时，按相应定额子目执行。

(2) 明确防水、防潮层定额中未综合涂刷防水底油，如实际发生时，按相应定额子目执行。

（3）明确如桩头、地沟、零星部位做防水、防潮层时，按相应定额子目的人工乘以系数 1.43。

（4）明确平屋面以坡度≤15％为准，15％＜坡度≤25％的，按相应定额子目的人工乘以系数 1.18；25％＜坡度≤45％及弧形等不规则屋面，按相应定额子目的人工乘以系数 1.3；坡度＞45％的，按相应定额子目的人工乘以系数 1.43。

（5）明确墙面是圆形或弧形者，按相应定额子目的人工乘以系数 1.18。

2. 本章工程量计算规则的主要变化

（1）明确基础底板防水、防潮层按实铺面积计算，不扣除桩头所占面积。

（2）明确桩头处外包防水按桩头投影外扩 300mm 以面积计算，地沟及零星部位防水按展开面积计算。

（3）平立面交接处的防水、防潮层，上翻高度由原来 500mm 调整为 300mm，即上翻高度≤300mm 的面积并入平面防水、防潮层工程量内计算；上翻高度＞300mm 的，则按墙面防水、防潮层计算。

## 四、定额使用中应注意的问题

1. 屋面人工系数调整

（1）15％＜坡度≤25％的，按相应定额子目的人工乘以系数 1.18。

（2）25％＜坡度≤45％及弧形等不规则屋面，按相应定额子目的人工乘以系数 1.3。

（3）坡度＞45％的，按相应定额子目的人工乘以系数 1.43。

2. 屋面防水、防潮层定额子目中已包括女儿墙、伸缩缝、天窗、风帽底座、上人孔等按规范要求弯起部分的工程量，弯起部分的工程量不需另行计算。

3. 平立面交接处的防水、防潮层计算

（1）上翻高度≤300mm 的面积并入平面防水、防潮层工程量内计算。

（2）上翻高度＞300mm 的，则按墙面防水、防潮层计算。

# 第七章　门 窗 工 程

## 一、概况

本章分为 4 节，共 39 条子目
第一节　木门窗　共 8 条子目
第二节　金属门窗　共 16 条子目
第三节　特种门窗　共 11 条子目
第四节　其他门窗　共 4 条子目

## 二、本章特点

### (一) 本章适用范围

本章定额适用于工业与民用建筑的新建、扩建和改建中的门窗工程。

### (二) 各章节界限划分

1. 人防门按其他相关专业定额中相应定额子目执行。
2. 与幕墙同材质的窗并入“第八章装饰工程”之“第二节幕墙”面积内计算。
3. 室外伸缩自动门在“第十二章附属工程及其他”之“第四节其他”中计列。

## 三、定额变化情况

### (一) 子目设置的主要变化情况

本章定额子目修编，主要是根据初步设计阶段文件的内容和深度，对主要分项工程依据相关工序将“2016 预算定额”相关子目进行适当综合后设置。与“2010 概算定额”相比，主要变化如下：

1. 子目数量变化

| 章节名称 | 2020 概算定额 | 2010 概算定额 |
|---|---|---|
| 木门窗 | 8 | 13 |
| 金属门窗 | 16 | 13 |
| 特种门窗 | 11 | 11 |
| 其他门窗 | 4 | 3 |
| 合计 | 39 | 40 |

2. 子目内容变化

| 章节项目 | 主要增加子目 | 主要删减或调整子目 |
| --- | --- | --- |
| 木门窗 | 新增成品套装木门 单扇、双扇、子母共 3 条子目 | 实木装饰门更名为成品木门；<br>木纱门更名为成品木纱门；<br>木质防火防盗门更名为木质防火门；<br>删减胶合板门、镶板门、木百叶门共 3 条子目；<br>删减木窗、木百叶窗共 5 条子目 |
| 金属门窗 | 新增隔热断桥铝合金门及窗共 2 条子目；<br>新增钢质防火窗 1 条子目 | 塑钢窗单层、带纱 2 条子目调整为塑钢窗 1 条子目；<br>钢板防火防盗门由原来的 1 条子目拆分为钢质防盗门及钢质防火门共 2 条子目 |
| 特种门窗 | 新增金属网门 1 条子目 | 保温隔音门 1 条子目拆分为隔音门、保温门共 2 条子目；<br>删减空腹钢板大门及金属格栅拉门共 2 条子目 |
| 其他门窗 | 新增全玻璃旋转门及电子感应门传感装置共 2 条子目 | 铝合金全玻璃弹簧门调整为全玻璃弹簧门；<br>删减镜面不锈钢片包门框 1 条子目 |

## （二）定额项目含量和人材机消耗量的主要变化与调整

1. 定额项目含量

“2020 概算定额”增设了“定额项目含量取定表”，列明组成内容，方便调整。

2. 人材机消耗量

（1）人材机消耗量按综合之“2016 预算定额”中相关子目的消耗量。

（2）全玻璃木门定额子目内有框门扇（有亮子）安装已按全玻璃有框门扇定额子目执行，其中人工乘以系数 0.75，地弹簧调整为膨胀螺栓，消耗量按 277.55 个/100$m^2$计算。

## （三）说明及工程量计算规则的主要变化情况

1. 本章说明的主要变化

（1）明确各类门窗均按工厂成品、现场安装编制。安装用配件、锚固件、辅材和木装饰条、油漆均已包含在成品门窗内。

（2）新增成品套装木门包含门套和门扇。

（3）明确铝合金门窗按普通玻璃考虑，如设计为中空玻璃时，按相应定额子目的人工乘以系数 1.1。

（4）明确金属卷帘（闸）门定额子目按卷帘侧装（即安装在门洞口内侧或外侧）编制，如设计要求中装（即安装在门洞中）时，应按相应定额子目的人工乘以系数 1.1。

（5）明确金属卷帘（闸）门按铝合金编制，如设计采用不同材质时，卷帘门可以调整，其余不变。当设计带有活动小门时，按相应定额子目的人工乘以系数 1.07，卷帘门调整为带活动小门，其余不变。

2. 本章工程量计算规则的主要变化

（1）新增成品套装木门、全玻璃旋转门，均按设计图示数量以樘计算。

（2）新增电子感应门传感装置按设计图示数量以套计算。

## 四、定额使用中应注意的问题

1. 各类有框门窗(除成品套装木门、全玻璃旋转门)均以面积计算。成品套装木门、全玻璃旋转门以樘计算。

2. 全玻璃弹簧门中的地弹簧已包含在成品全玻璃门扇内,不另行计算。

3. 金属卷帘(闸)门高度应按洞口高度+600mm 计算。

4. 特种门定额子目中未包括门锁,需另行计算。

# 第八章 装饰工程

## 一、概况

本章分为7节，共108条子目
第一节 墙、柱面装饰 共24条子目
第二节 幕墙 共6条子目
第三节 隔断 共8条子目
第四节 楼地面装饰 共23条子目
第五节 其他装饰 共18条子目
第六节 天棚 共14条子目
第七节 油漆、涂料、裱糊 共15条子目

## 二、本章特点

### （一）本章适用范围

本章定额适用于工业与民用建筑的新建、扩建和改建中的墙柱面、幕墙、隔断、楼地面、天棚和其他装饰工程及油漆、涂料、裱糊工程。

### （二）各章节界限划分

1. 钢丝网板条墙、胶合板墙、木龙骨和轻钢龙骨石膏板墙按本章“第一节墙、柱面装饰”中相应定额子目执行。

2. 玻璃幕墙、金属幕墙、单元式幕墙、框架式幕墙按本章“第二节幕墙”中相应定额子目执行。

3. 玻璃隔断、活动隔断、铝合金隔断、浴厕间壁等按本章“第三节隔断”中相应定额子目执行。

4. 本章“第五节其他装饰”中的扶手、栏杆、栏板定额子目，适用于楼梯、走道、回廊及其他装饰性扶手、栏杆、栏板；与钢楼梯、钢平台（走道）等金属结构相连的钢栏杆（钢护栏）按“第十章金属结构工程”中相应定额子目执行。

5. 玻璃采光天棚按本章“第六节天棚”中相应定额子目执行。

6. 本章定额木装饰板基层中的木格栅、木龙骨、木基层板已综合防腐防火处理。

7. 本章“第七节油漆、涂料、裱糊”未包括混凝土面及抹灰面涂刷树脂漆等防腐油漆，防腐油漆按“第九章防腐、保温、隔热工程”之“第一节防腐”中相应定额子目执行。

8. 金属结构件的补漆及调和漆两遍已综合在“第十章金属结构工程”相应定额子目内，其他油漆涂刷按本章“第七节油漆、涂料、裱糊”中相应定额子目执行。

## 三、定额变化情况

### (一) 子目设置的主要变化情况

本章定额子目修编，主要是根据初步设计阶段文件的内容和深度，对主要分项工程依据相关工序将“2016 预算定额”相关子目进行适当综合后设置。与“2010 概算定额”相比，主要变化如下：

1. 子目数量变化

| 章节名称 | 2020 概算定额 | 2010 概算定额 |
|---|---|---|
| 墙、柱面装饰 | 24 | 28 |
| 幕墙 | 6 | 3 |
| 隔断 | 8 | 5 |
| 楼地面装饰 | 23 | 30 |
| 其他装饰 | 18 | 12 |
| 天棚 | 14 | 12 |
| 油漆、涂料、裱糊 | 15 | 15 |
| 合计 | 108 | 105 |

2. 子目内容变化

| 章节项目 | 主要增加子目 | 主要删减或调整子目 |
|---|---|---|
| 墙、柱面装饰 | | 干挂石材块料内墙面、外墙面调整为干挂石材块料扣件干挂、背栓干挂墙面；<br>干挂石材块料柱面调整为干挂石材块料扣件干挂柱面；<br>波形瓦砖 150×150 墙、柱面调整为波形面砖墙、柱面；<br>删减水磨石墙面、柱面共 2 条子目；<br>删减双面胶合板板墙、木龙骨双面石膏板墙共 2 条子目 |
| 幕墙 | 新增全玻璃幕墙挂式、点式、金属拉索式共 3 条子目；<br>新增单元式幕墙、框架式幕墙共 2 条子目 | 删减玻璃幕墙 180 系列及 140 系列共 2 条子目 |
| 隔断 | 新增无框玻璃隔断、铝合金玻璃隔断、塑钢玻璃隔断共 3 条子目 | 活动塑料隔断调整为活动隔断；<br>铝合金扣板隔断调整为铝合金条板隔断 |
| 楼地面装饰 | 新增整体面层自流平水泥基砂浆面层、环氧涂层共 2 条子目；<br>新增橡塑面层塑料板 1 条子目 | 块料面层陶瓷锦砖、地砖调整为陶瓷锦砖粘结剂、地砖粘结剂；<br>块料面层碎拼石材块料、广场砖调整为碎拼石材砂浆、广场砖砂浆；<br>PVC 地板卷材调整为橡塑面层塑料卷材；<br>删减整体面层水磨石 2 条子目；<br>删减块料面层缸砖、镭射玻璃、彩色混凝土板共 3 条子目；<br>删减防静电活动地板木质 1 条子目；<br>删减楼梯水磨石面、红缸砖面共 2 条子目；<br>删减混凝土台阶水磨石面、红缸砖面共 2 条子目 |

（续表）

| 章节项目 | 主要增加子目 | 主要删减或调整子目 |
| --- | --- | --- |
| 其他装饰 | 新增不锈钢管扶手不锈钢栏杆1条子目；<br>新增石膏装饰条、金属装饰条共2条子目；<br>窗台板补充增加不锈钢饰面板、石材共2条子目 | 金属花饰栏杆调整为铸铁花饰栏杆；<br>木扶手钢栏杆调整为木扶手铁栏杆；<br>钢管扶手钢栏杆调整为铁扶手铁栏杆；<br>成品石材艺术线条1条子目拆分为石材装饰条粘贴、干挂共2条子目；<br>筒子板1条子目拆分为门窗套（筒子板）木质饰面板、不锈钢饰面板共2条子目；<br>删减靠墙扶手普通钢管1条子目 |
| 天棚 | 新增木质装饰板天棚、不锈钢装饰板天棚共2条子目；<br>新增铝合金挂片天棚、格栅天棚共2条子目；<br>新增软膜天棚1条子目 | 删减薄板面天棚、胶合板天棚及细木工板天棚共3条子目 |
| 油漆、涂料、裱糊 | 补充增加满批腻子乳胶漆天棚1条子目；<br>新增丙烯酸酯涂料三遍外墙面1条子目；<br>新增氟碳漆金属面1条子目 | 防火漆其他金属面1条子目拆分为防火涂料金属面厚型、薄型共2条子目；<br>薄层灰泥灰色、白色2条子目合并为薄层灰泥1条子目；<br>删减彩砂喷涂、防火漆单层钢门、粉刷石膏面层饰面层批嵌共3条子目 |

## （二）定额项目含量和人材机消耗量的主要变化与调整

1. 定额项目含量

“2020概算定额”增设了“定额项目含量取定表”，列明组成内容，方便调整。

2. 人材机消耗量

（1）人材机消耗量按综合之“2016预算定额”中相关子目的消耗量。

（2）细石混凝土整体面层定额子目内采用非泵送预拌混凝土的，已按相应泵送预拌混凝土子目人工乘以系数1.1，机械乘以系数1.05。

（3）楼梯饰面定额子目中踢脚线已按相应定额子目人工乘以系数1.15。

## （三）说明及工程量计算规则的主要变化情况

1. 本章说明的主要变化

（1）明确饰面材料多为按工厂成品、现场安装编制，安装用配件、锚固件、辅材和油漆等均包含在成品材料内。

（2）明确曲面、异型幕墙按相应定额子目的人工乘以系数1.15。

（3）明确全玻璃幕墙定额子目中如设计要求增加型钢骨架者，按预算定额墙饰面外墙型钢龙骨定额子目执行。

（4）明确块料面层如设计要求分格、分色者，按相应定额子目的人工乘以系数1.1。

（5）明确玻化砖按地砖相应定额子目执行。

（6）明确碎拼石材、广场砖块料面层定额子目中已综合了找平层，但未综合踢脚线。

（7）明确如设计采用地暖者，其找平层按相应定额子目的人工乘以系数1.3，材料乘以系数0.95。

（8）新增不锈钢管扶手不锈钢栏杆定额子目中已综合考虑了直形栏杆、弧形栏杆。

（9）新增软膜天棚定额子目中已综合考虑了矩形和圆形。

（10）明确采光天棚定额子目中已综合考虑了钢结构和铝结构。

（11）明确铝合金格栅天棚定额子目中已包括临时加固支撑搭拆。

(12) 明确金属面防火涂料定额子目中耐火时间、涂层厚度综合取定。

2. 本章工程量计算规则的主要变化

(1) 独立柱镶贴块料面层中明确带牛腿者,牛腿按展开面积并入柱工程量内计算。

(2) 明确独立梁镶贴块料面层按设计图示饰面外围尺寸乘以长度以面积计算。

(3) 楼梯面层中明确楼梯与楼地面相连时,算至梯口梁内侧边沿;无梯口梁者,算至最上一层踏步边沿加 300mm。

(4) 窗台板中明确当图纸未注明长度和宽度时,可按窗框的外围宽度两边共加 100mm 计算,凸出墙面的宽度按墙面外加 50mm 计算。

(5) 明确软膜、采光天棚按设计图示尺寸以框外围面积计算。

(6) 明确金属面防火涂料、氟碳漆按设计图示尺寸以质量计算。

## 四、定额使用中应注意的问题

1. 整体面层、块料面层、橡塑面层、复合地板、防静电活动地板、地毯定额子目中已综合了找平层,不另行计算。

2. 整体面层、块料面层(除碎拼石材、广场砖块料面层外)、橡塑面层、复合地板、防静电活动地板、木地板定额子目中已综合了踢脚线,不另行计算。

3. 全玻璃幕墙定额子目中,如需增加型钢骨架时,按预算定额墙饰面外墙型钢龙骨定额子目执行。

4. 人工、材料系数调整

(1) 圆弧形等不规则的墙面抹灰及镶贴块料饰面按相应定额子目的人工乘以系数 1.15。

(2) 曲面、异型幕墙按相应定额子目的人工乘以系数 1.15。

(3) 块料面层分格、分色铺贴时,按相应定额子目的人工乘以系数 1.1。

(4) 广场砖铺贴为环形及菱形时,按相应定额子目的人工乘以系数 1.2。

(5) 弧形楼梯面层按相应定额子目的人工乘以系数 1.2。

(6) 楼地面装饰采用地暖时,找平层按相应定额子目的人工乘以系数 1.3,材料乘以系数 0.95。

5. 浴厕间壁应以间而非平方米计算,且五金配件已包含在成品浴厕隔断内。

6. 金属面防火涂料、氟碳漆以质量计算。若质量为 500kg 以内的单个金属结构件需要涂刷时,定额子目中油漆含量可按以下“质量折算面积参考系数表”作相应调整。

| 序号 | 项目名称 | 系数($m^2/t$) |
|---|---|---|
| 1 | 钢栅栏门、栏杆、窗栅 | 64.98 |
| 2 | 钢爬梯 | 44.84 |
| 3 | 踏步式钢扶梯 | 39.90 |
| 4 | 轻钢屋架 | 53.20 |
| 5 | 零星铁件 | 58.00 |

# 第九章 防腐、保温、隔热工程

## 一、概况

本章分为2节，共71条子目
第一节 防腐 共39条子目
第二节 保温、隔热 共32条子目

## 二、本章特点

### （一）本章适用范围

本章定额适用于工业与民用建筑的新建、扩建和改建中的防腐及保温、隔热工程。

### （二）各章节界限划分

金属面油漆按“第八章装饰工程”之“第七节油漆、涂料、裱糊”中相应定额子目执行。

## 三、定额变化情况

### （一）子目设置的主要变化情况

本章定额子目修编，主要是根据初步设计阶段文件的内容和深度，对主要分项工程依据相关工序将“2016预算定额”相关子目进行适当综合后设置。与“2010概算定额”相比，由于“2016预算定额”防腐及保温、隔热材料有较大变化，所以子目设置作相应调整，主要变化如下：

1. 子目数量变化

| 章节名称 | 2020概算定额 | 2010概算定额 |
| --- | --- | --- |
| 防腐 | 39 | 37 |
| 保温、隔热 | 32 | 30 |
| 合计 | 71 | 67 |

2. 子目内容变化

| 章节项目 | 主要增加子目 | 主要删减或调整子目 |
| --- | --- | --- |
| 防腐 | 新增耐碱混凝土 60mm 厚、双酚 A 型不饱和聚酯胶泥 2mm 厚、软聚氯乙烯塑料共 3 条子目；<br>新增环氧类胶泥铺砌瓷砖 113mm 厚、瓷板 30mm 厚共 2 条子目；<br>新增不饱和聚酯胶泥铺砌瓷砖 113mm 厚、瓷板 30mm 厚共 2 条子目；<br>新增水玻璃耐酸胶泥铺砌瓷砖 113mm 厚、瓷板 30mm 厚共 2 条子目；<br>新增水玻璃耐酸砂浆结合层环氧树脂胶泥勾缝瓷砖 113mm 厚、瓷板 30mm 厚、花岗岩板 80mm 厚共 3 条子目；<br>新增环氧呋喃树脂漆底漆两遍面漆两遍、氯化橡胶漆底漆两遍面漆两遍共 2 条子目 | 耐酸沥青砂浆 30mm 厚调整为水玻璃耐酸砂浆 20mm 厚；<br>耐酸沥青混凝土调整为水玻璃耐酸混凝土；<br>邻苯型不饱和聚酯砂浆、双酚 A 型不饱和聚酯砂浆共 2 条子目调整为不饱和聚酯砂浆 5mm 厚 1 条子目；<br>重晶石混凝土 100mm 厚调整为 60mm 厚；<br>酚醛玻璃钢环氧玻璃钢三层式调整为酚醛玻璃钢三层式；<br>环氧煤焦油玻璃钢三层式调整为环氧酚醛玻璃钢三层式；<br>邻苯型不饱和聚酯玻璃钢三层式、双酚 A 型不饱和聚酯玻璃钢三层式 2 条子目调整为不饱和聚酯树脂玻璃钢三层式 1 条子目；<br>沥青胶泥铺砌铸石板 30mm 厚调整为水玻璃耐酸胶泥铺砌花岗岩板 80mm 厚；<br>耐酸沥青砂浆铺砌花岗石 120mm 厚调整为水玻璃耐酸砂浆铺砌花岗岩板 80mm 厚；<br>沥青胶泥结合层树脂胶泥勾缝瓷砖113mm 厚、瓷板 30mm 厚、花岗岩板80mm 厚调整为水玻璃耐酸胶泥结合层环氧树脂胶泥勾缝瓷砖 113mm 厚、瓷板30mm厚、花岗岩板 80mm 厚；<br>过氯乙烯、漆酚树脂漆、酚醛树脂漆、氯磺化聚乙烯漆中底漆一遍中间漆两遍面漆两遍调整为一底二涂；<br>删减碎石灌沥青、环氧呋喃砂浆、邻苯型聚酯胶泥、不发火沥青砂浆、耐酸沥青胶泥玻璃布、沥青胶泥共 6 条子目；<br>删减树脂类胶泥铺砌（池、沟、槽）共 3 条子目；<br>删减沥青漆 1 条子目 |

(续表)

| 章节项目 | 主要增加子目 | 主要删减或调整子目 |
| --- | --- | --- |
| 保温、隔热 | 屋面保温加气混凝土块、泡沫玻璃板补充增加每增减 10mm 共 2 条子目；<br>新增水泥蛭石块 100mm 厚、每增减10mm 共 2 条子目；<br>新增屋面保温预拌轻集料混凝土 1 条子目；<br>新增天棚保温超细无机纤维 50mm 厚、每增减 10mm 共 2 条子目；<br>新增天棚保温岩棉板 50mm 厚 1 条子目；<br>墙面保温水泥珍珠岩板补充增加每增减 10mm 1 条子目；<br>新增无机保温砂浆 25mm 厚、每增减5mm 共 2 条子目；<br>新增墙面保温干挂岩(矿)棉板、发泡水泥板、保温装饰复合板共 3 条子目；<br>新增抗裂保护层耐碱网格布抗裂砂浆 4mm厚、每增加一层网格布抗裂砂浆2mm 共 2 条子目；<br>新增热镀锌钢丝网抗裂砂浆 8mm 厚 1 条子目；<br>新增柱梁保温水泥珍珠岩板 50mm 厚、无机保温砂浆共 2 条子目；<br>新增楼地面保温预拌轻集料混凝土 1 条子目 | 屋面保温加气混凝土块调整为屋面保温加气混凝土 180mm 厚；<br>树脂珍珠岩板屋面调整为屋面保温树脂珍珠岩板；<br>聚氨酯硬泡外墙保温不上人屋面、上人屋面调整为屋面保温聚氨酯硬泡不上人屋面、上人屋面；<br>屋面保温聚苯板屋面保温调整为屋面保温泡沫玻璃板 30mm 厚；<br>高强珍珠岩保温层 35mm 厚调整为墙体保温高强珍珠岩板 35mm 厚；<br>珍珠岩墙体 1∶1∶6 珍珠岩粉面调整为墙体保温珍珠岩墙体 1∶1∶6 珍珠岩；<br>墙体保温珍珠岩板墙调整为水泥珍珠岩板 50mm 厚；<br>聚氨酯硬泡外墙保温调整为墙面保温聚氨酯硬泡；<br>泡沫玻璃板保温无加固、锚栓加固、锚栓和金属固定件加固调整为墙面保温泡沫玻璃板无加固、锚栓加固、锚栓和金属固定件加固；<br>删减屋面保温沥青玻璃棉毡、沥青矿渣棉毡、沥青珍珠岩块、现浇水泥珍珠岩共 4 条子目；<br>删减墙体保温聚氯乙烯泡沫板、沥青贴软木、砌加气混凝土块、沥青玻璃棉 100mm 厚共 4 条子目；<br>删减外墙外保温膨胀聚苯板薄抹灰附墙铺贴 1 条子目；<br>删减外墙外保温抹胶粉聚苯颗粒共 3 条子目；<br>删减聚苯板外墙内保温增强石膏板、聚合物改性胶浆面共 2 条子目；<br>删减单面钢丝网架聚苯板整浇外墙外保温 1 条子目；<br>删减楼地面隔热沥青贴软木、聚苯乙烯泡沫板、沥青铺贴加气混凝土块共 3 条子目 |

## （二）定额项目含量和人材机消耗量的主要变化与调整

1. 定额项目含量

“2020 概算定额”增设了“定额项目含量取定表”，列明组成内容，方便调整。

2. 人材机消耗量

（1）人材机消耗量按综合之“2016 预算定额”中相关子目的消耗量。

（2）块料面层踢脚板已按平面块料相应定额子目的人工乘以系数 1.56。

## （三）说明及工程量计算规则的主要变化情况

1. 本章说明的主要变化

（1）明确防腐砂浆、防腐胶泥及防腐玻璃钢定额子目按平面施工编制，立面施工时按相应定额子目的人工乘以系数 1.15，天棚施工时按相应定额子目的人工乘以系数 1.3，其余不变。

（2）明确块料面层定额子目中：

① 树脂类胶泥包括环氧树脂胶泥、呋喃树脂胶泥、酚醛树脂胶泥等。

② 环氧类胶泥包括环氧酚醛胶泥、环氧呋喃胶泥等。

③ 不饱和聚酯胶泥包括邻苯型不饱和聚酯胶泥、双酚 A 型不饱和聚酯胶泥等。

（3）明确块料面层定额子目按平面施工编制，立面及沟、槽、池铺贴施工按相应定额子目的人工乘以系数 1.4，其余不变。

（4）明确花岗岩板以六面剁斧的板材为准，如底面为毛面者，水玻璃砂浆增加 $0.0038m^3/m^2$，水玻璃胶泥增加 $0.004\ 5m^3/m^2$。

（5）明确弧形墙墙面保温、隔热层按相应定额子目的人工乘以系数 1.1。

（6）明确无机及抗裂保护层耐碱网格布如设计及规范要求采用锚固栓固定时，每平方米增加人工 0.03 工日、锚固栓 6.12 只。

（7）明确墙面干挂岩（矿）棉板、发泡水泥板及保温装饰复合板定额子目如设计使用钢骨架时，可以按相应预算定额子目执行。

（8）明确柱、梁保温定额子目适用于不与墙、天棚相连的独立柱、梁。

（9）明确零星保温、隔热项目（指池槽以及面积 $<0.5m^2$ 以内且未列项的子目），按相应定额子目的人工乘以系数 1.25，材料乘以系数 1.05。

（10）明确聚氨酯硬泡屋面保温定额分为上人屋面和不上人屋面两个子目。

① 上人屋面子目仅考虑了保温层，其余部分应另按相应定额子目执行。

② 不上人屋面子目已包括保温工程全部工作内容。

2. 本章工程量计算规则的主要变化

（1）明确平面防腐面层计算时应扣除凸出地面的构筑物、设备基础等以及单个面积 $>0.3m^2$ 柱、垛及孔洞所占面积，门洞、空圈、暖气包槽、壁龛的开口部分面积亦不增加。

（2）明确沟、槽、池块料防腐面层按设计图示尺寸以展开面积计算。

（3）明确屋面保温、隔热层（除树脂珍珠岩板、预拌轻集料混凝土）按设计图示尺寸以面积计算，应扣除单个面积 $>0.3m^2$ 孔洞所占面积。树脂珍珠岩板、预拌轻集料混凝土按设计图示尺寸以体积计算，应扣除单个面积 $>0.3m^2$ 孔洞所占体积。

（4）明确天棚保温、隔热层按设计图示尺寸以面积计算，应扣除单个面积 $>0.3m^2$ 柱、垛、孔洞所占面积。与天棚相连的梁，按展开面积并入天棚工程量内计算。

（5）明确墙面保温、隔热层按设计图示尺寸以面积计算，应扣除门窗、洞口及单个面积 $>0.3m^2$ 梁、孔洞所占面积。门窗、洞口侧壁以及与墙相连的柱，并入保温墙体工程量内计算。墙体及混凝土板下铺贴隔热层，不扣除木框架及木龙骨的体积。其中外墙按隔热层中心线长度计算，内墙按隔热层净长度计算。

(6) 明确柱、梁保温隔热层按设计图示尺寸以面积计算。

① 柱按设计图示柱断面保温层中心线展开长度乘高度以面积计算，应扣除单个面积$>0.3m^2$梁所占面积。

② 梁按设计图示梁断面保温层中心线周长乘保温层长度以面积计算。

(7) 明确楼地面保温、隔热层按设计图示尺寸以面积计算，应扣除单个面积$>0.3m^2$以上柱、垛及孔洞所占面积。门洞、空圈、暖气包槽、壁龛的开口部分面积亦不增加。

(8) 明确零星保温、隔热层按设计图示尺寸以展开面积计算。

(9) 明确单个面积$>0.3m^2$孔洞侧壁周围及梁头、连系梁等保温、隔热层并入墙面保温、隔热层工程量内计算。

(10) 明确柱帽保温、隔热层并入天棚保温、隔热层工程量内计算。

## 四、定额使用中应注意的问题

1. 各种块料面层的结合层胶结料厚度及灰缝厚度不予调整。

2. 干挂岩(矿)棉板、发泡水泥板及保温装饰复合板墙面保温定额子目，如需使用钢骨架时，需另行计算。

3. 人工、材料系数调整

(1) 防腐砂浆、防腐胶泥及防腐玻璃钢立面施工时按相应定额子目的人工乘以系数 1.15，天棚施工时按相应定额子目的人工乘以系数 1.3。

(2) 防腐块料面层立面及沟、槽、池铺贴施工按相应定额子目的人工乘以系数 1.4。

(3) 弧形墙墙面保温、隔热层按相应定额子目的人工乘以系数 1.1。

(4) 零星保温、隔热项目(指池槽以及面积$<0.5m^2$以内且未列项的子目)按相应定额子目的人工乘以系数 1.25，材料乘以系数 1.05。

4. 聚氨酯硬泡屋面保温

(1) 上人屋面子目仅考虑了保温层，其余部分应另按相应定额子目执行。

(2) 不上人屋面子目已包括保温工程全部工作内容。

5. 并入相关工程量计算内容

(1) 立面防腐面层中的门窗、洞口侧壁及垛凸出部分，按展开面积并入墙面工程量计算。

(2) 墙面保温、隔热中的门窗、洞口侧壁以及与墙相连的柱、单个面积$>0.3m^2$孔洞侧壁、梁头、连系梁等并入墙面工程量计算。

(3) 天棚保温、隔热中与天棚相连的梁、柱帽，按展开面积并入天棚工程量计算。

6. 树脂珍珠岩板屋面保温由原来按面积计算现调整为按体积计算。

# 第十章　金属结构工程

## 一、概况

本章分为 1 节，共 39 条子目
第一节　金属结构　共 39 条子目

## 二、本章特点

### （一）本章适用范围

本章定额适用于工业与民用建筑的新建、扩建和改建中的金属结构工程。

### （二）各章节界限划分

1. 补漆及调和漆两遍已综合在金属结构件安装定额子目内；如做其他油漆，则另按“第八章装饰工程”之“第七节油漆、涂料、裱糊”中相应定额子目执行。

2. 基坑围护中的钢格构柱按本章中相应定额子目执行。

3. 本章中的钢栏杆（钢护栏）定额子目，适用于与钢楼梯、钢平台（走道）等金属结构相连的扶手、栏杆、栏板。其他部位的扶手、栏杆、栏板按“第八章装饰工程”之“第五节其他装饰”中相应定额子目执行。

4. 超高人工降效综合考虑在“第十四章措施项目”之“第三节超高施工增加”相应定额子目内。

5. 金属结构件安装需搭设脚手架时，按“第十四章措施项目”之“第一节脚手架”相应定额子目执行。

## 三、定额变化情况

### （一）子目设置的主要变化情况

本章定额子目修编，主要是根据初步设计阶段文件的内容和深度，对主要分项工程依据相关工序将“2016 预算定额”相关子目进行适当综合后设置。与“2010 概算定额”相比，主要变化如下：

1. 子目数量变化

| 章节名称 | 2020 概算定额 | 2010 概算定额 |
| --- | --- | --- |
| 金属结构 | 39 | 26 |
| 合计 | 39 | 26 |

2. 子目内容变化

| 章节项目 | 主要增加子目 | 主要删减或调整子目 |
| --- | --- | --- |
| 金属结构 | 新增钢屋架 1.5t 以内、15t 以内、25t 以内共 3 条子目；<br>新增钢桁架 1.5t 以内、3t 以内、8t 以内、15t 以内、25t 以内、40t 以内共 6 条子目；<br>新增钢支撑、钢天窗架及钢墙架(挡风架)共 3 条子目 | 轻钢网架 1 条子目调整为焊接空心球网架、螺栓球节点网架共 2 条子目；<br>钢托架梁 2.5t 以内、5t 以内共 2 条子目调整为钢托架 3t 以内、8t 以内、15t 以内共 3 条子目；<br>钢柱 4t 以内、10t 以内、20t 以内共 3 条子目调整为钢柱 3t 以内、8t 以内、15t 以内、25t 以内共 4 条子目；<br>钢梁 1 条子目拆分为钢梁 1.5t 以内、3t 以内、8t 以内、15t 以内共 4 条子目；<br>钢吊车梁 3t 以内、10t 以内及 15t 以内共 3 条子目调整为 3t 以内、8t 以内、15t 以内及 25t 以内共 4 条子目；<br>钢梯 1 条子目拆分为钢楼梯踏步式、爬式及螺旋式共 3 条子目；<br>普通方形漏斗和圆形漏斗共 2 条子目调整为钢漏斗 1 条子目；<br>删减高层钢结构 5 条子目；<br>删减轻钢整体结构、轻钢屋盖系统共 2 条子目 |

## (二) 定额项目含量和人材机消耗量的主要变化与调整

1. 定额项目含量

“2020 概算定额”增设了“定额项目含量取定表”，列明组成内容，方便调整。

2. 人材机消耗量

人材机消耗量按综合之“2016 预算定额”中相关子目的消耗量。

## (三) 说明及工程量计算规则的主要变化情况

1. 本章说明的主要变化

(1) 取消金属结构件的现场制作。

(2) 明确金属结构件安装定额子目中的质量是指按设计图示尺寸所标明的构件单支(件)质量。

(3) 钢网架增加综合了现场拼装平台摊销。

(4) 明确金属结构件安装定额子目中已包括连接螺栓，但未包括高强螺栓及剪力栓钉。

(5) 金属结构件安装定额子目中增加质量在 500kg 以内的单个金属结构件“质量折算面积参考系数”。

| 序号 | 项目名称 | 系数($m^2/t$) |
| --- | --- | --- |
| 1 | 钢栅栏门、栏杆、窗栅 | 64.98 |
| 2 | 钢爬梯 | 44.84 |
| 3 | 踏步式钢扶梯 | 39.90 |
| 4 | 轻钢屋架 | 53.20 |
| 5 | 零星铁件 | 58.00 |

(6) 明确整座网架质量<120t 时，其安装人工、机械乘以系数 1.2；钢网架安装按分块吊装考虑。

(7) 明确钢网架定额按平面网格结构编制；如设计为筒壳、球壳及其他曲面结构时，其安装人工、机械乘以系数 1.2。

(8) 新增钢桁架安装定额按直线形桁架编制；如设计为曲线、折线形桁架时，其安装人工、机械乘以系数 1.2。

(9) 明确钢屋架、钢托架、钢桁架单支质量<0.2t 时，按相应钢支撑定额子目执行。

(10) 明确钢柱(梁)定额不分实腹柱、空腹钢柱(梁)、钢管柱，均执行同一柱(梁)定额。

(11) 明确制动梁、制动板、车挡等按钢吊车梁相应定额子目执行。

(12) 明确钢支撑包括柱间支撑、屋面支撑、系杆、拉条、撑杆隅撑等。

(13) 明确柱间、梁间、屋架间的 H 形、箱形钢支撑按相应的钢柱、钢梁定额子目执行。

(14) 明确墙架柱、墙架梁和相配套的连接杆件按钢墙架(挡风架)定额子目执行。

(15) 明确钢支撑、钢檩条、钢墙架(挡风架)等单支质量>0.2t 时，按相应的屋架、柱、梁定额子目执行。

(16) 明确钢天窗架上的 C、Z 型钢，按钢檩条定额子目执行。

(17) 明确基坑围护中的钢格构柱按本章相应定额子目执行，其人工、机械乘以系数 0.5，钢格构柱拆除及回收残值另行计算。

(18) 明确钢栏杆(钢护栏)定额适用于钢楼梯、钢平台、钢走道板等与金属结构相连的栏杆，其他部位的栏杆、扶手应按“第八章装饰工程”中“第五节其他装饰工程”相应定额子目执行。

(19) 明确单件质量在 25kg 以内的小型金属结构件按本章零星钢构件定额子目执行。

(20) 明确钢结构大跨度结构件适用于跨度≥36m 的建筑物按本章相应定额子目执行，其中人工乘以系数 1.2，吊装机械按实际调整。

(21) 明确金属结构件安装按建筑物檐高 20m 以内、跨内吊装编制。如檐高超过 20m 或楼层数超过 6 层时：

① 超高人工降效已综合考虑在“第十四章措施项目”超高施工降效定额子目内。

② 吊装机械按下表调整。

| 建筑物檐高 | 调整后机械规格型号 | 建筑物檐高 | 调整后机械规格型号 |
|---|---|---|---|
| 20m<$H$≤30m | 2000kN·m | 180m<$H$≤240m | 9000kN·m |
| 30m<$H$≤150m | 3000kN·m | 240m<$H$≤315m | 12000kN·m |
| 150m<$H$≤180m | 6000kN·m | 315m<$H$≤420m | 13500kN·m |

③ 如采用跨外吊装或特殊施工方法(平移、滑移、提升及顶升)、施工措施时，按实调整。

(22) 明确金属结构件采用塔吊吊装的，将结构件安装定额子目中的汽车起重机 20t、40t 分别调整为自升式塔式起重机 2500kN·m、3000kN·m，且人工及起重机乘以系数 1.2。

(23) 明确金属结构件安装需搭设脚手架时，按“第十四章措施项目”相应定额子目执行。

2. 本章工程量计算规则的主要变化

(1) 明确金属结构件安装按设计图示尺寸以质量计算，不扣除单个面积≤0.3m$^2$的孔洞质量，焊条、铆钉、螺栓等质量亦不增加。取消节点板应作方计算规定。

(2) 明确焊接空心球网架的工程量包括连接钢管杆件、连接球、支托和网架支座等零件的质量。

(3) 明确螺栓球节点网架的工程量包括连接钢管杆件(含高强螺栓、销子、套筒、锥头或封板)、螺栓球、支托和网架支座等零件的质量。

(4) 明确钢管柱上的节点板、加强环、内衬管、牛腿等并入钢管柱质量内计算。

(5) 明确钢柱上的柱脚板、加劲板、柱顶板、隔板和肋板并入钢柱质量内计算。

(6) 明确钢平台的工程量包括钢平台的柱、梁、板、斜撑等的质量，依附于钢平台的钢楼梯及平台钢栏杆另按相应定额子目执行。

(7) 明确钢栏杆的工程量包括钢扶手的质量。

(8) 明确钢楼梯的工程量包括楼梯平台、楼梯梁、楼梯踏步等的质量,钢楼梯的栏杆、扶手另按相应定额子目执行。

(9) 明确依附于钢漏斗上的型钢并入钢漏斗质量内计算。

## 四、定额使用中应注意的问题

1. 金属结构件安装定额子目中的质量是指构件单支(件)质量,不是计算后的总质量。

2. 质量为 500kg 以内的单个金属结构件需要涂刷油漆时,定额子目中的油漆含量可按上述“质量折算面积参考系数表”作相应调整。

3. 人工、机械系数调整

(1) 整座网架质量<120t,其安装人工、机械乘以系数 1.2。

(2) 钢网架如为筒壳、球壳及其他曲面结构时,其安装人工、机械乘以系数 1.2。

(3) 钢桁架如为曲线、折线形桁架时,其安装人工、机械乘以系数 1.2。

(4) 跨度≥36m 的大跨度结构件,按本章相应定额子目执行,其中人工乘以系数 1.2,吊装机械按实际调整。

(5) 檐高超过 20m 或楼层数超过 6 层时,吊装机械需调整。

(6) 金属结构件采用塔吊吊装的,将结构件安装定额子目中的汽车起重机 20t、40t 分别调整为自升式塔式起重机 2500kN·m、3000kN·m,且人工及起重机乘以系数 1.2。

4. 基坑围护中钢格构柱拆除后要计算残值回收。

5. 单件质量在 25kg 以内的小型金属结构件要按零星钢构件定额子目执行。

# 第十一章　装配式钢筋混凝土工程

## 一、概况

本章分为 2 节，共 23 条子目
第一节　预制混凝土构件　共 14 条子目
第二节　后浇钢筋混凝土　共 9 条子目

## 二、本章特点

### （一）本章适用范围

本章定额适用于工业与民用建筑的新建、扩建和改建中的装配式钢筋混凝土工程，包括预制混凝土构件安装及与预制混凝土叠合墙板、叠合楼板、阳台板连接形成整体构件的现场后浇钢筋混凝土。

### （二）各章节界限划分

1. 与预制混凝土叠合墙板、叠合楼板、阳台板连接形成整体构件的现场后浇钢筋混凝土按本章相应定额子目执行，其他的则按其他章节相应定额子目执行。
2. 一般抹灰已综合在相应预制混凝土构件安装定额子目内；如需做特殊装饰或高级粉刷，则另按"第八章装饰工程"中相应定额子目执行。
3. 成型钢筋含量调整按"第十三章钢筋工程"之"附表成型钢筋调整"定额子目执行。
4. 预制构件卸车所用吊装机械综合在"第十四章措施项目"之"第二节垂直运输"中一并考虑。

## 三、定额变化情况

### （一）子目设置的主要变化情况

本章定额子目修编，主要是根据初步设计阶段文件的内容和深度，对主要分项工程依据相关工序将"2016 预算定额"相关子目进行适当综合后设置。与"2010 概算定额"相比，主要变化如下：

1. 子目数量变化

| 章节名称 | 2020 概算定额 | 2010 概算定额 |
| --- | --- | --- |
| 预制混凝土构件 | 14 | 14 |
| 后浇钢筋混凝土 | 9 | 9 |
| 合计 | 23 | 23 |

2. 子目内容变化

| 章节项目 | 主要增加子目 | 主要删减或调整子目 |
| --- | --- | --- |
| 预制混凝土构件 | | 原分列在柱梁、墙身、楼地屋面工程内，现合并于同一章节中，所有定额名称优化删减“装配式建筑构件安装” |
| 后浇钢筋混凝土 | | 原分列在柱梁、墙身、楼地屋面工程内，现合并于同一章节中，所有定额名称优化删减“装配式建筑” |

### （二）定额项目含量和人材机消耗量的主要变化与调整

1. 定额项目含量

“2020 概算定额”增设了“定额项目含量取定表”，列明组成内容，方便调整。

2. 人材机消耗量

人材机消耗量按综合之“2016 预算定额”中相关子目的消耗量。

### （三）说明及工程量计算规则的主要变化情况

1. 本章说明的主要变化

（1）明确各类预制混凝土构件均按工厂成品、现场安装编制。

（2）预制混凝土柱、墙板、女儿墙等构件安装定额子目中增加已包括外墙板接缝处钢板连接、止水带胶贴的工作内容。

（3）预制混凝土楼梯段构件安装定额子目中增加已包括嵌缝的工作内容。

（4）明确预制混凝土空调板安装定额子目适用于单独预制的空调板安装。

（5）明确依附于阳台板成品构件上的栏板、翻檐、空调板并入阳台板内计算。

（6）调整明确预制混凝土墙板、女儿墙内已综合了双面、压顶一般抹灰。

（7）明确预制混凝土楼梯段内已综合了抹面及踢脚线和侧面抹灰。

（8）明确预制混凝土阳台板、空调板内已综合了抹面和侧面抹灰。

2. 本章工程量计算规则的主要变化

明确与预制混凝土叠合楼板、阳台板连接的现场后浇钢筋混凝土板面积按板的设计图示尺寸以面积计算，应扣除管道孔所占面积，不扣除单个面积≤$0.3m^2$的柱、垛及孔洞所占面积，洞口盖板亦不增加。

## 四、定额使用中应注意的问题

1. 预制混凝土构件安装定额子目中，已包括构件固定所需的钢支撑杆件搭拆，并综合考虑了临时支撑的搭设方式、支撑类型（含支撑预埋件）及数量，不另行计算。

2. 预制混凝土构件安装定额子目中已综合了一般抹灰，与预制混凝土构件连接形成整体构件的现场后浇钢筋混凝土则不再计算。

3. 依附于成品构件内的各类保温层、饰面层的体积，并入相应构件体积内计算。

# 第十二章　附属工程及其他

## 一、概况

本章分为5节，共76条子目
第一节　道路及人行道　共32条子目
第二节　排水管　共8条子目
第三节　检查井　共3条子目
第四节　其他　共8条子目
第五节　构筑物　共25条子目

## 二、本章特点

### (一) 本章适用范围

本章定额适用于工业与民用建筑的新建、扩建和改建中的道路及人行道、排水管、检查井、围墙、伸缩自动门、旗杆等附属工程及设备基础、贮水(油)池、地沟、水槽、便槽、厨房烟气道、卫生间排气道、风帽等构筑物工程。

### (二) 各章节界限划分

1. 本章定额不适用于按市政规范与标准要求设计及验收的道路和排水管工程。

2. 金属花饰围墙已综合一般抹灰和仿瓷涂料，多孔砖实体围墙已综合一般抹灰；如需做特殊装饰或高级粉刷，则另按"第八章装饰工程"中相应定额子目执行。

3. 如需设置钢筋或成型钢筋含量调整，按"第十三章钢筋工程"之"附表成型钢筋调整"定额子目执行。

4. 如需加固基础，按"第一章桩基工程"之"第三节地基处理"中相应定额子目执行。

5. 土方外运、淤泥外运按"第二章基础工程"之"第四节其他"中相应定额子目执行。

## 三、定额变化情况

### (一) 子目设置的主要变化情况

本章定额子目修编，主要是根据初步设计阶段文件的内容和深度，对主要分项工程依据相关工序将"2016预算定额"相关子目进行适当综合后设置。与"2010概算定额"相比，由于将原来的"第十一章构筑物工程"及"第十二章附属工程"进行了合并，所以变化较大，主要变化如下：

1. 子目数量变化

| 章节名称 | 2020 概算定额 | 2010 概算定额 |
|---|---|---|
| 道路及人行道 | 32 | 12 |
| 排水管 | 8 | 5 |
| 检查井 | 3 | 2 |
| 其他 | 8 | 5 |
| 构筑物 | 25 | 50 |
| 合计 | 76 | 74 |

2. 子目内容变化

| 章节项目 | 主要增加子目 | 主要删减或调整子目 |
|---|---|---|
| 道路及人行道 | 新增道路及人行道砾石砂垫层 150mm、每增减 10mm 共 2 条子目；<br>新增道路及人行道水泥稳定碎石基层 200mm、每增减 10mm 共 2 条子目；<br>新增道路及人行道水泥混凝土基层 1 条子目；<br>新增道路钢纤维混凝土面层 160mm、每增减 10mm 共 2 条子目；<br>新增道路粗粒式沥青混凝土面层 80mm、每增减 10mm 共 2 条子目；<br>新增道路中粒式沥青混凝土面层 40mm、每增减 10mm 共 2 条子目；<br>新增道路细粒式沥青混凝土面层 30mm、每增减 10mm 共 2 条子目；<br>新增道路透水沥青混凝土面层 40mm、每增减 10mm 共 2 条子目；<br>新增人行道透水水泥混凝土面层 50mm、每增减 10mm 共 2 条子目；<br>新增人行道植草砖(透水砖)1 条子目；<br>新增人行道石材块料砂浆 1 条子目；<br>新增预制混凝土侧平石 1 条子目 | 道路土方调整为道路及人行道路基平整；<br>道路大石块基层厚度由 25cm 调整为 200mm；<br>根据初步设计阶段文件的内容和深度，雨水进水口、预制混凝土侧石、预制混凝土侧平石的计量单位调整按道路面积计算 |
| 排水管 | 新增 HDPE 管 DN225 以内、DN300 以内、DN400 以内、DN500 以内及 DN600 以内共 5 条子目 | 删减 PVC－U 硬管 De125 以内、DN500 以内共 2 条子目 |
| 检查井 | 新增塑料成品检查井 1 条子目 | |
| 其他 | 新增金属旗杆高度 10m 以内、高度 10m 以外共 2 条子目；<br>新增旗帜电动升降系统、旗帜风动系统共 2 条子目 | 删减钢筋混凝土化粪池 1 条子目 |
| 构筑物 | | 删减水塔 6 条子目；<br>删减预制钢筋混凝土支架 1 条子目；<br>删减贮仓 5 条子目；<br>删减烟囱 4 条子目；<br>删减烟道 3 条子目；<br>删减独立式垃圾间 4 条子目；<br>删减排烟气道 2 条子目 |

## (二) 定额项目含量和人材机消耗量的主要变化与调整

1. 定额项目含量

“2020概算定额”增设了“定额项目含量取定表”,列明组成内容,方便调整。

2. 人材机消耗量

(1) 人材机消耗量按综合之“2016预算定额”中相关子目的消耗量。

(2) 定额子目内采用非泵送预拌混凝土的,已按相应泵送预拌混凝土子目人工乘以系数1.18,机械乘以系数1.25。

## (三) 说明及工程量计算规则的主要变化情况

1. 本章说明的主要变化

(1) 明确垫层、基层、面层铺筑厚度为压实厚度。

(2) 明确道路的所有混凝土面层定额子目中已综合了路面切缝、锯纹,未综合钢筋,如设计增加时,可以按相应定额子目执行。

(3) 新增透水沥青混凝土面层定额子目内机械摊铺透水沥青混凝土(OGFC-13)(空隙率为20%)定额中石料按辉绿岩计算,透水沥青混凝土(OGFC-13)的容重为2.05t/m$^3$。如石料采用玄武岩时,容重可以调整,透水沥青混凝土(OGFC-13)的容重调整为2.15t/m$^3$。

(4) 新增人行道植草砖定额子目中已包括砂垫层。如采用透水砖时,材料可以调整,其余不变。

(5) 明确人行道彩色预制块定额子目中已综合考虑了非连锁型和连锁型。

(6) 新增人行道石材块料定额子目中已包括砂垫层、干混砂浆结合层。

(7) 明确雨水进水口、侧石、侧平石定额子目按在道路上设置编制,道路宽度按6m考虑,如在人行道上设置时,应分别按相应预算定额子目执行。其中雨水进水口规格若设计和定额不同时,材料可以调整,其余不变。

(8) 排水管定额子目中,原采用的双面木挡土板现调整为双面列板撑拆。

(9) 明确成品检查井定额子目中已综合了合成树脂盖座。如设计采用不同材质、规格盖座时,可以按相应定额子目调整。

(10) 明确多孔砖实体围墙定额子目中未综合围墙饰面。

(11) 新增金属旗杆定额子目中,已综合了旗杆基础和基础挖、填、运土方,未综合基础饰面。

(12) 明确贮水(油)池池底按不同埋深执行相应定额。贮水(油)池定额子目中已包含内外粉刷、进人孔、透气孔。

(13) 明确烟气道、排气道按工厂成品、现场安装编制,安装用配件、锚固件、辅材等已包含在成品构件内。

(14) 明确烟气道、排气道、风帽定额子目中未包括风帽承托板,风帽承托板按相应定额子目执行。

2. 本章工程量计算规则的主要变化

(1) 明确道路及人行道路基平整、垫层、基层(除水泥混凝土外)、面层按设计图示尺寸以面积计算,不扣除种植树穴、侧石、平石及各种井位所占面积。

(2) 新增水泥混凝土基层按设计图示尺寸以体积计算,不扣除种植树穴、侧石、平石及各种井位所占体积。

(3) 新增沥青混凝土摊铺如设计要求不允许冷接缝,需两台摊铺机平行操作时,可以按定额摊铺机台班数量增加70%计算。

(4) 雨水进水口、侧石、侧平石由原来按座和米计算调整为按道路面积计算。

(5) 明确排水管按设计图示管道中心线长度计算,不扣除管件及附件所占的长度。

(6) 新增金属旗杆按设计图示规格以根计算。

（7）新增旗帜电动升降系统、风动系统按设计图示数量以套计算。

（8）风帽由原来按座计算调整为以个计算。

## 四、定额使用中应注意的问题

1. 道路及人行道路基平整、垫层、基层（除水泥混凝土外）、面层均按面积计算，水泥混凝土基层按体积计算。

2. 雨水进水口、侧石、侧平石定额子目按在道路上设置编制，道路宽度按 6m 考虑。根据初步设计阶段文件的内容和深度，雨水进水口、侧石、侧平石按道路面积计算。

3. 金属花饰围墙定额子目中已综合仿瓷涂料，多孔砖实体围墙定额子目中未包含围墙饰面。

4. 土方外运、回填需根据项目整体情况平衡考虑。

# 第十三章　钢筋工程

## 一、概况

本章分为1节，共7条子目

第一节　钢筋　共7条子目

## 二、本章特点

### (一) 本章适用范围

本章定额适用于工业与民用建筑的新建、扩建和改建中的预应力钢筋、钢绞线、钢丝束和预埋铁件及除钢筋笼、钢筋网片外的成型钢筋含量调整。

### (二) 各章节界限划分

除灌注桩内钢筋笼、地下连续墙内钢筋网片的含量调整在“第一章桩基工程”相应定额子目中直接调整外，其他成型钢筋含量调整按本章“附表成型钢筋调整”定额子目执行。

## 三、定额变化情况

### (一) 子目设置的主要变化情况

本章定额子目修编，主要是根据初步设计阶段文件的内容和深度，对主要分项工程依据相关工序将“2016预算定额”相关子目进行适当综合后设置。与“2010概算定额”相比，主要变化如下：

1. 子目数量变化

| 章节名称 | 2020概算定额 | 2010概算定额 |
| --- | --- | --- |
| 钢筋 | 7 | 4 |
| 合计 | 7 | 4 |

2. 子目内容变化

| 章节项目 | 主要增加子目 | 主要删减或调整子目 |
| --- | --- | --- |
| 钢筋 | 新增预应力钢筋、预应力钢丝束有粘结、预应力钢绞线无粘结共3条子目 | |

### （二）定额项目含量和人材机消耗量的主要变化与调整

1. 定额项目含量

“2020 概算定额”增设了“定额项目含量取定表”，列明组成内容，方便调整。

2. 人材机消耗量

人材机消耗量按综合之“2016 预算定额”中相关子目的消耗量。

### （三）说明及工程量计算规则的主要变化情况

1. 本章说明的主要变化

（1）新增预应力钢筋定额子目中，已包括预应力钢筋的制作、穿筋、张拉、锚固及孔道灌浆。

（2）明确预应力钢丝束和钢绞线定额子目中已综合了钢丝束和钢绞线的制作、穿筋、张拉、锚固及孔道灌浆。

2. 本章工程量计算规则的主要变化

新增预应力钢筋按设计图示钢筋长度乘以单位理论质量以质量计算。

## 四、定额使用中应注意的问题

预应力钢丝束和钢绞线长度计算：

（1）预留孔道长度≤20m 时，预应力钢丝束和钢绞线长度按孔道长度增加 1m。

（2）预留孔道长度＞20m 时，预应力钢丝束和钢绞线长度按孔道长度增加 1.8m。

# 第十四章　措 施 项 目

## 一、概况

本章分为 5 节，共 122 条子目
第一节　脚手架　共 34 条子目
第二节　垂直运输　共 32 条子目
第三节　超高施工增加　共 27 条子目
第四节　大型机械设备进出场及安拆　共 15 条子目
第五节　施工排水、降水　共 14 条子目

## 二、本章特点

### (一) 本章适用范围

本章定额适用于工业与民用建筑的新建、扩建和改建中的脚手架、垂直运输、超高施工增加、大型机械设备进出场及安拆、施工排水和降水工程等措施项目。

### (二) 各章节界限划分

1. 本章定额不包括混凝土构件模板及支架(撑)，混凝土构件模板及支架(撑)已综合在相应章节定额子目中。

2. 本章定额不包括安全文明施工及混凝土构件模板及支架(撑)，除脚手架、垂直运输、超高施工增加、大型机械设备进出场及安拆、施工排水和降水工程外的其他措施项目。

## 三、定额变化情况

### (一) 子目设置的主要变化情况

本章定额子目修编，主要是根据初步设计阶段文件的内容和深度，对主要分项工程依据相关工序将“2016 预算定额”相关子目进行适当综合后设置。与“2010 概算定额”相比，主要变化如下：

1. 子目数量变化

| 章节名称 | 2020 概算定额 | 2010 概算定额 |
|---|---|---|
| 脚手架 | 34 | 38 |
| 垂直运输 | 32 | 51 |

（续表）

| 章节名称 | 2020概算定额 | 2010概算定额 |
| --- | --- | --- |
| 超高施工增加 | 27 | 34 |
| 大型机械设备进出场及安拆 | 15 | 0 |
| 施工排水、降水 | 14 | 7 |
| 合计 | 122 | 130 |

2. 子目内容变化

| 章节项目 | 主要增加子目 | 主要删减或调整子目 |
| --- | --- | --- |
| 脚手架 | 新增整体提升脚手架1条子目；<br>新增外装饰吊篮1条子目；<br>新增钢管里脚手架3.6m以上砌墙用、粉刷用共2条子目；<br>补充增加钢管电梯井脚手架高300m以内、高330m以内、高360m以内、高390m以内、高420m以内共5条子目；<br>补充增加竹制高压线防护架高10m以内基本使用期1年1条子目 | 删减钢管双排外脚手架高135m以内～高270m以内共10条子目；<br>删减现浇框架层高超3.6m浇捣用脚手架1条子目；<br>删减沿街建筑外侧防护安全笆1条子目；<br>删减砖砌烟囱木竖井架1条子目；<br>删减水塔脚手架1条子目 |
| 垂直运输 | 补充增加垂直运输机械及相应设备建筑物高度285m以内、300m以内、315m以内、330m以内、345m以内、360m以内、375m以内、390m以内、405m以内、420m以内共10条子目；<br>补充增加垂直运输机械独立地下室三层1条子目 | 明确垂直运输机械及相应设备建筑物高度20m以内2条子目名称定义区分为垂直运输机械及相应设备建筑物高度20m以内卷扬机施工、塔吊施工；<br>垂直运输机械及相应设备建筑物高度30m以内2条子目合并为垂直运输机械及相应设备建筑物高度30m以内1条子目；<br>基础垂直运输机械钢筋混凝土地下室（一层）、钢筋混凝土地下室（二层）调整为垂直运输机械独立地下室一层、独立地下室二层；<br>删减单层厂房垂直运输机械2条子目；<br>删减层高超过3m每增减1m筑物高度20m以内～270m以内共20条子目；<br>删减砖砌烟囱1条子目；<br>删减钢筋混凝土贮仓1条子目；<br>删减钢筋混凝土水塔200t内2条子目；<br>删减钢筋混凝土贮水池2条子目；<br>删减基础垂直运输机械钢筋混凝土基础1条子目 |
| 超高施工增加 | 补充增加超高施工增加建筑物高度285m以内、300m以内、315m以内、330m以内、345m以内、360m以内、375m以内、390m以内、405m以内、420m以内共10条子目 | 超高人工降效系数、超高其他机械降效系数建筑物高度30m以内～270m以内共34条子目合并为超高施工增加建筑物高度30m以内、45m以内、60m以内、75m以内、90m以内、105m以内、120m以内、135m以内、150m以内、165m以内、180m以内、195m以内、210m以内、225m以内、240m以内、255m以内及270m以内共17条子目 |

（续表）

| 章节项目 | 主要增加子目 | 主要删减或调整子目 |
| --- | --- | --- |
| 大型机械设备进出场及安拆 | 新增履带式推土机、沥青混凝土摊铺机、内燃光轮压路机、履带式液压挖掘机、强夯机械、履带式起重机进出场费共6条子目；<br>新增履带式柴油打桩机、静力液压压桩机、振动沉拔桩机、工程钻机、旋喷桩机械、搅拌桩机械、履带式液压成槽机、自升式塔式起重机、施工电梯进出场及安拆费共9条子目 | |
| 施工排水、降水 | 新增基坑外观察井1条子目；<br>新增基坑承压水井安装、拆除及使用共2条子目；<br>新增基坑明排水集水井安装、拆除及使用共2条子目；<br>补充增加喷射井点井管深每增减1m安装、拆除1条子目 | 深井降水井管深19m安装及安拆、运行调整为真空深井降水井管深19m安装、拆除及使用；<br>深井降水由井管深每增减1m的1条子目拆分为真空深井降水井管深每增减1m安装、拆除及使用共2条子目；<br>井点抽水轻型井点调整为轻型井点井管深7m安装、拆除及使用；<br>井点抽水喷射井点调整为喷射井点井管深10m安装、拆除及使用 |

## （二）定额项目含量和人材机消耗量的主要变化与调整

1. 定额项目含量

“2020概算定额”增设了“定额项目含量取定表”，列明组成内容，方便调整。

2. 人材机消耗量

人材机消耗量按综合之“2016预算定额”中相关子目的消耗量。

## （三）说明及工程量计算规则的主要变化情况

1. 本章说明的主要变化

（1）外墙脚手架定额中适用于檐高超过20m的建筑物的高度由原来的30m以内至270m以内调整为30m以内至120m以内。明确定额中已包括分段搭设的悬挑型钢、外挑式防坠安全网。

（2）明确高度在3.6m以上的外墙面装饰，如不能利用原外脚手架时，可计算装饰脚手架。装饰脚手架执行相应外脚手架定额乘以系数0.3。

（3）明确高度在3.6m以下的外墙(独立柱)不计算外脚手架。

（4）新增整体提升脚手架：

① 定额适用于高层建筑的外墙施工，定额中已包括了全封闭密目安全网、全封闭防混凝土渣外泄钢丝网、外挑式防坠安全网、架体顶部及底部隔离。

② 定额子目中的提升装置及架体为一个提升系统，包括提升用设备及其配套的竖向主框架、水平桁架、拉结装置、防倾覆装置及其附属构件。

（5）新增外装饰吊篮定额适用于外立面装饰用脚手。

（6）新增里脚手架：

① 内墙及围墙砌筑高度3.6m以上者，可计算砌墙用里脚手架。

② 室内净高3.6m以上，需做内墙抹灰者，可计算粉刷用里脚手架。

（7）明确凸出主体建筑屋顶的电梯间、楼梯间、水箱间等不计入檐口高度之内。

(8) 明确同一建筑物多跨檐高不同时,分别计算建筑面积,按各自的建筑物高度执行相应定额子目。

(9) 明确定额内不同建筑物高度的垂直运输机械子目按层高 3.6m 考虑,超过 3.6m 的,应另计层高超高垂直运输增加费,每超过 1m,其超过部分由原来执行单独定额子目方式调整为按相应定额子目增加 10%,超过不足 1m,按 1m 计算。

(10) 明确大型连通地下室的垂直运输机械按独立地下室相应子目执行。

(11) 明确垂直运输工作内容包括单位工程在合理工期内完成全部工程项目所需要的垂直运输机械台班,不包括机械的场外往返运输、一次安拆及路基铺垫和轨道铺拆等的费用。垂直运输按泵送混凝土考虑。

(12) 明确建筑物超高增加人工、机械定额适用于檐高高度超过 20m(6 层)的建筑物。

(13) 新增大型机械设备进出场及安拆:

① 大型机械设备进出场及安拆费是指机械整体或分体自停放场地运至施工现场或由一个施工地点运至另一个施工地点所发生的机械进出场运输和转移费用,以及机械在施工现场进行安装、拆卸所需的人工费、材料费、机械费、试运转费和安装所需的辅助设施的费用。

② 大型机械设备进出场费包括:进出场往返一次的费用;臂杆、铲斗及附件、道木、道轨等的运输费用;机械运输路途中的台班费,不另计取;垂直运输机械(塔吊)若在一个建设基地内的单位工程之间的转移,每转移一个单位工程按相应大型机械设备进出场及安拆费的 60%计取。

③ 大型机械设备安拆费包括:机械安装、拆卸的一次性费用;机械安装完毕后的试运转费用。

④ 塔式起重机及施工电梯的基础按施工组织设计方案计算,按相应章节定额子目执行。

(14) 施工排水、降水调整明确:

① 承压井、观察井定额子目按井深 40m 编制。若设计与定额不同时,每增减 1m 按真空深井降水相应定额子目执行。

② 轻型井点以 50 根为一套,喷射井点以 30 根为一套。使用时累计根数轻型井点少于 25 根,喷射井点少于 15 根,使用费按相应定额子目乘以系数 0.7。

③ 井管间距应根据地质条件和施工降水要求,按施工组织设计确定,施工组织设计无规定时,可按轻型井点管距 1.2m、喷射井点管距 2.5m 确定。

④ 井点、井管的使用应以每昼夜 24h 为一天,使用天数按施工组织设计确定的天数计算。

2. 本章工程量计算规则的主要变化

(1) 明确外脚手架不扣除门窗、洞口、空圈等所占面积。同一建筑物高度不同时,应按不同高度分别计算。

(2) 新增整体提升脚手架按外墙外边线长度乘以外墙高度以面积计算,不扣除门窗、洞口、空圈等所占面积。

(3) 新增外装饰吊篮按外墙垂直投影面积计算,不扣除门窗、洞口所占面积。

(4) 新增里脚手架按设计图示墙面垂直投影面积计算,不扣除门窗、洞口、空圈等所占面积。脚手架的高度按设计室内地坪面至楼板或屋面板底计算。

(5) 明确围墙如需搭设双面脚手时,另一面脚手按粉刷用里脚手定额子目执行,计算方法同砌墙用里脚手。

(6) 垂直运输及超高施工增加调整明确:

① 有地下室的建筑物(除大型连通地下室),其地下室面积与地上面积合并计算。

② 独立地下室及大型连通地下室单独计算建筑面积。大型连通地下室与地上建筑物的面积划分,按地下室与地上建筑物接触面的水平界面分别计算建筑面积。

③ 建筑物超高施工增加的人工、机械按建筑物超高部分的建筑面积计算。

(7) 新增大型机械设备进出场及安拆以台次计算。

(8) 施工排水、降水调整明确:

① 基坑外观察井、承压水井、基坑明排水集水井、真空深井降水井管的安装、拆除按设计图示数量以

座计算。

② 承压水井的使用、基坑明排水集水井抽水、真空深井使用按设计图示数量的使用天数以座·天计算。

③ 轻型井点、喷射井点井管的安装、拆除按设计图示数量以根计算。井管的使用按设计图示数量的使用天数以套·天计算。

④ 使用天数按拟定的施工组织设计天数计算。

## 四、定额使用中应注意的问题

1. 建筑物高度计算

(1) 建筑物高度自设计室内地坪(±0.000)至檐口屋面结构板面。

(2) 凸出主体建筑屋顶的电梯间、楼梯间、水箱间等不计入檐口高度内。

2. 外脚手架计算

(1) 同一建筑物高度不同时,应按不同高度分别计算。

(2) 高度按设计室外地坪面至檐口屋面结构板面计算。高度包括室内外高差。有女儿墙时,高度算至女儿墙顶面。

(3) 面积要包括斜屋面的山尖部分、坡度大于 45°铺瓦屋面部分及屋面以上的电梯间、楼梯间、水箱间等与外墙连成一片的墙体部分。

(4) 埋深 3m 以外的地下室外墙、设备基础、贮水(油)池要计算外脚手架。

3. 电梯井脚手架按单孔(1 座电梯)以座计算。高度应按电梯井坑底板面至屋面电梯机房的板底,不等同于外脚手架高度。

4. 不计算脚手架部分

(1) 高度在 3.6m 以下的外墙(独立柱)和围墙。

(2) 高度在 3.6m 以下的内墙(独立柱)。

5. 计算满堂脚手架后,不再计算粉刷用里脚手架,但内墙砌筑高度 3.6m 以上者仍需要计算砌墙用里脚手架。

6. 垂直运输及超高施工增加计算

(1) 同一建筑物多跨檐高不同时,分别计算建筑面积,按各自的建筑物高度执行相应定额子目。

(2) 垂直运输中有地下室的建筑物(除大型连通地下室),其地下室面积与地上面积合并计算。大型连通地下室的垂直运输按独立地下室相应定额子目执行。

(3) 独立地下室及大型连通地下室单独计算建筑面积。大型连通地下室与地上建筑物的面积划分,按地下室与地上建筑物接触面的水平界面分别计算建筑面积。

7. 超高施工增加适用于檐口高度超过 20m(6 层)的建筑物,按建筑物超出部分的建筑面积计算。

8. 装配式钢筋混凝土工程

(1) 外脚手架按相应定额子目乘以系数 0.85 计算。

(2) 垂直运输与建筑物超高增加按相应定额子目执行,其中执行建筑物超高增加相应定额子目的人工乘以系数 0.7 计算。